图灵数学经典 · 10

AN INTRODUCTION
TO THE THEORY
OF NUMBERS,
SIXTH EDITION

哈代数论 第6版

[英] 戈弗雷·哈代　[英] 爱德华·赖特
——著

[英] 戴维·希思-布朗　[美] 约瑟夫·西尔弗曼
——修订

张明尧　张凡 ——译

U0262387

人民邮电出版社
北　京

图书在版编目（CIP）数据

哈代数论：第 6 版/（英）戈弗雷·哈代,（英）爱德华·赖特著; 张明尧, 张凡译. —北京：人民邮电出版社, 2021.6
（图灵数学经典）
ISBN 978-7-115-56241-8

Ⅰ. ①哈⋯　Ⅱ. ①戈⋯ ②爱⋯ ③张⋯ ④张⋯
Ⅲ. ①数论　Ⅳ. ①O156

中国版本图书馆 CIP 数据核字（2021）第 054690 号

内 容 提 要

本书是一本经典的数论名著，取材于作者在牛津大学、剑桥大学等大学授课的讲义. 主要内容包括素数理论、无理数、Fermat 定理、同余式理论、连分数、用有理数逼近无理数、不定方程、二次域、算术函数、数的分划等内容. 每章章末都提供了相关的附注，书后还附有译者编写的相关内容的最新进展，便于读者进一步学习.

本书可供数学专业高年级学生、研究生、大学老师以及对数论感兴趣的专业读者学习参考.

◆ 著　　　 [英] 戈弗雷·哈代　　 [英] 爱德华·赖特
　 修　订　 [英] 戴维·希思-布朗　 [美] 约瑟夫·西尔弗曼
　 译　　　　张明尧　张 凡
　 责任编辑　傅志红
　 责任印制　周昇亮
◆ 人民邮电出版社出版发行　　　 北京市丰台区成寿寺路 11 号
　 邮编 100164　　　 电子邮件　315@ptpress.com.cn
　 网址：https://www.ptpress.com.cn
　 北京天宇星印刷厂印刷
◆ 开本：700×1000　1/16
　 印张：32.5　　　　　　　　 2021 年 6 月第 1 版
　 字数：642 千字　　　　　　 2024 年 10 月北京第 10 次印刷
　 著作权合同登记号　　　 图字：01-2021-0044 号

定价：169.80 元
读者服务热线：**(010) 84084456-6009**　印装质量热线：**(010) 81055316**
反盗版热线：**(010)81055315**
广告经营许可证：京东市监广登字 20170147 号

译 者 序

哈代和赖特的这本书初版于 1938 年问世, 是作者多年间在英国牛津大学、剑桥大学、阿伯丁大学以及其他大学所做的若干数论讲座的讲稿汇编. 这本中文版是以英文第 6 版作为蓝本翻译的.

至 2008 年, 这本书问世整整 70 年了. 在这 70 多年中, 数论这个数学分支有了长足的进展, 它的理论和方法都得到巨大的发展和进步, 并且人们在解析数论、代数数论、超越数论和计算数论等所有重要分支的许多重大问题的研究中取得了令人瞩目的成果, 全部或者部分解决了一批著名的数论难题 (例如关于超越数的 Hilbert 第七问题、Waring 问题、Gauss 关于二次域的类数猜想、Goldbach 猜想和孪生素数猜想、Fermat 大定理、Riemann 猜想和广义 Riemann 猜想, 等等). 从这个意义上说, 哈代和赖特这本书中的某些内容随着原著作者的去世, 早已落后于当代数学科学的发展, 这是任何经典著作都无法避免的窘境. 然而, 鉴于这部书是有关数论基础知识的导引性著作, 它所讲述的基本内容都没有过时, 更由于作者引人入胜、深入浅出的书写风格, 使得本书历经 70 余年的考验, 至今仍然是为数不多且具有重要参考价值的数论初等教程之一. (另一部出版较早且值得一提的数论初等教程是已故中国数学家华罗庚先生的名著《数论导引》.)

原著者哈代是 20 世纪在英国乃至全世界享有盛誉的数学家, 他单独或者与他人合作出版过多部数学史上不朽的经典著作, 发表过许多重要的研究论文. 他的许多著作至今仍极有参考价值. 此外, 他还在数学的众多分支, 特别是数论这个分支的研究中, 取得过超出当代数学家的杰出成就. 例如, 他和印度数学家拉马努金等人所创立的圆法在解决许多解析数论重大难题的过程中成为不可或缺的方法之一, 他的数学理论和思想至今仍是当代数学家们研究的对象和源泉. 此外, 哈代对于中国数学界的影响也远不止于他的著作和研究. 众所周知, 由于美国著名数学家、控制论创始人、也曾是哈代学生的维纳的推荐, 正值青年的华罗庚于 1936 年受到哈代的邀请到剑桥大学作访问学者. 华罗庚在剑桥大学得到以哈代为核心的数学研究集体中许多年轻数学家的帮助, 在与他们的交流中获益匪浅. 在留学期间, 他至少在国际一流期刊发表了 15 篇论文, 这对他本人后来研究工作的深入和发展显然有巨大的作用和影响. 这一事实表明: 哈代本人对于华罗庚个人一生的学术成就以及华罗庚归国后对于培养整整一代新中国数学家所做的贡献都有着重大而直接的影响. 从这个意义上说, 我们中国数学界今天无论怎样感谢哈代都不为过.

  按照哈代本人的建议, 这本书既不是数论的系统教科书, 也不是一本数论的通俗读物. 它是为具有大学数学系一年级以上水平且希望学习数论的学生, 以及对数论感兴趣的数学爱好者编写的. 上一版共 24 章, 经修订, 本版修订者英国牛津大学教授戴维•希思–布朗和美国布朗大学教授约瑟夫•西尔弗曼新增一章专门介绍椭圆曲线理论. 现在, 这本第 6 版共 25 章, 分别介绍了素数理论、数的几何、同余式理论、二次剩余和二次互反律、连分数、有理数逼近无理数、二次域、不定方程、算术函数、数的分划、一致分布和椭圆曲线等方面的基本概念、初等理论和方法以及相关的问题. 每一章的末尾都有一个关于本章内容的附注, 介绍相关问题的起源、发展历史以及相应的参考资料等. 为了使读者了解书中所涉及的某些重要的数论问题的最新进展 (到 2010 年 3 月 5 日止), 我们编写了一个简短的附录作为补遗, 希望这本中文版的出版能对中国未来的年轻数论爱好者有相当的帮助和教益. 译者中的年长者正是靠着这本著作和其他数学著作的指引, 才找到了思想的乐趣, 摆脱了人生的苦恼, 最终走上了学习和研究数论的人生旅程.

  在第 6 版的翻译过程中, 我们将发现的一些问题提交给参与英文第 6 版编著工作的几位作者, 得到了他们的大力帮助. 例如, George E. Andrews 给我来信解答了有关第 19 章附注中的一处疑问; 西尔弗曼的来信肯定了我在新增的第 25 章及其附注中发现的所有涉及数学以及英文方面的错误 (读者对照英文第 6 版与中文译本, 即可发现这些错误之处), 他还给我指出了第 25 章中某些需要更改的地方 (指的是根据他的建议在中文译本中取消了定理 478~481 这四处的星号).

  对于上述各位以及为这部中文译本付出辛勤劳动的北京图灵文化发展有限公司的诸位编辑, 谨此表示我衷心的感谢!

张明尧

2010 年 3 月 4 日于上海

序

我非常幸运地受教于一位研究过数论的中学数学老师. 在他的建议下, 我搞到一本绝妙的书——哈代与赖特合著的第 4 版 *An Introduction to the Theory of Numbers*. 这本书与 Davenport 的 *The Higher Arithmetic* 一起, 成为引导我进入这一领域的我最喜爱的书. 通过搜寻这部教程来寻找有关 Fermat 问题的线索 (我已经对此问题着迷), 我第一次领教了数论真正的广博无垠. 这本书仅有中间的四章是有关二次域和 Diophantus 方程的, 其他的大多数材料对我来说都是全新的, 如 Diophantus 几何、圆整数、Dirichlet 定理、连分数、四元数、互倒律, 等等, 等等, 这一目录可以一直写下去.

这本书已经成为进入这一领域的不同分支进行探索的起点. 对我来说, 首要的一步是要找到更多的有关代数数论的知识, 特别是关于 Kummer 理论. 在我学习过一些复分析之前, 偏重解析数论的部分对我始终没有吸引力, 也未能真正激发我的想象力. 只有在那以后我才深知 zeta 函数的威力. 然而, 每当我被一门新的理论强烈吸引时, 这本书总会作为我回顾思考的起点, 即便在许多年之后有时依然如此. 这本书的成功之处, 部分在于它包罗万象的注释与参考文献, 为缺少经验的数学工作者标示出了研究方向. 本书的这一部分由 Roger Heath Brown 做了更新和扩充, 从而使得 21 世纪的学生们仍能从更加新近的发现以及教材中获益. 这是按照他对 Titchmarsh 所著 *The Theory of the Riemann Zeta Functions* 一书所做的绝妙评注之风格进行的. 这对于新的读者有无法估量的帮助, 即便对在年轻时已经读过这本书的人来说亦会带来莫大的愉悦, 颇有点类似聆听往昔的校友讲述人生经历.

增加的最后一章给出了有关椭圆曲线理论的介绍. 虽然这一理论在原先的版本中并未予以描述 (除了在 13.6 节的附注中简单提及之外), 但是已经证明: 这一理论在 Diophantus 方程, 尤其是在 Fermat 方程的研究中起着决定性的作用. 一方面由于 Birch 与 Swinnerton-Dyer 的猜想, 另一方面由于它与 Fermat 方程的异乎寻常的联系, 这一理论已经成了数论学者生活的中心. 它甚至在有效求解著名的 Gauss 类数问题中也起着核心作用. 当此书写成时, 所有这一切看起来似乎都还是荒诞不经得不可能发生的. 于是, 由 Silverman 来对这一理论给予明白易懂的介绍, 并将其作为这部新版著作的结尾是恰如其分的. 当然, 这仅仅是对这一理论的浮光掠影般的简介, 读者若要解读这一理论的诸多奥秘, 即便无须耗费一生最好的时光, 也必定要奉献出许多的时间.

Andrew. J. Wiles

2008 年 1 月

前　言

第 6 版

　　这本第 6 版包含了大为扩展的章后附注. 自从上一次改版以来, 数论又有了许多令人欢欣鼓舞的进展, 现将这些进展写进了附注之中, 希望它们能为感兴趣的读者提供一条通向现代研究领域的大道. 某些章节的附注是在其他作者不遗余力的帮助下完成的. D. Masser 教授更新了第 4 章和第 11 章附注中的材料, G.E. Andrews 教授则对第 19 章附注做了同样的工作. T.D. Wooley 教授将大量新材料添加进了第 21 章附注之中, 第 24 章附注中类似的评述则是由 R. Hans-Gill 教授承担的. 对于他们各位给予的帮助, 谨此表示我们衷心的感谢.

　　此外, 我们增加了全新的一章讲述椭圆曲线. 这部分内容在较早的版本中没有提及, 现在它已经成为数论中一个占据中心地位的课题, 因而我们认为单辟一章对它进行详细阐释是值得的. 这部分材料与书中讨论 Diophantus 方程的原有章节有本质的联系.

　　最后, 我们还纠正了第 5 版中相当数量的印刷错误. 有大量的来信指出了其中的印刷错误或者数学上的错误, 我们感谢每一位来信提供帮助者.

　　对此书出一部新版本的建议最初是由 John Maitland Wright 教授以及 John Coates 教授提出的. 对于他们的热情支持, 谨此表示我们诚挚的谢意.

戴维·希思–布朗

约瑟夫·西尔弗曼

2007 年 9 月

第 5 版

　　这一版的主要改变是每一章后面的附注. 我力求为那些希望进一步研讨某个特定论题的读者提供最新的参考文献, 并在附注及正文中都对当前的知识状况给出比较精确的阐述. 为此我还参考了 *Zentralblatt* 和 *Mathematical Reviews* 这样一些极具价值的出版物. 除此以外, 我也在与一些人的通信中受益匪浅, 他们提供了修改的建议, 或者回答了我的问题. 我特别感谢 J.W.S. Cassels 教授和 H. Halberstam 教授, 他们两位应我的要求, 向我提供了众多极有价值的建议和参考文献.

书中的定理 445 有一个新的、更为清晰的证明, 关于处理无理性的 Theodorus 方法, 有一处说明谈及了我的观念转变. 为了方便读者利用这一版作为参考书, 我尽可能保持了原书的页码不改变. 基于这个原因, 尽管我补充了一个很短的附录, 来介绍素数论的某些方面最新的进展, 却并没有把这些材料加到正文中相应的地方去.

爱德华·赖特

1978 年 10 月于英国阿伯丁

第 1 版

本书是根据最近十年间在若干所大学的讲座内容所做的总结, 与许多由讲座形成的书很相似, 本书没有确定的内容规划.

从任何意义上讲, 本书都不是一本系统的数论专著 (专家学者只要看一看本书的目录就会明白这一点). 它甚至并不包括数论诸多理论中任何一个方面的完整合理的介绍, 只不过作为导引来轮流阐释几乎所有这些方面的内容. 我们对若干个论题中的每一个都做一些介绍, 虽然人们通常并不把它们合起来放在单独的一本书之中. 同时, 我们也对某些并不总是被视为数论的内容进行了一些探讨, 例如第 12~15 章属于数的 "代数的" 理论; 第 19~21 章属于数的 "加性的" 理论; 第 22 章属于 "解析的" 理论; 而第 3 章、第 11 章、第 23 章和第 24 章处理的内容通常归属在 "数的几何" 或者 "Diophantine 逼近" 这一范畴. 我们所规划的内容极其丰富, 但少有深度, 因为在区区四五百页的篇幅里完全不可能对这么多问题中的任何一个论题加以深入研究.

本书有很大的漏洞, 任何一位专家学者都能轻易指出来. 最显而易见的一个问题是对于二次型的理论没有任何介绍. 这个理论比数论的任何其他部分都有更为系统的发展, 而且在常见的书中对此都有完善的讨论. 我们不得不略去某些东西, 因为我们对那部分理论的现存结果没有什么新鲜内容可以添加.

我们经常根据个人的兴趣来决定写作计划, 选取某些论题, 很少是因为这些问题的重要性 (尽管其中大多数问题都很重要), 而是因为它们很合我们的心意, 也因为其他作者给我们留下了写作的空间. 我们最初的目的是写一本有趣的书, 一本独具匠心的书. 或许我们已经取得了成功, 成功的代价是书中有太多的怪异之处;

或许我们已经失败了, 但是我们不会彻底失败, 因为所研究的论题是如此的引人入胜, 故而只有非同一般的无能才会使得它变得枯燥乏味.

这本书是为从事数学工作的人写的, 并不要求读者具备任何高深的数学知识或者技巧. 在前 18 章里我们只需要读者具备中学程度的数学知识, 任何聪明的大学生都会发现本书易于读懂. 后 6 章要难一些, 需要读者具备稍微多一点的预备知识, 但也绝不超出比较简单的大学课程的内容.

本书书名与 L.E. Dickson 教授的一本非常有名的书同名 (但本书与他的书几乎没有共同之处). 有一段时期我们打算更名为 *An introduction to arithmetic* (算术导引), 这是一个更为新颖且在某些方面来说也更加合适的书名, 但是有人指出用这个书名可能会使人对书的内容产生误解.

有多位朋友在本书的准备过程中给予了帮助. H. Heilbronn 博士阅读了全部手稿和印刷文本, 他的批评和建议使本书有了许多重要的改进, 其中最重要的一些已在正文中予以致谢. H.S.A. Potter 博士和 S. Wylie 博士阅读了书中的证明, 并帮助我们去掉了许多错误和含糊不清之处. 他们还对每一章后面附注中的大部分参考文献进行了检查. H. Davenport 博士和 R. Rado 博士也阅读了本书的一部分内容, 特别是第 24 章, 这一章由于他们以及 Heilbronn 博士的建议, 与原稿相比几乎焕然一新.

我们还从参考目录中所列举的其他书籍 (特别是从 Landau 和 Perron 的著作) 中不受限制地借用了许多东西. 特别是对于 Landau, 我们与数论方面所有求上进的学生一样, 无论怎样感谢他都是应该的.

戈弗雷·哈代

爱德华·赖特

1938 年 8 月于牛津

关于记号的说明

我们从形式逻辑中借用了 4 个符号, 它们分别是

$$\rightarrow, \quad \equiv, \quad \exists, \quad \in .$$

$\rightarrow$ 读作 "蕴涵". 于是

$$l \mid m \quad \rightarrow \quad l \mid n$$

的含义是 "'l 是 m 的因子' 蕴涵 'l 是 n 的因子'", 或者 "如果 l 整除 m, 那么 l 整除 n". 而

$$b \mid a, c \mid b \quad \rightarrow \quad c \mid a$$

的含义是 "如果 b 整除 a 且 c 整除 b, 那么 c 整除 a".

$\equiv$ 读作 "等价于". 于是

$$m \mid (ka - ka') \equiv m_1 \mid (a - a')$$

的含义是 "结论 'm 整除 $ka - ka'$' 等价于结论 'm_1 整除 $a - a'$'", 也就是说, 其中任何一个结论都蕴涵另一个结论.

这两个符号必须和符号 "$\rightarrow$"(趋向于) 以及符号 "$\equiv$" (同余于) 仔细区别开来. 这些符号的不同含义之间不大可能会产生任何误解, 因为 "$\rightarrow$" (蕴涵) 和 "$\equiv$" (等价于) 总是指**命题**之间的关系.

$\exists$ 读作 "有 (存在) 一个". 于是

$$\exists l, \quad 1 < l < m, \quad l \mid m$$

的含义是 "存在一个 l 使得有 (1) $1 < l < m$ 和 (2) $l \mid m$ 成立".

$\in$ 表达的是一个集合的元素和这个集合之间的关系. 于是

$$m \in S, n \in S \quad \rightarrow \quad (m \pm n) \in S$$

的含义是 "如果 m 和 n 都是 S 的元素, 那么 $m + n$ 和 $m - n$ 也都是 S 的元素".

定理的编号上加星号 (例如定理 15*) 表明该定理的证明过于困难, 不适合放在本书中. 那些未加星号但未加以证明的定理可以利用与本书中所用的类似的方法予以证明.

目 录

第 1 章 素 数 (1)

1.1 整 除 性

数
$$\cdots, -3, -2, -1, 0, 1, 2, \cdots$$
称为**有理整数** (rational integer), 或简称为**整数** (integer). 数
$$0, 1, 2, 3, \cdots$$
称为**非负整数** (non-negative integer). 数
$$1, 2, 3, \cdots$$
称为**正整数** (positive integer). 正整数构成算术的主要对象, 但它基本上常被视为整数或者某个更大范围内的数的一个子集.

以后我们用字母
$$a, b, \cdots, n, p, \cdots, x, y, \cdots$$
表示整数, 它们有时 (但并不总是如此) 会服从某些进一步的限制条件, 比如正数或非负数这样的限制. 我们也常用 "数" 来指代 "整数"(或表示 "正整数" 等), 在正文中的含义明确无误时, 我们考虑的就仅仅是这种特殊类型的数.

假设存在第 3 个整数 c 使得
$$a = bc,$$
则称一个整数 a 能被另一个整数 $b(b \neq 0)$ **整除** (divisible).

如果 a 和 b 都是正数, 则 c 必为正数. 用记号
$$b \mid a$$
来表示 a 被 b 整除, 或 b 是 a 的一个**因子** (divisor). 于是有
$$1 \mid a, \quad a \mid a,$$
且对每个不为零的数 b 均有 $b \mid 0$. 有时也用
$$b \nmid a$$
来表示与 $b \mid a$ 相反的含义. 显然有
$$b \mid a, c \mid b \quad \rightarrow \quad c \mid a,$$
$$b \mid a \quad \rightarrow \quad bc \mid ac \quad (假设 c \neq 0),$$
以及
$$c \mid a, c \mid b \quad \rightarrow \quad c \mid (ma + nb) \quad (对任何整数 m 和 n).$$

1.2 素 数

在 1.2 节到 2.9 节中, 我们考虑的数一般都是正整数. ① 正整数中有一个特别重要的子集, 即素数集合. 如果

(i) $p > 1$,

(ii) p 没有除了 1 和 p 以外的正因子,

则数 p 称为**素数** (prime), 例如 37 是一个素数. 要特别注意 1 不算作素数, 这一点很重要. 在第 1 章以及第 2 章里, 我们始终用字母 p 表示素数. ②

大于 1 且不是素数的数称为**合数** (composite).

下面我们引入第一个定理.

定理 1 *除了 1 以外的每个正整数都是素数的乘积.*

n 要么是素数 (此时不需要证明了), 要么 n 有大于 1 且小于 n 的因子. 设 m 是这些因子中最小的一个, 那么 m 必为素数, 否则,

$$\exists l, \quad 1 < l < m, \quad l \mid m,$$

则

$$l \mid m \quad \rightarrow \quad l \mid n,$$

这与 m 的定义矛盾.

因此, n 要么是素数, 要么可以被一个小于 n 的素数 (比方说 p_1) 整除. 在后一种情形中, 有

$$n = p_1 n_1, \quad 1 < n_1 < n.$$

这里 n_1 要么是素数 (若是此种情形, 证明已经完成), 要么可以被一个小于 n_1 的素数 p_2 整除, 此时有

$$n = p_1 n_1 = p_1 p_2 n_2, \quad 1 < n_2 < n_1 < n.$$

重复这个方法, 得到一列递减的数 $n, n_1, \cdots, n_{k-1}, \cdots$, 它们全都大于 1, 对其中每个数, 都同样有以上两种可能性成立. 但迟早我们必定会接受第一种可能性, 此时得到的 n_{k-1} 已经是一个素数, 比如记之为 p_k, 这样就得到

$$n = p_1 p_2 \cdots p_k. \tag{1.2.1}$$

例如

$$666 = 2 \times 3 \times 3 \times 37.$$

---

① 偶尔也有例外, 如在 1.7 节中, e^x 是分析中的指数函数.

② 需要注意的是, 如果本书自始至终严格遵守这个约定会很不方便, 因而有时也不坚持用它表示素数. 例如第 9 章用 p/q 表示典型的有理分数, 其中的 p 并不总是表示素数. 不过 p 是表示素数的 "自然的" 字母, 因此只要方便的话, 我们总用这个字母来表示素数.

如果 $ab = n$, 那么 a 和 b 不可能都大于 $\sqrt{n}$. 于是任何合数 n 必可被一个不超过 $\sqrt{n}$ 的素数 p 整除.

(1.2.1) 中的素数不一定是互不相同的, 也不一定非要按照某个特定的次序排列. 如果把它们按照递增的顺序排列, 把相同的素数合写成单一的因子, 并适当改变记号, 就得到

$$n = p_1^{a_1} p_2^{a_2} \cdots p_k^{a_k} \quad (a_1 > 0, a_2 > 0, \cdots, p_1 < p_2 < \cdots). \quad (1.2.2)$$

我们称 n 被表示成了**标准型** (standard form).

1.3 算术基本定理的表述

在定理 1 的证明中没有证明 (1.2.2) 是 n 的唯一表示, 换句话说, 除了因子可以重新排列外, (1.2.1) 是唯一的. 考虑几个特殊情形, 可以立即看出这是正确的.

定理 2 (算术基本定理) n 的标准型是唯一的. 也就是说, 除了因子可以重新排列以外, n 只能用唯一一种方式表示成素数的乘积.

定理 2 是算术理论体系的基础, 但本章不会用到它, 我们将在 2.10 节给出定理 2 的证明. 但是, 证明它是下面较为简单的定理的一个推论还是很方便的.

定理 3 (Euclid 第一定理) 如果 p 是素数, 且 $p \mid ab$, 那么 $p \mid a$ 或者 $p \mid b$.

眼下先将此定理视为已经成立, 由它来推导出定理 2. 这样一来, 定理 2 的证明就简化为证明定理 3, 而定理 3 的证明在 2.10 节中给出.

显然,

$$p \mid abc \cdots l \quad \rightarrow \quad p \mid a \text{ 或者 } p \mid b \text{ 或者 } p \mid c \cdots \text{ 或者 } p \mid l$$

是定理 3 的一个推论. 特别地, 如果 $a, b, \cdots, l$ 都是素数, 那么 p 是 $a, b, \cdots, l$ 中的一个. 现在假设

$$n = p_1^{a_1} p_2^{a_2} \cdots p_k^{a_k} = q_1^{b_1} q_2^{b_2} \cdots q_j^{b_j},$$

其中每个乘积都是标准型中的素数乘积. 从而对每个 i 都有 $p_i \mid q_1^{b_1} \cdots q_j^{b_j}$, 于是每个 p 都是某个 q. 类似地, 每个 q 都是某个 p. 所以有 $k = j$, 又由于这两个素数集合都是按照递增次序排列, 因此对每个 i 有 $p_i = q_i$.

如果 $a_i > b_i$, 用 $p_i^{b_i}$ 来除即得

$$p_1^{a_1} \cdots p_i^{a_i - b_i} \cdots p_k^{a_k} = p_1^{b_1} \cdots p_{i-1}^{b_{i-1}} p_{i+1}^{b_{i+1}} \cdots p_k^{b_k}.$$

左边可以被 p_i 整除, 然而右边不能: 这是矛盾的. 类似地, $b_i > a_i$ 也同样推出了矛盾. 由此得出有 $a_i = b_i$. 这就完成了定理 2 的证明.

现在就会清楚为什么不把 1 作为素数. 因为如果把 1 作为素数的话, 定理 2 就不能成立, 这是因为此时可以插入任意多个 1 作为乘积因子.

1.4 素 数 序 列

最前面的几个素数是

$$2, 3, 5, 7, 11, 13, 17, 19, 23, 29, 31, 37, 41, 43, 47, 53, \cdots.$$

通过 "Eratosthenes 筛法" 程序, 不难构造出某个界限 N 内的素数表来. 我们已经看到, 如果 $n \leqslant N$, 且 n 不是素数, 那么 n 必定被一个不大于 $\sqrt{N}$ 的素数整除. 写下数

$$2, \ 3, \ 4, \ 5, \ 6, \ \cdots, \ N,$$

相继划掉以下的数:

(i) 4, 6, 8, 10, $\cdots$, 即划掉 2^2 及其后的每个偶数;

(ii) 9, 15, 21, 27, $\cdots$, 即划掉 3^2 及其后的每个未被划掉的 3 的倍数;

(iii) 25, 35, 55, 65, $\cdots$, 即划掉 5^2 (3 后面剩下的那个数的平方) 及其后的每个未被划掉的 5 的倍数.

继续此程序直到下一个剩下的数 (在它的倍数最终被删除之后) 大于 $\sqrt{N}$ 为止. 这样剩下的数均为素数. 目前所有的素数表都是通过对这个程序加以修改得到的.

素数表表明: 素数数列是无限的. 人们已经做出了 100 000 000 以内的素数表. 10 000 000 以内的素数共有 664 579 个, 介于 9 900 000 和 10 000 000 之间的素数有 6134 个. 1 000 000 000 以内的素数总共有 50 847 478 个, 但是所有这些素数并不是每一个都知道. 已知一些很大的素数, 它们大多数是形如 $2^p - 1$ 的数 (见 2.5 节). 迄今已发现的最大的素数超过了 6500 位 ①.

这些数据使人联想到下面的定理.

定理 4 (Euclid 第二定理) 素数无限.

2.1 节将证明这个定理.

素数的 "平均" 分布是很规则的: 它的密度显现出稳定而缓慢地减少. 如果每 1000 个数一组, 则前 5 组所含的素数个数分别为

$$168, \ 135, \ 127, \ 120, \ 119.$$

10 000 000 以内的最后 5 组所含的素数个数分别为

$$62, \ 58, \ 67, \ 64, \ 53.$$

把最后的 1000 个数等分成 10 组, 则最后的 53 个素数被分到了这 10 组中, 每组中分别含有

$$5, 4, 7, 4, 6, 3, 6, 4, 5, 9$$

---

① 参见章后附注.

个素数.

但是, 素数分布从细节上来说是极不规则的.

首先, 素数表显示, 在区间里有很长的由合数组成的片段. 像素数 370 261 的后面就接连有 111 个合数. 容易看出, 这种由一长串合数组成的片段是一定会出现的. 假设

$$2, 3, 5, \cdots, p$$

是不超过 p 的所有素数, 那么所有不超过 p 的数都可以被这些素数中的某一个数整除, 这样一来, 如果

$$2 \times 3 \times 5 \times \cdots \times p = q,$$

则所有 $p - 1$ 个数

$$q + 2, q + 3, q + 4, \cdots, q + p$$

都是合数. 如果定理 4 为真, 那么 p 可以任意大, 因为如若不然, 则从某处开始往后所有的数均为合数.

定理 5 对任意给定的数 N, 都存在长度超过 N 的仅由连续合数组成的片段.

其次, 素数表指出, 存在像 3, 5 或者 101, 103 这样的始终相差 2 的、不确定的然而持续的素数对. 这样的素数对 $(p, p+2)$ 在 100 000 以下有 1224 对, 而在 1 000 000 以下有 8169 对. 如果仔细检查的话, 似乎有证据支持如下的猜想:

素数对 $(p, p+2)$ 有无穷多个.

的确还可以合理地给出更多的猜想. 数 $p, p+2, p+4$ 不可能全都是素数, 因为它们中必有一个能被 3 整除. 然而却没有显而易见的理由说明 $p, p+2, p+6$ 不能全是素数, 有证据表明这样的三元素数组也是可能持续出现的. 类似地, 三元素数组 $(p, p+4, p+6)$ 似乎也可能持续出现. 于是可以猜想:

形如 $(p, p+2, p+6)$ 和 $(p, p+4, p+6)$ 的三元素数组有无穷多个.

这种关于多个素数的集合的猜想还可以举出许多来, 但迄今为止, 无论是证明这些猜想还是否定它们, 都超出当今数学力所能及的范围.

1.5 关于素数的几个问题

对于像素数这样的数列, 提出什么问题是比较自然的呢? 我们已经给出过一些问题, 现在要再来问几个问题.

(1) 对于第 n 个素数 p_n, 是否有一般性的简单公式[①]? (这里的公式指的是, 可以对任何给定的 n 用它来计算 p_n 的值, 其计算量要小于用 Eratosthenes 筛法所需的计算量.) 现在还不知道有这样的公式, 且看起来不像有这样的公式存在.

---

① 参见章后附注.

但是, 有可能对 p_n 设计出若干个 "公式". 这些公式中有一些不过是奇特的小玩意而已, 因为这些公式是用 p_n 来定义 p_n 自己, 而以前未知的 p_n 是不能用这些公式计算出来的. 在定理 419 中我们将给出一个例子. 其他一些公式在理论上能保证我们计算出 p_n, 但其代价是所用的计算量比用 Eratosthenes 筛法的计算量要多得多. 还有另外一些公式本质上与 Eratosthenes 筛法等价. 我们将在 2.7 节以及附录第 1~2 节中回答这些问题.

类似的注解对于另一个同类问题一样适用, 此问题即

(2) 从一个给定的素数得到下一个素数是否存在一般性的简单公式？ 即是否存在像 $p_{n+1} = p_n^2 + 2$ 这样的递推公式？

另一个自然的问题是:

(3) 有没有这样一个法则存在, 使得对于任何给定的素数 p, 都可以得到一个更大的素数 q？

当然, 这个问题预先假设了素数个数无穷 (即定理 4). 如果已知有一个简单的函数 $f(n)$, 它对所有的整数值 n 取不同的素数值, 那么这个问题就可以给出肯定的回答. 除了已经提到的那种没什么意思的奇特小玩意, 我们并不知道有这样的函数存在. 关于这种函数的形式, 仅有的合乎情理的猜想是由 Fermat 给出的,① 然而 Fermat 的猜想是错误的.

下一个问题是:

(4) 小于一个给定的数 x 的素数有多少个？

这是一个有用得多的问题, 不过需要加以仔细的解释. 像通常那样, 假设我们定义 $\pi(x)$ 是不超过 x 的素数个数, 于是有 $\pi(1) = 0, \pi(2) = 1, \pi(20) = 8$. 如果 p_n 表示第 n 个素数, 那么就有 $\pi(p_n) = n$, 从而 $\pi(x)$ (作为 x 的函数) 和 p_n (作为 n 的函数) 是一对反函数. 为寻求 $\pi(x)$ 的任何形式简单的精确公式, 实际上就是重复提出问题 (1).

这样一来, 我们必须换一种方式来解释这个问题. 我们要问: "大约有多少个素数……?" 究竟是大多数的数都是素数呢, 还是只有一小部分数是素数呢? 是否存在一个简单的函数 $f(x)$, 它是 $\pi(x)$ 的 "一个好的度量" 呢?

1.8 节以及第 22 章将回答这些问题.

1.6　若　干　记　号

我们将经常使用符号

$$O, \quad o, \quad \sim, \tag{1.6.1}$$

---

① 见 2.5 节.

偶尔会使用符号

$$\prec, \quad \succ, \quad \asymp.\qquad(1.6.2)$$

这些符号定义如下.

设 n 是一个趋向于无穷的整数变量, x 是一个趋向于无穷或趋向于零或趋向于某个特定极限值的连续变量. $\phi(n)$ 和 $\phi(x)$ 是 n 和 x 的正值函数, $f(n)$ 和 $f(x)$ 是 n 和 x 的任何其他的函数. 那么

(i) $f = O(\phi)$ 表示[①]

$$|f| < A\phi,$$

其中 A 与 n 或者 x 无关 (对问题中涉及的 n 或者 x 的所有的值而言);

(ii) $f = o(\phi)$ 表示 $f/\phi \to 0$;

(iii) $f \sim \phi$ 表示 $f/\phi \to 1$.

于是当 $x \to \infty$ 时有

$$10x = O(x), \quad \sin x = O(1), \quad x = O(x^2),$$
$$x = o(x^2), \quad \sin x = o(x), \quad x + 1 \sim x.$$

而当 $x \to 0$ 时有

$$x^2 = O(x), \quad x^2 = o(x), \quad \sin x \sim x, \quad 1 + x \sim 1.$$

要注意的是 $f = o(\phi)$ 蕴涵且强于 $f = O(\phi)$.

关于符号 (1.6.2), 有

(iv) $f \prec \phi$ 表示 $f/\phi \to 0$, 它等价于 $f = o(\phi)$;

(v) $f \succ \phi$ 表示 $f/\phi \to \infty$;

(vi) $f \asymp \phi$ 表示 $A\phi < f < A\phi$,

其中的两个 A (它们自然不相同) 都是正的且与 n 或者 x 无关. 于是 $f \asymp \phi$ 断言 "f 与 ϕ 的大小同阶".

我们常会像 (vi) 那样用 A 表示未明确给出的正的常数. 不同的 A 通常有不同的值, 即便它们出现在同一个公式中时亦如此. 此外, 即便是可以给它们指定确定的值, 这些数值也与讨论无关.

到目前为止, 已经定义了如 "$f = O(1)$", 但没有单独定义 "$O(1)$". 让记号更为灵活是非常方便的. 约定 "$O(\phi)$" 表示一个未指定的函数 f, 它满足 $f = O(\phi)$. 例如, 可以写出

$$O(1) + O(1) = O(1) = o(x) \quad (x \to \infty),$$

它的含义是: "如果 $f = O(1)$ 且 $g = O(1)$, 那么就有 $f + g = O(1)$, 当然更有 $f + g = o(x)$". 或者我们还可以写出

---

① 如通常在分析中那样, $|f|$ 表示 f 的模或者绝对值.

$$\sum_{\nu=1}^{n} O(1) = O(n),$$

它的含义是：每项都小于一个常数的 n 个项的和也小于 n 的一个常数倍.

注意, 介于符号 O 和 o 之间的关系 "=" 通常并不是对称的. 比如 $o(1) = O(1)$ 总是正确的, 然而 $O(1) = o(1)$ 通常是错误的. 还要注意 $f \sim \phi$ 等价于 $f = \phi + o(\phi)$, 或者等价于

$$f = \phi\{1 + o(1)\}.$$

此时就说 f 和 ϕ 是**渐近等价的** (asymptotically equivalent), 或者说成 f **渐近于 ϕ**.

还有另外一个术语在此定义比较方便. 假设 P 是正整数的一个可能具有的性质, $P(x)$ 是小于 x 的数中有此性质的数的个数. 如果当 $x \to \infty$ 时有

$$P(x) \sim x,$$

也就是说, 如果小于 x 的数中不具有此性质的数的个数是 $o(x)$, 那么就说**几乎所有的数**都具有这个性质. 我们将看到[①]$\pi(x) = o(x)$, 从而几乎所有的数都是合数.

1.7 对 数 函 数

素数分布的理论要求了解对数函数 $\ln x$ 的性质. 假定读者了解对数和指数的通常解析理论, 这里要着重强调 $\ln x$ 的一个性质[②].

由于

$$\mathrm{e}^x = 1 + x + \cdots + \frac{x^n}{n!} + \frac{x^{n+1}}{(n+1)!} + \cdots,$$

从而

$$x^{-n}\mathrm{e}^x > \frac{x}{(n+1)!} \to \infty \quad (x \to \infty).$$

于是 e^x 与 x 的任何幂次相比, 前者趋向于无穷大的速度要快得多. 由此推出, 其反函数 $\ln x$ 与 x 的任何正的幂次相比, 前者趋向于无穷大的速度要慢得多. 此时虽然 $\ln x \to \infty$, 然而对每个正数 δ 有

$$\frac{\ln x}{x^\delta} \to 0, \tag{1.7.1}$$

或者说 $\ln x = o(x^\delta)$. 类似地, $\ln \ln x$ 与 $\ln x$ 的任何幂次相比, 前者趋向于无穷大的速度要慢得多.

可以对 $\ln x$ 增长的缓慢性给出一个数值的例证. 如果 $x = 10^9 = 1\,000\,000\,000$, 则有

---

① 可由定理 7 立即得出.

② 当然了, $\ln x$ 是指以 e 为底的自然对数, "一般的" 对数并没有什么数学意义.

$$\ln x = 20.72\ldots .$$

由于 $e^3 = 20.08\ldots$，所以 $\ln\ln x$ 比 3 稍大一点，而 $\ln\ln\ln x$ 比 1 略大一点。如果 $x = 10^{1000}$，则 $\ln\ln\ln x$ 比 2 要大一点。尽管如此，$\ln\ln\ln x$ 的无穷大的阶在素数论中也有它的作用。

函数

$$\frac{x}{\ln x}$$

在素数论中特别重要。它比 x 趋向于无穷要慢得多。但鉴于 (1.7.1)，它比 $x^{1-\delta}$ 趋向于无穷要快得多，也就是说，它比 x 的任何小于 1 次的幂趋向于无穷要快得多。而且它是具有这个性质的最简单的函数。

1.8 素数定理的表述

现在，本节来叙述一个定理，它回答了 1.5 节中的问题 (4)。

定理 6 (素数定理)　不超过 x 的素数个数渐近于 $\dfrac{x}{\ln x}$，即 $\pi(x) \sim \dfrac{x}{\ln x}$。

这个定理是素数分布理论的核心定理。第 22 章将给出它的证明。这个证明并不容易，不过在同一章里会对下面的较弱的结果给出一个简单得多的证明。

定理 7 (Tchebychef 定理)

$$\pi(x) \text{ 的阶是 } \frac{x}{\ln x}, \quad \text{即 } \pi(x) \asymp \frac{x}{\ln x}.$$

将定理 6 和素数表中的数值进行比较是件很有趣的事情。

对于 $x = 10^3, x = 10^6$ 以及 $x = 10^9$，$\pi(x)$ 的值分别是

$$168, \quad 78\ 498, \quad 50\ 847\ 534;$$

而 $x/\ln x$ 的值 (取离它最接近的整数) 分别是

$$145, \quad 72\ 382, \quad 48\ 254\ 942.$$

它们对应的比值分别是

$$1.158\ldots, \quad 1.084\ldots, \quad 1.053\ldots .$$

尽管这些比值并不是非常快地逼近 1，但这些数值给出了某种近似。实际值多于估计值，可用一般理论给出解释。

如果

$$y = \frac{x}{\ln x},$$

那么

$$\ln y = \ln x - \ln \ln x,$$

由于

$$\ln \ln x = o(\ln x),$$

故有

$$\ln y \sim \ln x, \quad x = y \ln x \sim y \ln y.$$

于是 $\dfrac{x}{\ln x}$ 的反函数渐近于 $x \ln x$.

由此可以推知, 定理 6 等价于

定理 8 $p_n \sim n \ln n.$

类似地, 定理 7 等价于

定理 9 $p_n \asymp n \ln n.$

第 664 999 个素数是 10 006 721, 读者可以将这些数字与定理 8 比较.

我们把要讲的有关素数及其分布的内容安排在第 1 章、第 2 章以及第 22 章这三章里. 本章作为导引, 除了定义和初步的说明之外, 几乎没有什么内容. 除了较容易证明的定理 1 (它也很重要) 以外, 我们没有证明其他什么结论. 第 2 章要证明得更多一些, 特别是 Euclid 的定理 3 和定理 4. 其中定理 3 可以推导出被称为 "基本定理" 的定理 2 (见 1.3 节), 我们以后几乎所有的工作都依赖于这个基本定理, 2.10 节和 2.11 节将对它给出两个证明. 2.1 节、2.4 节和 2.6 节要用几种方法来证明定理 4, 其中有的方法可以使这个定理略加扩展. 第 22 章将再次回到素数分布理论, 并尽可能地用初等方法展开这个理论, 在我们要讨论的结果中, 包含证明定理 7, 最后还要证明定理 6.

本 章 附 注

1.3 节. 定理 3 是 Euclid《几何原本》第 7 卷命题 30. 定理 2 看起来在 Gauss 之前还没有被人明确地叙述过 (见 Gauss *D.A.*, 第 16 章). 当然, 早期的数学家是知道这个结果的, 不过 Gauss 是将算术发展成为一门系统科学的第一人. 参见本书 12.5 节.

1.4 节. 最好的因子表是 D. N. Lehmer 的 *Factor Table for the first ten millions* [Carnegie Institution, Washington 105(1909)], 它给出了不超过 10 017 000 且不能被 2, 3, 5, 7 整除的所有的数的最小因子. 同一作者的 *List of prime numbers from 1 to* 10 006 721 [Carnegie Institution, Washington 165(1914)] 被 Baker 和 Gruenberger 扩展到了 10^8 (*The first six million prime numbers*, Rand Corp., Microcard Found., Madison 1959). 有关更早期的表的信息可以在 Lehmer 的两卷本著作的引言以及 Dickson 的数论史第 1 卷第 13 章中找到. 我们给出的素数个数比 Lehmer 给出的要少一个, 是因为他把 1 当作素数来处理. Mapes (*Math.*

Computation 17(1963), 184-185) 给出 $\pi(x)$ 的一张表, 其中的 x 取值为直到 1 000 000 000 的 10 000 000 的任何倍数.

在 D. H. Lehmer 的 *Guide to tables in the theory of numbers* (Washington, 1941) 中给出了一张带有客观表述性注记的素数表. 大的素数表现在基本上已经过时了, 为了实用目的, 计算机能以足够快的速度从头生产素数.

定理 4 是 Euclid《几何原本》第 9 卷命题 20.

关于定理 5, 请参见 Lucas 的 *Théorie des nombres*, i(1891), 359–361.

Kratchick [*Sphinx*, 6(1936), 166 以及 8(1938), 86] 列出了 $10^{12} - 10^4$ 和 $10^{12} + 10^4$ 之间的所有素数; 而 Jones, Lal, and Blundon (*Math. Comp.* 21(1967), 103-107) 列出了 10^k 和 $10^k + 150\,000$ 之间的所有素数 (对于从 8 到 15 的整数 k). 已知最大的素数对 $p, p + 2$ 是

$$2\,003\,663\,613 \times 2^{195\,000} \pm 1,$$

它是由 Vautier 于 2007 年发现的. 这些素数有 58 711 位数字.

在 22.20 节中, 我们对不超过 x 的素数对 $(p, p+2)$ 的个数所猜想的公式给出一个简单的讨论. 它和已知的事实很吻合. 这个方法可以用来寻求关于素数对、三元素数组以及更大的素数组的许多其他猜想的定理.

1.5 节. 我们这里的问题列表是对 Carmichael 在 *Theory of numbers* 第 29 页中给出的问题表经过修改得到的. 当然, 在这里我们没有 (也不可能) 定义 "简单公式" 的含义是什么. 寻求计算第 n 个素数的算法可能更有裨益. 显然有一个算法, 即由 Eratosthenes 给出的筛法. 于是, 一个有意思的问题就是: 这样一个算法能计算多快? 一种以 Lagarias 和 Odlyzko 的工作 [*J. Algorithms* **8**(1987), 173-191] 为基础的方法在 $O(n^{3/5})$ 的时间内算出 p_n (如果有大量的存储器可用, 或许还可以再略微快一些). 对于问题 (2) 和 (3), 可以类似地问: 给定 p_n, 可以以多快的速度算出 p_{n+1}? 或者更一般地, 可以以多快的速度求出大于一个给定素数 p 的任何素数? 目前看来, 最好的方法还仅仅是从 p_n 开始往上检验每个数的素性. 有人或许会猜想这个过程会是极其有效的, 在大致 $O((\lg n)^C)$ ($C > 0$ 是一个常数) 时间内即可找到下一个素数. 我们有一种属于 Agrawal, Kayal, and Saxena[*Ann. of Math.* (2) **160**(2004), 781-793] 的非常快速的素性判别法, 但是关于差 $p_{n+1} - p_n$ 已知最著名的上界是 $O(p_n^{0.525})$ (见 Baker, Harman, and Pintz, *Proc. London Math. Soc.* (3) **83**(2001), 532-562). 因此, 目前我们只能说: 在给定 p_n 之后, p_{n+1} 可以在 $O(p_n^\theta)$ 时间内确定出来 (对任意常数 $\theta > 0.525$).

1.7 节. Littlewood 有关 $\pi(x)$ 有时比 "对数积分" Li x 稍大的证明依赖于当 x 相当大时 $\ln\ln\ln x$ 的大小. 见 Ingham 的书的第 5 章, 或者参看 Landau, *Vorlesungen*, ii, 123-156.

1.8 节. 定理 7 是由 Tchebychef 在大约 1850 年证明的, 定理 6 是由 Hadamard 和 de la Vallée Poussin 在 1896 年证明的. 见 Ingham 的书, 4-5; Landau, *Handbuch*, 3-55; 以及本书第 22 章, 特别是 22.14 节至 22.16 节的附注.

$\pi(x)$ 的一个更好的近似值由 "对数积分"

$$\mathrm{Li}\, x = \int_2^x \frac{\mathrm{d}t}{\ln t}$$

给出. 例如, 对于 $x = 10^9$, $\pi(x)$ 和 $x/\ln x$ 相差大于 2 500 000, 而 $\pi(x)$ 与 Li x 仅相差大约 1700.

第 2 章 素 数 (2)

2.1 Euclid 第二定理的第一个证明

Euclid 对定理 4 给出的证明如下.

设 $2, 3, 5, \cdots, p$ 是不大于 p 的所有素数组成的集合, 并令

$$q = 2 \times 3 \times 5 \times, \cdots, \times p + 1, \tag{2.1.1}$$

则 q 不能被 $2, 3, 5, \cdots, p$ 中的任何一个数整除. 于是 q 要么是一个素数, 要么可以被介于 p 和 q 之间的某个素数整除. 无论哪一种情形都会有一个大于 p 的素数存在, 这就证明了该定理.

该定理等价于

$$\pi(x) \to \infty. \tag{2.1.2}$$

2.2 Euclid 方法的更进一步推论

如果 p 是第 n 个素数 p_n, q 的定义与 (2.1.1) 中的相同, 那么显然, 对 $n > 1$①有

$$q < p_n^n + 1,$$

从而有

$$p_{n+1} < p_n^n + 1.$$

这个不等式使我们能对 p_n 的增长速率给出一个上限, 并对 $\pi(x)$ 的增长速率给出一个下限.

然而, 我们可以得到如下更好的界限. 假设对 $n = 1, 2, \cdots, N$ 有

$$p_n < 2^{2^n}, \tag{2.2.1}$$

那么 Euclid 方法就给出

$$p_{N+1} \leqslant p_1 p_2 \cdots p_N + 1 < 2^{2 + 4 + \cdots + 2^N} + 1 < 2^{2^{N+1}}. \tag{2.2.2}$$

由于 (2.2.1) 对 $n = 1$ 为真, 从而它对所有 n 也为真.

现在假设 $n \geqslant 4$, 且

$$e^{e^{n-1}} < x \leqslant e^{e^n},$$

---

① 当 $n = 1, p = 2, q = 3$ 时, 左右两式相等.

那么就有①

$$\mathrm{e}^{n-1} > 2^n, \quad \mathrm{e}^{\mathrm{e}^{n-1}} > 2^{2^n}.$$

于是, 根据 (2.2.1) 就有

$$\pi(x) \geqslant \pi(\mathrm{e}^{\mathrm{e}^{n-1}}) \geqslant \pi(2^{2^n}) \geqslant n.$$

由 $\ln \ln x \leqslant n$ 可推出: 对 $x > \mathrm{e}^{\mathrm{e}^3}$ 有

$$\pi(x) \geqslant \ln \ln x.$$

显然, 此不等式对 $2 \leqslant x \leqslant \mathrm{e}^{\mathrm{e}^3}$ 也成立, 于是就证明了以下定理.

定理 10　$\pi(x) \geqslant \ln \ln x \quad (x \geqslant 2)$.

这样就超越了定理 4, 得到了 $\pi(x)$ 的阶的一个下限. 当然这个下限太小, 因而不大合理. 例如, 根据此不等式, 它对 $x = 10^9$ 才给出 $\pi(x) \geqslant 3$, 而此时实际上 $\pi(x)$ 的值已超过 $50\,000\,000$ 了.

2.3　某种算术级数中的素数

Euclid 方法还可以沿另外的方向发展.

定理 11　*存在无穷多个形如 $4n+3$ 的素数.*

我们不用 (2.1.1), 而改用

$$q = 2^2 \times 3 \times 5 \times \cdots \times p - 1$$

来定义数 q, 那么 q 就是形如 $4n+3$ 的数, 且它不能被不超过 p 的任何素数整除. 它也不可能仅仅是形如 $4n+1$ 这样的素数的乘积, 这是因为两个形如 $4n+1$ 的数的乘积仍然是一个形如 $4n+1$ 的数. 于是, 它一定能被一个大于 p 且形如 $4n+3$ 的素数整除.

定理 12　*存在无穷多个形如 $6n+5$ 的素数.*

证明是类似的. 用

$$q = 2 \times 3 \times 5 \times \cdots \times p - 1$$

来定义 q, 并且注意到, 除了 2 和 3 以外的任何素数都形如 $6n+1$ 或者形如 $6n+5$, 且两个形如 $6n+1$ 的数的乘积仍是一个形如 $6n+1$ 的数.

证明形如 $4n+1$ 的素数的无穷性要更困难一些. 我们需要假设后面 (20.3 节) 要证明的一个定理的真实性.

---

① 它对 $n = 3$ 并不成立.

定理 13 如果 a 和 b 没有公约数, 那么 $a^2 + b^2$ 的任何奇素因子都必定形如 $4n + 1$.

如果事先假设这个定理成立, 就能证明存在无穷多个形如 $4n + 1$ 的素数. 事实上可以证明以下定理.

定理 14 存在无穷多个形如 $8n + 5$ 的素数.

取 $q = 3^2 \times 5^2 \times 7^2 \times \cdots \times p^2 + 2^2$, 这是两个没有公约数的平方数之和. 奇数 $2m + 1$ 的平方是 $4m(m + 1) + 1$, 这是一个形如 $8n + 1$ 的数, 所以 q 是一个形如 $8n + 5$ 的数. 根据定理 13, q 的任何素因子均形如 $4n + 1$, 也即均形如 $8n + 1$ 或者 $8n + 5$, 而形如 $8n + 1$ 的两个数的乘积仍然是一个形如 $8n + 1$ 的数, 这样就可以和以前一样完成证明了.

所有这些定理都是著名的 Dirichlet 定理的特殊情形.

定理 15* (Dirichlet 定理)[①] 如果 a 是一个正数, 且 a 和 b 没有除了 1 以外的公约数, 那么就有无穷多个形如 $an + b$ 的素数存在.

这个定理的证明过于困难, 不适合放在本书中. 而当 b 等于 1 或 -1 时则有较为简单的证明.

2.4 Euclid 定理的第二个证明

定理 4 的第二个证明 (该证明由 Pólya 给出) 依赖于所谓的 "Fermat 数" 的一个性质.

Fermat 数定义为

$$F_n = 2^{2^n} + 1,$$

于是有 $F_1 = 5$, $F_2 = 17$, $F_3 = 257$, $F_4 = 65\,537$.

Fermat 数在很多方面都令人感兴趣: 比方说, Gauss 曾经证明过,[②] 如果 F_n 是一个素数 p, 那么边数为 p 的正多边形可以用 Euclid 的方法内切到一个圆的内部[③].

与这里的问题有关的 Fermat 数的性质如下.

定理 16 任何两个 Fermat 数都没有大于 1 的公约数.

假设 F_n 和 F_{n+k} $(k > 0)$ 是两个 Fermat 数, 且

---

① 定理序号附有一个星号表示本书并不给出这个定理的证明.

② 见 5.8 节.

③ 这个结果可以等价表述为, 如果 F_n 是一个素数 p, 那么边数为 p 的正多边形可以用圆规与直尺作出.

——译者注

$$m \mid F_n, \quad m \mid F_{n+k}$$

如果 $x = 2^{2^n}$, 就有

$$\frac{F_{n+k} - 2}{F_n} = \frac{2^{2^{n+k}} - 1}{2^{2^n} + 1} = \frac{x^{2^k} - 1}{x + 1} = x^{2^k - 1} - x^{2^k - 2} + \cdots - 1,$$

从而有 $F_n \mid (F_{n+k} - 2)$. 于是就有

$$m \mid F_{n+k}, \quad m \mid (F_{n+k} - 2),$$

这就给出 $m \mid 2$. 但由于 F_n 是奇数, 从而 $m = 1$, 这就证明了定理.

由此推出, $F_1, F_2, \cdots, F_n$ 中的每一个数都能被一个奇素数整除, 且整除其中某一个数的奇素数必不能整除这组数中其他任何一个数. 这样就至少有 n 个不超过 F_n 的奇素数存在, 而这也就证明了 Euclid 的定理. 我们还有

$$p_{n+1} \leqslant F_n = 2^{2^n} + 1,$$

显然, 由这个不等式 [它比 (2.2.1) 要稍强一点] 可以导出定理 10 的一个证明.

2.5 Fermat 数和 Mersenne 数

前 4 个 Fermat 数都是素数, Fermat 曾猜想所有的 Fermat 数都是素数. 然而, Euler 在 1732 年发现

$$F_5 = 2^{2^5} + 1 = 641 \times 6\ 700\ 417$$

是合数. 因为 $641 = 5^4 + 2^4 = 5 \times 2^7 + 1$ 既整除 $5^4 \times 2^{28} + 2^{32}$ 又整除 $5^4 \times 2^{28} - 1$, 从而它也整除这两个数的差 F_5.

1880 年 Landry 证明了

$$F_6 = 2^{2^6} + 1 = 274\ 177 \times 67\ 280\ 421\ 310\ 721.$$

最近有数学工作者证明了对于

$$7 \leqslant n \leqslant 16, \quad n = 18, 19, 21, 23, 36, 38, 39, 55, 63, 73$$

以及 n 的许多更大的值, F_n 都是合数. F_{14} 尚无已知的因子, 而对于所有其余已证明了是合数的 Fermat 数都有一个因子是已知的.

在 F_4 之后没有发现过取素数值的 F_n, 于是 Fermat 猜想一直未能被证明是一个成功的猜想. 很有可能取素数值的 F_n 的个数是有限的.[①]如果事实确实如此,

---

[①] 这是由概率的考虑提供的结果. 假设定理 7 成立, 可以粗略地讨论如下: 一个数 n 为素数的概率至多是

$$\frac{A}{\ln n},$$

于是 Fermat 素数的总的期望值至多为

$$A \sum \left\{ \frac{1}{\ln(2^{2^n} + 1)} \right\} < A \sum 2^{-n} < A.$$

这个讨论 (除了缺乏严格性以外) 假设了不存在特殊的理由使得某个 Fermat 数像是素数, 而定理 16 和定理 17 使我们想到这种数中有一些是素数.

那么取素数值的 $2^n + 1$ 就是有限的, 这是因为容易证明下面的定理.

定理 17   如果 $a \geqslant 2$ 且 $a^n + 1$ 是素数, 那么 a 必为偶数且 $n = 2^m$.

因为如果 a 是奇数的话, $a^n + 1$ 就是偶数. 又如果 n 有一个奇数因子 k, 且 $n = kl$, 那么 $a^n + 1$ 可以被 $a^l + 1$ 整除:

$$\frac{a^{kl} + 1}{a^l + 1} = a^{(k-1)l} - a^{(k-2)l} + \cdots + 1.$$

将 Fermat 猜想和另一个著名猜想的命运加以比较是很有意思的, 这个猜想说的是形如 $2^n - 1$ 的素数. 我们首先给出另一个与定理 17 几乎同一类型的平凡定理.

定理 18   如果 $n > 1$ 且 $a^n - 1$ 是素数, 那么 $a = 2$ 且 n 为素数.

因为如果 $a > 2$, 那么就有 $(a-1)|(a^n - 1)$. 又如果 $a = 2$ 且 $n = kl$, 那么就有 $(2^k - 1)|(2^n - 1)$.

这样一来, 判断 $a^n - 1$ 是否是素数的问题就归结为判断 $2^p - 1$ 是否是素数. 1644 年 Mersenne 曾断言：对

$$p = 2, 3, 5, 7, 13, 17, 19, 31, 67, 127, 257,$$

$M_p = 2^p - 1$ 都是素数, 且对另外的 44 个小于 257 的 p 的值, M_p 都是合数. Mersenne 结论中的第一个错误是在大约 1886 年被发现的[①], 那一年 Pervusin 和 Seelhoff 发现了 M_{61} 是素数. 其后在 Mersenne 的结论中又发现了 4 个错误, 因而对他的结论不再需要认真对待了. 1876 年, Lucas 发现了一个方法来测试 M_p 是否是素数, 并用此方法证明了 M_{127} 是素数. 这个数直到 1951 年都仍然是已知最大的素数, 在 1951 年 Ferrier 用不同的方法发现了一个更大的素数 (仅用到一台台式计算机), Miller 和 Wheeler (他们用到剑桥的电子计算机 EDSAC 1) 则发现了若干个大素数, 其中最大的一个是

$$180 M_{127}^2 + 1,$$

这个数大于 Ferrier 得到的那个数. 但是 Lucas 的判别法特别适用于在二进制的数值计算机上使用. 后来又在 (Lehmer 和 Robinson, Hurwitz 和 Selfridge, Riesel, Gillies, Tuckerman 以及最后是 Nickel 和 Noll 等人的) 一系列的研究中得到了应用. 现在已知 M_p 对

$$p = 2, 3, 5, 7, 13, 17, 19, 31, 61, 89, 107, 127, 521, 607, 1279, 2203, 2281,$$
$$3217, 4253, 4423, 9689, 9941, 11\,213, 19\,937, 21\,701$$

---

① 1732 年 Euler 说过 M_{41} 和 M_{47} 都是素数, 但这是错误的.

皆为素数, 而对 $p < 21\,700$ 中所有其余的 p, M_p 均为合数. 最大已知的素数是 $M_{21\,701}$, 它是一个 6533 位的数 [1].

15.5 节将描述 Lucas 的判别法, 并给出一个 Miller 和 Wheeler 在定理 101 中所用的判别法.

Mersenne 数的问题与 "完全数" 问题有关, 16.8 节中会考虑完全数问题.

我们还会在 6.15 节和 15.5 节中再次回到这个论题.

2.6 Euclid 定理的第三个证明

假设 $2, 3, \cdots, p_j$ 是前 j 个素数, 令 $N(x)$ 是不超过 x 且不能被任何素数 $p > p_j$ 整除的数 n 的个数. 如果把这样的 n 表成形式

$$n = n_1^2 m,$$

其中 m 是 "无平方因子数", 即它不能被任何素数的平方整除, 这样就有

$$m = 2^{b_1} 3^{b_2} \cdots p_j^{b_j},$$

其中每个 b 的取值或者为 0 或者为 1. m 的指数恰有 2^j 种可能的选择, 于是 m 有不多于 2^j 个不同的值. 此外, $n_1 \leqslant \sqrt{n} \leqslant \sqrt{x}$, 从而 n_1 有不多于 $\sqrt{x}$ 个不同的值. 所以

$$N(x) \leqslant 2^j \sqrt{x}. \tag{2.6.1}$$

如果定理 4 不真, 那么素数个数就是有限的, 设所有素数为 $2, 3, \cdots, p_j$. 此时对每个 x 有 $N(x) = x$, 因此

$$x \leqslant 2^j \sqrt{x}, \quad x \leqslant 2^{2j},$$

而这对 $x \geqslant 2^{2j} + 1$ 是错误的.

可以用这个方法来证明两个进一步的结果.

定理 19 *级数*

$$\sum \frac{1}{p} = \frac{1}{2} + \frac{1}{3} + \frac{1}{5} + \frac{1}{7} + \frac{1}{11} + \cdots \tag{2.6.2}$$

是发散的.

如果该级数收敛, 可以选取 j 使得第 j 项以后的余项小于 $\dfrac{1}{2}$, 也就是说

$$\frac{1}{p_{j+1}} + \frac{1}{p_{j+2}} + \cdots < \frac{1}{2}.$$

满足 $n \leqslant x$ 且能被 p 整除的数 n 的个数至多为 x/p. 因此 $x - N(x)$ (它是满足 $n \leqslant x$ 且能被 $p_{j+1}, p_{j+2}, \cdots$ 中一个或多个数整除的数 n 的个数) 不多于

---

① 参见章后附注.

$$\frac{x}{p_{j+1}} + \frac{x}{p_{j+2}} + \cdots < \frac{1}{2}x.$$

于是, 根据 (2.6.1) 就有

$$\frac{1}{2}x < N(x) \leqslant 2^j \sqrt{x}, \quad x < 2^{2j+2},$$

这对 $x \geqslant 2^{2j+2}$ 是错误的. 从而该级数发散.

定理 20 $\pi(x) \geqslant \dfrac{\ln x}{2\ln 2}$ $(x \geqslant 1)$, $p_n \leqslant 4^n$.

取 $j = \pi(x)$, 于是 $p_{j+1} > x$, $N(x) = x$. 从而

$$x = N(x) \leqslant 2^{\pi(x)} \sqrt{x}, \quad 2^{\pi(x)} \geqslant \sqrt{x},$$

取对数就得到定理 20 的第一部分. 如果令 $x = p_n$, 则有 $\pi(x) = n$, 定理第二部分结论立即得出.

根据定理 20 有 $\pi(10^9) \geqslant 15$, 这仍然是一个远低于实际结果的数.

2.7   关于素数公式的进一步结果

暂时回到 1.5 节中提出的问题. 可以寻求各种意义下的 "素数公式".

(i) 可以寻找一个简单函数 $f(n)$, 使它取所有的素数值且仅取素数值. 也就是说, 当 n 取值为 $1, 2, \cdots$ 时, 该函数连续取素数值 $p_1, p_2, \cdots$. 这是 1.5 节中讨论过的问题.

(ii) 可以寻找 n 的一个简单函数, 它只取素数值. Fermat 的猜想如果正确的话, 那就会给出此问题的一个答案①. 而现在的情况是还不知道是否会有令人满意的答案. 但是有可能构造出一个 (多个正整数变量的) 多项式, 尽管这个多项式所取的负值是合数, 但它所取的正值全都是素数且包含了所有的素数. 见附录第 2 节.

(iii) 可以适当降低要求, 仅仅来求 n 的一个简单函数, 它取无穷多个素数值. 由 Euclid 定理得知, $f(n) = n$ 就是这样一个函数, 关于这个问题的不太显然的答案由定理 11 至定理 15 给出. 除了平凡的解之外, Dirichlet 定理 15 是已知的仅有解答. 迄今尚未能证明 $n^2 + 1$ 或者 n 的任何一个另外的二次式能表示出无穷多个素数, 所有这样的问题看起来都极其困难.

有一些简单否定的定理, 它们包含了对于问题 (ii) 的很不完全的回答.

---

① 有人建议用下面的数列来代替 Fermat 数列:

$$2+1, \quad 2^2+1, \quad 2^{2^2}+1, \quad 2^{2^{2^2}}+1, \cdots$$

它的前 4 个数是素数, 但这个数列的第 5 个数, 即 F_{16}, 现在已知是一个合数. 另一个建议是限制 p 取 Mersenne 素数, 认为这样的话数列 M_p 就会只包含素数了. 然而 $M_{13} = 8191$ 是 Mersenne 素数, 但 M_{8191} 是合数.

定理 21   不存在任何非常数的整系数多项式 $f(n)$, 它能对所有 n, 或者对所有充分大的 n 都取素数值.

可以假设 $f(n)$ 的首项系数是正的, 于是当 $n \to \infty$ 时就有 $f(n) \to \infty$, 且对于某个 N 有当 $n > N$ 时 $f(n) > 1$ 成立. 如果 $x > N$ 且

$$f(x) = a_0 x^k + \cdots = y > 1,$$

那么, 对每个整数 r,

$$f(ry + x) = a_0(ry + x)^k + \cdots$$

都能被 y 整除, 并且当 r 趋向于无穷时 $f(ry + x)$ 也趋于无穷. 从而 $f(n)$ 可以取到无穷多个合数值.

有这样的二次式存在, 它对 n 的一列相当长的值都取素数值. 例如 $n^2 - n + 41$ 对于 $0 \leqslant n \leqslant 40$ 都取素数值, 且

$$n^2 - 79n + 1601 = (n - 40)^2 + (n - 40) + 41$$

对 $0 \leqslant n \leqslant 79$ 都取素数值.

一个更为一般的定理 (6.4 节中将证明它) 叙述如下.

定理 22   如果

$$f(n) = P(n, 2^n, 3^n, \cdots, k^n)$$

是它的变量的一个整系数多项式, 且当 $n \to \infty$ 时有 $f(n) \to \infty$, [①] 那么对无穷多个 n 的值, $f(n)$ 都取合数值.

2.8   关于素数的未解决的问题

1.4 节陈述了两个猜想式的命题, 没有人知道它们的证明, 尽管数值证据表明它们很可能是正确的. 还有许多其他的同类猜想.

存在无穷多个形如 $n^2 + 1$ 的素数. 更一般地, 如果 a, b, c 是没有公约数的整数, a 是正数, $a + b$ 和 c 不全是偶数, 且 $b^2 - 4ac$ 不是完全平方数, 那么就有无穷多个形如 $an^2 + bn + c$ 的素数存在.

2.7 节 (iii) 已经讨论过 $n^2 + 1$. 如果 a, b, c 有公约数, 显然在规定形式的数中最多只有一个素数存在. 如果 $a + b$ 和 c 两者均为偶数, 那么 $N = an^2 + bn + c$ 始终是偶数. 如果 $b^2 - 4ac = k^2$, 那么

$$4aN = (2an + b)^2 - k^2.$$

---

① 对此定理的陈述要小心一些, 以避免 $f(n)$ 取成像 $2^n 3^n - 6^n + 5$ 这样的显然对所有 n 均取素数值的情况.

这样一来, 如果 N 是素数, 那么, 要么 $2an + b + k$ 整除 $4a$, 要么 $2an + b - k$ 整除 $4a$, 而这只能对 n 的至多有限多个值为真. 因此猜想中所说的限制条件是至关重要的.

n^2 和 $(n+1)^2$ 之间总有素数存在.

如果 $n > 4$ 是偶数, 那么 n 是 2 个奇素数之和.

这就是 "Goldbach 猜想".

如果 $n \geqslant 9$ 是奇数, 那么 n 是 3 个奇素数之和.

从某个数开始往后的所有 n, 要么是一个平方数, 要么是一个素数和一个平方数之和.

这个结论并不是对所有的 n 都为真, 比如 34 和 58 就是例外.

一个更加值得怀疑的猜想 (2.5 节中曾经谈到过它) 是:

Fermat 素数的个数是有限的.

2.9 整 数 模

现在给出 1.3 节中未给出的定理 3 和定理 2 的证明. 另一个证明在 2.11 节中给出, 第三个证明在 12.4 节中给出. 在本节中, 整数指的是正的或者负的有理整数.

这个证明与数的 "模" 这个概念有关. 模指的是一个数系 S, S 中任何两个数的和与差也是 S 中的元素, 也就是说,

$$m \in S, \quad n \in S \quad \rightarrow \quad (m \pm n) \in S. \tag{2.9.1}$$

一个模里面的数不一定是整数或有理数 (它们也可以是复数, 或者四元数), 不过这里我们只关心整数的模.

单独一个数 0 构成一个模, 即**零模** (null modulus).

由 S 的定义推出

$$a \in S \quad \rightarrow \quad 0 = a - a \in S, \quad 2a = a + a \in S.$$

重复这个方法, 我们看出, 对任何 (正的或负的) 整数 n 有 $na \in S$. 更一般地, 对任何整数 x, y 有

$$a \in S, \quad b \in S \quad \rightarrow \quad xa + yb \in S. \tag{2.9.2}$$

此外, 容易看出, 如果给定 a 和 b, $xa + yb$ 的值组成的集合构成一个模.

显然, 除了零模以外, 任何模 S 都含有正数. 假设 d 是 S 中的最小正数, 如果 n 是 S 中任何一个正数, 那么对所有的 z, $n - zd \in S$. 如果 c 是 n 被 d 除得到的余数, 且

$$n = zd + c,$$

则有 $c \in S$ 且 $0 \leqslant c < d$. 既然 d 是 S 中的最小正数, 所以有 $c = 0$ 以及 $n = zd$. 于是就得到以下定理.

定理 23 除了零模以外, 任何模都是某个正数 d 的整倍数组成的集合.

两个不全为零的整数 a 和 b 的**最大公约数** (highest common divisor) d 定义为: d 是能同时整除 a 和 b 的最大正整数, 记为 $d = (a, b)$. 于是有 $(0, a) = |a|$. 可以用同样的方法定义任意一组正整数 $a, b, c, \cdots, k$ 的最大公约数

$$(a, b, c, \cdots, k).$$

对整数 x, y, 形如

$$xa + yb$$

的数组成的集合是一个模, 根据定理 23, 它是某个正数 c 的倍数 zc 组成的集合. 由于 c 整除 S 中的每一个数, 所以它必整除 a 和 b, 于是

$$c \leqslant d.$$

另外,

$$d \mid a, \ d \mid b \quad \rightarrow \quad d \mid (xa + yb),$$

所以 d 整除 S 中的每一个数, 特别有 d 整除 c. 由此推得

$$c = d,$$

于是 S 就是由 d 的倍数组成的集合.

定理 24 模 $xa + yb$ 是由 $d = (a, b)$ 的倍数组成的集合.

显然我们还附带证明了以下定理.

定理 25 方程

$$ax + by = n$$

有整数解 x, y, 当且仅当 $d \mid n$. 特别地,

$$ax + by = d$$

可解.

定理 26 a 和 b 的任何公约数都整除 d.

2.10 算术基本定理的证明

现在可以来证明 Euclid 的定理 3, 从而也就证明了定理 2.

假设 p 是素数且 $p \mid ab$. 如果 $p \nmid a$, 那么 $(a, p) = 1$, 于是根据定理 25 知, 存在 x 和 y 使得 $xa + yp = 1$, 也就是

$$xab + ypb = b.$$

但是 $p \mid ab$ 且 $p \mid pb$, 所以 $p \mid b$.

实际上同样的讨论可以证明以下定理.

定理 27 $(a,b) = d,\quad c > 0 \quad \to \quad (ac, bc) = dc.$

因为存在 x 和 y 使得 $xa + yb = d$, 也就是

$$xac + ybc = dc,$$

从而就有 $(ac, bc) \mid dc$. 反过来, 我们有 $d \mid a \to dc \mid ac$ 以及 $d \mid b \to dc \mid bc$, 由定理 26 有 $dc \mid (ac, bc)$, 从而有 $(ac, bc) = dc$.

2.11   基本定理的另一个证明

称能以多于一种方式分解成素数乘积的数为**非正规数** (abnormal). 设 n 是最小的非正规数. 同一个素数 P 不可能在 n 的两个不同的因子分解中出现, 因为如果不然, n/P 就是一个非正规数, 且 $n/P < n$. 从而我们有

$$n = p_1 p_2 p_3 \ldots = q_1 q_2 \ldots,$$

其中 p 和 q 都是素数, 且没有一个 p 等于某个 q, 也没有一个 q 等于任何一个 p.

不妨令 p_1 是最小的 p. 由于 n 是合数, 故 $p_1^2 \leqslant n$. 类似地, 如果 q_1 是最小的 q, 则有 $q_1^2 \leqslant n$. 又由于 $p_1 \neq q_1$, 由此推出 $p_1 q_1 < n$. 因此, 如果 $N = n - p_1 q_1$, 则有 $0 < N < n$, 且 N 不是非正规数. 现在有 $p_1 \mid n$, 于是 $p_1 \mid N$. 类似地有 $q_1 \mid N$. 于是 p_1 和 q_1 两者都在 N 的唯一分解式中出现, 且 $(p_1 q_1) \mid N$. 由此推出 $(p_1 q_1) \mid n$, 于是 $q_1 \mid (n/p_1)$. 但是 n/p_1 小于 n, 从而有唯一素数分解 $p_2 p_3 \ldots$. 由于 q_1 不是任何一个 p, 这是不可能的. 于是不可能有任何非正规数, 这正是基本定理的结论.

本 章 附 注

2.2 节. Ingham 先生告诉我们, 这里所用的方法属于 Bohr 和 Littlewood: 见 Ingham, 2.

2.3 节. 关于定理 11, 12 和 14, 见 Lucas, *Théorie des nombres*, i (1891) 353-354; 关于定理 15, 见 Landau, *Handbuch*, 422-446 以及 *Vorlesungen*, i, 79-96.

定理 15 的一个有趣的推广是由 Shiu 得到的 (*J. London Math. Soc.* (2) **61**(2000), 359-373). 它是说: 对于定理 15 中那样的 a 和 b, 素数序列包含任意长相邻的元素串, 它们全都有 $an + b$ 的形状. 取 $a = 1000$ 以及 $b = 777$ 为例, 这就意味着我们可以找到如我们所想要的那么多个相邻的素数, 其中每一个素数末尾三位数字都是 777.

2.4 节. 见 Pólya and Szegő, No. 94.

2.5 节. 见 Dickson, *History*, 第 1 卷第 1, 15, 16 章, Rouse Ball *Mathematical recreations and essays* 第 2 章, 有关较早的数值结果见 Kraitchik, *Théorie des nombres*, i (Paris,1922),

22, 218 和 D. H. Lehmer, *Bulletin Amer. Math. Soc.* **38** (1932), 383-384. Miller and Wheeler [*Nature* **168** (1951), 838] 给出了他们的大素数, Tuckerman [*Proc. Nat. Acad. Sci. U.S.A.* **68** (1971), 2319-2320] 对 $p = 19\,937$ 给出了 Mersenne 素数 M_p, 并给出了用电子计算机发现的其他较小的 Mersenne 素数的参考文献. M_p 对于 $p = 21\,701$ 是素数的发现被刊登在了 1978 年 11 月 17 日《泰晤士报》上. 关于合数 F_m 的因子, 请见 Hallyburdon and Brillhart, *Math. Comp.* **29**(1975), 109-112, 关于 F_8 的因子, 见 Brent, *American Math. Soc. Abstracts*, **1**(1980), 565.

到 2007 年, 对于范围在 $5 \leqslant n \leqslant 11$ 中的值, F_n 被公认为都是合数且对它们作了完全的因子分解, 同时对于更大的 n, 也有许多因子被发现. 已知对 $5 \leqslant n \leqslant 32$, F_n 都是合数. 尚无已知因子的 F_n 中最小的 n 是 $n = 14$.

类似地, 到 2007 年, 总共发现了 44 个 Mersenne 素数, 最大的一个是 $M_{32\,582\,657}$. 第 39 个 Mersenne 素数已查明是 $M_{13\,466\,917}$, 但尚未对位于这两个数之间的所有 Mersenne 数全部查验完毕.

Ferrier 的素数是 $(2^{148} + 1)/17$, 这是不用电子计算机所发现的最大的素数 (很可能这个记录会保持下去).

新的大型计算机使得大数分解以及大数的素性检测成为十分有意思且绝非浅显的研究对象. Guy (*Proc. 5th Manitoba Conf. Numerical Math.* 1975, 49-89) 给出了有关因子分解方法的一个完全的说明、关于素性检测的一些评论以及关于这两个问题的相当丰富的参考文献. 有关素性检测也可参见 Brillhart, Lehmer, and Selfridge, *Math. Comp.* **29** (1975), 620-647 和 Selfridge and Wunderlich, *Proc. 4th Manitoba Conf. Numerical Math.* 1974, 109-120.

根据 Kraitchik 和 Bennett 的说法, 我们给出的 $641 \mid F_5$ 的证明属于 Coxeter (*Introduction to geometry*, New York, Wiley, 1969).

Ribenboim, *The new book of prime number records* (Springer, New York, 1996) 一书对上面所有的工作以及其他很多研究成果给出了详尽的介绍.

2.6 节. 参见 Erdős, *Mathematica*, **B 7** (1938), 1-2. 定理 19 是 Euler 在 1737 年证明的.

2.7 节. 定理 21 属于 Goldbach (1752), 定理 22 属于 Morgan Ward, *Journal London Math. Soc.* **5** (1930), 106-107.

2.8 节. 见附录第 3 节.

2.9 节至 2.10 节. 这里的讨论遵循了 Hecke 第 1 章的路线. 模的定义是很自然的, 但有点多余. 只要假设

$$m \in S, \quad n \in S \quad \rightarrow \quad m - n \in S$$

就足够了. 因为那样就有

$$0 = n - n \in S, \quad -n = 0 - n \in S, \quad m + n = m - (-n) \in S.$$

2.11 节. F. A. Lindemann, *Quart. J. of Math.* (Oxford), **4** (1933), 319-320, 以及 Davenport, *Higher arithmetic*, 20. 关于有点类似的证明, 见 Zermelo, *Göttinger Nachrichten* (new series), **i** (1934), 43-44 以及 Hasse, *Journal für Math.* **159** (1928), 3-6.

第 3 章 Farey 数列和 Minkowski 定理

3.1 Farey 数列的定义和最简单的性质

本章主要关注像 1/2 和 7/11 这样的 "正有理数" 或者 "普通分数" 的某些性质. 这样的一个分数可以看成两个正整数之间的一个关系, 因而我们证明的定理也体现了正整数的性质.

n 阶 Farey 数列 $\mathfrak{F}_n$ 是介于 0 和 1 之间且分母不超过 n 的递增的不可约分数序列. 如果

$$0 \leqslant h \leqslant k \leqslant n, \quad (h, k) = 1, \tag{3.1.1}$$

那么 h/k 就属于 $\mathfrak{F}_n$. 数 0 和 1 包含在形式 0/1 和 1/1 之中. 例如 $\mathfrak{F}_5$ 是

$$\frac{0}{1}, \frac{1}{5}, \frac{1}{4}, \frac{1}{3}, \frac{2}{5}, \frac{1}{2}, \frac{3}{5}, \frac{2}{3}, \frac{3}{4}, \frac{4}{5}, \frac{1}{1}.$$

Farey 数列的特征性质由下面几个定理表出.

定理 28 如果 h/k 和 h'/k' 是 $\mathfrak{F}_n$ 中两个相邻的项, 那么

$$kh' - hk' = 1. \tag{3.1.2}$$

定理 29 如果 h/k、h''/k'' 和 h'/k' 是 $\mathfrak{F}_n$ 中 3 个相邻的项, 那么

$$\frac{h''}{k''} = \frac{h + h'}{k + k'}. \tag{3.1.3}$$

我们将在 3.2 节中证明这两个定理是等价的, 然后在 3.3 节、3.4 节和 3.7 节中分别给出这两个定理的 3 个不同的证明. 我们将通过证明 $\mathfrak{F}_n$ 的两个较简单的性质来结束本节.

定理 30 如果 h/k 和 h'/k' 是 $\mathfrak{F}_n$ 中两个相邻的项, 那么

$$k + k' > n. \tag{3.1.4}$$

h/k 和 h'/k' 的 "中位数"

$$\frac{h + h'}{k + k'}①$$

落在区间

---

① 或这个分数的既约分数.

$$\left(\frac{h}{k}, \frac{h'}{k'}\right)$$

中. 因此, 除非 (3.1.4) 为真, 否则在 $\mathfrak{F}_n$ 中就会有另外一项位于 h/k 和 h'/k' 之间.

定理 31 如果 $n > 1$, 则 $\mathfrak{F}_n$ 中不存在两个相邻的项能有相同的分母.

如果在 $\mathfrak{F}_n$ 中, $k > 1$ 且 h'/k 紧跟在 h/k 的后面, 则有 $h + 1 \leqslant h' < k$, 而

$$\frac{h}{k} < \frac{h}{k-1} < \frac{h+1}{k} \leqslant \frac{h'}{k},$$

从而 $h/(k-1)^{①}$ 在 $\mathfrak{F}_n$ 中位于 h/k 和 h'/k 之间, 矛盾.

3.2 两个特征性质的等价性

现在来证明定理 28 和定理 29 互相蕴涵.

(1) **定理 28 蕴涵定理 29.**

假设定理 28 成立, 对 h'' 和 k'' 解方程

$$kh'' - hk'' = 1, \quad k''h' - h''k' = 1, \tag{3.2.1}$$

得到

$$h''(kh' - hk') = h + h', \quad k''(kh' - hk') = k + k',$$

这就得到 (3.1.3).

(2) **定理 29 蕴涵定理 28.**

假设定理 29 成立, 并假设定理 28 对 $\mathfrak{F}_{n-1}$ 成立, 要推出定理 28 对 $\mathfrak{F}_n$ 成立. 显然只要证明: 当 h''/k'' 属于 $\mathfrak{F}_n$ 但不属于 $\mathfrak{F}_{n-1}$ (即有 $k'' = n$) 时 (3.2.1) 成立. 此时, 根据定理 31 可知, k 和 k' 两者都小于 k'', 于是 h/k 和 h'/k' 是 $\mathfrak{F}_{n-1}$ 中相邻的两项.

由于根据假设有 (3.1.3) 为真, 且 h''/k'' 是不可约的, 于是就有

$$h + h' = \lambda h'', \quad k + k' = \lambda k'',$$

其中 λ 是一个整数. 既然 k 和 k' 两者都小于 k'', λ 必定等于 1. 从而

$$h'' = h + h', \quad k'' = k + k',$$

$$kh'' - hk'' = kh' - hk' = 1.$$

类似地, 有

$$k''h' - h''k' = 1.$$

---

① 或这个分数的既约分数.

3.3 定理 28 和定理 29 的第一个证明

我们的第一个证明是 3.2 节中所用的思想的一个自然展开.

这两个定理对 $n = 1$ 均为真. 假设它们对 $\mathfrak{F}_{n-1}$ 成立, 要证它们对 $\mathfrak{F}_n$ 也成立.
设 h/k 和 h'/k' 是 $\mathfrak{F}_{n-1}$ 中两个相邻的项, 但它们在 $\mathfrak{F}_n$ 中被 h''/k'' 隔开. [①]
令

$$kh'' - hk'' = r > 0, \quad k''h' - h''k' = s > 0. \tag{3.3.1}$$

对 h'' 和 k'' 解这些方程, 记住有

$$kh' - hk' = 1,$$

于是得到

$$h'' = sh + rh', \quad k'' = sk + rk'. \tag{3.3.2}$$

这里有 $(r, s) = 1$, 这是因为 $(h'', k'') = 1$.

现在考虑所有分数

$$\frac{H}{K} = \frac{\mu h + \lambda h'}{\mu k + \lambda k'} \tag{3.3.3}$$

的集合 S, 其中 λ 和 μ 都是正整数, 且 $(\lambda, \mu) = 1$. 于是 h''/k'' 属于 S. S 的每个分数都在 h/k 和 h'/k' 之间, 且都是既约分数, 这是因为 H 和 K 的任何公约数都能整除

$$k(\mu h + \lambda h') - h(\mu k + \lambda k') = \lambda$$

和

$$h'(\mu k + \lambda k') - k'(\mu h + \lambda h') = \mu.$$

从而 S 的每个分数或迟或早都会出现在某个 $\mathfrak{F}_q$ 中, 且显然首次出现的那个分数即是使得 K 取最小值者, 也即是使 $\lambda = 1, \mu = 1$ 者. 这个分数必为 h''/k'', 所以

$$h'' = h + h', \quad k'' = k + k'. \tag{3.3.4}$$

如果用这些值来代替 (3.3.1) 中的 h'' 和 k'', 则可得 $r = s = 1$. 这就对 $\mathfrak{F}_n$ 证明了定理 28. 对于 $\mathfrak{F}_n$ 的 3 个相邻的分数来说, (3.3.4) 一般来说并不为真, 然而 (如前面已经指出的) 当中间那个分数在 $\mathfrak{F}_n$ 中第一次出现时, 这些方程是成立的.

3.4 定理 28 和定理 29 的第二个证明

这个证明不是归纳证明, 它给出 $\mathfrak{F}_n$ 中紧跟在 h/k 之后的那一项的构造法则. 由于 $(h, k) = 1$, 故方程

$$kx - hy = 1 \tag{3.4.1}$$

① 根据定理 31, h''/k'' 是 $\mathfrak{F}_n$ 中位于 h/k 和 h'/k' 之间仅有的一项, 但证明中并没有用到这一点.

有整数解 (定理 25). 如果 x_0, y_0 是一组解, 那么对于任何正的或者负的整数 r

$$x_0 + rh, \quad y_0 + rk$$

仍然是该方程的解. 可以选择 r 的值, 使得有 $n - k < y_0 + rk \leqslant n$. 这样一来, (3.4.1) 就有一组解 (x, y) 使得

$$(x, y) = 1, \quad 0 \leqslant n - k < y \leqslant n. \tag{3.4.2}$$

由于 x/y 已经约分, 且 $y \leqslant n$, 所以 x/y 是 $\mathfrak{F}_n$ 中的一个分数. 由 (3.4.1) 有

$$\frac{x}{y} = \frac{h}{k} + \frac{1}{ky} > \frac{h}{k},$$

于是在 $\mathfrak{F}_n$ 中 x/y 位于 h/k 的后面. 如果它不是 h'/k', 它就位于 h'/k' 的后面, 且

$$\frac{x}{y} - \frac{h'}{k'} = \frac{k'x - h'y}{k'y} \geqslant \frac{1}{k'y},$$

然而

$$\frac{h'}{k'} - \frac{h}{k} = \frac{kh' - hk'}{kk'} \geqslant \frac{1}{kk'},$$

从而根据 (3.4.2) 就有

$$\frac{1}{ky} = \frac{kx - hy}{ky} = \frac{x}{y} - \frac{h}{k} \geqslant \frac{1}{k'y} + \frac{1}{kk'} = \frac{k + y}{kk'y} > \frac{n}{kk'y} \geqslant \frac{1}{ky},$$

矛盾. 于是 x/y 必定等于 h'/k', 且有 $kh' - hk' = 1$.

比方说, 要在 $\mathfrak{F}_{13}$ 中求 $4/9$ 的后继分数, 我们先要求 $9x - 4y = 1$ 的某一组解 (x_0, y_0), 例如解 $x_0 = 1, y_0 = 2$. 然后来选择 r 使得 $2 + 9r$ 在 $13 - 9 = 4$ 和 13 之间. 这给出 $r = 1, x = 1 + 4r = 5, y = 2 + 9r = 11$, 于是所求的分数就是 $5/11$.

3.5 整 数 格 点

第三个也是最后一个证明有赖于一个简要的几何思想.

假设在平面上给定了原点 O 以及两个与 O 不共线的点 P, Q. 作出平行四边形 $OPQR$[1], 让它的边不确定, 画出两组等距的平行线, 其中 OP, QR 以及 OQ, PR 是这两组平行线中相邻的两条平行线, 这样它们就把平面分成无穷多个相等的平行四边形. 这样的图形就称为**格** (lattice). 德语称为 Gitter.

格是由线构成的一个图形, 它定义了一个由点构成的图形, 也就是说由线的交点系 (或称为格点) 构成的图形. 我们称这样的系统为**点格** (point-lattice).

---

[1] 原书如此. 我国的平行四边形表示法与此不同, 为 $\square OPRQ$. ——编者注

两个不同的格有可能确定同样的点格. 例如在图 1 中, 基于 OP, OQ 的格和基于 OP, OR 的格所确定的是同一个格点系. 决定同样点格的两个格称为**等价的**.

显然, 一个格的任何格点都可以看成是原点 O, 而且格的性质与原点的选取无关, 且格是关于任意的原点为对称的.

这里有一种类型的格特别重要. 这就是 (当给定直角坐标系时) 由平行于坐标轴且相距单位距离的平行线构成的格, 这些平行线把平面划分成单位正方形. 我们把这样的格称为**基本格** (fundamental lattice) L, 它所确定的点格 [也就是由整数坐标的点 (x, y) 构成的系统] 称为**基本点格** (fundamental point-lattice) Λ.

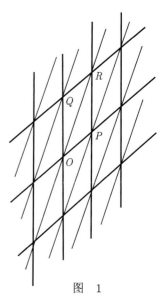

图　1

任何点格都可以看作是一个由数或者向量组成的系统, 其中格点的复数坐标为 $x + iy$, 而向量是从原点出发到格点的向量. 这样的一个系统显然构成在 2.9 节意义下的一个模. 如果 P 和 Q 是点 (x_1, y_1) 和 (x_2, y_2), 则基于 OP 和 OQ 的格中的任何一点 S 的坐标是

$$x = mx_1 + nx_2, \quad y = my_1 + ny_2,$$

其中 m 和 n 是整数. 换言之, 如果 z_1 和 z_2 是 P 和 Q 的复坐标, 那么 S 的复坐标就是

$$z = mz_1 + nz_2.$$

3.6　基本格的某些简单性质

(1) 现在来考虑由

$$x' = ax + by, \quad y' = cx + dy \tag{3.6.1}$$

定义的变换, 其中 a, b, c, d 是给定的正的或者负的整数. 显然, Λ 的每个点 (x, y) 都会变成 Λ 的另一个点 (x', y').

对 x 和 y 求解 (3.6.1), 得到

$$x = \frac{dx' - by'}{ad - bc}, \quad y = -\frac{cx' - ay'}{ad - bc}. \tag{3.6.2}$$

如果

$$\Delta = ad - bc = \pm 1, \tag{3.6.3}$$

那么 x' 和 y' 的任何一组整数值都给出 x 和 y 的一组整数值, 且每个格点 (x', y') 对应于一个格点 (x, y). 此时, Λ 被变换成自己.

反过来, 如果 Λ 被变换成自己, 每一个整数点 (x', y') 必定给出一个整数点 (x, y). 特别地, 取 (x', y') 为 $(1, 0)$ 和 $(0, 1)$, 可以看出

$$\Delta \mid d, \quad \Delta \mid b, \quad \Delta \mid c, \quad \Delta \mid a,$$

于是

$$\Delta^2 \mid (ad - bc), \quad \Delta^2 \mid \Delta.$$

从而有 $\Delta = \pm 1$.

这样就证明了以下定理.

定理 32 变换 (3.6.1) 把 Λ 变成自己的充分必要条件是 $\Delta = \pm 1$.

这样的变换称为**幺模变换** (unimodular).

(2) 现在假设 P 和 Q 是 Λ 的格点 (a, c) 和 (b, d). 由 OP 和 OQ 所定义的平行四边形的面积是

$$\delta = \pm(ad - bc) = |ad - bc|,$$

其中符号的选取是使 δ 取正数. 基于 OP 和 OQ 的格 Λ' 中的点 (x', y') 由

$$x' = xa + yb, \quad y' = xc + yd$$

给出, 其中 x 和 y 是任意整数. 根据定理 32, Λ' 与 Λ 完全相同的充分必要条件是 $\delta = 1$.

定理 33 基于 OP 和 OQ 的格 L' 等价于格 L 的充分必要条件是由 OP 和 OQ 所定义的平行四边形的面积为 1.

(3) 如果在 OP 上没有 Λ 中的介于 O 和 P 之间的点存在, 称格 Λ 的一个点 P 是**可视的** (即从原点看去为可视的). 为使得点 (x, y) 是可视的, 其充分必要条件是 x/y 不可约, 即 $(x, y) = 1$.

定理 34 设 P 和 Q 是 Λ 中的可视点, 且 δ 是由 OP 和 OQ 所定义的平行四边形 J 的面积. 那么

(i) 如果 $\delta = 1$, 则在 J 的内部没有 Λ 的点;

(ii) 如果 $\delta > 1$, 那么 Λ 至少有一个点在 J 的内部, 且除非该点是 J 的对角线的交点, 否则 Λ 至少有两个点在 J 的内部, 每个点都在 J 被 PQ 所分成的两个三角形的一个之中.

当且仅当基于 OP 和 OQ 的格 L' 与格 L 等价时, 也就是当且仅当 $\delta = 1$ 时, 在 J 的内部没有 Λ 的点. 如果 $\delta > 1$, 就至少有一个这样的点 S. 如果 R 是平行

四边形 J 的第四个顶点, 且 RT 与 OS 平行且相等, 但其方向相反, 那么 (由于格的性质是对称的, 且与选取哪个特定的点作为原点无关) T 也是 Λ 的一个点, 这样在 J 中就至少有 Λ 的两个点, 除非 T 与 S 重合. 这就是情形 (ii) 中的特例.

不同的情形由图 2a, 图 2b, 图 2c 给出.

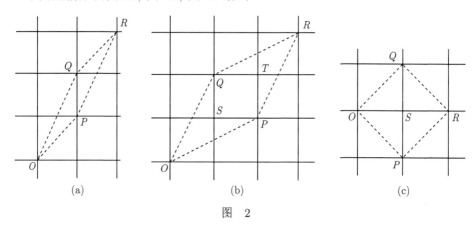

图　2

3.7　定理 28 和定理 29 的第三个证明

满足条件

$$0 \leqslant h \leqslant k \leqslant n, \quad (h, k) = 1$$

的分数 h/k 都是 $\mathfrak{F}_n$ 中的分数, 且对应 Λ 中的可视点 (k, h), 该点在由直线 $y = 0$, $y = x$, $x = n$ 所定义的三角形的内部或边界上.

如果画出一条经过 O 的射线, 并将它绕原点从起始位置 x 轴开始沿逆时针方向旋转, 它就依次经过 Farey 分数所代表的每个点 (k, h). 如果 P 和 P' 是代表相邻分数的两个点 (k, h) 和 (k', h'), 那么在三角形 OPP' 的内部以及在连线 PP' 上就没有所表示的点存在, 于是由定理 34 就有

$$kh' - hk' = 1.$$

3.8　连续统的 Farey 分割

在一个圆上表示实数而不是像通常那样在一条直线上表示实数, 常常更加方便, 圆周所表示的实数去掉了整数部分. 取一个由单位圆周作成的圆 C, 取圆周上任意一个点 O 表示数 0, 用点 P_x 来表示 x, 该点在圆周上沿逆时针方向度量的离点 O 的距离就是 x. 显然所有的整数都由同一个点 O 来表示, 且相差一个整数的数有同样的表示点.

有时把 C 的圆周按照下述方式加以划分是有用的. 取 Farey 数列 $\mathfrak{F}_n$, 对所有相邻的分数对 h/k 和 h'/k' 作出中位数

$$\mu = \frac{h+h'}{k+k'}.$$

其中第一个以及最后一个中位数是

$$\frac{0+1}{1+n} = \frac{1}{n+1}, \quad \frac{n-1+1}{n+1} = \frac{n}{n+1}.$$

当然, 这些中位数本身并不属于 $\mathfrak{F}_n$.

现在用点 P_μ 来表示每一个中位数 μ. 圆就被分成了若干弧段 [称为 **Farey 弧** (Farey arc)], 每一段弧都介于两个点 P_μ 之间, 且包含一个 **Farey 点** (Farey point), 此即 $\mathfrak{F}_n$ 中一项的表示. 于是

$$\left(\frac{n}{n+1}, \frac{1}{n+1}\right)$$

就是包含一个 Farey 点 O 的一段 Farey 弧. 把 Farey 弧的集合称为圆的 **Farey 分割** (Farey dissection).

下面假设 $n > 1$. 如果 $P_{h/k}$ 是一个 Farey 点, 且 $h_1/k_1, h_2/k_2$ 是 $\mathfrak{F}_n$ 中的紧接在 h/k 的前面以及紧跟在它后面的项, 那么环绕 $P_{h/k}$ 的 Farey 弧由两部分组成, 这两部分的长度分别为

$$\frac{h}{k} - \frac{h+h_1}{k+k_1} = \frac{1}{k(k+k_1)}, \quad \frac{h+h_2}{k+k_2} - \frac{h}{k} = \frac{1}{k(k+k_2)}.$$

由于 k 和 k_1 不相等 (定理 31) 且二者都不超过 n, 所以 $k+k_1 < 2n$. 又由定理 30 有 $k+k_1 > n$. 于是得到以下定理.

定理 35 在 n 阶 Farey 分割中 $(n>1)$, 包含 h/k 的表示点的弧的每一部分长度都介于 $\frac{1}{k(2n-1)}$ 和 $\frac{1}{k(n+1)}$ 之间.

事实上, 这种分割有某种 "一致性", 这种性质显示出它的重要性.

这里要用 Farey 分割来证明用有理数逼近任意实数的一个简单的定理, 我们将在第 11 章中再回到这个问题.

定理 36 如果 ξ 是任意一个实数, n 是一个正整数, 那么必存在一个不可约分数 h/k 使得

$$0 < k \leqslant n, \quad \left|\xi - \frac{h}{k}\right| \leqslant \frac{1}{k(n+1)}. \tag{3.8.1}$$

可以假设 $0 < \xi < 1$. 则 ξ 落在由 $\mathfrak{F}_n$ 中两个相邻的分数 (比方说就是 h/k 和 h'/k') 所界限的区间之中, 从而它也就落在区间

$$\left(\frac{h}{k}, \frac{h+h'}{k+k'}\right), \quad \left(\frac{h+h'}{k+k'}, \frac{h'}{k'}\right)$$

中的某一个里. 这样一来, 根据定理 35 知, 要么是 h/k 要么是 h'/k' 满足定理中的条件: 如果 ξ 落在第一个区间中, 则有 h/k 满足条件; 如果 ξ 落在第二个区间中, 则有 h'/k' 满足条件.

3.9 Minkowski 的一个定理

如果 P 和 Q 是 Λ 的点, P' 和 Q' 是 P 和 Q 关于原点对称的点, 除了定理 34 中所给的平行四边形 J 外, 再加上基于 OQ, OP'、基于 OP', OQ' 和基于 OQ', OP 的三个平行四边形, 我们得到一个平行四边形 K, 其中心是原点, 其面积 4δ 是 J 的面积的四倍. 如果 δ 的值为 1 (这是它最小可能的值), 那么在 K 的边界上就有 Λ 的点, 但在其内部除了 O 以外没有 Λ 的点. 如果 $\delta > 1$, 则在 K 的内部除了 O 以外还有 Λ 的点. 这是 Minkowski 的一个著名定理的一个非常特别的情况, Minkowski 定理断言: 不仅仅关于原点对称的任何平行四边形 (无论它们是否由 Λ 的点所生成的) 具有同样的性质, 而且关于原点对称的任何 "凸区域" 也有同样性质成立.

开区域 (open region) R 是具有下述性质的点的集合: (i) 如果 P 属于 R, 那么平面上充分接近 P 的所有的点也都属于 R; (ii) R 的任何两点都可以用一条完全位于 R 内部的连续曲线连接起来. 我们还可以将 (i) 表示成 "R 的任何点都是 R 的**内点** (interior point)". 于是一个圆或者一个平行四边形的内部都是开区域. R 的**边界** (boundary) C 是由 (本身并不属于 R 的) R 的极限点组成的集合. 从而一个圆的边界就是它的圆周. **闭区域** (closed region) R^* 是开区域 R 加上它的边界所得的集合. 我们仅考虑有界区域.

凸 (convex) 区域有两个自然的定义, 可以证明它们是等价的. 第一个定义可以说成: R (或者 R^*) 是凸的, 如果 R 中任何一条弦 (即连接 R 的任何两点的线段) 上的每一点都属于 R. 第二个定义可以说成: R (或者 R^*) 是凸的, 如果经过边界 C 的每一点 P 都可以画出至少一条直线 l, 使得 R 中所有的点都在 l 的某一侧. 于是, 圆和平行四边形都是凸的. 对于圆来讲, l 就是在点 P 的切线; 而对于平行四边形来讲, 每条直线 l 都是它的一条边 (除了在顶点处以外), 而在顶点处它有无穷多条符合要求的直线.

容易证明这两个条件的等价性. 首先假设根据第二个定义 R 是凸的, 又设 P 和 Q 属于 R, 而 PQ 上有一个点 S 不属于 R. 那么 C 上就有一点 T (也可能就是 S 自己) 在 PS 上, 且有一条经过 T 的直线 l 使得 R 整个位于 l 的一侧, 但因为所有充分靠近 P 或者 Q 的点都属于 R, 矛盾.

其次, 假设根据第一个定义 R 是凸的, P 是 C 的一个点. 考虑将 P 和 R 的点联接作出的直线的集合 L. 如果 Y_1 和 Y_2 是 R 中的点, Y 是 Y_1Y_2 上的一个点, 那么 Y 就是 R 的一个点且 PY 是 L 中的一条线. 于是就有一个 $\angle APB$, 它使得从 P 出发的每一条限于 $\angle APB$ 内部的直线均属于 L, 且没有一条从 P 出发但在 $\angle APB$ 外部的直线是属于 L 的. 如果 $\angle APB > \pi$, 则存在 R 的点 D, E 使得 DE 通过 P, 此时情形 P 属于 R, 但不属于 C, 矛盾. 从而有 $\angle APB \leqslant \pi$. 如果 $\angle APB = \pi$, 则 AB 就是一条直线 l; 如果 $\angle APB < \pi$, 则任何一条位于这个角的外边且经过点 P 的直线都是直线 l.

显然, 凸性是关于平移以及关于点 O 的伸缩变换的不变量.

凸区域 R 有**面积** (area) 存在 (例如它的面积可以定义为顶点在 R 内部的小正方形网格总面积的上界).

定理 37 (Minkowski 定理)　任何关于点 O 对称且面积大于 4 的凸区域, 其内部都至少含有 Λ 中异于 O 的一个点.

3.10　Minkowski 定理的证明

先来证明一个简单的定理, 这个定理的真实性是 "直观的".

定理 38　设 R_O 是包含点 O 的一个开区域, R_P 是与之全等且关于 Λ 中任一点 P 位置类似的一个区域, 且诸区域 R_P 中没有两个是重叠的. 那么 R_O 的面积不超过 1.

如果考虑的 R_O 是由直线 $x = \pm 1/2, y = \pm 1/2$ 界限的正方形, 定理就变成 "显然的", 此时 R_O 的面积就等于 1, 而区域 R_P 加上它们的边界将会覆盖住整个平面. 可以给出该定理的确切证明如下.

假设 Δ 是 R_O 的面积, A 是 C_O[①] 的点离点 O 的最大距离. 考虑与 Λ 的其坐标在数值上都不大于 n 的点所对应的 $(2n+1)^2$ 个区域 R_P. 所有这些区域都位于一个正方形的内部, 这个正方形的边与坐标轴平行且到点 O 的距离为 $n + A$. 从而 (由于诸区域不相重叠)

$$(2n+1)^2\Delta \leqslant (2n+2A)^2, \quad \Delta \leqslant \left(1 + \frac{A - \frac{1}{2}}{n + \frac{1}{2}}\right)^2,$$

令 n 趋向无穷就得到所要的结果.

值得注意的是, 在定理 38 中并没有用到对称性或者凸性.

---

① 我们经常用 C 来表示与 R 对应的边界.

现在容易证明 Minkowski 定理了. Minkowski 本人给出过两个证明, 这两个证明基于凸性的两个定义.

(1) 取第一个定义, 并假设 R_O 是将 R 关于点 O 收缩到它的线性维数一半所得到的结果. 那么 R_O 的面积大于 1, 于是定理 38 中的诸区域 R_P 中有两个是重叠的, 从而有一个格点 P 存在, 使得 R_O 与 R_P 重叠. 设 Q 是 R_O 和 R_P 的一个公共点 (图 3a). 如果 OQ' 与 PQ 相等且平行, Q'' 是 Q' 关于 O 的映像, 则 Q', Q'' 都在 R_O 中. 这样一来, 根据凸性的定义, QQ'' 的中点在 R_O 中. 但这一点是 OP 的中点, 于是 P 在 R 中.

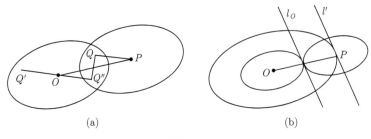

(a)   (b)

图   3

(2) 取第二个定义, 假设除了点 O 以外没有格点在 R 中. 环绕 O 扩大 R^* (与 R'^* 一样), 直到它首次包含一个格点 P 为止. 那么 P 是 C' 的一个点, 且有经过点 P 的一条线 l, 比方说就是 l' (图 3b). 如果 R_O 是由 R' 环绕点 O 将其线性维数收缩到原来的一半得到的结果, 又 l_O 经过 OP 的中点且与 l 平行, 于是 l_O 对 R_O 来说就是一条直线 l. 它显然也是对 R_P 来说的一条直线 l, 且使得 R_O 和 R_P 各在它相反的两侧, 从而 R_O 和 R_P 不会互相重叠. 进而 R_O 也不和任何其他的 R_P 重叠. 但由于 R_O 的面积大于 1, 这与定理 38 矛盾.

还有若干个可供选择且有意思的证明, 其中最简单的一个证明由 Mordell 给出.

如果 R 是凸的且关于点 O 对称, 且 P_1 和 P_2 是 R 中的坐标为 (x_1, y_1) 和 (x_2, y_2) 的点, 那么 $(-x_2, -y_2)$ 是 R 的点, 从而坐标为 $((x_1 - x_2)/2, (y_1 - y_2)/2)$ 的点 M 也是 R 的点.

直线 $x = 2p/t, y = 2q/t$ (其中 t 是一个固定的正整数, p 和 q 是任意的整数) 把平面分成面积为 $4/t^2$ 的正方形, 它的角点是 $(2p/t, 2q/t)$. 如果 $N(t)$ 是 R 中角点的个数, A 是 R 的面积, 那么显然当 $t \to \infty$ 时有 $4t^{-2}N(t) \to A$. 如果 $A > 4$, 则对大的 t 有 $N(t) > t^2$. 但是当 p 和 q 被 t 除的时候, 数对 (p, q) 至多给出 t^2 个不同的余数对. 这样一来, R 中就有两个点 P_1 和 P_2, 其坐标为 $(2p_1/t, 2q_1/t)$ 和 $(2p_2/t, 2q_2/t)$, 使得 $p_1 - p_2$ 和 $q_1 - q_2$ 两者都能被 t 整除. 因此点 M (它属于 R)

是 Λ 的一个点.

3.11 定理 37 的进一步拓展

定理 37 的一些进一步推广是第 24 章中所希望得到的, 在这里, 我们很自然地证明这些结果. 我们首先给出一个一般性的说明, 这个说明对于 3.6 节以及 3.9 节和 3.10 节中的所有定理都适用.

我们一直主要对 "基本的" 格 L (或者 Λ) 感兴趣, 但是我们能以各种方式看到, 基本格的性质是如何作为格的一般性质再次被陈述的. 现在用 L 或者 Λ 来表示由直线或者由点构成的格. 如果像 3.5 节中那样, 格是以点 O, P, Q 为基础构建的, 那么就称平行四边形 $OPRQ$ 为 L 或者 Λ 的**基本平行四边形** (fundamental parallelogram).

(i) 可以建立一个以 OP, OQ 为坐标轴的笛卡儿斜坐标系, 并约定 P 和 Q 是点 $(1,0)$ 和 $(0,1)$. 那么基本平行四边形的面积就是

$$\delta = OP \cdot OQ \cdot \sin\omega,$$

其中 ω 是 OP, OQ 之间的夹角. 在这个坐标系中对 3.6 节中的论证加以解释就证明了下面的定理.

定理 39 变换 (3.6.1) 把 Λ 变成自身的充分必要条件是 $\Delta = \pm 1$.

定理 40 如果 P 和 Q 是 Λ 的任意两点, 那么, 基于 OP 和 OQ 的格 L' 与格 L 等价的充分必要条件是: 由 OP 和 OQ 所定义的平行四边形的面积等于 Λ 的基本平行四边形的面积.

(ii) 变换

$$x' = \alpha x + \beta y, \quad y' = \gamma x + \delta y$$

(现在这里的 $\alpha, \beta, \gamma, \delta$ 是任意实数)[①] 把 3.5 节中的基本格变换成由原点以及点 $(\alpha, \gamma), (\beta, \delta)$ 所确定的格. 它把直线变成直线, 把三角形变成三角形. 如果三角形 $P_1 P_2 P_3$ [其中 P_i 是点 (x_i, y_i)] 被变换成三角形 $Q_1 Q_2 Q_3$, 则这两个三角形的面积为

$$\pm \frac{1}{2} \begin{vmatrix} x_1 & y_1 & 1 \\ x_2 & y_2 & 1 \\ x_3 & y_3 & 1 \end{vmatrix}$$

和

---

① 本段中的 δ 与 (i) 中的 δ 无关, 它在下面还会重复出现.

$$\pm\frac{1}{2}\begin{vmatrix} \alpha x_1+\beta y_1 & \gamma x_1+\delta y_1 & 1 \\ \alpha x_2+\beta y_2 & \gamma x_2+\delta y_2 & 1 \\ \alpha x_3+\beta y_3 & \gamma x_3+\delta y_3 & 1 \end{vmatrix}=\pm\frac{1}{2}(\alpha\delta-\beta\gamma)\begin{vmatrix} x_1 & y_1 & 1 \\ x_2 & y_2 & 1 \\ x_3 & y_3 & 1 \end{vmatrix}.$$

于是这两个三角形的面积相差一个常数因子 $|\alpha\delta-\beta\gamma|$. 同样的结论对一般情形的面积仍然为真, 这是因为在一般情形下它们要么是三角形的面积之和要么是三角形面积之和的极限.

这样一来, 可以把一个基本格在适当的线性变换之下的任何性质加以推广. 定理 38 的推广是以下定理.

定理 41   假设 Λ 是含有原点 O 的一个格, 且 R_O (关于 Λ) 满足定理 38 中的条件. 那么 R_O 的面积不超过 Λ 的基本平行四边形的面积.

既然要在下一个定理的证明中用到类似的思想, 所以在这里将这个定理的证明从头到尾详尽地给出是恰如其分的. 这个证明依照上面 (i) 的路线, 实际上和 3.10 节中的方法相同.

直线

$$x=\pm n, \quad y=\pm n$$

定义了一个面积为 $4n^2\delta$ 的平行四边形 Π, 有 Λ 的 $(2n+1)^2$ 个点 P 在 Π 的内部或者在它的边界上. 考虑与这些点对应的 $(2n+1)^2$ 个区域 R_P. 如果 A 是 $|x|$ 和 $|y|$ 在 C_O 上的最大值, 那么所有这些区域都在一个面积为 $4(n+A)^2\delta$ 的平行四边形 Π' 的内部, 该平行四边形以直线

$$x=\pm(n+A), \quad y=\pm(n+A)$$

为其边界, 且有

$$(2n+1)^2\Delta\leqslant 4(n+A)^2\delta.$$

于是, 令 $n\to\infty$ 就得到

$$\Delta\leqslant\delta.$$

我们还需要一个关于极限情形 $\Delta=\delta$ 的定理. 假设 R_O 是一个平行四边形, 在此假设下我们所证明的结果对于第 24 章中的目的来说是足够的了.

如果两个点 (x,y) 和 (x',y') 在 L 的两个平行四边形中有相似的位置, 则称它们是**关于 L 等价的** (equivalent with respect to L) (因此, 如果一个平行四边形被平行移动到与另一个平行四边形重合时, 这两点就会重合). 如果 L 基于 OP 和 OQ, 且 P 和 Q 是 (x_1,y_1) 和 (x_2,y_2), 那么点 (x,y) 和 (x',y') 等价的条件就是

$$x'-x=rx_1+sx_2, \quad y'-y=ry_1+sy_2,$$

其中 r 和 s 是整数.

定理 42 如果 R_O 是一个平行四边形, 其面积与 L 的基本平行四边形的面积相等, 且在 R_O 的内部没有两个点是等价的, 那么, 对于平面上任何给定的点, 在 R_O 的内部或边界上存在一个点与之等价.

使用 R_P^* 来记与 R_P 对应的闭区域.

假设 "R_O 不包含两个等价的点" 等价于假设 "任意两个 R_P 皆不重叠". 结论 "R_O^* 中有一个点与平面的任意一点等价" 等价于结论 "R_P^* 覆盖整个平面". 从而要证明的就是: 如果 $\Delta = \delta$ 且 R_P 均不重叠, 那么 R_P^* 就覆盖整个平面.

假设相反的情形出现, 则在所有 R_P^* 的外部就存在一个点 Q. 这个点 Q 在 L 中的某个平行四边形的内部或者边界上, 且在这个平行四边形中有一个区域 D, 它有正的面积 η 且在所有 R_P 的外部, 又在 L 的每一个平行四边形中有一个对应的区域. 因此, 在面积为 $4(n+A)^2\delta$ 的平行四边形 II' 的内部, 所有的 R_P 的面积不超过

$$4(\delta - \eta)(n + A + 1)^2,$$

由此得出

$$(2n+1)^2\delta \leqslant 4(\delta - \eta)(n + A + 1)^2.$$

这样一来, 令 $n \to \infty$ 就有

$$\delta \leqslant \delta - \eta.$$

矛盾, 由此就证明了定理.

最后要说明的是, 所有这些定理都可以推广到任意维数的空间中去. 比如说, 如果 Λ 是三维空间中的基本点格, 即形如 (x, y, z) 且坐标为整数的点的集合, R 是一个关于原点对称的凸区域, 且其体积大于 8, 那么在 R 中就存在 Λ 的异于 O 的点. 在 n 维空间中 8 应代之以 2^n. 第 24 章还要继续讨论一下这个推广, 但并不需要新的思想.

本 章 附 注

3.1 节. "Farey 数列" 的历史非常有趣. 定理 28 和定理 29 似乎是在 1802 年由 Haros 首先提出并予以证明的, 见 Dickson, *History*, i, 156. 直到 1816 年, Farey 才在 *Philosophical Magazine* 的一篇注记中陈述了定理 29. 他没有给出证明, 这个定理也不像是他发现的, 因为他似乎至多是一个平凡的数学家.

Cauchy 看到了 Farey 的陈述并补充了证明 (*Exercices de mathématique*, i, 114-116). 通常数学家们都依照 Cauchy 的说法把这个结果归功于 Farey, 于是这个数列就一直冠以他的名字.

有关 Farey 数列的更完整的说明, 见 Rademacher, *Lectures in elementary number theory* (New York, Blaisdell, 1964). 更详细的内容参见 Huxley, *Acta Arith.* **18**(1971), 281-287 以及 Hall, *J. London Math. Soc.* (2) **2** (1970), 139-148.

3.3 节. Hurwitz, *Math. Annalen*, **44**(1894), 417-436. H.G. Diamond 教授使我们注意到在较早的版本中这处证明的不完整性.

3.4 节. Landau, *Vorlesungen*, i. 98-100.

3.5 节至 3.7 节. 这里我们采用了 Pólya 教授讲稿中的路线.

3.8 节. 定理 36 见 Landau, *Vorlesungen*, i. 100.

3.9 节. 如果读者不乐意的话, 他们不必对这一节里给出的 "区域" "边界" 等定义给予太多的关注; 他们可以通过用像平行四边形、多边形或者椭圆这样的初等区域的术语来进行思考而不会失去什么. 凸区域是不包含 "拓扑" 困难的简单区域. 凸区域有面积这一结论是由 Minkowski 首先证明的 (*Geometrie der Zahlen*, 第 2 章).

3.10 节. Minkowski 的第一个证明可以在 *Geometrie der Zahlen*, 73-76 中找到, 他的第二个证明在 *Diophantische Approximationen*, 28-30 中给出. Mordell 的证明在 *Compositio Math.* **1**(1934), 248-253 中给出. 另一个有趣的证明由 Hajós, *Acta Univ. Hungaricae* (Szeged), **6**(1934), 224-225 给出, 这在本书第 1 版中作了详尽的阐述.

第 4 章 无 理 数

4.1 概 论

如同在分析教科书中解释的那样,"无理数" 的理论被划分在算术范围之外. 数论首先是研究整数, 接下来是研究有理数 (它可以看成是整数之比), 然后才是特殊形式的无理数、实数或者复数, 比如

$$r + s\sqrt{2}, \quad r + s\sqrt{-5},$$

其中 r 和 s 是有理数. 数论一般并不研究全体无理数或者无理性的一般判别法 (尽管这是一个我们并不很重视的限制).

然而, 还有许多无理性的问题可以看成是算术的一部分. 关于有理数的定理可以重新表述成关于整数的定理. 因此, 定理

"$r^3 + s^3 = 3$ 没有有理数解"

可以重新表述成

"$a^3d^3 + b^3c^3 = 3b^3d^3$ 没有整数解".

对于涉及 "无理性" 的许多定理, 同样也可以重新表述. 比如说,

$$\text{"}\sqrt{2} \text{ 是无理数"} \tag{P}$$

的含义是

$$\text{"}a^2 = 2b^2 \text{ 没有整数解"}, \tag{Q}$$

这样它就作为一个真正的算术定理出现了. 我们用不着超出算术的正常范围就可以问: "$\sqrt{2}$ 是无理数吗?", 而且也不必问 "$\sqrt{2}$ 有什么意义?". 我们不需要对单个符号 $\sqrt{2}$ 作任何解释, 因为 (P) 的意义是作为一个整体定义的, 且与 (Q) 的含义相同[①].

本章将研究问题

"x 是有理数还是无理数?",

这里 x 是一个像 $\sqrt{2}$、e 或者 π 这样的数, 这些数很自然地出现在分析中.

---

① 简言之, 这里 $\sqrt{2}$ 可以在 *Principia Mathematica* 的意义下作为 "不完全的符号" 来处理.

4.2 已知的无理数

我们考虑的问题一般来说是很困难的, 只对少数不同类型的数 x 找到了问题的解答. 在本章里, 我们仅把注意力集中在几个最简单的情形, 不过, 首先对这方面已知的结果给出一个概述也许更加方便. 这个陈述必定是粗略的, 因为任何精确的陈述都需要用到我们此时尚未定义的概念.

广义地说, 在分析中出现的各种数之中, 有两种类型的数的无理性已经得到确认.

(a) **代数无理数**. $\sqrt{2}$ 的无理性是由 Pythagoras 或者他的学生证明的, 后来希腊数学家把这个结论推广到了 $\sqrt{3}$ 及其他的平方根. 现在容易证明: 一般来说, 对整数 m 和 N, $\sqrt[m]{N}$ 都是无理数. 更一般地, 由整系数代数方程所定义的数, 除了 "明显" 是有理数以外, 可以用 Gauss 的一个定理证明它们都是无理数. 我们要在 4.3 节中来证明这个定理 (定理 45).

(b) **数 e 和 π 以及由它们得出的数**. 容易证明 e 是无理数 (见 4.7 节). 证明很简单, 且只涉及该定理后来的推广中所含的最基本的思想. π 是无理数, 但对此并没有真正简单的证明. e (或者 π) 的所有幂以及 e (或者 π) 的有理系数多项式都是无理数. 像

$$\mathrm{e}^{\sqrt{2}}, \quad \mathrm{e}^{\sqrt{5}}, \quad \sqrt{7}\mathrm{e}^{\sqrt[3]{2}}, \quad \ln 2$$

这样的数都是无理数. 我们将在第 11 章中 (11.13 节和 11.14 节) 回过头来讨论这个问题.

直到 1929 年才发现了一些定理, 它们在所有重要的方面都超越了 11.13 节和 11.14 节中的那些结果. 最近又有人证明了还有某些种类的数也是无理数, 诸如数

$$\mathrm{e}^{\pi}, \quad 2^{\sqrt{2}}, \quad \mathrm{e}^{\pi\sqrt{2}}, \quad \mathrm{e}^{\pi}+\pi$$

就位列其中. 而像

$$2^{\mathrm{e}}, \quad \pi^{\mathrm{e}}, \quad \pi^{\sqrt{2}}, \quad \mathrm{e}+\pi$$

以及 "Euler 常数" γ[①] 这样的数的无理性仍未得到证明.

4.3 Pythagoras 定理及其推广

首先证明以下定理.

定理 43 (Pythagoras 定理) $\quad \sqrt{2}$ 是无理数.

---

① $\gamma = \lim\limits_{n\to\infty}\left(1+\dfrac{1}{2}+\cdots+\dfrac{1}{n}-\ln n\right)$.

我们将对此定理给出两个证明. 这个定理及其最简单的推广 (虽然今天来说很平凡) 仍值得深入研究. 古希腊关于比例的理论以同种的量一定是可公度的这一假设作为基础, 是 Pythagoras 的发现揭示了这个理论的缺陷, 从而为 Eudoxus 建立更为深入的理论 (见《几何原本》第 5 卷) 打通了道路.

(i) **第一个证明**. 如果 $\sqrt{2}$ 是有理数, 那么方程

$$a^2 = 2b^2 \tag{4.3.1}$$

就有整数解 $a, b, (a, b) = 1$. 所以 $b \mid a^2$, 于是对 b 的任何素因子 p 都有 $p \mid a^2$. 由此推出有 $p \mid a$. 既然有 $(a, b) = 1$, 这是不可能的. 从而有 $b = 1$, 而这显然也是错误的.

(ii) **第二个证明**. Pythagoras 的传统证明叙述如下. 由 (4.3.1) 可以看出 a^2 是偶数, 于是 a 也是偶数, 也即 $a = 2c$. 从而 $b^2 = 2c^2$, 所以 b 也是偶数, 这与假设 $(a, b) = 1$ 矛盾.

这两个证明非常相似, 不过有一个重大的区别. (ii) 中考虑的是被一个给定的数 2 整除的性质. 显然, 如果 $2 \mid a^2$, 则有 $2 \mid a$, 这是因为奇数的平方必为奇数. 另外, (i) 中考虑的是被未知的素数 p 整除的性质, 且事实上假设了定理 3 成立. 所以从逻辑上讲 (ii) 是更为简单的证明. 然而, 下面就会看到, (i) 更有助于推广.

现在来证明更一般的定理.

定理 44 $\sqrt[m]{N}$ 是无理数, 除非 N 是一个整数 n 的 m 次幂.

(iii) 假设

$$a^m = N b^m, \tag{4.3.2}$$

其中 $(a, b) = 1$. 则有 $b \mid a^m$, 于是对 b 的任何素因子 p 都有 $p \mid a^m$. 因此有 $p \mid a$, 由此与前一样得出有 $b = 1$. 可以看出这个证明与定理 43 的第一个证明几乎完全一样.

(iv) 为了不用定理 3 来对 $m = 2$ 证明定理 44, 假设

$$\sqrt{N} = a + \frac{b}{c},$$

其中 a, b, c 是整数, $0 < b < c$ 且 b/c 是使此式为真的具有最小分子的分数. 因此有

$$c^2 N = (ca + b)^2 = a^2 c^2 + 2abc + b^2,$$

所以 $c \mid b^2$, 也即有 $b^2 = cd$. 从而有

$$\sqrt{N} = a + \frac{b}{c} = a + \frac{d}{b}$$

以及 $0 < d < b$, 矛盾. 由此推得 $\sqrt{N}$ 或者是整数或者是无理数.

　　一个更为一般的定理叙述如下.

　　定理 45　　如果 x 是首项系数为 1 的整系数方程

$$x^m + c_1 x^{m-1} + \cdots + c_m = 0$$

的一个根, 那么 x 要么是整数要么是无理数.

　　特别地, 如果方程为

$$x^m - N = 0,$$

则定理 45 转化为定理 44.

　　显然可以假设 $c_m \neq 0$. 我们如上面的 (iii) 那样来讨论. 如果 $x = a/b$, 这里 $(a, b) = 1$, 那么

$$a^m + c_1 a^{m-1} b + \cdots + c_m b^m = 0.$$

于是 $b \mid a^m$, 于是与前面一样推出 $b = 1$.

　　不用定理 3 也有可能对一般的 m 来证明定理 44, 其实不用定理 3 也可以证明定理 45, 不过这样的论证要稍微冗长一点.

4.4　基本定理在定理 43~45 证明中的应用

　　鉴于 4.5 节中关于历史的讨论, 所以应该特别注意在 4.3 节的证明、算术基本定理的证明或者 “等价的” 定理 3 的证明中所用到的东西.

　　定理 44 的证明 (iii) 中的关键推理是

$$p \mid a^m \quad \rightarrow \quad p \mid a.$$

这里用到了定理 3. 同样的说明对定理 43 的第一个证明也适用, 唯一的简化是 $m = 2$. 在这些证明中定理 3 起着至关重要的作用.

　　在定理 43 的第二个证明中情形有所不同, 因为这里考虑的是被特殊的数 2 整除的性质. 我们需要 $2 \mid a^2 \rightarrow 2 \mid a$, 这可以用枚举法加以证明, 而不必求助于定理 3. 由于

$$(2s + 1)^2 = 4s^2 + 4s + 1,$$

如我们已经说明过的, 奇数的平方是奇数, 由此即得结论.

　　对于任何特殊的 m 和 N, 可以用类似的枚举法来证明定理 44. 比方说, 假设 $m = 2$, $N = 5$. 我们需要 $5 \mid a^2 \rightarrow 5 \mid a$. 现在任何不是 5 的倍数的数都有下列形式之一: $5m + 1, 5m + 2, 5m + 3, 5m + 4$, 这些数的平方被 5 除的余数是 $1, 4, 4, 1$.

　　如果 $m = 2$, $N = 6$, 我们对 6 的最小素因子 2 来进行讨论, 其证明与定理 43 的第二个证明几乎完全一样. 对于 $m = 2$ 和

$$N = 2, 3, 5, 6, 7, 8, 10, 11, 12, 13, 14, 15, 17, 18,$$

用因子

$$d = 2, 3, 5, 2, 7, 4, 2, 11, 3, 13, 2, 3, 17, 2$$

来加以讨论: 在 N 是一个奇数倍数的情形, d 是 N 的最小素因子; 而在 $N = 8$ 的情形, d 是这个素因子的一个适当的幂. 对于其中的某些情形实地进行证明是有益的, 仅仅是在 N 为素数时, 其证明才完全按照原来的格式进行, 而如果 N 的值很大, 证明会变得繁琐冗长.

可以类似地处理像 $m = 3$, $N = 2, 3, 5$ 这样的情形, 但我们仅限于讨论 4.5 节和 4.6 节中涉及的那些情形.

4.5　历史杂谈

我们并不清楚是在什么时候以及由谁发现了 Pythagoras 定理. Heath[1]说: "这个发现很难说是由 Pythagoras 本人做出的. 但这个发现肯定是在他的学派中做出的." Pythagoras 生活在大约公元前 570 至前 490 年. 诞生在大约公元前 470 年[2]的 Democritus 曾经写过 "在无理线以及立体上" 这样的话, 并且还说过 "很难拒绝 $\sqrt{2}$ 的无理性在 Democritus 的时代之前就已经被人发现的结论".

看起来在超过 50 年的时间里没有对此定理作出推广. Plato 的 *Theaetetus* 这篇对话中有一段很著名的论述, 其中提到 Theodorus (Plato 的老师) 证明了

$$\sqrt{3}, \sqrt{5}, \cdots$$

的无理性, "(他) 取所有个别的情形一直做到 17 平方英尺[3]的平方根, 就在这儿, 由于某种原因, 他止步不前, 停了下来". 对此我们缺乏确切的信息, 而且我们对 Theodorus 的其他发现也一无所知, 但是 Plato 生活在公元前 429 至前 348 年, 因而这项发现的合理日期应该是在大约公元前 410 至前 400 年.

至于 Theodorus 如何证明他的定理, 这个问题使每个历史学家绞尽了脑汁. 自然会猜想他是用了如同在 4.4 节里讨论过的 Pythagoras "传统" 方法的某种修改. 在那种情形中, 由于他不可能已经知道基本定理, [4] 而且他也不可能知道 Euclid 的定理 3 , 因而他可能像我们在 4.4 节末尾讨论的那样来进行论证. 对此的反对意见是 (反对意见系由 Zeuthen 和 Heath 这样的历史学家给出): (i) 这个证明非常明显地采用了对 $\sqrt{2}$ 的证明, 因而不应该被看成新东西; (ii) 早在证明

---

[1] Thomas Heath, *A manual of Greek mathematics*, 54-55. 引号中所引用的内容, 除非特别指出是其他作者所作, 否则均取自这本书或者取自同一作者的 *A history of Greek mathematics* 一书.

[2] 另一说为公元前 460 年. ——译者注

[3] 1 英尺 =0.3048 米. ——编者注

[4] 有关这一点的进一步讨论, 见 12.5 节.

$\sqrt{17}$ 之前就明显可以看出, 这个证法是通用的. 然而, 对于这种观点, 应该注意到 Theodorus 不得不重新考虑每个不同的 d, 且处理 $\sqrt{11}$、$\sqrt{13}$ 以及 $\sqrt{17}$ (在 $\sqrt{17}$ 之后还潜藏有 $\sqrt{19}$ 和 $\sqrt{23}$) 时的工作量非常大, 这才是公正的.

然而, 有关 Theodorus 的证明方法还有另外两个猜想. 这些方法非常复杂, 一个是在 $\sqrt{17}$, 另一个是在 $\sqrt{19}$. 它们中的哪一个与希腊词汇 $\mu\varepsilon\chi\rho\iota$ [它被 Heath 翻译成 up to, 它的含义是指 "直到且不包含" 还是 "直到且包含" (through 一词的美国用法) 呢?] 的精确含义关系更密切呢? 正统的学者们告诉我前者更有可能, 如果是这样, 下面的由 McCabe 提出的方法就是一个很有可能的证法. 它的优点是本质上依赖于奇数和偶数之间的区别, 这在古希腊数学中是很重要的.

对 N 的连续值考虑 $\sqrt{N}$, 由于 Theodorus 已经处理了 $\sqrt{n}$, 所以他可以不必理会 $N = 4n$ 的情形. N 的其他偶数值形如 $2(2n+1)$, 而 $\sqrt{2}$ 的证明可以立即推广到这种情形. 这样一来, 我们只需要考虑 N 为奇数的情形. 对这样的 N, 如果 $\sqrt{N} = a/b$ 且 $(a,b) = 1$, 我们就有 $Nb^2 = a^2$, 且 a 和 b 必定均为奇数. 记 $a = 2A+1$, $b = 2B+1$, 于是就得到

$$N(2A+1)^2 = (2B+1)^2.$$

数 N 必定有下述形式之一:

$$4n+3, \quad 8n+5, \quad 8n+1.$$

如果 $N = 4n+3$, 将该等式乘开并除以 2 就得到

$$8nA(A+1) + 6A(A+1) + 2n + 1 = 2B(B+1),$$

这是不可能的, 因为它的一边是奇数, 而另一边却是偶数. 如果 $N = 8n+5$, 再次将该等式乘开并除以 4 就有

$$8nA(A+1) + 5A(A+1) + 2n + 1 = B(B+1),$$

这仍然是不可能的, 因为 $A(A+1)$ 和 $B(B+1)$ 都是偶数.

剩下的是形如 $8n+1$ 的数, 也即 $1, 9, 17, \cdots$, 其中 1 和 9 是平凡的, 困难首先出现在 $N = 17$ 上. 如前面一样讨论, 得到方程

$$17(B^2+B) + 4 = A^2 + A,$$

它的两边都是偶数. 这样就必须考虑多种可能性, 因而问题就变得复杂多了. (读者不妨动手尝试一下.) 因此, 如果这就是 Theodorus 的方法, 他会很自然地恰好在 $\sqrt{17}$ 之前止步.

Zeuthen 提出一个有意思的方法, 这个方法涉及经过几个变换后开始无限循环的比值, 这就引导出一个反证法. 这项工作一直延伸到 17 并包含 17, 而 18 当然是平凡的, 但是 19 在达到无限循环的链之前需要 8 个比值. 我们在 4.6 节中

要给出他对 $\sqrt{5}$ 的证明. 但是, 即使 $\mu\varepsilon\chi\rho\iota$ 在这段文字中的含义是 "直到且包含", Plato 或许更有理由说 "直到且包含 18". 总而言之, McCabe 的猜想看起来是最合理的.

4.6 $\sqrt{5}$ 无理性的几何证明

Zeuthen 提出的证法随着数的变化而变化. 其变化本质上依赖于表示 $\sqrt{N}$ 的周期连分数[①]的形式, 我们取最简单的情形 ($N = 5$) 作为一个有代表性的例子.

用

$$x = \frac{1}{2}(\sqrt{5} - 1)$$

来讨论. 这样就有

$$x^2 = 1 - x.$$

从几何上说, 如果 $AB = 1, AC = x$, 那么

$$AC^2 = AB \cdot CB,$$

AB 被 C 点划分成 "黄金分割比". 这些关系在圆内接正五边形的构造中是基本的 (Euclid《几何原本》第 4 卷, 命题 11).

如果用 x 来除 1, 取最大可能的整数商, 也就是 1[②], 余数是 $1 - x = x^2$. 如果用 x^2 来除 x, 商再次为 1, 而余数是 $x - x^2 = x^3$. 接下去再用 x^3 来除 x^2, 并无限继续这个过程. 在每一步, 被除数、除数以及余数的比值都是同样的. 从几何上说, 如果取 CC_1 与 CB 相等且方向相反, CA 在 C_1 被分成的比例与 AB 在 C 被分成的比例相同, 也即黄金分割比. 如果取 C_1C_2 与 C_1A 相等且方向相反, 那么 C_1C 在 C_2 被分成黄金分割比. 如此下去[③] (见图 4). 由于每一步我们都在处理被分成同样比例的线段, 所以这个过程是不可能终结的.

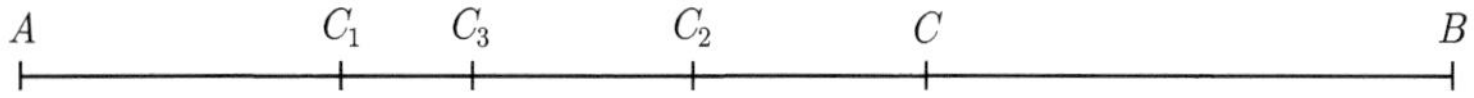

图　4

容易看出, 这与 x 的有理性假设矛盾. 如果 x 是有理数, 那么 AB 和 AC 都是同一个长度 δ 的整倍数, 同样的结论对

$$C_1C = CB = AB - AC, \quad C_1C_2 = AC_1 = AC - C_1C, \quad \cdots$$

也为真, 也就是说, 所有这些线段都在该图中. 因此可以构造一个由 δ 的整倍数组成的递减的无穷序列, 而这显然是不可能的.

---

① 见 10.12 节.

② 因为 $1/2 < x < 1$.

③ C_2C_3 与 C_2C 相等且方向相反, C_3C_4 与 C_3C_1 相等且方向相反, ... 所定义的新线段交替地向左边和右边度量.

4.7　更多的无理数

根据定理 44 可以知道, $\sqrt{7}, \sqrt[3]{2}, \sqrt[4]{11}\cdots$. 都是无理数. 根据定理 45, $x = \sqrt{2}+\sqrt{3}$ 是无理数, 这是因为它不是整数且满足方程

$$x^4 - 10x^2 + 1 = 0.$$

如同我们将在第 9 章和第 10 章中看到的那样, 可以利用十进制小数或者连分数任意地构造出无理数. 但是, 如果没有我们在 11.13 节和 11.14 节要证明的那些定理, 要想把在分析中自然出现的许多数添加到我们的无理数行列中来, 可不是一件容易的事.

定理 46　$\lg 2$ 是无理数.

这个结论是平凡的, 因为

$$\lg 2 = \frac{a}{b}$$

就蕴涵 $2^b = 10^a$, 而这是不可能的. 更一般地, $\log_n m$ 是无理数, 如果 m 和 n 是整数, 且二者中的一个数有一个另一个数所没有的素因子.

定理 47　e 是无理数.

假设 e 是有理数, 比方说 $e = a/b$, 其中 a 和 b 是整数. 如果 $k \geqslant b$ 且

$$\alpha = k! \left(e - 1 - \frac{1}{1!} - \frac{1}{2!} - \cdots - \frac{1}{k!} \right),$$

那么 $b \mid k!$, 因此 α 是一个整数. 但是

$$0 < \alpha = \frac{1}{k+1} + \frac{1}{(k+1)(k+2)} + \cdots < \frac{1}{k+1} + \frac{1}{(k+1)^2} + \cdots = \frac{1}{k},$$

而这是不可能的.

在这个证明中, 假设定理不真, 从而推导出 α (i) 是整数, (ii) 是正数, (iii) 小于 1, 这就得到一个明显的矛盾. 通过对同样思想的更加复杂的应用, 我们可以证明两个进一步的定理.

对任意的正整数 n, 记

$$f = f(x) = \frac{x^n(1-x)^n}{n!} = \frac{1}{n!} \sum_{m=n}^{2n} c_m x^m,$$

其中 c_m 为整数. 对 $0 < x < 1$ 我们有

$$0 < f(x) < \frac{1}{n!}. \tag{4.7.1}$$

又有 $f(0) = 0$ 以及 $f^{(m)}(0) = 0$ (如果 $m < n$ 或者 $m > 2n$). 但是, 如果 $n \leqslant m \leqslant 2n$, 那么

$$f^{(m)}(0) = \frac{m!}{n!}c_m$$

是一个整数. 因此 $f(x)$ 和它的所有导数在 $x = 0$ 时都取整数值. 由于 $f(1-x) = f(x)$, 同样的结论对 $x = 1$ 也为真.

定理 48 对每个有理数 $y \neq 0$, e^y 都是无理数.

如果 $y = h/k$ 且 e^y 是有理数, 则 $\mathrm{e}^{ky} = \mathrm{e}^h$ 亦然. 此外, 如果 e^{-h} 是有理数, 则 e^h 亦然. 于是只要证明 "如果 h 是正整数, 则 e^h 不可能是有理数" 就够了. 假设此结论不真, 则有 $\mathrm{e}^h = a/b$, 其中 a 和 b 都是正整数. 记

$$F(x) = h^{2n}f(x) - h^{2n-1}f'(x) + \cdots - hf^{(2n-1)}(x) + f^{(2n)}(x),$$

从而 $F(0)$ 和 $F(1)$ 都是整数. 我们有

$$\frac{\mathrm{d}}{\mathrm{d}x}\left\{\mathrm{e}^{hx}F(x)\right\} = \mathrm{e}^{hx}\left\{hF(x) + F'(x)\right\} = h^{2n+1}\mathrm{e}^{hx}f(x).$$

于是

$$b\int_0^1 h^{2n+1}\mathrm{e}^{hx}f(x)\mathrm{d}x = b\left[\mathrm{e}^{hx}F(x)\right]\big|_0^1 = aF(1) - bF(0)$$

是一个整数. 但由 (4.7.1) 知, 对足够大的 n 有

$$0 < b\int_0^1 h^{2n+1}\mathrm{e}^{hx}f(x)\mathrm{d}x < \frac{bh^{2n}\mathrm{e}^h}{n!} < 1,$$

矛盾.

定理 49 π 和 π^2 是无理数.

设 π^2 是有理数, 则有 $\pi^2 = a/b$, 其中 a 和 b 都是正整数. 记

$$G(x) = b^n\left\{\pi^{2n}f(x) - \pi^{2n-2}f''(x) + \pi^{2n-4}f^{(4)}(x) - \cdots + (-1)^n f^{(2n)}(x)\right\},$$

从而 $G(0)$ 和 $G(1)$ 都是整数. 我们有

$$\frac{\mathrm{d}}{\mathrm{d}x}\left\{G'(x)\sin\pi x - \pi G(x)\cos\pi x\right\}$$
$$= \left\{G''(x) + \pi^2 G(x)\right\}\sin\pi x$$
$$= b^n\pi^{2n+2}f(x)\sin\pi x$$
$$= \pi^2 a^n \sin\pi x f(x).$$

于是

$$\pi \int_0^1 a^n \sin \pi x f(x)\mathrm{d}x = \left[\frac{G'(x)\sin \pi x}{\pi} - G(x)\cos \pi x\right]_0^1 = G(0) + G(1)$$

是一个整数. 但是由 (4.7.1) 知, 对足够大的 n 有

$$0 < \pi \int_0^1 a^n \sin \pi x f(x)\mathrm{d}x < \frac{\pi a^n}{n!} < 1,$$

矛盾.

另外, 有理数的平方必为有理数, 所以 π 是无理数.

本 章 附 注

4.2 节. e 和 π 的无理性是由 Lambert 在 1761 年证明的; 而 e^π 的无理性是由 Gelfond 在 1929 年证明的. 见第 11 章的 "本章附注".

4.3 节至 4.6 节. 对希腊数学感兴趣的读者请参看 4.5 节中提到的 Heath 的书, 也见 van der Waerden, *Science awakening* (Gronnigen, Nordhoff, 1954) 以及 Knorr, *Evolution of the Euclidean elements* (Boston, Reidel, 1975). 有关 McCabe 关于 Theodorus 的证明方法的猜想, 请见 McCabe, *Math. Mag.* **49**(1976), 201-203.

我们并未给出专门的参考文献, 也不打算对希腊定理指定它们真正的发现者. 所以我们是在用 "Pythagoras" 来代表 "Pythagoras 学派的某些数学家".

4.3 节. Alexander Oppenheim 爵士发现了定理 44 的证明 (iv) (由 R. Rado 教授作了改进), 而定理 45 的对应的证明参见 4.3 节的末尾. 在 Gauss, *D.A.* 一书第 42 目中对定理 45 以更一般的形式给出了证明.

4.7 节. 我们给出的定理 48 的证明基于 Hermite 的证明 (*Œuvres*, **3**, 154), 而我们给出的定理 49 的证明基于 Niven 的证明 (*Bulletin Amer. Math. Soc.* **53**(1947), 509).

根据定理 49,

$$\zeta(2) = \sum_{n=1}^{\infty} \frac{1}{n^2} = \frac{\pi^2}{6}$$

是无理数, 又根据定理 205, $\zeta(4) = \dfrac{\pi^4}{90}$ 也是无理数, 且对所有正的偶数 m, $\zeta(m)$ 之值亦然. 然而, 当 m 取奇数值时却知之甚少. Apéry (1978) 证明了 $\zeta(3)$ 是无理数, 有一个短小精悍的证明, 见 Beukers (*Bull. London Math. Soc.* **11**(1979), 268-272). 现在, 人们仍不知道 $\zeta(5)$ 是否是无理数. 不过, Ball and Rivoal (*Inventiones Math.* **146**(2001), 193-207) 证明了: 序列 $\zeta(3), \zeta(5), \zeta(7), \zeta(9), \cdots$ 中含有无穷多个无理数.

第 5 章　同余和剩余

5.1　最大公约数和最小公倍数

我们已经定义了两个数 a 和 b 的最大公约数 (a,b). 关于这个数有一个简单的公式.

分别用 $\min(x,y)$ 和 $\max(x,y)$ 表示 x 和 y 中较小的和较大的那个数. 例如,

$$\min(1,2) = 1, \quad \max(1,1) = 1.$$

定理 50　*如果*

$$a = \prod_p p^\alpha \ (\alpha \geqslant 0),^① \quad b = \prod_p p^\beta \ (\beta \geqslant 0),$$

那么

$$(a,b) = \prod_p p^{\min(\alpha,\beta)}.$$

本定理是定理 2 以及最大公约数 (a,b) 的定义的直接推论.

两个整数 a 和 b 的**最小公倍数** (least common multiple) 是同时能被 a 和 b 整除的最小正数. 用 $\{a,b\}$ 来表示, 于是有

$$a \mid \{a,b\}, \quad b \mid \{a,b\},$$

并且 $\{a,b\}$ 是有此性质的最小的数.

定理 51　*在定理 50 的记号下, 有*

---

① 符号

$$\prod_p f(p)$$

表示取遍所有素数 p 的 $f(p)$ 的乘积. 符号

$$\prod_{p \mid m} f(p)$$

表示取遍所有整除 m 的素数 p 的 $f(p)$ 的乘积. 在定理 50 的第一个公式中, 除非有 $p \mid a$, 否则相应的 α 等于 0 (从而该乘积中实际上只有有限项). 也可以将它写成

$$a = \prod_{p \mid a} p^\alpha,$$

此时的每个 α 都是正数.

$$\{a, b\} = \prod_p p^{\max(\alpha, \beta)}.$$

由定理 50 和定理 51 可以推出以下定理.

定理 52　$\{a, b\} = \frac{ab}{(a,b)}$.

如果 $(a, b) = 1$, 则称 a 与 b **互素** (coprime). 诸数 $a, b, c, \cdots, k$ 称为互素的, 如果其中任意两个数都互素. 说这些数是互素的要强于说

$$(a, b, c, \cdots, k) = 1,$$

后者仅表示除了 1 以外, 不存在其他的数能同时整除 $a, b, c, \cdots, k$ 中所有的数.

有时候我们说 "a 和 b 没有公约数" 是指它们没有大于 1 的公约数, 也即它们互素.

5.2　同余和剩余类

如果 m 是 $x - a$ 的一个因子, 就说 x 和 a 关于模 m 同余, 记为

$$x \equiv a \,(\mathrm{mod}\ m).$$

这个定义并没有引进任何新的思想, 因为 "$x \equiv a \,(\mathrm{mod}\ m)$" 和 "$m \mid (x - a)$" 有同样的含义, 但是每一种记号都有它自己的优点. 我们已经在 2.9 节中使用 "模" 这个词表示另外的意义, 但是这种多义性不会产生任何混淆[①].

用 $x \not\equiv a \,(\mathrm{mod}\ m)$ 表示 x 和 a 不同余.

如果 $x \equiv a \,(\mathrm{mod}\ m)$, 那么 a 就叫作 x 模 m 的一个**剩余** (residue). 若 $0 \leqslant a \leqslant m - 1$, 那么 a 称作 x 模 m 的**最小剩余** (least residue)[②]. 因此, 关于模 m 同余的两个数 a 和 b 就有相同的剩余 (mod m). 模 m 的一个**剩余类** (class of residue) 是由与某个给定的剩余 (mod m) 同余的所有数所组成的一个类, 这个类的每一个成员都叫作这个类的一个**代表** (representative). 显然, 总共有 m 个剩余类, 它们分别由

$$0, 1, 2, \cdots, m - 1$$

作为代表. 这 m 个数组成的集合, 或者任何 m 个分别属于这 m 个剩余类的数组成的一个集合, 都称为**模 m 的一个完全剩余系** (complete system of incongruent residues to modulus m), 或简称为模 m 的一个**完系** (complete system).

同余在日常生活中具有极为重要的实用性. 比如, "今天是星期六" 就是从某个确定的日期开始所经过的天数关于模 7 的一个同余性质, 这个性质通常要比从

---

① 一词双用是有意的, 这是因为 "关于一个数作成的模的同余" 这一概念要在这个理论的后面阶段中才会出现, 我们在本书中不会用到这个概念.

② 严格地说, 应该指最小非负剩余.

某个时间点 (例如创世伊始) 开始所经过的天数重要得多. 课程表和列车时刻表同样也是同余表, 课程表中涉及的模是 365、7 和 24.

想知道发生了某个特定事件的某一天究竟是星期几, 实际上就是对模 7 解一个算术问题. 在这样的算术中, 同余的数是等价的, 因此这种算术完全是有限的系统, 其中所有的问题都可以通过尝试来获得解答. 例如, 一个讲座每两天 (包括星期六和星期天) 举办一次且第一次讲座在星期一举行, 那么第几次讲座首次在星期二举办呢? 如果这次讲座是第 $x+1$ 次, 那么有

$$2x \equiv 1 \pmod 7,$$

通过尝试可以求得最小的正数解是

$$x = 4.$$

从而第五次讲座将会在星期二开讲, 而且这也将是第一次在星期二举办的讲座.

类似地, 可以用尝试法求得同余式

$$x^2 \equiv 1 \pmod 8$$

有 4 个解, 即为

$$x \equiv 1, 3, 5, 7 \pmod 8.$$

有时候, 即使出现的变量不是整数, 我们也使用同余符号, 这样做是很方便的. 比方说, 只要 $x - y$ 是 z 的整数倍, 就可以写成

$$x \equiv y \pmod z,$$

例如, 这样就有

$$\frac{3}{2} \equiv \frac{1}{2} \pmod 1, \quad -\pi \equiv \pi \pmod{2\pi}.$$

5.3 同余式的初等性质

显然, 对于给定的模 m, 同余式有如下性质:

(i) $a \equiv b \quad \rightarrow \quad b \equiv a$;

(ii) $a \equiv b, b \equiv c \quad \rightarrow \quad a \equiv c$;

(iii) $a \equiv a', b \equiv b' \quad \rightarrow \quad a + b \equiv a' + b'$.

又如果 $a \equiv a', b \equiv b', \cdots$, 就有

(iv) $ka + lb + \cdots \equiv ka' + lb' + \cdots$;

(v) $a^2 \equiv a'^2, a^3 \equiv a'^3$;

如此类推. 最后, 如果 $\phi(a, b, \cdots)$ 为任意的整数系数多项式, 就有

(vi) $\phi(a, b, \cdots) \equiv \phi(a', b', \cdots)$.

定理 53　如果 $a \equiv b \pmod{m}$ 以及 $a \equiv b \pmod{n}$, 那么 $a \equiv b \pmod{\{m,n\}}$. 特别地, 如果 $(m,n) = 1$, 那么 $a \equiv b \pmod{mn}$.

这可以由定理 51 推出. 如果 p^c 是能够整除 $\{m,n\}$ 的 p 的最高幂, 那么 $p^c \mid m$ 或者 $p^c \mid n$, 于是有 $p^c \mid (a-b)$. 这对于 $\{m,n\}$ 的每个素因子来说都成立, 所以
$$a \equiv b \pmod{\{m,n\}}.$$
这条定理很容易推广到任意多个同余式的情形.

5.4　线性同余式

5.3 节介绍的性质 (i) 至性质 (vi) 与普通的代数方程的性质相像, 但是我们很快就会遇到它们之间的一个差别. 下面的性质在同余式中就未必成立:
$$ka \equiv ka' \quad \rightarrow \quad a \equiv a'.$$
比如
$$2 \times 2 \equiv 2 \times 4 \pmod 4,$$
但是
$$2 \not\equiv 4 \pmod 4.$$
接下来我们要研究在这个方向上有什么结果是成立的.

定理 54　如果 $(k,m) = d$, 那么
$$ka \equiv ka' \pmod m \quad \rightarrow \quad a \equiv a' \left(\bmod \frac{m}{d}\right).$$
反过来也成立.

因为 $(k,m) = d$, 我们有
$$k = k_1 d, \quad m = m_1 d, \quad (k_1, m_1) = 1.$$
那么
$$\frac{ka - ka'}{m} = \frac{k_1(a-a')}{m_1},$$
又因为 $(k_1, m_1) = 1$, 所以
$$m \mid ka - ka' \equiv m_1 \mid a - a'.^{①}$$
这就证明了定理. 特别地, 我们有

定理 55　如果 $(k,m) = 1$, 那么

---

① 这里 "$\equiv$" 是逻辑等价的符号: 如果 P 和 Q 都是命题, 那么 $P \equiv Q$ 成立当且仅当 $P \rightarrow Q$ 以及 $Q \rightarrow P$ 成立.

$$ka \equiv ka' \pmod{m} \quad \rightarrow \quad a \equiv a' \pmod{m}.$$

反过来也成立.

定理 56　如果 $a_1, a_2, \cdots, a_m$ 是模 m 的一个完全剩余系, 且有 $(k, m) = 1$, 那么 $ka_1, ka_2, \cdots, ka_m$ 也是模 m 的一个完全剩余系.

根据定理 55, 由 $ka_i - ka_j \equiv 0 \pmod{m}$ 可以推导出 $a_i - a_j \equiv 0 \pmod{m}$, 这只有当 $i = j$ 时才可能成立. 更一般地, 如果 $(k, m) = 1$, 那么

$$ka_r + l \quad (r = 1, 2, 3, \cdots, m)$$

也是模 m 的完全剩余系.

定理 57　如果 $(k, m) = d$, 那么, 同余式

$$kx \equiv l \pmod{m} \tag{5.4.1}$$

有解当且仅当 $d \mid l$. 有解时它恰有 d 个解. 特别地, 如果 $(k, m) = 1$, 那么该同余式只有一个解.

定理 57 中的同余式等价于

$$kx - my = l,$$

因此, 这个结果部分地包含在定理 25 之中. 当我们说到同余式 "恰有 d 个" 解的时候, 自然理解成把同余的解看成是同样的解.

如果 $d = 1$, 定理 57 就是定理 56 的推论. 如果 $d > 1$, 则同余式 (5.4.1) 显然是不可解的, 除非有 $d \mid l$. 如果 $d \mid l$, 那么

$$m = dm', \quad k = dk', \quad l = dl',$$

该同余式等价于

$$k'x \equiv l' \pmod{m'}. \tag{5.4.2}$$

由于 $(k', m') = 1$, 所以 (5.4.2) 恰有一个解. 如果这个解是

$$x \equiv t \pmod{m'},$$

那么

$$x = t + ym',$$

而 (5.4.1) 的完全解集就可以通过给 y 取所有的值来求得, 这里 y 的取值要使得诸 $t + ym'$ 关于模 m 互不同余. 由于

$$t + ym' \equiv t + zm' \pmod{m} \equiv m \mid m'(y - z) \equiv d \mid (y - z),$$

从而恰有 d 个解, 这些解可以表示成

$$t, t + m', t + 2m', \cdots, t + (d - 1)m'.$$

这就证明了定理.

5.5　Euler 函数 $\phi(m)$

用 $\phi(m)$ 来记不大于 m 的正整数中与 m 互素的整数的个数, 也就是说满足

$$0 < n \leqslant m, \ (n, m) = 1^{①}$$

的整数 n 的个数. 如果 a 与 m 互素, 那么任何一个与 a 同余 $(\bmod\ m)$ 的数 x 也与 m 互素. 于是有 $\phi(m)$ 个与 m 互素的剩余类, 从每个这样的剩余类中任取一个数所得到的任何一组 $\phi(m)$ 个剩余作成的集合都称为一个**与 m 互素的完全剩余系** (complete set of residues prime to m) [②]. 一个这样的完全系是 $\phi(m)$ 个小于 m 且与 m 互素的数组成的集合.

定理 58　如果 $a_1, a_2, \cdots, a_{\phi(m)}$ 是一个与 m 互素的完全剩余系, 且 $(k, m) = 1$, 那么

$$ka_1, ka_2, \cdots, ka_{\phi(m)}$$

仍然是一个与 m 互素的完全剩余系.

显然, 第二组数也都与 m 互素, 且如同定理 56 的证明中那样, 它们中没有任何两个数是同余的.

定理 59　假设 $(m, m') = 1$, 且 a 取遍模 m 的一个完全剩余系, a' 取遍模 m' 的一个完全剩余系. 那么 $a'm + am'$ 取遍模 mm' 的一个完全剩余系.

这里有 mm' 个数 $a'm + am'$. 如果

$$a_1'm + a_1m' \equiv a_2'm + a_2m' \ (\bmod\ mm'),$$

那么

$$a_1m' \equiv a_2m' \ (\bmod\ m),$$

所以

$$a_1 \equiv a_2 \ (\bmod\ m).$$

类似地有

$$a_1' \equiv a_2' \ (\bmod\ m').$$

从而这 mm' 个数都是互不同余的, 于是它们构成了模 mm' 的一个完全剩余系.

一个函数 $f(m)$ 称为是**积性的**, 如果 $(m, m') = 1$ 就蕴涵

$$f(mm') = f(m)f(m').$$

---

① 仅当 $m = 1$ 时 n 才可能等于 m. 此时有 $\phi(1) = 1$.
② 现代的数论著作中不再用这个术语, 而改称它是一个**模 m 的缩剩余系** (或简化剩余系). ——译者注

定理 60 $\phi(n)$ 是积性的.

如果 $(m, m') = 1$, 那么根据定理 59 可知, 当 a 和 a' 分别取遍模 m 和模 m' 的完全剩余系时, $a'm + am'$ 取遍模 mm' 的一个完全剩余系. 又有

$$(a'm + am', mm') = 1 \equiv (a'm + am', m) = 1, \ (a'm + am', m') = 1$$
$$\equiv (am', m) = 1, \ (a'm, m') = 1$$
$$\equiv (a, m) = 1, \ (a', m') = 1.$$

从而这 $\phi(mm')$ 个小于 mm' 且与 mm' 互素的数是这 $\phi(m)\phi(m')$ 个数 $a'm + am'$ 的最小正剩余, 其中 a 与 m 互素, a' 与 m' 互素, 从而有

$$\phi(mm') = \phi(m)\phi(m').$$

附带我们还证明了以下定理.

定理 61 如果 $(m, m') = 1$, a 取遍一个与 m 互素的完全剩余系, a' 则取遍一个与 m' 互素的完全剩余系, 那么 $a'm + am'$ 取遍一个与 mm' 互素的完全剩余系.

现在可以对 m 的任意的值求出 $\phi(m)$ 的值. 根据定理 60, 只要对 m 为素数幂的情形来计算 $\phi(m)$ 就行了. 小于 p^c 的正数一共有 $p^c - 1$ 个, 其中有 $p^{c-1} - 1$ 个是 p 的倍数, 剩下的数均与 p 互素, 从而有

$$\phi(p^c) = p^c - 1 - (p^{c-1} - 1) = p^c\left(1 - \frac{1}{p}\right),$$

然后, $\phi(m)$ 的一般的值可由定理 60 得出.

定理 62 如果 $m = \prod p^c$, 那么

$$\phi(m) = m \prod_{p \mid m}\left(1 - \frac{1}{p}\right).$$

我们将需要下面的结果.

定理 63 $\sum\limits_{d \mid m} \phi(d) = m.$

如果 $m = \prod p^c$, 那么 m 的因子就是诸数 $d = \prod p^{c'}$, 其中对每个 p 都有 $0 \leqslant c' \leqslant c$, 且根据 $\phi(m)$ 的积性性质有

$$\Phi(m) = \sum_{d \mid m} \phi(d) = \sum_{p, c'} \prod \phi\left(p^{c'}\right) = \prod_p \left\{1 + \phi(p) + \phi\left(p^2\right) + \cdots + \phi\left(p^c\right)\right\}.$$

但是

$$1 + \phi(p) + \cdots + \phi(p^c) = 1 + (p - 1) + p(p - 1) + \cdots + p^{c-1}(p - 1) = p^c,$$

从而有

$$\Phi(m) = \prod_p p^c = m.$$

5.6 定理 59 和定理 61 对三角和的应用

在数论中有某种重要的三角和, 它们要么是在 5.5 节的意义下是 "积性的", 要么具有十分类似的性质.

记[①]

$$\mathrm{e}(\tau) = \mathrm{e}^{2\pi\mathrm{i}\tau},$$

我们只关心 τ 的有理值. 显然, 当 $m \equiv m' \pmod{n}$ 时有

$$\mathrm{e}\left(\frac{m}{n}\right) = \mathrm{e}\left(\frac{m'}{n}\right).$$

正是这个性质给出了三角和的算术重要性.

(1) **Gauss 和的积性性质**. Gauss 和定义为

$$S(m,n) = \sum_{h=0}^{n-1} \mathrm{e}^{2\pi\mathrm{i}h^2 m/n} = \sum_{h=0}^{n-1} \mathrm{e}\left(\frac{h^2 m}{n}\right),$$

它在二次剩余的理论中特别重要. 由于对任何 r 有

$$\mathrm{e}\left(\frac{(h+rn)^2 m}{n}\right) = \mathrm{e}\left(\frac{h^2 m}{n}\right),$$

所以, 只要 $h_1 \equiv h_2 \pmod{n}$, 就有

$$\mathrm{e}\left(\frac{h_1^2 m}{n}\right) = \mathrm{e}\left(\frac{h_2^2 m}{n}\right).$$

于是可以记

$$S(m,n) = \sum_{h(n)} \mathrm{e}\left(\frac{h^2 m}{n}\right),$$

这个记号表示 h 取遍模 n 的任意一个完全剩余系. 当不致产生混淆时, 用 h 来代替 $h(n)$.

定理 64 如果 $(n,n') = 1$, 那么

$$S(m,nn') = S(mn',n)S(mn,n').$$

设 h, h' 分别取遍模 n, n' 的完全剩余系. 那么, 根据定理 59,

---

① 在本节里, e^ζ 都是复变量 ζ 的指数函数 $\mathrm{e}^\zeta = 1 + \zeta + \cdots$. 假设读者了解指数函数的初等性质.

$$H = hn' + h'n$$

取遍模 nn' 的一个完全剩余系. 我们还有

$$mH^2 = m(hn' + h'n)^2 \equiv mh^2n'^2 + mh'^2n^2 \pmod{nn'}.$$

于是

$$S(mn', n)S(mn, n') = \left\{ \sum_h e\left(\frac{h^2mn'}{n}\right) \right\} \left\{ \sum_{h'} e\left(\frac{h'^2mn}{n'}\right) \right\}$$

$$= \sum_{h,h'} e\left(\frac{h^2mn'}{n} + \frac{h'^2mn}{n'}\right) = \sum_{h,h'} e\left(\frac{m(h^2n'^2 + h'^2n^2)}{nn'}\right)$$

$$= \sum_H e\left(\frac{mH^2}{nn'}\right) = S(m, nn').$$

(2) **Ramanujan 和的积性性质**. Ramanujan 和是

$$c_q(m) = \sum_{h^*(q)} e\left(\frac{hm}{q}\right),$$

这里的记号表示 h 取遍与 q 互素的剩余类. 当不致产生混淆时, 我们有时用 h 来代替 $h^*(q)$.

可以将 $c_q(m)$ 表示成另外的形式, 其中引入了一个有更一般的重要性的记号. 如果 $\rho^q = 1$, 称 ρ 是**本原 q 次单位根** (primitive q-th root of unity), 但是对任何小于 q 的正的 r 值, ρ^r 都不等于 1.

假设 $\rho^q = 1$, 且 r 是使得 $\rho^r = 1$ 成立的最小正整数, 那么 $q = kr + s$, 其中 $0 \leqslant s < r$. 从而

$$\rho^s = \rho^{q-kr} = 1,$$

所以有 $s = 0$ 以及 $r \mid q$. 从而有以下定理.

定理 65 任何 q 次单位根都是对 q 的某个因子 r 而言的一个本原 r 次单位根.

定理 66 q 次单位根是下列诸数

$$e\left(\frac{h}{q}\right) \quad (h = 0, 1, \cdots, q-1),$$

一个根是本原单位根的充分必要条件是 h 与 q 互素.

现在可以将 Ramanujan 和表成形式

$$c_q(m) = \sum \rho^m,$$

其中 ρ 取遍本原 q 次单位根.

定理 67 如果 $(q, q') = 1$, 那么

$$c_{qq'}(m) = c_q(m)c_{q'}(m).$$

因为根据定理 61 有

$$c_q(m)c_{q'}(m) = \sum_{h,h'} \mathrm{e}\left\{m\left(\frac{h}{q} + \frac{h'}{q'}\right)\right\} = \sum_{h,h'} \mathrm{e}\left\{\frac{m\,(hq' + h'q)}{qq'}\right\} = c_{qq'}(m).$$

(3) **Kloosterman 和的积性性质**. Kloosterman 和 (它要更困难一些) 是

$$S(u,v,n) = \sum_h \mathrm{e}\left(\frac{uh + v\bar{h}}{n}\right),$$

其中 h 取遍与 n 互素的一个完全剩余系, $\bar{h}$ 定义为

$$h\bar{h} \equiv 1 \pmod{n}.$$

定理 57 表明：给定任何 h, 则存在唯一的 $\bar{h} \pmod{n}$ 满足这个条件. 我们用不到 Kloosterman 和, 但是对它的积性性质的证明过程极好地解释了前面几节中的思想.

定理 68　如果 $(n, n') = 1$, 那么

$$S(u,v,n)S(u,v',n') = S(u,V,nn'),$$

其中

$$V = vn'^2 + v'n^2.$$

如果

$$h\bar{h} \equiv 1 \pmod{n}, \quad h'\bar{h}' \equiv 1 \pmod{n'},$$

那么

$$\begin{aligned}
S(u,v,n)S(u,v',n') &= \sum_{h,h'} \mathrm{e}\left(\frac{uh + v\bar{h}}{n} + \frac{uh' + v'\bar{h}'}{n'}\right) \\
&= \sum_{h,h'} \mathrm{e}\left\{u\left(\frac{hn' + h'n}{nn'}\right) + \frac{v\bar{h}n' + v'\bar{h}'n}{nn'}\right\} \\
&= \sum_{h,h'} \mathrm{e}\left(\frac{uH + K}{nn'}\right), \tag{5.6.1}
\end{aligned}$$

其中

$$H = hn' + h'n, \quad K = v\bar{h}n' + v'\bar{h}'n.$$

根据定理 61, H 取遍与 nn' 互素的一个完全剩余系. 于是, 如果能证明

$$K \equiv V\overline{H} \pmod{nn'}, \tag{5.6.2}$$

其中 $\overline{H}$ 定义为

$$H\overline{H} \equiv 1 \pmod{nn'},$$

那么 (5.6.1) 将被化简成

$$S(u,v,n)S(u,v',n') = \sum_H e\left(\frac{uH+V\overline{H}}{nn'}\right) = S(u,V,nn').$$

现在有

$$(hn'+h'n)\overline{H} = H\overline{H} \equiv 1 \pmod{nn'}.$$

从而

$$hn'\overline{H} \equiv 1 \pmod{n}, \quad n'\overline{H} \equiv \bar{h}hn'\overline{H} \equiv \bar{h} \pmod{n},$$

所以有

$$n'^2\overline{H} \equiv n'\bar{h} \pmod{nn'}. \tag{5.6.3}$$

类似地, 可以看出

$$n^2\overline{H} \equiv n\bar{h}' \pmod{nn'}, \tag{5.6.4}$$

而由 (5.6.3) 和 (5.6.4) 可以推出

$$V\overline{H} = (vn'^2 + v'n^2)\overline{H} \equiv vn'\bar{h} + v'n\bar{h}' \equiv K \pmod{nn'}.$$

这就是 (5.6.2), 由此得出定理.

5.7 一个一般性的原理

我们暂时回到证明定理 65 时用到的论证方法. 如果我们用更一般的方式来对这个定理及其证明重新加以表述, 以后就会避免许多重复. 用 $P(a)$ 来记断言非负整数 a 所具有的某个性质的任意命题.

定理 69 如果
(i) 对每个 a 和 b (只要在第二种情形下有 $b \leqslant a$ 即可), $P(a)$ 和 $P(b)$ 蕴涵 $P(a+b)$ 和 $P(a-b)$;
(ii) r 是使得 $P(r)$ 成立的最小的正整数;
那么
(a) 对每个非负整数 k, $P(kr)$ 也为真;
(b) 任何使得 $P(q)$ 成立的 q 都是 r 的倍数.

首先 (a) 是显然的.
为证明 (b), 注意到, 根据 r 的定义有 $0 < r \leqslant q$. 从而可以记

$$q = kr + s, \quad s = q - kr,$$

其中 $k \geqslant 1$ 且 $0 \leqslant s < r$. 但是根据 (a) 有 $P(r) \to P(kr)$, 从而根据 (i) 就有

$$P(q), P(kr) \quad \to \quad P(s).$$

再次利用 r 的定义知, s 必须为 0, 从而 $q = kr$.

我们还能从定理 23 推导出定理 69. 在定理 65 中, $P(a)$ 是 $\rho^a = 1$.

5.8 正十七边形的构造

我们将简要地补充介绍初等几何的一个著名问题, 也就是正 n 边形 (或者说内角为 $\alpha = 2\pi/n$ 的正多边形) 的构造问题, 以此来结束本章.

假设 $(n_1, n_2) = 1$, 并假设该问题对 $n = n_1$ 以及 $n = n_2$ 均可解. 则存在整数 r_1 和 r_2 使得

$$r_1 n_1 + r_2 n_2 = 1,$$

从而

$$r_1 \alpha_2 + r_2 \alpha_1 = r_1 \frac{2\pi}{n_2} + r_2 \frac{2\pi}{n_1} = \frac{2\pi}{n_1 n_2}.$$

因此, 如果该问题对 $n = n_1$ 以及 $n = n_2$ 均可解, 它就对 $n = n_1 n_2$ 也可解. 由此可知, 只需要考虑 n 是素数幂的情况即可. 下面假设 $n = p$ 是素数.

如果能够构造出 $\cos \alpha$ (或者 $\sin \alpha$), 就能构造出 α. 诸数

$$\cos k\alpha + \mathrm{i} \sin k\alpha \ (k = 1, 2, \cdots, n-1)$$

是

$$\frac{x^n - 1}{x - 1} = x^{n-1} + x^{n-2} + \cdots + 1 = 0 \tag{5.8.1}$$

的根. 所以, 如果能得出 (5.8.1) 的根, 那么就能得出 α 了.

从分析上来说, Euclid 作图法 (即用直尺和圆规作图) 等价于求解一系列的线性方程或者二次方程.[①] 因此, 如果能将 (5.8.1) 的求解问题转化成一系列这样的方程, 那么相应的作图就是可能的.

Gauss 解决了这个问题, 他证明了 (详见 2.4 节): 这种转化是可能的, 当且仅当 n 是一个 Fermat 素数[②],

$$n = p = 2^{2^h} + 1 = F_h.$$

h 的前面 5 个值, 也即 0, 1, 2, 3, 4, 给出

---

① 见 11.5 节.

② 见 2.5 节.

$$n = 3, 5, 17, 257, 65\,537,$$

它们全都是素数, 因而在这些情形下, 该问题是可解的.

对于 $n=3$ 和 $n=5$, 相应的正三边形和正五边形的构造法是熟知的. 这里给出 $n=17$ 的构造法. 我们不打算对 Gauss 的理论给出系统的说明, 但是这个特定的构造法对于他的方法步骤给出了一个恰当的例子, 读者应当明白 (从一开始这就是合情合理的): 当 $n=p$ 且 $p-1$ 不含有除了 2 以外的任何其他素数因子时, Euclid 作图法是能够完成这一构造的. 这就要求 p 是形如 2^m+1 的素数, 而仅有的这种特征的素数就是 Fermat 素数. ①

假设 $n=17$. 对应的方程是

$$\frac{x^{17}-1}{x-1} = x^{16} + x^{15} + \cdots + 1 = 0. \tag{5.8.2}$$

记

$$\alpha = \frac{2\pi}{17}, \quad \varepsilon_k = \mathrm{e}\left(\frac{k}{17}\right) = \cos k\alpha + \mathrm{i}\sin k\alpha,$$

所以 (5.8.2) 的根是

$$x = \varepsilon_1, \varepsilon_2, \cdots, \varepsilon_{16}. \tag{5.8.3}$$

由这些根可以形成一定的和, 它们称为**周期** (period), 它们皆为二次方程的根.

诸数

$$3^m \ (0 \leqslant m \leqslant 15)$$

按照某种次序分别与 $k = 1, 2, \cdots, 16$ 同余 (mod 17), ②对应关系如下:

$m=0,\ 1,\ 2,\ 3,\ 4,\ 5,\ 6,\ 7,\ 8,\ 9,\ 10,\ 11,\ 12,\ 13,\ 14,\ 15,$
$k=1,\ 3,\ 9,\ 10,\ 13,\ 5,\ 15,\ 11,\ 16,\ 14,\ 8,\ 7,\ 4,\ 12,\ 2,\ 6.$

用

$$x_1 = \sum_{2\mid m} \varepsilon_k = \varepsilon_1 + \varepsilon_9 + \varepsilon_{13} + \varepsilon_{15} + \varepsilon_{16} + \varepsilon_8 + \varepsilon_4 + \varepsilon_2,$$

$$x_2 = \sum_{2\nmid m} \varepsilon_k = \varepsilon_3 + \varepsilon_{10} + \varepsilon_5 + \varepsilon_{11} + \varepsilon_{14} + \varepsilon_7 + \varepsilon_{12} + \varepsilon_6$$

来定义 x_1 和 x_2, 用

$$y_1 = \sum_{m\equiv 0\ (\mathrm{mod}\ 4)} \varepsilon_k = \varepsilon_1 + \varepsilon_{13} + \varepsilon_{16} + \varepsilon_4,$$

$$y_2 = \sum_{m\equiv 2\ (\mathrm{mod}\ 4)} \varepsilon_k = \varepsilon_9 + \varepsilon_{15} + \varepsilon_8 + \varepsilon_2,$$

① 见 2.5 节定理 17.
② 事实上, 在即将在 6.8 节中解释的那种意义下, 3 是 "17 的一个原根".

$$y_3 = \sum_{m \equiv 1 \ (\mathrm{mod}\ 4)} \varepsilon_k = \varepsilon_3 + \varepsilon_5 + \varepsilon_{14} + \varepsilon_{12},$$

$$y_4 = \sum_{m \equiv 3 \ (\mathrm{mod}\ 4)} \varepsilon_k = \varepsilon_{10} + \varepsilon_{11} + \varepsilon_7 + \varepsilon_6$$

来定义 y_1, y_2, y_3, y_4. 由于

$$\varepsilon_k + \varepsilon_{17-k} = 2\cos k\alpha,$$

我们有

$$x_1 = 2\left(\cos\alpha + \cos 8\alpha + \cos 4\alpha + \cos 2\alpha\right),$$
$$x_2 = 2\left(\cos 3\alpha + \cos 7\alpha + \cos 5\alpha + \cos 6\alpha\right),$$
$$y_1 = 2\left(\cos\alpha + \cos 4\alpha\right), \quad y_2 = 2\left(\cos 8\alpha + \cos 2\alpha\right),$$
$$y_3 = 2\left(\cos 3\alpha + \cos 5\alpha\right), \quad y_4 = 2\left(\cos 7\alpha + \cos 6\alpha\right).$$

首先证明 x_1 和 x_2 是有理系数二次方程的根. 由于 (5.8.2) 的根是 (5.8.3) 中诸数, 所以有

$$x_1 + x_2 = 2\sum_{k=1}^{8}\cos k\alpha = \sum_{k=1}^{16}\varepsilon_k = -1.$$

又有

$$x_1 x_2 = 4\left(\cos\alpha + \cos 8\alpha + \cos 4\alpha + \cos 2\alpha\right)\left(\cos 3\alpha + \cos 7\alpha + \cos 5\alpha + \cos 6\alpha\right).$$

如果把它的右边乘开来, 并利用恒等式

$$2\cos m\alpha \cos n\alpha = \cos(m+n)\alpha + \cos(m-n)\alpha, \tag{5.8.4}$$

就可以得到

$$x_1 x_2 = 4(x_1 + x_2) = -4.$$

因此, x_1 和 x_2 是

$$x^2 + x - 4 = 0 \tag{5.8.5}$$

的根. 又有

$$\cos\alpha + \cos 2\alpha > 2\cos\frac{1}{4}\pi = \sqrt{2} > -\cos 8\alpha, \quad \cos 4\alpha > 0.$$

因此 $x_1 > 0$, 从而

$$x_1 > x_2. \tag{5.8.6}$$

接下来, 证明 y_1, y_2 和 y_3, y_4 都是系数为由 x_1 和 x_2 构造的有理数的二次方程的根. 因为

$$y_1 + y_2 = x_1,$$

再次利用 (5.8.4) 有

$$y_1 y_2 = 4 (\cos\alpha + \cos 4\alpha)(\cos 8\alpha + \cos 2\alpha) = 2 \sum_{k=1}^{8} \cos k\alpha = -1.$$

于是, y_1, y_2 是方程

$$y^2 - x_1 y - 1 = 0 \tag{5.8.7}$$

的根, 而且显然有

$$y_1 > y_2. \tag{5.8.8}$$

类似地, 有

$$y_3 + y_4 = x_2, \quad y_3 y_4 = -1,$$

所以 y_3, y_4 是方程

$$y^2 - x_2 y - 1 = 0 \tag{5.8.9}$$

的根, 且有

$$y_3 > y_4. \tag{5.8.10}$$

最后有

$$2\cos\alpha + 2\cos 4\alpha = y_1,$$

$$4\cos\alpha\cos 4\alpha = 2(\cos 5\alpha + \cos 3\alpha) = y_3.$$

又有 $\cos\alpha > \cos 4\alpha$. 因此 $z_1 = 2\cos\alpha$ 和 $z_2 = 2\cos 4\alpha$ 就是二次方程

$$z^2 - y_1 z + y_3 = 0 \tag{5.8.11}$$

的根, 且有

$$z_1 > z_2. \tag{5.8.12}$$

现在, 通过求解 4 个二次方程 (5.8.5) (5.8.7) (5.8.9) (5.8.11) 并记住相关的不等式, 可以定出 $z_1 = 2\cos\alpha$ 的值. 我们得到

$$2\cos\alpha = \frac{1}{8}\left\{-1 + \sqrt{17} + \sqrt{34 - 2\sqrt{17}}\right\}$$
$$+ \frac{1}{8}\sqrt{68 + 12\sqrt{17} - 16\sqrt{34 + 2\sqrt{17}} - 2(1 - \sqrt{17})\sqrt{34 - 2\sqrt{17}}},$$

这是一个仅包含有理数以及平方根的表达式. 现在这个数就可以仅用直尺和圆规构造出来, 从而 α 可以 (用直尺和圆规) 构造出来.

还有一个更简单的几何作图法. 设 $\angle C$ 是使得 $\tan 4C = 4$ 成立的最小正锐角, 从而 $\angle C$、$2\angle C$ 以及 $4\angle C$ 全都是锐角. 这样一来, (5.8.5) 就可以写成

$$x^2 + 4x \cot 4C - 4 = 0.$$

这个方程的根是 $2\tan 2C$ 和 $-2\cot 2C$. 由于 $x_1 > x_2$, 这就给出 $x_1 = 2\tan 2C$ 以及 $x_2 = -2\cot 2C$. 代入 (5.8.7) 和 (5.8.9) 中, 并求解方程即得

$$y_1 = \tan\left(C + \frac{1}{4}\pi\right), \quad y_3 = \tan C,$$

$$y_2 = \tan\left(C - \frac{1}{4}\pi\right), \quad y_4 = -\cot C.$$

于是有

$$\begin{cases} 2\cos 3\alpha + 2\cos 5\alpha = y_3 = \tan C, \\ 2\cos 3\alpha \cdot 2\cos 5\alpha = 2\cos 2\alpha + 2\cos 8\alpha = y_2 = \tan\left(C - \frac{1}{4}\pi\right). \end{cases} \tag{5.8.13}$$

如图 5, 设 OA, OB 是一个圆中两条互相垂直的半径. 取 OI 是 OB 的 $\frac{1}{4}$, 且 $\angle OIE(E$ 在 OA 上$)$ 是 $\angle OIA$ 的 $\frac{1}{4}$. 在 AO 延长线上求一个点 F 使得 $\angle EIF = \frac{1}{4}\pi$. 设以 AF 为直径的圆与 OB 相交于 K, 并设中心在 E 半径为 EK 的圆与 OA 相交于 N_3 和 $N_5(N_3$ 在 OA 上, N_5 在 AO 延长线上$)$. 画出与 OA 垂直的 N_3P_3 和 N_5P_5, 它们与最初的圆交于 P_3 和 P_5.

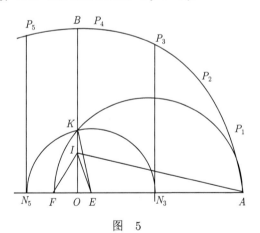

图　5

这样就有 $\angle OIA = 4\angle C$ 以及 $\angle OIE = \angle C$. 又有

$$2\cos\angle AOP_3 + 2\cos\angle AOP_5 = 2\frac{ON_3 - ON_5}{OA} = \frac{4OE}{OA} = \frac{OE}{OI} = \tan C,$$

$$2\cos\angle AOP_3 \cdot 2\cos\angle AOP_5 = -4\frac{ON_3 \cdot ON_5}{OA^2} = -4\frac{OK^2}{OA^2}$$

$$= -4\frac{OF}{OA} = -\frac{OF}{OI} = \tan\left(C - \frac{1}{4}\pi\right).$$

将这些方程与 (5.8.13) 比较, 可以看出 $\angle AOP_3 = 3\alpha$ 以及 $\angle AOP_5 = 5\alpha$. 由此推出, A, P_3, P_5 是圆内接正十七边形的第一、第四和第六个顶点, 于是怎样构造出这个正多边形就是显而易见的事了.

本 章 附 注

5.1 节. 这一章的内容全部都是 "经典的" (除了在 5.6 节中证明的 Ramanujan 和以及 Kloosterman 和的性质之外), 它们均可在教科书中找到. 同余式的理论首先是由 Gauss, *D.A.* 系统发展出来的, 虽然其中主要的结果已经为像 Fermat 和 Euler 这样的更早期的数学家所知. 我们偶尔给出一些参考资料, 特别是当某个有名的函数或者定理习惯上与一个特殊的数学家的名字相连在一起时, 但是不打算给出系统的阐述.

5.5 节. Euler, *Novi Comm. Acad. Petrop.* **8** (1760~1761), 74-104 [*Opera* (1), ii. 531-544].

看起来更为自然的是称 $f(m)$ 为积性的, 如果对所有 m, m' 都有

$$f(mm') = f(m)f(m').$$

但这个定义限制性太强, 正文中给出的较为宽松的定义要有用得多.

5.6 节. 这一节里的和出现在 Gauss, "*Summatio quarumdam serierum singularium*" (1808), *Werke*, ii. 11-45; Ramanujan, *Trans. Camb. Phil. Soc.* **22** (1918), 259-276 (*Collected Papers*, 179-199); Kloosterman, *Acta Math.* **49** (1926), 407-464 之中; "Ramanujan 和" 可以在更早期的论著中找到; 例如, 见 Jensen, *Beretning d. tredje Skand. Matematiker-congres* (1913), 145 以及 Landau, *Handbuch*, 572. 但是 Ramanujan 是看到它的重要性并系统地应用它的第一位数学家. 这种和在用平方和来表示数的理论中是特别重要的. 有关 Gauss 和的计算、它们的应用以及历史, 见 Davenport, *Multiplicative number theory*, (Markham, Chicago, 1967), 有关 Kloosterman 和的信息以及参考文献, 见 Weil, *Proc. Nat. Acad. Sci. U.S.A.* **34** (1948), 204-207.

5.8 节. 一般的理论是由 Gauss, *D.A.*, 第 335~366 目发展起来的. 正十七边形的第一个明显的几何作图是由 Erchinger 给出的 (见 Gauss, *Werke*, ii. 186-187). 正文中给出的作图法属于 Richmond, *Quarterly Journal of Math.* **26** (1893), 206-207 以及 *Math. Annalen*, **67** (1909), 459-461. 我们的图取自 Richmond 的论文.

Gauss (*D.A.*, 第 341 目) 证明了: 方程 (5.8.1) 是不可约的, 也就是说, 当 n 为素数时, 它的左边不可能分解成更低次数的有理系数因子之积. 更加一般地, Kronecker 和 Eisenstein 证明了: 由 $\phi(n)$ 个本原 n 次单位根所满足的方程是不可约的. 可参见 Mathews, *Theory of numbers* (Cambridge, Deighton Bell, 1892), 186-188. Grandjot 指出了, 该定理可以从 Dirichlet 的定理 15 很容易地推导出来: 见 Landau, *Vorlesungen*, iii. 219.

第 6 章　Fermat 定理及其推论

6.1　Fermat 定理

本章将运用第 5 章的一般性思想来证明主要是属于 Fermat、Euler、Legendre 和 Gauss 的一系列经典定理.

定理 70　*如果 p 是素数, 那么*
$$a^p \equiv a \pmod{p}. \tag{6.1.1}$$

定理 71 (Fermat 定理)　*如果 p 是素数, 且 $p \nmid a$, 那么*
$$a^{p-1} \equiv 1 \pmod{p}. \tag{6.1.2}$$

当 $p \nmid a$ 时, 同余式 (6.1.1) 和 (6.1.2) 是等价的; 而当 $p \mid a$ 时, (6.1.1) 是平凡的, 因为此时有 $a^p \equiv 0 \equiv a$. 因此定理 70 与定理 71 是等价的.

定理 71 是更为一般的定理 72 的特殊情形.

定理 72 (Fermat-Euler 定理)　*如果 $(a, m) = 1$, 那么*
$$a^{\phi(m)} \equiv 1 \pmod{m}.$$

如果 x 取遍与 m 互素的完全剩余系①, 那么, 根据定理 58, ax 也取遍这样一个 (简化) 剩余系. 取每个 (简化) 剩余系中诸数之乘积, 于是就有
$$\prod(ax) \equiv \prod x \pmod{m},$$
也即
$$a^{\phi(m)} \prod x \equiv \prod x \pmod{m}.$$
由于每个数 x 皆与 m 互素, 所以它们的乘积也与 m 互素, 于是根据定理 55, 有
$$a^{\phi(m)} \equiv 1 \pmod{m}.$$

如果 $(a, m) > 1$, 这个结果显然不成立.

6.2　二项系数的某些性质

Euler 是发表了 Fermat 定理的证明的第一人. 这个证明 (很容易加以拓展来证明定理 72) 依赖于二项式系数的最简单的算术性质.

---

① 用现在的数论语言可以改述成 x 取遍 "模 m 的简化剩余系", 也就是取遍 "模 m 的缩系".

定理 73 如果 m 和 n 是正整数, 那么二项式系数

$$\binom{m}{n} = \frac{m(m-1)\cdots(m-n+1)}{n!}, \qquad \binom{-m}{n} = (-1)^n \frac{m(m+1)\cdots(m+n-1)}{n!}$$

都是整数.

这里我们需要这个定理的第一部分. 但是, 由于

$$\binom{-m}{n} = (-1)^n \binom{m+n-1}{n},$$

因此这两部分是等价的. 也就是, 每一部分都可以表述成一种引人瞩目的格式.

定理 74 任何 n 个连续正整数的乘积均可被 $n!$ 整除.

这些定理显然起源于二项式系数, 即 $(1+x)(1+x)\cdots$ 或者

$$(1-x)^{-1}(1-x)^{-1}\cdots = (1+x+x^2+\cdots)(1+x+x^2+\cdots)\cdots$$

中的 x 的幂的系数. 可以如下用归纳法来证明它们. 选取定理 74, 该定理断言

$$(m)_n = m(m+1)\cdots(m+n-1)$$

可以被 $n!$ 整除. 这对 $n=1$ 和所有的 m 显然为真, 对 $m=1$ 和所有 n 也显然为真. 假设 (a) 对 $n = N-1$ 以及所有 m 为真, (b) 对 $n = N$ 以及 $m = M$ 为真. 那么

$$(M+1)_N - M_N = N(M+1)_{N-1},$$

所以 $(M+1)_{N-1}$ 能被 $(N-1)!$ 整除. 从而 $(M+1)_N$ 能被 $N!$ 整除, 因此定理对 $n = N$ 以及 $m = M+1$ 为真. 由此推出定理对 $n = N$ 以及所有 m 为真. 由于它对 $n = N+1$ 以及 $m = 1$ 也为真, 我们可以重复这个讨论, 从而该定理结论成立.

定理 75 如果 p 是素数, 那么

$$\binom{p}{1}, \ \binom{p}{2}, \ \cdots, \ \binom{p}{p-1}$$

均能被 p 整除.

如果 $1 \leqslant n \leqslant p-1$, 那么由定理 74 得

$$n! \mid p(p-1)\cdots(p-n+1).$$

但是 $n!$ 与 p 互素, 所以

$$n! \mid (p-1)(p-2)\cdots(p-n+1).$$

从而

$$\binom{p}{n} = p \frac{(p-1)(p-2)\cdots(p-n+1)}{n!}$$

能被 p 整除.

定理 76   如果 p 是素数, 那么 $(1-x)^{-p}$ 中除了 $1, x^p, x^{2p}, \cdots$ 之外, 其余所有项的系数都能被 p 整除, 而 $1, x^p, x^{2p}, \cdots$ 的系数均同余于 $1 \pmod p$.

根据定理 73,

$$(1-x)^{-p} = 1 + \sum_{n=1}^{\infty} \binom{p+n-1}{n} x^n$$

中的系数全都是整数. 由于

$$(1-x^p)^{-1} = 1 + x^p + x^{2p} + \cdots,$$

所以我们要证明

$$(1-x^p)^{-1} - (1-x)^{-p} = (1-x)^{-p}(1-x^p)^{-1}\{(1-x)^p - 1 + x^p\}$$

的展开式中的每一个系数都能被 p 整除. 由于 $(1-x)^{-p}$ 和 $(1-x^p)^{-1}$ 的展开式中的系数都是整数, 所以只要证明多项式 $(1-x)^p - 1 + x^p$ 中的每个系数都能被 p 整除就足够了. 对于 $p=2$, 这是显然的; 对于 $p \geqslant 3$, 由于

$$(1-x)^p - 1 + x^p = \sum_{r=1}^{p-1} (-1)^r \binom{p}{r} x^r,$$

故此时的结论可以由定理 75 推出.

第 19 章中将需要这个定理.

定理 77   如果 p 是素数, 那么

$$(x + y + \cdots + w)^p \equiv x^p + y^p + \cdots + w^p \pmod p.$$

根据定理 75 有

$$(x+y)^p \equiv x^p + y^p \pmod p,$$

一般性的结果可以通过重复使用这个结论而得到.

定理 75 的另外一个有用的推论叙述如下.

定理 78   如果 $\alpha > 0$ 且

$$m \equiv 1 \pmod{p^\alpha},$$

那么

$$m^p \equiv 1 \pmod{p^{\alpha+1}}.$$

因为 $m = 1 + kp^\alpha$, 其中 k 是一个整数, 且 $\alpha p \geqslant \alpha + 1$. 这样就有

$$m^p = (1 + kp^\alpha)^p = 1 + lp^{\alpha+1},$$

其中 l 是一个整数.

6.3 定理 72 的第二个证明

现在可以对定理 72 给出 Euler 的证明. 假设 $m = \prod p^\alpha$. 根据定理 53, 只需要证明

$$a^{\phi(m)} \equiv 1 \pmod{p^\alpha}$$

就够了. 但是

$$\phi(m) = \prod \phi(p^\alpha) = \prod p^{\alpha-1}(p-1),$$

所以只需证明当 $p \nmid a$ 时有

$$a^{p^{\alpha-1}(p-1)} \equiv 1 \pmod{p^\alpha}$$

即可.

根据定理 77 有

$$(x + y + \cdots)^p \equiv x^p + y^p + \cdots \pmod{p}.$$

取 $x = y = z = \cdots = 1$, 并假设其中有 a 个数, 可以得到

$$a^p \equiv a \pmod{p},$$

这也就是

$$a^{p-1} \equiv 1 \pmod{p}.$$

于是, 根据定理 78 就有

$$a^{p(p-1)} \equiv 1 \pmod{p^2}, \ a^{p^2(p-1)} \equiv 1 \pmod{p^3}, \ \cdots, \ a^{p^{\alpha-1}(p-1)} \equiv 1 \pmod{p^\alpha}.$$

6.4 定理 22 的证明

在着手 Fermat 定理更为重要的应用之前, 先用它来证明第 2 章中的定理 22. 可以将 $f(n)$ 写成

$$f(n) = \sum_{r=1}^{m} Q_r(n)a_r^n = \sum_{r=1}^{m}\left(\sum_{s=0}^{q_r} c_{r,s}n^s\right)a_r^n,$$

其中诸数 a 和 c 皆为整数, 且

$$1 \leqslant a_1 < a_2 < \cdots < a_m.$$

对于很大的 n, $f(n)$ 中的项按照大小递增的次序排列, 当 n 很大时, $f(n)$ 的大小被它的最后一项

$$c_{m,q_m}n^{q_m}a_m^n$$

所控制 (因此最后那个系数 c 是正数).

如果对所有很大的 n, $f(n)$ 都是素数, 那么就存在一个 n, 使得

$$f(n) = p > a_m,$$

这里 p 是素数. 那么, 对所有整数 k 和 s 有

$$\{n + kp(p-1)\}^s \equiv n^s \pmod{p}.$$

又由 Fermat 定理有

$$a_r^{p-1} \equiv 1 \pmod{p},$$

所以对所有正整数 k 有

$$a_r^{n+kp(p-1)} \equiv a_r^n \pmod{p}.$$

从而

$$\{n + kp(p-1)\}^s\, a_r^{n+kp(p-1)} \equiv n^s a_r^n \pmod{p},$$

这样一来, 对所有正整数 k 就有

$$f\{n + kp(p-1)\} \equiv f(n) \equiv 0 \pmod{p}.$$

矛盾.

6.5   二 次 剩 余

假设 p 是一个奇素数, $p \nmid a$, 且 x 是诸数

$$1, 2, 3, \cdots, p-1$$

中的一个. 那么, 根据定理 58, 诸数

$$1 \cdot x, 2 \cdot x, \cdots, (p-1)x$$

中恰有一个与 a 同余 $\pmod p$. 于是存在唯一的 x' 使得

$$xx' \equiv a \pmod{p}, \quad 0 < x' < p.$$

称 x' 是 x 的**相伴数** (associate). 这样就有两种可能性: 或者至少一个 x 与自己相伴, 从而有 $x' = x$; 或者没有这样的 x 存在.

(1) 假设第一种情形成立, 且 x_1 与自己相伴. 此时, 同余式

$$x^2 \equiv a \pmod{p}$$

有解 $x = x_1$. 此时就说 a 是 p 的**二次剩余** (quadratic residue), 或者 (在没有误解的危险时) 简称为 p 的**剩余** (residue), 并记为 $a \, \mathrm{R} \, p$. 显然

$$x = p - x_1 \equiv -x_1 \pmod{p}$$

是这个同余式的另外一个解. 再者, 如果对 x 的任何一个其他的值 x_2 有 $x' = x$, 我们就有

$$x_1^2 \equiv a, \quad x_2^2 \equiv a, \quad (x_1 - x_2)(x_1 + x_2) = x_1^2 - x_2^2 \equiv 0 \pmod{p}.$$

因此, 或者有 $x_2 \equiv x_1$, 或者有

$$x_2 \equiv -x_1 \equiv p - x_1.$$

于是该同余式恰好有两个解, 也就是 x_1 和 $p - x_1$.

此时, 诸数

$$1, 2, \cdots, p - 1$$

可以分成 $x_1, p - x_1$ 以及 $\frac{1}{2}(p - 3)$ 对不相等的相伴数. 现在有

$$x_1(p - x_1) \equiv -x_1^2 \equiv -a \pmod{p},$$

而对任何一对相伴数 x, x' 均有

$$xx' \equiv a \pmod{p}.$$

从而

$$(p - 1)! = \prod x \equiv -a \cdot a^{\frac{1}{2}(p-3)} \equiv -a^{\frac{1}{2}(p-1)} \pmod{p}.$$

(2) 如果第二种可能的情形成立, 没有任何 x 与自己相伴, 此时就说 a 是 p 的**二次非剩余** (quadratic non-residue), 或者简称为 p 的**非剩余** (non-residue), 并记为 $a \, \mathrm{N} \, p$. 此时, 同余式

$$x^2 \equiv a \pmod{p}$$

没有解, 诸数

$$1, 2, \cdots, p - 1$$

可以分成 $\frac{1}{2}(p - 1)$ 对不相等的数组成的相伴数对. 从而

$$(p - 1)! = \prod x \equiv a^{\frac{1}{2}(p-1)} \pmod{p}.$$

定义 Legendre 符号 $\left(\frac{a}{p}\right)$ 如下:

$$\text{如果 } a \, \mathrm{R} \, p, \quad \left(\frac{a}{p}\right) = +1;$$

$$\text{如果 } a \, \mathrm{N} \, p, \quad \left(\frac{a}{p}\right) = -1.$$

其中 p 是一个奇素数, 而 a 是任意一个不被 p 整除的数. 显然, 如果 $a \equiv b \pmod{p}$, 则有

$$\left(\frac{a}{p}\right) = \left(\frac{b}{p}\right).$$

这样就证明了以下定理.

定理 79 如果 p 是一个奇素数, 且 a 不是 p 的倍数, 那么

$$(p-1)! \equiv -\left(\frac{a}{p}\right) a^{\frac{1}{2}(p-1)} \pmod{p}.$$

我们一直假设 p 是奇数. 显然 $0 = 0^2, 1 = 1^2$, 因此所有的数都是 2 的二次剩余. 当 $p = 2$ 时, 我们不定义 Legendre 符号, 后面将不考虑这种情形. 当 $p = 2$ 时, 我们的定理也有一些是成立的 (不过也是平凡的).

6.6 定理 79 的特例: Wilson 定理

两个最简单的情形是 $a = 1$ 和 $a = -1$ 的情形.

(1) 首先设 $a = 1$, 则

$$x^2 \equiv 1 \pmod{p}$$

有解 $x = \pm 1$. 因此 1 是 p 的一个二次剩余, 且有

$$\left(\frac{1}{p}\right) = 1.$$

如果在定理 79 中取 $a = 1$, 它就变成以下定理.

定理 80 (Wilson 定理) $(p-1)! \equiv -1 \pmod{p}$.

从而有 $11\,|\,3\,628\,801$.

同余式

$$(p-1)! + 1 \equiv 0 \pmod{p^2}$$

对于

$$p = 5, \quad p = 13, \quad p = 563$$

为真, 但对于小于 200 000 的其他 p 值都不成立. 关于这个同余式尚无一般性的定理.

如果 m 是合数, 那么

$$m \mid (m-1)! + 1$$

不真, 这是因为存在一个数 d 使得

$$d \mid m, \quad 1 < d < m,$$

而 d 不整除 $(m-1)!+1$. 从而我们有以下定理.

定理 81 如果 $m>1$, 那么 m 是素数的充分必要条件是
$$m \mid (m-1)!+1.$$

当然, 这个定理作为一个给定的数 m 的素性的实际判别法来说是没有什么用处的.

(2) 其次假设 $a=-1$. 此时定理 79 和定理 80 表明
$$\left(\frac{-1}{p}\right) \equiv -(-1)^{\frac{1}{2}(p-1)}(p-1)! \equiv (-1)^{\frac{1}{2}(p-1)}.$$

定理 82 数 -1 是形如 $4k+1$ 的素数的二次剩余, 是形如 $4k+3$ 的素数的二次非剩余. 也即有
$$\left(\frac{-1}{p}\right) = (-1)^{\frac{1}{2}(p-1)}.$$

更一般地, 定理 79 和定理 80 合起来给出:

定理 83 $\left(\dfrac{a}{p}\right) \equiv a^{\frac{1}{2}(p-1)} \pmod{p}$.

6.7 二次剩余和非剩余的初等性质

诸数
$$1^2, 2^2, 3^2, \cdots, \left\{\frac{1}{2}(p-1)\right\}^2 \tag{6.7.1}$$

均不同余. 这是因为 $r^2 \equiv s^2$ 蕴涵 $r \equiv s$ 或者 $r \equiv -s \pmod{p}$, 而第二种情况在这里是不可能的. 再者,
$$r^2 \equiv (p-r)^2 \pmod{p}.$$

由此推出 p 有 $\dfrac{1}{2}(p-1)$ 个剩余和 $\dfrac{1}{2}(p-1)$ 个非剩余.

定理 84 奇素数 p 有 $\dfrac{1}{2}(p-1)$ 个剩余和 $\dfrac{1}{2}(p-1)$ 个非剩余.

接下来证明:

定理 85 两个剩余或者两个非剩余的乘积是一个剩余, 一个剩余和一个非剩余的乘积是一个非剩余.

(1) 用 $\alpha, \alpha', \alpha_1, \cdots$ 来表示剩余, 用 $\beta, \beta', \beta_1, \cdots$ 来表示非剩余. 那么每个 $\alpha\alpha'$ 都是一个 α, 这是因为

$$x^2 \equiv \alpha, \ y^2 \equiv \alpha' \quad \rightarrow \quad (xy)^2 \equiv \alpha\alpha' \pmod{p}.$$

(2) 如果 α_1 是一个固定的剩余, 那么

$$1 \cdot \alpha_1, 2 \cdot \alpha_1, 3 \cdot \alpha_1, \cdots, (p-1)\alpha_1$$

是模 p 的一个完全剩余系. 既然每个 $\alpha\alpha_1$ 都是剩余, 所以每个 $\beta\alpha_1$ 必定都是一个非剩余.

(3) 类似地, 如果 β_1 是一个固定的非剩余, 则每个 $\beta\beta_1$ 都是一个剩余. 这是因为

$$1 \cdot \beta_1, \ 2 \cdot \beta_1, \ \cdots, \ (p-1)\beta_1$$

是模 p 的一个完全剩余系, 且每个 $\alpha\beta_1$ 都是一个非剩余, 所以每个 $\beta\beta_1$ 都是一个剩余.

定理 85 也是定理 83 的一个推论.

再增加两个在第 20 章里要用到的定理. 第一个定理仅仅是定理 82 一部分的一个重新表述.

定理 86 *如果 p 是一个形如 $4k+1$ 的素数, 那么存在一个 x 使得*

$$1 + x^2 = mp,$$

其中 $0 < m < p$.

这是因为, 根据定理 82, -1 是 p 的一个剩余, 所以它与 (6.7.1) 中诸数之一 (比方说是 x^2) 同余, 且有

$$0 < 1 + x^2 < 1 + \left(\frac{1}{2}p\right)^2 < p^2.$$

定理 87 *如果 p 是一个奇素数, 那么存在数 x 和 y 使得*

$$1 + x^2 + y^2 = mp,$$

其中 $0 < m < p$.

$\frac{1}{2}(p+1)$ 个数

$$x^2 \quad \left(0 \leqslant x \leqslant \frac{1}{2}(p-1)\right) \tag{6.7.2}$$

都是不同余的, 所以如下 $\frac{1}{2}(p+1)$ 个数

$$-1 - y^2 \quad \left(0 \leqslant y \leqslant \frac{1}{2}(p-1)\right) \tag{6.7.3}$$

也是不同余的. 但是在这两个集合中一共有 $p+1$ 个数, 却只有 p 个剩余类 (mod p), 于是 (6.7.2) 中必有某个数与 (6.7.3) 中某个数同余. 从而有一个 x 和一个 y 存在, 二者都小于 $\frac{1}{2}p$, 使得

$$x^2 \equiv -1 - y^2, \quad 1 + x^2 + y^2 = mp.$$

又有

$$0 < 1 + x^2 + y^2 < 1 + 2\left(\frac{1}{2}p\right)^2 < p^2,$$

所以有 $0 < m < p$.

定理 86 表明, 当 $p = 4k + 1$ 时可以取 $y = 0$.

6.8　$a \pmod{m}$ 的阶

由定理 72 可以知道, 如果 $(a, m) = 1$, 那么

$$a^{\phi(m)} \equiv 1 \pmod{m}.$$

用 d 来记使得

$$a^x \equiv 1 \pmod{m} \tag{6.8.1}$$

成立的 x 的最小正值, 则有 $d \leqslant \phi(m)$.

将同余式 (6.8.1) 称作为命题 $P(x)$, 那么显然 $P(x)$ 和 $P(y)$ 蕴涵 $P(x+y)$. 再者, 如果 $y \leqslant x$ 且

$$a^{x-y} \equiv b \pmod{m},$$

则有

$$a^x \equiv ba^y \pmod{m},$$

从而 $P(x)$ 和 $P(y)$ 蕴涵 $P(x-y)$. 于是 $P(x)$ 满足定理 69 的条件, 且

$$d \mid \phi(m).$$

称 d 是 $a \pmod{m}$ 的**阶** (order)①, 并说成 a **属于** (belong to) $d \pmod{m}$. 由于

$$2 \equiv 2, \quad 2^2 \equiv 4, \quad 2^3 \equiv 1 \pmod{7},$$

所以 2 属于 3 (mod 7). 如果 $d = \phi(m)$, 则称 a 是 m 的**原根** (primitive root). 于是 2 是 5 的一个原根, 这是因为

$$2 \equiv 2, \quad 2^2 \equiv 4, \quad 2^3 \equiv 3, \quad 2^4 \equiv 1 \pmod{5},$$

---

① 常称为**指数** (index), 但是这个词在群论中有完全不同的含义.

另外, 3 是 17 的一个原根. m 的原根这一概念与在 5.6 节中所说的本原单位根这个代数概念有某种相似性. 7.5 节中将证明: 每个奇素数 p 均有原根.

现在可以将已经证明的结果总结成:

定理 88   任何与 m 互素的数 a 都属于 $\phi(m)$ 的一个因子 (mod m). 如果 d 是 a 的阶 (mod m), 那么 $d \mid \phi(m)$. 如果 m 是一个素数 p, 那么 $d \mid (p-1)$. 同余式 $a^x \equiv 1 \pmod{m}$ 成立与否, 要根据 x 是否 d 的倍数来确定.

6.9 Fermat 定理的逆定理

Fermat 定理的直接逆命题是不正确的. 也就是说, "如果 $m \nmid a$ 且

$$a^{m-1} \equiv 1 \pmod{m}, \tag{6.9.1}$$

那么 m 一定是一个素数" 这个结论是不正确的. 甚至下面的结论也是不正确的: 如果 (6.9.1) 对所有与 m 互素的 a 皆为真, 那么 m 是素数. 例如, 假设 $m = 561 = 3 \times 11 \times 17$. 如果 $3 \nmid a$, $11 \nmid a$, $17 \nmid a$, 则根据定理 71 有

$$a^2 \equiv 1 \pmod{3}, \quad a^{10} \equiv 1 \pmod{11}, \quad a^{16} \equiv 1 \pmod{17}.$$

但是 $2 \mid 560$, $10 \mid 560$, $16 \mid 560$, 所以对 3, 7, 11 中的每一个模, 从而对于模 $3 \times 11 \times 17 = 561$, 都有 $a^{560} \equiv 1$ 成立.

如果 (6.9.1) 对一个特别的 a 和一个合数 m 为真, 则称 m 是关于 a 的一个 **伪素数** (pseudo-prime). 如果 m 关于每一个满足 $(a, m) = 1$ 的 a 都是伪素数, 则称 m 为 **Carmichael 数** (Carmichael number). 现在还不知道是否有无穷多个 Carmichael 数,[①] 甚至也不知道是否存在无穷多个合数 m, 使得有 $2^m = 2$[②] 和 $3^m = 3 \pmod{m}$ 成立. 但是可以证明以下定理.

定理 89   关于每个 $a > 1$ 都有无穷多个伪素数存在.

设 p 是任意一个不整除 $a(a^2 - 1)$ 的奇素数. 取

$$m = \frac{a^{2p} - 1}{a^2 - 1} = \left(\frac{a^p - 1}{a - 1}\right)\left(\frac{a^p + 1}{a + 1}\right), \tag{6.9.2}$$

m 显然是合数. 现在有

$$(a^2 - 1)(m - 1) = a^{2p} - a^2 = a(a^{p-1} - 1)(a^p + a).$$

由于 a 和 a^p 两者同为奇数或者同为偶数, 所以 $2 \mid (a^p + a)$. 再者, $a^{p-1} - 1$ 能被 p 整除 (根据定理 71), $a^{p-1} - 1$ 还能被 $a^2 - 1$ 整除, 这是因为 $p - 1$ 是偶数. 由于 $p \nmid (a^2 - 1)$, 这就意味着 $p(a^2 - 1) \mid (a^{p-1} - 1)$. 于是

---

① 这一问题现已解决, 见章后附注.

② 最好改为 $2^m \equiv 2$. 以下同此, 不再重复说明.   ——译者注

$$2p(a^2-1)\,|\,(a^2-1)(m-1),$$

所以 $2p\,|\,(m-1)$, 且对某个整数 u 有 $m=1+2pu$. 现在, 关于模 m 有

$$a^{2p}=1+m(a^2-1)\equiv1,\quad a^{m-1}=a^{2pu}\equiv1,$$

而这就是 (6.9.1). 由于对每个不整除 $a(a^2-1)$ 的奇素数 p, 我们都有 m 的一个不同的值, 这就证明了定理.

定理 71 的一个正确的逆命题叙述如下.

定理 90 如果 $a^{m-1}\equiv1\pmod m$ 且对 $m-1$ 的小于 $m-1$ 的任何因子 x 都有 $a^x\not\equiv1\pmod m$, 那么 m 是一个素数.

显然 $(a,m)=1$. 如果 d 是 $a\pmod m$ 的阶, 则根据定理 88 有 $d\,|\,(m-1)$ 以及 $d\,|\,\phi(m)$. 由于 $a^d\equiv1$, 我们必定有 $d=m-1$, 所以 $(m-1)\,|\,\phi(m)$. 但是, 如果 m 是合数, 就有

$$\phi(m)=m\prod_{p\,|\,m}\left(1-\frac{1}{p}\right)<m-1,$$

从而 m 必为素数.

6.10 $2^{p-1}-1$ 能否被 p^2 整除

根据 Fermat 定理, 如果 $p>2$, 就有

$$2^{p-1}-1\equiv0\pmod p.$$

同余式

$$2^{p-1}-1\equiv0\pmod{p^2}$$

是否成立? 这个问题在 Fermat 大定理的理论中有重要意义 (见第 13 章). 这种情况确实有出现, 不过非常稀少.

定理 91 存在一个素数 p, 使得

$$2^{p-1}-1\equiv0\pmod{p^2}.$$

事实上, 当 $p=1093$ 时它是成立的, 这可以通过直接计算来验证. 这里我们给出一个简短的证明, 其中的所有同余式都是关于模 $p^2=1\,194\,649$ 的.

首先有

$$3^7=2187=2p+1,\quad 3^{14}=(2p+1)^2\equiv4p+1.\qquad(6.10.1)$$

其次有

$$2^{14}=16\,384=15p-11,\quad 2^{28}\equiv-330p+121,$$

$$3^2 \times 2^{28} \equiv -2970p + 1089 = -2969p - 4 \equiv -1876p - 4,$$

所以

$$3^2 \times 2^{26} \equiv -469p - 1.$$

于是, 根据二项式定理, 由 (6.10.1) 就有

$$3^{14} \times 2^{182} \equiv -(469p + 1)^7 \equiv -3283p - 1 \equiv -4p - 1 \equiv -3^{14}.$$

由此推出

$$2^{182} \equiv -1, \quad 2^{1092} \equiv 1 \ (\mathrm{mod}\ 1093^2).$$

同样的结论对 $p = 3511$ 也为真, 但对其他的 $p < 3 \times 10^7$ 皆不成立.

6.11　Gauss 引理和 2 的二次特征

如果 p 是一个奇素数, $n \ (\mathrm{mod}\ p)$ 就恰好有一个剩余①位于 $-\frac{1}{2}p$ 和 $\frac{1}{2}p$ 之间. 称这个剩余为 $n \ (\mathrm{mod}\ p)$ 的**最小** (minimal) 剩余. 最小剩余是正数还是负数, 要根据 n 的最小非负剩余是位于 0 和 $\frac{1}{2}p$ 之间还是位于 $\frac{1}{2}p$ 和 p 之间而定.

现在假设 m 是一个正的或者负的整数, 它不能被 p 整除, 考虑下面 $\frac{1}{2}(p-1)$ 个数

$$m, \ 2m, \ 3m, \ \cdots, \ \frac{1}{2}(p-1)m. \tag{6.11.1}$$

的最小剩余. 可以把这些剩余写成形式

$$r_1, r_2, \cdots, r_\lambda, \quad -r_1', -r_2', \cdots, -r_\mu',$$

其中

$$\lambda + \mu = \frac{1}{2}(p-1), \quad 0 < r_i < \frac{1}{2}p, \quad 0 < r_i' < \frac{1}{2}p.$$

由于 (6.11.1) 中的数都不同余, 没有任何两个 r 是相等的, 也没有任何两个 r' 是相等的. 如果有一个 r 和一个 r' 是相等的, 比方说 $r_i = r_j'$, 设 am, bm 是 (6.11.1) 中满足

$$am \equiv r_i, \quad bm \equiv -r_j' \ (\mathrm{mod}\ p)$$

的两个数, 那么

$$am + bm \equiv 0 \ (\mathrm{mod}\ p),$$

所以有

$$a + b \equiv 0 \ (\mathrm{mod}\ p),$$

---

① 当然, 这里的 "剩余" 有它通常的意义, 而不是 "二次剩余" 的缩写.

然而, 由于 $0 < a < \frac{1}{2}p, 0 < b < \frac{1}{2}p$, 所以这是不可能的.

由此推出, 诸数 r_i, r_j' 是诸数

$$1, \ 2, \ \cdots, \ \frac{1}{2}(p-1)$$

的一个重新排列. 于是

$$m \cdot 2m \times \cdots \times \frac{1}{2}(p-1)m \equiv (-1)^\mu 1 \times 2 \times \cdots \times \frac{1}{2}(p-1) \ (\mathrm{mod} \ p),$$

所以

$$m^{\frac{1}{2}(p-1)} \equiv (-1)^\mu \ (\mathrm{mod} \ p).$$

但是根据定理 83 有

$$\left(\frac{m}{p}\right) \equiv m^{\frac{1}{2}(p-1)} \ (\mathrm{mod} \ p).$$

这样就得到以下定理.

定理 92 (Gauss 引理)

$$\left(\frac{m}{p}\right) = (-1)^\mu,$$

其中 μ 是集合

$$m, \ 2m, \ 3m, \ \cdots, \ \frac{1}{2}(p-1)m$$

中最小正剩余 $(\mathrm{mod} \ p)$ 大于 $\frac{1}{2}p$ 的数的个数.

特别地, 取 $m = 2$, (6.11.1) 中的数就是

$$2, \ 4, \ \cdots, \ p-1.$$

此时, λ 就是其中小于 $\frac{1}{2}p$ 的正偶数的个数.

这里引入一个记号, 以后会频繁地使用它. 用 $\lfloor x \rfloor$ 来表示 "x 的整数部分", 即不超过 x 的最大整数. 于是

$$x = \lfloor x \rfloor + f,$$

其中 $0 \leqslant f < 1$. 例如

$$\left\lfloor \frac{5}{2} \right\rfloor = 2, \quad \left\lfloor \frac{1}{2} \right\rfloor = 0, \quad \left\lfloor -\frac{3}{2} \right\rfloor = -2.$$

利用这个记号, 就有

$$\lambda = \left\lfloor \frac{1}{4}p \right\rfloor.$$

但是
$$\lambda + \mu = \frac{1}{2}(p-1),$$
所以
$$\mu = \frac{1}{2}(p-1) - \left\lfloor \frac{1}{4}p \right\rfloor.$$

如果 $p \equiv 1 \pmod 4$, 那么
$$\mu = \frac{1}{2}(p-1) - \frac{1}{4}(p-1) = \frac{1}{4}(p-1) = \left\lfloor \frac{1}{4}(p+1) \right\rfloor,$$

如果 $p \equiv 3 \pmod 4$, 则有
$$\mu = \frac{1}{2}(p-1) - \frac{1}{4}(p-3) = \frac{1}{4}(p+1) = \left\lfloor \frac{1}{4}(p+1) \right\rfloor.$$

从而
$$\left(\frac{2}{p}\right) \equiv 2^{\frac{1}{2}(p-1)} \equiv (-1)^{\left\lfloor \frac{1}{4}(p+1) \right\rfloor} \pmod p,$$

这就是说
$$\left(\frac{2}{p}\right) = 1, \qquad \text{如果 } p = 8n+1 \text{ 或者 } p = 8n-1,$$
$$\left(\frac{2}{p}\right) = -1, \qquad \text{如果 } p = 8n+3 \text{ 或者 } p = 8n-3.$$

如果 $p = 8n \pm 1$, 那么 $\frac{1}{8}(p^2-1)$ 是偶数; 当 $p = 8n \pm 3$ 时, 它是奇数. 从而有
$$(-1)^{\left\lfloor \frac{1}{4}(p+1) \right\rfloor} = (-1)^{\frac{1}{8}(p^2-1)}.$$

总结起来, 有下面的定理.

定理 93　$\left(\dfrac{2}{p}\right) = (-1)^{\left\lfloor \frac{1}{4}(p+1) \right\rfloor}.$

定理 94　$\left(\dfrac{2}{p}\right) = (-1)^{\frac{1}{8}(p^2-1)}.$

定理 95　2 是形如 $8n \pm 1$ 的素数的二次剩余, 是形如 $8n \pm 3$ 的素数的二次非剩余.

Gauss 引理可以用来确定以任何一个给定的整数 m 作为二次剩余的那种素数. 例如, 取 $m = -3$, 并假设 $p > 3$. 则 (6.1.1) 中的数就是
$$-3a \quad \left(1 \leqslant a < \frac{1}{2}p\right),$$

且 μ 是这些数中最小正剩余位于 $\frac{1}{2}p$ 和 p 之间的那些数的个数. 现在有

$$-3a \equiv p - 3a \pmod{p},$$

当 $1 \leqslant a < \frac{1}{6}p$ 时, $p - 3a$ 介于 $\frac{1}{2}p$ 和 p 之间. 如果 $\frac{1}{6}p < a < \frac{1}{3}p$, 那么 $p - 3a$ 就介于 0 和 $\frac{1}{2}p$ 之间. 如果 $\frac{1}{3}p < a < \frac{1}{2}p$, 则有

$$-3a \equiv 2p - 3a \pmod{p},$$

$2p - 3a$ 介于 $\frac{1}{2}p$ 和 p 之间. 于是满足条件的 a 的值是

$$1, \ 2, \ \cdots, \ \left\lfloor \frac{1}{6}p \right\rfloor, \ \left\lfloor \frac{1}{3}p \right\rfloor + 1, \ \left\lfloor \frac{1}{3}p \right\rfloor + 2, \ \cdots, \ \left\lfloor \frac{1}{2}p \right\rfloor,$$

从而

$$\mu = \left\lfloor \frac{1}{6}p \right\rfloor + \left\lfloor \frac{1}{2}p \right\rfloor - \left\lfloor \frac{1}{3}p \right\rfloor.$$

如果 $p = 6n + 1$, 那么 $\mu = n + 3n - 2n$ 是偶数, 如果 $p = 6n + 5$, 那么

$$\mu = n + (3n + 2) - (2n + 1)$$

是奇数.

定理 96　-3 是形如 $6n + 1$ 的素数的二次剩余, 是形如 $6n + 5$ 的素数的二次非剩余.

下面的定理是一个进一步的例子, 暂时把它留给读者考虑.[①]

定理 97　5 是形如 $10n \pm 1$ 的素数的二次剩余, 是形如 $10n \pm 3$ 的素数的二次非剩余.

6.12　二次互倒律

这个领域里最著名的一个定理是 Gauss 的 "二次互倒律".

定理 98　如果 p 和 q 是奇素数, 那么

$$\left(\frac{p}{q} \right) \left(\frac{q}{p} \right) = (-1)^{p'q'},$$

其中

$$p' = \frac{1}{2}(p - 1), \quad q' = \frac{1}{2}(q - 1).$$

---

① 一个依赖于 Gauss 互倒律的证明见 6.13 节.

如果 p 和 q 中有一个数形如 $4n+1$, 那么 $p'q'$ 是偶数, 如果 p 和 q 都形如 $4n+3$, 那么 $p'q'$ 是奇数, 所以还可以将该定理表述成以下形式.

定理 99　如果 p 和 q 都是奇素数, 那么

$$\left(\frac{p}{q}\right) = \left(\frac{q}{p}\right),$$

除非 p 和 q 两者都形如 $4n+3$, 此时有

$$\left(\frac{p}{q}\right) = -\left(\frac{q}{p}\right).$$

我们需要一个引理.

定理 100[①]　如果

$$S(q,p) = \sum_{s=1}^{p'} \left\lfloor \frac{sq}{p} \right\rfloor,$$

那么

$$S(q,p) + S(p,q) = p'q'.$$

它的证明可以表述成几何形式. 在图 6 中, AC 和 BC 是 $x=p, y=q$, KM 和 LM 是 $x=p', y=q'$. 如果 (如在图中那样) $p>q$, 那么 $q'/p' < q/p$, M 位于对角线 OC 的下方. 由于

$$q' < \frac{qp'}{p} < q'+1,$$

所以在 $KM=q'$ 和 $KN=qp'/p$ 之间没有整数存在.

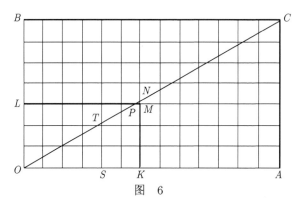

图　6

可以用两种不同的方法计算长方形 $OKML$ 中的格点个数, KM 和 LM 上的点计入在内, 但不计入数轴上的那些点. 首先, 这个数显然是 $p'q'$. 但在 OC 上没有格点 (因为 p 和 q 是素数), 在三角形 PMN 内 (除了在 PM 上可能有格点

---

① 这个记号与 5.6 节中的记号有关.

以外) 没有格点. 因此在 $OKML$ 中的格点个数是在三角形 OKN 和 OLP 中的格点个数之和 (计入在 KN 和 LP 上的格点, 但不计入在数轴上的格点).

ST (直线 $x = s$) 上的格点个数是 $\lfloor sq/p \rfloor$, 这是因为 T 的坐标是 sq/p. 因此 OKN 中的格点个数是

$$\sum_{s=1}^{p'} \left\lfloor \frac{sq}{p} \right\rfloor = S(q, p).$$

类似地, OLP 中的格点个数是 $S(p, q)$, 这就得到了结论.

6.13 二次互倒律的证明

可以记

$$kq = p \left\lfloor \frac{kq}{p} \right\rfloor + u_k, \tag{6.13.1}$$

其中

$$1 \leqslant k \leqslant p', \quad 1 \leqslant u_k \leqslant p - 1.$$

这里 u_k 是 $kq \pmod{p}$ 的最小正剩余. 如果 $u_k = v_k \leqslant p'$, 那么 u_k 是 6.11 节中的诸个最小剩余 r_i 中的一个, 当 $u_k = w_k > p'$ 时, $u_k - p$ 是诸个最小剩余 $-r_j'$ 中的一个. 于是, 对每个 i, j 以及某个 k 有

$$r_i = v_k, \quad r_j' = p - w_k.$$

诸 r_i 和 r_j' (详见 6.11 节) 是诸数 $1, 2, \cdots, p'$ 按照某种次序的一个排列. 因此, 如果

$$R = \sum r_i = \sum v_k, \quad R' = \sum r_j' = \sum (p - w_k) = \mu p - \sum w_k$$

(详见 6.11 节, 其中的 μ 是 r_j' 的个数), 就有

$$R + R' = \sum_{v=1}^{p'} v = \frac{1}{2} \frac{p-1}{2} \frac{p+1}{2} = \frac{p^2 - 1}{8},$$

所以

$$\mu p + \sum v_k - \sum w_k = \frac{1}{8}(p^2 - 1). \tag{6.13.2}$$

此外, 对 (6.13.1) 从 $k = 1$ 到 $k = p'$ 求和, 就有

$$\frac{1}{8} q(p^2 - 1) = pS(q, p) + \sum u_k = pS(q, p) + \sum v_k + \sum w_k. \tag{6.13.3}$$

由 (6.13.2) 和 (6.13.3) 可以推出

$$\frac{1}{8}(p^2 - 1)(q - 1) = pS(q, p) + 2\sum w_k - \mu p. \tag{6.13.4}$$

现在 $q-1$ 是偶数, $p^2-1 \equiv 0 \pmod 8$, ① 所以 (6.13.4) 的左边是偶数, 而且它右边的第二项也是偶数. 于是 (由于 p 是奇数)

$$S(q,p) \equiv \mu \pmod 2,$$

从而根据定理 92 有

$$\left(\frac{q}{p}\right) = (-1)^{\mu} = (-1)^{S(q,p)}.$$

最后由定理 100 得到

$$\left(\frac{q}{p}\right)\left(\frac{p}{q}\right) = (-1)^{S(q,p)+S(p,q)} = (-1)^{p'q'}.$$

现在利用互倒律来证明定理 97. 如果

$$p = 10n + k,$$

其中 k 是 1, 3, 7 或者 9, 那么 (因为 5 形如 $4n+1$)

$$\left(\frac{5}{p}\right) = \left(\frac{p}{5}\right) = \left(\frac{10n+k}{5}\right) = \left(\frac{k}{5}\right).$$

5 的二次剩余是 1 和 4. 因此 5 是形如 $5n+1$ 和 $5n+4$ 的素数的二次剩余, 也即是形如 $10n+1$ 和 $10n+9$ 的素数的二次剩余, 是其他奇素数的二次非剩余.

6.14　素数的判定

现在来证明两个定理, 它们提供了某种特殊类型的数的素性判别法. 这两个定理都与 Fermat 定理密切相关.

定理 101　如果 $p > 2, h < p, n = hp+1$ 或者 $n = hp^2+1$, 且

$$2^h \not\equiv 1, \quad 2^{n-1} \equiv 1 \pmod n, \tag{6.14.1}$$

那么 n 是一个素数.

记 $n = hp^b + 1$, 其中 $b = 1$ 或者 2, 并假设 d 是 $2 \pmod n$ 的阶. 根据定理 88, 由 (6.14.1) 推出 $d \nmid h$ 且 $d \mid (n-1)$, 也即有 $d \mid hp^b$. 从而 $p \mid d$. 但是, 再次根据定理 88 有 $d \mid \phi(n)$, 所以 $p \mid \phi(n)$. 如果

$$n = p_1^{a_1} \cdots p_k^{a_k},$$

就有

$$\phi(n) = p_1^{a_1-1} \cdots p_k^{a_k-1}(p_1-1) \cdots (p_k-1),$$

---

① 如果 $p = 2n+1$, 那么 $p^2 - 1 = 4n(n+1) \equiv 0 \pmod 8$.

又因为 $p \nmid n$, 所以 p 至少整除 $p_1 - 1, p_2 - 1, \cdots, p_k - 1$ 中的一个. 于是 n 有一个素因子 $P \equiv 1 \pmod{p}$.

设 $n = Pm$. 由于 $n \equiv 1 \equiv P \pmod{p}$, 则有 $m \equiv 1 \pmod{p}$. 如果 $m > 1$, 则有

$$n = (up+1)(vp+1,) \quad 1 \leqslant u \leqslant v \tag{6.14.2}$$

以及

$$hp^{b-1} = uvp + u + v.$$

如果 $b = 1$, 这就是 $h = uvp + u + v$, 所以

$$p \leqslant uvp < h < p,$$

矛盾. 如果 $b = 2$, 则有

$$hp = uvp + u + v, \quad p \mid (u+v), \quad u + v \geqslant p,$$

所以

$$2v \geqslant u + v \geqslant p, \quad v > \frac{1}{2}p$$

且

$$uv < h < p, \quad uv \leqslant p - 2, \quad u \leqslant \frac{p-2}{v} < \frac{2(p-2)}{p} < 2.$$

于是 $u = 1$, 从而有

$$v \geqslant p - 1, \quad uv \geqslant p - 1,$$

矛盾. 于是 (6.14.2) 是不可能的, 从而有 $m = 1$ 以及 $n = P$.

定理 102 设 $m \geqslant 2, h < 2^m$, 且设 $n = 2^m h + 1$ 是某个奇素数 p 的二次非剩余 $\pmod{p}$. 那么 n 是素数的充分必要条件是

$$p^{\frac{1}{2}(n-1)} \equiv -1 \pmod{n}. \tag{6.14.3}$$

首先假设 n 是素数. 由于 $n \equiv 1 \pmod{4}$, 根据定理 99 有

$$\left(\frac{p}{n}\right) = \left(\frac{n}{p}\right) = -1.$$

这样 (6.14.3) 就立即由定理 83 推出. 因此条件是必要的.

现在假设 (6.14.3) 为真. 设 P 是 n 的任意一个素因子, 并设 d 是 $p \pmod{P}$ 的阶. 我们有

$$p^{\frac{1}{2}(n-1)} \equiv -1, \quad p^{n-1} \equiv 1, \quad p^{P-1} \equiv 1 \pmod{P},$$

根据定理 88 有

$$d \nmid \frac{1}{2}(n-1), \quad d \mid (n-1), \quad d \mid (P-1),$$

这也是
$$d \nmid 2^{m-1}h, \quad d \mid 2^m h, \quad d \mid (P-1),$$
所以 $2^m \mid d$ 且 $2^m \mid (P-1)$. 于是有 $P = 2^m x + 1$.

由于 $n \equiv 1 \equiv P \pmod{2^m}$, 我们有 $n/P \equiv 1 \pmod{2^m}$, 所以
$$n = (2^m x + 1)(2^m y + 1), \quad x \geqslant 1, \quad y \geqslant 0.$$
于是有
$$2^m xy < 2^m xy + x + y = h < 2^m, \quad y = 0$$
以及 $n = P$. 因此定理的条件也是充分的.

如果令 $h = 1, m = 2^k$, 按照 2.4 节的记号, 我们有 $n = F_k$. 由于 $1^2 \equiv 2^2 \equiv 1 \pmod 3$, 且 $F_k \equiv 2 \pmod 3$, 所以 F_k 是一个非剩余 $\pmod 3$. 于是, F_k 是素数的充分必要条件是 $F_k \mid (3^{\frac{1}{2}(F_k - 1)} + 1)$.

6.15 Mersenne 数的因子, Euler 的一个定理

暂时回到 2.5 节中提到的 Mersenne 数这个问题. 关于 $M_p = 2^p - 1$ 的可分解性, Euler 给出了一个很简单的判别法.

定理 103 如果 $k > 1$ 且 $p = 4k + 3$ 是素数, 那么 $2p + 1$ 是素数的充分必要条件是
$$2^p \equiv 1 \pmod{2p + 1}. \tag{6.15.1}$$
这样一来, 如果 $2p + 1$ 是素数, 那么就有 $(2p + 1) \mid M_p$, 从而 M_p 是合数.

首先, 假设 $2p + 1 = P$ 是素数. 由于 $P \equiv 7 \pmod 8$, 根据定理 95 知, 2 是一个二次剩余 $\pmod P$, 根据定理 83, 有
$$2^p = 2^{\frac{1}{2}(P-1)} \equiv 1 \pmod P.$$
于是条件 (6.15.1) 是必要的, 且有 $P \mid M_p$. 但是 $k > 1$, 所以 $p > 3$ 且
$$M_p = 2^p - 1 > 2p + 1 = P.$$
从而 M_p 是合数.

其次, 假设 (6.15.1) 为真. 在定理 101 中取 $h = 2, n = 2p + 1$. 显然有 $h < p$ 以及 $2^h = 4 \not\equiv 1 \pmod n$, 又由 (6.15.1) 有
$$2^{n-1} = 2^{2p} \equiv 1 \pmod n.$$
从而 n 是素数, 条件 (6.15.1) 是充分的.

定理 103 包含了有关 Mersenne 数的特征的已知最简单的判别法. 对于下面这些数
$$p = 11, 23, 83, 131, 179, 191, 239, 251$$
所对应的 8 个 Mersenne 数 M_p, 这个判别法给出了 M_p 的一个因子.

本 章 附 注

6.1 节. Fermat 于 1640 年陈述了他的定理 (*Œuvres*, ii. 209). Euler 于 1736 年给出他的第一个证明, 1760 年给出了推广的结论. 有关详情见 Dickson, *History*, i, 第 3 章.

6.5 节. Legendre 在 1798 年首次出版的 *Essai sur la théorie des nombres* 一书中引进了 "Legendre 符号". 例如, 参见该书第 2 版 (1808 年) 第 135 章.

6.6 节. Wilson 的定理首先是由 Waring 发表的 [*Meditationes algebraicae* (1770), 288]. 有证据表明 Leibniz 在这之前很早就已经知道这个结果. Goldberg [*Journ. London Math. Soc.* **28**(1953), 252–256] 对于 $p < 10\,000$ 给出了 $(p-1)! + 1$ 关于模 p^2 的剩余. 有关 $(\bmod p^2)$ 的同余式的命题, 见 E. H. Pearson [*Math. Computation* **17**(1963), 194-195]. 到 2007 年, 计算已经扩展到了 5×10^8, 但未发现进一步的例子.

6.7 节. 我们可以用定理 85 来求出模 p 的最小正的二次非剩余 q 的一个上界. 设 $m = \lfloor p/q \rfloor + 1$, 则有 $p < mq < p + q$. 由于 $0 < mq - p < q$, 我们看到 $mq - p$ 必定是一个二次剩余, 从而 mq 也必为一个二次剩余. 于是 m 是一个二次非剩余, 从而有 $q < m$. 这样就有 $q^2 < p + q$, 所以 $q < \sqrt{p + \frac{1}{4}} + \frac{1}{2}$. Burgess [*Mathematika* **4**(1957), 106-112] 证明了, 对于任何固定的 $a > \frac{1}{4}\mathrm{e}^{-1/2}$, 当 $p \to \infty$ 时有 $q = O(p^a)$.

6.9 节. 定理 89 属于 Cipolla, *Annali di Mat.* (3), **9**(1903), 139-160. 下面这些数, 也就是 $3 \times 11 \times 17$, $5 \times 13 \times 17$, $5 \times 17 \times 29$, $5 \times 29 \times 73$, $7 \times 13 \times 19$ 都是 Carmichael 数. 除了这些数以外, 小于 2000 的数中关于 2 的伪素数还有

$$341 = 11 \times 31, \quad 645 = 3 \times 5 \times 43, \quad 1387 = 19 \times 73, \quad 1905 = 3 \times 5 \times 127.$$

见 Dickson, *History*, i, 91-95, Lehmer, *Amer. Math. Monthly*, **43**(1936), 347-354 以及 Leveque, *Reviews*, **1**, 47-53 (从中可查到更多的参考资料).

Alford, Granville, and Pomerance [*Ann. of Math.* (2) **139**(1994), 703-722] 证明了: 事实上存在无穷多个 Carmichael 数. 确实, 他们构造出的数与 6 互素, 产生满足 $2^m \equiv 2$ 以及 $3^m \equiv 3 \pmod{m}$ 的合数 m. 1899 年, Korselt 证明了 (*L'inermédiaire des math.* **6**(1899), 142-143): n 是一个 Carmichael 数, 当且仅当 n 无平方因子且对每个素数 $p \mid n$ 均有 $p - 1 \mid n - 1$.

定理 90 属于 Lucas, *Amer. Journal of Math.* **1** (1878), 302. D. H. Lehmer 以及其他一些人用各种方法对这个结果加以修改, 以期能对给定的大数 m 作为素数或者合数的特征得到有实用价值的判别法. 见 Lehmer 的上面提到的引文和 *Bulletin Amer. Math. Soc.* **33**(1927), 327-340 以及 **34**(1928), 54-56, 还有 Duparc, *Simon Stevin* **29**(1952), 21-24.

6.10 节. 这里的证明是 Landau, *Vorlesungen*, iii, 275 给出的, 由 R. F. Whitehead 作了改进. 定理 91 关于 $p = 3511$ 的结果是 Beeger 给出的. 有关该节末尾的数值结果, 可参见 Pearson 上面提到的引文以及 Fröberg [*Computers in Math. Research*, (North Holland, 1968), 84-88]. 现在 (2007 年) 已知: 在不超过 1.25×10^{15} 的范围内没有其他满足所描述性质的素数存在.

6.11 节至 6.13 节. 定理 95 是由 Euler 首先证明的. 定理 98 是由 Euler 和 Legendre 陈述的, 但是该结论的第一批令人满意的证明是由 Gauss 给出的. 关于这个论题的历史以及许多其他的证明, 见 Bachmann, *Niedere Zahlentheorie*, i, 第 6 章.

6.14 节. Miller 和 Wheeler 在定理 101 中取已知的素数 $2^{127} - 1$ 作为 p, 求得 $n = 190p^2 + 1$ 满足该判别法. 见我们关于 2.5 节的附注. 当 $n = hp^3 + 1$ 时, 定理 101 亦为真, 只要 $h < \sqrt{p}$ 且 h 不是一个立方数即可. 见 Wright, *Math. Gazette*, **37**(1953), 104-106.

Robinson 推广了定理 102 [*Amer. Math. Monthly*, **64**(1957), 703-710], 他还和 Selfridge 用到这个定理关于 $p = 3$ 的情形, 从而得到了一大批形如 $2^m h + 1$ 的素数 [*Math. tables and other aids to computation*, **11**(1957), 21-22]. 其中有一些素数是 Fermat 数的因子. 也见 15.5 节的注释.

Lucas[*Théorie des nombres*, i (1891), p. xii] 陈述了 F_k 的素性的判别法. Hurwitz [*Math. Werke*, ii. 747] 给出了一个证明. 人们用这个判别法证明了 F_7 和 F_{10} 是合数, 虽然它们的真实的因子是后来才找到的.

这方面最重要的进展无疑是 Agrawal, Kayal, and Saxena [*Ann. of Math.* (2) **160**(2004), 781-793] 的结果, 它给出一个素性判别法, 最终以 Fermat 定理作为基础, 可在时间 $(\log n)^c$ 之内检验数 n 的素性. 这里 c 是一个数值常数, 根据 Lenstra 与 Pomerance 的工作, 此常数可取为 6.

6.15 节. 定理 103; Euler, *Comm. Acad. Petro.* **6**(1732~1733), 103 [*Opera*(1), ii. 3].

第 7 章　同余式的一般性质

7.1　同余式的根

满足同余式

$$f(x) = c_0x^n + c_1x^{n-1} + \cdots + c_n \equiv 0 \pmod{m}$$

的整数 x 称为该同余式的**根** (root), 或者称为 $f(x) \pmod{m}$ 的**根**. 如果 a 是这样一个根, 那么任何与 $a \pmod{m}$ 同余的数也是它的根. 同余的根被视为是等价的. 当我们说该同余式有 l 个根时, 指的是它有 l 个不同余的根.

一个 n 次代数方程 (在适当的约定下) 恰好有 n 个根, 于是一个 n 次多项式是 n 个线性因子的乘积. 我们自然要问, 对于同余式是否有类似的定理? 研究几个例子即知它们不可能这么简单. 根据定理 71, 同余方程

$$x^{p-1} - 1 \equiv 0 \pmod{p} \tag{7.1.1}$$

有 $p-1$ 个根, 也就是

$$1, \; 2, \; \cdots, \; p-1.$$

同余方程

$$x^4 - 1 \equiv 0 \pmod{16} \tag{7.1.2}$$

有 8 个根, 也即 1, 3, 5, 7, 9, 11, 13, 15. 而同余方程

$$x^4 - 2 \equiv 0 \pmod{16} \tag{7.1.3}$$

没有根. 根的可能性显然要远比代数方程的情形复杂得多.

7.2　整多项式和恒等同余式

如果 $c_0, c_1, \cdots, c_n$ 是整数, 那么就称

$$c_0x^n + c_1x^{n-1} + \cdots + c_n$$

是**整多项式** (integral polynomial). 如果

$$f(x) = \sum_{r=0}^{n} c_r x^{n-r}, \quad g(x) = \sum_{r=0}^{n} c_r' x^{n-r},$$

且对每个 r 都有 $c_r \equiv c_r' \pmod{m}$, 那么就称 $f(x)$ 和 $g(x)$ 是关于模 m **同余的** (congruent), 记为

$$f(x) \equiv g(x) \ (\text{mod } m).$$

显然, 如果 $h(x)$ 是任意一个整多项式, 则有

$$f(x) \equiv g(x) \quad \rightarrow \quad f(x)h(x) \equiv g(x)h(x).$$

接下来我们要在两种不同的意义下使用符号 "$\equiv$". 一种是在 5.2 节的意义下, 此时它表示数与数之间的关系; 另一种是刚刚定义的含义, 它表示多项式之间的关系. 这里应该不会产生混淆, 因为除了 "同余式 $f(x) \equiv 0$" 这样的说法以外, 变量 x 仅当该符号用在第二种意义下才会出现. 当断言 $f(x) \equiv g(x)$ 或者 $f(x) \equiv 0$ 时, 我们就是在这种意义下使用它, 而且并不涉及 x 的任何一个具体值. 但是当对 "同余式 $f(x) \equiv 0$ 的根" 得出结论或者讨论 "同余式的根" 时,[①] 我们脑子里考虑的自然是第一种意义.

在 7.3 节里, 我们要对符号 "$|$" 引入一个类似的双重用法.

定理 104　　(i) 如果 p 是素数, 且

$$f(x)g(x) \equiv 0 \ (\text{mod } p),$$

那么, 要么有 $f(x) \equiv 0$, 要么有 $g(x) \equiv 0 \ (\text{mod } p)$.

(ii) 更为一般地, 如果

$$f(x)g(x) \equiv 0 \ (\text{mod } p^a)$$

且

$$f(x) \not\equiv 0 \ (\text{mod } p),$$

那么就有

$$g(x) \equiv 0 \ (\text{mod } p^a).$$

(i) 我们从 $f(x)$ 中去掉可以被 p 整除的系数对应的项, 就得到一个多项式 $f_1(x)$, 类似地, 由 $g(x)$ 作出 $g_1(x)$. 如果 $f(x) \not\equiv 0$ 且 $g(x) \not\equiv 0$, 那么 $f_1(x)$ 和 $g_1(x)$ 中的第一个系数都不能被 p 整除, 于是 $f_1(x)g_1(x)$ 中的第一个系数不能被 p 整除. 从而

$$f(x)g(x) \equiv f_1(x)g_1(x) \not\equiv 0 \ (\text{mod } p).$$

(ii) 可以从 $f(x)$ 中剔除 p 的倍数, 从 $g(x)$ 中剔除 p^a 的倍数, 其结论可以用同样的方式得出. 定理的这一部分在第 8 章中要用到.

如果 $f(x) \equiv g(x)$, 那么对 a 的所有值均有 $f(a) \equiv g(a)$, 其逆命题不真. 根据定理 70, 对所有的 a 都有

---

① 例如在 8.2 节中. ——译者注

$$a^p \equiv a \pmod{p},$$

然而

$$x^p \equiv x \pmod{p}$$

却是错误的.

7.3　多项式 (mod m) 的整除性

如果存在一个整多项式 $h(x)$, 使得

$$f(x) \equiv g(x)h(x) \pmod{m},$$

则称 $f(x)$ 关于模 m 能被 $g(x)$ 整除. 此时记

$$g(x)\,|\,f(x) \pmod{m}.$$

定理 105　$(x-a)\,|\,f(x) \pmod{m}$ 成立的充分必要条件是

$$f(a) \equiv 0 \pmod{m}.$$

如果

$$(x-a)\,|\,f(x) \pmod{m},$$

那么对某个整多项式 $h(x)$ 有

$$f(x) \equiv (x-a)h(x) \pmod{m},$$

从而

$$f(a) \equiv 0 \pmod{m}.$$

所以这个条件是必要的.

它也是充分的. 如果

$$f(a) \equiv 0 \pmod{m},$$

那么

$$f(x) \equiv f(x) - f(a) \pmod{m}.$$

但是

$$f(x) = \sum c_r x^{n-r},$$

且有

$$f(x) - f(a) = (x-a)h(x),$$

其中

$$h(x) = \frac{f(x) - f(a)}{x - a} = \sum c_r(x^{n-r-1} + x^{n-r-2}a + \cdots + a^{n-r-1})$$

是一个整多项式. $h(x)$ 的次数比 $f(x)$ 的次数少 1.

7.4   素数模同余式的根

下面假设模 m 是素数, 只有在这种情形下才有简单的一般性的理论. 用 p 来取代 m.

定理 106   如果 p 是素数, 且
$$f(x) \equiv g(x)h(x) \pmod{p},$$
那么 $f(x) \pmod{p}$ 的任意一个根要么是 $g(x)$ 的根, 要么是 $h(x)$ 的根.

如果 a 是 $f(x) \pmod{p}$ 的一个根, 那么
$$f(a) \equiv 0 \pmod{p},$$
也就是
$$g(a)h(a) \equiv 0 \pmod{p}.$$
因此有 $g(a) \equiv 0 \pmod{p}$ 或者 $h(a) \equiv 0 \pmod{p}$, 从而 a 是 $g(x)$ 或 $h(x) \pmod{p}$ 的一个根.

模为素数这个条件是绝对必要的. 例如, 由于
$$x^2 \equiv x^2 - 4 \equiv (x-2)(x+2) \pmod{4},$$
所以 4 是 $x^2 \equiv 0 \pmod{4}$ 的一个根, 但它既不是 $x - 2 \equiv 0 \pmod{4}$ 的根, 也不是 $x + 2 \equiv 0 \pmod{4}$ 的根.

定理 107   如果 $f(x)$ 次数为 n, 且有多于 n 个根 $\pmod{p}$, 那么
$$f(x) \equiv 0 \pmod{p}.$$

这个定理仅当 $n < p$ 时才是有意义的. 根据定理 57, 它对 $n = 1$ 为真, 因而可以用归纳法来证明它.

假设定理对于次数小于 n 的多项式已经成立. 如果 $f(x)$ 次数为 n, 且 $f(a) \equiv 0 \pmod{p}$, 那么根据定理 105 有
$$f(x) \equiv (x-a)g(x) \pmod{p},$$
其中 $g(x)$ 的次数至多为 $n-1$. 根据定理 106, $f(x)$ 的任意一个根要么是 a, 要么是 $g(x)$ 的一个根. 如果 $f(x)$ 有多于 n 个根, 那么 $g(x)$ 必有多于 $n-1$ 个根, 所以
$$g(x) \equiv 0 \pmod{p},$$
由此即推出
$$f(x) \equiv 0 \pmod{p}.$$

模为素数这一条件仍是绝对必要的. 例如

$$x^4 - 1 \equiv 0 \pmod{16}$$

有 8 个根.

这个推理方法也证明了以下定理.

定理 108　如果 $f(x)$ 的全部根是

$$a_1, a_2, \cdots, a_n \pmod{p},$$

那么

$$f(x) \equiv c_0(x - a_1)(x - a_2) \cdots (x - a_n) \pmod{p}.$$

7.5　一般定理的某些应用

(1) Fermat 定理指出, 二项同余式

$$x^d \equiv 1 \pmod{p} \tag{7.5.1}$$

当 $d = p - 1$ 时恰有它全部的根. 现在可以证明, 这个结论对于 $p - 1$ 的任何因子 d 也都是正确的.

定理 109　如果 p 是素数, 且 $d \mid p - 1$, 那么同余式 (7.5.1) 有 d 个根.

我们有

$$x^{p-1} - 1 = (x^d - 1)g(x),$$

其中

$$g(x) = x^{p-1-d} + x^{p-1-2d} + \cdots + x^d + 1.$$

现在 $x^{p-1} - 1 \equiv 0$ 有 $p - 1$ 个根, 而 $g(x) \equiv 0$ 有至多 $p - 1 - d$ 个根. 因此, 根据定理 106 就推出, $x^d - 1 \equiv 0$ 至少应该有 d 个根, 从而它恰好有 d 个根.

在 (7.5.1) 的 d 个根中, 有一些根在 6.8 节的意义下属于 d[①], 而其他的根 (例如 1) 则属于 $p - 1$ 的更小的因子. 属于 d 的数由下面的定理给出.

定理 110　在 (7.5.1) 的 d 个根中, 有 $\phi(d)$ 个属于 d. 特别地, p 有 $\phi(p-1)$ 个原根.

如果 $\psi(d)$ 是属于 d 的根的个数, 那么

$$\sum_{d \mid p-1} \psi(d) = p - 1,$$

[①] 元素 a 在 6.8 节的意义下属于 d, 用现在的数论语言来说就是: d 是使得 $a^d \equiv 1 \pmod{p}$ 成立的最小正指数, 也即 d 是元素 a 的阶. ——译者注

这是因为 1, 2, $\cdots$, $p-1$ 中每个数都属于某个 d. 根据定理 63, 有

$$\sum_{d \mid p-1} \phi(d) = p - 1.$$

如果能证明 $\psi(d) \leqslant \phi(d)$, 就能推出对每个 d 都有 $\psi(d) = \phi(d)$.

如果 $\psi(d) > 0$, 那么无论如何 $1, 2, \cdots, p-1$ 中总会有一个数 (比方说 f) 属于 d. 考虑 d 个数

$$f_h = f^h \quad (0 \leqslant h \leqslant d - 1).$$

由于 $f^d \equiv 1$ 蕴涵 $f^{hd} \equiv 1$, 所以这些数中的每一个都是 (7.5.1) 的一个根. 它们都是不同余的 (mod p), 这是因为 $f^h \equiv f^{h'}$ (其中 $h' < h < d$) 蕴涵 $f^k \equiv 1$, 其中 $0 < k = h - h' < d$, 这样一来, f 就不属于 d. 于是, 根据定理 109, 它们全部都是 (7.5.1) 的根. 最后, 如果 f_h 属于 d, 则有 $(h, d) = 1$. 这是因为 $k \mid h$, $k \mid d$ 以及 $k > 1$ 蕴涵

$$\left(f^h\right)^{d/k} = \left(f^d\right)^{h/k} \equiv 1,$$

此时 f_h 就会属于一个比 d 更小的指数. 从而 h 必定是小于 d 且与 d 互素的那 $\phi(d)$ 个数中的一个, 这样就有 $\psi(d) \leqslant \phi(d)$.

我们顺便直接了当地证明了以下定理.

定理 111　如果 p 是一个奇素数, 则存在数 g 使得诸数 $1, g, g^2, \cdots, g^{p-2}$ 关于模 p 是互不同余的.

(2) 多项式

$$f(x) = x^{p-1} - 1$$

的次数为 $p-1$, 由 Fermat 定理知, 它有 $p-1$ 个根 $1, 2, \cdots, p-1$ (mod p). 运用定理 108, 我们得到以下定理.

定理 112　如果 p 是素数, 那么

$$x^{p-1} - 1 \equiv (x-1)(x-2)\cdots(x-p+1) \pmod{p}. \tag{7.5.2}$$

如果比较两边的常数项, 就得到 Wilson 定理的一个新证明. 如果比较 x^{p-2}, $x^{p-3}, \cdots, x$ 的系数, 就得到以下定理.

定理 113　如果 p 是奇素数, $1 \leqslant l < p-1$, 且 A_l 是集合 $1, 2, \cdots, p-1$ 中 l 个不同的元素的乘积之和, 那么 $A_l \equiv 0 \pmod{p}$.

可以利用定理 112 来证明定理 76. 假设 p 是奇素数.

假设

$$n = rp - s \quad (r \geqslant 1, 0 \leqslant s < p).$$

那么
$$\binom{p+n-1}{n} = \frac{(rp-s+p-1)!}{(rp-s)!(p-1)!} = \frac{(rp-s+1)(rp-s+2)\cdots(rp-s+p-1)}{(p-1)!}$$
是一个整数 i, 且根据 Wilson 定理 (定理 80) 有
$$(rp-s+1)(rp-s+2)\cdots(rp-s+p-1) = (p-1)!i \equiv -i \pmod{p}.$$
但是, 根据定理 112 可知, 它的左边同余于
$$(s-1)(s-2)\cdots(s-p+1) \equiv s^{p-1}-1 \pmod{p},$$
所以, 当 $s=0$ 时它同余于 -1, 否则, 它同余于 0.

7.6　Fermat 定理和 Wilson 定理的 Lagrange 证明

我们将定理 112 的证明建立在 Fermat 定理以及定理 108 的基础之上. 该定理的发现者 Lagrange 直接证明了它, 他的论证方法包含了 Fermat 定理的另一个证明.

假设 p 是奇的. 那么
$$(x-1)(x-2)\cdots(x-p+1) = x^{p-1} - A_1 x^{p-2} + \cdots + A_{p-1}, \tag{7.6.1}$$
其中 $A_1,\cdots$ 如同在定理 113 中那样定义. 如果用 x 来乘等式的两边, 并将 x 改写成 $x-1$, 就有
$$(x-1)^p - A_1(x-1)^{p-1} + \cdots + A_{p-1}(x-1) = (x-1)(x-2)\cdots(x-p)$$
$$= (x-p)(x^{p-1}-A_1 x^{p-2}+\cdots+A_{p-1}).$$
令系数相等, 得到
$$\binom{p}{1} + A_1 = p + A_1, \quad \binom{p}{2} + \binom{p-1}{1}A_1 + A_2 = pA_1 + A_2,$$

$$\binom{p}{3} + \binom{p-1}{2}A_1 + \binom{p-2}{1}A_2 + A_3 = pA_2 + A_3,$$
如此等等. 第一个方程是恒等式, 由其他的方程相继得到
$$A_1 = \binom{p}{2}, \quad 2A_2 = \binom{p}{3} + \binom{p-1}{2}A_1,$$
$$3A_3 = \binom{p}{4} + \binom{p-1}{3}A_1 + \binom{p-2}{2}A_2,$$
$$\cdots$$
$$(p-1)A_{p-1} = 1 + A_1 + A_2 + \cdots + A_{p-2}.$$
于是我们相继得出

$$p \mid A_1, \ p \mid A_2, \ \cdots, \ p \mid A_{p-2}, \tag{7.6.2}$$

最后有

$$(p-1)A_{p-1} \equiv 1 \ (\mathrm{mod} \ p),$$

这也就是

$$A_{p-1} \equiv -1 \ (\mathrm{mod} \ p). \tag{7.6.3}$$

由于 $A_{p-1} = (p-1)!$, 所以 (7.6.3) 就是 Wilson 定理. 而 (7.6.2) 和 (7.6.3) 合在一起就给出定理 112. 最后, 由于对于任何一个不是 p 的倍数的 x 皆有

$$(x-1)(x-2)\cdots(x-p+1) \equiv 0 \ (\mathrm{mod} \ p),$$

从而就推出 Fermat 定理.

7.7　$\left[\dfrac{1}{2}(p-1)\right]!$ 的剩余

假设 p 是奇素数, 且

$$\overline{\omega} = \frac{1}{2}(p-1).$$

根据 Wilson 定理, 由

$$(p-1)! = 1 \times 2 \times \cdots \times \frac{1}{2}(p-1)\left[p - \frac{1}{2}(p-1)\right]\left[p - \frac{1}{2}(p-3)\right]\cdots(p-1)$$
$$\equiv (-1)^{\overline{\omega}}(\overline{\omega}!)^2 \ (\mathrm{mod} \ p)$$

推出

$$(\overline{\omega}!)^2 \equiv (-1)^{\overline{\omega}-1} \ (\mathrm{mod} \ p).$$

现在必须区分 $p = 4n+1$ 和 $p = 4n+3$ 这两种情形. 如果 $p = 4n+1$, 那么

$$(\overline{\omega}!)^2 \equiv -1 \ (\mathrm{mod} \ p),$$

所以 (反之则如同我们在 6.6 节中所证明的那样) -1 是 p 的一个二次剩余. 此时, $\overline{\omega}!$ 与 $x^2 \equiv -1 \ (\mathrm{mod} \ p)$ 的某个根同余.

如果 $p = 4n+3$, 则有

$$(\overline{\omega}!)^2 \equiv 1 \ (\mathrm{mod} \ p), \tag{7.7.1}$$

$$\overline{\omega}! \equiv \pm 1 \ (\mathrm{mod} \ p). \tag{7.7.2}$$

由于 -1 是 p 的一个二次非剩余, (7.7.2) 中的符号是正号还是负号, 要看 $\varpi!$ 是模 p 的剩余还是非剩余来确定. 但是 $\varpi!$ 是小于 $\frac{1}{2}p$ 的正整数的乘积, 这样一来, 根据定理 85, (7.7.2) 中的符号是正号还是负号, 要看 p 的小于 $\frac{1}{2}p$ 的非剩余个数是偶数还是奇数来确定.

定理 114　*如果 p 是形如 $4n+3$ 的素数, 那么*

$$\left[\frac{1}{2}(p-1)\right]! \equiv (-1)^v \pmod{p},$$

其中的 v 是 p 的小于 $\frac{1}{2}p$ 的二次非剩余的个数.

7.8　Wolstenholme 的一个定理

由定理 113 推出, 分数

$$1 + \frac{1}{2} + \frac{1}{3} + \cdots + \frac{1}{p-1}$$

的分子可以被 p 整除. 事实上, 这个分子就是那个定理中的 A_{p-2}. 然而, 我们还可以走得更远一些.

定理 115　*如果 p 是大于 3 的素数, 那么分数*

$$1 + \frac{1}{2} + \frac{1}{3} + \cdots + \frac{1}{p-1} \tag{7.8.1}$$

的分子能被 p^2 整除.

当 $p = 3$ 时这个结果是错误的. 至于这个分数是否约分为最简分数, 这是无关紧要的, 因为在任何情形下其分母都不能被 p 整除.

此定理可以表述成不同的形式. 如果 i 与 m 互素, 则同余式

$$ix \equiv 1 \pmod{m}$$

恰好有一个根, 称它为 $i \pmod{m}$ 的**相伴元**.[①] 可以用 $\bar{i}$ 来记这个相伴元, 不过当我们只关心整数时, 采用记号

$$\frac{1}{i}$$

(或者 $1/i$) 来表示相伴元常常更方便. 更一般地, 在类似的情况下可以用

$$\frac{b}{a}$$

---

① 与在 6.5 节中一样, 6.5 节中的 a 现在取为 1.

(或者 b/a) 来记 $ax \equiv b$ 的解.

然后就可以将 Wolstenholme 定理表述成以下形式.

定理 116 如果 $p > 3$, 且 $1/i$ 是 $i \pmod{p^2}$ 的相伴元, 那么

$$1 + \frac{1}{2} + \frac{1}{3} + \cdots + \frac{1}{p-1} \equiv 0 \pmod{p^2}.$$

可以首先证明

$$1 + \frac{1}{2} + \frac{1}{3} + \cdots + \frac{1}{p-1} \equiv 0 \pmod{p},^{①} \tag{7.8.2}$$

在此, 我们对这个符号作一诠释. 为此, 只需注意, 如果 $0 < i < p$, 那么

$$i \cdot \frac{1}{i} \equiv 1, \quad (p-i)\frac{1}{p-i} \equiv 1 \pmod{p}.$$

从而

$$i\left(\frac{1}{i} + \frac{1}{p-i}\right) \equiv i \cdot \frac{1}{i} - (p-i)\frac{1}{p-i} \equiv 0 \pmod{p},$$

$$\frac{1}{i} + \frac{1}{p-i} \equiv 0 \pmod{p},$$

求和即得欲证之结果.

其次来证明 Wolstenholme 定理的两种形式 (定理 115 和定理 116) 等价. 如果 $0 < x < p$, 且 $\bar{x}$ 是 $x \pmod{p^2}$ 的相伴元, 那么

$$\bar{x}(p-1)! = x\bar{x}\frac{(p-1)!}{x} \equiv \frac{(p-1)!}{x} \pmod{p^2}.$$

于是有

$$(p-1)!(\bar{1} + \bar{2} + \cdots + \overline{p-1}) \equiv (p-1)!\left(1 + \frac{1}{2} + \cdots + \frac{1}{p-1}\right) \pmod{p^2},$$

右边的分数包含了这两个定理中的结论的解释, 由此推出它们的等价性.

为证明定理本身, 在恒等式 (7.6.1) 中取 $x = p$. 于是得

$$(p-1)! = p^{p-1} - A_1 p^{p-2} + \cdots - A_{p-2}p + A_{p-1}.$$

但是 $A_{p-1} = (p-1)!$, 于是

$$p^{p-2} - A_1 p^{p-3} + \cdots + A_{p-3}p - A_{p-2} = 0.$$

由于 $p > 3$, 根据定理 113 有

$$p \mid A_1, \ p \mid A_2, \ \cdots, \ p \mid A_{p-3},$$

① 自然, 这里的 $1/i$ 是 $i \pmod{p}$ 的相伴元. 它对 $\pmod{p}$ 是确定的, 但就 p 的任意倍数而言, 它对 $\pmod{p^2}$ 是不确定的.

由此推出 $p^2 \mid A_{p-2}$, 也即有

$$p^2 \left| (p-1)! \left(1 + \frac{1}{2} + \cdots + \frac{1}{p-1}\right) \right.$$

这等价于 Wolstenholme 定理.

由于

$$C_p = 1 + \frac{1}{2^2} + \cdots + \frac{1}{(p-1)^2}$$

的分子是 $A_{p-2}^2 - 2A_{p-1}A_{p-3}$, 从而它能被 p 整除, 这样就得到以下定理.

定理 117 如果 $p > 3$, 则有 $C_p \equiv 0 \pmod{p}$.

7.9 von Staudt 定理

我们用证明 von Staudt 关于 Bernoulli 数的一个著名定理来结束本章.
Bernoulli 数通常定义为展开式[①]

$$\frac{x}{e^x - 1} = 1 - \frac{1}{2}x + \frac{B_1}{2!}x^2 - \frac{B_2}{4!}x^4 + \frac{B_3}{6!}x^6 - \cdots$$

中的系数. 我们将会发现, 将这个展开式写成下述形式

$$\frac{x}{e^x - 1} = \beta_0 + \frac{\beta_1}{1!}x + \frac{\beta_2}{2!}x^2 + \frac{\beta_3}{3!}x^3 + \cdots$$

是很方便的, 所以有 $\beta_0 = 1, \beta_1 = -\frac{1}{2}$ 以及

$$\beta_{2k} = (-1)^{k-1}B_k, \quad \beta_{2k+1} = 0, \quad (k \geqslant 1).$$

这些数的重要性主要在于, 它们出现在关于 $\sum m^k$ 的 "Euler-Maclaurin 求和公式" 中. 实际上, 对于 $k \geqslant 1$ 有

$$1^k + 2^k + \cdots + (n-1)^k = \sum_{r=0}^{k} \frac{1}{k+1-r}\binom{k}{r}n^{k+1-r}\beta_r. \tag{7.9.1}$$

这是因为它的左边是

$$k!x(1 + e^x + e^{2x} + \cdots + e^{(n-1)x}) = k!x\frac{1 - e^{nx}}{1 - e^x} = k!\frac{x}{e^x - 1}(e^{nx} - 1)$$

$$= k!\left(1 + \frac{\beta_1}{1!}x + \frac{\beta_2}{2!}x^2 + \cdots\right)\left(nx + \frac{n^2x^2}{2!} + \cdots\right)$$

中 x^{k+1} 的系数. 将这个乘积里的系数提取出来, 就得到 (7.9.1).

von Staudt 定理确定了 B_k 的分数部分.

定理 118 如果 $k \geqslant 1$, 那么

[①] 只要 $|x| < 2\pi$, 这个展开式就是收敛的.

$$(-1)^k B_k \equiv \sum \frac{1}{p} \pmod{1}, \tag{7.9.2}$$

这里的求和取遍满足 $(p-1) \mid 2k$ 的所有素数 p.

例如, 如果 $k = 1$, 那么 $(p-1) \mid 2$, 这对 $p = 2$ 或者 $p = 3$ 是成立的. 从而 $-B_1 \equiv \frac{1}{2} + \frac{1}{3} = \frac{5}{6}$. 事实上有 $B_1 = \frac{1}{6}$. 当用字母 β 来重新表述 (7.9.2) 时, 它就变成

$$\beta_k + \sum_{(p-1) \mid k} \frac{1}{p} = i, \tag{7.9.3}$$

其中

$$k = 1, 2, 4, 6, \cdots, \tag{7.9.4}$$

而 i 是一个整数. 如果将 $\varepsilon_k(p)$ 定义为

$$\varepsilon_k(p) = \begin{cases} 1, & \text{若 } (p-1) \mid k \\ 0, & \text{若 } (p-1) \nmid k \end{cases}$$

那么 (7.9.3) 就取下述形式

$$\beta_k + \sum \frac{\varepsilon_k(p)}{p} = i, \tag{7.9.5}$$

现在这里的 p 取遍所有的素数.

特别地, von Staudt 定理表明, 任何 Bernoulli 数的分母都没有平方因子.

7.10 von Staudt 定理的证明

定理 118 的证明依赖于下面的引理.

定理 119 $\sum\limits_{1}^{p-1} m^k \equiv -\varepsilon_k(p) \pmod{p}$.

如果 $(p-1) \mid k$, 那么, 根据 Fermat 定理有 $m^k \equiv 1$, 且

$$\sum m^k \equiv p - 1 \equiv -1 \equiv -\varepsilon_k(p) \pmod{p}.$$

如果 $(p-1) \nmid k$, 且 g 是 p 的一个原根, 那么根据定理 88 有

$$g^k \not\equiv 1 \pmod{p}. \tag{7.10.1}$$

集合 $g, 2g, \cdots, (p-1)g$ 与集合 $1, 2, \cdots, p-1$ 是 $(\bmod\, p)$ 等价的, 从而有

$$\sum (mg)^k \equiv \sum m^k \pmod{p},$$

$$(g^k - 1) \sum m^k \equiv 0 \pmod{p},$$

以及

$$\sum m^k \equiv 0 = -\varepsilon_k(p) \pmod{p}$$

[根据 (7.10.1)]. 于是在任何情形下都有 $\sum m^k \equiv -\varepsilon_k(p)$.

现在用归纳法来证明定理 118, 假设它对序列 (7.9.4) 中任何小于 k 的数 l 都已成立, 要推出它对 k 也成立. 下面 k 和 l 都是 (7.9.4) 中的数, r 从 0 取到 k, $\beta_0 = 1$, $\beta_3 = \beta_5 = \cdots = 0$. 我们已经对 $k = 2$ 验证了定理, 现在可以假设 $k > 2$.

由 (7.9.1) 和定理 119 推出, 如果 $\overline{\omega}$ 是任意一个素数, 则有

$$\varepsilon_k(\overline{\omega}) + \sum_{r=0}^{k} \frac{1}{k+1-r} \binom{k}{r} \overline{\omega}^{k+1-r} \beta_r \equiv 0 \pmod{\overline{\omega}},$$

这也就是

$$\beta_k + \frac{\varepsilon_k(\overline{\omega})}{\overline{\omega}} + \sum_{r=0}^{k-2} \frac{1}{k+1-r} \binom{k}{r} \overline{\omega}^{k-1-r} (\overline{\omega}\beta_r) \equiv 0 \pmod{1}. \tag{7.10.2}$$

由于 $\beta_{k-1} = 0$, 故而此式中不含 β_{k-1} 项. 我们来研究

$$u_{k,r} = \frac{1}{k+1-r} \binom{k}{r} \overline{\omega}^{k-1-r} (\overline{\omega}\beta_r)$$

的分母是否能被 $\overline{\omega}$ 整除.

如果 r 不是某个 l, 则 β_r 是 1 或者 0. 如果 r 是某个 l, 那么根据归纳假设, β_r 的分母没有平方因子,[①] 而 $\overline{\omega}\beta_r$ 的分母不能被 $\overline{\omega}$ 整除. 因子 $\binom{k}{r}$ 是整数. 从而仅当

$$\frac{\overline{\omega}^{k-1-r}}{k+1-r} = \frac{\overline{\omega}^{s-1}}{s+1}$$

的分母能被 $\overline{\omega}$ 整除时, $u_{k,r}$ 的分母也才能被 $\overline{\omega}$ 整除. 此时有

$$s + 1 \geqslant \overline{\omega}^s.$$

但是 $s = k - r \geqslant 2$, 于是有

$$s + 1 < 2^s \leqslant \overline{\omega}^s.$$

矛盾. 由此推得, $u_{k,r}$ 的分母不能被 $\overline{\omega}$ 整除.

这样就有

$$\beta_k + \frac{\varepsilon_k(\overline{\omega})}{\overline{\omega}} = \frac{a_k}{b_k},$$

其中 $\overline{\omega} \nmid b_k$, 显然

$$\frac{\varepsilon_k(p)}{p} \quad (p \neq \overline{\omega})$$

---

① 应该注意到, 我们并不需要全部归纳假设.

有同样的形式. 由此推得

$$\beta_k + \sum \frac{\varepsilon_k(p)}{p} = \frac{A_k}{B_k}, \tag{7.10.3}$$

其中 B_k 不能被 ϖ 整除. 由于 ϖ 是任意一个素数, 所以 B_k 必定为 1. 从而 (7.10.3) 的右边是一个整数, 这就证明了定理.

特别地, 假设 k 是一个形如 $3n+1$ 的素数. 那么仅当 p 是 $2, 3, k+1, 2k+1$ 中之一时, 才有 $(p-1) \mid 2k$. 但是 $k+1$ 是偶数, $2k+1 = 6n+3$ 能被 3 整除, 从而 2 和 3 是 p 的仅有可能取值. 于是我们有以下定理.

定理 120　*如果 k 是一个形如 $3n+1$ 的素数, 那么*

$$B_k \equiv \frac{1}{6} \pmod 1.$$

可以进一步推广使用这一论证方法来证明: 如果给定 k, 则存在无穷多个 l 使得 B_l 与 B_k 有相同的分数部分. 但是为此我们需要用到 Dirichlet 的定理 15 (或者用到该定理 $b=1$ 时的特殊情形).

本　章　附　注

7.2 节至 7.4 节. 其中大部分内容遵循的是 Hecke 的书中的第 3 章.

7.6 节. Lagrange, *Nouveaux mémoires de l'Académie royale de Berlin*, **2** (1773), 125 (*Œuvres*, iii. 425). 这是 Wilson 定理的第一个发表的证明.

7.7 节. Dirichlet, *Journal für Math.* **3** (1828), 407-408 (*Werke*, i. 107-108).

7.8 节. Wolstenholme, *Quarterly Journal of Math.* **5** (1862), 35-39. 定理 115 有许多推广, 其中有一些也是定理 113 的推广. 见 8.7 节.

这个定理被广泛称为 Wolstenholme 定理, 我们遵循这一惯例. 但是 N. Rama Rao [*Bull. Calcutta Math. Soc.* **29** (1938), 167-170] 曾经指出, Waring [*Meditationes algebraicae*, 第二版 (1782), 383] 曾经参与了这个定理以及它的许多推广工作.

7.9 节至 7.10 节. Von Staudt, *Journal für Math.* **21** (1840), 372-374. 该定理也由 Clausen [*Astronomische Nachrichten*, **17** (1840), 352] 独立发现. 我们遵循的是 R. Rado [*Journal London Math. Soc.* **9** (1934), 85-88] 的证明.

许多作者使用记号

$$\frac{x}{e^x - 1} = \sum_{n=0}^{\infty} B_n \frac{x^n}{n!},$$

所以他们的 B_n 就是我们的 β_n.

定理 120 以及与之相关的更为一般的定理属于 Rado [同一杂志, 88-90]. Erdös and Wagstaff (*Illinois J. Math.* **24** (1980), 104-112) 证明了: 对于给定的 k, 对于 m 的一个正的比例的值有 $B_m \equiv B_k \pmod 1$.

第 8 章 复合模的同余式

8.1 线性同余式

自从 7.4 节开始 (除了在 7.8 节中有偏离之外) 我们一直假设模 m 是一个素数. 本章要证明几个有关一般的模的同余式的定理. 当模是合数时, 其理论远非那样简单, 我们也不打算对此作系统的讨论.

5.4 节中考虑过一般的线性同余式

$$ax \equiv b \pmod{m}, \tag{8.1.1}$$

在此回忆一下有关的结果会很有用. 该同余式是不可解的, 除非有

$$d = (a, m) \mid b. \tag{8.1.2}$$

如果满足这个条件, 那么 (8.1.1) 恰有 d 个解, 也就是

$$\xi, \xi + \frac{m}{d}, \quad \xi + 2\frac{m}{d}, \quad \cdots, \quad \xi + (d-1)\frac{m}{d},$$

其中 ξ 是

$$\frac{a}{d}x \equiv \frac{b}{d} \left(\bmod \; \frac{m}{d} \right)$$

的唯一解.

接下来考虑关于互素的模 $m_1, m_2, \cdots, m_k$ 的一个线性同余式组

$$a_1 x \equiv b_1 \pmod{m_1}, \; a_2 x \equiv b_2 \pmod{m_2}, \; \cdots, \; a_k x \equiv b_k \pmod{m_k}. \tag{8.1.3}$$

这个同余式组是不可解的, 除非对每个 i 都有 $(a_i, m_i) \mid b_i$. 如果满足这个条件, 就可以分别求解每一个同余式, 该问题就转化成求解同余式组

$$x \equiv c_1 \pmod{m_1}, \; x \equiv c_2 \pmod{m_2}, \; \cdots, \; x \equiv c_k \pmod{m_k}. \tag{8.1.4}$$

这里的诸个 m_i 与 (8.1.3) 中的不完全一样. 事实上, 按照 (8.1.3) 的记号, (8.1.4) 中的 m_i 是 $m_i/(a_i, m_i)$.

记

$$m = m_1 m_2 \cdots m_k = m_1 M_1 = m_2 M_2 = \cdots = m_k M_k.$$

由于 $(m_i, M_i) = 1$, 所以存在一个 (对于模 m_i 来说唯一的) n_i, 使得

$$n_i M_i \equiv 1 \pmod{m_i}.$$

如果
$$x = n_1 M_1 c_1 + n_2 M_2 c_2 + \cdots + n_k M_k c_k, \tag{8.1.5}$$
则对每个 i 有 $x \equiv n_i M_i c_i \equiv c_i \pmod{m_i}$, 所以 x 满足 (8.1.4). 如果 y 满足 (8.1.4), 那么对每个 i 有
$$y \equiv c_i \equiv x \pmod{m_i},$$
从而 (由于诸 m_i 互素) $y \equiv x \pmod{m}$. 因此解 x 是唯一的 $\pmod{m}$.

定理 121　如果 $m_1, m_2, \cdots, m_k$ 互素, 则同余式组 (8.1.4) 有由 (8.1.5) 给出的唯一解 $\pmod{m}$.

当模不互素时, 问题更加复杂. 我们只用一个实例来说明就行了.

6 位教授分别从星期一、星期二、星期三、星期四、星期五和星期六开始上课, 并且宣布他们分别打算每 2 天、每 3 天、每 4 天、每 1 天、每 6 天和每 5 天上一次课. 学校规定星期天禁止上课 (因此凡有星期天的课程必须略去不上). 问什么时候这 6 位教授会第一次发现他们不得不同时略去一次课不上?

如果满足问题中要求的日子是第 x 日 (从第一个星期一开始计数, 且包括第一个星期一在内), 那么
$$x = 1 + 2k_1 = 2 + 3k_2 = 3 + 4k_3 = 4 + k_4 = 5 + 6k_5 = 6 + 5k_6 = 7k_7,$$
其中诸个 k 都是整数, 也即

(1) $x \equiv 1 \pmod 2$, (2) $x \equiv 2 \pmod 3$, (3) $x \equiv 3 \pmod 4$, (4) $x \equiv 4 \pmod 1$,

(5) $x \equiv 5 \pmod 6$, (6) $x \equiv 6 \pmod 5$, (7) $x \equiv 0 \pmod 7$.

这些同余式中, (4) 没有限制, (1) 和 (2) 包含在 (3) 和 (5) 之中. 后面这两个同余式中, (3) 表明 x 同余于 3, 7 或者 11 $\pmod{12}$, 而 (5) 表明 x 同余于 5 或者 11 $\pmod{12}$, 所以 (3) 和 (5) 合起来等价于 $x \equiv 11 \pmod{12}$. 于是问题转化为求解
$$x \equiv 11 \pmod{12}, \quad x \equiv 6 \pmod 5, \quad x \equiv 0 \pmod 7 ,$$
也即求解
$$x \equiv -1 \pmod{12}, \quad x \equiv 1 \pmod 5, \quad x \equiv 0 \pmod 7 .$$

这是一个可以用定理 121 来求解的问题. 其中有
$$m_1 = 12, \ m_2 = 5, \ m_3 = 7, \ m = 420,$$
$$M_1 = 35, \ M_2 = 84, \ M_3 = 60.$$
诸 n 由下列同余式组的解给出:
$$35 n_1 \equiv 1 \pmod{12}, \quad 84 n_2 \equiv 1 \pmod 5, \quad 60 n_3 \equiv 1 \pmod 7,$$
也就是

$$-n_1 \equiv 1 \ (\text{mod } 12), \quad -n_2 \equiv 1 \ (\text{mod } 5), \quad 4n_3 \equiv 1 \ (\text{mod } 7).$$

可以取 $n_1 = -1, n_2 = -1, n_3 = 2$. 这样就有

$$x \equiv (-1)(-1)35 + (-1)1 \times 84 + 2 \times 0 \times 60 = -49 \equiv 371 \ (\text{mod } 420).$$

第一个满足条件的 x 是 371.

8.2 高次同余式

假设 $f(x)$ 是任意一个整多项式, 现在可以将一般同余式[①]

$$f(x) \equiv 0 \ (\text{mod } m) \tag{8.2.1}$$

的求解问题转化成若干个以素数幂为模的同余式的求解问题.

假设

$$m = m_1 m_2 \cdots m_k,$$

其中任何两个 m_i 都没有公约数. (8.2.1) 的每个解都满足

$$f(x) \equiv 0 \ (\text{mod } m_i) \quad (i = 1, 2, \cdots, k). \tag{8.2.2}$$

如果 $c_1, c_2, \cdots, c_k$ 是 (8.2.2) 的一组解, x 是

$$x \equiv c_i \ (\text{mod } m_i) \quad (i = 1, 2, \cdots, k) \tag{8.2.3}$$

的由定理 121 给出的解, 那么

$$f(x) \equiv f(c_i) \equiv 0 \ (\text{mod } m_i),$$

于是有 $f(x) \equiv 0 \ (\text{mod } m)$. 这样一来, (8.2.2) 的每一组解给出 (8.2.1) 的一个解, 反之亦然. 特别地有以下定理.

定理 122 (8.2.1) 的根的个数是 (8.2.2) 中每个同余式的根的个数之乘积.

如果 $m = p_1^{a_1} p_2^{a_2} \cdots p_k^{a_k}$, 可以取 $m_i = p_i^{a_i}$.

8.3 素数幂模的同余式

现在考虑同余式

$$f(x) \equiv 0 \ (\text{mod } p^a), \tag{8.3.1}$$

其中 p 是素数, $a > 1$.

首先, 假设 x 是 (8.3.1) 的一个根, 它满足

① 见 7.2 节.

$$0 \leqslant x < p^a. \tag{8.3.2}$$

此时 x 满足

$$f(x) \equiv 0 \ (\mathrm{mod}\ p^{a-1}), \tag{8.3.3}$$

所以它有形式

$$\xi + sp^{a-1} \quad (0 \leqslant s < p), \tag{8.3.4}$$

其中 ξ 是 (8.3.3) 的满足

$$0 \leqslant \xi < p^{a-1} \tag{8.3.5}$$

的一个根.

其次, 如果 ξ 是 (8.3.3) 的一个满足 (8.3.5) 的根, 那么

$$f(\xi + sp^{a-1}) = f(\xi) + sp^{a-1}f'(\xi) + \frac{1}{2}s^2 p^{2a-2}f''(\xi) + \cdots$$
$$\equiv f(\xi) + sp^{a-1}f'(\xi) \ (\mathrm{mod}\ p^a),$$

这是因为 $2a - 2 \geqslant a, 3a - 3 \geqslant a, \cdots,$ 且

$$\frac{f^{(k)}(\xi)}{k!}$$

中的系数都是整数. 现在必须区分两种情形.

(1) 假设

$$f'(\xi) \not\equiv 0 \ (\mathrm{mod}\ p). \tag{8.3.6}$$

那么, $\xi + sp^{a-1}$ 是 (8.3.1) 的一个根, 当且仅当

$$f(\xi) + sp^{a-1}f'(\xi) \equiv 0 \ (\mathrm{mod}\ p^a),$$

也即当且仅当

$$sf'(\xi) \equiv -\frac{f(\xi)}{p^{a-1}} \ (\mathrm{mod}\ p),$$

且恰好有一个 $s \ (\mathrm{mod}\ p)$ 满足这个条件. 从而 (8.3.3) 的根的个数与 (8.3.1) 的根的个数是相同的.

(2) 假设

$$f'(\xi) \equiv 0 \ (\mathrm{mod}\ p). \tag{8.3.7}$$

此时有

$$f(\xi + sp^{a-1}) \equiv f(\xi) \ (\mathrm{mod}\ p^a).$$

如果 $f(\xi) \not\equiv 0 \pmod{p^a}$, 那么 (8.3.1) 是不可解的. 如果 $f(\xi) \equiv 0 \pmod{p^a}$, 则对每个 s, (8.3.4) 都是 (8.3.1) 的一个解, 且对于 (8.3.3) 的每一个解, (8.3.1) 都有 p 个解与之对应.

定理 123　对应于 (8.3.3) 的每一个解 ξ, (8.3.1) 所具有的解的个数是

(a) 0, 如果 $f'(\xi) \equiv 0 \pmod{p}$ 且 ξ 不是 (8.3.1) 的解;

(b) 1, 如果 $f'(\xi) \not\equiv 0 \pmod{p}$;

(c) p, 如果 $f'(\xi) \equiv 0 \pmod{p}$ 且 ξ 是 (8.3.1) 的一个解.

(8.3.1) 与 ξ 对应的解可以由 ξ 得出. 在情形 (b) 中, 它可以通过求解一个线性同余式得到; 在情形 (c) 中, 可以通过向 ξ 增加 p^{a-1} 的任意倍数来得到.

8.4 例 子

(1) 同余式

$$f(x) = x^{p-1} - 1 \equiv 0 \pmod{p}$$

有 $p-1$ 个根 $1, 2, \cdots, p-1$. 如果 ξ 是这些根中间的一个, 那么

$$f'(\xi) = (p-1)\xi^{p-2} \not\equiv 0 \pmod{p}.$$

从而 $f(x) \equiv 0 \pmod{p^2}$ 恰有 $p-1$ 个根. 重复这个讨论, 得到

定理 124　同余式

$$x^{p-1} - 1 \equiv 0 \pmod{p^a}$$

对每个 a 都恰有 $p-1$ 个根.

(2) 考虑同余式

$$f(x) = x^{\frac{1}{2}p(p-1)} - 1 \equiv 0 \pmod{p^2}, \tag{8.4.1}$$

其中 p 是一个奇素数. 此时对每个 ξ 有

$$f'(\xi) = \frac{1}{2}p(p-1)\xi^{\frac{1}{2}p(p-1)-1} \equiv 0 \pmod{p}.$$

于是对于 $f(x) \equiv 0 \pmod{p}$ 的每一个根, (8.4.1) 有 p 个根与之对应.

现在, 根据定理 83 有

$$x^{\frac{1}{2}(p-1)} \equiv \pm 1 \pmod{p},$$

其正负号根据 x 是 p 的二次剩余还是非剩余来决定, 且在同样的情形下,

$$x^{\frac{1}{2}p(p-1)} \equiv \pm 1 \pmod{p}.$$

于是, $f(x) \equiv 0 \pmod{p}$ 有 $\frac{1}{2}(p-1)$ 个根, (8.4.1) 有 $\frac{1}{2}p(p-1)$ 个根.

如同在 6.5 节中对 p 定义二次剩余和非剩余一样, 我们来对 p^2 定义二次剩余和非剩余. 只考虑与 p 互素的数, 称 x 是 p^2 的一个二次剩余, 如果 (i) $(x,p)=1$ 以及 (ii) 存在一个 y 使得

$$y^2 \equiv x \pmod{p^2},$$

称 x 是 p^2 的一个二次非剩余, 如果 (i) $(x,p)=1$ 以及 (ii) 不存在这样的 y.

如果 x 是 p^2 的一个二次剩余, 则由定理 72 得

$$x^{\frac{1}{2}p(p-1)} \equiv y^{p(p-1)} \equiv 1 \pmod{p^2},$$

所以 x 是 (8.4.1) 的那 $\frac{1}{2}p(p-1)$ 个根中的一个. 另外, 如果 y_1 与 y_2 是小于 p^2 且与 p^2 互素的 $p(p-1)$ 个数中的两个, 且 $y_1^2 \equiv y_2^2$, 那么, 或者有 $y_2 = p^2 - y_1$, 或者 $y_1 - y_2$ 与 $y_1 + y_2$ 两者都能被 p 整除, 而这是不可能的, 因为 y_1 和 y_2 两者都不能被 p 整除. 所以诸数 y^2 就给出了恰好 $\frac{1}{2}p(p-1)$ 个不同余的剩余类 $\pmod{p^2}$, 模 p^2 有 $\frac{1}{2}p(p-1)$ 个二次剩余, 它们也就是 (8.4.1) 的根.

定理 125 模 p^2 有 $\frac{1}{2}p(p-1)$ 个二次剩余, 这些剩余都是 (8.4.1) 的根.

(3) 考虑同余式

$$f(x) = x^2 - c \equiv 0 \pmod{p^a}, \tag{8.4.2}$$

其中 $p \nmid c$. 如果 p 是奇数, 那么对任何不被 p 整除的 ξ 有

$$f'(\xi) = 2\xi \not\equiv 0 \pmod{p}.$$

于是 (8.4.2) 的根的个数与分别以 $p^{a-1}, p^{a-2}, \cdots, p$ 为模的类似的同余式的根的个数相同. 这也就是说, 根据 c 是否是 p 的二次剩余可知其解数为 2 或者 0. 可以用这个论证方法取代 (2) 的最后一段.

当 $p=2$ 时, 情形要稍微复杂一些, 这是因为此时对每个 ξ 有 $f'(\xi) \equiv 0 \pmod{p}$. 我们留给读者自己去证明: 当 $a=2$ 时, 它有两个根或者没有根; 当 $a \geqslant 3$ 时, 则有四个根或者没有根.

8.5 Bauer 的恒等同余式

用 t 来记小于 m 且与 m 互素的 $\phi(m)$ 个数中的一个, 用 $t(m)$ 来记这种数的集合, 用

$$f_m(x) = \prod_{t(m)} (x - t) \tag{8.5.1}$$

来记取遍 $t(m)$ 中所有 t 的乘积. Lagrange 的定理 112 说的是, 当 m 为素数时,

$$f_m(x) \equiv x^{\phi(m)} - 1 \;(\mathrm{mod}\ m). \tag{8.5.2}$$

由于

$$x^{\phi(m)} - 1 \equiv 0 \;(\mathrm{mod}\ m)$$

恒有 $\phi(m)$ 个根 t, 我们可能认为 (8.5.2) 对所有 m 为真, 但这是错的. 例如当 $m = 9$ 时, t 有六个值 $\pm 1, \pm 2, \pm 4 \;(\mathrm{mod}\ 9)$, 且有

$$f_m(x) \equiv (x^2 - 1^2)(x^2 - 2^2)(x^2 - 4^2) \equiv x^6 - 3x^4 + 3x^2 - 1 \;(\mathrm{mod}\ 9).$$

正确的推广近期才被 Bauer 发现, 它包含在下面两个定理之中.

定理 126　如果 p 是 m 的一个奇素因子, 且 p^a 是 p 能整除 m 的最高幂次, 那么

$$f_m(x) = \prod_{t(m)} (x - t) \equiv (x^{p-1} - 1)^{\phi(m)/(p-1)} \;(\mathrm{mod}\ p^a). \tag{8.5.3}$$

特别地有

$$f_{p^a}(x) = \prod_{t(p^a)} (x - t) \equiv (x^{p-1} - 1)^{p^{a-1}} \;(\mathrm{mod}\ p^a). \tag{8.5.4}$$

定理 127　如果 m 是偶数, $m > 2$, 且 2^a 是 2 能整除 m 的最高幂次, 那么

$$f_m(x) \equiv (x^2 - 1)^{\frac{1}{2}\phi(m)} \;(\mathrm{mod}\ 2^a). \tag{8.5.5}$$

特别地, 当 $a > 1$ 时有

$$f_{2^a}(x) \equiv (x^2 - 1)^{2^{a-2}} \;(\mathrm{mod}\ 2^a). \tag{8.5.6}$$

在 $m = 2$ 这一平凡的情形下, $f_2(x) = x - 1$. 这符合 (8.5.3) 的结果, 但不符合 (8.5.5).

首先假设 $p > 2$, 先来证明 (8.5.4). 它对 $a = 1$ 为真. 如果 $a > 1$, $t(p^a)$ 中的数是下列诸数

$$t + \nu p^{a-1} \quad (0 \leqslant \nu < p),$$

其中 t 是 $t(p^{a-1})$ 中的一个数. 因此

$$f_{p^a}(x) = \prod_{\nu=0}^{p-1} f_{p^{a-1}}(x - \nu p^{a-1}).$$

但是

$$f_{p^{a-1}}(x - \nu p^{a-1}) \equiv f_{p^{a-1}}(x) - \nu p^{a-1} f'_{p^{a-1}}(x) \pmod{p^a}.$$

且

$$f_{p^a}(x) \equiv \{f_{p^{a-1}}(x)\}^p - \sum \nu p^{a-1} \{f_{p^{a-1}}(x)\}^{p-1} f'_{p^{a-1}}(x)$$
$$\equiv \{f_{p^{a-1}}(x)\}^p \pmod{p^a},$$

这是因为

$$\sum \nu = \frac{1}{2} p(p-1) \equiv 0 \pmod{p}.$$

这就用归纳法证明了 (8.5.4).

现在假设 $m = p^a M$, 且 $p \nmid M$. 设 t 取遍 $t(p^a)$ 中的 $\phi(p^a)$ 个数, T 取遍 $t(M)$ 中的 $\phi(M)$ 个数. 根据定理 61, 所产生的由 $\phi(m)$ 个数

$$tM + Tp^a$$

组成的集合经过模 m 化简, 刚好就是集合 $t(m)$. 于是

$$f_m(x) = \prod_{t(m)} (x - t) \equiv \prod_{T \in t(M)} \prod_{t \in t(p^a)} (x - tM - Tp^a) \pmod{m}.$$

由于 $(p^a, M) = 1$, 对任意固定的 T 有

$$\prod_{t \in t(p^a)} (x - tM - Tp^a) \equiv \prod_{t \in t(p^a)} (x - tM) \equiv \prod_{t \in t(p^a)} (x - t) \equiv f_{p^a}(x) \pmod{p^a}.$$

因为 $t(M)$ 中有 $\phi(M)$ 个数, 根据 (8.5.4) 有

$$f_m(x) \equiv (x^{p-1} - 1)^{p^{a-1}\phi(M)} \pmod{p^a}.$$

但由于

$$p^{a-1} \phi(M) = \frac{\phi(p^a)}{p-1} \phi(M) = \frac{\phi(m)}{p-1},$$

这就立即得出 (8.5.3).

8.6　Bauer 的同余式：$p=2$ 的情形

现在考虑 $p = 2$ 的情形. 首先证明 (8.5.6).

如果 $a = 2$,

$$f_4(x) = (x - 1)(x - 3) \equiv x^2 - 1 \pmod{4},$$

这就是 (8.5.6). 当 $a > 2$ 时, 采用归纳法. 如果

$$f_{2^{a-1}}(x) \equiv (x^2 - 1)^{2^{a-3}} \pmod{2^{a-1}},$$

那么

$$f'_{2^{a-1}}(x) \equiv 0 \pmod 2.$$

因此

$$
\begin{aligned}
f_{2^a}(x) &= f_{2^{a-1}}(x) f_{2^{a-1}}(x - 2^{a-1}) \\
&\equiv \{f_{2^{a-1}}(x)\}^2 - 2^{a-1} f_{2^{a-1}}(x) f'_{2^{a-1}}(x) \\
&\equiv \{f_{2^{a-1}}(x)\}^2 \equiv (x^2 - 1)^{2^{a-2}} \pmod{2^a}.
\end{aligned}
$$

现在转向 (8.5.5) 的证明, 需要区分两种情况.

(1) 如果 $m = 2M$ 且 $M > 1$, 其中 M 是奇数, 那么

$$f_m(x) \equiv (x-1)^{\phi(m)} \equiv (x^2 - 1)^{\frac{1}{2}\phi(m)} \pmod 2,$$

这是因为 $(x-1)^2 \equiv x^2 - 1 \pmod 2$.

(2) 如果 $m = 2^a M$, 其中 M 是奇数且 $a > 1$, 如同在 8.5 节中那样讨论, 但是改用 (8.5.6) 代替 (8.5.4). $\phi(m) = 2^{a-1}\phi(M)$ 个数

$$tM + T2^a$$

组成的集合经过模 m 化简, 恰好就是集合 $t(m)$. 于是

$$
\begin{aligned}
f_m(x) &= \prod_{t(m)} (x - t) \equiv \prod_{T \in t(M)} \prod_{t \in t(2^a)} (x - tM - 2^a T) \pmod m \\
&\equiv \{f_{2^a}(x)\}^{\phi(M)} \pmod 2,
\end{aligned}
$$

恰如在 8.5 节中一样. 由此并根据 (8.5.6) 就立即推出 (8.5.5).

8.7 Leudesdorf 的一个定理

可以利用 Bauer 的定理得出 Wolstenholme 的定理 115 的一个大范围推广.

定理 128　如果

$$S_m = \sum_{t(m)} \frac{1}{t},$$

则当 $2 \nmid m, 3 \nmid m$ 时有

$$S_m \equiv 0 \pmod{m^2}; \tag{8.7.1}$$

当 $2 \nmid m, 3 \mid m$ 时有

$$S_m \equiv 0 \left(\operatorname{mod} \frac{1}{3} m^2\right); \tag{8.7.2}$$

当 $2 \mid m, 3 \nmid m$, 且 m 不是 2 的幂时有

$$S_m \equiv 0 \left(\operatorname{mod} \frac{1}{2} m^2\right); \tag{8.7.3}$$

当 $2\mid m$, $3\mid m$ 时有

$$S_m \equiv 0 \ \left(\mathrm{mod}\ \frac{1}{6}m^2\right); \tag{8.7.4}$$

当 $m = 2^a$ 时有

$$S_m \equiv 0 \ \left(\mathrm{mod}\ \frac{1}{4}m^2\right). \tag{8.7.5}$$

用 $\sum, \prod$ 分别表示取遍 $t(m)$ 中的数的和与乘积, 而用 $\sum', \prod'$ 分别表示取遍 $t(m)$ 中小于 $\frac{1}{2}m$ 的那一部分数 t 的和与乘积, 并假设 $m = p^a q^b r^c \ldots$.

如果 $p > 2$, 则由定理 126 有

$$
\begin{aligned}
(x^{p-1}-1)^{\phi(m)/(p-1)} &\equiv \prod(x-t) = \prod{}'\{(x-t)(x-m+t)\}\\
&\equiv \prod{}'\{x^2+t(m-t)\} \ (\mathrm{mod}\ p^a).
\end{aligned} \tag{8.7.6}
$$

对 (8.7.6) 两边 x^2 的系数加以比较. 如果 $p > 3$, 左边的系数为 0, 而且

$$0 \equiv \prod{}'\{t(m-t)\}\sum{}'\frac{1}{t(m-t)} = \frac{1}{2}\prod t\sum\frac{1}{t(m-t)}\ (\mathrm{mod}\ p^a). \tag{8.7.7}$$

所以

$$
\begin{aligned}
S_m\prod t &= \prod t\sum\frac{1}{t} = \frac{1}{2}\prod t\sum\left(\frac{1}{t}+\frac{1}{m-t}\right)\\
&= \frac{1}{2}m\prod t\sum\frac{1}{t(m-t)} \equiv 0\ (\mathrm{mod}\ p^{2a}),
\end{aligned}
$$

这也就是

$$S_m \equiv 0\ (\mathrm{mod}\ p^{2a}). \tag{8.7.8}$$

如果 $2\nmid m$, $3\nmid m$, 对 m 的每个素因子应用 (8.7.8), 就得到 (8.7.1).

如果 $p = 3$, 则 (8.7.7) 必须代之以

$$(-1)^{\frac{1}{2}\phi(m)-1}\frac{1}{2}\phi(m) \equiv \frac{1}{2}\prod t\sum\frac{1}{t(m-t)}\ (\mathrm{mod}\ 3^a),$$

所以

$$S_m\prod t \equiv (-1)^{\frac{1}{2}\phi(m)-1}\frac{1}{2}m\phi(m)\ (\mathrm{mod}\ 3^{2a}).$$

由于 $\phi(m)$ 是偶数, 且能被 3^{a-1} 整除, 这就给出

$$S_m \equiv 0\ (\mathrm{mod}\ 3^{2a-1}).$$

这样就得到 (8.7.2).

如果 $p = 2$, 根据定理 127 有

$$(x^2 - 1)^{\frac{1}{2}\phi(m)} \equiv \prod{}' \left\{ x^2 + t(m-t) \right\} \pmod{2^a},$$

所以

$$(-1)^{\frac{1}{2}\phi(m)-1} \frac{1}{2}\phi(m) \equiv \frac{1}{2} \prod t \sum \frac{1}{t(m-t)},$$

$$S_m \prod t = \frac{1}{2} m \prod t \sum \frac{1}{t(m-t)} \equiv (-1)^{\frac{1}{2}\phi(m)-1} \frac{1}{2} m\phi(m) \pmod{2^{2a}}.$$

如果 $m = 2^a M$, 其中 M 是大于 1 的奇数, 那么

$$\frac{1}{2}\phi(m) = 2^{a-2}\phi(M)$$

能被 2^{a-1} 整除, 且

$$S_m \equiv 0 \pmod{2^{2a-1}}.$$

这和上面的结果一起就得出 (8.7.3) 和 (8.7.4).

最后, 如果 $m = 2^a$, 则有 $\frac{1}{2}\phi(m) = 2^{a-2}$, 所以

$$S_m \equiv 0 \pmod{2^{2a-2}}.$$

这就是 (8.7.5).

8.8 Bauer 定理的进一步的推论

(1) 假设

$$m > 2, \quad m = \prod p^a, \quad u_2 = \frac{1}{2}\phi(m), \quad u_p = \frac{\phi(m)}{p-1} \quad (p > 2).$$

那么 $\phi(m)$ 是偶数, 在 (8.5.3) 和 (8.5.5) 中令常数项相等, 就得到

$$\prod_{t(m)} t \equiv (-1)^{u_p} \pmod{p^a}.$$

容易验证, 除了当 m 是 4、p^a 以及 $2p^a$ 这几种特殊情形以外, 数 u_2 和 u_p 都是偶数, 所以除了这几种情形以外, 我们总有 $\prod t \equiv 1 \pmod m$. 如果 $m = 4$, 那么 $\prod t = 1 \times 3 \equiv -1 \pmod 4$. 如果 m 是 p^a 或者 $2p^a$, 那么 u_p 是奇数, 所以 $\prod t \equiv -1 \pmod{p^a}$, 于是有 (由于 $\prod t$ 是奇数) $\prod t \equiv -1 \pmod m$.

定理 129 $\displaystyle\prod_{t(m)} t \equiv \pm 1 \pmod m$, 其中当 m 取值为 4、p^a 或者 $2p^a$ 时取负

号, 这里 p 是一个奇素数, 而在所有其他情形均取正号.

$m = p$ 的情形正是 Wilson 定理.

(2) 如果 $p > 2$ 且
$$f(x) = \prod_{t(p^a)} (x - t) = x^{\phi(p^a)} - A_1 x^{\phi(p^a)-1} + \cdots,$$
那么 $f(x) = f(p^a - x)$. 于是
$$2A_1 x^{\phi(p^a)-1} + 2A_3 x^{\phi(p^a)-3} + \cdots = f(-x) - f(x) = f(p^a + x) - f(x)$$
$$\equiv p^a f'(x) \pmod{p^{2a}}.$$
但是, 根据定理 126 有
$$p^a f'(x) \equiv p^{2a-1}(p-1)x^{p-2}(x^{p-1}-1)^{p^{a-1}-1} \pmod{p^{2a}}.$$
由此推出, 除了
$$\phi(p^a) - 2\nu - 1 \equiv p - 2 \pmod{p-1},$$
也即
$$2\nu \equiv 0 \pmod{p-1}$$
的情形之外, $A_{2\nu+1}$ 都是 p^{2a} 的倍数.

定理 130　如果 $A_{2\nu+1}$ 是 $t(p^a)$ 中每次取 $2\nu+1$ 个数所得的齐次乘积之和, 且 2ν 不是 $p-1$ 的倍数, 那么
$$A_{2\nu+1} \equiv 0 \pmod{p^{2a}}.$$

Wolstenholme 定理是当
$$a = 1, \quad 2\nu+1 = p-2, \quad p > 3$$
时的情形.

(3) 关于和式
$$S_{2\nu+1} = \sum \frac{1}{t^{2\nu+1}}$$
也有一些有趣的定理. 为了简单起见, 我们仅限于讨论 $a = 1, m = p$ 的情形, [1] 且假设 $p > 2$. 则有 $f(x) = f(p-x)$, 且对模 p^2 有
$$f(-x) = f(p+x) \equiv f(x) + pf'(x),$$
$$f'(-x) = -f'(p+x) \equiv -f'(x) - pf''(x),$$
$$f(x)f'(-x) + f'(x)f(-x) \equiv p\{f'^2(x) - f(x)f''(x)\}.$$

---

① 在这种情形下, 定理 112 足够实现我们的目的, 并不需要 Bauer 定理的更一般形式.

由于 $f(x) \equiv x^{p-1} - 1 \pmod{p}$, 所以

$$f'^2(x) - f(x)f''(x) \equiv 2x^{p-3} - x^{2p-4} \pmod{p},$$

从而

$$f(x)f'(-x) + f'(x)f(-x) \equiv p\{2x^{p-3} - x^{2p-4}\} \pmod{p^2}. \tag{8.8.1}$$

现在

$$\frac{f'(x)}{f(x)} = \sum \frac{1}{x - t} = -S_1 - xS_2 - x^2 S_3 - \cdots,^{①}$$

$$\frac{f(x)f'(-x) + f(-x)f'(x)}{f(x)f(-x)} = -2S_1 - 2x^2 S_3 - \cdots. \tag{8.8.2}$$

此外还有

$$f(x) = \prod(x - t) = \prod(t - x) = \overline{\omega}\left(1 + \frac{a_1 x}{\overline{\omega}} + \frac{a_2 x^2}{\overline{\omega}^2} + \cdots\right),$$

$$\frac{1}{f(x)} = \frac{1}{\overline{\omega}}\left(1 + \frac{b_1 x}{\overline{\omega}} + \frac{b_2 x^2}{\overline{\omega}^2} + \cdots\right),$$

$$\frac{1}{f(x)f(-x)} = \frac{1}{\overline{\omega}^2}\left(1 + \frac{c_1 x^2}{\overline{\omega}^2} + \frac{c_2 x^4}{\overline{\omega}^4} + \cdots\right), \tag{8.8.3}$$

其中 $\overline{\omega} = (p-1)!$, 诸数 a, b 和 c 都是整数. 由 (8.8.1)(8.8.2)(8.8.3) 推出

$$-2S_1 - 2x^2 S_3 - \cdots = \frac{p\{2x^{p-3} - x^{2p-4}\} + p^2 g(x)}{\overline{\omega}^2}\left(1 + \frac{c_1 x^2}{\overline{\omega}^2} + \frac{c_2 x^4}{\overline{\omega}^4} + \cdots\right),$$

其中 $g(x)$ 是一个整多项式. 这样一来, 如果 $2\nu < p - 3$, 那么 $S_{2\nu+1}$ 的分子就能被 p^2 整除.

定理 131   如果 p 是素数, $2\nu < p - 3$, 且

$$S_{2\nu+1} = 1 + \frac{1}{2^{2\nu+1}} + \cdots + \frac{1}{(p-1)^{2\nu+1}},$$

那么 $S_{2\nu+1}$ 的分子能被 p^2 整除.

$\nu = 0$ 的情形即为 Wolstenholme 定理. 当 $\nu = 1$ 时, p 必须大于 5.

$$1 + \frac{1}{2^3} + \frac{1}{3^3} + \frac{1}{4^3}$$

的分子能被 5 整除, 但不能被 5^2 整除.

还有许多与此同一类型的更为精致的定理.

---

① 后面的级数全都是关于变量 x 的通常的幂级数.

8.9 2^{p-1} 和 $(p-1)!$ 关于模 p^2 的同余式

Fermat 和 Wilson 的定理表明, 2^{p-1} 和 $(p-1)!$ 有剩余 1 和 $-1 \pmod{p}$. 但它们关于模 p^2 的剩余我们知道得很少, 不过它们可以用很有趣的方法加以变换.

定理 132   *如果 p 是奇素数, 那么*

$$\frac{2^{p-1}-1}{p} \equiv 1 + \frac{1}{3} + \frac{1}{5} + \cdots + \frac{1}{p-2} \pmod{p}. \tag{8.9.1}$$

换句话说, $2^{p-1} \pmod{p^2}$ 的剩余是

$$1 + p\left(1 + \frac{1}{3} + \frac{1}{5} + \cdots + \frac{1}{p-2}\right),$$

其中的分数指的都是相伴元 $\pmod{p}$.

我们有

$$2^p = (1+1)^p = 1 + \binom{p}{1} + \cdots + \binom{p}{p} = 2 + \sum_{l=1}^{p-1}\binom{p}{l}.$$

除了第一项之外, 右边的每一项都能被 p 整除.[①] 且 $\binom{p}{l} = px_l$, 其中

$$l!x_l = (p-1)(p-2)\cdots(p-l+1) \equiv (-1)^{l-1}(l-1)! \pmod{p},$$

也就是

$$lx_l \equiv (-1)^{l-1} \pmod{p}.$$

从而有

$$x_l \equiv (-1)^{l-1}\frac{1}{l} \pmod{p},$$

$$\binom{p}{l} = px_l \equiv (-1)^{l-1}p\frac{1}{l} \pmod{p^2},$$

$$\frac{2^p-2}{p} = \sum_1^{p-1} x_l \equiv 1 - \frac{1}{2} + \frac{1}{3} - \cdots - \frac{1}{p-1} \pmod{p}. \tag{8.9.2}$$

但是, 根据定理 116 有[②]

$$1 - \frac{1}{2} + \frac{1}{3} - \cdots - \frac{1}{p-1} = 2\left(1 + \frac{1}{3} + \frac{1}{5} + \cdots + \frac{1}{p-2}\right) - \left(1 + \frac{1}{2} + \frac{1}{3} + \cdots + \frac{1}{p-1}\right)$$

$$\equiv 2\left(1 + \frac{1}{3} + \cdots + \frac{1}{p-2}\right) \pmod{p},$$

[①] 根据定理 75.

[②] 我们只需要 (7.8.2).

所以 (8.9.2) 等价于 (8.9.1).

另一种方法是, 根据定理 116 得知 (8.9.1) 中的剩余是

$$-\frac{1}{2} - \frac{1}{4} - \cdots - \frac{1}{p-1} \ (\text{mod } p).$$

定理 133 *如果 p 是奇素数, 那么*

$$(p-1)! \equiv (-1)^{\frac{1}{2}(p-1)} 2^{2p-2} \left(\frac{p-1}{2}!\right)^2 \ (\text{mod } p^2).$$

设 $p = 2n+1$. 那么根据定理 116 和定理 132, 有

$$\frac{(2n)!}{2^n n!} = 1 \times 3 \times \cdots \times (2n-1) = (p-2)(p-4)\cdots(p-2n),$$

$$(-1)^n \frac{(2n)!}{2^n n!} \equiv 2^n n! - 2^n n! p \left(\frac{1}{2} + \frac{1}{4} + \cdots + \frac{1}{2n}\right) \ (\text{mod } p^2)$$

$$\equiv 2^n n! + 2^n n! (2^{2n} - 1) \ (\text{mod } p^2),$$

因此

$$(2n)! \equiv (-1)^n 2^{4n} (n!)^2 \ (\text{mod } p^2).$$

本 章 附 注

8.1 节. 定理 121 (Gauss, *D.A.*, 第 36 目) 早在公元 1 世纪时就已经为中国数学家孙子所知. 见 Bachmann, *Niedere Zahlentheorie*, i. 83.

8.5 节. Bauer, *Nouvelles annales* (4), **2** (1902), 256-264. Rear-Admiral C.R. Darlington 建议了这个方法, 我用这个方法从 (8.5.4) 推导出 (8.5.3). 这比在早先由 Hardy 和 Wright 给出 [*Journal London Math. Soc.* **9** (1934), 38-41 以及 240] 的版本中所用的方法要简单得多.

Wylie 博士向我们指出: 用 2 代替 p, 除了 m 是 2 的幂以外, (8.5.5) 都与 (8.5.3) 等价, 这是因为, 当 $m = 2^a M$ 且 M 为大于 1 的奇数时容易验证有

$$(x^2 - 1)^{\frac{1}{2}\phi(m)} \equiv (x-1)^{\phi(m)} (\text{mod } 2^a).$$

8.7 节. Leudesdorf, *Proc. London Math. Soc.* (1) **20** (1889), 199-212. 也见 S. Chowla, *Journal London Math. Soc.* **9** (1934), 246; N. Rama Rao, 同一杂志, **12** (1937), 247-250; 以及 E. Jacobstal, *Forhand K. Norske Vidensk. Selskab*, **22** (1949), nos. 12, 13, 41.

8.8 节. 定理 129 (Gauss, *D.A.*, 第 78 目) 有时称为 "推广的 Wilson 定理".

在上面提到的 Leudesdorf 的论文以及 Glaisher 在 *Quarterly Journal of Mathematics* 的第 31 和 32 卷所发表的论文中, 可以找到许多像定理 130 和定理 131 这种类型的定理.

8.9 节. 定理 132 属于 Eisenstein (1850). 有关后来的证明以及推广的完整的参考文献可以在 Dickson, *History*, i, 第 4 章中找到. 也见 6.6 节后面的附注.

第 9 章　用十进制小数表示数

9.1　与给定的数相伴的十进制小数

在初等算术中有一个众所周知的程序可以把任何正数 ξ 表示成一个 "十进制小数".

记

$$\xi = \lfloor \xi \rfloor + x = X + x, \tag{9.1.1}$$

其中 X 是一个整数, $0 \leqslant x < 1$,[①] 对 X 和 x 分开来考虑.

如果 $X > 0$ 且

$$10^s \leqslant X < 10^{s+1},$$

而 A_1 和 X_1 是 X 被 10^s 除所得的商和余数, 那么

$$X = A_1 \cdot 10^s + X_1,$$

其中

$$0 < A_1 = \lfloor 10^{-s} X \rfloor < 10, \quad 0 \leqslant X_1 < 10^s.$$

类似地, 有

$$X_1 = A_2 \cdot 10^{s-1} + X_2 \quad (0 \leqslant A_2 < 10, \quad 0 \leqslant X_2 < 10^{s-1}),$$
$$X_2 = A_3 \cdot 10^{s-2} + X_3 \quad (0 \leqslant A_3 < 10, \quad 0 \leqslant X_3 < 10^{s-2}),$$
$$\cdots$$
$$X_{s-1} = A_s \cdot 10 + X_s \quad (0 \leqslant A_s < 10, \quad 0 \leqslant X_s < 10),$$
$$X_s = A_{s+1} \quad (0 \leqslant A_{s+1} < 10).$$

从而 X 可以唯一地表示成形式

$$X = A_1 \cdot 10^s + A_2 \cdot 10^{s-1} + \cdots + A_s \cdot 10 + A_{s+1}, \tag{9.1.2}$$

其中每个 A 都是 $0, 1, 2, \cdots, 9$ 之一, 且 A_1 不为 0. 将此表达式简记成

$$X = A_1 A_2 \cdots A_s A_{s+1}, \tag{9.1.3}$$

这就是 X 在十进制记号下通常的表示法.

转向讨论 x, 记

[①] 于是 $\lfloor \xi \rfloor$ 与在 6.11 节中有同样的意义.

$$x = f_1 \quad (0 \leqslant f_1 < 1).$$

假设 $a_1 = \lfloor 10f_1 \rfloor$, 于是

$$\frac{a_1}{10} \leqslant f_1 < \frac{a_1+1}{10},$$

a_1 是 $0, 1, 2, \cdots, 9$ 之一, 且

$$a_1 = \lfloor 10f_1 \rfloor, \quad 10f_1 = a_1 + f_2, \quad (0 \leqslant f_2 < 1).$$

类似地, 用

$$a_2 = \lfloor 10f_2 \rfloor, \quad 10f_2 = a_2 + f_3, \quad (0 \leqslant f_3 < 1),$$

$$a_3 = \lfloor 10f_3 \rfloor, \quad 10f_3 = a_3 + f_4, \quad (0 \leqslant f_4 < 1),$$

$$\cdots$$

来定义 $a_2, a_3, \cdots$. 每一个 a_n 都是 $0, 1, 2, \cdots, 9$ 之一. 从而

$$x = x_n + g_{n+1}, \tag{9.1.4}$$

其中

$$x_n = \frac{a_1}{10} + \frac{a_2}{10^2} + \cdots + \frac{a_n}{10^n}, \tag{9.1.5}$$

$$0 \leqslant g_{n+1} = \frac{f_{n+1}}{10^n} < \frac{1}{10^n}. \tag{9.1.6}$$

由此我们对 x 定义一个与之相伴的十进制小数 $0.a_1a_2a_3\ldots a_n\ldots$. 称 $a_1, a_2, \cdots$ 是这个小数的第一位**数字** (digit)、第二位数字、$\cdots\cdots$.

由于 $a_n < 10$, 级数

$$\sum_{n=1}^{\infty} \frac{a_n}{10^n} \tag{9.1.7}$$

收敛. 又因为 $g_{n+1} \to 0$, 从而它的和是 x. 于是可以记

$$x = 0.a_1a_2a_3\ldots, \tag{9.1.8}$$

它的右边是级数 (9.1.7) 的缩写.

如果对某个 n 有 $f_{n+1} = 0$, 也即某个 $10^n x$ 是一个整数, 那么

$$a_{n+1} = a_{n+2} = \cdots = 0.$$

此时就说这个小数是**有限** (terminate) 的. 例如

$$\frac{17}{400} = 0.042\,500\,0\ldots,$$

可以将它简记为 $\dfrac{17}{400} = 0.0425$. 显然, x 的小数是有限的, 当且仅当 x 是一个分母形如 $2^\alpha 5^\beta$ 的有理分数.

由于

$$\frac{a_{n+1}}{10^{n+1}} + \frac{a_{n+2}}{10^{n+2}} + \cdots = g_{n+1} < \frac{1}{10^n},$$

且

$$\frac{9}{10^{n+1}} + \frac{9}{10^{n+2}} + \cdots = \frac{9}{10^{n+1}\left(1 - \dfrac{1}{10}\right)} = \frac{1}{10^n},$$

所以不可能从某处开始往后所有的 a_n 均为 9. 在这个保留的限制下, 每一个可能的序列 $\{a_n\}$ 都是由某个 x 给出的. 定义 x 为级数 (9.1.7) 的和, x_n 和 g_{n+1} 如在 (9.1.4) 和 (9.1.5) 中所给出的那样. 那么对每个 n 有 $g_{n+1} < 10^{-n}$, 于是 x 就给出所要求的序列.

最后, 如果

$$\sum_{n=1}^{\infty} \frac{a_n}{10^n} = \sum_{n=1}^{\infty} \frac{b_n}{10^n}, \tag{9.1.9}$$

且诸 b_n 满足对 a_n 所加的条件, 那么对每个 n 都有 $a_n = b_n$. 如果不然, 设 a_N 和 b_N 是第一对不相等的数, 则有 $|a_N - b_N| \geqslant 1$. 那么

$$\left| \sum_{n=1}^{\infty} \frac{a_n}{10^n} - \sum_{n=1}^{\infty} \frac{b_n}{10^n} \right| \geqslant \frac{1}{10^N} - \sum_{n=N+1}^{\infty} \frac{|a_n - b_n|}{10^n} \geqslant \frac{1}{10^N} - \sum_{n=N+1}^{\infty} \frac{9}{10^n} = 0.$$

这与 (9.1.9) 矛盾, 除非等号成立. 如果有等号成立, 则所有的 $a_{N+1} - b_{N+1}, a_{N+2} - b_{N+2}, \cdots$ 必定都有同样的符号, 且绝对值均为 9. 但是这样的话, 就有要么对每个 $n > N$ 有 $a_n = 9, b_n = 0$, 要么对每个 $n > N$ 有 $a_n = 0, b_n = 9$, 我们已经看到这两种情形都是不可能的. 从而对所有 n 有 $a_n = b_n$. 换言之, 不同的十进制小数对应不同的数.

现在将 (9.1.1), (9.1.3), (9.1.8) 组合成下述形式:

$$\xi = X + x = A_1 A_2 \dots A_{s+1}. a_1 a_2 a_3 \dots . \tag{9.1.10}$$

可以将结论总结如下:

定理 134　任何正数 ξ 可以表示成十进制小数

$$A_1 A_2 \dots A_{s+1}. a_1 a_2 a_3 \dots,$$

其中

$$0 \leqslant A_1 < 10, 0 \leqslant A_2 < 10, \cdots, 0 \leqslant a_n < 10,$$

所有的 A 和 a 不全为 0, 且有无穷多个 a_n 小于 9. 如果 $\xi \geqslant 1$, 那么 $A_1 > 0$. 在数与十进制小数之间有一个一一对应, 且

$$\xi = A_1 \cdot 10^s + \cdots + A_{s+1} + \frac{a_1}{10} + \frac{a_2}{10^2} + \cdots.$$

以后, 通常假设 $0 < \xi < 1$, 故有 $X = 0, \xi = x$. 此时所有 A 都为 0. 有时为了简略起见, 我们对于数 x 和表示它的十进制小数不加区分, 例如说 $\frac{17}{400}$ 的第二位数字是 4.

9.2 有限小数和循环小数

非有限的小数可以**循环** (recur). 例如

$$\frac{1}{3} = 0.3333\ldots, \quad \frac{1}{7} = 0.142\ 857\ 142\ 857\ 14\ldots.$$

可以更简略地把它们表示成

$$\frac{1}{3} = 0.\dot{3}, \quad \frac{1}{7} = 0.\dot{1}42\ 85\dot{7}.$$

这些是**纯循环** (pure recurring) 小数, 其中循环的周期从小数的起点开始. 此外,

$$\frac{1}{6} = 0.1666\ldots = 0.1\dot{6}$$

是**混循环** (mixed recurring) 小数, 其中循环的周期前面有不循环的数位.

现在来确定分数是有限或者循环的条件.

(1) 如果

$$x = \frac{p}{q} = \frac{p}{2^\alpha 5^\beta},$$

其中 $(p, q) = 1$ 且

$$\mu = \max(\alpha, \beta), \tag{9.2.1}$$

则对 $n = \mu$ 以及不小于它的 n 的值, $10^n x$ 都是整数, 因此 x 在 a_μ 处终止. 反过来,

$$\frac{a_1}{10} + \frac{a_2}{10^2} + \cdots + \frac{a_\mu}{10^\mu} = \frac{P}{10^\mu} = \frac{p}{q},$$

其中 q 仅有素因子 2 和 5.

(2) 其次假设 $x = p/q$, $(p, q) = 1$, 且 $(q, 10) = 1$, 则 q 不能被 2 或者 5 整除. 这种情形的讨论有赖于第 6 章的定理.

根据定理 88, 对某个 ν 有

$$10^\nu \equiv 1 \pmod{q},$$

满足此式的最小的 ν 是 $\phi(q)$ 的一个因子. 假设 ν 取最小可能的值, 用 6.8 节中的语言说就是, 10 属于 $\nu \pmod{q}$ 或者 ν 是 10 $\pmod{q}$ 的阶. 这样就有

$$10^{\nu} x = \frac{10^{\nu} p}{q} = \frac{(mq+1)p}{q} = mp + \frac{p}{q} = mp + x, \tag{9.2.2}$$

其中 m 是一个整数. 但是由 (9.1.4) 得

$$10^{\nu} x = 10^{\nu} x_{\nu} + 10^{\nu} g_{\nu+1} = 10^{\nu} x_{\nu} + f_{\nu+1}.$$

由于 $0 < x < 1, f_{\nu+1} = x$, 所以构造十进制小数的程序从 $f_{\nu+1}$ 开始一直往后是重复的. 从而 x 就是一个周期至多有 ν 位的纯循环小数.

另外, 纯循环小数 $0.\dot{a}_1 a_2 \dots \dot{a}_{\lambda}$ 等于

$$\left(\frac{a_1}{10} + \frac{a_2}{10^2} + \cdots + \frac{a_{\lambda}}{10^{\lambda}} \right) \left(1 + \frac{1}{10^{\lambda}} + \frac{1}{10^{2\lambda}} + \cdots \right) = \frac{10^{\lambda-1} a_1 + 10^{\lambda-2} a_2 + \cdots + a_{\lambda}}{10^{\lambda} - 1} = \frac{p}{q},$$

其中最后一步已将它约分成最简分数. 这里有 $q \mid (10^{\lambda} - 1)$, 故有 $\lambda \geqslant \nu$. 由此推得, 如果 $(q, 10) = 1$ 且 10 $\pmod{q}$ 的阶为 ν, 那么 x 是一个周期恰有 ν 位数字的纯循环小数, 反之亦然.

(3) 最后, 假设

$$x = \frac{p}{q} = \frac{p}{2^{\alpha} 5^{\beta} Q}, \tag{9.2.3}$$

其中 $(p, q) = 1$ 且 $(Q, 10) = 1$, μ 如同在 (9.2.1) 中那样定义, ν 是 10 $\pmod{Q}$ 的阶. 那么

$$10^{\mu} x = \frac{p'}{Q} = X + \frac{P}{Q},$$

其中 p', X, P 是整数, 且

$$0 \leqslant X < 10^{\mu}, \quad 0 < P < Q, \quad (P, Q) = 1.$$

如果 $X > 0$, 那么 $10^s \leqslant X < 10^{s+1}$ (对某个 $s < \mu$) 且 $X = A_1 A_2 \dots A_{s+1}$, 而 P/Q 的十进制小数是纯循环的且有 ν 位的周期. 这样一来就有

$$10^{\mu} x = A_1 A_2 \dots A_{s+1}.\dot{a}_1 a_2 \dots \dot{a}_{\nu}$$

以及

$$x = 0.b_1 b_2 \dots b_{\mu} \dot{a}_1 a_2 \dots \dot{a}_{\nu}, \tag{9.2.4}$$

其中最后的 $s+1$ 个 b 是 $A_1, A_2, \cdots, A_{s+1}$, 而其余的 b (如果有的话) 均为 0.

反过来, 显然任何十进制小数 (9.2.4) 都表示一个分数 (9.2.3). 这样就证明了

定理 135 介于 0 和 1 之间的有理数 p/q 的十进制小数是有限或是循环的, 且任何有限或循环的小数都等于一个有理数. 如果 $(p,q) = 1$, $q = 2^\alpha 5^\beta$, 且 $\max(\alpha, \beta) = \mu$, 则小数在 μ 位数字以后终止. 如果 $(p,q) = 1$, $q = 2^\alpha 5^\beta Q$, 其中 $Q > 1$, $(Q, 10) = 1$, 且 ν 是 10 (mod Q) 的阶, 那么它的十进制小数有 μ 位不循环数字和 ν 位循环数字.

9.3 用其他进位制表示数

除了熟悉之外, 我们没有任何理由解释为什么特别要选择数 10, 也可以用数 2 或任何大于 2 的数 r 来代替 10. 于是有

$$\frac{1}{8} = \frac{0}{2} + \frac{0}{2^2} + \frac{1}{2^3} = 0.001,$$
$$\frac{2}{3} = \frac{1}{2} + \frac{0}{2^2} + \frac{1}{2^3} + \frac{0}{2^4} + \cdots = 0.\dot{1}\dot{0}$$
$$\frac{2}{3} = \frac{4}{7} + \frac{4}{7^2} + \frac{4}{7^3} + \cdots = 0.\dot{4},$$

前两个小数是 "二进制" 小数或称为 "以 2 为进位制的小数", 而第三个是 "以 7 为进位制的小数". 一般地, 我们说 "以 r 为进位制的小数".

前面几节的讨论可以经过一定的修改后重新予以表述, 这在当 r 是一个素数或者是不同素数的乘积 (像 2 或者 10 这样) 时是很显然的, 但是如果 r 有平方因子 (像 12 或者 8 这样), 则需要再多做一些考虑. 为简洁起见, 我们仅考虑第一种情形, 此时的论证只要求作一点平凡的改动. 在 9.1 节中, 10 必须代之以 r, 而 9 须代之以 $r-1$. 在 9.2 节中, 2 和 5 所起的作用要由 r 的素因子来替代.

定理 136 设 r 是一个素数或是不同素数的乘积. 则任何正数 ξ 可以被唯一地表示成一个 r 进位制的小数. 该小数有无穷多位数字都小于 $r-1$, 在此限制之下, 数与小数之间的对应是一对一的.

进一步假设

$$0 < x < 1, \quad x = \frac{p}{q}, \quad (p,q) = 1.$$

如果

$$q = s^\alpha t^\beta \ldots u^\gamma,$$

其中 $s, t, \cdots, u$ 是 r 的素因子, 且

$$\mu = \max(\alpha, \beta, \cdots, \gamma),$$

那么 x 的小数在第 μ 位数字终止. 如果 q 与 r 互素, 且 ν 是 r (mod q) 的阶, 那么该小数是纯循环的且有 ν 位数字的周期. 如果

$$q = s^{\alpha}t^{\beta}\cdots u^{\gamma}Q \ (Q > 1),$$

Q 与 r 互素, 且 ν 是 $r \pmod{Q}$ 的阶, 那么该小数是混循环的, 且有 μ 位不循环的数字和 ν 位循环的数字.①

9.4　用小数定义无理数

由定理 136 推出: 一个既不有限终止也不循环的小数 (在任何进位制下②) 必定表示一个无理数. 于是

$$x = 0.010\ 010\ 001\ 0\ldots$$

(每一段中 0 的个数都增加 1) 是无理数. 来考虑若干个不那么显然的例子.

定理 137　$0.011\ 010\ 100\ 010\ldots$ 是无理数, 其中第 n 位数字 a_n 当 n 为素数时其值为 1, 反之则为 0.

定理 4 表明该小数不会终止. 如果它循环, 就存在一个函数 $An + B$, 它对于从某个点开始往后所有的 n 都是素数, 而定理 21 表明这也是不可能的.

定理 137 在任何进位制下均为真. 我们要对十进位制陈述下一个定理, 而把其他进位制所需的改动留给读者自己完成.

定理 138　$0.235\ 711\ 131\ 719\ 232\ 9\ldots$ 是无理数, 其中各位数字作成的序列是由素数按照递增次序排列的.

定理 138 的证明有一点儿困难. 我们给出两个可供选择的证明.

(1) 假设任何形如

$$k \cdot 10^{s+1} + 1 \quad (k = 1, 2, 3, \cdots)$$

的算术级数都包含有素数. 这样一来就存在素数, 它的十进制下表达式中包含有任意数目 s 个 0, 后面跟着一个 1. 既然它的十进制小数含有这样的序列, 所以它不会终止, 也不会循环.

(2) 假设: 对每个 $N \geqslant 1$, 在 N 与 $10N$ 之间有一个素数. 那么, 给定 s, 就有恰好具有 s 位数字的素数存在. 如果该十进制小数是循环的, 它就有形式

$$\cdots |a_1 a_2 \ldots a_k| a_1 a_2 \ldots a_k| \ldots, \tag{9.4.1}$$

---

① 一般地说, 当 $r = s^A t^B \ldots u^C$ 时, 必须定义 μ 是

$$\max\left(\frac{\alpha}{A}, \frac{\beta}{B}, \cdots, \frac{\gamma}{C}\right),$$

如果这个数是整数的话, 反之则定义 μ 是第一个更大的整数.

② 严格地说, 这里指的是任何 "无平方因子" 的进位制 (即进位制的基数是素数或者不同素数的乘积). 这是定理实际覆盖的仅有的情形, 不过对它进行推广并不困难.

这里的竖线指出了它的周期, 第一条竖线位于第一个周期开始的地方. 可以选取 $l > 1$, 使得有 $s = kl$ 位数字的所有素数在该小数中都处在第一道竖线的后面. 如果 p 是第一个这样的素数, 则它必定有形式

$$p = a_1 a_2 \ldots a_k | a_1 a_2 \ldots a_k | \ldots | a_1 a_2 \ldots a_k$$

或者

$$p = a_{m+1} \ldots a_k | a_1 a_2 \ldots a_k | \ldots | a_1 a_2 \ldots a_k | a_1 a_2 \ldots a_m$$

之一, 且它能被 $a_1 a_2 \ldots a_k$ 或者 $a_{m+1} \ldots a_k a_1 a_2 \ldots a_m$ 整除, 矛盾.

在第一个证明中, 假定了 Dirichlet 定理 15 的一个特例成立. 这一特例的证明要比一般情形容易, 但在本书中不对它加以证明, 因此 (1) 依然是不完全的. 在 (2) 中我们假设了一个结果成立, 这个结果可以从定理 418 (第 22 章将证明这个定理) 立即推出. 后者断言: 对每个 $N \geqslant 1$, 至少有一个素数满足 $N < p \leqslant 2N$. 由此必有 $N < p < 10N$.

9.5 整除性判别法

在本节和以下几节的大部分篇幅中, 我们要来关注一些浅易的趣味智力题.

有一些有用的判别法用来判断一个整数被像 2, 3, 5, $\cdots$ 这样的一些特别的整数来除的整除性. 一个数能被 2 整除, 如果它的最后一位数字是偶数. 更一般地, 它能被 2^ν 整除, 当且仅当它的最后 ν 位数字表示的数能被 2^ν 整除. 它的理由当然就是 $2^\nu | 10^\nu$, 对 5 和 5^ν 有类似的法则.

此外, 对每个 ν 有

$$10^\nu \equiv 1 \ (\mathrm{mod}\ 9),$$

于是有

$$A_1 \cdot 10^s + A_2 \cdot 10^{s-1} + \cdots + A_s \cdot 10 + A_{s+1} \equiv A_1 + A_2 + \cdots + A_{s+1} \ (\mathrm{mod}\ 9).$$

这对 mod 3 也是正确的. 这样就得到了熟知的法则: 一个数能被 9 (或 3) 整除, 当且仅当它的各位数字之和能被 9 (或 3) 整除.

对于 11 有一个相当类似的法则. 由于 $10 \equiv -1 \ (\mathrm{mod}\ 11)$, 从而

$$10^{2r} \equiv 1, \quad 10^{2r+1} \equiv -1 \ (\mathrm{mod}\ 11),$$

于是有

$$A_1 \cdot 10^s + A_2 \cdot 10^{s-1} + \cdots + A_s \cdot 10 + A_{s+1} \equiv A_{s+1} - A_s + A_{s-1} - \cdots \ (\mathrm{mod}\ 11).$$

一个数能被 11 整除, 当且仅当它的奇数位数字之和减去偶数位数字之和所得的差能被 11 整除.

我们还知道另外一个有些实际用处的法则. 即被 7, 11, 13 中任意一个数整除的判别法, 此法依赖于 $7 \times 11 \times 13 = 1001$ 这一事实. 它的判别过程最好用一个例子来说明: 如果 29 310 478 561 能被 7, 11, 13 整除, 那么

$$561 - 478 + 310 - 29 = 364 = 4 \times 7 \times 13$$

也应如此. 由此可见, 原来所给的数能被 7 和 13 整除, 但不能被 11 整除.

9.6   有最大周期的十进制小数

在学习初等算术时, 我们注意到

$$\frac{1}{7} = 0.\dot{1}42\,85\dot{7}, \quad \frac{2}{7} = 0.\dot{2}85\,71\dot{4}, \cdots, \frac{6}{7} = 0.\dot{8}57\,14\dot{2}$$

的每个周期里的数字仅相异于循环排列.

更一般地, 考虑一个素数 q 的倒数的十进制小数. 它的周期中数字的个数是 $10 \pmod{q}$ 的阶, 且是 $\phi(q) = q - 1$ 的一个因子. 如果这个因子是 $q - 1$, 也即 10 是 q 的一个原根, 那么它的周期就有 $q - 1$ 位数字, 这是最大可能的个数.

通过将 10 的连续的幂用 q 来除, 从而把 $1/q$ 转换成十进制小数. 按照 9.1 节中的记号, 这样就有

$$\frac{10^n}{q} = 10^n x_n + f_{n+1}.$$

后面的步骤仅与 f_{n+1} 的值有关, 只要 f_{n+1} 重复一个值, 这个过程就出现循环. 如同这里一样, 如果它的周期含有 $q - 1$ 位数字, 那么诸余数

$$f_2, f_3, \cdots, f_q$$

必定各不相同, 而且必定是诸分数

$$\frac{1}{q}, \frac{2}{q}, \cdots, \frac{q-1}{q}$$

的一个排列. 最后那个余数 f_q 就是 $\frac{1}{q}$.

当将 p/q 变换成十进制小数时, 对应得到的余数按照 mod 1 化简是

$$pf_2, pf_3, \cdots, pf_q.$$

根据定理 58, 这些是 (与 $f_2, f_3, \cdots, f_q$) 完全同样的数, 只是次序不同而已, 且在一个特殊的余数 s/q 后面的数字序列和以前出现的 s/q 的后面的数字序列完全相同. 于是这两个小数仅仅相差周期的一个循环排列.

数字 7 所具有的性质对于任何以 10 为其原根的 q 也都同样成立. 对于这样的 q 所知甚少, 不超过 50 且满足这个条件的 q 是

$$7, 17, 19, 23, 29, 47.$$

定理 139   如果 q 是素数, 10 是 q 的一个原根, 那么

$$\frac{p}{q} \quad (p = 1, 2, \cdots, q - 1)$$

的十进制小数均有长为 $q - 1$ 的周期且它们的周期仅相异于循环排列.

9.7　Bachet 的称重问题

要想称量 40 磅以内的任何整磅重量, 最少需要几个砝码: (a) 如果砝码只能放在天平的某一边; (b) 如果砝码可以放在天平的两边?

第二个问题更为有趣. 可以先证明下面的定理以解决第一个问题.

定理 140　砝码 $1, 2, 4, \cdots, 2^{n-1}$ 可以称量出 $2^n - 1$ 以内的任何整数重量, 且没有其他的仅由 n 个砝码组成的集合有同等的称量效果 (也就是说, 能称量出与此同样多的一列从 1 开始的连续重量).

直到 $2^n - 1$ 的任何正整数都可以无例外地用唯一的方式表示成一个 n 位二进制数, 也就是表作和式

$$\sum_{s=0}^{n-1} a_s 2^s,$$

其中每个 a_s 是 0 或者 1. 从而这样的砝码就可以实现我们的目标且 "没有浪费" (没有两种砝码的组合会产生相同的结果). 既然没有浪费, 所以没有任何一种几个砝码的选择能称量更长的一列重量.

最后, 有一个砝码必须是 1 (为称量 1); 有一个砝码必须是 2 (为称量 2); 有一个砝码必须是 4 (为称量 4). 如此等等. 因此 $1, 2, 4, \cdots, 2^{n-1}$ 就是能实现我们目标的仅有的一组砝码.

注意到 Bachet 的数 40 不是形如 $2^n - 1$ 的数, 对这个问题来说是选取得不太适当的. 砝码 1, 2, 4, 8, 16, 32 可以称量出 63 以下的任何重量, 而没有任何一种五个砝码的组合能称量超过 31. 但对于 40 来讲, 解答并不唯一. 砝码 1, 2, 4, 8, 9, 16 也能称量出 40 以内的任何重量.

现在转向第二个问题, 来证明以下定理.

定理 141　当砝码可以放在两边时, 砝码 $1, 3, 3^2, \cdots, 3^{n-1}$ 可以称量出 $\frac{1}{2}(3^n - 1)$ 以内的任何重量, 没有任何其他的 n 个砝码的组合能够有与它同等的称量效果.

(1) $3^n - 1$ 以内的任何正整数都可以无例外地用唯一一种方式表示成一个 n 位的三进制数, 即表示成和 $\sum_{s=0}^{n-1} a_s 3^s$, 其中每个 a_n 是 0、1 或者 2. 减去

$$1 + 3 + 3^2 + \cdots + 3^{n-1} = \frac{1}{2}(3^n - 1),$$

可以看到, 介于 $-\frac{1}{2}(3^n - 1)$ 和 $\frac{1}{2}(3^n - 1)$ 之间的每个正的或者负的整数皆无例外地可以用唯一一种方式表示成形式 $\sum_{s=0}^{n-1} b_s 3^s$, 其中每个 b_s 是 -1、0 或者 1. 这样

一来, 将砝码放在随便哪个盘子中, 就能称量出这些界限之间的任何重量.[①]因为没有浪费, 所以没有任何一种由 n 个砝码作成的组合能称量出更长的一列重量.

(2) 证明没有其他的砝码组合能称量出这样一列重量稍微有点麻烦. 由于必须没有浪费, 显然这些砝码必须各不相同. 假设它们是

$$w_1 < w_2 < \cdots < w_n.$$

前两个最大的可称量的重量显然是

$$W = w_1 + w_2 + \cdots + w_n, \quad W_1 = w_2 + \cdots + w_n.$$

由于 $W_1 = W - 1$, 所以 w_1 必为 1.

下一个可称出的重量是

$$-w_1 + w_2 + w_3 + \cdots + w_n = W - 2,$$

再下一个必定是

$$w_1 + w_3 + w_4 + \cdots + w_n.$$

从而 $w_1 + w_3 + \cdots + w_n = W - 3$ 且 $w_2 = 3$.

现在假设已经证明了

$$w_1 = 1, w_2 = 3, \cdots, w_s = 3^{s-1},$$

如果能证明 $w_{s+1} = 3^s$, 则结论就由归纳法得出.

最大可以称量的重量是

$$W = \sum_{t=1}^{s} w_t + \sum_{t=s+1}^{n} w_t.$$

保持砝码 $w_{s+1}, \cdots, w_n$ 不变, 但从其他的砝码中去掉一些, 或者将它们转移到另一个盘子里, 这样就可以称量出不少于

$$-\sum_{t=1}^{s} w_t + \sum_{t=s+1}^{n} w_t = W - (3^s - 1)$$

的每一个重量. 下一个小于它的重量是 $W - 3^s$, 这必须是

$$w_1 + w_2 + \cdots + w_s + w_{s+2} + w_{s+3} + \cdots + w_n.$$

于是有

$$w_{s+1} = 2(w_1 + w_2 + \cdots + w_s) + 1 = 3^s,$$

如所欲证.

Bachet 的问题对应于 $n = 4$ 的情形.

[①] 如果一个砝码放在天平的一边, 该砝码记成正值, 则当它放在另一边时就记成负值.

9.8 Nim 博弈

Nim 博弈玩法如下. 任意多根火柴被分成若干堆, 火柴的堆数以及每一堆中火柴的根数都是任意的. 有两位玩家 A 和 B. 第一位玩家 A 从一堆中取走任意根数的火柴, 可以是一根, 也可以是整堆火柴, 但他必须只在一堆中取. 然后 B 按照同样的要求取走火柴, 接下去两位玩家交替取走火柴. 能取到最后一根火柴者为胜者.

Nim 博弈有精确的数学理论, 其中某一个玩家总能取胜.

我们定义**取胜的** (winning) 位置是这样一种位置, 如果一个玩家 P (A 或者 B) 可以通过移动火柴确保得到这个位置, 让他的竞争对手 Q (B 或者 A) 走下一步时, 无论 Q 怎么走, P 都可以走下去直到取胜. 任何其他的位置就称为**失败的** (losing) 位置.

例如, 位置

$$\cdot\cdot \quad | \quad \cdot\cdot$$

也即 (2, 2) 就是一个取胜的位置. 如果 A 把这个位置留给 B, B 必须从一堆中取一根或者两根. 如果 B 取两根, A 就取剩下的两根; 如果 B 取一根, A 就从另外一堆中取一根. 无论哪种情形都是 A 取胜. 类似地, 读者容易验证

$$\cdot \quad | \quad \cdot\cdot \quad | \quad \cdot\cdot\cdot$$

也即 (1, 2, 3) 是一个取胜的位置.

下面定义**正确的** (correct) 位置. 用二进制数来表示每一堆中火柴的根数, 然后把这些二进制数中的每一个都写在另一个的下面, 就成了一个图表 F. 比方说 (2, 2), (1, 2, 3) 和 (2, 3, 6, 7) 就给出下图.

$$
\begin{array}{ccccccc}
1 & 0 & 0 & 1 & 0 & 1 & 0 \\
1 & 0 & 1 & 0 & 0 & 1 & 1 \\
\underline{} & & 1 & 1 & 1 & 1 & 0 \\
2 & 0 & \underline{} & & 1 & 1 & 1 \\
 & & 2 & 2 & \underline{} & & \\
 & & & & 2 & 4 & 2
\end{array}
$$

用 01, 010, $\cdots$ 来代替 1, 10, $\cdots$ 以便使得每一行里的每位数字能够对齐, 这是很方便的. 然后如图所指出的那样逐列相加. 如果每一列的和都是偶数 (如同例子中给出的那样), 那么这个位置就是 "正确的". 反之就是**不正确的** (incorrect) 位置, 例如 (1, 3, 4) 就是不正确的.

定理 142 Nim 博弈中一个位置是取胜的位置, 当且仅当它是正确的位置.

(1) 首先考虑特殊情形：没有哪一堆中有多于一根火柴. 显然, 如果剩下的火柴有偶数根, 该位置是取胜的位置; 如果剩下的火柴根数是奇数, 该位置是失败的位置. 同样的条件定义正确的位置和不正确的位置.

(2) 假设 P 必须从一个正确的位置取走火柴. 它必须在图 F 中用一个更小的数来替代表示其中某一行的那个数. 如果我们用一个更小的数来替换用二进制表示的任何一个数, 我们就改变了这个数的至少一位数字的奇偶性. 于是, 当 P 从一个正确的位置取走火柴时, 必定把它变成一个不正确的位置.

(3) 如果一个位置是不正确的, 则 F 中至少有一列的和是奇数. 为确定起见, 我们假设各列的和是

偶, 偶, 奇, 偶, 奇, 偶.

那么在第三列 (它是第一个和为奇数的列) 至少有一个 1. 假设 (再次为确定起见这样来假设) 其中出现这种情况的一行是

$$0\ 1\ \overset{*}{1}\ 1\ \overset{*}{0}\ 1,$$

星号指出的是：星号下面的数所在列中诸数之和是奇数. 我们可以用更小的数

$$0\ 1\ \overset{*}{0}\ 1\ \overset{*}{1}\ 0$$

来代替这个数, 也仅仅是带有星号的这些数字发生了改变. 显然, 这个改变对应一着可能的走法, 且使得每一列的和为偶数. 而且这个论证是一般性的. 因此, 如果给 P 一个不正确的位置, 则总是能将它变成一个正确的位置.

(4) 如果 A 留下一个正确的位置, B 被迫将它变成一个不正确的位置, 而 A 可以再次移动它使之保持是一个正确的位置. 这个过程可以继续下去直到每一堆都被拿光, 或者每一堆只有一根火柴为止. 这样就归结为我们已经证明过的特殊情形.

现在这个游戏的结果已经很清楚了. 一般说来, 初始的位置可能是不正确的位置, 如果第一个玩家走法正确的话, 他将获胜. 而如果原来的位置碰巧是正确的位置, 且第二个玩家采用适当的走法, 则第一个玩家就会输掉.[①]

① 当你和一个不懂博弈论的人玩这个游戏时, 不必严格按照规则行动. 有经验的玩家可以先随机动作, 直到他辨认出一个相对比较简单的取胜位置为止. 知道

$$1, 2n, 2n+1,\quad n, 7-n, 7,\quad 2, 3, 4, 5$$

都是取胜的位置, $1, 2n+1, 2n+2$ 都是失败的位置, 且两个取胜的位置的组合仍是一个取胜的位置, 这就足够了. 取胜的走法并不总是唯一的. 位置

$$1, 3, 9, 27$$

是不正确的位置, 将它变为正确的位置的唯一的走法是从 27 的那堆中取走 16 根火柴. 位置

$$3, 5, 7, 8, 11$$

也是不正确的位置, 但是, 从 3 根或从 7 根或从 11 根中取走 2 根, 都可以将它变为正确的位置.

此游戏的一个变种是改为取最后一根火柴者为**输** (lose). 只要有一堆里有多于一根火柴, 它的理论是一样的. 于是 (2, 2) 和 (1, 2, 3) 仍然都是取胜的位置. 我们留给读者去仔细考虑在游戏结尾时策略上的小变化.

9.9 缺失数字的整数

有一个熟知的关于某种整数的悖论, 这种整数的十进制表示法中有某个特别的数字 (比如说像 9) 缺失了.[①] 初看起来, 似乎这个限制仅会排除掉 "大约十分之一" 的整数, 但这离真实的结果相距甚远.

定理 143　几乎所有的数[②]都包含一个 9, 或者包含一个像 937 这样任意给定的数字序列. 更一般地, 几乎所有的数在用任何一种进位制表示时, 都包含每一个可能的数字, 或者任何可能的数字序列.

假设进位制的基数是 r, 且 ν 是这样一个数, 它的 r 进制表示法中缺失数字 b. 那么满足 $r^{l-1} \leqslant \nu < r^l$ 的 ν 的个数是 $(r-1)^l$ (如果 $b = 0$) 和 $(r-2)(r-1)^{l-1}$ (如果 $b \neq 0$), 且在任何情形下 ν 的个数都不会超过 $(r-1)^l$. 这样一来, 如果

$$r^{k-1} \leqslant n < r^k,$$

则 n 以内的 ν 的个数 $N(n)$ 不超过

$$r - 1 + (r-1)^2 + \cdots + (r-1)^k \leqslant k(r-1)^k.$$

且有

$$\frac{N(n)}{n} \leqslant k\frac{(r-1)^k}{r^{k-1}} \leqslant kr\left(\frac{r-1}{r}\right)^k,$$

当 $n \to \infty$ 时它趋向于 0.

有关数字序列的命题不需要额外的证明, 比方说, 这是由于在十进制中序列 937 可以在基数为 1 000 的进位制下视为单独的一位数字.

该 "悖论" 通常表述成更强一点的形式, 叙述如下.

定理 144　缺失一个给定数字的数的倒数之和是收敛的.

介于 r^{k-1} 和 r^k 之间的 ν 的个数至多为 $(r-1)^k$. 从而

$$\sum\frac{1}{\nu} = \sum_{k=1}^{\infty}\sum_{r^{k-1}\leqslant\nu<r^k}\frac{1}{\nu} < \sum_{k=1}^{\infty}\frac{(r-1)^k}{r^{k-1}} = (r-1)\sum_{k=1}^{\infty}\left(\frac{r-1}{r}\right)^{k-1} = r(r-1).$$

下面来讨论无限小数的某些类似的、然而更加有意思的性质. 我们需要几个有关点集测度或者实数集合的测度的初等概念.

---

① 与电话号码簿的争论有关.
② 在 1.6 节的意义下.

9.10　测度为零的集合

一个实数 x 定义了连续统的一个 "点". 下面将不加区别地使用词汇 "数" 和 "点", 比方我们会说 "P 是点 x".

一个实数的集合称为一个**点集** (set of points). 例如, 由

$$x = \frac{1}{n} \ (n = 1, 2, 3, \cdots)$$

定义的集合 T、介于 0 与 1 之间 (0 和 1 包含在内) 的所有有理数的集合 R、介于 0 与 1 之间 (0 和 1 包含在内) 的所有实数的集合 C 都是点集.

区间 $(x - \delta, x + \delta)$ (其中 δ 是正数) 称为 x 的**邻域** (neighbourhood). 如果 S 是一个点集, 且 x 的每一个邻域都包含 s 的无穷多个点, 则 x 称为 S 的**极限点** (limit point). 极限点可以属于也可以不属于 S, 但是 S 中有可以任意接近它的点. 例如 T 有一个极限点 $x = 0$, 它不属于 T. 介于 0 和 1 之间的每个 x 都是 R 的极限点.

S 的极限点的集合 S' 称为 S 的导出集或者**导集** (derivative). 从而 C 是 R 的导集. 如果 S 包含 S', 也就是 S 的每个极限点都属于 S, 那么 S 称为是**闭的** (closed). 于是 C 是闭的. 如果 S' 包含 S, 也就是 S 的每个点都是 S 的一个极限点, 那么 S 称为是**在自身稠密的** (dense in itself). 如果 S 和 S' 是相同的 (因此 S 既是闭的, 也是在自身中稠密的), 那么 S 称为是**是完全的** (perfect). 所以 C 是完全的. 一个不那么平凡的例子可以在 9.11 节中找到.

如果 (a, b) 的每个点都属于 S', 则称集合 S **在区间 (a, b) 中是稠密的** (dense in an interval). 从而 R 在 $(0, 1)$ 中是稠密的.

如果 S 能被包含在一个由有限多个或者无限多个区间组成的集合 J 中, 这些区间的总长度可以任意小, 那么 S 就说成是**测度为零的** (of measure zero). 于是集合 T 就是测度为零的. 在长为 $2^{-n}\delta$ 的区间

$$\left(\frac{1}{n} - 2^{-n-1}\delta, \ \frac{1}{n} + 2^{-n-1}\delta \right)$$

中含有点 $1/n$, 所有这些区间的 (不允许有重叠) 长度之和等于

$$\delta \sum_{n=1}^{\infty} 2^{-n} = \delta,$$

可以假设这个数任意的小.

一般说来, 任何可数集都是测度为零的. 如果一个集合的元素可以和整数 1, 2, $\cdots$, n, $\cdots$ 之间建立一个像

$$x_1, \ x_2, \ \cdots, \ x_n, \ \cdots \tag{9.10.1}$$

这样的对应关系, 则称这个集合是**可数的** (enumerable). 我们把 x_n 放进一个长度为 $2^{-n}\delta$ 的区间中, 则所要证的结论就可以和集合 T 这一特例一样得出.

可数集的子集是有限集或者可数集. 可数多个可数集的和仍是可数集.

有理数可以排列成

$$\frac{0}{1},\ \frac{1}{1},\ \frac{1}{2},\ \frac{1}{3},\ \frac{2}{3},\ \frac{1}{4},\ \frac{3}{4},\ \frac{1}{5},\ \frac{2}{5},\ \frac{3}{5},\ \cdots,$$

所以可以写成 (9.10.1) 的形式. 因此 R 是可数的, 于是也是测度为零的. 测度为零的集合有时也称为**零集**. 因此 R 是零集. 零集在许多数学问题中 (特别是在积分理论中) 是可以忽略不计的.

可数无穷多个零集 S_n 的和 S (也就是由所有属于某个 S_n 的点所组成的集合) 是零集. 因为我们可以把 S_n 放进一组总长为 $2^{-n}\delta$ 的区间之中, 从而 S 包含在一组总长不超过 $\delta\sum 2^{-n}=\delta$ 的区间之中.

最后, 如果区间 I 中不具有某个性质的点集是零集, 我们就说区间 I 中**几乎所有的** (almost all) 点都具有此性质. 应该将这个术语的意义和在 1.6 节及 9.9 节中所用过的定义加以比较. 在每一种情形里, 所考虑的数 (在 1.6 节和 9.9 节中所考虑的是正整数, 而在这里考虑的是实数) 中的 "大多数" 都具有该性质, 而其他的数则是 "例外的".[①]

9.11　缺失数字的十进制小数

十进制小数

$$\frac{1}{7}=0.\dot{1}4285\dot{7}$$

的小数部分缺了四个数字, 也即 0, 3, 6, 9. 容易证明, 缺失数字的十进制小数是例外的[②].

定义 S 是介于 0 (包含 0 在内) 与 1 (不包含 1 在内) 之间所有这样的点的集合, 在 r 进位制下这些点对应的小数中都缺失了数字 b. 这个集合可以按如下方法来生成.

把 $(0,1)$ 分成 r 个相等的部分

$$\frac{s}{r}\leqslant x<\frac{s+1}{r}\quad(s=0,1,\cdots,r-1).$$

[①] 在这里所作的说明包含了为了理解 9.11 节至 9.13 节以及本书中后面几段内容必需的知识. 特别地, 我们并没有给出集合测度的一般定义. 在标准的分析专著中有关于所有这些思想的更加完整的说明 [例如 P. R. Halmos 的经典著作 *Measure Theory* 一书 (该书有中译本, 《测度论》, 译者王建华, 科学出版社出版, 1958 年第 1 版) 或其他任何一本实变函数论的教科书. ——译者注].

[②] 这里 "例外的" 一词的定义首次出现在 9.10 节的末尾处, 其含义表示这种小数的全体组成一个测度为零的集合, 参见 9.10 节中有关定义和论述. ——译者注

每个小区间包含它的左端点, 但不包含右端点. 第 s 个部分恰好包含了其首位数字是 $s-1$ 这样的小数, 而且, 如果从中删去第 $b+1$ 个部分, 我们就排除了其首位数字为 b 的那些数.

接下来把这 $r-1$ 个剩下的区间中的每一个小区间再分成 r 个相等的部分, 并在它们每一个所分成的 r 个小区间中去掉第 $b+1$ 个部分. 这样我们就排除了小数中第一位或者第二位数字是 b 的那些数. 无限重复这个过程, 就排除了所有那些小数中含有数字 b 的数, 从而 S 就是剩下的数组成的集合.

在上述构造的第一步中, 我们去掉了一个长度为 $1/r$ 的区间; 在第二步中去掉了 $r-1$ 个长度均为 $1/r^2$ 的区间, 即去掉的这 $r-1$ 个小区间的总长为 $(r-1)/r^2$; 在第三步中, 去掉的 $(r-1)^2$ 个小区间的总长为 $(r-1)^2/r^3$. 如此下去. 在经过 k 步之后剩下来的是一个区间的集合 J_k, 它的总长度是

$$1 - \sum_{l=1}^{k} \frac{(r-1)^{l-1}}{r^l},$$

且对每一个 k, 这个集合都包含 S. 由于当 $k \to \infty$ 时有

$$1 - \sum_{l=1}^{k} \frac{(r-1)^{l-1}}{r^l} \to 1 - \left\{ \frac{1}{r} \middle/ \left(1 - \frac{r-1}{r} \right) \right\} = 0,$$

所以 k 很大时, J_k 的总长度很小, 从而 S 是零集.

定理 145   在任何进位制下, 小数中缺失任何一个数字的点组成的集合都是零集: 几乎所有的小数都包含所有可能的数字.

这个结果可以延拓到覆盖数字的组合. 如果在 x 通常的十进制小数中从不出现 937 这个数字序列, 那么在这个数表示成 1000 进位制下的小数时数字 937 就从不出现. 从而有以下定理.

定理 146   在任何进位制下, 几乎所有的小数都包含一切可能的由任意多位数字所组成的序列.

回到定理 145, 假设 $r=3$ 以及 $b=1$. 集合 S 就是从 $(0,1)$ 中去掉中间的三分之一 $\left(\frac{1}{3}, \frac{2}{3} \right)$, 然后再去掉 $\left(0, \frac{1}{3} \right)$ 和 $\left(\frac{2}{3}, 1 \right)$ 的各自的中间三分之一 $\left(\frac{1}{9}, \frac{2}{9} \right)$ 和 $\left(\frac{7}{9}, \frac{8}{9} \right)$, 如此一直下去而得到的. 剩下的数组成的集合是一个零集.

对于这个结论而言, 去掉还是保留被去除的区间的**端点** (end point), 这是无关紧要的, 因为端点组成的集合是可数的, 从而是个零集. 事实上我们的定义去掉了某些端点, 比如 $\frac{1}{3} = 0.1$, 也包含了另外某些端点, 比如像 $\frac{2}{3} = 0.2$.

如果保留所有的端点, 则此集合会变得更加有趣. 在这种情形下 (如果希望保留算术定义的话), 我们就必须允许三进制小数以 $\dot{2}$ 结束 (但本章开头有关小数的说明中排除了这种情形). 所有分数 $p/3^n$ 都会有两种表示, 例如 $\frac{1}{3} = 0.1 = 0.0\dot{2}$ (正因为这个原因我们才作此限制的), 被去掉的区间的端点总是可以表示成一个没有 1 的小数.

这样定义的集合 S 称为 **Cantor 三分点集** (Cantor's ternary set).

假设 x 是 $(0,1)$ 中除了 0 和 1 以外的任意一点. 如果 x 不属于 S, 它就在一个被去掉的区间的内部, 于是就有 x 的邻域存在, 该邻域中不含 S 的点, 从而 x 不属于 S'. 如果 x 属于 S, 那么它的所有的邻域都包含 S 的其他点. 不然的话, 就会有一个邻域只包含 x, 从而两个被去掉的区间就会相连接. 从而 x 属于 S'. 这样一来 S 和 S' 就是相同的, 从而 S 是完全的.

定理 147 Cantor 三分点集是一个测度为零的完全集.

9.12 正 规 数

9.11 节证明的定理表示出来的东西要比全部实际真实的结果少得多. 例如, 实际上不仅几乎所有的十进制小数都包含数字 9 是正确的, 而且同样正确的是, 在几乎所有的十进制小数中数字 9 都会以一个适当的频率出现 (也就是说在可能的位置中的大约十分之一的位置上出现).

假设 x 被表示成 r 进位制数, 且数字 b 在它的前 n 位中出现了 n_b 次. 如果当 $n \to \infty$ 时

$$\frac{n_b}{n} \to \beta,$$

就说 b 有**频率** (frequency) β. 自然, 这样一个极限不一定存在. n_b/n 可以振动, 而且我们可以预料它通常是振动的. 与我们的预料相反, 接下来的几个定理证明了通常有一个确定的频率存在. 这里极限的存在性是在通常的意义下说的.

说 x 在 r 进位制下是**单正规的** (simply normal), 如果对 b 的 r 个可能的值中的每一个值都有

$$\frac{n_b}{n} \to \frac{1}{r}. \tag{9.12.1}$$

于是

$$x = 0.\dot{0}12\ 345\ 678\ \dot{9}$$

在十进制下是单正规的. 同样的 x 可以在 10^{10} 进位制下表示, 此时它的表达式是

$$x = 0.\dot{b},$$

其中 $b = 123\ 456\ 789$. 显然, 在这个进位制下 x 不是单正规的, 它有 $10^{10} - 1$ 个数字缺失.

这个说明将我们引导到更加确切的定义. 如果所有的数

$$x, rx, r^2x, \cdots \text{①}$$

在基数为

$$r, r^2, r^3, \cdots$$

的所有进位制下都是单正规的, 则称 x 在 r 进位制下是 **正规的**. 由此立即得出, 当 x 在 r 进位制下表示时, 每一种数字组合

$$b_1 b_2 \ldots b_k$$

都以适当的频率出现. 也就是说, 如果 n_b 是这个数字组合在 x 的前 n 位数字中出现的次数, 那么当 $n \to \infty$ 时就有

$$\frac{n_b}{n} \to \frac{1}{r^k}. \tag{9.12.2}$$

我们的主要定理叙述如下.

定理 148   在任何进位制下, 几乎所有的数都是正规的.

这个定理包含且超出了 9.11 节中的那些结果.

9.13   几乎所有的数都是正规数的证明

只需要证明在一个给定的进位制下几乎所有的数都是单正规的就足够了. 这是因为, 假设这点已被证明, 且 $S(x, r)$ 是在 r 进位制下不是单正规的数 x 所组成的集合. 那么 $S(x, r), S(x, r^2), S(x, r^3), \cdots$ 都是零集, 因而它们的和仍是零集. 于是, 在以 $r, r^2, \cdots$ 为基数的所有进位制下都不是单正规的数的集合 $T(x, r)$ 是零集. 使得 rx 在所有这些进位制下都不是单正规的数组成的集合 $T(rx, r)$ 也是零集, 同样的结论对 $T(r^2x, r), T(r^3x, r), \cdots$ 也成立. 因此, 这些集合的和, 即在 r 进位制下不是正规的那种数的集合 $U(x, r)$ 再次是零集. 最后, $U(x, 2), U(x, 3), \cdots$ 的和是零集, 这就证明了定理.

这样一来, 我们就只需要证明 (9.12.1) 对几乎所有的数 x 为真即可. 可以假设 n 作为 r 的倍数趋向于无穷, 这是因为, 如果它对这样加以限制的 n 为真的话, 那么一般来说 (9.12.1) 也为真.

---

① 严格地说, 是指这些数的分数部分 (因为我们一直在考虑介于 0 和 1 之间的数). 一个大于 1 的数是单正规的或是正规的, 如果它的分数部分是单正规的或是正规的.

有 n 位数字的 r 进位制小数 (在其中指定的位置上恰有 m 个 b) 的个数是 $(r-1)^{n-m}$. 因此, 在某些位置上正好有 m 个 b 的这样的小数的个数是[①]

$$p(n,m) = \frac{n!}{m!(n-m)!}(r-1)^{n-m}.$$

考虑任何小数, 且诸 b 出现在它的前 n 个数字上, 并称

$$\mu = m - \frac{n}{r} = m - n^*$$

是 b 的 n **超值** (n-excess) (b 的实际个数比所期望的个数超出的部分). 由于 n 是 r 的倍数, 所以 n^* 和 μ 是整数. 且还有

$$-\frac{1}{r} \leqslant \frac{\mu}{n} \leqslant 1 - \frac{1}{r}. \tag{9.13.1}$$

我们有

$$\frac{p(n,m+1)}{p(n,m)} = \frac{n-m}{(r-1)(m+1)} = \frac{(r-1)n - r\mu}{(r-1)n + r(r-1)(\mu+1)}. \tag{9.13.2}$$

从而有

$$\frac{p(n,m+1)}{p(n,m)} > 1 \quad (\mu = -1, -2, \cdots), \quad \frac{p(n,m+1)}{p(n,m)} < 1 \quad (\mu = 0, 1, 2, \cdots).$$

因此, 当

$$\mu = 0, \quad m = n^*$$

时, $p(n,m)$ 取到最大值. 如果 $\mu \geqslant 0$, 则由 (9.13.2) 有

$$\frac{p(n,m+1)}{p(n,m)} = \frac{(r-1)n - r\mu}{(r-1)n + r(r-1)(\mu+1)} < 1 - \frac{r}{r-1}\frac{\mu}{n} \leqslant \exp\left(-\frac{r}{r-1}\frac{\mu}{n}\right). \tag{9.13.3}$$

如果 $\mu < 0$ 且 $\nu = |\mu|$, 那么

$$\frac{p(n,m-1)}{p(n,m)} = \frac{(r-1)m}{n-m+1} = \frac{(r-1)n - r(r-1)\nu}{(r-1)n + r(\nu+1)}$$

$$< 1 - \frac{r\nu}{n} < \exp\left(-\frac{r\nu}{n}\right) = \exp\left(-\frac{r|\mu|}{n}\right). \tag{9.13.4}$$

现在固定一个正数 δ, 并考虑对一个给定的 n 满足

$$|\mu| \geqslant \delta n \tag{9.13.5}$$

---

① $p(n,m)$ 是

$$\{1 + (r-1)\}^n$$

的二项展开式中含 $(r-1)^{n-m}$ 的那一项.

的小数. 因为 n 将会很大, 可以假设 $|\mu| \geqslant 2$. 如果 μ 是正的, 则由 (9.13.3) 有

$$\frac{p(n,m)}{p(n,m-\mu)} = \frac{p(n,m)}{p(n,m-1)}\frac{p(n,m-1)}{p(n,m-2)}\cdots\frac{p(n,m-\mu+1)}{p(n,m-\mu)}$$

$$< \exp\left\{-\frac{r}{r-1}\frac{(\mu-1)+(\mu-2)+\cdots+1}{n}\right\}$$

$$= \exp\left\{-\frac{r(\mu-1)\mu}{2(r-1)n}\right\} < \mathrm{e}^{-K\mu^2/n},$$

其中 K 是一个正数, 它只与 r 有关. 由于

$$p(n,m-\mu) = p(n,n^*) < r^n,^{①}$$

由此即得

$$p(n,m) < r^n \mathrm{e}^{-K\mu^2/n}. \tag{9.13.6}$$

类似地, 由 (9.13.4) 得知 (9.13.6) 对于负的 μ 也为真.

令 $S_n(\mu)$ 是由 n 超值是 μ 的数组成的集合. 存在 $p = p(n,m)$ 个数 $\xi_1, \xi_2, \cdots,$ ξ_p, 它们由 n 位数字且超值为 μ 的有限小数表出, 且 $S_n(\mu)$ 中的数包含在诸区间

$$(\xi_s, \xi_s + r^{-n}), \quad (s = 1, 2, \cdots, p)$$

之中. 从而 $S_n(\mu)$ 包含在一组总长不超过

$$r^{-n}p(n,m) < \mathrm{e}^{-K\mu^2/n}$$

的区间之中. 又如果 $T_n(\delta)$ 是所有 n 超值满足 (9.13.5) 的数组成的集合, 那么 $T_n(\delta)$ 可以包含在一组总长不超过

$$\sum_{|\mu|\geqslant\delta n} \mathrm{e}^{-K\mu^2/n} = 2\sum_{\mu\geqslant\delta n} \mathrm{e}^{-K\mu^2/n} \leqslant 2\sum_{\mu\geqslant\delta n} \mathrm{e}^{-\frac{1}{2}K\mu^2/n}\mathrm{e}^{-\frac{1}{2}K\mu/n}$$

$$\leqslant 2\mathrm{e}^{-\frac{1}{2}K\delta^2 n}\sum_{\mu=0}^{\infty} \mathrm{e}^{-\frac{1}{2}K\mu/n} = \frac{2\mathrm{e}^{-\frac{1}{2}K\delta^2 n}}{1-\mathrm{e}^{-\frac{1}{2}K/n}} < Ln\mathrm{e}^{-\frac{1}{2}K\delta^2 n}$$

的区间之中, 其中 L 和 K 一样, 都只与 r 有关.

现在固定 N (它是 r 的一个倍数 N^*r), 并且考虑对某个

$$n = n^*r \geqslant N = N^*r$$

使得 (9.13.5) 为真的那种数的集合 $U_N(\delta)$. 则 $U_N(\delta)$ 是诸集合

$$T_N(\delta), \quad T_{N+r}(\delta), \quad T_{N+2r}(\delta), \quad \cdots$$

[也就是满足 $n = kr$ 以及 $k \geqslant N^*$ 的诸集合 $T_n(\delta)$] 之和. 于是它可以包含在一组总长不超过

---

① 确实, 对所有 m 均有 $p(n,m) < r^n$.

$$L \sum_{k=N^*}^{\infty} kre^{-\frac{1}{2}K\delta^2 kr} = \eta(N^*)$$

的区间之中, 且当 n^* 和 N^* 趋向于无穷时有 $\eta(N^*) \to 0$.

如果 $U(\delta)$ 是所有那些对无穷多个 n (r 的所有倍数) 其 n 超值满足 (9.13.5) 的数的集合, 那么对每个 N, $U(\delta)$ 都包含在 $U_N(\delta)$ 之中, 从而可以包含在一组总长可以任意小的区间之中. 这就是说, $U(\delta)$ 是零集.

最后, 如果 x 不是单正规的, 则 (9.12.1) 不真 (即便当限制 n 是 r 的倍数时亦如此), 且对某个正数 ζ 以及对 r 的倍数 n 的无穷多个值都有

$$|\mu| \geqslant \zeta n.$$

这个 ζ 大于数列 $\delta, \frac{1}{2}\delta, \frac{1}{4}\delta, \cdots$ 中的某一个数, 从而 x 就属于集合

$$U(\delta), \ U\left(\frac{1}{2}\delta\right), \ U\left(\frac{1}{4}\delta\right), \ \cdots$$

中的某一个, 所有这些集合都是零集. 因此所有这样的 x 组成的集合也是零集.

由于几乎所有的数都是正规的, 不妨可以设想构造出正规数的例子并不困难. 事实上存在简单的构造方法, 比如在十进制下依次写出所有的正整数所得到的数

$$0.123\ 456\ 789\ 101\ 112\ \ldots$$

就是正规的. 但是要证明这一点却比想象的更为困难.

本 章 附 注

9.4 节. 有关定理 138, 参见 Pólya 和 Szegö 的书 No. 257. 该结论在 W. H. Young and G. C. Young, *The theory of sets of points*, 3 中未加证明地给出过.

9.5 节. 见 Dickson, *History*, 第 1 卷第 12 章. 有关 7、11 和 13 的整除性判别法没有明显提到. 它由 Grunert, *Archiv der Math. und Phys.* **42** (1864), 478-482 给出了说明. Grunert 稍早时候给 Brilka 和 V. A. Lebesgue 提供了参考.

9.7 节至 9.8 节. 见 Ahrens 的书第 3 章.

在 Nim 博弈的 "失败的" 位置的定义中有一个有趣的逻辑点. 我们定义一个失败的位置是它不是取胜的位置, 也就是说玩家 P 把这个位置留给 Q 之后, P 不可能强制取得胜利. 从我们对游戏的分析推出, 在这个意义下的一个失败的位置也是在下面意义下失败的位置: 如果 P 将此位置留给 Q, 则 Q 能强制取得胜利. 这是一般定理 (它属于 Zermelo 和 Von Neumann) 的一种情形, 这个一般定理对只有两个可能的结果且每一步都只有有限多种 "走法" 可供选择的任何游戏都是正确的. 见 D. König, *Acta Univ. Hungaricae* (Szeged), **3** (1927), 121-130.

9.10 节. 我们的 "limit point" (极限点) 就是 Hobson, *Theory of functions of a real variable* 中的 "limiting point" (极限点) 或者 Hausdorff, *Mengenlehre*[1] 中的 "Häufungsprunkt"[2].

---

[1] 此书有中译本, 《集论》, 译者张义良、颜家驹, 科学出版社出版, 1960 年第 1 版. ——译者注
[2] 聚点, 这是德语词汇. ——译者注

9.12 节至 9.13 节. Niven and Zuckerman [*Pacific Journal of Math.* **1** (1951), 103-109] 以及 Cassels [同一杂志, **2** (1952), 555-557] 证明了: 如果 (9.12.2) 对每个数字序列都成立, 那么 x 是正规的. 这是我们所陈述的 "(9.12.2) 可以从定义得出" 这一结论的逆命题, 这个逆命题的证明并不是微不足道的.

有关这几节的主要内容, 请见 Borel, *Leçons sur la théorie des functions* (1914 年第二版), 182-216 页. 定理 148 被人们用多种方法作了拓展, 此定理原来是由 Borel 在 1909 年证明的. 有关的说明以及参考文献目录, 见 Kuipers 和 Niederreiter 的书, 69-78 页.

Champernowne [*Journal London Math. Soc.* **8** (1933), 254-260] 证明了 0.123... 是正规的. Copeland and Erdös [*Bulletin Amer. Math. Soc.* **52** (1946), 857-860] 证明了: 如果 $a_1, a_2, \cdots$ 是任何整数的递增序列, 且对于每个 $\varepsilon > 0$ 以及 $n > n_0(\varepsilon)$ 都有 $a_n < n^{1+\varepsilon}$, 那么小数 $0.a_1 a_2 a_3 \ldots$ (它是在任何进位制下依次写出 a_n 的各位数字所形成的数) 在该进位制下是正规的.

第 10 章 连 分 数

10.1 有限连分数

称 $N+1$ 个变量

$$a_0, \ a_1, \ \cdots, \ a_n, \ \cdots, \ a_N$$

的函数

$$a_0 + \cfrac{1}{a_1 + \cfrac{1}{a_2 + \cfrac{1}{a_3 + \cdots \atop \qquad + \cfrac{1}{a_N}}}} \tag{10.1.1}$$

为**有限连分数** (finite continued fraction), 或者在不会产生混淆时, 简称它是**连分数**. 连分数在数学的许多分支中都很重要, 尤其在用有理数逼近实数的理论中更是如此. 形式上更为一般的连分数 (其中的 "分子" 不全是 1) 也有很多, 不过这里并不需要它们.

公式 (10.1.1) 烦琐而不方便, 我们通常用

$$a_0 + \frac{1}{a_1+} \frac{1}{a_2+} \cdots \frac{1}{a_N}$$

或者

$$[a_0, a_1, a_2, \cdots, a_N].$$

来记连分数. 称 $a_0, a_1, \cdots, a_N$ 是连分数的**部分商** (partial quotient), 或者简称为**商**.

通过计算得:

$$[a_0] = \frac{a_0}{1}, \quad [a_0, a_1] = \frac{a_1 a_0 + 1}{a_1}, \quad [a_0, a_1, a_2] = \frac{a_2 a_1 a_0 + a_2 + a_0}{a_2 a_1 + 1}.$$

显然对 $1 \leqslant n \leqslant N$ 有

$$[a_0, a_1] = a_0 + \frac{1}{a_1}, \tag{10.1.2}$$

$$[a_0, a_1, \cdots, a_{n-1}, a_n] = \left[a_0, a_1, \cdots, a_{n-2}, a_{n-1} + \frac{1}{a_n} \right], \tag{10.1.3}$$

$$[a_0, a_1, \cdots, a_n] = a_0 + \frac{1}{[a_1, a_2, \cdots, a_n]} = [a_0, [a_1, a_2, \cdots, a_n]]. \tag{10.1.4}$$

可以用 (10.1.2) 和 (10.1.3) 来定义连分数, 也可以用 (10.1.2) 和 (10.1.4) 来定义连分数. 更一般地, 对 $1 \leqslant m < n \leqslant N$ 有

$$[a_0, a_1, \cdots, a_n] = [a_0, a_1, \cdots, a_{m-1}, [a_m, a_{m+1}, \cdots, a_n]]. \tag{10.1.5}$$

10.2　连分数的渐近分数

称

$$[a_0, a_1, \cdots, a_n] \quad (0 \leqslant n \leqslant N)$$

是 $[a_0, a_1, \cdots, a_N]$ 的第 n 个**渐近分数** (convergent). 用下面的定理容易计算出渐近分数.

定理 149　如果 p_n 和 q_n 定义为

$$p_0 = a_0, \quad p_1 = a_1 a_0 + 1, \qquad p_n = a_n p_{n-1} + p_{n-2} \ (2 \leqslant n \leqslant N), \tag{10.2.1}$$

$$q_0 = 1, \quad q_1 = a_1, \qquad q_n = a_n q_{n-1} + q_{n-2} \ (2 \leqslant n \leqslant N), \tag{10.2.2}$$

那么

$$[a_0, a_1, \cdots, a_n] = \frac{p_n}{q_n}. \tag{10.2.3}$$

我们已经检验了定理对 $n = 0$ 和 $n = 1$ 成立. 假设它对 $n \leqslant m$ 为真, 其中 $m < N$. 则有

$$[a_0, a_1, \cdots, a_{m-1}, a_m] = \frac{p_m}{q_m} = \frac{a_m p_{m-1} + p_{m-2}}{a_m q_{m-1} + q_{m-2}},$$

且 $p_{m-1}, p_{m-2}, q_{m-1}, q_{m-2}$ 只与

$$a_0, a_1, \cdots, a_{m-1}$$

有关. 这样一来, 利用 (10.1.3) 可以得到

$$[a_0, a_1, \cdots, a_{m-1}, a_m, a_{m+1}] = \left[a_0, a_1, \cdots, a_{m-1}, a_m + \frac{1}{a_{m+1}}\right]$$

$$= \frac{\left(a_m + \dfrac{1}{a_{m+1}}\right) p_{m-1} + p_{m-2}}{\left(a_m + \dfrac{1}{a_{m+1}}\right) q_{m-1} + q_{m-2}}$$

$$= \frac{a_{m+1}(a_m p_{m-1} + p_{m-2}) + p_{m-1}}{a_{m+1}(a_m q_{m-1} + q_{m-2}) + q_{m-1}}$$

$$= \frac{a_{m+1} p_m + p_{m-1}}{a_{m+1} q_m + q_{m-1}} = \frac{p_{m+1}}{q_{m+1}},$$

根据归纳法定理获证.

由 (10.2.1) 和 (10.2.2) 推出

$$\frac{p_n}{q_n} = \frac{a_n p_{n-1} + p_{n-2}}{a_n q_{n-1} + q_{n-2}}. \tag{10.2.4}$$

又有

$$p_n q_{n-1} - p_{n-1} q_n = (a_n p_{n-1} + p_{n-2}) q_{n-1} - p_{n-1}(a_n q_{n-1} + q_{n-2})$$
$$= -(p_{n-1} q_{n-2} - p_{n-2} q_{n-1}).$$

依次用 $n-1, n-2, \cdots, 2$ 代替这里的 n 并重复这个论证, 就得到

$$p_n q_{n-1} - p_{n-1} q_n = (-1)^{n-1}(p_1 q_0 - p_0 q_1) = (-1)^{n-1}.$$

还有

$$p_n q_{n-2} - p_{n-2} q_n = (a_n p_{n-1} + p_{n-2}) q_{n-2} - p_{n-2}(a_n q_{n-1} + q_{n-2})$$
$$= a_n(p_{n-1} q_{n-2} - p_{n-2} q_{n-1}) = (-1)^n a_n.$$

定理 150　*函数 p_n 和 q_n 满足*

$$p_n q_{n-1} - p_{n-1} q_n = (-1)^{n-1}, \tag{10.2.5}$$

即

$$\frac{p_n}{q_n} - \frac{p_{n-1}}{q_{n-1}} = \frac{(-1)^{n-1}}{q_{n-1} q_n}. \tag{10.2.6}$$

定理 151　*函数 p_n 和 q_n 满足*

$$p_n q_{n-2} - p_{n-2} q_n = (-1)^n a_n, \tag{10.2.7}$$

即

$$\frac{p_n}{q_n} - \frac{p_{n-2}}{q_{n-2}} = \frac{(-1)^n a_n}{q_{n-2} q_n}. \tag{10.2.8}$$

10.3　有正的商的连分数

现在来给部分商 a_n 指定数值, 这样就对分数 (10.1.1) 以及它的渐近分数给定了数值. 我们总是假设[①]

$$a_1 > 0, \cdots, a_N > 0, \tag{10.3.1}$$

且通常 a_n 也都是**整数** (integral), 在这种情形下, 连分数称为**简单** (simple) 连分数. 为方便起见, 首先证明三个定理 (下面的定理 152~154), 这些定理对部分商满足 (10.3.1) 的所有连分数均成立. 记

————————————

① a_0 可以是负数.

$$x_n = \frac{p_n}{q_n}, \quad x = x_N,$$

因此该连分数的值是 x_N 或者 x.

由 (10.1.5) 推出, 对 $2 \leqslant n \leqslant N$ 有

$$[a_0, a_1, \cdots, a_N] = [a_0, a_1, \cdots, a_{n-1}, [a_n, a_{n+1}, \cdots, a_N]]$$
$$= \frac{[a_n, a_{n+1}, \cdots, a_N]p_{n-1} + p_{n-2}}{[a_n, a_{n+1}, \cdots, a_N]q_{n-1} + q_{n-2}}. \tag{10.3.2}$$

定理 152　偶项的渐近分数 x_{2n} 随 n 的增加而严格递增, 奇项的渐近分数 x_{2n+1} 随 n 的增加而严格递减.

定理 153　每一个奇项的渐近分数大于任意一个偶项的渐近分数.

定理 154　连分数的值大于它的任意一个偶项渐近分数的值, 小于它的任意一个奇项渐近分数的值 [除了它等于它的最后一个渐近分数 (无论该渐进分数是偶项还是奇项) 的值].

首先, 每一个 q_n 都是正的, 因此, 根据 (10.2.8) 和 (10.3.1), $x_n - x_{n-2}$ 的符号是 $(-1)^n$. 这就证明了定理 152.

其次, 根据 (10.2.6), $x_n - x_{n-1}$ 的符号是 $(-1)^{n-1}$, 所以

$$x_{2m+1} > x_{2m}. \tag{10.3.3}$$

如果定理 153 不真, 则对某一对 m, μ 有

$$x_{2m+1} \leqslant x_{2\mu}.$$

如果 $\mu < m$, 则根据定理 152 有 $x_{2m+1} < x_{2m}$, 如果 $\mu > m$, 则有 $x_{2\mu+1} < x_{2\mu}$. 而每一个不等式都与 (10.3.3) 矛盾.

最后, $x = x_N$ 是偶项渐近分数中的最大值, 也是奇项渐近分数的最小值, 无论哪一种情形, 定理 154 皆为真.

10.4　简单连分数

现在假设诸 a_n 均为整数, 且该连分数是简单连分数. 本章其余部分将关注简单连分数的特殊性质, 其他的连分数仅仅偶尔出现一下. 显然, p_n 和 q_n 均为整数, 且 q_n 是正数. 如果

$$[a_0, a_1, a_2, \cdots, a_N] = \frac{p_N}{q_N} = x,$$

就说数 x (它一定是一个有理数) 可以用连分数来表达. 下面将看到, 在一个约束限制下, 该表达式是唯一的.

定理 155   对 $n \geqslant 1$ 有 $q_n \geqslant q_{n-1}$, 不等号当 $n > 1$ 时成立.

定理 156   我们有 $q_n \geqslant n$, 不等号当 $n > 3$ 时成立.

首先有 $q_0 = 1, q_1 = a_1 \geqslant 1$. 如果 $n \geqslant 2$, 那么

$$q_n = a_n q_{n-1} + q_{n-2} \geqslant q_{n-1} + 1,$$

所以 $q_n > q_{n-1}$ 且 $q_n \geqslant n$. 如果 $n > 3$, 那么

$$q_n \geqslant q_{n-1} + q_{n-2} > q_{n-1} + 1 \geqslant n,$$

所以 $q_n > n$.

渐近分数的一个更为重要的性质是:

定理 157   简单连分数的渐近分数均为最简分数.

这是因为根据定理 150 有

$$d \mid p_n, \quad d \mid q_n \quad \rightarrow \quad d \mid (-1)^{n-1} \quad \rightarrow \quad d \mid 1.$$

10.5   用简单连分数表示不可约有理分数

任何简单连分数 $[a_0, a_1, \cdots, a_N]$ 表示一个有理数

$$x = x_N.$$

在本节以及 10.6 节中我们要证明: 反过来, 每个正有理数 x 都可以用一个简单连分数来表示, 且除了有一点歧义外, 这个表达式是唯一的.

定理 158   如果 x 可以用一个有奇数个 (偶数个) 渐近分数的简单连分数来表示, 那么它也可以用一个有偶数个 (奇数个) 渐近分数的简单连分数来表示.

这是因为如果 $a_n \geqslant 2$, 则有

$$[a_0, a_1, \cdots, a_n] = [a_0, a_1, \cdots, a_n - 1, 1],$$

而如果 $a_n = 1$, 则有

$$[a_0, a_1, \cdots, a_{n-1}, 1] = [a_0, a_1, \cdots, a_{n-2}, a_{n-1} + 1].$$

例如

$$[2, 2, 3] = [2, 2, 2, 1].$$

选择另一种表示法常常是有用的.

称

$$a_n' = [a_n, a_{n+1}, \cdots, a_N] \quad (0 \leqslant n \leqslant N)$$

为连分数

$$[a_0, a_1, \cdots, a_n, \cdots, a_N]$$

的第 n 个**完全商** (complete quotient). 这样就有

$$x = a_0', \quad x = \frac{a_1' a_0 + 1}{a_1'}$$

以及

$$x = \frac{a_n' p_{n-1} + p_{n-2}}{a_n' q_{n-1} + q_{n-2}} \quad (2 \leqslant n \leqslant N). \tag{10.5.1}$$

定理 159   除了当 $a_N = 1$ 时有

$$a_{N-1} = \lfloor a_{N-1}' \rfloor - 1$$

以外, 我们有 $a_n = \lfloor a_n' \rfloor$, 即 a_n 等于 a_n' 的整数部分.

如果 $N = 0$, 那么 $a_0 = a_0' = \lfloor a_0' \rfloor$. 如果 $N > 0$, 那么

$$a_n' = a_n + \frac{1}{a_{n+1}'} \quad (0 \leqslant n \leqslant N - 1).$$

现在除了当 $n = N - 1$ 且 $a_N = 1$ 时有 $a_{n+1}' = 1$ 以外, 我们有

$$a_{n+1}' > 1 \quad (0 \leqslant n \leqslant N - 1).$$

从而在除了指出的情形之外均有

$$a_n < a_n' < a_n + 1 \quad (0 \leqslant n \leqslant N - 1) \tag{10.5.2}$$

以及

$$a_n = \lfloor a_n' \rfloor \quad (0 \leqslant n \leqslant N - 1).$$

此外, 在任何情形下都有

$$a_N = a_N' = \lfloor a_N' \rfloor.$$

定理 160   如果两个简单连分数

$$[a_0, a_1, \cdots, a_N], \quad [b_0, b_1, \cdots, b_M]$$

有同样的值 x, 且 $a_N > 1, b_M > 1$, 那么就有 $M = N$ 且这两个连分数完全相同.

说两个连分数完全相同, 指的是它们由同样的部分商序列构成.

根据定理 159, $a_0 = \lfloor x \rfloor = b_0$. 假设两个连分数中前面 n 个部分商已经相等, 且 a_n', b_n' 是它们的第 n 个完全商. 那么

$$x = [a_0, a_1, \cdots, a_{n-1}, a_n'] = [a_0, a_1, \cdots, a_{n-1}, b_n'].$$

如果 $n = 1$, 则

$$a_0 + \frac{1}{a_1'} = a_0 + \frac{1}{b_1'},$$

$a_1' = b_1'$, 于是根据定理 159 有 $a_1 = b_1$. 如果 $n > 1$, 由 (10.5.1) 有

$$\frac{a_n'p_{n-1} + p_{n-2}}{a_n'q_{n-1} + q_{n-2}} = \frac{b_n'p_{n-1} + p_{n-2}}{b_n'q_{n-1} + q_{n-2}},$$

$$(a_n' - b_n')(p_{n-1}q_{n-2} - p_{n-2}q_{n-1}) = 0.$$

但根据定理 150 有 $p_{n-1}q_{n-2} - p_{n-2}q_{n-1} = (-1)^n$, 所以 $a_n' = b_n'$. 由定理 159 就推出 $a_n = b_n$.

不失一般性, 不妨假设 $N \leqslant M$. 我们的论证表明: 对 $n \leqslant N$ 有

$$a_n = b_n.$$

如果 $M > N$, 根据 (10.5.1) 有

$$\frac{p_N}{q_N} = [a_0, a_1, \cdots, a_N] = [a_0, a_1, \cdots, a_N, b_{N+1}, \cdots, b_M] = \frac{b_{N+1}'p_N + p_{N-1}}{b_{N+1}'q_N + q_{N-1}},$$

这也就是

$$p_Nq_{N-1} - p_{N-1}q_N = 0,$$

然而这是错误的. 于是有 $M = N$ 且这两个连分数是完全相等的.

10.6 连分数算法和 Euclid 算法

令 x 为任意的实数, 设 $a_0 = \lfloor x \rfloor$. 那么

$$x = a_0 + \xi_0, \quad 0 \leqslant \xi_0 < 1.$$

如果 $\xi_0 \neq 0$, 可以记

$$\frac{1}{\xi_0} = a_1', \quad \lfloor a_1' \rfloor = a_1, \quad a_1' = a_1 + \xi_1, \quad 0 \leqslant \xi_1 < 1.$$

如果 $\xi_1 \neq 0$, 可以记

$$\frac{1}{\xi_1} = a_2' = a_2 + \xi_2, \quad 0 \leqslant \xi_2 < 1,$$

由此一直下去. 又有 $a_n' = 1/\xi_{n-1} > 1$, 所以对 $n \geqslant 1$ 有 $a_n \geqslant 1$. 从而有

$$x = [a_0, a_1'] = \left[a_0, a_1 + \frac{1}{a_2'}\right] = [a_0, a_1, a_2'] = [a_0, a_1, a_2, a_3'] = \cdots,$$

其中 $a_0, a_1, \cdots$ 均为整数且

$$a_1 > 0, \quad a_2 > 0, \quad \cdots.$$

方程组

$$x = a_0 + \xi_0 \qquad (0 \leqslant \xi_0 < 1),$$

$$\frac{1}{\xi_0} = a_1' = a_1 + \xi_1 \quad (0 \leqslant \xi_1 < 1),$$

$$\frac{1}{\xi_1} = a_2' = a_2 + \xi_2 \quad (0 \leqslant \xi_2 < 1)$$

$$\cdots$$

称为**连分数算法** (continued fraction algorithm). 只要 $\xi_n \neq 0$, 这个算法就一直继续下去. 如果最终得到 n 的某个值 (比如说 N), 使得有 $\xi_N = 0$, 那么该算法就终止, 且

$$x = [a_0, a_1, a_2, \cdots, a_N].$$

此时 x 可以用一个简单连分数来表示, 且它是有理数. 诸数 a_n' 是该连分数的各个完全商.

定理 161　任何有理数均可用一个有限的简单连分数来表示.

如果 x 是一个整数, 那么 $\xi_0 = 0$ 且 $x = a_0$. 如果 x 不是整数, 那么

$$x = \frac{h}{k},$$

其中 h 和 k 是整数且 $k > 1$. 由于

$$\frac{h}{k} = a_0 + \xi_0, \quad h = a_0 k + \xi_0 k,$$

所以, 当 h 被 k 除时, a_0 是商, 而 $k_1 = \xi_0 k$ 是余数.[①]

如果 $\xi_0 \neq 0$, 则有

$$a_1' = \frac{1}{\xi_0} = \frac{k}{k_1}$$

以及

$$\frac{k}{k_1} = a_1 + \xi_1, \quad k = a_1 k_1 + \xi_1 k_1.$$

于是, 当 k 被 k_1 除时, a_1 是商, $k_2 = \xi_1 k_1$ 是余数. 这样就得到一系列等式

$$h = a_0 k + k_1, \quad k = a_1 k_1 + k_2, \quad k_1 = a_2 k_2 + k_3, \cdots$$

只要 $\xi_n \neq 0$, 这个过程就一直继续下去, 或者可以改成等价的说法: 只要 $k_{n+1} \neq 0$, 这个过程就一直继续下去.

这些非负整数 $k, k_1, k_2, \cdots$ 构成了一个严格递减的序列, 所以, 对某个 N 有 $k_{N+1} = 0$. 由此推得, 对某个 N 有 $\xi_N = 0$, 从而该连分数算法终止. 这就证明了定理 161.

这一组等式

---

① 在这里以及下面, "余数" 指的是非负余数 (这里指的是正的余数). 如果 $a_0 \geqslant 0$, 那么 x 和 h 都是正数, 且 k_1 是在通常算术意义下的余数. 如果 $a_0 < 0$, 那么 x 和 h 都是负数, 且 "余数" 是
$$(x - \lfloor x \rfloor)k.$$
于是, 如果 $h = -7, k = 5$, 那么余数就是
$$5\left(-\frac{7}{5} - \lfloor -\frac{7}{5} \rfloor\right) = 5\left(-\frac{7}{5} + 2\right) = 3.$$

$$h = a_0 k + k_1 \qquad (0 < k_1 < k),$$
$$k = a_1 k_1 + k_2 \qquad (0 < k_2 < k_1),$$
$$\cdots$$
$$k_{N-2} = a_{N-1} k_{N-1} + k_N \quad (0 < k_N < k_{N-1}),$$
$$k_{N-1} = a_N k_N$$

称为 **Euclid 算法** (Euclid's algorithm). 读者可以辨认出这个程序就是在初等算术中求 h 和 k 的最大公约数 k_N 所采用的算法.

因为 $\xi_N = 0, a'_N = a_N$, 又有

$$0 < \frac{1}{a_N} = \frac{1}{a'_N} = \xi_{N-1} < 1,$$

所以 $a_N \geqslant 2$. 因此该算法确定了在定理 160 中被证明了是唯一的那种表达形式, 还可以对定理 158 做出变形.

将我们的结果总结起来就得到以下定理.

定理 162 一个有理数恰好可以用两种方式表示成一个有限简单连分数, 一种形式带有偶数个渐近分数, 另一种形式带有奇数个渐近分数. 在一种形式中, 最后的那个部分商是 1, 在另一种形式中, 最后那个部分商大于 1.

10.7　连分数与其渐近分数的差

整个 10.7 节里将始终假设 $N > 1$ 以及 $n > 0$. 根据 (10.5.1), 对 $1 \leqslant n \leqslant N-1$ 有

$$x = \frac{a'_{n+1} p_n + p_{n-1}}{a'_{n+1} q_n + q_{n-1}},$$

从而

$$x - \frac{p_n}{q_n} = -\frac{p_n q_{n-1} - p_{n-1} q_n}{q_n(a'_{n+1} q_n + q_{n-1})} = \frac{(-1)^n}{q_n(a'_{n+1} q_n + q_{n-1})}.$$

我们还有

$$x - \frac{p_0}{q_0} = x - a_0 = \frac{1}{a'_1}.$$

如果记

$$q'_1 = a'_1, \quad q'_n = a'_n q_{n-1} + q_{n-2} \quad (1 < n \leqslant N) \qquad (10.7.1)$$

(于是, 特别地有 $q'_N = q_N$), 则得以下定理.

定理 163 如果 $1 \leqslant n \leqslant N-1$, 那么

$$x - \frac{p_n}{q_n} = \frac{(-1)^n}{q_n q'_{n+1}}.$$

这个公式给出了定理 154 的另一个证明.

根据 (10.5.2), 除了当 $a_N = 1$ 时有

$$a'_{N-1} = a_{N-1} + 1$$

这一情形以外, 对 $n \leqslant N - 2$ 总有

$$a_{n+1} < a'_{n+1} < a_{n+1} + 1.$$

这样一来, 如果暂时忽略这种例外的情形, 就有

$$q_1 = a_1 < a'_1 < a_1 + 1 \leqslant q_2, \tag{10.7.2}$$

且对 $1 \leqslant n \leqslant N - 2$ 有

$$q'_{n+1} = a'_{n+1}q_n + q_{n-1} > a_{n+1}q_n + q_{n-1} = q_{n+1}, \tag{10.7.3}$$

$$q'_{n+1} < a_{n+1}q_n + q_{n-1} + q_n = q_{n+1} + q_n \leqslant a_{n+2}q_{n+1} + q_n = q_{n+2}. \tag{10.7.4}$$

由此得到

$$\frac{1}{q_{n+2}} < |p_n - q_n x| < \frac{1}{q_{n+1}} \quad (n \leqslant N - 2), \tag{10.7.5}$$

$$|p_{N-1} - q_{N-1}x| = \frac{1}{q_N}, \quad p_N - q_N x = 0. \tag{10.7.6}$$

对于例外情形, (10.7.4) 必须用

$$q'_{N-1} = (a_{N-1} + 1)q_{N-2} + q_{N-3} = q_{N-1} + q_{N-2} = q_N$$

来代替, 且 (10.7.5) 中第一个不等号要用等号来代替. 无论如何, (10.7.5) 都表明了, 当 n 增加时, $|p_n - q_n x|$ 递减. 又因为 q_n 是递增的, 故更加有

$$\left| x - \frac{p_n}{q_n} \right|$$

是递减的.

现在可以把最重要的结论总结如下.

定理 164 如果 $N > 1, n > 0$, 那么差

$$x - \frac{p_n}{q_n}, \quad q_n x - p_n$$

的绝对值当 n 增加时递减. 我们还有

$$q_n x - p_n = \frac{(-1)^n \delta_n}{q_{n+1}},$$

其中

$$0 < \delta_n < 1 \quad (1 \leqslant n \leqslant N - 2), \quad \delta_{N-1} = 1,$$

且对 $n \leqslant N - 1$ 有

$$\left| x - \frac{p_n}{q_n} \right| \leqslant \frac{1}{q_n q_{n+1}} < \frac{1}{q_n^2}, \tag{10.7.7}$$

其中除了 $n = N - 1$ 的情形之外, 两处均只有不等号成立.

10.8 无限简单连分数

到目前为止我们只考虑了有限连分数, 当它们是简单连分数时, 它们表示有理数. 然而, 连分数的主要意义在于它们在无理数表示中的应用, 为此我们需要**无限** (infinite) 连分数.

假设 $a_0, a_1, a_2, \cdots$ 是一个满足 (10.3.1) 的整数序列, 它使得对每个 n,

$$x_n = [a_0, a_1, \cdots, a_n]$$

都是一个表示有理数 x_n 的简单连分数. 如同我们马上要证明的, 如果当 $n \to \infty$ 时 x_n 趋向一个极限 x, 那么我们很自然会说简单连分数

$$[a_0, a_1, a_2, \cdots] \tag{10.8.1}$$

收敛于值 x, 并记成

$$x = [a_0, a_1, a_2, \cdots]. \tag{10.8.2}$$

定理 165 *如果 $a_0, a_1, a_2, \cdots$ 是一个满足 (10.3.1) 的整数序列, 那么, 当 $n \to \infty$ 时 $x_n = [a_0, a_1, \cdots, a_n]$ 趋向一个极限 x.*

可以把这个结果更简洁地表述为以下定理.

定理 166 *所有无限简单连分数都是收敛的.*

如在 10.3 节中那样, 记

$$x_n = \frac{p_n}{q_n} = [a_0, a_1, \cdots, a_n],$$

并称这些分数是 (10.8.1) 的渐近分数. 我们要证明这些渐近分数趋向一个极限.

如果 $N \geqslant n$, 则渐近分数 x_n 也是 $[a_0, a_1, \cdots, a_N]$ 的一个渐近分数. 根据定理 152, 它的偶项渐近分数构成一个递增的序列, 奇项渐近分数构成一个递减的序列.

根据定理 153, 每个偶项渐近分数都小于 x_1, 所以偶项渐近分数组成的递增序列有上界; 每个奇项渐近分数都大于 x_0, 所以奇项渐近分数组成的递减序列有下界. 从而偶项渐近分数趋向于一个极限 ξ_1, 奇项渐近分数趋向于一个极限 ξ_2, 且 $\xi_1 \leqslant \xi_2$.

最后, 根据定理 150 和定理 156 有

$$\left| \frac{p_{2n}}{q_{2n}} - \frac{p_{2n-1}}{q_{2n-1}} \right| = \frac{1}{q_{2n}q_{2n-1}} \leqslant \frac{1}{2n(2n-1)} \to 0,$$

从而有 $\xi_1 = \xi_2 = x$ (x 是某个实数), 因此连分数 (10.8.1) 收敛于 x.
附带我们还证明了以下定理.

定理 167　一个无限简单连分数小于它的任何一个奇项的渐近分数, 大于它的任何一个偶项的渐近分数.

在这里以及后面, 我们经常用 "连分数" 来作为 "连分数的值" 的缩写.

10.9　用无限连分数表示无理数

称

$$a_n' = [a_n, a_{n+1}, \cdots]$$

是连分数

$$x = [a_0, a_1, \cdots]$$

的**第 n 个完全商** (n-th complete quotient). 显然

$$a_n' = \lim_{N \to \infty} [a_n, a_{n+1}, \cdots, a_N]$$
$$= a_n + \lim_{N \to \infty} \frac{1}{[a_{n+1}, \cdots, a_N]} = a_n + \frac{1}{a_{n+1}'},$$

特别地, 有

$$x = a_0' = a_0 + \frac{1}{a_1'}.$$

我们还有

$$a_n' > a_n, \quad a_{n+1}' > a_{n+1} > 0, \quad 0 < \frac{1}{a_{n+1}'} < 1,$$

因此 $a_n = \lfloor a_n' \rfloor$.

定理 168　如果 $[a_0, a_1, a_2, \cdots] = x$, 那么

$$a_0 = \lfloor x \rfloor, \quad a_n = \lfloor a_n' \rfloor \quad (n \geqslant 0).$$

如同在 10.5 节中那样, 由此得出以下定理.

定理 169　两个有同样值的无限简单连分数完全相等.

现在回到 10.6 节中的连分数算法. 如果 x 是无理数, 则该程序不可能终止. 于是它定义一个由整数

$$a_0, a_1, a_2, \cdots$$

组成的无穷序列, 且与前相同有

$$x = [a_0, a_1'] = [a_0, a_1, a_2'] = \cdots = [a_0, a_1, a_2, \cdots, a_n, a_{n+1}'],$$

其中

$$a_{n+1}' = a_{n+1} + \frac{1}{a_{n+2}'} > a_{n+1}.$$

从而由 (10.5.1) 就有

$$x = \frac{a_{n+1}' p_n + p_{n-1}}{a_{n+1}' q_n + q_{n-1}},$$

因此

$$x - \frac{p_n}{q_n} = \frac{p_{n-1} q_n - p_n q_{n-1}}{q_n (a_{n+1}' q_n + q_{n-1})} = \frac{(-1)^n}{q_n (a_{n+1}' q_n + q_{n-1})},$$

又当 $n \to \infty$ 时有

$$\left| x - \frac{p_n}{q_n} \right| < \frac{1}{q_n (a_{n+1} q_n + q_{n-1})} = \frac{1}{q_n q_{n+1}} \leqslant \frac{1}{n(n+1)} \to 0.$$

于是

$$x = \lim_{n \to \infty} \frac{p_n}{q_n} = [a_0, a_1, \cdots, a_n, \cdots],$$

这个算法给出了值等于 x 的连分数, 由定理 169 知其简单连分数表示法是唯一的.

定理 170　每个无理数都可以用唯一一种方式表示成一个无限简单连分数.

顺便我们还看出, 一个无限简单连分数的值必定是一个无理数, 这是因为如果 x 是一个有理数的话, 该算法必定会终止.

如同在 10.7 节中那样, 定义

$$q_n' = a_n' q_{n-1} + q_{n-2}.$$

重复那一节里的讨论就得到以下定理.

定理 171　对于无限连分数来说, 定理 163 和定理 164 的结果依然成立 (除了对 N 所提到的说明外). 特别地有

$$\left| x - \frac{p_n}{q_n} \right| < \frac{1}{q_n q_{n+1}} < \frac{1}{q_n^2}. \tag{10.9.1}$$

10.10　一个引理

我们需要一个定理, 该定理在 10.11 节中将会用到.

定理 172　如果

$$x = \frac{P\zeta + R}{Q\zeta + S},$$

其中 $\zeta > 1$ 且 P, Q, R 和 S 是满足

$$Q > S > 0, \quad PS - QR = \pm 1$$

的整数, 那么 R/S 和 P/Q 是值为 x 的简单连分数的两个相邻的渐近分数. 如果 R/S 是第 $n-1$ 个渐近分数, P/Q 是第 n 个渐近分数, 那么 ζ 就是第 $n+1$ 个完全商.

可以将 P/Q 展开成简单连分数

$$\frac{P}{Q} = [a_0, a_1, \cdots, a_n] = \frac{p_n}{q_n}. \tag{10.10.1}$$

根据定理 158, 可以随意假设 n 是奇数或是偶数. 我们选取 n 使得

$$PS - QR = \pm 1 = (-1)^{n-1}. \tag{10.10.2}$$

现在 $(P, Q) = 1$ 且 $Q > 0$, 又 p_n 和 q_n 满足同样的条件. 于是 (10.10.1) 和 (10.10.2) 就蕴涵 $P = p_n, Q = q_n$, 且有

$$p_n S - q_n R = PS - QR = (-1)^{n-1} = p_n q_{n-1} - p_{n-1} q_n,$$

这也就是

$$p_n(S - q_{n-1}) = q_n(R - p_{n-1}). \tag{10.10.3}$$

因为 $(p_n, q_n) = 1$, (10.10.3) 就蕴涵

$$q_n \,|\, (S - q_{n-1}) \,. \tag{10.10.4}$$

但是

$$q_n = Q > S > 0, \qquad q_n \geqslant q_{n-1} > 0,$$

因此

$$|S - q_{n-1}| < q_n,$$

这与 (10.10.4) 不相容, 除非有 $S - q_{n-1} = 0$. 从而有

$$S = q_{n-1}, \quad R = p_{n-1}$$

以及

$$x = \frac{p_n \zeta + p_{n-1}}{q_n \zeta + q_{n-1}},$$

这也就是

$$x = [a_0, a_1, \cdots, a_n, \zeta].$$

如果将 ζ 展开成简单连分数, 就得到

$$\zeta = [a_{n+1}, a_{n+2}, \cdots],$$

其中 $a_{n+1} = \lfloor \zeta \rfloor \geqslant 1$. 所以

$$x = [a_0, a_1, \cdots, a_n, a_{n+1}, a_{n+2}, \cdots],$$

这是一个简单连分数. p_{n-1}/q_{n-1} 和 p_n/q_n (即 R/S 和 P/Q) 是这个连分数的相邻的渐近分数, ζ 是它的第 $n+1$ 个完全商.

10.11 等 价 的 数

如果 ξ 和 η 是两个数, 它们满足

$$\xi = \frac{a\eta + b}{c\eta + d},$$

其中 a, b, c, d 是满足 $ad - bc = \pm 1$ 的整数, 那么就称 ξ 是与 η **等价的**. 特别地, ξ 与自己等价.[①]

如果 ξ 等价于 η, 那么

$$\eta = \frac{-d\xi + b}{c\xi - a}, \quad (-d)(-a) - bc = ad - bc = \pm 1,$$

所以 η 也与 ξ 等价. 这个等价关系是对称的.

定理 173 如果 ξ 和 η 等价, 且 η 和 ζ 等价, 那么 ξ 和 ζ 也等价.

因为

$$\xi = \frac{a\eta + b}{c\eta + d}, \quad ad - bc = \pm 1,$$

$$\eta = \frac{a'\zeta + b'}{c'\zeta + d'}, \quad a'd' - b'c' = \pm 1,$$

且

$$\xi = \frac{A\zeta + B}{C\zeta + D},$$

其中

$$A = aa' + bc', \quad B = ab' + bd', \quad C = ca' + dc', \quad D = cb' + dd',$$

$$AD - BC = (ad - bc)(a'd' - b'c') = \pm 1.$$

我们还可以把定理 173 表述成该等价关系是传递的. 依据此定理, 可以把无理数分成为由等价的无理数组成的类.

如果 h 和 k 是互素的整数, 则由定理 25 知, 存在整数 h' 和 k' 使得

$$hk' - h'k = 1,$$

那样就有

$$\frac{h}{k} = \frac{h' \cdot 0 + h}{k' \cdot 0 + k} = \frac{a \cdot 0 + b}{c \cdot 0 + d},$$

[①] 此时有 $a = d = 1, b = c = 0$.

其中 $ad - bc = -1$. 从而任何有理数 h/k 都与 0 等价, 于是根据定理 173, h/k 与任何其他的有理数都等价.

定理 174　任何两个有理数都是等价的.

下面仅讨论无理数, 它们可以用无限连分数来表示.

定理 175　两个无理数 ξ 和 η 是等价的, 当且仅当

$$\xi = [a_0, a_1, \cdots, a_m, c_0, c_1, c_2, \cdots], \quad \eta = [b_0, b_1, \cdots, b_n, c_0, c_1, c_2, \cdots], \quad (10.11.1)$$

即 ξ 中部分商序列在第 m 项之后的部分与 η 中部分商序列在第 n 项后的部分完全一样.

首先假设 ξ 和 η 由 (10.11.1) 给出, 并记

$$\omega = [c_0, c_1, c_2, \cdots].$$

那么就有

$$\xi = [a_0, a_1, \cdots, a_m, \omega] = \frac{p_m \omega + p_{m-1}}{q_m \omega + q_{m-1}},$$

且有 $p_m q_{m-1} - p_{m-1} q_m = \pm 1$, 所以 ξ 和 ω 是等价的. 类似地, η 和 ω 是等价的, 从而 ξ 和 η 也是等价的. 因此条件是充分的.

现在证明必要性. 如果 ξ 和 η 是两个等价的数, 就有

$$\eta = \frac{a\xi + b}{c\xi + d}, \quad ad - bc = \pm 1.$$

可以假设 $c\xi + d > 0$, 如若不然的话, 我们可以将其中的系数换用它们的相反数来代替. 当我们用连分数算法将 ξ 展开时, 就得到

$$\xi = [a_0, a_1, \cdots, a_k, a_{k+1}, \cdots]$$
$$= [a_0, \cdots, a_{k-1}, a_k'] = \frac{p_{k-1} a_k' + p_{k-2}}{q_{k-1} a_k' + q_{k-2}}.$$

于是有

$$\eta = \frac{P a_k' + R}{Q a_k' + S},$$

其中

$$P = a p_{k-1} + b q_{k-1}, \quad R = a p_{k-2} + b q_{k-2},$$
$$Q = c p_{k-1} + d q_{k-1}, \quad S = c p_{k-2} + d q_{k-2},$$

因此 P, Q, R, S 都是整数, 且

$$PS - QR = (ad - bc)(p_{k-1} q_{k-2} - p_{k-2} q_{k-1}) = \pm 1.$$

由定理 171 有

$$p_{k-1} = \xi q_{k-1} + \frac{\delta}{q_{k-1}}, \quad p_{k-2} = \xi q_{k-2} + \frac{\delta'}{q_{k-2}},$$

其中 $|\delta| < 1, |\delta'| < 1$. 从而有

$$Q = (c\xi + d)q_{k-1} + \frac{c\delta}{q_{k-1}}, \quad S = (c\xi + d)q_{k-2} + \frac{c\delta'}{q_{k-2}}.$$

现在有 $c\xi + d > 0, q_{k-1} > q_{k-2} > 0$, 且 q_{k-1} 和 q_{k-2} 都趋向于无穷. 因此对于充分大的 k 有

$$Q > S > 0.$$

对这样的 k 有

$$\eta = \frac{P\zeta + R}{Q\zeta + S},$$

其中

$$PS - QR = \pm 1, \quad Q > S > 0, \quad \zeta = a'_k > 1.$$

从而根据定理 172 知, 对某组 $b_0, b_1, \cdots, b_l$ 有

$$\eta = [b_0, b_1, \cdots, b_l, \zeta] = [b_0, b_1, \cdots, b_l, a_k, a_{k+1}, \cdots].$$

这就证明了条件的必要性.

10.12　周期连分数

周期连分数 (periodic continued fraction) 是一个无限连分数, 其中, 对某个固定的正数 k 以及所有 $l \geqslant L$ 均有

$$a_l = a_{l+k}.$$

部分商

$$a_L, a_{L+1}, \cdots, a_{L+k-1}$$

组成的集合称为**周期**, 连分数可以写成

$$[a_0, a_1, \cdots, a_{L-1}, \dot{a}_L, a_{L+1}, \cdots, \dot{a}_{L+k-1}].$$

我们将只研究**简单**周期连分数.

定理 176　周期连分数是一个二次根式, 也就是说, 是一个整系数二次方程的无理根.

如果 a'_L 是周期连分数 x 的第 L 个完全商, 就有

$$a'_L = [a_L, a_{L+1}, \cdots, a_{L+k-1}, a_L, a_{L+1}, \cdots] = [a_L, a_{L+1}, \cdots, a_{L+k-1}, a'_L],$$

$$a'_L = \frac{p'a'_L + p''}{q'a'_L + q''},$$

$$q'a'^2_L + (q'' - p')a'_L - p'' = 0, \tag{10.12.1}$$

其中 p''/q'' 和 p'/q' 是 $[a_L, a_{L+1}, \cdots, a_{L+k-1}]$ 的最后两个渐近分数.

但是

$$x = \frac{p_{L-1}a'_L + p_{L-2}}{q_{L-1}a'_L + q_{L-2}}, \quad a'_L = \frac{p_{L-2} - q_{L-2}x}{q_{L-1}x - p_{L-1}}.$$

如果在 (10.12.1) 中替换掉 a'_L, 并消去分式, 就得到一个整系数方程

$$ax^2 + bx + c = 0. \tag{10.12.2}$$

由于 x 是无理数, 所以 $b^2 - 4ac \neq 0$.

这个定理的逆也为真, 但它的证明要困难一些.

定理 177　表示二次根式的连分数是周期连分数.

一个二次根式满足一个整系数二次方程, 我们可以把它写成 (10.12.2) 的形式. 如果

$$x = [a_0, a_1, \cdots, a_n, \cdots],$$

那么就有

$$x = \frac{p_{n-1}a'_n + p_{n-2}}{q_{n-1}a'_n + q_{n-2}}.$$

将它代入 (10.12.2) 中, 就得到

$$A_n a'^2_n + B_n a'_n + C_n = 0, \tag{10.12.3}$$

其中

$$A_n = ap_{n-1}^2 + bp_{n-1}q_{n-1} + cq_{n-1}^2,$$
$$B_n = 2ap_{n-1}p_{n-2} + b(p_{n-1}q_{n-2} + p_{n-2}q_{n-1}) + 2cq_{n-1}q_{n-2},$$
$$C_n = ap_{n-2}^2 + bp_{n-2}q_{n-2} + cq_{n-2}^2.$$

如果

$$A_n = ap_{n-1}^2 + bp_{n-1}q_{n-1} + cq_{n-1}^2 = 0,$$

那么 (10.12.2) 就有有理根 p_{n-1}/q_{n-1}, 因为 x 是无理数, 这是不可能的. 从而有 $A_n \neq 0$, 且

$$A_n y^2 + B_n y + C = 0$$

是以 a'_n 为其一个根的二次方程. 稍作简单计算可以证明

$$B_n^2 - 4A_nC_n = (b^2 - 4ac)(p_{n-1}q_{n-2} - p_{n-2}q_{n-1})^2$$
$$= b^2 - 4ac. \qquad (10.12.4)$$

根据定理 171 有

$$p_{n-1} = xq_{n-1} + \frac{\delta_{n-1}}{q_{n-1}} \quad (|\delta_{n-1}| < 1).$$

从而

$$A_n = a\left(xq_{n-1} + \frac{\delta_{n-1}}{q_{n-1}}\right)^2 + bq_{n-1}\left(xq_{n-1} + \frac{\delta_{n-1}}{q_{n-1}}\right) + cq_{n-1}^2$$

$$= (ax^2 + bx + c)q_{n-1}^2 + 2ax\delta_{n-1} + a\frac{\delta_{n-1}^2}{q_{n-1}^2} + b\delta_{n-1}$$

$$= 2ax\delta_{n-1} + a\frac{\delta_{n-1}^2}{q_{n-1}^2} + b\delta_{n-1},$$

且有

$$|A_n| < 2|ax| + |a| + |b|.$$

由于 $C_n = A_{n-1}$, 从而有

$$|C_n| < 2|ax| + |a| + |b|.$$

由 (10.12.4) 得

$$B_n^2 \leqslant 4|A_nC_n| + |b^2 - 4ac|$$
$$< 4(2|ax| + |a| + |b|)^2 + |b^2 - 4ac|.$$

于是 A_n、B_n 和 C_n 的绝对值都小于与 n 无关的数.

由此推出, 仅有有限多组不同的三元组 (A_n, B_n, C_n), 且我们可以求得一个三元组 (A, B, C), 它至少出现三次, 比方说是 $(A_{n_1}, B_{n_1}, C_{n_1})$、$(A_{n_2}, B_{n_2}, C_{n_2})$ 和 $(A_{n_3}, B_{n_3}, C_{n_3})$. 于是 $a'_{n_1}, a'_{n_2}, a'_{n_3}$ 全都是

$$Ay^2 + By + C = 0$$

的根, 其中至少有两个是相等的. 不妨设 $a'_{n_1} = a'_{n_2}$, 那么就有

$$a_{n_2} = a_{n_1}, \quad a_{n_2+1} = a_{n_1+1}, \cdots,$$

所以该连分数是周期连分数.

10.13 某些特殊的二次根式

只要按照 10.6 节中的算法去执行, 一直算到出现循环为止, 就很容易求出像 $\sqrt{2}$ 或者 $\sqrt{3}$ 这样特殊根式的连分数. 这样就得到

$$\sqrt{2} = 1 + (\sqrt{2} - 1) = 1 + \frac{1}{\sqrt{2}+1} = 1 + \frac{1}{2+(\sqrt{2}-1)}$$

$$= 1 + \frac{1}{2+} \frac{1}{\sqrt{2}+1} = 1 + \frac{1}{2+} \frac{1}{2+\cdots} = [1, \dot{2}], \quad (10.13.1)$$

类似地, 有

$$\sqrt{3} = 1 + \frac{1}{1+} \frac{1}{2+} \frac{1}{1+} \frac{1}{2+\cdots} = [1, \dot{1}, \dot{2}], \quad (10.13.2)$$

$$\sqrt{5} = 2 + \frac{1}{4+} \frac{1}{4+\cdots} = [2, \dot{4}], \quad (10.13.3)$$

$$\sqrt{7} = 2 + \frac{1}{1+} \frac{1}{1+} \frac{1}{1+} \frac{1}{4+\cdots} = [2, \dot{1}, 1, 1, \dot{4}]. \quad (10.13.4)$$

但是最有趣的特殊连分数并不总是 "纯的" 根式.

一个特别简单的类型是

$$x = b + \frac{1}{a+} \frac{1}{b+} \frac{1}{a+} \frac{1}{b+\cdots} = [\dot{b}, \dot{a}], \quad (10.13.5)$$

其中 $a \mid b$, 从而 $b = ac$, 这里 c 是一个整数. 此时有

$$x = b + \frac{1}{a+} \frac{1}{x} = \frac{(ab+1)x+b}{ax+1},$$

$$x^2 - bx - c = 0, \quad (10.13.6)$$

$$x = \frac{1}{2}\left(b + \sqrt{b^2+4c}\right). \quad (10.13.7)$$

特别地,

$$\alpha = 1 + \frac{1}{1+} \frac{1}{1+\cdots} = [\dot{1}] = \frac{\sqrt{5}+1}{2}, \quad (10.13.8)$$

$$\beta = 2 + \frac{1}{2+} \frac{1}{2+\cdots} = [\dot{2}] = \sqrt{2}+1, \quad (10.13.9)$$

$$\gamma = 2 + \frac{1}{1+} \frac{1}{2+\cdots} = [\dot{2}, \dot{1}] = \sqrt{3}+1. \quad (10.13.10)$$

以后会看到 β 和 γ 在 10.11 节的意义下分别与 $\sqrt{2}$ 和 $\sqrt{3}$ 等价, 而 α 并不与 $\sqrt{5}$ 等价.

为 (10.13.5) 的渐近分数求得一个一般性的公式是比较容易的.

定理 178 (10.13.5) 的第 $n+1$ 个渐近分数由下述公式给出:

$$p_n = c^{-\lfloor \frac{1}{2}(n+1) \rfloor} u_{n+2}, \quad q_n = c^{-\lfloor \frac{1}{2}(n+1) \rfloor} u_{n+1}, \quad (10.13.11)$$

其中

$$u_n = \frac{x^n - y^n}{x - y}, \quad (10.13.12)$$

其中 x 和 y 是 (10.13.6) 的根.

首先有

$$q_0 = 1 = u_1, \quad q_1 = a = \frac{b}{c} = \frac{x+y}{c} = \frac{u_2}{c},$$

$$p_0 = b = x + y = u_2, \quad p_1 = ab + 1 = \frac{b^2+c}{c} = \frac{(x+y)^2 - xy}{c} = \frac{u_3}{c},$$

所以公式 (10.13.11) 对 $n = 0$ 和 $n = 1$ 为真. 下面用归纳法来对一般的公式加以证明.

我们需要证明, 比方说有

$$p_n = c^{-\lfloor \frac{1}{2}(n+1) \rfloor} u_{n+2} = w_{n+2}.$$

成立. 现在有

$$x^{n+2} = bx^{n+1} + cx^n, \quad y^{n+2} = by^{n+1} + cy^n,$$

因此

$$u_{n+2} = bu_{n+1} + cu_n. \tag{10.13.13}$$

但是

$$u_{2m+2} = c^m w_{2m+2}, \quad u_{2m+1} = c^m w_{2m+1}.$$

将它们代入 (10.13.13), 并区分 n 为偶数和奇数的情形, 就得到

$$w_{2m+2} = bw_{2m+1} + w_{2m}, \quad w_{2m+1} = aw_{2m} + w_{2m-1}.$$

于是 w_{n+2} 满足与 p_n 一样的递推公式, 从而有 $p_n = w_{n+2}$. 类似地可以证明 $q_n = w_{n+1}$.

当 $a = b, c = 1$ 时的论证自然会简单一点. 此时 p_n 和 q_n 满足

$$u_{n+2} = bu_{n+1} + u_n,$$

所以它们有

$$Ax^n + By^n$$

的形式, 其中 A 和 B 与 n 无关, 且它们可以被头两个渐近分数的值所确定. 这样就得到

$$p_n = \frac{x^{n+2} - y^{n+2}}{x - y}, \quad q_n = \frac{x^{n+1} - y^{n+1}}{x - y},$$

这与定理 178 吻合.

10.14　Fibonacci 数列和 Lucas 数列

对于 $a = b = 1$ 的特殊情形, 我们有

$$x = \frac{\sqrt{5}+1}{2}, \quad y = -\frac{1}{x} = -\frac{\sqrt{5}-1}{2}, \tag{10.14.1}$$

$$p_n = u_{n+2} = \frac{x^{n+2}-y^{n+2}}{\sqrt{5}}, \quad q_n = u_{n+1} = \frac{x^{n+1}-y^{n+1}}{\sqrt{5}}.$$

数列 (u_n), 也就是

$$1, 1, 2, 3, 5, 8, 13, 21, \cdots \tag{10.14.2}$$

通常称为 Fibonacci 数列, 其中头两项是 u_1 和 u_2, 而后面的每一项是它前面两项的和. 当然, 有与之类似但头两项取其他值的数列, 最有趣的是数列 (v_n), 也就是数列

$$1, 3, 4, 7, 11, 18, 29, 47, \cdots, \tag{10.14.3}$$

它是由

$$v_n = x^n + y^n \tag{10.14.4}$$

来定义的. 这样的数列曾被 Lucas 以及后来的学者们 (尤其是 D. H. Lehmer) 仔细研究过, 它们有非常有趣的算术性质. 在第 15 章里有关 Mersenne 数的问题中我们还会再次遇到数列 (10.14.3).

这里要指出这些数列的某些算术性质, 尤其是关于数列 (10.14.2) 的性质.

定理 179　由 (10.14.2) 和 (10.14.3) 定义的数 u_n 和 v_n 有下面的性质:

(i) $(u_n, u_{n+1}) = 1, \quad (v_n, v_{n+1}) = 1$;

(ii) u_n 和 v_n 同为奇数或同为偶数, 且在这两种情形下分别有

$$(u_n, v_n) = 1, \quad (u_n, v_n) = 2;$$

(iii) 对每个 r 有 $u_n | u_{rn}$;

(iv) 如果 $(m, n) = d$, 那么

$$(u_m, u_n) = u_d,$$

特别地, 当 m 和 n 互素时 u_m 和 u_n 也互素;

(v) 如果 $(m, n) = 1$, 那么

$$u_m u_n | u_{mn}.$$

可以把 (10.13.12) 和 (10.14.4) 看成是对所有的整数 n 定义 u_n 和 v_n. 这样就有

$$u_0 = 0, \quad v_0 = 2$$

以及

$$u_{-n} = -(xy)^{-n}u_n = (-1)^{n-1}u_n, \quad v_{-n} = (-1)^n v_n. \tag{10.14.5}$$

可以立即验证

$$2u_{m+n} = u_m v_n + u_n v_m, \tag{10.14.6}$$

$$v_n^2 - 5u_n^2 = 4(-1)^n, \tag{10.14.7}$$

$$u_n^2 - u_{n-1}u_{n+1} = (-1)^{n-1}, \tag{10.14.8}$$

$$v_n^2 - v_{n-1}v_{n+1} = 5(-1)^n. \tag{10.14.9}$$

现在来着手定理的证明, 首先注意到: (i) 由递推公式得出, 或者说由 (10.14.8) (10.14.9) (10.14.7) 得出, (ii) 由 (10.14.7) 得出.

其次, 假设 (iii) 对 $r = 1, 2, \cdots, R-1$ 为真. 由 (10.14.6) 有

$$2u_{Rn} = u_n v_{(R-1)n} + u_{(R-1)n}v_n.$$

如果 u_n 是奇数, 那么 $u_n \mid 2u_{Rn}$, 从而 $u_n \mid u_{Rn}$. 如果 u_n 是偶数, 那么由 (ii) 知 v_n 是偶数, 由假设知 $u_{(R-1)n}$ 是偶数, 又由 (ii) 知 $v_{(R-1)n}$ 也是偶数. 于是可以记

$$u_{Rn} = u_n \cdot \frac{1}{2}v_{(R-1)n} + u_{(R-1)n} \cdot \frac{1}{2}v_n,$$

从而再次有 $u_n \mid u_{Rn}$.

这就对所有正数 r 证明了 (iii). 公式 (10.14.5) 表明 (iii) 对负的 r 也为真.

为了证明 (iv), 我们注意到: 如果 $(m, n) = d$, 就存在 (正的或者负的) 整数 r, s 满足

$$rm + sn = d,$$

根据 (10.14.6) 有

$$2u_d = u_{rm}v_{sn} + u_{sn}v_{rm}. \tag{10.14.10}$$

于是, 如果 $(u_m, u_n) = h$, 就有

$$h \mid u_m, \ h \mid u_n \quad \to \quad h \mid u_{rm}, \ h \mid u_{sn} \quad \to \quad h \mid 2u_d.$$

如果 h 是奇数, 则 $h \mid u_d$. 如果 h 是偶数, 则 u_m 和 u_n 都是偶数, 所以根据 (ii) 和 (iii) 可知, $u_{rm}, u_{sn}, v_{rm}, v_{sn}$ 也全都是偶数. 这样一来, 就可以将 (10.14.10) 写成

$$u_d = u_{rm}\left(\frac{1}{2}v_{sn}\right) + u_{sn}\left(\frac{1}{2}v_{rm}\right),$$

由此和以前一样可以得出 $h \mid u_d$, 从而在任何情形下均有 $h \mid u_d$. 根据 (iii) 又有 $u_d \mid u_m$, $u_d \mid u_n$, 所以

$$u_d \mid (u_m, u_n) = h .$$

从而有

$$h = u_d,$$

这就是 (iv).

最后, 如果 $(m, n) = 1$, 由 (iii) 有

$$u_m \mid u_{mn}, \quad u_n \mid u_{mn},$$

根据 (iv) 又有 $(u_m, u_n) = 1$. 于是

$$u_m u_n \mid u_{mn} .$$

特别地由 (iii) 推得: 仅当 m 为 4 (此时 $u_4 = 3$) 或者 m 是一个奇素数 p 时, u_m 才能是素数. 然而 u_p 不一定是素数: 例如

$$u_{53} = 53\,316\,291\,173 = 953 \times 55\,945\,741.$$

定理 180 每个素数 p 都整除某个 Fibonacci 数 (于是也必整除其中的无穷多个数). 特别有:

如果 $p = 5m \pm 1$, 则

$$u_{p-1} \equiv 0 \pmod{p};$$

而当 $p = 5m \pm 2$ 时, 则

$$u_{p+1} \equiv 0 \pmod{p}.$$

由于 $u_3 = 2$ 以及 $u_5 = 5$, 不妨假设 $p \neq 2, p \neq 5$. 由 (10.13.12) 和 (10.14.1) 推得

$$2^{n-1} u_n = n + \binom{n}{3} 5 + \binom{n}{5} 5^2 + \cdots, \tag{10.14.11}$$

其中最后一项当 n 为奇数时是 $5^{\frac{1}{2}(n-1)}$, 当 n 为偶数时是 $n \times 5^{\frac{1}{2}n-1}$. 如果 $n = p$, 根据定理 71 和定理 83 有

$$2^{p-1} \equiv 1, \quad 5^{\frac{1}{2}(p-1)} \equiv \left(\frac{5}{p}\right) \pmod{p}.$$

诸二项系数中除了最后一个以外 (最后一个为 1), 全都可以被 p 整除. 从而有

$$u_p \equiv \left(\frac{5}{p}\right) = \pm 1 \pmod{p},$$

由 (10.14.8) 就有

$$u_{p-1}u_{p+1} \equiv 0 \pmod{p}.$$

又因为 $(p-1, p+1) = 2$, 由定理 179(iv) 有

$$(u_{p-1}, u_{p+1}) = u_2 = 1.$$

于是 u_{p-1} 和 u_{p+1} 中有且仅有一个数能被 p 整除.

为了区分这两种情形, 在 (10.14.11) 中取 $n = p + 1$. 那么就有

$$2^p u_{p+1} = (p+1) + \binom{p+1}{3}5 + \cdots + (p+1)5^{\frac{1}{2}(p-1)}.$$

这里除了第一个系数以及最后一个系数以外, 其他所有的系数均能被 p 整除,[①] 所以有

$$2^p u_{p+1} \equiv 1 + \left(\frac{5}{p}\right) \pmod{p}.$$

这样一来, 当 $\left(\dfrac{5}{p}\right) = -1$ 即 $p \equiv \pm 2 \pmod 5$ 时有 $u_{p+1} \equiv 0 \pmod p$,[②] 而在相反的情形有 $u_{p-1} \equiv 0 \pmod p$.

15.4 节将给出定理 180 的另一个证明.

10.15 用渐近分数作逼近

我们来证明一些定理以结束本章, 这些定理的重要性在第 11 章中会表现得更加突出.

根据定理 171,

$$\left| \frac{p_n}{q_n} - x \right| < \frac{1}{q_n^2},$$

所以 p_n/q_n 提供了对 x 的很好的逼近. 下面的定理表明: 在所有不比 p_n/q_n 更复杂的分数中, 也即在所有分母不超过 q_n 的分数中, 分数 p_n/q_n 给出了 x 的**最佳逼近**.

定理 181 如果 $n > 1$,[③] $0 < q \leqslant q_n$, 且 $p/q \neq p_n/q_n$, 那么

---

① 根据定理 73, $\binom{p+1}{\nu}$ (其中 $3 \leqslant \nu \leqslant p-1$) 是整数. 其分子含有 p, 但分母不含 p.

② 根据定理 97.

③ 对 $n > 1$ 陈述定理 181 和定理 182 是为了避免无意义的复杂情形. 我们的证明对于 $n = 1$ 依然正确, 除非 $q_2 = q_{n+1} = 2$, 而这种情形仅当 $a_1 = a_2 = 1$ 才是可能的. 此时有

$$x = a_0 + \frac{1}{1+}\frac{1}{1+}\frac{1}{a_3 + \cdots}, \quad \frac{p_1}{q_1} = a_0 + 1,$$

以及

$$a_0 + \frac{1}{2} < x < a_0 + 1,$$

除非该分数在第二个 1 处就终止. 如若不然, 那么 p_1/q_1 就比任何其他的整数更接近 x. 但在例外的情形 $x = a_0 + \dfrac{1}{2}$, 存在两个与 x 等距的整数, 从而 (10.15.1) 有可能成为等式.

$$\left| \frac{p_n}{q_n} - x \right| < \left| \frac{p}{q} - x \right|. \tag{10.15.1}$$

它包含在一个更强的定理之中, 叙述如下.

定理 182 如果 $n > 1, 0 < q \leqslant q_n$, 且 $p/q \neq p_n/q_n$, 那么

$$|p_n - q_n x| < |p - q x|. \tag{10.15.2}$$

可以假设 $(p, q) = 1$. 根据定理 171 有

$$|p_n - q_n x| < |p_{n-1} - q_{n-1} x|,$$

所以只要在 $q_{n-1} < q \leqslant q_n$ 的假设条件下来证明定理就够了, 下面用归纳法来加以证明.

首先, 假设 $q = q_n$, 那么, 如果 $p \neq p_n$, 就有

$$\left| \frac{p_n}{q_n} - \frac{p}{q_n} \right| \geqslant \frac{1}{q_n}.$$

但是由定理 171 和定理 156 有

$$\left| \frac{p_n}{q_n} - x \right| \leqslant \frac{1}{q_n q_{n+1}} < \frac{1}{2 q_n},$$

从而

$$\left| \frac{p_n}{q_n} - x \right| < \left| \frac{p}{q_n} - x \right|,$$

这就是 (10.15.2).

其次, 假设 $q_{n-1} < q < q_n$, 所以 p/q 既不等于 p_{n-1}/q_{n-1}, 也不等于 p_n/q_n. 如果记

$$\mu p_n + \nu p_{n-1} = p, \qquad \mu q_n + \nu q_{n-1} = q,$$

那么

$$\mu(p_n q_{n-1} - p_{n-1} q_n) = p q_{n-1} - q p_{n-1},$$

所以

$$\mu = \pm(p q_{n-1} - q p_{n-1}).$$

类似地有

$$\nu = \pm(p q_n - q p_n).$$

于是 μ 和 ν 都是整数, 且它们均不为 0.

由于 $q = \mu q_n + \nu q_{n-1} < q_n$, μ 和 ν 必定有相反的符号. 根据定理 171,

$$p_n - q_n x, \quad p_{n-1} - q_{n-1} x$$

有相反的符号. 从而

$$\mu(p_n - q_n x), \quad \nu(p_{n-1} - q_{n-1} x)$$

有相同的符号. 然而

$$p - qx = \mu(p_n - q_n x) + \nu(p_{n-1} - q_{n-1} x),$$

从而

$$|p - qx| > |p_{n-1} - q_{n-1}x| > |p_n - q_n x|.$$

我们的下一个定理对定理 171 中的不等式 (10.9.1) 给出了改进.

定理 183 在 x 的任意两个相邻的渐近分数中, 至少有一个满足不等式

$$\left|\frac{p}{q} - x\right| < \frac{1}{2q^2}. \tag{10.15.3}$$

由于渐近分数是交替地小于和大于 x 的, 我们就有

$$\left|\frac{p_{n+1}}{q_{n+1}} - \frac{p_n}{q_n}\right| = \left|\frac{p_n}{q_n} - x\right| + \left|\frac{p_{n+1}}{q_{n+1}} - x\right|. \tag{10.15.4}$$

如果 (10.15.3) 对 p_n/q_n 和 p_{n+1}/q_{n+1} 都不成立, 那么 (10.15.4) 就蕴涵

$$\frac{1}{q_n q_{n+1}} = \left|\frac{p_{n+1}q_n - p_n q_{n+1}}{q_n q_{n+1}}\right| = \left|\frac{p_{n+1}}{q_{n+1}} - \frac{p_n}{q_n}\right| \geqslant \frac{1}{2q_n^2} + \frac{1}{2q_{n+1}^2},$$

也就是

$$(q_{n+1} - q_n)^2 \leqslant 0,$$

而这是不成立的, 除非在

$$n = 0, \quad a_1 = 1, \quad q_1 = q_0 = 1$$

的特殊情况下, 此时有

$$0 < \frac{p_1}{q_1} - x = 1 - \frac{1}{1+} \frac{1}{a_2 +} \cdots < 1 - \frac{a_2}{a_2 + 1} \leqslant \frac{1}{2},$$

定理依然为真.

由此推出, 当 x 为无理数时, 就存在无穷多个满足 (10.15.3) 的渐近分数 p_n/q_n. 本章最后一个定理指出, 这个不等式刻画了渐近分数的特征.

定理 184 如果

$$\left|\frac{p}{q} - x\right| < \frac{1}{2q^2}, \tag{10.15.5}$$

那么 p/q 是一个渐近分数.

如果 (10.15.5) 为真, 那么

$$\frac{p}{q} - x = \frac{\varepsilon\theta}{q^2},$$

其中

$$\varepsilon = \pm 1, \quad 0 < \theta < \frac{1}{2}.$$

可以将 p/q 表示成有限连分数

$$[a_0, a_1, \cdots, a_n].$$

根据定理 158 可知, 我们可以自行决定取 n 为奇数或者偶数, 不妨假设

$$\varepsilon = (-1)^{n-1}.$$

记

$$x = \frac{\omega p_n + p_{n-1}}{\omega q_n + q_{n-1}},$$

其中 p_n/q_n, p_{n-1}/q_{n-1} 是 p/q 的连分数的最后两个渐近分数. 这样就有

$$\frac{\varepsilon\theta}{q_n^2} = \frac{p_n}{q_n} - x = \frac{p_n q_{n-1} - p_{n-1} q_n}{q_n(\omega q_n + q_{n-1})} = \frac{(-1)^{n-1}}{q_n(\omega q_n + q_{n-1})},$$

因此

$$\frac{q_n}{\omega q_n + q_{n-1}} = \theta.$$

于是

$$\omega = \frac{1}{\theta} - \frac{q_{n-1}}{q_n} > 1$$

(因为 $0 < \theta < \frac{1}{2}$). 这样, 根据定理 172 可知, p_{n-1}/q_{n-1} 和 p_n/q_n 是 x 的相邻渐近分数. 但是 $p_n/q_n = p/q$. 这就完成了定理的证明.

本 章 附 注

10.1 节. 本章及第 11 章的许多证明都是效仿 Perron 的 *Kettenbrüche* 和 *Irrationalzahlen* 两本书中的证明给出的, 前一本书包含了有关这个问题的早期历史的完整的参考文献. 在 Cassels 的 *Diophantine Approximation*、Olds 的 *Continued Fractions* 以及 Wall 的 *Analytic theory of continued fractions* (New York, van Norstrand, 1948) 这几本书中有一些用英文写的说明. Stark 的 *Number Theory* 一书中给出了一些附加的参考文献和资料.

10.12 节. 定理 177 是 Lagrange 对于这个理论的最为著名的贡献. 这里给出的证明 (Perron, *Kettenbrüche*, 77) 属于 Charves.

10.13 节至 10.14 节. 关于 Fibonacci 数列及类似的数列有大量的参考文献. 见 Bachmann, *Niedere Zahlentheorie*, ii, 第 2 章; Dickson, *History*, i, 第 17 章; D. H. Lehmer, *Annals of Math.* (2), **31** (1930), 419-448.

第 11 章　用有理数逼近无理数

11.1　问题的表述

本章考虑的问题是用一个有理分数

$$r = \frac{p}{q}$$

来逼近一个给定的数 ξ (通常是个无理数). 我们始终假设 $0 < \xi < 1$, 且 p/q 是不可约的.[①]

由于有理数在连续统中是稠密的, 对任何 ξ, 都有任意接近它的有理数存在. 给定 ξ 和任意正数 ε, 存在一个 $r = p/q$ 使得

$$|r - \xi| = \left| \frac{p}{q} - \xi \right| \leqslant \varepsilon.$$

任何数都可以用有理数按照给定的精确度来作逼近. 我们现在要问: 可以怎样简单地逼近 ξ? 或者换一个等价的说法, 我们可以怎样快地逼近 ξ? 给定 ξ 和 ε, p/q 需要有多复杂 (也就是 q 要有多大) 才能确保给出的逼近达到精确度 ε? 给定 ξ 和 q 或者 q 的某个上界, 逼近的精确度 ε 可以达到多小?

我们已经做过一些工作来回答这些问题. 例如, 第 3 章 (定理 36) 已经证明: 给定 ξ 和 n,

$$\exists p, q, \quad 0 < q \leqslant n, \quad \left| \frac{p}{q} - \xi \right| \leqslant \frac{1}{q(n+1)},$$

从而更加有

$$\left| \frac{p}{q} - \xi \right| < \frac{1}{q^2}. \tag{11.1.1}$$

第 10 章利用连分数证明了若干个类似的定理.[②] 不等式 (11.1.1) 或者同一类型的更强不等式将会在这一章反复出现.

当我们更仔细地研究 (11.1.1) 时, 可以立即看出必须要区分两种情况.

(1) **ξ 是有理数 a/b.** 如果 $r \neq \xi$, 那么

$$|r - \xi| = \left| \frac{p}{q} - \frac{a}{b} \right| = \frac{|bp - aq|}{bq} \geqslant \frac{1}{bq}, \tag{11.1.2}$$

[①] 除了在 11.12 节以外, 本章其他地方均这样假设.

[②] 见定理 171 和定理 183.

所以 (11.1.1) 包含 $q < b$. 于是 (11.1.1) 仅有有限多个解.

(2) **ξ 是无理数**. 此时 (11.1.1) 有无穷多个解. 这是因为, 如果 p_n/q_n 是 ξ 的连分数展开式中的任何一个渐近分数, 由定理 171 有

$$\left| \frac{p_n}{q_n} - \xi \right| < \frac{1}{q_n^2},$$

所以 p_n/q_n 是一个解.

定理 185　　*如果 ξ 是无理数, 则有无穷多个分数 p/q 满足 (11.1.1).*

11.3 节将给出一个不依赖于连分数理论的证明.

11.2　问题的推广

可以从两个不同的观点来看我们的问题. 假设 ξ 是无理数.

(1) 首先来考虑 ε. 给定 ξ, 对什么样的函数

$$\Phi = \Phi\left(\xi, \frac{1}{\varepsilon}\right),$$

以下的结论为真: 对给定的 ξ 和每个正数 ε,

$$\exists p, q, \quad q \leqslant \Phi, \quad \left| \frac{p}{q} - \xi \right| \leqslant \varepsilon? \tag{11.2.1}$$

或者说, 对于什么样的与 ξ 无关的函数

$$\Phi = \Phi\left(\frac{1}{\varepsilon}\right),$$

(11.2.1) 对每个 ξ 以及每个正的 ε 均为真? 显然, 当 ε 趋向于 0 时, 具有这些性质的任何 Φ 都必定趋向于无穷, 但是它趋向于无穷越是慢一些, 它起的作用就会更好一些.

的确有某些函数 Φ 具有所要求的性质. 例如可以取

$$\Phi = \left\lfloor \frac{1}{2\varepsilon} \right\rfloor + 1,$$

以及取 $q = \Phi$. 这样就存在一个 p 使得

$$\left| \frac{p}{q} - \xi \right| \leqslant \frac{1}{2q} < \varepsilon,$$

因此这个 Φ 满足我们的要求. 如果可能的话, 剩下的问题是要求寻求 Φ 的更为有利的形式.

(2) 可以首先来考虑 q. 给定 ξ, 对于什么样的与 q 一起趋向于无穷的函数

$$\phi = \phi(\xi, q),$$

以下结论为真:

$$\exists p, \quad \left| \frac{p}{q} - \xi \right| \leqslant \frac{1}{\phi}? \tag{11.2.2}$$

或者说, 对于什么样的与 ξ 无关的函数

$$\phi = \phi(q),$$

(11.2.2) 对每个 ξ 均为真? 这里自然是 ϕ 越大越好. 如果我们将此问题表述成第二种也是更强的形式, 它就和问题 (1) 的第二种形式完全一样了. 如果 ϕ 是关于 Φ 的反函数, 那么断言 (11.2.1) 为真 (其中 Φ 与 ξ 无关) 与断言 (11.2.2) 对所有 ξ 和 q 为真就完全是一回事.

然而, 目前来说, 这些问题并不是我们最感兴趣的问题. 我们对于用任意的分母 q 给出 ξ 的逼近不如对用一个适当选择的 q 给出 ξ 的逼近那样感兴趣. 例如, 我们对于用分母 11 来逼近 π 并没有很大的兴趣, 而有意义的是用两个特殊的分母 7 和 113 给出的令人极其惊奇的逼近 $\frac{22}{7}$ 以及 $\frac{355}{113}$. 我们要问的不是用 q 可以如何密切地逼近 ξ, 而是对无穷多个 q 的值, 我们可以怎样密切地逼近 ξ?

于是本章剩下的部分将关注下面的问题: 对什么样的 $\phi = \phi(\xi, q)$ 或者 $\phi = \phi(q)$, 以下结论为真: 对一个给定的 ξ, 或者对所有的 ξ, 或者是对某个范围内的所有 ξ,

$$\left| \frac{p}{q} - \xi \right| \leqslant \frac{1}{\phi} \tag{11.2.3}$$

能对无穷多个 q 以及合适的 p 成立? 根据定理 171 可以知道, 对所有无理数 ξ 可以取 $\phi = q^2$.

11.3 Dirichlet 的一个论证方法

本节要用与连分数理论无关的一个方法来证明定理 185. 这个方法并没有给出任何新的东西, 但是由于它可以推广到多维的问题中, 因而具有极大的重要性.[①]

我们已经定义了 $\lfloor x \rfloor$, 此即不超过 x 的最大整数. 用

$$(x) = x - \lfloor x \rfloor$$

来定义 (x)[②], 用 $\overline{x}$ 表示 x 与离它最近的整数之间的差, 当 x 为 $n + \frac{1}{2}$ 时, 习惯上取 $\overline{x} = \frac{1}{2}$. 这样就有

$$\left\lfloor \frac{5}{3} \right\rfloor = 1, \quad \left(\frac{5}{3} \right) = \frac{2}{3}, \quad \overline{\frac{5}{3}} = -\frac{1}{3}.$$

---

① 见 11.12 节.

② 在现代数论著作中, 通常用符号 $\{x\}$ 来代替这里的符号 (x). ——译者注

假设 ξ 和 ε 已经给定. 那么 $Q+1$ 个数

$$0,\ (\xi),\ (2\xi),\cdots,(Q\xi)$$

就定义了分布在 Q 个区间 (或者 "盒子") 中的 $Q+1$ 个点

$$\frac{s}{Q}\leqslant x<\frac{s+1}{Q}\quad(s=0,1,\cdots,Q-1).$$

其中必定至少有一个盒子中至少包含两个点, 从而存在两个不大于 Q 的数 q_1 和 q_2, 使得 $(q_1\xi)$ 和 $(q_2\xi)$ 之间的差小于 $1/Q$. 如果 q_2 大一些, 记 $q=q_2-q_1$, 则有 $0<q\leqslant Q$ 以及 $|\overline{q\xi}|<1/Q$, 于是存在一个 p 使得

$$|q\xi-p|<\frac{1}{Q}.$$

这样一来, 取

$$Q=\left\lfloor\frac{1}{\varepsilon}\right\rfloor+1,$$

得到

$$\exists p,q,\quad q\leqslant\left\lfloor\frac{1}{\varepsilon}\right\rfloor+1,\quad\left|\frac{p}{q}-\xi\right|<\frac{\varepsilon}{q}$$

(它和定理 36 中的结果几乎一样) 以及

$$\left|\frac{p}{q}-\xi\right|<\frac{1}{qQ}\leqslant\frac{1}{q^2},\tag{11.3.1}$$

这就是 (11.1.1).

如果 ξ 是有理数, 那么它只有有限多个解.[1] 我们需要证明, 当 ξ 是无理数时有无限多个解. 假设

$$\frac{p_1}{q_1},\ \frac{p_2}{q_2},\ \cdots,\ \frac{p_k}{q_k}$$

是它所有的解. 既然 ξ 是无理数, 所以存在一个 Q 使得

$$\left|\frac{p_s}{q_s}-\xi\right|>\frac{1}{Q}\quad(s=1,2,\cdots,k).$$

然而 (11.3.1) 中的 p/q 满足

$$\left|\frac{p}{q}-\xi\right|<\frac{1}{qQ}\leqslant\frac{1}{Q},$$

所以 p/q 不是诸 p_s/q_s 中的任何一个, 矛盾. 于是此时 (11.1.1) 的解的个数无穷.

Dirichlet 的论证方法证明了: $q\xi$ 接近于一个整数, 所以 $(q\xi)$ 接近于 0 或者 1, 我们对这两种情形不加以区分. 11.1 节中的讨论给出更多的内容: 因为

$$\frac{p_n}{q_n}-\xi=\frac{(-1)^{n-1}}{q_nq'_{n+1}}$$

根据 n 是奇数还是偶数而取正值或者负值, 因而 $q_n\xi$ 交替地取稍小于或者稍大于 p_n 的值.

---

[1] 11.1 节中有关这一点的证明与连分数无关.

11.4 逼 近 的 阶

称 ξ 可以用有理数作阶为 n 的逼近, 如果存在一个只与 ξ 有关的 $K(\xi)$, 不等式

$$\left|\frac{p}{q} - \xi\right| < \frac{K(\xi)}{q^n} \tag{11.4.1}$$

有无穷多个解.

我们可以排除 ξ 是有理数这一平凡的情形. 如果回过头来看 (11.1.2), 并注意到方程 $bp - aq = 1$ 有无穷多个解, 就得到以下定理.

定理 186 对有理数可以作出一阶逼近, 且没有更高阶的逼近.

于是可以假设 ξ 是无理数. 根据定理 171 有以下定理.

定理 187 对任何无理数可以作出二阶逼近.

当 ξ 是二次根式 (也就是一个整系数的二次方程的根) 时, 我们可以走得更远一些. 有时可以把这样的 ξ 说成是一个二次无理数, 或者简称为 "二次数".

定理 188 对二次无理数可以作出二阶逼近, 且不可能有更高阶的逼近.

根据定理 177 知, 二次数 ξ 的连分数是循环连分数. 特别地, 它的商[①]是有界的, 所以有

$$0 < a_n < M,$$

其中 M 只与 ξ 有关. 从而由 (10.5.2) 有

$$q'_{n+1} = a'_{n+1}q_n + q_{n-1} < (a_{n+1} + 1)q_n + q_{n-1} < (M+2)q_n,$$

所以更有 $q_{n+1} < (M+2)q_n$. 类似地有 $q_n < (M+2)q_{n-1}$.

现在假设

$$q_{n-1} < q \leqslant q_n.$$

那么 $q_n < (M+2)q$, 又由定理 181 有

$$\left|\frac{p}{q} - \xi\right| \geqslant \left|\frac{p_n}{q_n} - \xi\right| = \frac{1}{q_n q'_{n+1}} > \frac{1}{(M+2)q_n^2} > \frac{1}{(M+2)^3 q_{n-1}^2} > \frac{K}{q^2},$$

其中 $K = (M+2)^{-3}$, 这就证明了定理.

定理 188 否定的那一半是我们将要在 11.7 节中不用连分数来证明的一个定理 (定理 191) 的特例. 这需要一些初步的说明以及一些新的定义.

---

① 这里的商指的是连分数的 "部分商", 参见 10.1 节中定义部分商时作者所做的一个说明. 以下同此, 不再说明. ——译者注

11.5　代数数和超越数

代数数 (algebraic number) 是这样一个数 x, 它满足一个**代数方程** (algebraic equation), 也即一个形如

$$a_0 x^n + a_1 x^{n-1} + \cdots + a_n = 0 \tag{11.5.1}$$

的方程, 其中 $a_0, a_1, \cdots$ 皆为整数, 且 $a_0 \neq 0$.

不是代数数的数就称为**超越数** (transcendental).

如果 $x = a/b$, 那么 $bx - a = 0$, 所以任何有理数都是代数数. 任何二次根式都是代数数, 从而 $\mathrm{i} = \sqrt{-1}$ 是代数数. 但是本章只考虑**实的** (real) 代数数.

一个代数数满足任意多个不同次数的代数方程. 比如 $x = \sqrt{2}$ 满足 $x^2 - 2 = 0$, $x^4 - 4 = 0, \cdots$. 如果 x 满足一个 n 次的代数方程, 但不满足任何更低次数的代数方程, 那么就称 x 是一个 **n 次** (degree n) 代数数. 于是有理数都是一次代数数.

如果一个数度量出可以构造的长度, 则这个数是 **Euclid 数** (Euclidean). 所谓可以构造的长度指的是从一个给定的单位长度出发, 通过 Euclid 作图法 (也就是仅用直尺和圆规经过有限步骤) 可以构造出来的长度. 于是 $\sqrt{2}$ 是一个 Euclid 数. 显然, 可以用 Euclid 方法构造出像

$$\sqrt{11 + 2\sqrt{7}} - \sqrt{11 - 2\sqrt{7}} \tag{11.5.2}$$

这样的二次根式的任何有限组合. 可以把这样一个数描述为一个实二次型的数.

任何 Euclid 构造都依赖于一系列的点, 这些点是由直线以及圆的交点所定义的. 每一个点的坐标由形如

$$lx + my + n = 0$$

或者

$$x^2 + y^2 + 2gx + 2fy + c = 0$$

的两个方程所定义, 其中 l, m, n, g, f, c 都是已经构造出来的长度的度量. 两个这样的方程定义了 x 和 y 是 $l, m, \cdots$ 的实二次组合. 因此每个 Euclid 数都是实二次数这种类型的数.

数 (11.5.2) 定义为

$$x = y - z, \quad y^2 = 11 + 2t, \quad z^2 = 11 - 2t, \quad t^2 = 7,$$

消去 y、z 和 t 得到

$$x^4 - 44x^2 + 112 = 0.$$

从而 x 是代数数. 不难证明: 任何 Euclid 数都是代数数, 但是该证明需要对代数

数的一般理论有一些了解.[①]

11.6 超越数的存在性

有超越数存在这件事并不是非常显然的, 但是实际上几乎所有的实数都是超越数, 如同我们马上就会看到的那样.

可以分成三个不同的问题. 第一个问题是证明超越数的存在性 (不一定要给出一个超越数的具体例子). 第二个问题是用为此目的而特别设计的构造方法给出一个超越数的例子. 第三个问题 (这个问题要困难得多) 是证明某个独立给出的数 (例如像在分析中自然出现的 e 或者 π 那样的数) 是超越数.

可以定义方程 (11.5.1) 的秩为

$$N = n + |a_0| + |a_1| + \cdots + |a_n|.$$

N 的最小值是 2. 显然只有有限多个秩为 N 的方程

$$E_{N,1}, \ E_{N,2}, \ \cdots, \ E_{N,k_N}.$$

可以将这些方程排成序列

$$E_{2,1}, \ E_{2,2}, \ \cdots, \ E_{2,k_2}, \ E_{3,1}, \ E_{3,2}, \ \cdots, \ E_{3,k_3}, \ E_{4,1}, \cdots,$$

这样就把它们和诸数 $1, 2, 3, \cdots$ 建立了对应关系. 从而方程的集合是可数的. 然而每个代数数对应至少一个这样的方程, 而且与任何一个方程对应的代数数的个数是有限的. 于是有以下定理.

定理 189　代数数的集合是可数的.

特别地, 实代数数的集合的测度为零.

定理 190　几乎所有的实数都是超越数.

Cantor 并不曾有关于测度的现代的概念, 他对超越数的存在性定理的证明与此不同. 根据定理 189, 只要证明连续统 $0 \leqslant x < 1$ 是不可数的就足够了. 我们用十进制小数

$$x = 0.a_1 a_2 a_3 \cdots$$

来表示 x (如在 9.1 节中所指出的, 从某处开始往后所有的 a_n 均为 9 这种情形被排除在外). 假设连续统是可数的, 它的元素就可以排列成 $x_1, x_2, x_3, \cdots$, 令

[①] 事实上, 由方程 $\alpha_0 x^n + \alpha_1 x^{n-1} + \cdots + \alpha_n = 0$ (其中 $\alpha_0, \alpha_1, \cdots, \alpha_n$ 是代数数) 定义的任何数都是代数数. 有关它的证明参见 Hecke 66, 或《纯数学教程 (第 9 版)》. [英] 哈代著, 张明尧译. 人民邮电出版社, 2020 年 6 月, 39.

$$x_1 = 0.a_{11}a_{12}a_{13}\ldots,$$
$$x_2 = 0.a_{21}a_{22}a_{23}\ldots,$$
$$x_3 = 0.a_{31}a_{32}a_{33}\ldots,$$
$$\cdots$$

如果现在用

$$a_n = a_{nn} + 1 \quad (\text{如果 } a_{nn} \text{ 不是 8 也不是 9}),$$
$$a_n = 0 \quad (\text{如果 } a_{nn} \text{ 是 8 或者是 9})$$

来定义 a_n, 那么对任何 n 皆有 $a_n \neq a_{nn}$. 从而 x 不可能是 $x_1, x_2, \cdots$ 中的任何一个, 这是因为它的十进制小数与任何 x_n 在第 n 位上都不相同. 矛盾.

11.7   Liouville 定理和超越数的构造

Liouville 证明了一个定理, 依据这个定理, 可以造出任意多个超越数的例子来. 它是定理 188 中否定的那一半结论在任意次数的代数数上的一个推广.

定理 191   一个 n 次的实代数数不可能有高于 n 阶的逼近.

一个代数数 ξ 满足一个整系数方程

$$f(\xi) = a_0\xi^n + a_1\xi^{n-1} + \cdots + a_n = 0.$$

存在一个数 $M(\xi)$ 使得

$$|f'(x)| < M \quad (\xi - 1 < x < \xi + 1). \tag{11.7.1}$$

现在假设 $p/q \neq \xi$ 是 ξ 的一个逼近. 可以假设此逼近足够接近 ξ, 从而得以保证 p/q 位于 $(\xi - 1, \xi + 1)$ 之中, 且它比 $f(x) = 0$ 的任何其他的根都更接近于 ξ, 所以 $f(p/q) \neq 0$. 那样就有

$$\left| f\left(\frac{p}{q}\right) \right| = \frac{|a_0 p^n + a_1 p^{n-1}q + \cdots|}{q^n} \geqslant \frac{1}{q^n}, \tag{11.7.2}$$

这是因为它的分子是一个正整数. 又有

$$f\left(\frac{p}{q}\right) = f\left(\frac{p}{q}\right) - f(\xi) = \left(\frac{p}{q} - \xi\right) f'(x), \tag{11.7.3}$$

其中 x 位于 p/q 和 ξ 之间. 由 (11.7.2) 和 (11.7.3) 推出

$$\left| \frac{p}{q} - \xi \right| = \frac{|f(p/q)|}{|f'(x)|} > \frac{1}{Mq^n} = \frac{K}{q^n},$$

于是 ξ 不可能有高于 n 阶的逼近.

$n = 1$ 和 $n = 2$ 的情形包含在定理 186 和定理 188 之中. 当然, 这些定理中既包含有肯定的结论, 也包含有否定的结论.

(a) 例如, 假设

$$\xi = 0.110\,001\,000\cdots = 10^{-1!} + 10^{-2!} + 10^{-3!} + \cdots,$$

又设 $n > N$, 且 ξ_n 是这个级数的前 n 项之和. 那么就有, 比方说

$$\xi_n = \frac{p}{10^{n!}} = \frac{p}{q}.$$

又有

$$0 < \xi - \frac{p}{q} = \xi - \xi_n = 10^{-(n+1)!} + 10^{-(n+2)!} + \cdots < 2 \times 10^{-(n+1)!} < 2q^{-N}.$$

从而 ξ 不是一个次数小于 N 的代数数. 由于 N 是任意的, 所以 ξ 是超越数.

(b) 假设

$$\xi = \frac{1}{10+} \frac{1}{10^{2!}+} \frac{1}{10^{3!}+\cdots},$$

又设 $n > N$, 且

$$\frac{p}{q} = \frac{p_n}{q_n}$$

是 ξ 的第 n 个渐近分数. 那么

$$\left| \frac{p}{q} - \xi \right| = \frac{1}{q_n q'_{n+1}} < \frac{1}{a_{n+1} q_n^2} < \frac{1}{a_{n+1}}.$$

现有 $a_{n+1} = 10^{(n+1)!}$ 以及

$$q_1 < a_1 + 1, \qquad \frac{q_{n+1}}{q_n} = a_{n+1} + \frac{q_{n-1}}{q_n} < a_{n+1} + 1 \quad (n \geqslant 1),$$

因此有

$$q_n < (a_1 + 1)(a_2 + 1)\cdots(a_n + 1)$$
$$< \left(1 + \frac{1}{10}\right)\left(1 + \frac{1}{10^2}\right)\cdots\left(1 + \frac{1}{10^n}\right) a_1 a_2 \cdots a_n$$
$$< 2 a_1 a_2 \cdots a_n = 2 \times 10^{1!+\cdots+n!} < 10^{2(n!)} = a_n^2,$$

$$\left| \frac{p}{q} - \xi \right| < \frac{1}{a_{n+1}} = \frac{1}{a_n^{n+1}} < \frac{1}{a_n^n} < \frac{1}{q_n^{\frac{1}{2}n}} < \frac{1}{q_n^{\frac{1}{2}N}}.$$

可以与以前一样断言 ξ 是超越数.

定理 192 数 $\xi = 10^{-1!} + 10^{-2!} + 10^{-3!} + \cdots$ 和 $\xi = \dfrac{1}{10^{1!}+} \dfrac{1}{10^{2!}+} \dfrac{1}{10^{3!}+\cdots}$ 都是超越数.

显然, 我们可以用其他的整数来代替 10, 还可以用许多其他的方式来对它的构造加以变化. 这种构造的一般原则可简单归结为: 由有理逼近的一个充分快的序列所定义的数一定是超越数. 而正是像 $\sqrt{2}$ 和 $\dfrac{1}{2}(\sqrt{5} - 1)$ 这样最简单的无理数是具有最慢逼近的无理数.

要证明一个"自然"给定的数是超越数远为困难得多. 我们将在 11.13 节至 11.14 节中证明 e 和 π 是超越数. 即便是现在也只有很少的几类超越数是已知的. 例如, 这些数类中包括

$$e,\ \pi,\ \sin 1,\ J_0(1),\ \ln 2,\ \frac{\ln 3}{\ln 2},\ e^{\pi},\ 2^{\sqrt{2}},$$

但不包括 2^e、2^{π}、π^e 以及 Euler 常数 γ. 对于后面这些数, 至今尚未证明出其中任何一个数是无理数.

11.8　对任意无理数的最佳逼近的度量

我们知道, 每个无理数都有无穷多个满足 (11.1.1) 的逼近. 的确, 根据第 10 章中的定理 183, 它还有无穷多个更好的逼近. 我们还知道, 一个代数数如果是一个类型相对比较简单的无理数, 那它是不可能被"太快地"逼近的, 然而定理 192 中的超越数却可以有异常快的逼近.

根据定理 181, ξ 的最佳逼近由 ξ 的连分数的渐近分数 p_n/q_n 给出, 且

$$\left|\frac{p_n}{q_n} - \xi\right| = \frac{1}{q_n q'_{n+1}} < \frac{1}{a_{n+1} q_n^2},$$

所以当 a_{n+1} 很大时我们就得到了特别好的逼近. 显然, 粗略地说, ξ 能否被快速逼近, 要根据它的连分数是否包含一列快速增长的商而定. 定理 192 中的第二个 ξ (它的商以很高的速度增大) 就是一个极富教益的例子.

再次粗略地说, ξ 的连分数的构造为 ξ 的"简单性"或者"复杂性"提供了一个尺度. 因此定理 192 中的第二个 ξ 就是一个"复杂的"数. 反过来, 如果 a_n 性状规则, 且不会变得太大, 那么 ξ 就有理由被视为一个"简单的"数. 此时, 对 ξ 的有理逼近不可能太好. 从有理逼近的观点来说, 越简单的数越难以有理逼近.

从这个观点来看, 所有无理数中"最简单的"数是

$$\xi = \frac{1}{2}(\sqrt{5} - 1) = \frac{1}{1+}\frac{1}{1+}\frac{1}{1+\cdots}, \tag{11.8.1}$$

其中每个 a_n 都取最小的正整数值. 这个分数的渐近分数是

$$\frac{0}{1}, \frac{1}{1}, \frac{1}{2}, \frac{2}{3}, \frac{3}{5}, \frac{5}{8}, \cdots,$$

所以 $q_{n-1} = p_n$, 且

$$\frac{q_{n-1}}{q_n} = \frac{p_n}{q_n} \to \xi.$$

于是当 $n \to \infty$ 时

$$\left|\frac{p_n}{q_n} - \xi\right| = \frac{1}{q_n q'_{n+1}} = \frac{1}{q_n\{(1+\xi)q_n + q_{n-1}\}}$$
$$= \frac{1}{q_n^2}\left(1 + \xi + \frac{q_{n-1}}{q_n}\right)^{-1} \sim \frac{1}{q_n^2}\frac{1}{1+2\xi} = \frac{1}{q_n^2\sqrt{5}}.$$

这些考虑启发我们有下面的定理成立.

定理 193　任何无理数 ξ 都有无穷多个满足

$$\left|\frac{p}{q} - \xi\right| < \frac{1}{q^2\sqrt{5}} \tag{11.8.2}$$

的逼近.

这个定理的证明需要对由连分数的渐近分数给出的逼近作进一步的分析. 这将在下一节中给出, 不过我们首先对这个定理证明一个补充结论, 这个结论表明: 在某种意义下, (11.8.2) 给出的逼近已经是 "最佳" 的了.

定理 194　在定理 193 中, 数 $\sqrt{5}$ 是最佳数: 如果用任何更大的数代替 $\sqrt{5}$, 则定理不再成立.

只要证明下面的结论就够了: 如果 $A > \sqrt{5}$, 且 ξ 是特殊的数 (11.8.1), 那么不等式

$$\left|\frac{p}{q} - \xi\right| < \frac{1}{Aq^2}$$

仅有有限多个解.

假设结论不成立, 则有无穷多个 q 和 p 使得

$$\xi = \frac{p}{q} + \frac{\delta}{q^2}, \quad |\delta| < \frac{1}{A} < \frac{1}{\sqrt{5}}.$$

这样就有

$$\frac{\delta}{q} = q\xi - p, \quad \frac{\delta}{q} - \frac{1}{2}q\sqrt{5} = -\frac{1}{2}q - p,$$

$$\frac{\delta^2}{q^2} - \delta\sqrt{5} = \left(\frac{1}{2}q + p\right)^2 - \frac{5}{4}q^2 = p^2 + pq - q^2.$$

当 q 很大时, 左边在数值上小于 1, 而右边是整数. 于是有 $p^2 + pq - q^2 = 0$, 也就是 $(2p+q)^2 = 5q^2$, 而这显然是不可能的.

11.9　有关连分数的渐近分数的另一个定理

本节主要为了证明以下定理.

定理 195　ξ 的任何三个相邻的渐近分数中至少有一个满足 (11.8.2).

这个定理可以和第 10 章中的定理 183 加以比较.

记

$$\frac{q_{n-1}}{q_n} = b_{n+1}. \tag{11.9.1}$$

那么

$$\left|\frac{p_n}{q_n} - \xi\right| = \frac{1}{q_n q'_{n+1}} = \frac{1}{q_n^2}\frac{1}{a'_{n+1} + b_{n+1}},$$

因此只要证明对于 i 的三个值 $n-1, n, n+1$,

$$a'_i + b_i \leqslant \sqrt{5} \tag{11.9.2}$$

不可能都为真就够了.

假设 (11.9.2) 对 $i = n-1$ 和 $i = n$ 均为真. 我们有

$$a'_{n-1} = a_{n-1} + \frac{1}{a'_n}$$

以及

$$\frac{1}{b_n} = \frac{q_{n-1}}{q_{n-2}} = a_{n-1} + b_{n-1}. \tag{11.9.3}$$

于是

$$\frac{1}{a'_n} + \frac{1}{b_n} = a'_{n-1} + b_{n-1} \leqslant \sqrt{5},$$

从而有

$$1 = a'_n \frac{1}{a'_n} \leqslant \left(\sqrt{5} - b_n\right)\left(\sqrt{5} - \frac{1}{b_n}\right),$$

这也就是

$$b_n + \frac{1}{b_n} \leqslant \sqrt{5}.$$

由于 b_n 是有理数, 且 $b_n < 1$, 等号应排除在外. 从而

$$b_n^2 - b_n\sqrt{5} + 1 < 0, \qquad \left(\frac{1}{2}\sqrt{5} - b_n\right)^2 < \frac{1}{4}, \tag{11.9.4}$$

$$b_n > \frac{1}{2}(\sqrt{5} - 1).$$

如果 (11.9.2) 对 $i = n+1$ 也为真, 则可以类似地证明

$$b_{n+1} > \frac{1}{2}(\sqrt{5} - 1). \tag{11.9.5}$$

从而 (11.9.3),[①](11.9.4) 和 (11.9.5) 就会给出

$$a_n = \frac{1}{b_{n+1}} - b_n < \frac{1}{2}(\sqrt{5} + 1) - \frac{1}{2}(\sqrt{5} - 1) = 1,$$

矛盾. 这就证明了定理 195, 而定理 193 是它的一个推论.

---

① 用 $n+1$ 替换 n.

11.10 具有有界商的连分数

在定理 193 和定理 195 中, 数 $\sqrt{5}$ 有着特殊的地位, 这两个定理的证明依赖于数 (11.8.1) 的特殊性质. 对于这个 ξ, 每个 a_n 都是 1; 对于与这个数 (在 10.11 节的意义下) 等价的数 ξ, 从某处开始往后所有的 a_n 也都是 1. 然而对其他任何一个 ξ, a_n 的值对于无穷多个 n 来说至少是 2. 自然可以假设, 如果排除掉与 (11.8.1) 等价的 ξ, 那么定理 193 中的 $\sqrt{5}$ 就有可能被某个更大的数所代替, 实际上这也是正确的. 任何不与 (11.8.1) 等价的无理数 ξ 有无穷多个有理逼近, 它们满足

$$\left| \frac{p}{q} - \xi \right| < \frac{1}{2q^2\sqrt{2}}.$$

除了 $\sqrt{5}$ 和 $2\sqrt{2}$ 之外, 还有其他的数存在, 这些数在这种特征的问题中起着特殊的作用, 但是这里不能进一步讨论这些问题了.

如果 a_n 不是有界的, 也就是说, 如果

$$\overline{\lim_{n\to\infty}} a_n = \infty, \tag{11.10.1}$$

那么 q'_{n+1}/q_n 可以取到任意大的值, 且对每个正数 ε 和无穷多个 p 与 q 的值有

$$\left| \frac{p}{q} - \xi \right| < \frac{\varepsilon}{q^2}. \tag{11.10.2}$$

下面的定理表明, 这个结论在一般意义下为真, 这是因为在 9.10 节的意义下 (11.10.1) 对 "几乎所有的" ξ 为真.

定理 196 a_n 对几乎所有的 ξ 都是无界的, 使得 a_n 为有界的 ξ 作成的集合是零集.

可以只限于讨论 $(0,1)$ 中的 ξ (故有 $a_0 = 0$), 又因为有理数的集合是零集, 可以限于讨论无理数 ξ. 只要证明其中满足

$$a_n \leqslant k \tag{11.10.3}$$

的无理数 ξ 组成的集合 F_k 是零集就足够了, 因为使得 a_n 为有界的数的集合是诸集合 $F_1, F_2, F_3, \cdots$ 之和集.

用 $E_{a_1, a_2, \cdots, a_n}$ 来记前 n 个商有给定的值 $a_1, a_2, \cdots, a_n$ 的无理数 ξ 组成的集合. 集合 E_{a_1} 位于区间

$$\left(\frac{1}{a_1 + 1}, \quad \frac{1}{a_1} \right)$$

之中, 将此区间称为 I_{a_1}. 集合 E_{a_1, a_2} 位于区间

$$\left(\cfrac{1}{a_1 + \cfrac{1}{a_2}}, \quad \cfrac{1}{a_1 + \cfrac{1}{a_2 + 1}} \right)$$

之中, 将此区间称为 I_{a_1,a_2}. 一般来说, $E_{a_1,a_2,\cdots,a_n}$ 位于区间 $I_{a_1,a_2,\cdots,a_n}$ 之中, 该区间的端点是

$$[a_1, a_2, \cdots, a_{n-1}, a_n + 1], \quad [a_1, a_2, \cdots, a_{n-1}, a_n]$$

(第一个是当 n 为奇数时的左端点). 与不同的集合 $a_1, a_2, \cdots, a_n$ 对应的区间相互不重叠 (除了可能有公共端点之外), 选取 $a_{\nu+1}$ 将 $I_{a_1,a_2,\cdots,a_\nu}$ 分成不重叠的区间. 于是 $I_{a_1,a_2,\cdots,a_n}$ 就是

$$I_{a_1,a_2,\cdots,a_n,1}, \quad I_{a_1,a_2,\cdots,a_n,2}, \quad \cdots$$

的和. $I_{a_1,a_2,\cdots,a_n}$ 的端点也可以表示成

$$\frac{(a_n + 1)p_{n-1} + p_{n-2}}{(a_n + 1)q_{n-1} + q_{n-2}}, \quad \frac{a_n p_{n-1} + p_{n-2}}{a_n q_{n-1} + q_{n-2}},$$

它的长度 (用与表示区间所用的同样的符号来表示长度) 是

$$\frac{1}{\{(a_n + 1)q_{n-1} + q_{n-2}\}(a_n q_{n-1} + q_{n-2})} = \frac{1}{(q_n + q_{n-1})q_n}.$$

从而有

$$I_{a_1} = \frac{1}{(a_1 + 1)a_1}.$$

用 $E_{a_1,a_2,\cdots,a_n;k}$ 来记 $E_{a_1,a_2,\cdots,a_n}$ 的满足 $a_{n+1} \leqslant k$ 的子集. 这个集合是以下诸集合

$$E_{a_1,a_2,\cdots,a_n,a_{n+1}} \quad (a_{n+1} = 1, 2, \cdots, k)$$

的和集. 其中最后一个集合位于区间 $I_{a_1,a_2,\cdots,a_n,a_{n+1}}$ 之中, 它的端点是

$$[a_1, a_2, \cdots, a_n, a_{n+1} + 1], \quad [a_1, a_2, \cdots, a_n, a_{n+1}],$$

所以 $E_{a_1,a_2,\cdots,a_n;k}$ 位于区间 $I_{a_1,a_2,\cdots,a_n;k}$ 之中, 它的端点是

$$[a_1, a_2, \cdots, a_n, k + 1], \quad [a_1, a_2, \cdots, a_n, 1],$$

也就是

$$\frac{(k + 1)p_n + p_{n-1}}{(k + 1)q_n + q_{n-1}}, \quad \frac{p_n + p_{n-1}}{q_n + q_{n-1}}.$$

$I_{a_1,a_2,\cdots,a_n;k}$ 的长度是

$$\frac{k}{\{(k + 1)q_n + q_{n-1}\}(q_n + q_{n-1})},$$

且对所有 $a_1, a_2, \cdots, a_n$ 有

$$\frac{I_{a_1,a_2,\cdots,a_n;k}}{I_{a_1,a_2,\cdots,a_n}} = \frac{kq_n}{(k + 1)q_n + q_{n-1}} < \frac{k}{k + 1}. \tag{11.10.4}$$

最后, 用

$$I_k^{(n)} = \sum_{a_1 \leqslant k, \cdots, a_n \leqslant k} I_{a_1, a_2, \cdots, a_n}$$

来记 $I_{a_1, a_2, \cdots, a_n}$ 取遍 $a_1 \leqslant k, \cdots, a_n \leqslant k$ 所得的和. 用 $F_k^{(n)}$ 来记满足 $a_1 \leqslant k, \cdots, a_n \leqslant k$ 的无理数 ξ 的集合. 显然, $F_k^{(n)}$ 包含在 $I_k^{(n)}$ 之中.

首先, $I_k^{(1)}$ 是 I_{a_1} 的和 (对 $a_1 = 1, 2, \cdots, k$ 求和), 且

$$I_k^{(1)} = \sum_{a_1=1}^{k} \frac{1}{a_1(a_1+1)} = 1 - \frac{1}{k+1} = \frac{k}{k+1}.$$

一般来说, $I_k^{(n+1)}$ 是 $I_{a_1, a_2, \cdots, a_n}$ 的包含在 $I_k^{(n)}$ 中 (对于 $a_{n+1} \leqslant k$) 的那些部分的和, 也就是

$$\sum_{a_1 \leqslant k, \cdots, a_n \leqslant k} I_{a_1, a_2, \cdots, a_n; k}.$$

这样一来, 由 (11.10.4) 就有

$$I_k^{(n+1)} < \frac{k}{k+1} \sum_{a_1 \leqslant k, \cdots, a_n \leqslant k} I_{a_1, a_2, \cdots, a_n} = \frac{k}{k+1} I_k^{(n)},$$

所以

$$I_k^{(n+1)} < \left(\frac{k}{k+1}\right)^{n+1}.$$

由此推得, $F_k^{(n)}$ 可以包含在一组长度小于 $\left(\frac{k}{k+1}\right)^n$ 的区间之中, 当 $n \to \infty$ 时, 此长度趋向于 0. 因为对于每个 n, F_k 都是 $F_k^{(n)}$ 的一部分, 于是定理得证.

有可能用同样的讨论证明出更多的结果. Borel 和 F. Bernstein 正是这样证明了以下定理.

定理 197* 如果 $\phi(n)$ 是 n 的一个增函数, 它使得

$$\sum \frac{1}{\phi(n)} \tag{11.10.5}$$

发散, 那么对所有充分大的 n 都满足

$$a_n \leqslant \phi(n) \tag{11.10.6}$$

的 ξ 的集合是零集. 反过来, 如果

$$\sum \frac{1}{\phi(n)} \tag{11.10.7}$$

收敛, 那么 (11.10.6) 对几乎所有的 ξ 以及充分大的 n 为真.

定理 196 是这个定理的特例 [其中 $\phi(n)$ 是常数]. 这个一般性定理的证明当然要更复杂一些, 但它并不需要任何本质上全新的思想.

11.11　有关逼近的进一步定理

为了方便起见, 假设 a_n 稳定地、比较有规律地而且是不太快地趋向于无穷. 那么

$$\left|\frac{p_n}{q_n} - x\right| = \frac{1}{q_n q'_{n+1}} \sim \frac{1}{a_{n+1} q_n^2} = \frac{1}{q_n \chi(q_n)},$$

其中

$$\chi(q_n) = a_{n+1} q_n.$$

级数 ①

$$\sum_{\nu} \frac{1}{\chi(\nu)}, \quad \sum_{n} \frac{q_n}{\chi(q_n)}$$

(关于收敛或者发散) 的性状有某种对应关系. 后面一个级数是

$$\sum \frac{1}{a_{n+1}}.$$

这些粗略的考虑使我们想到, 如果将不等式

$$a_n < \phi(n) \tag{11.11.1}$$

与

$$\left|\frac{p}{q} - \xi\right| < \frac{1}{q \chi(q)} \tag{11.11.2}$$

进行比较, 那么在两个级数

$$\sum \frac{1}{\phi(n)}, \quad \sum \frac{1}{\chi(q)}$$

的条件之间应该存在某种对应关系. 这样一来, 11.10 节中的定理就启发我们想到下面两个定理.

定理 198　如果 $\sum \dfrac{1}{\chi(q)}$ 收敛, 那么对无穷多个 q 满足 (11.11.2) 的 ξ 组成的集合是零集.

定理 199*　如果 $\chi(q)/q$ 随着 q 的增加而增加, 且

$$\sum \frac{1}{\chi(q)}$$

发散, 那么对几乎所有的 ξ, (11.11.2) 都对无穷多个 q 为真.

定理 199 证明起来很困难. 但定理 198 非常容易, 且不需要连分数即可证明. 简单地说, 这个定理表明: 大多数的无理数都可以用有理数作误差的阶远小于 q^{-2} 的逼近, 例如误差可以为

---

① 这个思想构成了关于正项递减级数收敛或者发散的 "Cauchy 并项判别法" 的基础. 见哈代的《纯数学教程 (第 9 版)》第 182 节 [该书已由人民邮电出版社于 2020 年 6 月出版. 关于 Cauchy 并项判别法也可参看《数学百科全书》(科学出版社, 1994 第 1 版) 第 1 卷第 510 页 "Cauchy 判别法" 这一条目后的补注. ——译者注]

$$O\left\{\frac{1}{q^2(\ln q)^2}\right\}.$$

那个更难证明的定理表明: 达到阶为

$$O\left(\frac{1}{q^2 \ln q}\right), \quad O\left(\frac{1}{q^2 \ln q \ln \ln q}\right), \quad \cdots$$

的逼近通常都是可能的.

可以假设 $0 < \xi < 1$. 将每个满足 $q \geqslant N$ 的 p/q 包围在区间

$$\left(\frac{p}{q} - \frac{1}{q\chi(q)}, \quad \frac{p}{q} + \frac{1}{q\chi(q)}\right)$$

之中. 对一个给定的 q 的值, 存在有少于 q 个 p 的值, 且这些区间的总长度 (即便不允许重叠) 小于

$$2\sum_{q=N}^{\infty} \frac{1}{\chi(q)},$$

当 $N \to \infty$ 时, 此长度趋向于 0. 不论 N 是什么样的值, 有此性质的任何 ξ 都包含在一个区间中, 于是 ξ 构成的集合可以包含在一组总长可以任意小的区间之中.

11.12 联 立 逼 近

到目前为止我们仅仅考虑了对于单个无理数 ξ 的逼近. 11.3 节中 Dirichlet 的方法对于多维问题, 也就是对 k 个数

$$\xi_1, \xi_2, \cdots, \xi_k$$

用具有相同分母 q 的 (但不一定是不可约的) 分数

$$\frac{p_1}{q}, \frac{p_2}{q}, \cdots, \frac{p_k}{q}$$

来作联立逼近的问题有很重要的应用.

定理 200   如果 $\xi_1, \xi_2, \cdots, \xi_k$ 是任何实数, 那么不等式组

$$\left|\frac{p_i}{q} - \xi_i\right| < \frac{1}{q^{1+\mu}} \quad \left(\mu = \frac{1}{k}, \ i = 1, 2, \cdots, k\right) \tag{11.12.1}$$

至少有一组解. 如果至少有一个 ξ 是无理数, 那么它就有无穷多组解.

显然可以假设对每个 i 有 $0 \leqslant \xi_i < 1$. 考虑由 $0 \leqslant x_i < 1$ 定义的 k 维 "立方体", 并用与它的面平行且间距为 $1/Q$ 的 "平面" 将它分成 Q^k 个 "盒子". 在

$$(l\xi_1), (l\xi_2), \cdots, (l\xi_k) \quad (l = 0, 1, 2, \cdots, Q^k)$$

这 $Q^k + 1$ 个点中必定有某两个点, 比方说是 $l = q_1$ 和 $l = q_2 > q_1$, 位于同一个盒子之中. 这样一来, 取 $q = q_2 - q_1$, 则与在 11.3 节中一样可证, 存在一个 $q \leqslant Q^k$ 使得对每个 i 均有

$$|\overline{q\xi_i}| < \frac{1}{Q} \leqslant \frac{1}{q^{\mu}}.$$

其证明可以如前一样完成. 如果有一个 ξ (比方说就是 ξ_i) 是无理数, 那么在 11.3 节中最后的论证中可以用 ξ_i 替代 ξ.

特别地, 我们有以下定理.

定理 201　给定 $\xi_1, \xi_2, \cdots, \xi_k$ 和任何正数 ε, 可以求得一个整数 q, 使得对每个 i, $q\xi_i$ 与一个整数的差都小于 ε.

11.13　e 的超越性

我们以证明 e 和 π 的超越性来结束本章.

通过引进一个符号 h^r, 我们的工作可以大为简化, 这个符号定义为

$$h^0 = 1, \quad h^r = r! \ (r \geqslant 1).$$

如果 $f(x)$ 是任意一个关于 x 的 m 次多项式, 比方说

$$f(x) = \sum_{r=0}^{m} c_r x^r,$$

那么就定义 $f(h)$ 是

$$\sum_{r=0}^{m} c_r h^r = \sum_{r=0}^{m} c_r r!$$

(其中 0! 定义为 1). 最后, 用 Taylor 定理所提供的方式来定义 $f(x+h)$, 也即定义它为

$$\sum_{r=0}^{m} \frac{f^{(r)}(x)}{r!} h^r = \sum_{r=0}^{m} f^{(r)}(x).$$

如果 $f(x+y) = F(y)$, 那么 $f(x+h) = F(h)$.

对于 $r = 0, 1, 2, \cdots$, 用

$$u_r(x) = \frac{x}{r+1} + \frac{x^2}{(r+1)(r+2)} + \cdots = \mathrm{e}^{|x|}\varepsilon_r(x)$$

来定义 $u_r(x)$ 和 $\varepsilon_r(x)$. 显然有 $|u_r(x)| < \mathrm{e}^{|x|}$, 所以对所有 x 都有

$$|\varepsilon_r(x)| < 1. \tag{11.13.1}$$

我们需要两个引理.

定理 202　如果 $\phi(x)$ 是任意一个多项式, 且

$$\phi(x) = \sum_{r=0}^{s} c_r x^r, \quad \psi(x) = \sum_{r=0}^{s} c_r \varepsilon_r(x) x^r, \tag{11.13.2}$$

那么

$$e^x \phi(h) = \phi(x+h) + \psi(x) e^{|x|}. \tag{11.13.3}$$

根据上面的定义, 我们有

$$(x+h)^r = h^r + rxh^{r-1} + \frac{r(r-1)}{1 \times 2} x^2 h^{r-2} + \cdots + x^r$$

$$= r! + r(r-1)!x + \frac{r(r-1)}{1 \times 2}(r-2)!x^2 + \cdots + x^r$$

$$= r!\left(1 + x + \frac{x^2}{2!} + \cdots + \frac{x^r}{r!}\right)$$

$$= r!e^x - u_r(x)x^r = e^x h^r - u_r(x)x^r.$$

于是有

$$e^x h^r = (x+h)^r + u_r(x)x^r = (x+h)^r + e^{|x|}\varepsilon_r(x)x^r.$$

用 c_r 遍乘此式, 然后对 r 从 0 到 s 求和, 就得到 (11.13.3).

如在 7.2 节中一样, 我们把关于 x (或者关于 $x, y, \cdots$) 的系数为整数的多项式称为是关于 x (或者关于 $x, y, \cdots$) 的整系数多项式.

定理 203 *如果* $m \geqslant 2$, $f(x)$ *是关于* x *的整系数多项式, 且*

$$F_1(x) = \frac{x^{m-1}}{(m-1)!}f(x), \quad F_2(x) = \frac{x^m}{(m-1)!}f(x),$$

那么 $F_1(h)$ *和* $F_2(h)$ *都是整数, 且*

$$F_1(h) \equiv f(0), \quad F_2(h) \equiv 0 \pmod{m}.$$

假设

$$f(x) = \sum_{l=0}^{L} a_l x^l,$$

其中 $a_0, \cdots, a_L$ 都是整数. 那么

$$F_1(x) = \sum_{l=0}^{L} a_l \frac{x^{l+m-1}}{(m-1)!},$$

这样就有

$$F_1(h) = \sum_{l=0}^{L} a_l \frac{(l+m-1)!}{(m-1)!}.$$

但是, 当 $l \geqslant 1$ 时

$$\frac{(l+m-1)!}{(m-1)!} = (l+m-1)(l+m-2)\cdots m$$

是 m 的整倍数. 于是

$$F_1(h) \equiv a_0 = f(0) \ (\mathrm{mod} \ m).$$

类似地,

$$F_2(x) = \sum_{l=0}^{L} a_l \frac{x^{l+m}}{(m-1)!}$$

$$F_2(h) = \sum_{l=0}^{L} a_l \frac{(l+m)!}{(m-1)!} \equiv 0 \ (\mathrm{mod} \ m).$$

现在可以证明两个主要定理中的第一个定理了.

定理 204   e 是超越数.

如果此定理不真, 那么

$$\sum_{t=0}^{n} C_t \mathrm{e}^t = 0, \tag{11.13.4}$$

其中 $n \geqslant 1$, $C_0, C_1, \cdots, C_n$ 都是整数, 且 $C_0 \neq 0$.

假设 p 是一个大于 $\max(n, |C_0|)$ 的素数, 且定义 $\phi(x)$ 为

$$\phi(x) = \frac{x^{p-1}}{(p-1)!} \{(x-1)(x-2)\cdots(x-n)\}^p.$$

最终 p 的值将会很大. 如果用 $\phi(h)$ 来乘 (11.13.4), 并利用 (11.13.3), 就得到

$$\sum_{t=0}^{n} C_t \phi(t+h) + \sum_{t=0}^{n} C_t \psi(t) \mathrm{e}^t = 0,$$

记为

$$S_1 + S_2 = 0. \tag{11.13.5}$$

根据定理 203, 对于 $m = p$, $\phi(h)$ 是整数, 且

$$\phi(h) \equiv (-1)^{pn} (n!)^p \ (\mathrm{mod} \ p).$$

如果 $1 \leqslant t \leqslant n$, 则有

$$\phi(t+x) = \frac{(t+x)^{p-1}}{(p-1)!} \{(x+t-1)\cdots x(x-1)\cdots(x+t-n)\}^p = \frac{x^p}{(p-1)!} f(x),$$

其中 $f(x)$ 是关于 x 的整系数多项式. 由此推得 (再次根据定理 203): $\phi(t+h)$ 是一个可以被 p 整除的整数. 因此有

$$S_1 = \sum_{t=0}^{n} C_t \phi(t+h) \equiv (-1)^{pn} C_0 (n!)^p \not\equiv 0 \ (\mathrm{mod} \ p),$$

这是因为 $C_0 \neq 0$ 且 $p > \max(n, |C_0|)$. 因此 S_1 是一个整数, 且不为 0, 这样一来就有

$$|S_1| \geqslant 1. \tag{11.13.6}$$

另外, 由 (11.13.1) 有 $|\varepsilon_r(x)| < 1$, 所以, 当 $p \to \infty$ 时有

$$|\psi(t)| < \sum_{r=0}^{s} |c_r| t^r \leqslant \frac{t^{p-1}}{(p-1)!} \{(t+1)(t+2)\cdots(t+n)\}^p \to 0.$$

从而 $S_2 \to 0$, 以选取充分大的 p 的值使得

$$|S_2| < \frac{1}{2}. \tag{11.13.7}$$

然而 (11.13.5) (11.13.6) (11.13.7) 是矛盾的. 所以 (11.13.4) 是不可能的, 从而 e 是超越数.

上面所给的证明比 4.7 节给出的 e 的无理性的证明复杂得多, 不过证明的基本思想本质上是相同的. 我们用到 (i) 幂级数 (ii) 模小于 1 的整数必等于 0.

11.14 π 的超越性

最后证明 π 是超越数. 正是这个定理解决了 "化圆为方" 问题.

定理 205 π 是超越数.

它的证明与定理 204 的证明非常类似, 不过有一两处稍微有点复杂.

假设 $\beta_1, \beta_2, \cdots, \beta_m$ 是整系数方程

$$dx^m + d_1 x^{m-1} + \cdots + d_m = 0$$

的根. 关于

$$d\beta_1, \ d\beta_2, \ \cdots, \ d\beta_m$$

的任何一个整系数的对称多项式都是关于

$$d_1, \ d_2, \ \cdots, \ d_m$$

的整系数多项式, 从而是一个整数.

现在假设 π 是代数数. 则 iπ 也是代数数,[①] 从而它是某个代数方程

$$dx^m + d_1 x^{m-1} + \cdots + d_m = 0$$

的根, 其中 $m \geqslant 1, d, d_1, \cdots, d_m$ 是整数, 且 $d \neq 0$. 如果这个方程的根是

$$\omega_1, \ \omega_2, \ \cdots, \ \omega_m,$$

那么对某个 ω 有 $1 + e^\omega = 1 + e^{i\pi} = 0$, 于是

---

① 如果 $a_0 x^n + a_1 x^{n-1} + \cdots + a_n = 0$ 且 $y = ix$, 那么
$$a_0 y^n - a_2 y^{n-2} + \cdots + i(a_1 y^{n-1} - a_3 y^{n-3} + \cdots) = 0,$$
因此
$$(a_0 y^n - a_2 y^{n-2} + \cdots)^2 + (a_1 y^{n-1} - a_3 y^{n-3} + \cdots)^2 = 0.$$

$$(1 + e^{\omega_1})(1 + e^{\omega_2}) \cdots (1 + e^{\omega_m}) = 0.$$

将乘积展开, 得

$$1 + \sum_{t=1}^{2^m-1} e^{\alpha_t} = 0, \tag{11.14.1}$$

其中

$$\alpha_1, \alpha_2, \cdots, \alpha_{2^m-1} \tag{11.14.2}$$

是如下 $2^m - 1$ 个按照某种次序写出的数:

$$\omega_1, \cdots, \omega_m, \omega_1 + \omega_2, \omega_1 + \omega_3, \cdots, \omega_1 + \omega_2 + \cdots + \omega_m.$$

假设有 $C - 1$ 个 α 等于 0, 而剩下的

$$n = 2^m - 1 - (C - 1)$$

个不为 0, 且非 0 的 α 排在前面, 于是 (11.14.2) 写成

$$\alpha_1, \cdots, \alpha_n, 0, 0, \cdots, 0.$$

显然, 关于

$$d\alpha_1, d\alpha_2, \cdots, d\alpha_n \tag{11.14.3}$$

的任何整系数对称多项式都是关于

$$d\alpha_1, d\alpha_2, \cdots, d\alpha_n, 0, 0, \cdots, 0$$

的整系数对称多项式, 也就是关于

$$d\alpha_1, d\alpha_2, \cdots, d\alpha_{2^m-1}$$

的整系数对称多项式. 因此, 任何这样的函数都是关于

$$d\omega_1, d\omega_2, \cdots, d\omega_m$$

的整系数对称多项式, 从而是一个整数.

可以把 (11.14.1) 写成

$$C + \sum_{t=1}^{n} e^{\alpha_t} = 0. \tag{11.14.4}$$

选取一个素数 p 使得

$$p > \max(d, C, |d^n \alpha_1 \cdots \alpha_n|), \tag{11.14.5}$$

定义 $\phi(x)$ 为

$$\phi(x) = \frac{d^{np+p-1} x^{p-1}}{(p-1)!} \{(x - \alpha_1)(x - \alpha_2) \cdots (x - \alpha_n)\}^p. \tag{11.14.6}$$

用 $\phi(h)$ 乘 (11.14.4), 再利用 (11.13.3), 得

$$S_0 + S_1 + S_2 = 0, \tag{11.14.7}$$

其中

$$S_0 = C\phi(h), \tag{11.14.8}$$

$$S_1 = \sum_{t=1}^{n} \phi(\alpha_t + h), \tag{11.14.9}$$

$$S_2 = \sum_{t=1}^{n} \psi(\alpha_t)e^{|\alpha_t|}. \tag{11.14.10}$$

现在有

$$\phi(x) = \frac{x^{p-1}}{(p-1)!} \sum_{l=0}^{np} g_l x^l,$$

其中 g_l 是关于数 (11.14.3) 的整系数对称多项式, 所以是整数. 由定理 203 推出 $\phi(h)$ 是整数, 且有

$$\phi(h) \equiv g_0 = (-1)^{pn} d^{p-1} (d\alpha_1 \times d\alpha_2 \times \cdots \times d\alpha_n)^p \pmod{p}. \tag{11.14.11}$$

从而 S_0 是整数, 由于 (11.14.5), 有

$$S_0 \equiv Cg_0 \not\equiv 0 \pmod{p}. \tag{11.14.12}$$

利用代换和重新排序, 可以看出

$$\phi(\alpha_t + x) = \frac{x^p}{(p-1)!} \sum_{l=0}^{np-1} f_{l,t} x^l,$$

其中

$$f_{l,t} = f_l(d\alpha_t; d\alpha_1, d\alpha_2, \cdots, d\alpha_{t-1}, d\alpha_{t+1}, \cdots, d\alpha_n)$$

是关于数 (11.14.3) 的整系数多项式, 它关于除了 $d\alpha_t$ 以外的所有变量对称. 于是

$$\sum_{t=1}^{n} \phi(\alpha_t + x) = \frac{x^p}{(p-1)!} \sum_{l=0}^{np-1} F_l x^l,$$

其中

$$F_l = \sum_{t=1}^{n} f_{l,t} = \sum_{t=1}^{n} f_l(d\alpha_t; d\alpha_1, d\alpha_2, \cdots, d\alpha_{t-1}, d\alpha_{t+1}, \cdots, d\alpha_n).$$

由此推得 F_l 是关于 (11.14.3) 中所有的数对称的整系数多项式, 从而是整数. 于是, 由定理 203 得

$$S_1 = \sum_{t=1}^{n} \phi(\alpha_t + h)$$

是整数, 且

$$S_1 \equiv 0 \pmod{p}. \tag{11.14.13}$$

由 (11.14.12) 和 (11.14.13) 推得, $S_0 + S_1$ 是一个不能被 p 整除的整数, 从而有

$$|S_0 + S_1| \geqslant 1. \tag{11.14.14}$$

此外, 对任何固定的 x, 当 $p \to \infty$ 时有

$$|\psi(x)| < \frac{|d|^{np+p-1}|x|^{p-1}}{(p-1)!} \{(|x|+|\alpha_1|) \cdots (|x|+|\alpha_n|)\}^p \to 0.$$

由此得到, 对足够大的 p 有

$$|S_2| < \frac{1}{2}. \tag{11.14.15}$$

三个公式 (11.14.7) (11.14.14) (11.14.15) 是矛盾的, 于是 π 是超越数.

特别地, π 不是 11.5 节意义下的 Euclid 数, 因此不可能用 Euclid 方法构造出与直径为单位长度的圆的周长相等的长度.

可以用这一节的方法证明: 如果 α 和 β 是代数数, α 不全为 0, 没有两个 β 是相等的, 那么

$$\alpha_1 e^{\beta_1} + \alpha_2 e^{\beta_2} + \cdots + \alpha_s e^{\beta_s} \neq 0.$$

最近有人证明了: 如果 α 和 β 是代数数, α 不为 0 或者 1, β 是无理数, 那么 α^β 是超越数. 特别地, 这证明了 $e^{-\pi}$ (它是 i^{2i} 的一个值) 是超越数. 还证明了

$$\theta = \frac{\ln 3}{\ln 2}$$

是超越数, 这是因为 $2^\theta = 3$, 且 θ 是无理数.[①]

本 章 附 注

11.3 节. Dirichlet 的方法依赖于这样一个原理: "如果有 $n+1$ 个物体放在 n 个盒子中, 则必有至少一个盒子中装有两个 (或者更多的) 物体"[德国数学工作者称之为 *Schubfachprinzip* (抽屉原理)]. 11.12 节中所述方法基本与此相同.

11.6 节至 11.7 节. Cantor 关于集合论 (*Mengenlehre*)[②] 的工作的一个完全的说明可以在 Hobson, *Theory of functions of a real variable*, i 中找到.

Liouville 的工作发表在 *Journal de Math.* (1) **16** (1851), 133-142, 这项工作先于 Cantor 20 多年. 也见 11.13 节至 11.14 节的附注.

定理 191 相继由 Thue、Siegel、Dyson 和 Gelfond 作了改进. 最后 Roth [*Mathematika*, **2** (1955), 1-20] 证明了: 不存在无理的代数数, 它可以有高于二阶的逼近. Roth 的结果可以重新表述如下: 在定理 198 中取 $\chi(q) = q^{H\varepsilon}$, 其中 ε 是任意固定的正数, 则得到的零集不包含无理的代数数. 不知道对于任何本质上更小的函数 $\chi(q)$ 这种情况是否仍然存在. Schmidt 将此结果推广到多个代数数的联立逼近中, 有关 Schmidt 推广结果的一个说明, 参见 Baker 的书第 7 章定理 7.1 以及其后所述内容. 对于特别指定的无理数, 例如 $\sqrt[3]{2}$, 有可能对有理逼近的阶给出更严格的界限, 见 Baker, *Quart. J. Math. Oxford* (2) **15** (1964), 375-383. 现在 (2007) 已知: 对所有正整数 p, q 皆有

① 见 4.7 节.

② Mengenlehre 是德语名词 "集合论". ——译者注

$$\left| \frac{p}{q} - \sqrt[3]{2} \right| > \frac{1}{4q^{2.4325}}$$

(见 Voutier *J. Théor. Nombres Bordeaux* **19** (2007), 265-290).

11.8 节至 11.9 节. 定理 193 和定理 194 属于 Hurwitz, *Math. Ann.* **39** (1891), 279-284; 定理 195 参见 Borel, *Journal de Math.* (5), **9** (1903), 329-375. 我们的证明系仿效 Perron (*Kettenbrüche*, 49-52 以及 *Irrationalzahlen*, 129-131) 而作.

11.10 节. 关于 $2\sqrt{2}$ 的定理也属于 Hurwitz, 参见上面的引文. 更完整的信息参见 Koksma 第 29 页以及其后所述.

定理 196 和定理 197 是由 Borel, *Rendiconti del circolo mat. di Palermo*, **27** (1909), 247-271 和 F. Bernstein, *Math. Ann.* **71** (1912), 417-439 证明的. 进一步的改进见 Khintchine, *Compositio Math.* **1** (1934) 361-383 以及 Dyson, *Journal London Math. Soc.* **18** (1943), 40-43.

11.11 节. 有关定理 199, 参见 Khintchine, *Math. Ann.* **92** (1924), 115-125.

11.12 节. 在 11.1 节至 11.11 节中自始至终假设 p/q 不可约, 我们不会有任何损失. 例如, 假设 p/q 是 (11.1.1) 的可约解. 那么, 如果 $(p, q) = d > 1$, 且记 $p = dp'$, $q = dq'$, 我们就有 $(p', q') = 1$ 以及

$$\left| \frac{p'}{q'} - \xi \right| = \left| \frac{p}{q} - \xi \right| < \frac{1}{q^2} < \frac{1}{q'^2},$$

所以 p'/q' 是 (11.1.1) 的不可约解.

当我们要求用具有相同分母的多个有理分数时, 这种约分不再可能, 而且如果我们坚持不可约这个要求的话, 我们这里的某些结论会变成是错误的. 例如, 为了使不等式组 (11.12.1) 有无穷多组解, 根据 11.1 节 (1), 就需要每个 ξ_i 都是无理数.

这个说明归功于 Wylie 博士.

11.13 节至 11.14 节. e 的超越性是由 Hermite, *Comptes rendus*, **77** (1873), 18-24, etc. (*Œuvres*, iii, 150-181) 首先证明的; π 的超越性是由 F. Lindemann, *Math. Ann.* **20** (1882), 213-225 证明的. 这些证明后来由 Hilbert、Hurwitz 和其他作者作了修改和简化. 我们这里给出的这些定理的形式和 Landau, *Vorlesungen*, iii, 90-95 或者 Perron, *Irrationalzahlen*, 174-182 中给出的形式基本相同.

Nesterenko (*Sb. Math.* **187** (1996), 1319∼1348) 证明了 π 和 e^π 在如下意义下是代数独立的: 不存在有理系数的非零多项式 $P(x, y)$ 使得 $P(\pi, e^\pi) = 0$. 这个结果包含了这两个数的超越性.

在 11.14 节末尾所述的条件之下证明 α^β 是超越数这一问题是由 Hilbert 在 1900 年提出的, 并于 1934 年被 Gelfond 和 Schneider 相互独立地用不同的方法证明. 在 Koksma 的书的第 4 章中以及 Baker 的书的第 2 章中可以找到更完整的细节, 以及在 11.7 节末尾提到的其他的数的超越性的证明的参考文献. Baker 的书对于有关超越数的整个课题给出了一个最新的说明, 其中也提到他自己以及其他人给出的重要的最新进展.

尚不知道 ln 2 与 ln 3 是否是代数独立的, 也不知道是否确实存在任何两个非零的代数数 α, β, 使得 $\ln \alpha$ 和 $\ln \beta$ 是代数独立的.

第 12 章 $k(1), k(\mathrm{i}), k(\rho)$ 中的算术基本定理

12.1 代数数和代数整数

本章考虑整数概念的某些简单推广.

11.5 节定义了代数数：如果 ξ 是一个有理整系数①方程

$$c_0\xi^n + c_1\xi^{n-1} + \cdots + c_n = 0 \quad (c_0 \neq 0)$$

的根, 那么 ξ 称为代数数. 如果

$$c_0 = 1,$$

那么 ξ 称为**代数整数** (algebraic integer). 这是一个很自然的定义, 因为有理数 $\xi = a/b$ 满足 $b\xi - a = 0$, 而当 $b = 1$ 时它是一个整数.

于是 $\mathrm{i} = \sqrt{(-1)}$ 和

$$\rho = \mathrm{e}^{\frac{2}{3}\pi\mathrm{i}} = \frac{1}{2}(-1 + \mathrm{i}\sqrt{3}) \tag{12.1.1}$$

都是代数整数, 这是因为 $\mathrm{i}^2 + 1 = 0$ 和 $\rho^2 + \rho + 1 = 0$.

当 $n = 2$ 时 (例如上面所说的情形), ξ 称为**二次的数**, 或者称为二次整数.

这些定义使我们能将定理 45 重新表述成以下形式.

定理 206 一个代数整数如果是有理数, 那它必定是一个有理整数.

12.2 有理整数、Gauss 整数和 $k(\rho)$ 中的整数

目前只关注代数整数的三种最简单情形.

(1) 有理整数 (定义在 1.1 节中) 是在 $n = 1$ 这一情形中的代数整数. 根据后面要讲的理由, 我们把有理整数称为 $\boldsymbol{k(1)}$ 中的整数.②

(2) 复整数 (或称为 Gauss 整数) 是数

---

① 1.1 节定义了 "有理整数". 那时只是简单地把它们说成是 "整数", 现在, 把它们和其他种类的整数区别开来变得非常重要.

② 14.1 节将给出 $k(\theta)$ 的一般性的定义. 事实上 $k(1)$ 是有理数构成的类, 我们将不再用特殊的符号来记有理整数这个子类. $k(\mathrm{i})$ 是形如 $r + s\mathrm{i}$ 的数构成的类, 其中 r 和 s 都是有理数. 而 $k(\rho)$ 则与此类似地加以定义.

$$\xi = a + bi,$$

其中 a 和 b 是有理整数. 由于

$$\xi^2 - 2a\xi + a^2 + b^2 = 0,$$

所以 Gauss 整数是二次整数. Gauss 整数称为 **$k(\mathrm{i})$ 中的整数**. 特别地, 任何有理整数都是 Gauss 整数.

由于

$$(a + bi) + (c + di) = (a + c) + (b + d)i,$$
$$(a + bi)(c + di) = ac - bd + (ad + bc)i,$$

所以 Gauss 整数的和与积仍为 Gauss 整数. 更一般地, 如果 $\alpha, \beta, \cdots, \kappa$ 是 Gauss 整数, 且

$$\xi = P(\alpha, \beta, \cdots, \kappa),$$

其中 P 是一个系数为有理整数或为 Gauss 整数的多项式, 那么 ξ 是 Gauss 整数.

(3) 如果 ρ 由 (12.1.1) 定义, 那么

$$\rho^2 = \mathrm{e}^{\frac{4}{3}\pi\mathrm{i}} = \frac{1}{2}(-1 - \mathrm{i}\sqrt{3}),$$
$$\rho + \rho^2 = -1, \quad \rho\rho^2 = 1.$$

如果

$$\xi = a + b\rho,$$

其中 a 和 b 是有理整数, 那么

$$(\xi - a - b\rho)(\xi - a - b\rho^2) = 0,$$

也就是

$$\xi^2 - (2a - b)\xi + a^2 - ab + b^2 = 0,$$

所以 ξ 是一个二次整数. 称数 ξ 是 **$k(\rho)$ 中的整数**. 由于

$$\rho^2 + \rho + 1 = 0, \quad a + b\rho = a - b - b\rho^2, \quad a + b\rho^2 = a - b - b\rho,$$

我们可以等价地定义 $k(\rho)$ 中的整数是形如 $a + b\rho^2$ 的数.

$k(\mathrm{i})$ 和 $k(\rho)$ 中的整数性质在许多方面都与有理整数的性质极为相似. 我们在这一章里的目的是研究这三类数共有的最简单的性质, 特别是 "唯一分解" 这个性质. 由于两个方面的原因, 这项研究是重要的: 第一个原因是研究整数通常的性质可以被推广到何种程度是很有趣的; 第二个原因是有理整数的许多性质可以从更为广泛的数类的性质直接且自然地推导出来.

如我们通常做过的那样, 除了总是用 i 表示 $\sqrt{-1}$ 以外, 我们将用小写拉丁字母 $a, b, \cdots$ 来表示有理整数. $k(\mathrm{i})$ 或者 $k(\rho)$ 中的整数将用希腊字母 $\alpha, \beta, \cdots$ 表示.

12.3　Euclid 算法

在 2.10 节和 2.11 节中, 我们已经用两种不同的方法证明了对有理整数的算术基本定理. 现在我们要给出第三个证明, 这个证明在逻辑上和历史上都很重要. 而且, 当我们将此定理推广到其他的数类去时, 这个证法可以给我们提供一个范本.[①]

假设 $a \geqslant b > 0$. 用 b 除 a 得到 $a = q_1 b + r_1$, 其中 $0 \leqslant r_1 < b$. 如果 $r_1 \neq 0$, 则可以重复这个程序得到 $b = q_2 r_1 + r_2$, 其中 $0 \leqslant r_2 < r_1$. 如果 $r_2 \neq 0$, 则有 $r_1 = q_3 r_2 + r_3$, 其中 $0 \leqslant r_3 < r_2$. 如此一直下去. 非负整数 $b, r_1, r_2, \cdots$ 构成一个递减序列, 必然有某个 n 使得 $r_{n+1} = 0$. 这个程序中的最后两步是

$$r_{n-2} = q_n r_{n-1} + r_n \quad (0 < r_n < r_{n-1}),$$
$$r_{n-1} = q_{n+1} r_n.$$

关于 $r_1, r_2, \cdots$ 的这一组方程称为 **Euclid 算法**. 除了记号不同以外, 这和 10.6 节中讲的完全一样.

正如下面的定理所指出的那样, Euclid 算法包含了求 a 和 b 的最大公约数的常用程序.

定理 207　$r_n = (a, b)$.

令 $d = (a, b)$. 那么, 通过连续使用这个算法, 我们得到

$$d \mid a, d \mid b \quad \rightarrow \quad d \mid r_1 \quad \rightarrow \quad d \mid r_2 \quad \rightarrow \quad \cdots \quad \rightarrow \quad d \mid r_n,$$

所以 $d \leqslant r_n$. 再次倒推回去, 即得

$$r_n \mid r_{n-1} \quad \rightarrow \quad r_n \mid r_{n-2} \quad \rightarrow \quad r_n \mid r_{n-3} \quad \rightarrow \quad \cdots \quad \rightarrow \quad r_n \mid b \quad \rightarrow \quad r_n \mid a.$$

于是 r_n 同时整除 a 和 b. 由于 d 是 a 和 b 的公约数中的最大者, 所以 $r_n \leqslant d$, 从而有 $r_n = d$.

12.4　从 Euclid 算法推导 $k(1)$ 中的基本定理

我们将基本定理的证明建立在两个预备定理的基础之上. 第一个预备定理仅仅是定理 26 的复述, 但是重新叙述这个定理并从 Euclid 算法来推导出这个定理是很方便的. 第二个预备定理基本上与定理 3 等价.

[①] 该证明的基本思想和 2.10 节中的思想相同: 被 $d = (a, b)$ 整除的数构成一个 "模". 不过在这里我们是用一个直接的构造来确定 d.

定理 208 如果 $f \mid a, f \mid b$, 那么 $f \mid (a, b)$.

因为

$$f \mid a, f \mid b \quad \rightarrow \quad f \mid r_1 \quad \rightarrow \quad f \mid r_2 \quad \rightarrow \quad \cdots \quad \rightarrow \quad f \mid r_n,$$

这也就是 $f \mid d$.

定理 209 如果 $(a, b) = 1$ 且 $b \mid ac$, 那么 $b \mid c$.

如果用 c 来乘算法中的每一行, 就得到

$$ac = q_1 bc + r_1 c,$$

$$\cdots$$

$$r_{n-2} c = q_n r_{n-1} c + r_n c,$$

$$r_{n-1} c = q_{n+1} r_n c,$$

如果在开始的时候用 ac 和 bc 来代替 a 和 b 的话, 这就是我们得到的算法. 这里

$$r_n = (a, b) = 1,$$

所以

$$(ac, bc) = r_n c = c.$$

现在根据假设有 $b \mid ac$, 且 $b \mid bc$. 因此, 由定理 208 得

$$b \mid (ac, bc) = c,$$

这正是我们要证明的.

如果 p 是素数, 那么要么有 $p \mid a$, 要么有 $(a, p) = 1$. 在后一种情形, 根据定理 209, $p \mid ac$ 蕴涵 $p \mid c$. 从而 $p \mid ac$ 蕴涵 $p \mid a$ 或者 $p \mid c$. 这就是定理 3, 而与在 1.3 节中一样, 由定理 3 就推出基本定理成立.

将基本定理重新表述成稍微不同的形式会很有用. 基本定理的这种形式可以更自然地推广到 $k(i)$ 和 $k(\rho)$ 的整数中去. 称数

$$\varepsilon = \pm 1$$

(它们是 1 的因子) 是 $k(1)$ 中的**单位** (unit). 两个数

$$\varepsilon m$$

称为**相伴的**. 定义**素数**是 $k(1)$ 中的一个非零非单位的整数, 除了单位以及它自身的相伴数之外, 它不能被任何其他的数整除. 这样素数就是

$$\pm 2, \quad \pm 3, \quad \pm 5, \quad \cdots,$$

且基本定理有如下的形式: $k(1)$ 中任何一个非零非单位的整数 n 都可以表示成素数的乘积, 且除了下述情形以外, 表示法是唯一的: (a) 交换因子的次序; (b) 因子中出现单位; (c) 相伴素数之间转变形式.

12.5 关于 Euclid 算法和基本定理的历史注释

在 Euclid 的《几何原本》第 7 卷中 (命题 1 至命题 3) 对 Euclid 算法作了详尽的解释. Euclid 通过这个算法成功地推出下述结果

$$f \mid a, f \mid b \quad \rightarrow \quad f \mid (a,b)$$

以及

$$(ac, bc) = (a,b)c.$$

这样一来, 他就有了在我们的证明中起着核心作用的工具.

实际上他证明的定理 (《几何原本》第 7 卷命题 24) 是: 如果两个数都和某个数互素, 那么它们的乘积也和该数互素. 也就是

$$(a,c) = 1, \ (b,c) = 1 \quad \rightarrow \quad (ab,c) = 1. \tag{12.5.1}$$

由此并且取 c 是一个素数 p, 就得出我们的定理 3, 对 12.4 节中的方法稍加改变就可以证明 (12.5.1). 但是 Euclid 的证明方法本质上是不同的, 他的方法依赖于 "部分" 和 "比例" 这些概念.

初看起来似乎有些奇怪, 尽管 Euclid 已经走得够远了, 他却未能对基本定理加以证明. 但是这种观点依赖一个错误的想法. Euclid 并没有乘法运算和指数运算这些正式的计算方法, 所以对他来说, 表述这个定理也是极其困难的. 他甚至没有一个**术语** (term) 来表达多于三个因子的乘积, 错失基本定理绝不是因为意外或者偶然. Euclid 很清楚地知道: 他的算法开创了数论, 由此算法他得到了他可能得到的一切成果.

12.6 Gauss 整数的性质

在 12.6 节至 12.8 节这 3 节里, "整数" 一词始终表示 Gauss 整数, 也就是 $k(\mathrm{i})$ 中的整数.

在 $k(\mathrm{i})$ 中, 可以用与在 $k(1)$ 中同样的方法来定义 "整除" 和 "因子". 一个整数 ξ 称为可以被非零整数 η **整除**, 如果存在整数 ζ 使得

$$\xi = \eta\zeta,$$

此时 η 称为 ξ 的**因子**. 我们将此表示成 $\eta \mid \xi$. 由于 $1, -1, \mathrm{i}, -\mathrm{i}$ 都是整数, 所以任何 ξ 都有 8 个 "平凡的" 因子

$$1, \xi, -1, -\xi, \mathrm{i}, \mathrm{i}\xi, -\mathrm{i}, -\mathrm{i}\xi.$$

整除性有下述显然的性质:

$$\alpha \mid \beta,\ \beta \mid \gamma \quad \rightarrow \quad \alpha \mid \gamma,$$

$$\alpha \mid \gamma_1, \cdots, \alpha \mid \gamma_n \quad \rightarrow \quad \alpha \mid \beta_1\gamma_1 + \cdots + \beta_n\gamma_n.$$

整数 ε 说成是 $k(\mathrm{i})$ 中的**单位** (unity), 如果对 $k(\mathrm{i})$ 中每个 ξ 都有 $\varepsilon \mid \xi$. 换句话说, 我们可以把单位定义成是这样的整数, 它是 1 的因子. 这两个定义是等价的, 因为 1 是这个域中每个整数的因子, 且

$$\varepsilon \mid 1, 1 \mid \xi \quad \rightarrow \quad \varepsilon \mid \xi.$$

整数 ξ 的**范数** (norm) 定义为

$$N\xi = N(a + b\mathrm{i}) = a^2 + b^2.$$

如果 $\bar{\xi}$ 是 ξ 的共轭复数, 那么

$$N\xi = \xi\bar{\xi} = |\xi|^2.$$

由于

$$(a^2 + b^2)(c^2 + d^2) = (ac - bd)^2 + (ad + bc)^2,$$

所以 $N\xi$ 有性质

$$N\xi N\eta = N(\xi\eta), \quad N\xi N\eta \cdots = N(\xi\eta \cdots).$$

定理 210 单位的范数为 1, 且任何范数为 1 的整数均为单位.

如果 ε 是一个单位, 那么 $\varepsilon \mid 1$. 所以 $1 = \varepsilon\eta$, 从而

$$1 = N\varepsilon N\eta, \quad N\varepsilon \mid 1, \quad N\varepsilon = 1.$$

此外, 如果 $N(a + b\mathrm{i}) = 1$, 我们就有

$$1 = a^2 + b^2 = (a + b\mathrm{i})(a - b\mathrm{i}), \quad a + b\mathrm{i} \mid 1,$$

因此 $a + b\mathrm{i}$ 是一个单位.

定理 211 $k(\mathrm{i})$ 的单位是

$$\varepsilon = \mathrm{i}^s \quad (s = 0, 1, 2, 3).$$

$a^2 + b^2 = 1$ 仅有的解是

$$a = \pm 1, \quad b = 0; \quad a = 0, \quad b = \pm 1,$$

因此 $k(\mathrm{i})$ 的单位是

$$\pm 1, \quad \pm \mathrm{i}.$$

如果 ε 是任何一个单位, 那么 $\varepsilon\xi$ 就称为是**与 ξ 相伴的**. ξ 的相伴数是

$$\xi, \quad \mathrm{i}\xi, \quad -\xi, \quad -\mathrm{i}\xi,$$

数 1 的相伴数是单位. 显然, 如果 $\xi \mid \eta$, 那么 $\xi\varepsilon_1 \mid \eta\varepsilon_2$, 这里 ε_1 和 ε_2 是任何单位. 因此, 如果 η 可以被 ξ 整除, 则任何一个与 η 相伴的数均可被任何一个与 ξ 相伴的数整除.

12.7 $k(\mathrm{i})$ 中的素元

素元是一个非零非单位的整数, 它只能被与自己相伴的数或者被与 1 相伴的数整除. 我们保留用字母 π 来表示素元.[①] 素元 π 除了 8 个平凡因子

$$1, \ \pi, \ -1, \ -\pi, \ \mathrm{i}, \ \mathrm{i}\pi, \ -\mathrm{i}, \ -\mathrm{i}\pi$$

以外, 没有其他的因子. 素元的相伴元显然也是素元.

定理 212   范数为有理素数的整数是素元.

这是因为, 假设有 $N\xi = p$, 且 $\xi = \eta\zeta$. 那么

$$p = N\xi = N\eta N\zeta.$$

所以, 或者有 $N\eta = 1$, 或者有 $N\zeta = 1$, 也即要么 η 是单位, 要么 ζ 是单位, 于是 ξ 是一个素元. 例如 $N(2+\mathrm{i}) = 5$, 从而 $2 + \mathrm{i}$ 是素元.

此定理的逆命题不成立. 例如 $N3 = 9$, 然而 3 是一个素元. 这是因为, 如果假设

$$3 = (a + b\mathrm{i})(c + d\mathrm{i}),$$

那么

$$9 = (a^2 + b^2)(c^2 + d^2),$$

然而不可能有

$$a^2 + b^2 = c^2 + d^2 = 3$$

(因为 3 不能表示为两个平方数之和), 于是要么 $a^2 + b^2 = 1$, 要么 $c^2 + d^2 = 1$, 也就是说, 要么 $a + b\mathrm{i}$ 是单位, 要么 $c + d\mathrm{i}$ 是单位. 由此推得 3 是素元.

一个有理整数, 如果在 $k(\mathrm{i})$ 中是素元, 那它必定是一个有理素数. 然而并非所有的有理素数都是 $k(\mathrm{i})$ 中的素元. 例如

$$5 = (2 + \mathrm{i})(2 - \mathrm{i})$$

就是这样一个有理素数.

定理 213   任何非零非单位的整数均可被一个素元整除.

如果 γ 是一个整数, 且不是素元, 那么

$$\gamma = \alpha_1\beta_1, \quad N\alpha_1 > 1, \quad N\beta_1 > 1, \quad N\gamma = N\alpha_1 N\beta_1,$$

所以

$$1 < N\alpha_1 < N\gamma.$$

---

① 这和 π 的通常的用法不会产生混淆.

如果 α_1 不是素元, 那么

$$\alpha_1 = \alpha_2 \beta_2, \quad N\alpha_2 > 1, \quad N\beta_2 > 1,$$
$$N\alpha_1 = N\alpha_2 N\beta_2, \quad 1 < N\alpha_2 < N\alpha_1.$$

只要 α_r 不是素元, 就可以继续这个程序. 由于

$$N\gamma, \ N\alpha_1, \ N\alpha_2, \ \cdots$$

是正有理整数的递减序列, 我们必定会到达一个素元 α_r. 如果 α_r 是序列

$$\gamma, \ \alpha_1, \ \alpha_2, \ \cdots$$

中的第一个素元, 那么就有

$$\gamma = \beta_1 \alpha_1 = \beta_1 \beta_2 \alpha_2 = \cdots = \beta_1 \beta_2 \beta_3 \cdots \beta_r \alpha_r,$$

所以有 $\alpha_r \mid \gamma$.

定理 214 任何非零非单位的整数都是素元的乘积.

如果 γ 不是零, 也不是单位, 它就可以被一个素元 π_1 整除. 于是有

$$\gamma = \pi_1 \gamma_1, \quad N\gamma_1 < N\gamma.$$

这里要么 γ_1 是一个单位, 要么有

$$\gamma_1 = \pi_2 \gamma_2, \quad N\gamma_2 < N\gamma_1.$$

继续这个过程, 就得到一列正有理数组成的递减序列

$$N\gamma, \ N\gamma_1, \ N\gamma_2, \ \cdots,$$

从而对某个 r 有 $N\gamma_r = 1$, 所以 γ_r 是一个单位 ε. 这样一来就有

$$\gamma = \pi_1 \pi_2 \cdots \pi_r \varepsilon = \pi_1 \cdots \pi_{r-1} \pi_r',$$

其中 $\pi_r' = \pi_r \varepsilon$ 是 π_r 的一个相伴数, 从而它本身也是一个素元.

12.8 $k(\mathrm{i})$ 中的算术基本定理

定理 214 表明, 每一个 γ 都可以表示成如下形式

$$\gamma = \pi_1 \pi_2 \cdots \pi_r,$$

其中每个 π 皆为素元. 基本定理断言: 除了平凡的变形以外, 此表达式是唯一的.

定理 215 (关于 Gauss 整数的基本定理) 除了素元的次序、单位的存在与否以及相伴素元之间的形状不同之外, 整数表示成素元之积的表达式是唯一的.

我们用到一个与 Euclid 算法类似的程序, 此程序依赖于下面的定理.

定理 216 给定任何两个整数 γ, γ_1, 其中 $\gamma_1 \neq 0$, 则存在一个整数 κ, 使得

$$\gamma = \kappa\gamma_1 + \gamma_2, \quad N\gamma_2 < N\gamma_1.$$

实际上我们要证明的比这个结论更多, 也即我们要证明

$$N\gamma_2 \leqslant \frac{1}{2}N\gamma_1,$$

但是基本定理的证明所依赖的本质的东西仍然是这个定理中陈述的内容. 如果 c 和 c_1 是正的有理整数, 且 $c_1 \neq 0$, 那么就存在一个 k 使得

$$c = kc_1 + c_2, \quad 0 \leqslant c_2 < c_1.$$

这正是 Euclid 算法赖以存在的基础, 定理 216 对 $k(\mathrm{i})$ 中一个类似的构造提供了这样的基础.

由于 $\gamma_1 \neq 0$, 我们有

$$\frac{\gamma}{\gamma_1} = R + S\mathrm{i},$$

其中 R 和 S 都是实数. 事实上 R 和 S 都是有理数, 不过这无关紧要. 可以求出两个有理整数 x 和 y, 使得

$$|R - x| \leqslant \frac{1}{2}, \quad |S - y| \leqslant \frac{1}{2},$$

这样就有

$$\left|\frac{\gamma}{\gamma_1} - (x + \mathrm{i}y)\right| = |(R - x) + \mathrm{i}(S - y)| = \{(R - x)^2 + (S - y)^2\}^{\frac{1}{2}} \leqslant \frac{1}{\sqrt{2}}.$$

如果取

$$\kappa = x + \mathrm{i}y, \quad \gamma_2 = \gamma - \kappa\gamma_1,$$

则有

$$|\gamma - \kappa\gamma_1| \leqslant 2^{-\frac{1}{2}}|\gamma_1|,$$

这样一来, 平方即得

$$N\gamma_2 = N(\gamma - \kappa\gamma_1) \leqslant \frac{1}{2}N\gamma_1.$$

现在运用定理 216 来得到一个与 Euclid 算法类似的结果. 如果 γ 和 γ_1 都已给定, 且 $\gamma_1 \neq 0$, 则有

$$\gamma = \kappa\gamma_1 + \gamma_2 \ (N\gamma_2 < N\gamma_1).$$

如果 $\gamma_2 \neq 0$, 则有

$$\gamma_1 = \kappa_1\gamma_2 + \gamma_3 \ (N\gamma_3 < N\gamma_2),$$

如此下去. 由于 $N\gamma_1, N\gamma_2, \cdots$ 是非负有理整数的一个递减序列, 所以必存在一个 n 使得

$$N\gamma_{n+1} = 0, \quad \gamma_{n+1} = 0,$$

该算法的最后几步是

$$\gamma_{n-2} = \kappa_{n-2}\gamma_{n-1} + \gamma_n \ (N\gamma_n < N\gamma_{n-1}),$$
$$\gamma_{n-1} = \kappa_{n-1}\gamma_n.$$

如同在定理 207 中的证明一样, 现在可以推出: γ_n 是 γ 和 γ_1 的一个公约数, 且 γ 和 γ_1 的每个公约数都是 γ_n 的一个因子.

现阶段还没有任何恰好与定理 207 相对应的结论, 这是因为我们尚未定义 "最大公约数". 如果 ζ 是 γ 和 γ_1 的一个公约数, 且 γ 和 γ_1 的每个公约数也都是 ζ 的一个因子, 则称 ζ 是 γ 和 γ_1 的**最大公约数** (highest common divisor), 并记为 $\zeta = (\gamma, \gamma_1)$. 于是 γ_n 就是 γ 和 γ_1 的一个最大公约数. (γ, γ_1) 的与定理 208 所述性质相对应的性质已经包含在它的定义之中了.

由于任何与最大公约数相伴的数也是一个最大公约数, 所以最大公约数不是唯一的. 如果 η 和 ζ 中每一个数都是最大公约数, 那么根据定义有

$$\eta \mid \zeta, \quad \zeta \mid \eta,$$

如此就有

$$\zeta = \phi\eta, \quad \eta = \theta\zeta = \theta\phi\eta, \quad \theta\phi = 1.$$

因此 ϕ 是一个单位, 从而 ζ 是 η 的相伴数. 于是, 除了相伴数之间的形式不一之外, 最大公约数是唯一的.

应该注意的是, 我们是采用不同的方式定义 $k(1)$ 中两个数的最大公约数的, 也就是说我们定义它是公约数中的最大者, 并且证明了它具有这里定义的那种性质. 也可以定义 $k(i)$ 中两个整数的最大公约数是其公约数中范数取到最大值的整数, 不过我们采用的定义可以很自然地加以推广.

现在用这个算法来证明一个与定理 209 类似的结果.

定理 217 如果 $(\gamma, \gamma_1) = 1$ 且 $\gamma_1 \mid \beta\gamma$, 那么 $\gamma_1 \mid \beta$.

将前述算法遍乘以 β 即得

$$(\beta\gamma, \beta\gamma_1) = \beta\gamma_n.$$

由于 $(\gamma, \gamma_1) = 1$, 所以 γ_n 是一个单位, 这样就有

$$(\beta\gamma, \beta\gamma_1) = \beta.$$

现在根据假设有 $\gamma_1 \mid \beta\gamma$, 且 $\gamma_1 \mid \beta\gamma_1$, 由最大公约数的定义有

$$\gamma_1 \mid (\beta\gamma, \beta\gamma_1),$$

也即 $\gamma_1 \mid \beta$.

如果 π 是一个素元, 且 $(\pi, \gamma) = \mu$, 那么就有 $\mu \mid \pi$ 以及 $\mu \mid \gamma$. 由于 $\mu \mid \pi$, 要么有 (1) μ 是一个单位, 所以有 $(\pi, \gamma) = 1$, 要么有 (2) μ 是一个与 π 相伴的数, 此

时有 $\pi \mid \gamma$. 因此, 如果在定理 217 中取 $\gamma_1 = \pi$, 我们就得到与 Euclid 的定理 3 相类似的结果.

定理 218　　如果 $\pi \mid \beta\gamma$, 那么 $\pi \mid \beta$ 或者 $\pi \mid \gamma$.

由此再利用在 1.3 节中对 $k(1)$ 用过的论证方法, 就得到 $k(i)$ 中的基本定理了.

12.9　$k(\rho)$ 中的整数

我们对在 12.2 节中定义的整数

$$\xi = a + b\rho$$

作简明扼要的讨论来结束本章. 在本节中, "整数" 一词都表示 "$k(\rho)$ 中的整数".

如同在 $k(i)$ 中一样, 我们定义 $k(\rho)$ 中的因子、单位、相伴元以及素元. 不过 $\xi = a + b\rho$ 的**范数**定义为

$$N\xi = (a + b\rho)(a + b\rho^2) = a^2 - ab + b^2.$$

由于

$$a^2 - ab + b^2 = \left(a - \frac{1}{2}b\right)^2 + \frac{3}{4}b^2,$$

所以, 除了 $\xi = 0$ 以外, $N\xi$ 都是正数.

因为

$$|a + b\rho|^2 = a^2 - ab + b^2 = N(a + b\rho),$$

我们有

$$N\alpha N\beta = N(\alpha\beta), \quad N\alpha N\beta \cdots = N(\alpha\beta \cdots),$$

这与在 $k(i)$ 中的结论相同.

定理 210、定理 212、定理 213 和定理 214 在 $k(\rho)$ 中仍然为真. 其证明除了在范数的形式上有区别以外, 是完全一样的.

$k(\rho)$ 中的单位由

$$a^2 - ab + b^2 = 1$$

给出, 也就是由

$$(2a - b)^2 + 3b^2 = 4$$

给出. 这个方程仅有的解是

$$a = \pm 1, \quad b = 0; \quad a = 0, \quad b = \pm 1; \quad a = 1, \quad b = 1; \quad a = -1, \quad b = -1.$$

所以它的单位是

$$\pm 1, \quad \pm\rho, \quad \pm(1+\rho),$$

也就是

$$\pm 1, \ \pm\rho, \ \pm\rho^2.$$

范数为有理素数的任何数都是素元, 因此 $1-\rho$ 是素元, 这是因为 $N(1-\rho) = 3$. 其逆不成立, 例如, 2 是一个素元. 这是因为如果有

$$2 = (a+b\rho)(c+d\rho),$$

的话, 那么

$$4 = (a^2 - ab + b^2)(c^2 - cd + d^2).$$

于是要么 $a+b\rho$ 或者 $c+d\rho$ 是一个单位, 要么就有

$$a^2 - ab + b^2 = \pm 2, \quad (2a-b)^2 + 3b^2 = \pm 8,$$

而这是不可能的.

在 $k(\rho)$ 中基本定理仍然为真, 它的证明依赖于一个形式上与定理 216 一模一样的定理.

定理 219 给定任何两个整数 γ, γ_1, 其中 $\gamma_1 \neq 0$, 则存在一个整数 κ, 使得

$$\gamma = \kappa\gamma_1 + \gamma_2, \quad N\gamma_2 < N\gamma_1.$$

因为

$$\frac{\gamma}{\gamma_1} = \frac{a+b\rho}{c+d\rho} = \frac{(a+b\rho)(c+d\rho^2)}{(c+d\rho)(c+d\rho^2)} = \frac{ac+bd-ad+(bc-ad)\rho}{c^2-cd+d^2} = R+S\rho,$$

其中最后一步是我们的定义. 可以求得两个有理整数 x 和 y, 使得

$$|R-x| \leqslant \frac{1}{2}, \quad |S-y| \leqslant \frac{1}{2},$$

这样就有

$$\left| \frac{\gamma}{\gamma_1} - (x+y\rho) \right|^2 = (R-x)^2 - (R-x)(S-y) + (S-y)^2 \leqslant \frac{3}{4}.$$

于是, 如果 $\kappa = x+y\rho, \gamma_2 = \gamma - \kappa\gamma_1$, 则有

$$N\gamma_2 = N(\gamma - \kappa\gamma_1) \leqslant \frac{3}{4} N\gamma_1 < N\gamma_1.$$

由定理 219 并利用 12.8 节中用过的论证方法就可推出 $k(\rho)$ 中的基本定理.

定理 220 [关于 $k(\rho)$ 的基本定理] 除了素元的次序、单位的存在与否以及相伴素元之间的形状不同之外, $k(\rho)$ 中的整数表示成素元之积的表达式是唯一的.

我们来用有关 $k(\rho)$ 中整数的几个显然的命题来结束本节, 这些命题并没有深刻的意义, 但在第 13 章会用到它们.

定理 221 $\lambda = 1 - \rho$ 是一个素元.

这个结论已经证明过了.

定理 222 $k(\rho)$ 中的所有整数可以分成三类 ($\bmod\ \lambda$), 它们分别可用 $0, 1, -1$ 来表示.

模 λ 同余 (congruence to modulus λ)、**剩余** ($\bmod\ \lambda$) 以及**剩余类** ($\bmod\ \lambda$) 的定义均与 $k(1)$ 中的定义相同.

如果 γ 是 $k(\rho)$ 中任意一个整数, 则有

$$\gamma = a + b\rho = a + b - b\lambda \equiv a + b\ (\bmod\ \lambda).$$

由于 $3 = (1 - \rho)(1 - \rho^2)$, $\lambda \mid 3$; 又因为 $a + b$ 取三个剩余 $0, 1, -1\ (\bmod\ 3)$ 中的一个, 所以 γ 取这三个同样的剩余 ($\bmod\ \lambda$) 中的一个. 这些剩余是互不同余的, 这是因为无论是 $N1 = 1$ 还是 $N2 = 4$ 都不能被 $N\lambda = 3$ 整除.

定理 223 3 是与 λ^2 相伴的数.

这是因为 $\lambda^2 = 1 - 2\rho + \rho^2 = -3\rho$.

定理 224 诸数 $\pm(1 - \rho), \pm(1 - \rho^2), \pm\rho(1 - \rho)$ 全都是与 λ 相伴的数.

这是因为

$$\pm(1 - \rho) = \pm\lambda, \quad \pm(1 - \rho^2) = \mp\lambda\rho^2, \quad \pm\rho(1 - \rho) = \pm\lambda\rho.$$

本 章 附 注

本章以及第 14 章和第 15 章中的术语和记号都已过时. 特别地, $k(1)$, $k(\mathrm{i})$ 和 $k(\rho)$ 现在改记为 $\mathbb{Q}, \mathbb{Q}(\mathrm{i})$ 和 $\mathbb{Q}(\rho)$. 此外, "unities" 改称为 "units (单位)".

12.1 节. Gauss 整数首先由 Gauss 用在关于四次互倒律的研究中. 特别请参见他的题为 Theoria residuorum biquadraticorum 的研究报告 (*Werke*, ii, 67-148). Gauss [在这里以及在他关于代数方程的研究报告中 (*Werke*, iii, 3-64)] 是以坚定明确而且科学的方式使用复数的第一位数学家.

数 $a + b\rho$ 是由 Eisenstein 和 Jacobi 在他们关于三次互倒律的工作中引进的. 见 Bachmann, *Allgemeine Arithmetik der Zahlkörper*, 142.

12.5 节. 这些评注应归功于 S. Bochner 教授.

A. A. Mullin 教授引起我们对于 Euclid《几何原本》第 9 卷命题 14 的关注, 这个定理说的是: 如果 n 是被诸素数 $p_i, \cdots, p_j$ 中的每一个都整除的最小的数, 那么 n 不能被任何其他的素数整除. 这似乎可以被视为 Euclid 在通向基本定理的路上又向前迈近了一步.

第 13 章 某些 Diophantus 方程①

13.1 Fermat 大定理

Fermat 大定理断言：方程

$$x^n + y^n = z^n \tag{13.1.1}$$

(其中 n 是一个大于 2 的整数) 除了其中有一个变量的值为零的那种平凡解之外,没有整数解. 该定理从来没有对所有的 n 得到过证明,②甚至也没有证明它对无穷多个确实不同的情形为真, 不过已知它对 $2 < n < 619$ 为真. 本章只关心此定理的两种最简单情形: $n = 3$ 和 $n = 4$. $n = 4$ 的情形很容易, 而 $n = 3$ 的情形极好地说明了如何使用第 12 章中的思想.

13.2 方程 $x^2 + y^2 = z^2$

当 $n = 2$ 时方程 (13.1.1) 是可解的, 最熟悉的解是 3, 4, 5 和 5, 12, 13. 我们首先来解决这个问题.

显然, 不失一般性地, 可以假设 x, y, z 都是正的. 其次,

$$d \mid x, d \mid y \quad \to \quad d \mid z.$$

于是, 如果 x, y, z 是满足 $(x, y) = d$ 的一组解, 那么 $x = dx'$, $y = dy'$, $z = dz'$, 从而 x', y', z' 是满足 $(x', y') = 1$ 的一组解. 因此, 可以假设 $(x, y) = 1$, 通解是满足这个条件的解的倍数. 最后,

$$x \equiv 1 \ (\mathrm{mod}\ 2), \quad y \equiv 1 \ (\mathrm{mod}\ 2) \quad \to \quad z^2 \equiv 2 \ (\mathrm{mod}\ 4),$$

而这是不可能的. 因此 x 和 y 中必有一个是奇数, 另一个是偶数.

这样一来, 只要证明下面的定理就足够了.

定理 225 方程

$$x^2 + y^2 = z^2 \tag{13.2.1}$$

的满足条件

---

① 也称为 "不定方程". 为了尊重作者原意以及统一名词术语, 本书沿用了 "Diophantus 方程" 这个译名.

——译者注

② 该定理现已得到证明, 见章后附注.

$$x > 0, \quad y > 0, \quad z > 0, \quad (x,y) = 1, \quad 2 \mid x \tag{13.2.2}$$

的最一般的解是

$$x = 2ab, \quad y = a^2 - b^2, \quad z = a^2 + b^2, \tag{13.2.3}$$

其中 a, b 是奇偶性相反的整数, 且

$$(a,b) = 1, \quad a > b > 0. \tag{13.2.4}$$

在 a, b 的不同值和 x, y, z 的不同值之间有一一对应关系.

首先, 假设有 (13.2.1) 和 (13.2.2) 成立. 由于 $2 \mid x$ 且 $(x,y) = 1$, 所以 y 和 z 都是奇数, 且 $(y,z) = 1$. 于是 $\frac{1}{2}(z-y)$ 和 $\frac{1}{2}(z+y)$ 都是整数, 且有

$$\left(\frac{z-y}{2}, \frac{z+y}{2} \right) = 1.$$

由 (13.2.1) 有

$$\left(\frac{x}{2} \right)^2 = \left(\frac{z+y}{2} \right) \left(\frac{z-y}{2} \right),$$

由于右边这两个因子是互素的, 它们必须都是平方数. 这样就有

$$\frac{z+y}{2} = a^2, \quad \frac{z-y}{2} = b^2,$$

其中

$$a > 0, \quad b > 0, \quad a > b, \quad (a,b) = 1.$$

我们还有 $a + b \equiv a^2 + b^2 = z \equiv 1 \pmod 2$, 即 a 和 b 有相反的奇偶性. 于是, (13.2.1) 满足 (13.2.2) 的任何解都有 (13.2.3) 的形式, 而且 a 和 b 有相反的奇偶性, 并且它们还满足 (13.2.4).

其次, 假设 a 和 b 有相反的奇偶性且满足 (13.2.4). 那么

$$x^2 + y^2 = 4a^2b^2 + (a^2 - b^2)^2 = (a^2 + b^2)^2 = z^2,$$
$$x > 0, \quad y > 0, \quad z > 0, \quad 2 \mid x.$$

如果 $(x,y) = d$, 则有 $d \mid z$, 所以 $d \mid y = a^2 - b^2, d \mid z = a^2 + b^2$, 从而 $d \mid 2a^2, d \mid 2b^2$. 由于 $(a,b) = 1$, d 必定为 1 或者 2, 因为 y 是奇数, 这就排除了第二种可能性. 从而有 $(x,y) = 1$.

最后, 如果 y 和 z 已经给定, a^2 和 b^2 (从而 a 和 b) 也就被唯一确定, 于是 x, y 和 z 的不同值对应于 a 和 b 的不同值.

13.3 方程 $x^4 + y^4 = z^4$

现在应用定理 225 来给出 Fermat 大定理当 $n = 4$ 时的证明. 这是该定理的仅有的 "容易的" 情形. 实际上我们证明的要更多一点.

定理 226 以下方程没有正整数解.

$$x^4 + y^4 = z^2 \tag{13.3.1}$$

假设 u 是使得方程

$$x^4 + y^4 = u^2 \quad (x > 0, y > 0, u > 0) \tag{13.3.2}$$

有解的最小的数. 那么 $(x, y) = 1$, 因为如若不然就可以用 $(x, y)^4$ 遍除之, 这样就可以用一个更小的数来代替 u. 从而 x 和 y 中至少有一个是奇数, 且

$$u^2 = x^4 + y^4 \equiv 1 \text{ 或者 } 2 \pmod 4.$$

由于 $u^2 \equiv 2 \pmod 4$ 是不可能的, 所以 u 是奇数, x 和 y 中恰有一个是偶数.

比方说, 如果 x 是偶数, 那么根据定理 225 有

$$x^2 = 2ab, \quad y^2 = a^2 - b^2, \quad u = a^2 + b^2,$$

$$a > 0, \quad b > 0, \quad (a, b) = 1,$$

且 a 和 b 有相反的奇偶性. 如果 a 是偶的而 b 是奇的, 那么

$$y^2 \equiv -1 \pmod 4,$$

而这是不可能的. 所以 a 是奇的而 b 是偶的, 假设 $b = 2c$.

此外,

$$\left(\frac{1}{2} x\right)^2 = ac, (a, c) = 1,$$

所以

$$a = d^2, \quad c = f^2, \quad d > 0, \quad f > 0, \quad (d, f) = 1,$$

且 d 为奇数. 于是

$$y^2 = a^2 - b^2 = d^4 - 4f^4,$$
$$(2f^2)^2 + y^2 = (d^2)^2,$$

而且 $2f^2, y, d^2$ 中任何两个数都没有公约数.

再次运用定理 225, 得到

$$2f^2 = 2lm, \quad d^2 = l^2 + m^2, \quad l > 0, \quad m > 0, \quad (l, m) = 1.$$

因为

$$f^2 = lm, \quad (l, m) = 1,$$

所以

$$l = r^2, \quad m = s^2, \quad (r > 0, s > 0),$$

从而

$$r^4 + s^4 = d^2.$$

然而

$$d \leqslant d^2 = a \leqslant a^2 < a^2 + b^2 = u,$$

这样一来 u 就不是满足 (13.3.2) 的最小的数. 这个矛盾就证明了定理.

我们所用的证明方法称为 "无穷递降法", 它是由 Fermat 创造并应用到许多问题中去的. 如果一个命题 $P(n)$ 对某个正整数 n 为真, 则有一个使它成立的最小的这样的整数存在. 如果 $P(n)$ 对任何一个正数 n 成立蕴涵 $P(n')$ 对某个更小的正数 n' 也成立, 那么就没有这样的最小的整数存在. 这个矛盾表明 $P(n)$ 对每个 n 都不成立.

13.4　方程 $x^3 + y^3 = z^3$

如果 Fermat 定理对某个 n 为真, 那么它对 n 的任何倍数也为真, 这是因为 $x^{ln} + y^{ln} = z^{ln}$ 就是

$$(x^l)^n + (y^l)^n = (z^l)^n.$$

由此可见, 如果 (a) 当 $n = 4$ 时 Fermat 定理为真 (如同我们已经证明的那样) 且 (b) 当 n 为奇素数时 Fermat 定理为真, 那么该定理对于一般情形也为真. 对于情形 (b), 这里可以讨论的仅有情形是 $n = 3$.

根据第 12 章, 解决此问题最自然的方法是将 Fermat 方程写成

$$(x + y)(x + \rho y)(x + \rho^2 y) = z^3,$$

并考虑 $k(\rho)$ 中各种因子的构造. 如在 13.3 节中那样, 我们证明的要比 Fermat 定理更多一些.

定理 227　在 $k(\rho)$ 中没有满足条件

$$\xi^3 + \eta^3 + \zeta^3 = 0 \quad (\xi \neq 0, \eta \neq 0, \zeta \neq 0)$$

的整数解. 特别地,

$$x^3 + y^3 = z^3$$

除了 x, y, z 中有一个为零的平凡解之外, 不存在有理整数解.

在接下来的证明中, 希腊字母表示 $k(\rho)$ 中的整数, λ 表示素元 $1 - \rho$.[①]显然可以假设

$$(\eta, \zeta) = (\zeta, \xi) = (\xi, \eta) = 1. \tag{13.4.1}$$

我们将证明建立在 4 个引理 (定理 228 至定理 231) 的基础之上.

定理 228   如果 ω 不能被 λ 整除, 那么

$$\omega^3 \equiv \pm 1 \pmod{\lambda^4}.$$

根据定理 222, ω 与三数 $0, 1, -1$ 之一同余, 且 $\lambda \nmid \omega$, 所以

$$\omega \equiv \pm 1 \pmod{\lambda}.$$

于是可以选取 $\alpha = \pm\omega$ 使得

$$\alpha \equiv 1 \pmod{\lambda}, \quad \alpha = 1 + \beta\lambda.$$

这样就有

$$\begin{aligned}
\pm(\omega^3 \mp 1) = \alpha^3 - 1 &= (\alpha - 1)(\alpha - \rho)(\alpha - \rho^2) \\
&= \beta\lambda(\beta\lambda + 1 - \rho)(\beta\lambda + 1 - \rho^2) \\
&= \lambda^3 \beta(\beta + 1)(\beta - \rho^2),
\end{aligned}$$

这里用到 $1 - \rho^2 = \lambda(1 + \rho) = -\lambda\rho^2$. 又因为

$$\rho^2 \equiv 1 \pmod{\lambda},$$

所以

$$\beta(\beta + 1)(\beta - \rho^2) \equiv \beta(\beta + 1)(\beta - 1) \pmod{\lambda}.$$

但是, 根据定理 222, $\beta, \beta + 1, \beta - 1$ 中有一个能被 λ 整除, 所以

$$\pm(\omega^3 \mp 1) \equiv 0 \pmod{\lambda^4},$$

也即有

$$\omega^3 \equiv \pm 1 \pmod{\lambda^4}.$$

定理 229   如果 $\xi^3 + \eta^3 + \zeta^3 = 0$, 那么 ξ, η, ζ 中必有一个能被 λ 整除.

假设相反的结论成立. 那么

$$0 = \xi^3 + \eta^3 + \zeta^3 \equiv \pm 1 \pm 1 \pm 1 \pmod{\lambda^4},$$

---

① 见定理 221.

所以有 $\pm 1 \equiv 0$ 或者 $\pm 3 \equiv 0$, 也即有 $\lambda^4 \mid 1$ 或者 $\lambda^4 \mid 3$. 由于 λ 不是单位, 第一个结果不能成立. 又因为 3 是与 λ^2 相伴的数, [①]所以 3 不能被 λ^4 整除, 第二个结果也不能成立. 于是 ξ, η, ζ 中必有一个能被 λ 整除.

于是可以假设 $\lambda \mid \zeta$, 从而 $\zeta = \lambda^n \gamma$, 这里 $\lambda \nmid \gamma$. 由 (13.4.1) 就有 $\lambda \nmid \xi, \lambda \nmid \eta$, 我们需要证明不可能有

$$\xi^3 + \eta^3 + \lambda^{3n}\gamma^3 = 0, \tag{13.4.2}$$

其中

$$(\xi, \eta) = 1, \quad n \geqslant 1, \quad \lambda \nmid \xi, \quad \lambda \nmid \eta, \quad \lambda \nmid \gamma. \tag{13.4.3}$$

然而更为方便的是证明得更多一点, 也就是证明

$$\xi^3 + \eta^3 + \varepsilon\lambda^{3n}\gamma^3 = 0 \tag{13.4.4}$$

不可能被任何服从条件 (13.4.3) 的 ξ, η, γ 以及任何单位 ε 所满足.

定理 230　如果 ξ, η, γ 满足 (13.4.3) 和 (13.4.4), 那么 $n \geqslant 2$.

根据定理 228 有

$$-\varepsilon\lambda^{3n}\gamma^3 = \xi^3 + \eta^3 \equiv \pm 1 \pm 1 \pmod{\lambda^4}.$$

如果符号相同, 那么

$$-\varepsilon\lambda^{3n}\gamma^3 \equiv \pm 2 \pmod{\lambda^4},$$

这是不可能的, 因为 $\lambda \nmid 2$. 从而符号应该相反, 即有 $-\varepsilon\lambda^{3n}\gamma^3 \equiv 0 \pmod{\lambda^4}$. 由于 $\lambda \nmid \gamma$, 所以 $n \geqslant 2$.

定理 231　如果 (13.4.4) 对 $n = m > 1$ 成立, 那么它对 $n = m - 1$ 也成立.

定理 231 体现了定理 227 的证明中的关键步骤. 当定理 231 获证后, 定理 227 就立即得出. 这是因为, 如果 (13.4.4) 对任何一个 n 成立, 它也就对 $n = 1$ 成立, 这与定理 230 矛盾. 其论证是 "无穷递降法" 的另一个例子.

假设

$$-\varepsilon\lambda^{3m}\gamma^3 = (\xi + \eta)(\xi + \rho\eta)(\xi + \rho^2\eta). \tag{13.4.5}$$

右边诸因子之差为

$$\eta\lambda, \quad \rho\eta\lambda, \quad \rho^2\eta\lambda,$$

它们全都是 $\eta\lambda$ 的相伴数. 它们中的每一个都能被 λ 整除, 但不能被 λ^2 整除 (由于 $\lambda \nmid \eta$).

由于 $m \geqslant 2$, 所以 $3m > 3$, 且三个因子中必有一个能被 λ^2 整除. 另外两个因子必定能被 λ 整除 (因为三个因子中每两个因子的差都能被 λ 整除), 但不能被

① 定理 223.

λ^2 整除 (因为三个因子中每两个因子的差都不能被 λ^2 整除). 可以假设：能被 λ^2 整除的因子是 $\xi + \eta$, 如果这个能被 λ^2 整除的因子是另外两个因子中的一个, 那么可以用它的一个相伴数来代替 η. 这样就有

$$\xi + \eta = \lambda^{3m-2}\kappa_1, \quad \xi + \rho\eta = \lambda\kappa_2, \quad \xi + \rho^2\eta = \lambda\kappa_3, \tag{13.4.6}$$

这里 $\kappa_1, \kappa_2, \kappa_3$ 中的任一个数都不能被 λ 整除.

如果 $\delta \mid \kappa_2$ 且 $\delta \mid \kappa_3$, 则 δ 也整除 $\kappa_2 - \kappa_3 = \rho\eta$ 和 $\rho\kappa_3 - \rho^2\kappa_2 = \rho\xi$, 从而也整除 ξ 和 η 这两者. 于是 δ 是一个单位, 且 $(\kappa_2, \kappa_3) = 1$. 类似地有 $(\kappa_3, \kappa_1) = 1$ 和 $(\kappa_1, \kappa_2) = 1$.

将 (13.4.6) 代入 (13.4.5), 得到 $-\varepsilon\gamma^3 = \kappa_1\kappa_2\kappa_3$. 从而 $\kappa_1, \kappa_2, \kappa_3$ 中的每一个数都是一个立方数的相伴数, 所以

$$\xi + \eta = \lambda^{3m-2}\kappa_1 = \varepsilon_1\lambda^{3m-2}\theta^3, \quad \xi + \rho\eta = \varepsilon_2\lambda\phi^3, \quad \xi + \rho^2\eta = \varepsilon_3\lambda\psi^3,$$

其中 θ, ϕ, ψ 没有公约数, 它们都不能被 λ 整除, 且 $\varepsilon_1, \varepsilon_2, \varepsilon_3$ 是单位. 由此即得

$$0 = (1 + \rho + \rho^2)(\xi + \eta) = \xi + \eta + \rho(\xi + \rho\eta) + \rho^2(\xi + \rho^2\eta)$$
$$= \varepsilon_1\lambda^{3m-2}\theta^3 + \varepsilon_2\rho\lambda\phi^3 + \varepsilon_3\rho^2\lambda\psi^3,$$

这样就有

$$\phi^3 + \varepsilon_4\psi^3 + \varepsilon_5\lambda^{3m-3}\theta^3 = 0, \tag{13.4.7}$$

其中 $\varepsilon_4 = \varepsilon_3\rho/\varepsilon_2$ 和 $\varepsilon_5 = \varepsilon_1/\varepsilon_2\rho$ 也都是单位.

现在有 $m \geqslant 2$, 所以

$$\phi^3 + \varepsilon_4\psi^3 \equiv 0 \pmod{\lambda^2}$$

(实际上是 $\mathrm{mod}\ \lambda^3$ 成立). 但是 $\lambda \nmid \phi$ 且 $\lambda \nmid \psi$, 于是由定理 228 有

$$\phi^3 \equiv \pm 1 \pmod{\lambda^2}, \quad \psi^3 \equiv \pm 1 \pmod{\lambda^2}$$

(实际上是 $\mathrm{mod}\ \lambda^4$ 成立). 从而

$$\pm 1 \pm \varepsilon_4 \equiv 0 \pmod{\lambda^2}.$$

这里 ε_4 是 ± 1、$\pm\rho$ 或者 $\pm\rho^2$. 但是

$$\pm 1 \pm \rho, \quad \pm 1 \pm \rho^2$$

中没有一个能被 λ^2 整除, 这是因为它们中每一个数都是 1 或者 λ 的相伴数, 于是就有 $\varepsilon_4 = \pm 1$.

如果 $\varepsilon_4 = 1$, (13.4.7) 就是一个所要求类型的方程. 如果 $\varepsilon_4 = -1$, 我们就用 $-\psi$ 代替 ψ. 无论哪种情形, 我们都证明了定理 231, 从而也就证明了定理 227.

13.5 方程 $x^3 + y^3 = 3z^3$

几乎同样的推理可以证明以下定理.

定理 232 除了与 $z = 0$ 对应的平凡解之外, 方程

$$x^3 + y^3 = 3z^3$$

没有整数解.

正如我们所期待的, 这个定理的证明和定理 227 的证明基本上是一样的, 这是由于 3 是 λ^2 的一个相伴数. 我们再次证明得多一点, 也就是要证明: 在 $k(\rho)$ 中不存在

$$\xi^3 + \eta^3 + \varepsilon\lambda^{3n+2}\gamma^3 = 0 \tag{13.5.1}$$

的整数解, 其中

$$(\xi, \eta) = 1, \quad \lambda \nmid \gamma.$$

再次通过证明两个命题来证明该定理, 这两个命题就是:

(a) 如果该方程有一个解, 那么 $n > 0$;

(b) 如果该方程对 $n = m \geqslant 1$ 有一个解, 则它对 $n = m - 1$ 也有一个解.

如果对于某个 n, 该方程有一个解的话, 这两个命题就会产生矛盾.

我们有

$$(\xi + \eta)(\xi + \rho\eta)(\xi + \rho^2\eta) = -\varepsilon\lambda^{3m+2}\gamma^3.$$

因此左边至少有一个因子 (从而左边每一个因子) 能被 λ 整除, 于是有 $m > 0$. 由此推出 $3m + 2 > 3$, 而且左边有一个因子能被 λ^2 整除, 且 (与在 13.4 节中一样) 仅有一个因子能被 λ^2 整除. 这样就有

$$\xi + \eta = \lambda^{3m}\kappa_1, \quad \xi + \rho\eta = \lambda\kappa_2, \quad \xi + \rho^2\eta = \lambda\kappa_3,$$

诸 κ 两两互素且都不能被 λ 整除.

于是, 如同在 13.4 节中一样, 我们有

$$-\varepsilon\gamma^3 = \kappa_1\kappa_2\kappa_3,$$

且 $\kappa_1, \kappa_2, \kappa_3$ 都是与立方数相伴的数, 所以

$$\xi + \eta = \varepsilon_1\lambda^{3m}\theta^3, \quad \xi + \rho\eta = \varepsilon_2\lambda\phi^3, \quad \xi + \rho^2\eta = \varepsilon_3\lambda\psi^3.$$

由此推出

$$0 = \xi + \eta + \rho(\xi + \rho\eta) + \rho^2(\xi + \rho^2\eta) = \varepsilon_1\lambda^{3m}\theta^3 + \varepsilon_2\rho\lambda\phi^3 + \varepsilon_3\rho^2\lambda\psi^3,$$

$$\phi^3 + \varepsilon_4\psi^3 + \varepsilon_5\lambda^{3m-1}\theta^3 = 0.$$

证明的后续部分和定理 227 相应的那部分证明完全一样.

用这种方法不可能证明

$$\xi^3 + \eta^3 + \varepsilon\lambda^{3n+1}\gamma^3 \neq 0. \tag{13.5.2}$$

事实上,

$$1^3 + 2^3 + 9(-1)^3 = 0,$$

又因为 $9 = \rho\lambda^4$, [①] 所以这个方程的右端有 (13.5.2) 的右端的形式. 读者如果努力尝试去证明它, 并注意发现证明失败在何处, 那将会是很有教益的.

13.6 用有理数的三次幂之和表示有理数

定理 232 对于加性数论 (additive theory of numbers, 又称堆垒数论) 有一个很有趣的应用.

这个理论中的典型问题如下. 假设 x 表示指定的一类数 (比如正整数或者有理数组成的数类) 中的一个任意的元素, 而 y 是这个数类的某个子类 (比方说整数的平方或者有理数的立方组成的子类) 中的一个元素. 是否有可能将 x 表示成形式

$$x = y_1 + y_2 + \cdots + y_k?$$

如果可以的话, 这个表达式可以经济到何种程度? 或者 k 的值可以有多小?

例如, 假设 x 是一个正整数, 而 y 是一个整数的平方. Lagrange 的定理 369[②] 指出: 每个正整数都是 4 个平方数之和, 所以我们可以取 $k = 4$. 由于 7 不是 3 个平方数之和, 所以 k 的值 4 是最小可能的, 也即是 "正确的" 值.

这里将假设 x 是一个**正的有理数** (positive rational), y 是一个**非负有理数的立方** (non-negative rational cube), 我们要来证明 k 的 "正确的" 值是 3.

首先, 作为定理 232 的一个推论我们有以下定理.

定理 233   存在不能表示为两个非负有理数立方之和的正有理数.

例如, 3 就是这样一个有理数. 因为

$$\left(\frac{a}{b}\right)^3 + \left(\frac{c}{d}\right)^3 = 3$$

---

① 见定理 223 的证明.

② 此定理将在第 20 章中用各种方法予以证明.

蕴涵 $(ad)^3 + (bc)^3 = 3(bd)^3$, 而它与定理 232 矛盾.①

为了证明 3 是 k 的一个可以允许取的值, 我们证明以下更基本的定理.

定理 234　任何正有理数都是三个正有理数的立方和.

我们需要求解

$$r = x^3 + y^3 + z^3, \tag{13.6.1}$$

其中 r 是一个给定的数, x, y, z 是正有理数. 容易验证有

$$x^3 + y^3 + z^3 = (x + y + z)^3 - 3(y + z)(z + x)(x + y),$$

所以 (13.6.1) 等价于

$$(x + y + z)^3 - 3(y + z)(z + x)(x + y) = r.$$

如果记 $X = y + z, Y = z + x, Z = x + y$, 此式就变成

$$(X + Y + Z)^3 - 24XYZ = 8r. \tag{13.6.2}$$

如果令

$$u = \frac{X + Z}{Z}, \quad v = \frac{Y}{Z}, \tag{13.6.3}$$

(13.6.2) 就变成

$$(u + v)^3 - 24v(u - 1) = 8rZ^{-3}. \tag{13.6.4}$$

限制 Z 和 v 满足

$$r = 3Z^3 v, \tag{13.6.5}$$

(13.6.4) 就转化成

$$(u + v)^3 = 24uv. \tag{13.6.6}$$

为了解 (13.6.6), 令 $u = vt$ 并求得

$$u = \frac{24t^2}{(t + 1)^3}, \quad v = \frac{24t}{(t + 1)^3}. \tag{13.6.7}$$

对每个有理数 t, 这都是 (13.6.6) 的一个解. 我们仍需满足 (13.6.5), 它现在变成了

$$r(t + 1)^3 = 72Z^3 t.$$

如果令 $t = r/(72w^3)$, 其中 w 是任意一个有理数, 我们就有 $Z = w(t + 1)$. 从而 (13.6.2) 的一个解是

$$X = (u - 1)Z, \quad Y = vZ, \quad Z = w(t + 1), \tag{13.6.8}$$

其中 u, v 由 (13.6.7) 给出, 且相应有 $t = rw^{-3}/72$. 利用

$$2x = Y + Z - X, \quad 2y = Z + X - Y, \quad 2z = X + Y - Z \tag{13.6.9}$$

就导出 (13.6.1) 的解.

为了完成定理 234 的证明, 我们需要证明: 可以选取 w, 使得 x, y, z 全都是正数. 如果 w 取为正数, 则 t 和 Z 都是正数. 现在, 根据 (13.6.8) 和 (13.6.9) 得

---

① 定理 227 表明, 1 不是两个正有理数的立方和, 不过它当然可以表示成 $0^3 + 1^3$.

$$\frac{2x}{Z} = v + 1 - (u-1) = 2 + v - u, \quad \frac{2y}{Z} = u - v, \quad \frac{2z}{Z} = u + v - 2.$$

这些数全都是正数, 只要有

$$u > v, \quad u - v < 2 < u + v,$$

也就是只要有

$$t > 1, \quad 12t(t-1) < (t+1)^3 < 12t(t+1).$$

如果 t 比 1 大一点儿, 那么这些不等式肯定成立, 可以选取 w 使得

$$t = \frac{r}{72w^3}$$

满足这个要求 (事实上, 只要 $1 < t \leqslant 2$ 就足够了).

例如, 假设有 $r = \frac{2}{3}$. 如果令 $w = \frac{1}{6}$ 使得 $t = 2$, 就有

$$\frac{2}{3} = \left(\frac{1}{18}\right)^3 + \left(\frac{4}{9}\right)^3 + \left(\frac{5}{6}\right)^3.$$

我们还有更简单的等式

$$1 = \left(\frac{1}{2}\right)^3 + \left(\frac{2}{3}\right)^3 + \left(\frac{5}{6}\right)^3,$$

这个等式等价于

$$6^3 = 3^3 + 4^3 + 5^3, \tag{13.6.10}$$

但是此等式不能用这个方法得到.

13.7 方程 $x^3 + y^3 + z^3 = t^3$

还有一些其他的 Diophantus 方程, 将它们放在这里加以讨论是很自然的. 其中最有意思的是方程

$$x^3 + y^3 + z^3 = t^3 \tag{13.7.1}$$

以及

$$x^3 + y^3 = u^3 + v^3. \tag{13.7.2}$$

第二个方程可以通过用 $-u, v$ 分别代替 z, t 而得到.

由于我们可以求方程的 (a) 整数解, 或者求 (b) 有理数解, 而且我们既可以考虑解的符号, 也可以不考虑解的符号, 因此每一个方程都会生成若干个不同的问题. 最简单的问题 (也是唯一被完全解决了的问题) 是求方程的正的或者负的有理数解. 对于这个问题, 这两个方程是等价的, 我们取 (13.7.2) 这个形式的方程加以研究. 它的完全解是由 Euler 发现的, 并由 Binet 作了简化.

如果令

$$x = X - Y, \quad y = X + Y, \quad u = U - V, \quad v = U + V,$$

(13.7.2) 就变成了

$$X(X^2 + 3Y^2) = U(U^2 + 3V^2). \tag{13.7.3}$$

假设 X 和 Y 这两者不全为零. 这样就可以记

$$\frac{U + V\sqrt{(-3)}}{X + Y\sqrt{(-3)}} = a + b\sqrt{(-3)}, \quad \frac{U - V\sqrt{(-3)}}{X - Y\sqrt{(-3)}} = a - b\sqrt{(-3)},$$

其中 a, b 是有理数. 由其中的第一个等式得

$$U = aX - 3bY, \quad V = bX + aY, \tag{13.7.4}$$

(13.7.3) 则变成

$$X = U(a^2 + 3b^2).$$

将最后这个等式与 (13.7.4) 的第一个等式结合起来就给出

$$cX = dY,$$

其中

$$c = a(a^2 + 3b^2) - 1, \quad d = 3b(a^2 + 3b^2).$$

如果 $c = d = 0$, 则有 $b = 0, a = 1, X = U, Y = V$. 反之则有

$$X = \lambda d = 3\lambda b(a^2 + 3b^2), \quad Y = \lambda c = \lambda\left\{a(a^2 + 3b^2) - 1\right\}, \tag{13.7.5}$$

其中 $\lambda \neq 0$. 将这些结果用到 (13.7.4) 中, 得

$$U = 3\lambda b, \quad V = \lambda\left\{(a^2 + 3b^2)^2 - a\right\}. \tag{13.7.6}$$

因此, 除了两个平凡的解 $X = Y = U = 0$ 和 $X = U, Y = V$ 以外, (13.7.3) 的每一组有理解都有 (13.7.5) 和 (13.7.6) 给出的形式 (对于适当的有理数 λ, a, b).

　　反之, 如果 λ, a, b 是任意的有理数, X, Y, U, V 由 (13.7.5) 和 (13.7.6) 定义, 那么就立即得出公式 (13.7.4), 且有

$$\begin{aligned}U(U^2 + 3V^2) &= 3\lambda b\left\{(aX - 3bY)^2 + 3(bX + aY)^2\right\}\\&= 3\lambda b(a^2 + 3b^2)(X^2 + 3Y^2) = X(X^2 + 3Y^2).\end{aligned}$$

这样就证明了以下定理.

定理 235　除了平凡解

$$x = y = 0, \quad u = -v; \quad x = u, \quad y = v \tag{13.7.7}$$

之外, (13.7.2) 的有理数通解由

$$x = \lambda\{1 - (a - 3b)(a^2 + 3b^2)\}, \quad y = \lambda\{(a + 3b)(a^2 + 3b^2) - 1\},$$
$$u = \lambda\{(a + 3b) - (a^2 + 3b^2)^2\}, \quad v = \lambda\{(a^2 + 3b^2)^2 - (a - 3b)\} \tag{13.7.8}$$

给出, 其中除了 $\lambda \neq 0$ 以外, λ, a, b 是任意的有理数.

求 (13.7.2) 的所有整数解的问题更加困难. (13.7.8) 中的 a, b 以及 λ 的整数值给出一组整数解, 但是相反的对应关系并不存在. (13.7.2) 的最简单的正整数解是

$$x = 1, \quad y = 12, \quad u = 9, \quad v = 10, \tag{13.7.9}$$

这组解对应于

$$a = \frac{10}{19}, \quad b = -\frac{7}{19}, \quad \lambda = -\frac{361}{42}.$$

此外, 如果取 $a = b = 1, \lambda = \frac{1}{3}$, 就有

$$x = 3, \quad y = 5, \quad u = -4, \quad v = 6,$$

它与 (13.6.10) 等价.

(13.7.1) 或者 (13.7.2) 的其他简单的解是

$$1^3 + 6^3 + 8^3 = 9^3, \quad 2^3 + 34^3 = 15^3 + 33^3, \quad 9^3 + 15^3 = 2^3 + 16^3.$$

Ramanujan 给出 (13.7.1) 的一组解是

$$x = 3a^2 + 5ab - 5b^2, \quad y = 4a^2 - 4ab + 6b^2,$$
$$z = 5a^2 - 5ab - 3b^2, \quad t = 6a^2 - 4ab + 4b^2.$$

如果取 $a = 2, b = 1$, 就得到解 (17,14,7,20). 如果取 $a = 1, b = -2$, 就得到一个与 (13.7.9) 等价的解. 其他类似的解收录在 Dickson 的 *History* 一书中.

有关方程

$$x^4 + y^4 = u^4 + v^4, \tag{13.7.10}$$

我们所知道的要少得多, 首先求解这个方程的是 Euler. 已知最简单的参数解是

$$\begin{cases} x = a^7 + a^5 b^2 - 2a^3 b^4 + 3a^2 b^5 + ab^6, \\ y = a^6 b - 3a^5 b^2 - 2a^4 b^3 + a^2 b^5 + b^7, \\ u = a^7 + a^5 b^2 - 2a^3 b^4 - 3a^2 b^5 + ab^6, \\ v = a^6 b + 3a^5 b^2 - 2a^4 b^3 + a^2 b^5 + b^7, \end{cases} \tag{13.7.11}$$

但是这个解在任何意义上讲都不是完全的. 当 $a = 1, b = 2$ 时, 它给出

$$133^4 + 134^4 = 158^4 + 59^4,$$

这是 (13.7.10) 的最小整数解.

为了求解 (13.7.10), 令

$$x = aw + c, \quad y = bw - d, \quad u = aw + d, \quad v = bw + c. \tag{13.7.12}$$

这样就得到一个关于 w 的四次方程, 该方程中第一个以及最后一个系数都是 0. 如果

$$c(a^3 - b^3) = d(a^3 + b^3),$$

那么 w^3 的系数就也等于 0, 特别地, 当 $c = a^3 + b^3, d = a^3 - b^3$ 时更是如此. 此时, 两边用 w 来除, 就得到

$$3w(a^2 - b^2)(c^2 - d^2) = 2(ad^3 - ac^3 + bc^3 + bd^3).$$

最后, 将 c, d, w 的这些值代入 (13.7.12) 中, 并全部乘以 $3a^2b^2$, 就得到了 (13.7.11).

第 21 章将会再多谈一些这种类型的问题.

本 章 附 注

13.1 节. 整个这一章, 一直到 13.5 节都是效仿 Landau, *Vorlesungen*, iii, 201-217 的内容. 也见 Mordell, *Diophantine equations* 以及 Cassels, *J. London Math. Soc.* **41** (1966), 193-291 的最初几页.

术语 "Diophantus 方程" 源于 Alexandria 时期的 (大约公元 250 年) Diophantus, 他是对方程的整数解作出系统研究的第一人. Diophantus 证明了定理 225 的基本内容. 从 Pythagoras 开始的希腊数学家就已经知道一些特殊的解. Heath 的 *Diophantus of Alexandria* (Cambridge, 1910) 一书包含了 Diophantus 的所有现存的工作的译稿、Fermat 对其工作的评价以及 Euler 对 Diophantus 问题给出的许许多多的解.

关于 "Fermat 大定理" 有大量的文献. 我们特别推荐以下参考文献: Bachmann, *Das Fermatproblem* (1919; Berlin, Springer, 1976 年重新印刷); Dickson, *History*, ii, 第 26 章; Landau, *Vorlesungen*, iii; Mordell, *Three lectures on Fermat's last theorem* (Cambridge, 1921); Vandiver, *Report of the committee on algebraic numbers*, ii (Washington, 1928), 第 2 章以及 *Amer. Math. Monthly*, **53** (1946), 555-578. 有关该定理的目前状况的极好的说明以及完全的参考文献由 Ribenboim [*Canadian Math. Bull.* **20** (1977), 229-242] 给出. 有关此问题以及相关理论的更为详尽的说明, 参见 Edwards 的 *Fermat's Last Theorem* (Berlin, Springer, 1977) 一书.

这个定理是由 Fermat 于 1637 年在他自己所有的 Diophantus 著作的 Bachet 版本的一个空白处写下的注记中表述的. 其中他肯定地声称已经有了一个证明, 但是后来有关此问题的历史似乎表明, 他一定是出了错误. 迄今已经发表了大量谬误的证明.

鉴于 13.4 节开始所作的说明, 我们可以假设 $n = p > 2$. Kummer (1850 年) 证明了: 只要奇素数 p 是 "正则的", 也即 p 不整除诸数

$$B_1, B_2, \cdots, B_{\frac{1}{2}(p-3)}$$

中任何一个的分子, 则该定理对 $n = p$ 成立, 这里 B_k 是 7.9 节开头所定义的 Bernoulli 数. 然而, 已经知道有无穷多个 "非正则的" 素数 p. 当 p 为非正则素数时, 已建立起各种判别法 (尤其是 Vandiver) 来判断定理对非正则素数成立与否. 在计算机上也进行了相应的计算, 例如现在已知该定理对于所有素数 $p < 125\,000$ 为真. 然而, 如果 (13.1.1) 对某个更大的素数满足的话, 则 $\min(x,\ y)$ 就会有多于三万亿位数字. 有关的参考文献请见上面提到的 Ribenboim 的书, 其他的结果参见 Stewart, *Mathematika* **24** (1977), 130-132.

如果假设 x, y, z 中没有一个数能被 p 整除, 则此问题可以大大简化. 1909 年 Wieferich 证明了: 除非有 $2^{p-1} \equiv 1 \pmod{p^2}$, 否则没有这样的解存在, 同余式 $2^{p-1} \equiv 1 \pmod{p^2}$ 对 $p = 1093$ 为真 (6.10 节), 但在不超过 2000 的数中不再有其他的素数 p 满足此式了. 之后, 数学家们又用这个方法进一步发现了类似的条件. 而且由此方法已经证明了: 对于 $p < 3 \times 10^9$ 没有这样的解, 对于 Mersenne 素数 p (它们是迄今为止已知最大的素数) 也没有这样的解. 见上述 Ribenboim 的书.

Fermat 大定理最终由 Wiles 以及 Wiles 与 Taylor 合著的两篇文章所解决 (*Ann. of Math.* (2) **141** (1995), 443-551 以及 553-572). 与上面叙述的前人的做法不同, 这项成果用到 Fermat 方程和椭圆曲线之间的一种联系. 在他之前, Hellegouarch、Frey 和 Ribet 所做的研究工作已经证实: Fermat 大定理可以从一个标准的关于椭圆曲线的猜想 (即 Taniyama-Shimura 猜想) 推出. Wiles 成功地对后一猜想的一种重要的特殊情形给出了证明, 这就足以使他得以解决 Fermat 大定理. Wiles 与 Taylor 的论文则为 Wiles 的工作中所需要的关键的一步提供了证明.

13.3 节. 定理 226 实际上是由 Fermat 证明的. 见 Dickson, *History*, ii, 第 22 章.

13.4 节. 定理 227 是由 Euler 在 1753 年至 1770 年证明的. 从某一点来看, 他的证明是不完全的, 不过其中的漏洞由 Legendre 加以填补了. 见 Dickson, *History*, ii, 第 21 章.

我们的证明遵循 Landau 所给出的路线, 但是 Landau 是把它作为理想应用的第一个练习提出来的, 我们则避免了理想这个概念.

13.6 节. 定理 234 属于 Richmond, *Proc. London Math. Soc.* (2) **21** (1923), 401-409. 他的证明基于更早的时候 Ryley [*The ladies'diary* (1825), 35] 给出的一个公式.

Ryley 的公式被 Richmond [*Proc. Edinburgh Math. Soc.* (2) **2** (1930), 92-100 和 *Journal London Math. Soc.* **17**(1942), 196-199] 以及 Mordell [*Journal London Math. Soc.* **17**(1942), 194-196] 重新加以考虑并作了推广. Richmond 还发现了不包含在 Ryley 的公式中的解; 例如

$$3(1 - t + t^2)x = s(1 + t^3),\ 3(1 - t + t^2)y = s(3t - 1 - t^3),\ 3(1 - t + t^2)z = s(3t - 3t^2),$$

其中 s 是有理数且 $t = 3r/s^3$. Mordell 求解了更加一般的方程

$$(X + Y + Z)^3 - dXYZ = m,$$

(13.6.2) 是它的一个特例. 我们给出的证明是以 Mordell 的证明为基础的. 关于三个变量的三次 Diophantus 方程, Mordell 和 B. Segre 还在该杂志后来的若干期中发表了许多其他的论文. 实际上, Segre [Math Notae, **11** (1951), 1-68] 已经证明: 如果三元三次非退化方程有有理根, 那么它有无穷多个根. 这是以处理 (13.6.1), 它有一个有理点 "在无穷远处". 关于四个变量的三次齐次方程的更加新的工作的介绍由 Manin (*Cubic forms*, Amsterdam, North Holland, 1974) 给出.

13.7 节. 有关 "两个三次方的相等的和" 的第一批结果是由 Vieta 在 1591 年之前发现的. 见 Dickson, *History*, ii, 550 以及其后的叙述. 定理 235 属于 Euler. 我们的方法遵循 Hurwitz, *Math. Werke*, **2** (1933), 469-470.

参数化 (13.7.8) 关于 a 和 b 的最高次数是 4. 还有另外一个次数为 3 的参数化方法, 即
$$x = \lambda(A + B + C - D), \quad y = \lambda(A + B - C + D),$$
$$u = \lambda(A - B + C + D), \quad v = \lambda(A - B - C - D),$$
其中
$$A = 9a^3 + 3ab^2 + 3b, \quad B = 6ab, \quad C = 9a^2b + 3b^3 + b, \quad D = 3a^2 + 3b^2 + 1,$$
见华罗庚, *Introduction to number theory* (Springer, New York, 1982), 290-291.

在 Dickson, *Introduction*, 60-62 中给出了 Euler 对于 (13.7.10) 所得到的解. 他的公式不像 (13.7.11) 那么简单, 不过他的公式可以通过在后者中用 $f + g$ 和 $f - g$ 分别代替 a 和 b, 然后再除以 2 得到. 公式 (13.7.11) 本身是由 Gérardin, *L'Intermédiaire des mathématiciens*, **24** (1917), 51 首先给出的. 这里给出的简单的解属于 Swinnerton-Dyer, *Journal London Math. Soc.* **18** (1943), 2-4.

Leech [*Proc. Cambridge Phil. Soc.* **53** (1957), 778-780] 列出了 (13.7.2)、(13.7.10) 和若干个其他 Diophantus 方程的数值解.

1844 年, Catalan 猜想: 方程
$$x^p - y^q = 1$$
的唯一的整数解 p, q, x, y (每个数都大于 1) 是 $p = y = 2$, $q = x = 3$. 这已经被 Mihăilescu (*J. Reine Angew. Math.* **572** (2004), 167-195) 证明.

有关 Diophantus 方程最强大的结果之一属于 Faltings (*Invent. Math.* **73** (1983), 349-366). 此结果的一个特殊情形与形如 $f(x, y, z) = 0$ 的方程有关, 其中 f 是一个次数至少为 4 的齐次整系数多项式. 我们称 f 是非奇异的, 如果 f 的偏导数在除了 $(0, 0, 0)$ 以外的任何复的点 (x, y, z) 处不同时为零. 对这样一个 f, Faltings 的定理断言: 方程 $f(x, y, z) = 0$ 至多只有有限多个不同的解 (任意两个仅相差一个常数倍的解视为相同的解). 可以取 $f(x, y, z) = ax^n + by^n - cz^n$ $(n \geqslant 4)$, 由是推出: 对每个 n, 广义 Fermat 方程至多只有有限多个本质上不同的解.

这一章里研究过的许多方程都有 $a + b = c$ 这一形式, 其中 a, b 和 c 都是幂的常数倍. 关于这种方程的一个相当一般的猜想 (现在称为 "abc 猜想") 是由 Oesterlé 和 Masser 在 1985 年提出的. 它阐述的是, 如果 $\varepsilon > 0$, 则存在一个常数 $K(\varepsilon)$ 具有如下性质: 如果 a, b, c 是满足 $a + b = c$ 的任何正整数, 那么 $c \leqslant K(\varepsilon) r(abc)^{1+\varepsilon}$, 其中函数 $r(m)$ 定义为 m 的不同素因子之积.

作为这一猜想的潜在应用的一个例子, 考虑 Fermat 方程 (13.1.1). 取 $a = x^n$, $b = y^n$ 以及 $c = z^n$, 注意到
$$r(abc) = r(x^n y^n z^n) \leqslant xyz \leqslant z^3,$$
该猜想得到 $z^n \leqslant K(\varepsilon) z^{3(1+\varepsilon)}$. 选取 $\varepsilon = 1/2$, 并假设 $n \geqslant 4$, 则有
$$z^n \leqslant K(1/2) z^{7/2} \leqslant K(1/2) z^{7n/8}.$$
由此可以推出 $z^n \leqslant K(1/2)^8$. 于是 abc 猜想立即蕴涵如下结论: 对于 $n \geqslant 4$, Fermat 方程关于 x, y, z, n 至多只有有限多个解. 事实上现在我们已经知道, 整个一大类其他重要的结论以及猜想都可以从 abc 猜想推出.

第 14 章 二 次 域 (1)

14.1 代 数 数 域

第 12 章考虑了 $k(\mathrm{i})$ 和 $k(\rho)$ 中的整数, 但是并没有超出第 13 章目的的需要而发展这个理论. 本章和第 15 章要稍微进一步研究二次域中的整数.

代数数域 (algebraic field) 是所有形如

$$R(\vartheta) = \frac{P(\vartheta)}{Q(\vartheta)}$$

的数组成的集合, 其中 ϑ 是一个给定的代数数, $P(\vartheta)$ 和 $Q(\vartheta)$ 是关于 ϑ 的有理系数多项式, 且 $Q(\vartheta) \neq 0$. 我们用 $k(\vartheta)$ 来记这个域. 显然, $k(\vartheta)$ 中的数的和与积都属于 $k(\vartheta)$, 而且, 若 α 和 β 都属于 $k(\vartheta)$ 且 $\beta \neq 0$, 那么 α/β 也属于 $k(\vartheta)$.

在 11.5 节中, 我们把**代数数** ξ 定义为代数方程

$$a_0 x^n + a_1 x^{n-1} + \cdots + a_n = 0 \tag{14.1.1}$$

的任何一个根 ξ, 其中 $a_0, a_1, \cdots$ 均为有理整数, 且 $a_0 \neq 0$. 如果 ξ 满足一个 n 次的代数方程, 但不满足任何次数更低的代数方程, 则称 ξ 是一个 n 次的代数数.

如果 $n = 1$, 那么 ξ 是有理数, $k(\xi)$ 是有理数的集合. 这样一来, 对每个有理数 ξ, $k(\xi)$ 都表示同样的集合, 即有理数域, 记为 $k(1)$. 这个域是每个代数数域的一部分.

如果 $n = 2$, 就称 ξ 是 "二次的". 于是 ξ 是某个二次方程

$$a_0 x^2 + a_1 x + a_2 = 0$$

的一个根, 对某些有理整数 a, b, c, m 有

$$\xi = \frac{a + b\sqrt{m}}{c}, \quad \sqrt{m} = \frac{c\xi - a}{b}.$$

不失一般性地, 可以取 m 没有平方因子. 这样就容易验证: 域 $k(\xi)$ 和集合 $k(\sqrt{m})$ 是相同的. 这样一来, 我们只要对每个 "无平方因子的" 正的或者负的有理整数 m (除去 $m = 1$ 以外) 来考虑二次域 $k(\sqrt{m})$ 就够了.

$k(\sqrt{m})$ 中的任何数 ξ 都有形式

$$\xi = \frac{P(\sqrt{m})}{Q(\sqrt{m})} = \frac{t + u\sqrt{m}}{v + w\sqrt{m}} = \frac{(t + u\sqrt{m})(v - w\sqrt{m})}{v^2 - w^2 m} = \frac{a + b\sqrt{m}}{c},$$

其中 t, u, v, w, a, b, c 是有理整数. 我们有 $(c\xi - a)^2 = mb^2$, 从而 ξ 就是

$$c^2x^2 - 2acx + a^2 - mb^2 = 0 \tag{14.1.2}$$

的一个根. 因此 ξ 要么是有理数, 要么是一个二次代数数. 也就是说, 二次域中的每一个数或者是一个有理数, 或者是一个二次代数数.

域 $k(\sqrt{m})$ 包含一个子类, 该子类由这个域中的所有代数整数构成. 在 12.1 节中我们把代数整数定义为方程

$$x^j + c_1x^{j-1} + \cdots + c_j = 0 \tag{14.1.3}$$

的任何一个根, 其中 $c_1, \cdots, c_j$ 是有理整数. 这样一来, 对于 $k(\sqrt{m})$ 中整数的定义我们就似乎有了一种选择. 我们可以说 $k(\sqrt{m})$ 中的一个数 ξ 是 $k(\sqrt{m})$ 的一个整数, 如果 (i) 对某个 j, ξ 满足一个形如 (14.1.3) 的方程; 或者 (ii) 对 $j = 2$, ξ 满足一个形如 (14.1.3) 的方程. 不过, 14.2 节要证明, 无论采用哪一种定义, $k(\sqrt{m})$ 中的整数集合都是相同的.

14.2　代数数和代数整数、本原多项式

如果按照 2.9 节的记号有

$$a_0 > 0, \quad (a_0, a_1, \cdots, a_n) = 1,$$

则称整系数多项式

$$f(x) = a_0x^n + a_1x^{n-1} + \cdots + a_n \tag{14.2.1}$$

是**本原多项式** (primitive polynomial). 在同样的条件下, 称 (14.1.1) 是**本原方程** (primitive equation). 方程 (14.1.3) 显然是本原的.

定理 236　一个 n 次代数数 ξ 满足唯一的 n 次本原方程. 如果 ξ 是代数整数, 那么这个本原方程中 x^n 的系数是单位 1.

对 $n = 1$, 定理的第一部分是平凡的, 定理的第二部分与定理 206 等价. 因此定理 236 是定理 206 的推广. 我们将从下面的定理来导出定理 236.

定理 237　设 ξ 是一个 n 次的代数数, 且 $f(x) = 0$ 是 ξ 满足的一个 n 次本原方程. 又设 $g(x) = 0$ 是 ξ 满足的任意一个本原方程. 那么对某个本原多项式 $h(x)$ 以及所有的 x 有 $g(x) = f(x)h(x)$.

根据 ξ 和 n 的定义, 必定存在至少一个 n 次多项式 $f(x)$ 使得 $f(\xi) = 0$. 显然可以假设 $f(x)$ 是本原的. 再次, $g(x)$ 的次数不能小于 n. 于是我们可以利用初等代数中的除法算法将 $g(x)$ 用 $f(x)$ 来除, 由此得到一个商 $H(x)$ 和一个余式 $K(x)$, 即

$$g(x) = f(x)H(x) + K(x), \tag{14.2.2}$$

其中 $H(x)$ 和 $K(x)$ 是有理系数多项式, 且 $K(x)$ 的次数小于 n.

如果在 (14.2.2) 中设 $x = \xi$, 我们就有 $K(\xi) = 0$. 但这是不可能的, 因为 ξ 是 n 次代数数, 除非 $K(x)$ 的所有系数均为 0, 否则不可能有 $K(\xi) = 0$. 因此

$$g(x) = f(x)H(x).$$

如果用一个合适的有理整数来乘这个等式, 就可以得到

$$cg(x) = f(x)h(x), \tag{14.2.3}$$

其中 c 是一个正整数, $h(x)$ 是一个整系数多项式. 设 d 是 $h(x)$ 的诸系数的最大公约数. 由于 g 是本原的, 则必定有 $d \mid c$. 这样一来, 如果 $d > 1$, 那么就可以去掉因子 d. 这就是说, 我们可以在 (14.2.3) 中取 $g(x)$ 为本原多项式. 现在假设 $p \mid c$, 这里 p 是一个素数. 由此得到 $f(x)h(x) \equiv 0 \pmod{p}$, 于是根据定理 104(i) 得知, 要么有 $f(x) \equiv 0$, 要么有 $h(x) \equiv 0 \pmod{p}$. 对于本原多项式 f 和 h 来说, 这两者都是不可能的, 从而有 $c = 1$. 这就是定理 237.

定理 236 的证明现在就很简单了. 如果 $g(x) = 0$ 是 ξ 满足的一个 n 次本原方程, 则 $h(x)$ 是一个零次的本原多项式, 即对所有的 x, 有 $h(x) = 1$ 以及 $g(x) = f(x)$. 从而 $f(x)$ 是唯一的.

如果 ξ 是一个代数整数, 则 ξ 对某个 $j \geqslant n$ 满足一个形如 (14.1.3) 的方程. 用 $g(x)$ 来记 (14.1.3) 的左边, 根据定理 237, 我们有

$$g(x) = f(x)h(x),$$

其中 $h(x)$ 的次数是 $j - n$. 如果 $f(x) = a_0 x^n + \cdots$, 而 $h(x) = h_0 x^{j-n} + \cdots$, 我们就有 $1 = a_0 h_0$, 所以 $a_0 = 1$. 这就完成了定理 236 的证明.

14.3 一般的二次域 $k(\sqrt{m})$

现在将 $k(\sqrt{m})$ 中的**整数**定义为属于 $k(\sqrt{m})$ 的那些代数整数. 本章和第 15 章始终用 "整数" 来表示我们研究的特殊域中的整数.

根据 14.1 节的记号, 设

$$\xi = \frac{a + b\sqrt{m}}{c}$$

是一个整数, 这里可以假设 $c > 0$ 以及 $(a, b, c) = 1$. 如果 $b = 0$, 则 $\xi = a/c$ 是有理数, $c = 1$, 所以 $\xi = a$ 是任意的有理整数.

如果 $b \neq 0$, 则 ξ 是二次代数数. 于是, 如果用 c^2 来除 (14.1.2), 就得到一个首项系数为 1 的本原方程. 从而 $c \mid 2a$, 且 $c^2 \mid (a^2 - mb^2)$. 如果 $d = (a, c)$, 由于 m 没有平方因子, 我们就有

$$d^2 \mid a^2, \quad d^2 \mid c^2, \quad d^2 \mid (a^2 - mb^2) \quad \rightarrow \quad d^2 \mid mb^2 \quad \rightarrow \quad d \mid b.$$

但是 $(a, b, c) = 1$, 所以 $d = 1$. 因为 $c \mid 2a$, 所以有 $c = 1$ 或者 2.

如果 $c = 2$, 则 a 是奇数, 且 $mb^2 \equiv a^2 \equiv 1 \pmod 4$, 所以 b 是奇数, 且 $m \equiv 1 \pmod 4$. 这样一来, 我们必须要区分两种情形.

(i) 如果 $m \not\equiv 1 \pmod 4$, 则 $c = 1$, 且 $k(\sqrt{m})$ 中的整数就是
$$\xi = a + b\sqrt{m},$$
其中 a, b 是有理整数. 此时有 $m \equiv 2$ 或者 $m \equiv 3 \pmod 4$.

(ii) 如果 $m \equiv 1 \pmod 4$, 则 $k(\sqrt{m})$ 中的一个整数是 $\tau = \frac{1}{2}(\sqrt{m} - 1)$, 且所有整数都可以直接用这个 τ 来表示. 如果 $c = 2$, 那么就有 a 和 b 是奇数, 且
$$\xi = \frac{a + b\sqrt{m}}{2} = \frac{a+b}{2} + b\tau = a_1 + (2b_1 + 1)\tau,$$
其中 a_1, b_1 是有理整数. 如果 $c = 1$,
$$\xi = a + b\sqrt{m} = a + b + 2b\tau = a_1 + 2b_1\tau,$$
其中 a_1, b_1 是有理整数. 因此, 如果我们将记号稍作改变, 则 $k(\sqrt{m})$ 中的整数就是形如 $a + b\tau$ 的数, 其中 a, b 是有理整数.

定理 238　当 $m \equiv 2$ 或者 $m \equiv 3 \pmod 4$ 时, $k(\sqrt{m})$ 中的整数是数 $a + b\sqrt{m}$. 当 $m \equiv 1 \pmod 4$ 时, $k(\sqrt{m})$ 中的整数是数
$$a + b\tau = a + \frac{1}{2}b(\sqrt{m} - 1),$$
无论哪种情形, a 和 b 都是有理整数.

域 $k(\mathrm{i})$ 是第一种情形的一个例子, 域 $k\{\sqrt{-3}\}$ 是第二种情形的一个例子. 在后一种情形
$$\tau = -\frac{1}{2} + \frac{1}{2}\sqrt{3}\mathrm{i} = \rho,$$
相应的域与 $k(\rho)$ 相同. 如果 $k(\vartheta)$ 中的整数可以表示成 $a + b\phi$, 其中 a 和 b 取遍有理整数, 那么我们就说 $[1, \phi]$ 是 $k(\vartheta)$ 中的整数的一组**基** (basis). 从而 $[1, \mathrm{i}]$ 是 $k(\mathrm{i})$ 中的整数的一组基, $[1, \rho]$ 是 $k\{\sqrt{-3}\}$ 中的整数的一组基.

14.4　单位和素元

$k(\sqrt{m})$ 中**整除性**、**因子**、**单位**和**素元**的定义与 $k(\mathrm{i})$ 中的相同. 于是 α 能被 β 整除, 或者说 $\beta \mid \alpha$, 指的是如果存在 $k(\sqrt{m})$ 中的整数 γ, 使得有 $\alpha = \beta\gamma$.[①] 单位 ε 是 1 的因子, 也是该域中每个整数的因子. 特别地, 1 和 -1 都是单位. 数 $\varepsilon\xi$ 是 ξ 的相伴数, 素元是只能被单位以及与自己相伴的数整除的数.

---

① 如果 α 和 β 是有理整数, 那么 γ 是有理数, 从而也是有理整数, 所以此时 $\beta \mid \alpha$ 在 $k\{\sqrt{-m}\}$ (疑为 $k(\sqrt{m})$ 之笔误.——译者注) 中的含义与在 $k(1)$ 中的含义相同.

定理 239 如果 ε_1 和 ε_2 是单位, 那么 $\varepsilon_1\varepsilon_2$ 和 $\varepsilon_1/\varepsilon_2$ 也都是单位.

由于 ε_1 和 ε_2 是单位, 必存在 δ_1 和 δ_2 使得 $\varepsilon_1\delta_1 = 1, \varepsilon_2\delta_2 = 1$, 且

$$\varepsilon_1\varepsilon_2\delta_1\delta_2 = 1 \ \rightarrow \ \varepsilon_1\varepsilon_2 \mid 1 .$$

所以 $\varepsilon_1\varepsilon_2$ 是单位. 同样 $\delta_2 = 1/\varepsilon_2$ 也是单位, 将这些结果组合起来可得, $\varepsilon_1/\varepsilon_2$ 也是单位.

称 $\overline{\xi} = r - s\sqrt{m}$ 是 $\xi = r + s\sqrt{m}$ 的**共轭元** (conjugate). 当 $m < 0$ 时, $\overline{\xi}$ 也是 ξ 在分析意义下的共轭, 即 $\overline{\xi}$ 和 ξ 是共轭复数, 但是当 $m > 0$ 时意义不尽相同.

ξ 的**范数** $N\xi$ 定义为

$$N\xi = \xi\overline{\xi} = (r + s\sqrt{m})(r - s\sqrt{m}) = r^2 - ms^2.$$

如果 ξ 是一个整数, 则 $N\xi$ 是一个有理整数. 如果 $m \equiv 2$ 或者 $m \equiv 3 \pmod 4$, 且 $\xi = a + b\sqrt{m}$, 则有 $N\xi = a^2 - mb^2$; 如果 $m \equiv 1 \pmod 4$, 且 $\xi = a + b\omega$, 则有

$$N\xi = \left(a - \frac{1}{2}b\right)^2 - \frac{1}{4}mb^2.$$

在复域中范数是正数, 但在实域中范数并不一定都是正数. 在任何情况下都有 $N(\xi\eta) = N\xi N\eta$.

定理 240 单位的范数是 ± 1, 每一个范数等于 ± 1 的数都是单位.

因为

(a) $\varepsilon \mid 1 \ \rightarrow \ \varepsilon\delta = 1 \ \rightarrow \ N\varepsilon N\delta = 1 \ \rightarrow \ N\varepsilon = \pm 1$;

(b) $\xi\overline{\xi} = N\xi = \pm 1 \ \rightarrow \ \xi \mid 1$.

如果 $m < 0, m = -\mu$, 那么方程

$$a^2 + \mu b^2 = 1 \quad [m \equiv 2, 3 \pmod 4],$$

$$\left(a - \frac{1}{2}b\right)^2 + \frac{1}{4}\mu b^2 = 1 \quad [m \equiv 1 \pmod 4]$$

只有有限多组解. 在 $k(\mathrm{i})$ 中其解数为 4, 在 $k(\rho)$ 中其解数为 6, 在其他情形其解数为 2, 这是因为当 $\mu > 3$ 时

$$a = \pm 1, \quad b = 0$$

是仅有的解.

如同我们一会儿在 $k(\sqrt{2})$ 中就会看到的那样, 在实域中有无穷多个单位.

在实域中 $N\xi$ 可以是负数, 但是

$$M\xi = |N\xi|$$

是一个正整数, 除非 $\xi = 0$. 这样一来, 重复 12.7 节中的讨论, 并在实域的情形用 $M\xi$ 来代替 $N\xi$, 就得到:

定理 241　范数是有理素数的整数是素元.

定理 242　非零非单位的整数可以表示成素元的乘积.

表达式的唯一性问题仍未解决.

14.5　$k(\sqrt{2})$ 中的单位

当 $m = 2$ 时,

$$N\xi = a^2 - 2b^2$$

且

$$a^2 - 2b^2 = -1$$

有解 $1, 1$ 和 $-1, 1$. 从而

$$\omega = 1 + \sqrt{2}, \quad \omega^{-1} = -\overline{\omega} = -1 + \sqrt{2}$$

是单位. 根据定理 239 即得, 所有的数

$$\pm\omega^n, \quad \pm\omega^{-n}, \quad (n = 0, 1, 2, \cdots) \tag{14.5.1}$$

都是单位. 有这样的单位存在, 它们兼有两种符号, 可以大到我们想要的任意大, 也可以小到我们想要的任意小.

定理 243　数 (14.5.1) 是 $k(\sqrt{2})$ 中仅有的单位.

(i) 首先证明在 1 和 ω 之间没有单位 ε. 如果它们之间有单位, 就应该有

$$1 < x + y\sqrt{2} = \varepsilon < 1 + \sqrt{2}$$

以及

$$x^2 - 2y^2 = \pm 1,$$

所以

$$-1 < x - y\sqrt{2} < 1,$$
$$0 < 2x < 2 + \sqrt{2}.$$

于是 $x = 1$ 且 $1 < 1 + y\sqrt{2} < 1 + \sqrt{2}$, 对于整数 y 这是不可能的.

(ii) 如果 $\varepsilon > 0$, 那么, 对某个整数 n, 或者有 $\varepsilon = \omega^n$, 或者有

$$\omega^n < \varepsilon < \omega^{n+1}.$$

在后一情形中, 根据定理 239 可知 $\omega^{-n}\varepsilon$ 是一个单位, 且它位于 1 和 ω 之间. 这与 (i) 矛盾. 于是, 每个正的 ε 都是某个 ω^n. 由于当 ε 是一个单位时, $-\varepsilon$ 也是一个单位, 这就证明了定理. 由于 $N\omega = -1, N\omega^2 = 1$, 我们附带证明了以下定理.

定理 244　$x^2 - 2y^2 = 1$ 的所有的有理整数解由

$$x + y\sqrt{2} = \pm(1 + \sqrt{2})^{2n}$$

给出. 而

$$x^2 - 2y^2 = -1$$

的所有的有理整数解由

$$x + y\sqrt{2} = \pm(1 + \sqrt{2})^{2n+1}$$

给出, 其中的 n 是有理整数.

假设 m 是一个正数, 且非平方数, 方程 $x^2 - my^2 = 1$ 恒有无穷多个解, 这些解均可通过 $\sqrt{m}$ 的连分数求出. 此时

$$\sqrt{2} = 1 + \cfrac{1}{2+} \cfrac{1}{2 + \cdots},$$

其周期的长度是 1, 相应的解特别简单. 如果它的渐近分数是

$$\frac{p_n}{q_n} = \frac{1}{1}, \frac{3}{2}, \frac{7}{5}, \cdots \quad (n = 0, 1, 2, \cdots),$$

那么 p_n, q_n 以及

$$\phi_n = p_n + q_n\sqrt{2}, \quad \psi_n = p_n - q_n\sqrt{2}$$

都是

$$x_n = 2x_{n-1} + x_{n-2}$$

的解. 由

$$\phi_0 = \omega, \quad \phi_1 = \omega^2, \quad \psi_0 = -\omega^{-1}, \quad \psi_1 = \omega^{-2}$$

以及

$$\omega^n = 2\omega^{n-1} + \omega^{n-2}, \quad (-\omega)^{-n} = 2(-\omega)^{-n+1} + (-\omega)^{-n+2}$$

推出, 对所有 n 皆有

$$\phi_n = \omega^{n+1}, \quad \psi_n = (-\omega)^{-n-1}.$$

于是有

$$p_n = \frac{1}{2}\left\{\omega^{n+1} + (-\omega)^{-n-1}\right\} = \frac{1}{2}\left\{(1 + \sqrt{2})^{n+1} + (1 - \sqrt{2})^{n+1}\right\},$$

$$q_n = \frac{1}{4}\sqrt{2}\left\{\omega^{n+1} - (-\omega)^{-n-1}\right\} = \frac{1}{4}\sqrt{2}\left\{(1 + \sqrt{2})^{n+1} - (1 - \sqrt{2})^{n+1}\right\}$$

以及
$$p_n^2 - 2q_n^2 = \phi_n \psi_n = (-1)^{n+1}.$$
奇次的渐近分数给出 $x^2 - 2y^2 = 1$ 的解, 偶次的渐近分数给出 $x^2 - 2y^2 = -1$ 的解.

如果 $x^2 - 2y^2 = 1$ 且 $x/y > 0$, 则有
$$0 < \frac{x}{y} - \sqrt{2} = \frac{1}{y(x + y\sqrt{2})} < \frac{1}{y \cdot 2y\sqrt{2}} < \frac{1}{2y^2}.$$
于是根据定理 184 知, x/y 是一个渐近分数. 这些渐近分数也给出另一个方程的所有的解, 但这点证明起来不太容易. 一般来说, $\sqrt{m}$ 的渐近分数中只有一些给出 $k(\sqrt{m})$ 中的单位.

14.6 基本定理不成立的数域

算术基本定理在 $k(1), k(i), k(\rho)$ 中均成立, 在 $k(\sqrt{2})$ 中也成立 (虽然我们尚未证明这一点). 在进一步研究之前, 重要的是通过例子指出, 基本定理并不是在每一个 $k(\sqrt{m})$ 中都成立. 最简单的例子是 $m = -5$ 以及 (实域中的) $m = 10$.

(i) 由于 $-5 \equiv 3 \pmod 4$, $k\left(\sqrt{-5}\right)$ 中的整数是 $a + b\sqrt{-5}$. 容易验证, 四个数
$$2, 3, 1 + \sqrt{-5},\ 1 - \sqrt{-5}$$
是素元. 例如,
$$1 + \sqrt{-5} = \left(a + b\sqrt{-5}\right)\left(c + d\sqrt{-5}\right)$$
蕴涵
$$6 = (a^2 + 5b^2)(c^2 + 5d^2),$$
如果没有一个因子是单位的话, 则 $a^2 + 5b^2$ 必定是 2 或者 3. 由于 2 和 3 都不是这种形状的数, 所以 $1 + \sqrt{-5}$ 是素元. 其他的数也可以类似地被证明是素元. 但是
$$6 = 2 \times 3 = \left(1 + \sqrt{-5}\right)\left(1 - \sqrt{-5}\right),$$
从而 6 有两种不同的分解成素元乘积的方式.

(ii) 由于 $10 \equiv 2 \pmod 4$, 故 $k(\sqrt{10})$ 中的整数是 $a + b\sqrt{10}$. 此时
$$6 = 2 \times 3 = (4 + \sqrt{10})(4 - \sqrt{10}),$$
又再次容易证明这里的四个因子皆为素元. 比方说,
$$2 = (a + b\sqrt{10})(c + d\sqrt{10})$$
蕴涵

$$4 = (a^2 - 10b^2)(c^2 - 10d^2),$$

如果其中无论哪一个因子都不是单位, 那么 $a^2 - 10b^2$ 必定是 ± 2. 而这是不可能的, 因为 ± 2 中任意一个数都不是 10 的二次剩余.[①]

基本定理在这些域中的失效涉及 $k(1)$ 的算术中某些起中心作用的定理的失效. 比方说, 如果 α 和 β 是 $k(1)$ 中的整数, 它们没有公约数, 则存在整数 λ 和 μ 使得

$$\alpha\lambda + \beta\mu = 1.$$

这个定理在 $k\left(\sqrt{-5}\right)$ 中不成立. 例如, 假设 α 和 β 是素元 3 和 $1 + \sqrt{-5}$. 那么

$$3\left(a + b\sqrt{-5}\right) + \left(1 + \sqrt{-5}\right)\left(c + d\sqrt{-5}\right) = 1$$

蕴涵

$$3a + c - 5d = 1, \quad 3b + c + d = 0\ ,$$

所以有

$$3a - 3b - 6d = 1,$$

而这是不可能的.

14.7 复 Euclid 域

单域 (simple field) 是基本定理在其中成立的域. 单域中的算术遵循有理数算术的运算法则, 而在其他情形中则需要建立新的基础. 确定所有单域相当困难, 虽然 Heilbronn 已经证明了: 当 m 为负数时, 单域的个数有限. 但对此问题至今尚未找到完全的解答.

我们通过在 $k(i)$ 和 $k(\rho)$ 中建立一个与在 $k(1)$ 中的 Euclid 算法类似的算法, 证明了在 $k(i)$ 和 $k(\rho)$ 中基本定理成立. 一般地说, 让我们假设命题

(E) "给定整数 γ 和 γ_1, 其中 $\gamma_1 \neq 0$, 则存在一个整数 κ, 使得

$$\gamma = \kappa\gamma_1 + \gamma_2, \quad |N\gamma_2| < |N\gamma_1|\ "$$

在 $k(\sqrt{m})$ 中为真. 这正是我们在定理 216 以及定理 219 中对于 $k(i)$ 和 $k(\rho)$ 所证明的结论. 不过我们已经用 $|N\gamma|$ 来代替 $N\gamma$, 以便能将实域包含在内. 此时就说在 $k(\sqrt{m})$ 中有 **Euclid 算法**存在, 或者说这种域是 **Euclid 域** (Euclidean field).

这样一来, 我们就可以重复 12.8 节和 12.9 节中的讨论 (用 $|N\gamma|$ 来代替 $N\gamma$), 从而得到以下定理.

定理 245 基本定理在任何一次 Euclid 域中成立.

[①] $1^2, 2^2, 3^2, 4^2, 5^2, 6^2, 7^2, 8^2, 9^2 \equiv 1, 4, 9, 6, 5, 6, 9, 4, 1 \pmod{10}$.

这个结论不仅仅局限于二次域, 但是也只有在二次域中我们才定义了 $N\gamma$, 而且能够精确地表述它.

(E) 显然与下列命题等价:

(E') "给定 $k(\sqrt{m})$ 中任意的 (整数或者非整数的) δ, 则存在一个整数 κ, 使得

$$|N(\delta - \kappa)| < 1". \tag{14.7.1}$$

现在假设有

$$\delta = r + s\sqrt{m},$$

其中 r 和 s 是有理数. 如果 $m \not\equiv 1 \pmod 4$, 那么

$$\kappa = x + y\sqrt{m},$$

其中 x 和 y 是有理整数, (14.7.1) 就是

$$|(r-x)^2 - m(s-y)^2| < 1. \tag{14.7.2}$$

如果 $m \equiv 1 \pmod 4$, 那么

$$\kappa = x + y + \frac{1}{2}y(\sqrt{m} - 1) = x + \frac{1}{2}y + \frac{1}{2}y\sqrt{m},^{①}$$

其中 x 和 y 是有理整数, (14.7.1) 就是

$$\left|(r - x - \frac{1}{2}y)^2 - m(s - \frac{1}{2}y)^2\right| < 1. \tag{14.7.3}$$

当 $m = -\mu < 0$ 时, 容易确定出对于任意的 r, s 和适当的 x, y 这些不等式能够成立的那些域.

定理 246　恰有 5 个复的二次 Euclid 域, 即是与

$$m = -1, -2, -3, -7, -11$$

对应的域.

分两种情形讨论.

(i) 当 $m \not\equiv 1 \pmod 4$ 时, 我们在 (14.7.2) 中取 $r = \frac{1}{2}, s = \frac{1}{2}$, 且要求

$$\frac{1}{4} + \frac{1}{4}\mu < 1,$$

这也就是要求 $\mu < 3$, 从而 $\mu = 1$ 和 $\mu = 2$ 是仅有的可能的情形. 在这些情形下, 对于任何 r 和 s, 取 x 和 y 是最接近于 r 和 s 的整数, 则我们显然能满足 (14.7.2).

(ii) 当 $m \equiv 1 \pmod 4$ 时, 在 (14.7.3) 中取 $r = \frac{1}{4}, s = \frac{1}{4}$. 我们要求

$$\frac{1}{16} + \frac{1}{16}\mu < 1.$$

---

① 14.3 节中的形式, 用 $x + y$ 和 y 分别代替 a 和 b.

由于 $\mu \equiv 3 \pmod 4$, μ 的仅有的可能值是 3, 7, 11. 给定 s, 则存在 y 使

$$|2s - y| \leqslant \frac{1}{2},$$

又存在一个 x 使得

$$\left| r - x - \frac{1}{2}y \right| \leqslant \frac{1}{2}.$$

这样就有

$$\left| \left(r - x - \frac{1}{2}y\right)^2 - m\left(s - \frac{1}{2}y\right)^2 \right| \leqslant \frac{1}{4} + \frac{11}{16} = \frac{15}{16} < 1.$$

从而当 μ 有问题中所说的三个值中的一个时, (14.7.3) 就可以得到满足.

还有像 $k\left(\sqrt{-19}\right)$ 和 $k\left(\sqrt{-43}\right)$ 这样的单域, 它们并没有 Euclid 算法. 这个条件对于单域来说只是充分的, 而不是必要的. 恰有 9 个复的二次单域, 也即它们对应于

$$m = -1, -2, -3, -7, -11, -19, -43, -67, -163.$$

14.8   实 Euclid 域

有 Euclid 算法的实域的个数更多一些.

定理 247*   当 $m = 2, 3, 5, 6, 7, 11, 13, 17, 19, 21, 29, 33, 37, 41, 57, 73$ 时, $k(\sqrt{m})$ 是 Euclid 域, 此外没有其他的正整数 m 能使它是 Euclid 域.

当 $m = 2$ 或者 $m = 3$ 时 (14.7.2) 显然可以满足, 这是因为我们可以选取 x 和 y, 使得 $|r - x| \leqslant 1/2$ 和 $|s - y| \leqslant 1/2$. 于是 $k(\sqrt{2})$ 和 $k(\sqrt{3})$ 都是 Euclid 域, 从而都是单域. 这里不能证明定理 247, 不过我们可以证明以下定理.

定理 248   当 $m = 2, 3, 5, 6, 7, 13, 17, 21, 29$ 时, $k(\sqrt{m})$ 是 Euclid 域.

如果记

$$\lambda = 0, \quad n = m \quad [m \not\equiv 1 \pmod 4],$$
$$\lambda = \frac{1}{2}, \quad n = \frac{1}{4}m \quad [m \equiv 1 \pmod 4],$$

又在 $m \equiv 1$ 时用 s 代替 $2s$, 那么就能将 (14.7.2) 和 (14.7.3) 组合成下述形式:

$$|(r - x - \lambda y)^2 - n(s - y)^2| < 1. \tag{14.8.1}$$

假设在 $k(\sqrt{m})$ 中不存在 Euclid 算法. 那么对于某些有理数 r, s 以及所有整数 x, y (14.8.1) 不成立. 可以假设[①]

$$0 \leqslant r \leqslant \frac{1}{2}, \quad 0 \leqslant s \leqslant \frac{1}{2}. \tag{14.8.2}$$

于是就有一对满足 (14.8.2) 的 r, s 存在, 使得下面两式中总有一个对每一对 x, y 为真:

$$[P(x,y)] \quad (r - x - \lambda y)^2 \geqslant 1 + n(s - y)^2,$$
$$[N(x,y)] \quad n(s - y)^2 \geqslant 1 + (r - x - \lambda y)^2.$$

将要用到的一些特殊不等式是

$$[P(0,0)] \quad r^2 \geqslant 1 + ns^2, \qquad [N(0,0)] \quad ns^2 \geqslant 1 + r^2,$$
$$[P(1,0)] \quad (1-r)^2 \geqslant 1 + ns^2, \qquad [N(1,0)] \quad ns^2 \geqslant 1 + (1-r)^2,$$
$$[P(-1,0)] \quad (1+r)^2 \geqslant 1 + ns^2, \qquad [N(-1,0)] \quad ns^2 \geqslant 1 + (1+r)^2.$$

这几对不等式中的每一对不等式中, 至少有一个不等式对于某对满足 (14.8.2) 的 r 和 s 为真. 如果 $r = s = 0$, 则 $P(0,0)$ 和 $N(0,0)$ 两者均不成立, 从而就排除了出现这种情形的可能性.

---

① 容易看出, 当 $m \not\equiv 1 \pmod 4$ 时, (14.8.1) 的左边是

$$|(r-x)^2 - m(s-y)^2|.$$

可以假设 (14.8.2) 成立, 理由是: 如果用

$$\varepsilon_1 r + u, \quad \varepsilon_1 x + u, \quad \varepsilon_2 s + v, \quad \varepsilon_2 y + v$$

来代替

$$r, x, s, y$$

(其中 ε_1 与 ε_2 中每一个数均取 1 或者 -1, 而 u 和 v 都是整数), 则 $|(r-x)^2 - m(s-y)^2|$ 并不改变. 因此我们总可以选取 $\varepsilon_1, \varepsilon_2, u, v$ 使得 $\varepsilon_1 r + u$ 和 $\varepsilon_2 s + v$ 处在 0 与 $\frac{1}{2}$ 之间 (区间端点包含在内). 当 $m \equiv 1 \pmod 4$ 时, 情况要稍微复杂一些. 此时 (14.8.1) 的左边是

$$\left| (r - x - \frac{1}{2}y)^2 - \frac{1}{4}m(s-y)^2 \right|.$$

这个表达式在将 r, x, s, y 分别替换成以下诸个代换的任何一个代换下都将保持不变:

(1) $\varepsilon_1 r + u, \quad \varepsilon_1 x + u, \quad \varepsilon_1 s, \quad \varepsilon_1 y$;

(2) $r, \quad x - v, \quad s + 2v, \quad y + 2v$;

(3) $r, \quad x + y, \quad -s, \quad -y$;

(4) $1/2 - r, \quad -x, \quad 1 - s, \quad 1 - y$.

首先利用 (1) 使得 $0 \leqslant r \leqslant 1/2$, 然后利用 (2) 使得 $-1 \leqslant s \leqslant 1$, 接着, 如果需要的话, 再利用 (3) 使得 $0 \leqslant s \leqslant 1$. 如果此时已经有 $0 \leqslant s \leqslant 1/2$, 则整个约化的步骤就完成了. 如果有 $1/2 \leqslant s \leqslant 1$ 我们就利用 (4) 来作为结束. 这是因为, 如果 r 处在 0 和 $1/2$ 之间, 则 $1/2 - r$ 亦然, 从而可以做到这点.

由于 r 和 s 满足 (14.8.2), 且两者不同时为 0, 所以 $P(0,0)$ 和 $P(1,0)$ 均不真, 从而 $N(0,0)$ 和 $N(1,0)$ 为真. 如果 $P(-1,0)$ 为真, 那么 $N(1,0)$ 和 $P(-1,0)$ 给出

$$(1+r)^2 \geqslant 1 + ns^2 \geqslant 2 + (1-r)^2,$$

所以有 $4r \geqslant 2$. 由此并根据 (14.8.2) 就会得出 $r = \dfrac{1}{2}$ 以及 $ns^2 = \dfrac{5}{4}$, 但这是不可能的.[①] 所以 $P(-1,0)$ 不成立, 于是 $N(-1,0)$ 为真. 这就给出 $ns^2 \geqslant 1 + (1+r)^2 \geqslant 2$, 这与 (14.8.2) 一起就给出 $n \geqslant 8$.

由此推出, 在 $n < 8$ 的所有情形都有 Euclid 算法存在, 这些正是定理 248 中所列举的情形.

当 $m = 23$ 时没有 Euclid 算法. 取 $r = 0, s = \dfrac{7}{23}$, 那么 (14.8.1) 就是

$$|23x^2 - (23y - 7)^2| \leqslant 23.$$

由于

$$\xi = 23x^2 - (23y - 7)^2 \equiv -49 \equiv -3 \pmod{23},$$

所以 ξ 必定等于 -3 或者 20, 然而容易看出, 这些假设中的任何一个都是不可能的. 例如, 假设有

$$\xi = 23X^2 - Y^2 = -3.$$

那么无论 X 还是 Y 都不可能被 3 整除, 且有

$$X^2 \equiv 1, \quad Y^2 \equiv 1, \quad \xi \equiv 22 \equiv 1 \pmod{3},$$

矛盾.

域 $k(\sqrt{23})$ 尽管不是 Euclid 域, 但它仍是单域. 然而这里不能证明这个结论.

14.9 实 Euclid 域 (续)

证明除了定理 247 中所列出的那些正整数以外, 对其他所有的正整数 m, $k(\sqrt{m})$ 都不是 Euclid 域, 与对于 m 的某些特殊值来证明 $k(\sqrt{m})$ 是 Euclid 域相比, 自然是更加困难的事. 在这方面, 我们只来证明以下定理.

定理 249 实 Euclid 域 $k(\sqrt{m})$ 的个数有限, 其中 $m \equiv 2$ 或者 $3 \pmod 4$.

---

① 假设 $s = p/q$, 其中 $(p, q) = 1$. 如果 $m \not\equiv 1 \pmod 4$, 则有 $m = n$, 且
$$4mp^2 = 5q^2.$$
因此有 $p^2 \mid 5$, 从而有 $p = 1$, 且 $q^2 \mid 4m$. 但 m 没有平方因子, 且 $0 \leqslant s \leqslant 1/2$. 从而有 $q = 2, s = 1/2$ 以及 $m = 5 \equiv 1 \pmod 4$, 矛盾.

如果 $m \equiv 1 \pmod 4$, 则有 $m = 4n$ 以及
$$mp^2 = 5q^2,$$
由此我们得出 $p = 1, q = 1, s = 1$, 而这与 (14.8.2) 矛盾.

假设 $k(\sqrt{m})$ 是 Euclid 域, 且 $m \not\equiv 1 \pmod 4$. 在 (14.7.2) 中取 $r = 0$ 以及 $s = t/m$, 其中 t 是一个待定的整数. 那么, 就存在有理整数 x, y 使得

$$\left| x^2 - m\left(y - \frac{t}{m} \right)^2 \right| < 1, \quad |(my - t)^2 - mx^2| < m .$$

由于

$$(my - t)^2 - mx^2 \equiv t^2 \pmod m,$$

存在有理整数 x, z 使得

$$z^2 - mx^2 \equiv t^2 \pmod m, \quad |z^2 - mx^2| < m. \tag{14.9.1}$$

如果 $m \equiv 3 \pmod 4$, 则选择一个奇整数 t 使得

$$5m < t^2 < 6m,$$

如果 m 足够大, 那么一定可以做到这一点. 根据 (14.9.1), $z^2 - mx^2$ 等于 $t^2 - 5m$, 或者等于 $t^2 - 6m$, 所以下面两式

$$t^2 - z^2 = m(5 - x^2), \quad t^2 - z^2 = m(6 - x^2) \tag{14.9.2}$$

中必有一个为真. 但对模 8 而言有

$$t^2 \equiv 1, \quad z^2, x^2 \equiv 0, 1 \text{或者} 4, \quad m \equiv 3 \text{或者} 7,$$
$$t^2 - z^2 \equiv 0, 1 \text{或者} 5,$$
$$5 - x^2 \equiv 1, 4 \text{或者} 5, \quad 6 - x^2 \equiv 2, 5 \text{或者} 6,$$
$$m(5 - x^2) \equiv 3, 4 \text{或者} 7, \quad m(6 - x^2) \equiv 2, 3, 6 \text{或者} 7,$$

然而, 不论如何选择剩余, (14.9.2) 中的式子都是不可能成立的.

如果 $m \equiv 2 \pmod 4$, 则选择 t 是一个奇整数使得

$$2m < t^2 < 3m,$$

如果 m 足够大, 我们是办得到这一点的. 在这种情况下, 下面两式

$$t^2 - z^2 = m(2 - x^2), \quad t^2 - z^2 = m(3 - x^2) \tag{14.9.3}$$

中必有一个为真. 但对模 8 而言有 $m \equiv 2$ 或者 6, 所以

$$2 - x^2 \equiv 1, 2 \text{或者} 6, \quad 3 - x^2 \equiv 2, 3 \text{或者} 7,$$
$$m(2 - x^2) \equiv 2, 4 \text{或者} 6, \quad m(3 - x^2) \equiv 2, 4 \text{或者} 6,$$

然而 (14.9.3) 中的式子都是不可能成立的.

于是, 如果 $m \equiv 2$ 或者 3 $\pmod 4$, 且如果 m 足够大的话, 那么, $k(\sqrt{m})$ 不可能是 Euclid 域. 这就是定理 249. 当然, 同样的结论对于 $m \equiv 1$ 依然成立, 不过它的证明要困难得多.

本 章 附 注

自从此书初始写成以来, 这一章中的术语和记号已经过时. 特别是现在习惯于用 $\mathbb{Q}(m)$, 而不再用 $k(m)$, 且将单位写为 "units", 而不再用 "unities" 表示. 此外, 我们通常说一个域的整数环是一个 "唯一分解整域", 而不再把这样的域称为 "单 (域)". 14.7 节中的性质 (E) 现在一般说成: 这个域是 "赋范 Euclid (域)". 我们称一个域 (或者它的整数环) 是 "Euclid 的", 如果存在一个无论什么样的函数 ϕ, 它在这个域的非零整数上有定义并取正整数值, 且有以下两个性质:

(i) 如果 γ_1 和 γ_2 是非零整数, 且 $\gamma_1 \mid \gamma_2$, 那么 $\phi(\gamma_1) \leqslant \phi(\gamma_2)$.

(ii) 如果 γ_1 和 γ_2 是非零整数, 且 $\gamma_1 \nmid \gamma_2$, 那么存在一个整数 κ, 使得 $\phi(\gamma_1 - \kappa\gamma_2) < \phi(\gamma_2)$.

在这一章注释的剩余部分, 我们将对 Euclid 域的这两个概念遵循这一术语.

14.1 节至 14.6 节. 二次域的理论在 Bachmann 的 *Grundlehren der neueren Zahlentheorie* (Göschens Lehrbücherei, no. 3, 第 2 版, 1931 年) 以及 Sommer 的 *Vorlesungen über Zahlentheorie* 这两部著作中有详尽的阐述. Sommer 的书有一个法文译本, 这本书的标题是 *Introduction à la théorie des nombres algébriques* (Paris, 1911 年); 而在 Reid 的 *The elements of the theory of algebraic numbers* (New York, 1910 年) 一书中有关于这个理论的更为初等的说明, 其中还有许多数值例子.

14.5 节. 方程 $x^2 - my^2 = 1$ 通常称为 Pell 方程, 但是这种叫法实际上是一种误解. 见 Dickson, *History*, ii, 第 12 章, 尤其是第 341 页、第 351 页以及第 354 页. 在 Whitford 的 *The Pell equation* (New York, 1912 年) 一书中有关于这个方程的历史的完整说明.

14.7 节. 一般来说, 定理 245 对于 Euclid 域为真, 而不仅仅是对赋范 Euclid 域成立. 这可以用 12.8 节和 12.9 节的方法证明. 定理 246 称为赋范 Euclid 性质, 但事实上不再有其他的复二次 Euclid 域了 (即使采用这些注释开始时所给出的更宽泛的定义亦然), 见 Samuel (*J. Algebra*, **19** (1971) 282-301).

Heilbronn and Linfoot (*Quarterly Journal of Math.* (Oxford), **5** (1934), 150-160 以及 293-301 页) 证明了: 除了 14.7 节末尾所列举的那些复的二次单域之外, 最多还有一个复的二次单域. Stark [*Michigan Math. J.* **14** (1967), 1-27] 证明了: 这个额外的域并不存在. Baker (第 5 章) 运用他的超越数方法证明了同样的结果.

对于这个问题, Heegner (*Math. Zeit.* **56** (1952), 227-253) 早先所用的一种方法原先被认为是有缺陷的, 但后来人们发现它是非常正确的.

14.8 节至 14.9 节. 定理 247 (它们称为赋范 Euclid 域) 本质上属于 Chatland and Davenport [*Canadian Journal of Math.* **2** (1950), 289-296]. Davenport [*Proc. London Math. Soc.* (2) **53** (1951), 65-82] 证明了: 如果 $m > 2^{14} = 16\,384$, 那么 $k(\sqrt{m})$ 不可能是赋范 Euclid 域, 他是把定理 247 的证明转化为对于有限多个 m 的值的研究. Chatland [*Bulletin Amer. Math. Soc.* **55** (1949), 948-953] 对于早先的结果给出了一系列的参考文献, 其中包括有人错误地宣布 $k(\sqrt{97})$ 是赋范 Euclid 域的这个结果. Barnes and Swinnerton-Dyer [*Acta Math.* **87** (1952), 259-323] 证明了: 实际上, $k(\sqrt{97})$ 不是赋范 Euclid 域.

我们对定理 248[①]的证明属于 Oppenheim, *Math. Annalen*, **109** (1934), 349-352, 定理 249 的证明属于 E. Berg, *Fysiogr. Sällsk. Lund. Förh.* **5** (1935), 1-6. 这两个定理都与赋范 Euclid 性质有关.

Harper (*Canad. J. Math.* **56** (2004), 55-70) 证明了: 域 $k\left(\sqrt{14}\right)$ 是 Euclid 域, 因此它的整数满足基本定理, 虽然它并不是赋范 Euclid 域. 猜想有无穷多个实二次域有唯一分解性质, 且它们全都是 Euclid 域, 虽然只有在定理 247 中列出的那些域才能是赋范 Euclid 域.

当 p 是素数时, 似乎有一大批数域 $k\left(\sqrt{p}\right)$ 具有唯一分解性质. 的确, Cohen and Lenstra (*Number Theory, Noordwijkerhout 1983, Springer Lecture Notes in Math.* **1068**, 33-62) 所做的探索性研究导致一个精确猜想, 此猜想表明: 有唯一分解性质的 $k\left(\sqrt{p}\right)$ 在素数中渐近地占有一个正的比例.

我们希望有无穷多个实二次域具有唯一分解性质. 然而, 如果仅限于讨论只有很小的非平凡单位的无平方因子整数 m, 那么情形会发生变化. 例如, 对于形如 $m = 4r^2 + 1$ 的无平方因子数 m, 它有一个 "小的" 单位 $2m + \sqrt{r}$, Biró (*Acta Arith.* **107**(2003), 179-194) 证明了: 在这种情形下, 当且仅当 $r = 1$, 2, 3, 5, 7, 13 时, 我们得到唯一分解整域.

---

① 此处原书第 6 版误写成 "定理 249", 而原书第 5 版是 "定理 248", 我们认为第 5 版是正确的.

——译者注

第 15 章　二 次 域 (2)

15.1　$k(\mathrm{i})$ 中的素元

在这一章里, 我们首先来确定 $k(\mathrm{i})$ 中的素元以及其他几个二次单域.

如果 π 是 $k(\sqrt{m})$ 中的素元, 那么 $\pi \mid N\pi = \pi\bar{\pi}$, 且 $\pi \| N\pi$. 于是就存在正有理整数能被 π 整除. 如果 z 是具有此性质的最小的整数, 且有 $z = z_1 z_2$, 由于这个域是单域, 所以

$$\pi \mid z_1 z_2 \quad \rightarrow \quad \pi \mid z_1 \text{ 或者 } \pi \mid z_2,$$

但除非 z_1 或者 z_2 是 1, 否则这是一个矛盾, 从而 z 是一个有理素数. 于是 π 至少整除一个有理素数 p. 如果它能整除两个有理素数, 比方说整除 p 和 p', 那么对于某组合适的 x 和 y 就有

$$\pi \mid p, \pi \mid p' \quad \rightarrow \quad \pi \mid px - p'y = 1,$$

矛盾.

定理 250　单域 $k(\sqrt{m})$ 的任何一个素元 π 都恰是某个正有理素数的因子.

于是单域的素元可以通过在有理数域中的因子分解来确定.

首先考虑 $k(\mathrm{i})$. 如果

$$\pi = a + b\mathrm{i} \mid p, \quad \pi\lambda = p,$$

那么

$$N\pi N\lambda = p^2.$$

我们或者有 $N\lambda = 1$, 此时 λ 是一个单位, 而 π 是 p 的一个相伴数, 或者有

$$N\pi = a^2 + b^2 = p. \tag{15.1.1}$$

(i) 如果 $p = 2$, 则有

$$p = 1^2 + 1^2 = (1 + \mathrm{i})(1 - \mathrm{i}) = \mathrm{i}(1 - \mathrm{i})^2.$$

从而诸数 $1 + \mathrm{i}, -1 + \mathrm{i}, -1 - \mathrm{i}, 1 - \mathrm{i}$ (它们是相伴数) 都是 $k(\mathrm{i})$ 中的素元.

(ii) 如果 $p = 4n + 3$, 则 (15.1.1) 是不可能成立的, 这是因为平方数同余于 0 或者 4 (mod 4). 从而素数 $4n + 3$ 是 $k(\mathrm{i})$ 中的素元.

(iii) 如果 $p = 4n + 1$, 则由定理 82 有 $\left(\dfrac{-1}{p} \right) = 1$, 故存在 x 使得

$$p \mid x^2 + 1, \quad p \mid (x + \mathrm{i})(x - \mathrm{i}).$$

如果 p 是 $k(\mathrm{i})$ 中的一个素元, 它就会整除 $x + \mathrm{i}$, 或者整除 $x - \mathrm{i}$, 然而这是错误的, 因为数

$$\frac{x}{p} \pm \frac{\mathrm{i}}{p}$$

不是整数. 因此 p 不是素数. 由此推出 $p = \pi\lambda$, 其中 $\pi = a + b\mathrm{i}, \lambda = a - b\mathrm{i}$, 从而有 $N\pi = a^2 + b^2 = p$. 此时, p 可以表示成两个平方数之和.

p 的素因子是

$$\pi, \quad \mathrm{i}\pi, \quad -\pi, \quad -\mathrm{i}\pi, \quad \lambda, \quad \mathrm{i}\lambda, \quad -\lambda, \quad -\mathrm{i}\lambda, \tag{15.1.2}$$

而且这些数中的任何一个数都可以用来代替 π. 这八个变形的数对应下面这八个等式

$$(\pm a)^2 + (\pm b)^2 = (\pm b)^2 + (\pm a)^2 = p. \tag{15.1.3}$$

又如果有 $p = c^2 + d^2$, 那么就有 $c + \mathrm{i}d \mid p$, 从而 $c + \mathrm{i}d$ 就是 (15.1.2) 中的诸数之一. 于是, 除了这几种变形的数之外, p 表示成平方和的表示法是唯一的.

定理 251　有理素数 $p = 4n + 1$ 可以表示成两个平方数 $a^2 + b^2$ 之和.

定理 252　$k(\mathrm{i})$ 中的素元是:
(1) $1 + \mathrm{i}$ 以及它的相伴数;
(2) 有理素数 $4n + 3$ 以及它们的相伴数;
(3) 有理素数 $4n + 1$ 的因子 $a + b\mathrm{i}$.

15.2　$k(\mathrm{i})$ 中的 Fermat 定理

作为 $k(\mathrm{i})$ 中算术的一个描述, 我们选取与 Fermat 定理类似的一个结果. 我们只考虑与定理 71 类似的结果, 而不考虑与更一般的 Fermat-Euler 定理类似的结果. 在此, 值得复述的是: 当我们在一个域 $k(\vartheta)$ 中讨论问题时, $\gamma \mid (\alpha - \beta)$ 以及

$$\alpha \equiv \beta \pmod{\gamma}$$

的含义就是 $\alpha - \beta = \kappa\gamma$, 其中 κ 是这个域中的一个整数.

我们分别用 p 和 q 来记形如 $4n + 1$ 和 $4n + 3$ 的有理素数, 用 π 来记 $k(\mathrm{i})$ 中的素元. 我们仅限于研究 (2) 和 (3) 这两种类型的素元, 即范数是奇数的素元. 从而 π 是某个 q 或者某个 p 的一个因子. 记 $\phi(\pi) = N\pi - 1$, 则有

$$\phi(\pi) = p - 1 \quad (\pi \mid p), \quad \phi(\pi) = q^2 - 1 \quad (\pi = q).$$

定理 253　如果 $(\alpha, \pi) = 1$, 那么 $\alpha^{\phi(\pi)} \equiv 1 \pmod{\pi}$.

假设 $\alpha = l + \mathrm{i}m$. 那么, 根据定理 75 知, 当 $\pi \mid p$ 时有 $\mathrm{i}^p = \mathrm{i}$ 以及

$$\alpha^p = (l + \mathrm{i}m)^p \equiv l^p + (\mathrm{i}m)^p = l^p + \mathrm{i}m^p \pmod{p}.$$

由定理 70 有 $\alpha^p \equiv l + \mathrm{i}m = \alpha \pmod{p}$. 同样的同余式对于 $\bmod\ \pi$ 也为真, 从而可以去掉因子 α.

当 $\pi = q$ 时, 有 $\mathrm{i}^q = -\mathrm{i}$ 以及

$$\alpha^q = (l + \mathrm{i}m)^q \equiv l^q - \mathrm{i}m^q \equiv l - \mathrm{i}m = \overline{\alpha} \pmod{q}.$$

类似地, $\overline{\alpha}^q \equiv \alpha$, 从而

$$\alpha^{q^2} \equiv \alpha, \quad \alpha^{q^2-1} \equiv 1 \pmod{q}\ .$$

这个定理也可以按照与 6.1 节中的证明对应的路线加以证明. 比方说, 假设 $\pi = a + b\mathrm{i} \mid p$. 那么数

$$(a + b\mathrm{i})(c + d\mathrm{i}) = ac - bd + \mathrm{i}(ad + bc)$$

就是 π 的倍数. 而且, 由于 $(a, b) = 1$, 可以选取 c 和 d 使得 $ad + bc = 1$. 于是存在一个 s 使得 $\pi \mid s + \mathrm{i}$.

现在考虑诸数

$$r = 0,\ 1,\ 2,\ \cdots,\quad N\pi - 1 = a^2 + b^2 - 1,$$

它们显然是不同余的 $(\bmod\ \pi)$. 如果 $x + y\mathrm{i}$ 是 $k(\mathrm{i})$ 中任何一个整数, 那么就存在一个 r 使得

$$x - sy \equiv r \pmod{N\pi},$$

这样就有

$$x + y\mathrm{i} \equiv y(s + \mathrm{i}) + r \equiv r \pmod{\pi}.$$

于是诸 r 就构成一个 "完全剩余系"$(\bmod\ \pi)$.

如果 α 与 π 互素, 那么, 与在有理数的算术中一样, 诸数 αr 也构成一个完全剩余系.[①] 从而 $\prod(\alpha r) \equiv \prod r \pmod{\pi}$, 于是得到与 6.1 节中相同的定理.

在其他情形中, 证明是类似的, 但是 "完全剩余系" 的构造方法有所不同.

15.3　$k(\rho)$ 中的素元

$k(\rho)$ 中的素元也是有理素数的因子, 而且这里也有三种情形.

(1) 如果 $p = 3$, 则有

---

① 与定理 58 比较. 这个证明基本上是一样的.

$$p = (1 - \rho)(1 - \rho^2) = (1 + \rho)(1 - \rho)^2 = -\rho^2(1 - \rho)^2.$$

根据定理 221, $1 - \rho$ 是一个素元.

(2) 如果 $p \equiv 2 \pmod 3$, 则不可能有 $N\pi = p$, 这是因为

$$4N\pi = (2a - b)^2 + 3b^2$$

同余于 0 或者同余于 1 (mod 3). 从而 p 就是 $k(\rho)$ 中的一个素元.

(3) 如果 $p \equiv 1 \pmod 3$, 那么根据定理 96 有

$$\left(\frac{-3}{p}\right) = 1,$$

从而有 $p \mid x^2 + 3$. 这样一来, 就像 15.1 节中一样可以推出: p 可以被一个素元 $\pi = a + b\rho$ 整除, 于是有 $p = N\pi = a^2 - ab + b^2$.

定理 254   有理素数 $3n + 1$ 可以表示成 $a^2 - ab + b^2$ 的形式.

定理 255 $k(\rho)$ 中的素元是:

(1) $1 - \rho$ 以及它的相伴元;

(2) 有理素数 $3n + 2$ 以及它们的相伴元;

(3) 有理素数 $3n + 1$ 的因子 $a + b\rho$.

15.4 $k(\sqrt{2})$ 和 $k(\sqrt{5})$ 中的素元

在其他单域中的讨论可以类似地进行. 例如, 在 $k(\sqrt{2})$ 中, 要么 p 是一个素元, 要么有

$$N\pi = a^2 - 2b^2 = \pm p. \tag{15.4.1}$$

每个平方数同余于 0、1 或者 4 (mod 8), 当 p 是 $8n \pm 3$ 时, (15.4.1) 是不可能的. 当 p 是 $8n \pm 1$ 时, 根据定理 95 可知, 2 是 p 的二次剩余, 可以如前面那样来证明 p 是可以因子分解的. 最后有 $2 = (\sqrt{2})^2$, 而 $\sqrt{2}$ 是素元.

定理 256 $k(\sqrt{2})$ 中的素元是 (1) $\sqrt{2}$; (2) 有理素数 $8n \pm 3$; (3) 有理素数 $8n \pm 1$ 的因子 $a + b\sqrt{2}$ (以及这些数的相伴数).

由于在 15.5 节中我们需要用到一个结果, 所以再来考虑一个例子. $k(\sqrt{5})$ 中的整数是数 $a + b\omega$, 其中 a 和 b 是有理整数, 而

$$\omega = \frac{1}{2}(1 + \sqrt{5}). \tag{15.4.2}$$

$a + b\omega$ 的范数是 $a^2 + ab - b^2$. 诸数

$$\pm\omega^{\pm n} \quad (n = 0, 1, 2, \cdots) \tag{15.4.3}$$

都是单位, 可以如同在 14.5 节中一样来证明: 不再存在其他的单位了.

该域中素元的确定有赖于方程

$$N\pi = a^2 + ab - b^2 = p,$$

也即方程

$$(2a + b)^2 - 5b^2 = 4p.$$

如果 $p = 5n \pm 2$, 则有 $(2a + b)^2 \equiv \pm 3 \pmod{5}$, 而这是不可能的. 从而这些素数都是 $k(\sqrt{5})$ 中的素元.

如果 $p = 5n \pm 1$, 根据定理 97 有

$$\left(\frac{5}{p}\right) = 1.$$

因而对某个 x 有 $p \mid (x^2 - 5)$, 如前一样我们可以断言, p 是可以因子分解的. 最后有

$$5 = (\sqrt{5})^2 = (2\omega - 1)^2.$$

定理 257 $k(\sqrt{5})$ 中的单位是诸数 (15.4.3). 素元是 (1) $\sqrt{5}$; (2) 有理素数 $5n \pm 2$; (3) 有理素数 $5n \pm 1$ 的因子 $a + b\omega$ (以及它们的相伴数).

我们也需要一个与 Fermat 定理类似的结果.

定理 258   如果 p 和 q 分别表示有理素数 $5n \pm 1$ 和 $5n \pm 2$, $\phi(\pi) = |N\pi| - 1$, 使得

$$\phi(\pi) = p - 1 \quad (\pi \mid p), \quad \phi(\pi) = q^2 - 1 \quad (\pi = q)$$

以及 $(\alpha, \pi) = 1$, 那么就有

$$\alpha^{\phi(\pi)} \equiv 1 \pmod{\pi}, \tag{15.4.4}$$

$$\alpha^{p-1} \equiv 1 \pmod{\pi}, \tag{15.4.5}$$

$$\alpha^{q+1} \equiv N\alpha \pmod{q}. \tag{15.4.6}$$

此外, 如果 $\pi \mid p$, $\overline{\pi}$ 是 π 的共轭元, $(\alpha, \pi) = 1$, $(\alpha, \overline{\pi}) = 1$, 那么就有

$$\alpha^{p-1} \equiv 1 \pmod{p}. \tag{15.4.7}$$

首先, 如果

$$2\alpha = c + d\sqrt{5},$$

那么就有

$$2\alpha^p \equiv (2\alpha)^p = (c + d\sqrt{5})^p \equiv c^p + d^p 5^{\frac{1}{2}(p-1)}\sqrt{5} \pmod{p}.$$

但是

$$5^{\frac{1}{2}(p-1)} \equiv \left(\frac{5}{p}\right) = 1 \pmod{p},$$

$c^p \equiv c$, $d^p \equiv d$. 于是有

$$2\alpha^p \equiv c + d\sqrt{5} = 2\alpha \pmod{p}, \tag{15.4.8}$$

当然也有

$$2\alpha^p \equiv 2\alpha \pmod{\pi}. \tag{15.4.9}$$

由于 $(2,\pi) = 1$ 以及 $(\alpha,\pi) = 1$, 可以用 2α 来除上面的式子, 从而得到 (15.4.5). 如果也有 $(\alpha, \overline{\pi}) = 1$, 从而 $(\alpha, p) = 1$, 则可以用 2α 来除 (15.4.8) 式, 这就得到 (15.4.7).

类似地, 如果 $q > 2$, 则有

$$2\alpha^q \equiv c - d\sqrt{5} = 2\overline{\alpha}, \quad \alpha^q \equiv \overline{\alpha} \pmod{q}, \tag{15.4.10}$$

$$\alpha^{q+1} \equiv \alpha\overline{\alpha} = N\alpha \pmod{q}. \tag{15.4.11}$$

这就证明了 (15.4.6). (15.4.10) 也蕴涵了

$$\alpha^{q^2} \equiv \overline{\alpha}^q \equiv \alpha \pmod{q},$$

$$\alpha^{q^2-1} \equiv 1 \pmod{q}. \tag{15.4.12}$$

最后将 (15.4.5) 和 (15.4.12) 合在一起就得到 (15.4.4).

如果 $q = 2$, 则此证明失效, 但是 (15.4.4) 和 (15.4.6) 仍然成立. 如果 $\alpha = e + f\omega$, 则 e 和 f 中有一个是奇数, 从而 $N\alpha = e^2 + ef - f^2$ 也是奇数. 加之, 对于 mod 2 而言有

$$\alpha^2 \equiv e^2 + f^2\omega^2 \equiv e + f\omega^2 = e + f(\omega + 1) \equiv e + f(1 - \omega) = e + f\overline{\omega} = \overline{\alpha}$$

以及

$$\alpha^3 \equiv \alpha\overline{\alpha} = N\alpha \equiv 1.$$

顺便注意到, 我们的结果附带给出定理 180 一个另外的证明.

第 n 个 Fibonacci 数是

$$u_n = \frac{\omega^n - \overline{\omega}^n}{\omega - \overline{\omega}} = \frac{\omega^n - \overline{\omega}^n}{\sqrt{5}},$$

其中 ω 是数 (15.4.2), 而 $\overline{\omega} = -1/\omega$ 是它的共轭.

如果 $n = p$, 那么

$$\omega^{p-1} \equiv 1 \pmod{p}, \quad \overline{\omega}^{p-1} \equiv 1 \pmod{p},$$

$$u_{p-1}\sqrt{5} = \omega^{p-1} - \overline{\omega}^{p-1} \equiv 0 \pmod{p},$$

于是 $u_{p-1} \equiv 0 \pmod{p}$. 如果 $n = q$, 则有

$$\omega^{q+1} \equiv N\omega, \quad \overline{\omega}^{q+1} \equiv N\omega \pmod{q},$$

$$u_{q+1}\sqrt{5} \equiv 0 \pmod{q}$$

以及 $u_{q+1} \equiv 0 \pmod{q}$.

15.5 Mersenne 数 M_{4n+3} 的素性的 Lucas 判别法

现在可以来证明一个不寻常的定理, 这个定理无论如何从本质上来看都应该属于 Lucas, 且此定理包含了一个判断 M_{4n+3} 素性的 "充分必要条件". 许多 "充分必要条件" 仅仅包含了表达问题的转换, 然而这个定理却给出了一个有实用价值的检验法, 可以应用到原本无法下手的问题.

用 $r_m = \omega^{2^m} + \overline{\omega}^{2^m}$ 来定义一个序列

$$r_1, r_2, r_3, \cdots = 3, 7, 47, \cdots,$$

其中 ω 是数 (15.4.2), 而 $\overline{\omega} = -1/\omega$. 那么 $r_{m+1} = r_m^2 - 2$. 按照 10.14 节中的记号, 有 $r_m = v_{2^m}$. 没有两个 r_m 能有公约数, 这是因为

(i) 它们全是奇数;

而且, 对任何奇素数模都有

(ii) $r_m \equiv 0 \rightarrow r_{m+1} \equiv -2 \rightarrow r_\nu \equiv 2 \ (\nu > m + 1)$.

定理 259 假设 p 是形如 $4n + 3$ 的素数, 且

$$M = M_p = 2^p - 1$$

是对应的 Mersenne 数, 那么, 如果

$$r_{p-1} \equiv 0 \pmod{M}, \tag{15.5.1}$$

则 M 是素数, 反之它是合数.

(1) 假设 M 是素数. 由于

$$M \equiv 8 \times 16^n - 1 \equiv 8 - 1 \equiv 2 \pmod{5},$$

可以在 (15.4.6) 中取 $\alpha = \omega, q = M$. 因此

$$\omega^{2^p} = \omega^{M+1} \equiv N\omega = -1 \pmod{M},$$
$$r_{p-1} = \overline{\omega}^{2^{p-1}}(\omega^{2^p} + 1) \equiv 0 \pmod{M},$$

这就是 (15.5.1).

(2) 假设 (15.5.1) 为真. 那么

$$\omega^{2^p} + 1 = \omega^{2^{p-1}} r_{p-1} \equiv 0 \pmod{M},$$
$$\omega^{2^p} \equiv -1 \pmod{M}, \tag{15.5.2}$$
$$\omega^{2^{p+1}} \equiv 1 \pmod{M}. \tag{15.5.3}$$

当然, 同样的同余式对于任何能整除 M 的模 τ 也为真.

假设

$$M = p_1 p_2 \ldots q_1 q_2 \ldots$$

是 M 分解成有理素数乘积的表达式, p_i 是形如 $5n \pm 1$ 的素数 (从而 p_i 是这个域中两个共轭素元的乘积), q_i 是形如 $5n \pm 2$ 的素数. 由于 $M \equiv 2 \pmod 5$, 所以至少有一个这样的 q_i 存在.

根据 (15.5.3), 当 $x = 2^{p+1}$ 时, 同余式 $\omega^x \equiv 1 \pmod{\tau}$ [也称为 $P(x)$] 为真. 又根据定理 69, 它的最小的正数解是 2^{p+1} 的一个因子. $(2^{p+1}$ 的) 这些因子中, 除了 2^{p+1} 以外的是 $2^p, 2^{p-1}, \cdots$, 而根据 (15.5.2), $P(x)$ 对所有这些因子均不成立. 从而 2^{p+1} 就是最小的解, 任何一个解都是这个解的倍数.

但是, 根据 (15.4.7) 和 (15.4.6) 得

$$\omega^{p_i - 1} \equiv 1 \pmod{p_i},$$
$$\omega^{2(q_j+1)} \equiv (N\omega)^2 \equiv 1 \pmod{q_j}.$$

于是 $p_i - 1$ 和 $2(q_j + 1)$ 都是 2^{p+1} 的倍数, 且对某个 h_i 和 k_j 有

$$p_i = 2^{p+1} h_i + 1,$$
$$q_j = 2^p k_j - 1.$$

第一个假设是不可能的, 这是因为它的右边大于 M. 而第二个假设也是不可能的, 除非有

$$k_j = 1, \quad q_j = M.$$

从而 M 是素数.

定理 259 中的检验法仅对 $p \equiv 3 \pmod 4$ 适用. 数列

$$4, 14, 194, \cdots$$

(它们是用同样的方法构造出来的) 给出一个对于任意的 p 的 (与上述检验法完全相同的) 检验法. 在这种情形, 相关的域是 $k(\sqrt{3})$. 我们已经在定理 259 中选用了这个检验法, 因为它的证明要稍微简单一些.

来举一个简单明显的例子, 假设 $p = 7, M_p = 127$. 此时定理 259 中的数 r_m 经过 $\bmod M$ 化简即为

$$3, 7, 47, 2207 \equiv 48, \quad 2302 \equiv 16, \quad 254 \equiv 0,$$

所以 127 是素数. 例如, 如果 $p = 127$, 我们就必须要将 125 个剩余进行平方, 这就要包含多达 39 位数字 (在十进制下), 这样的计算量在一段时间里是相当巨大的, 不过还是可以实际操作的, Lucas 正是用这样的方法证明了 M_{127} 是素数. 电子计算机的构造使得这些检验法可以应用到更大的 p 所对应的 M_p 上去. 这些计算机通常使用二进制进行计算, 在这种计算机下, 按照模 $2^n - 1$ 作化简特别简单. 当然, 这种计算机的最大好处自然还是它们的速度. 正是这样, 1971 年 Tuckerman 在一台 IBM 360/91 型计算机上花了大约 35 分钟的时间对 $M_{19\,937}$ 进行了检验.

15.6 关于二次域的算术的一般性注释

在一个不是单域的域中 (例如在像 $k\left(\sqrt{-5}\right)$ 或者 $k(\sqrt{10})$ 这样的域中) 算术的结构需要有新的思想, 这些想法 (虽然并不是特别困难) 不能在这里系统地展开. 我们只能增加若干注解, 对于那些希望进一步研究这个问题的读者来说, 这些注解可能会有些用处.

下面来讲述已经研究过的那些 "单域" 所共有的三个性质 A、B 和 C. 这些性质全都是 Euclid 算法的推论 (当这样一个算法存在的时候), 我们正是在这些域中证明了这些性质. 然而, 这些性质在任何单域中都是成立的, 而不论该域是否为 Euclid 域. 我们不打算来证明这么多, 不过稍微考虑一下它们之间的逻辑关系将会是有教益的.

A. 如果 α 和 β 是这个域中的整数, 那么存在一个整数 δ 具有性质

$$\delta \mid \alpha, \quad \delta \mid \beta \tag{Ai}$$

以及

$$\delta_1 \mid \alpha, \, \delta_1 \mid \beta \;\rightarrow\; \delta_1 \mid \delta. \tag{Aii}$$

从而 δ 是 α 和 β 的最高的 (或者说 "最大的") 公约数 (α, β), 如同我们在 12.8 节中的 $k(\mathrm{i})$ 中所定义的一样.

B. 如果 α 和 β 是这个域中的整数, 那么存在一个整数 δ 具有性质

$$\delta \mid \alpha, \delta \mid \beta \tag{Bi}$$

以及 δ 是 α 和 β 的线性组合, 即存在整数 λ 和 μ 使得

$$\lambda\alpha + \mu\beta = \delta. \tag{Bii}$$

显然 B 蕴涵 A, (Bi) 与 (Ai) 相同, 具有性质 (Bi) 和 (Bii) 的 δ 也具有性质 (Ai) 和 (Aii). 相反的结论虽然在我们现在感兴趣的诸二次域中均为真, 但它并不是很显然的结果, 而是要依赖于这些域所具有的特殊性质.

有这样一些 "域", 其中的 "整数" 具有在 A 而不是在 B 的意义下的最大公约数. 例如, 两个独立变量的、系数是有理数的所有有理函数

$$R(x,y) = \frac{P(x,y)}{Q(x,y)}$$

组成的集合就是一个在 14.1 节末尾所说明的意义下的域. 我们可以把这个域中的多项式 $P(x,y)$ 称为 "整数", 当两个多项式仅相差一个常数因子时, 我们就把这两个多项式视为相同. 两个多项式在 A 的意义下有最大公约数. 因此 x 和 y 有最大公约数 1. 然而不存在多项式 $P(x,y)$ 和 $Q(x,y)$ 使得有

$$xP(x, y) + yQ(x, y) = 1.$$

C. 在域中的因子分解是唯一的：域是单域.

显然 B 蕴涵 C, 因为 (Bi) 和 (Bii) 蕴涵

$$\delta\gamma \mid \alpha\gamma, \quad \delta\gamma \mid \beta\gamma, \quad \lambda\alpha\gamma + \mu\beta\gamma = \delta\gamma,$$

所以

$$(\alpha\gamma, \beta\gamma) = \delta\gamma. \tag{15.6.1}$$

如同在 12.8 节中一样, 由此就得出 C.

A 蕴涵 C 这一点不那么明显, 但是可以如下来予以证明. 只要由 A 推导出 (15.6.1) 就足够了. 令

$$(\alpha\gamma, \beta\gamma) = \Delta,$$

那么

$$\delta \mid \alpha, \delta \mid \beta \ \rightarrow \ \delta\gamma \mid \alpha\gamma, \delta\gamma \mid \beta\gamma.$$

因此, 根据 (Aii) 有

$$\delta\gamma \mid \Delta,$$

从而可设

$$\Delta = \delta\gamma\rho.$$

但是 $\Delta \mid \alpha\gamma$, $\Delta \mid \beta\gamma$, 从而

$$\delta\rho \mid \alpha, \quad \delta\rho \mid \beta.$$

所以, 再次利用 (Aii) 即得

$$\delta\rho \mid \delta,$$

从而 ρ 是一个单位, 且有 $\Delta = \delta\gamma$.

此外, 显然 C 蕴涵 A, 因为 δ 是与 α 和 β 的所有公共素因子的乘积. 而 C 蕴涵 B 则仍然不那么明显, 如同从 A 推导出 B 那样, 它要依赖于问题中所涉及的域的特殊的性质.[①]

15.7　二次域中的理想

所有的二次单域都具有另外一个共同的性质. 我们重点考虑域 $k(\mathrm{i})$, 它的基 (14.3 节) 是 $[1, \mathrm{i}]$.

---

① 事实上, 这两个推理都依赖于二次域的理想理论的基础知识中正好需要的那些方法.

一个格 Λ[①] 是所有的点[②]$m\alpha + n\beta$ 组成的集合, α 和 β 是 3.5 节中的点 P 和 Q, 而 m 和 n 取遍有理整数. 称 $[\alpha, \beta]$ 是 Λ 的一组基, 并记成 $\Lambda = [\alpha, \beta]$. 当然, 一个格会有许多不同的基. 格是在 2.9 节的意义下的一个模, 且对于任何有理整数 m 和 n 有性质

$$\rho \in \Lambda, \ \sigma \in \Lambda \ \rightarrow \ m\rho + n\sigma \in \Lambda. \tag{15.7.1}$$

在格中有一个特别重要的子类. 假设格 Λ 除了 (15.7.1) 之外还具有性质

$$\gamma \in \Lambda \ \rightarrow \ \mathrm{i}\gamma \in \Lambda. \tag{15.7.2}$$

则显然 $m\gamma \in \Lambda$ 以及 $ni\gamma \in \Lambda$, 所以对 $k(\mathrm{i})$ 中的每个整数 μ 有

$$\gamma \in \Lambda \ \rightarrow \ \mu\gamma \in \Lambda,$$

用 $k(\mathrm{i})$ 中的整数来乘 Λ 中的点所得到的所有倍数也都是 Λ 的点. 这样一个格称为一个**理想** (ideal), 如果 Λ 是一个理想, 且 ρ 和 σ 属于 Λ, 那么 $\mu\rho + \nu\sigma$ 也属于 Λ: 对所有整数 μ 和 ν,

$$\rho \in \Lambda, \quad \sigma \in \Lambda \ \rightarrow \ \mu\rho + \nu\sigma \in \Lambda. \tag{15.7.3}$$

这个性质包含了 (15.7.1), 但比 (15.7.1) 的含义要多得多.

现在假设 Λ 是一个以 $[\alpha, \beta]$ 作为基的理想, 且 $(\alpha, \beta) = \delta$. 那么 Λ 的每个点都是 δ 的一个倍数. 此外, 由于 δ 是 α 和 β 的线性组合, 所以 δ 以及 δ 的所有倍数都是 Λ 中的点. 从而 Λ 是由 δ 的所有倍数组成的类. 而且反过来显然可见, δ 的任何倍数组成的类都是一个理想 Λ. 任何理想都是该域中一个整数的倍数组成的类, 任何这样的一个类也都是一个理想.

如果 Λ 是由 ρ 的倍数组成的一个类, 记为 $\Lambda = \{\rho\}$. 特别地, 由该域中所有整数构成的基本格就是 $\{1\}$.

整数 ρ 的性质可以被重新表述成理想 $\{\rho\}$ 的性质. 从而 $\sigma \mid \rho$ 就意味着 $\{\rho\}$ 是 $\{\sigma\}$ 的一个部分. 这样就可以说成 "$\{\rho\}$ 可以被 $\{\sigma\}$ 整除", 记为 $\{\sigma\} \mid \{\rho\}$. 或者再次可以写成 $\{\sigma\} \mid \rho$, $\rho \equiv 0 \pmod{\{\sigma\}}$, 这些结论的含义是: 数 ρ 属于理想 $\{\sigma\}$. 按照这种方式, 可以把域中的算术整个地用理想的术语重新表述出来, 尽管如此, 在 $k(\mathrm{i})$ 中用这样的重新表述没有得到任何本质上新的东西. 一个理想总是由一个整数的倍数所组成的一个类, 新的算术仅仅是老的算术逐字逐句的翻译.

然而, 可以在任何一个二次域中定义理想. 我们希望运用复平面的几何映像, 因而我们将仅仅考虑复域.

假设 $k(\sqrt{m})$ 是一个以 $[1, \omega]$ 为基的复域.[③]可以如同上面在 $k(\mathrm{i})$ 中所做的那样来定义一个格, 并定义理想是具有性质

---

① 见 3.5 节. 然而, 在那里我们是将符号 Λ 保留用来表示主格.

② 在 Argand 图中, 对于作为它的下标的是一个点还是一个数, 我们不加以区分.

③ 当 $m \not\equiv 1 \pmod 4$ 时, $\omega = \sqrt{m}$.

$$\gamma \in \Lambda \ \rightarrow \ \omega\gamma \in \Lambda \tag{15.7.4}$$

的一个格, 这个性质与 (15.7.2) 类似. 如同在 $k(i)$ 中一样, 这样一个格也具有性质 (15.7.3), 而这个性质还可以用来作为理想的另一个可供选择的定义.

由于两个数 α 和 β 不一定有 "最大公约数", 我们不再能证明理想 **r** 一定有 $\{\rho\}$ 的形式. 任何 $\{\rho\}$ 都是一个理想, 但是相反的结论一般不成立. 但是上面的那些定义 (从逻辑上讲, 这些定义与这种约化无关) 仍然适用. 我们定义

$$\mathbf{s} \mid \mathbf{r}$$

的意义是, **r** 中的每个数都属于 **s**; 定义 $\rho \equiv 0 \pmod{\mathbf{s}}$ 的意义是, ρ 属于 **s**. 这样一来, 我们就可以针对理想来定义像**整除性**、**因子**以及**素元**这些概念, 由此可以奠定算术的基础, 这种算术从任何一个方面来看都与在通常的单域中的算术一样广泛, 且在这种通常的算术失效的地方有可能是有用的. 这种希望的正确性, 以及理想这个概念引导到在任何域中重新完整地建立起算术, 这些都在关于代数数论的系统的专著中得以展现. 这种重新构造在实域中如同在复域中一样有效, 尽管在实域中几何语言并不完全合适.

特殊类型的理想 $\{\rho\}$ 称为**主理想** (principal ideal). 本节开始的时候所提及的二次单域的第 4 个特征性质叙述如下:

D. *单域的每个理想都是主理想.*

当该域是复域时, 这个性质还可以表述成简单的几何形式. 在 $k(i)$ 中, 一个理想 [也即是具有性质 (15.7.2) 的一个格] 是一个**正方形**. 这是因为它形如 $\{\rho\}$, 且可以被看成是以原点、点 ρ 以及点 $i\rho$ 为基础的直线构成的图形. 更一般地有以下性质.

E. *如果 $m < 0$ 且 $k(\sqrt{m})$ 是单域, 那么 $k(\sqrt{m})$ 中的每个理想都是一个格, 这个格的形状与该域中所有整数作成的格相似.*

在 $k(\sqrt{-5})$ 中这个结论不真, 验证这一点将是富有教益的. 格 $m\alpha + n\beta = m \times 3 + n\left(-1 + \sqrt{-5}\right)$ 是一个理想, 因为 $\omega = \sqrt{-5}$ 且有

$$\omega\alpha = \alpha + 3\beta, \quad \omega\beta = -2\alpha - \beta.$$

但是, 如同在图 7 中所指出的那样 (这当然也可以用解析方法加以验证), 这个格与该域中所有整数作成的格并不相似.

15.8 其 他 的 域

我们通过对几个特别有趣的类型的非二次域作出若干评注来结束本章. 请读者自行验证其中的大多数结论.

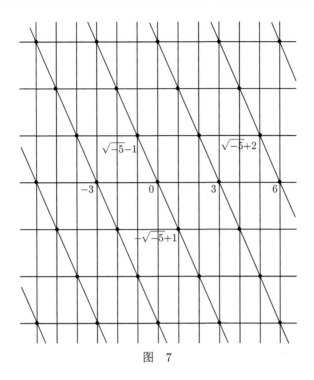

图 7

(i) **域 $k(\sqrt{2}+\mathrm{i})$**. 数 $\vartheta = \sqrt{2}+\mathrm{i}$ 满足 $\vartheta^4 - 2\vartheta^2 + 9 = 0$, 这个数定义了一个域, 将它记为 $k(\sqrt{2}+\mathrm{i})$. 这个域中的数是

$$\xi = r + s\mathrm{i} + t\sqrt{2} + u\mathrm{i}\sqrt{2}, \tag{15.8.1}$$

其中 r, s, t, u 是有理数. 该域中的整数是

$$\xi = a + b\mathrm{i} + c\sqrt{2} + d\mathrm{i}\sqrt{2}, \tag{15.8.2}$$

其中 a 和 b 是整数, 而 c 和 d 要么两者都是整数, 要么两者都是奇整数的一半.

ξ 的共轭数是 ξ_1, ξ_2, ξ_3, 这些数是通过在 (15.8.1) 或者 (15.8.2) 中将 i 和 $\sqrt{2}$ 这两个数中的某一个数的符号加以改变, 或者同时改变这两个数的符号得来的, 而 ξ 的范数 $N\xi$ 则定义为 $N\xi = \xi\xi_1\xi_2\xi_3$. 整除性等概念如同在已经研究过的域中一样定义. 在这个域中有 Euclid 算法, 且因子分解是唯一的.[①]

(ii) **域 $k(\sqrt{2}+\sqrt{3})$**. 数 $\vartheta = \sqrt{2}+\sqrt{3}$ 满足方程

$$\vartheta^4 - 10\vartheta^2 + 1 = 0.$$

这个域中的数是

$$\xi = r + s\sqrt{2} + t\sqrt{3} + u\sqrt{6},$$

该域中的整数是

---

① 在这个域中定理 215 与 12.8 节中叙述的相同. 它的证明需要一些计算.

$$\xi = a + b\sqrt{2} + c\sqrt{3} + d\sqrt{6},$$

其中 a 和 c 是整数, 而 b 和 d 要么两者都是整数, 要么两者都是奇整数的一半. 该域中仍然有 Euclid 算法, 且因子分解是唯一的.

这些域是 "四次域" 的简单例子.

(iii) **域 $k(e^{\frac{2}{5}\pi i})$**. 数 $\vartheta = e^{\frac{2}{5}\pi i}$ 满足方程

$$\frac{\vartheta^5 - 1}{\vartheta - 1} = \vartheta^4 + \vartheta^3 + \vartheta^2 + \vartheta + 1 = 0.$$

这个域是除了 $k(i)$ 和 $k(\rho)$ 以外最简单的 "分圆" 域. [1]

这个域中的数是 $\xi = r + s\vartheta + t\vartheta^2 + u\vartheta^3$, 这个域中的整数是与 r, s, t, u 为整数时所对应的那些数. ξ 的共轭数是 ξ_1, ξ_2, ξ_3, 这些数是通过将 ϑ 依次改变成 $\vartheta^2, \vartheta^3, \vartheta^4$ 得来的, ξ 的范数 $N\xi$ 是 $N\xi = \xi\xi_1\xi_2\xi_3$. 该域中有 Euclid 算法, 且因子分解是唯一的.

$k(i)$ 和 $k(\rho)$ 中单位的个数是有限的. 在 $k(e^{\frac{2}{5}\pi i})$ 中单位的个数是无限的. 因为

$$(1 + \vartheta) \mid (\vartheta + \vartheta^2 + \vartheta^3 + \vartheta^4)$$

且 $\vartheta + \vartheta^2 + \vartheta^3 + \vartheta^4 = -1$, 所以 $1 + \vartheta$ 和它所有的幂都是单位.

当 $n = 5$ 时, 如果希望用 13.4 节的方法来证明 "Fermat 大定理" 的话, 我们必须要考虑的显然正是这个域. 其证明遵循同样的路线, 但证明的细节中会出现各种复杂的情形.

当 $n = 3, 4, 5, 8$ 时 [2], 由一个 n 次本原单位根所定义的域是在 14.7 节的意义下的单域.

本 章 附 注

15.5 节. Lucas 对 M_p 的素性陈述了两个检验法, 但是他对定理的表述有所变化, 且从未发表过任何一个定理的完整证明. 正文中所用的论证方法属于 Western, *Journal London Math. Soc.* **7** (1932) 130-137. 第二个定理 (在正文中没有证明) 就是在这一节的倒数第二段中所提到的那个结果. Western 利用域 $k(\sqrt{3})$ 证明了这个定理. 其他的与代数数论无关的证明由 D. H. Lehmer, *Annals of Math.* (2) **31** (1930), 419-448 以及 *Journal London Math. Soc.* **10** (1935), 162-165 给出.

Newman 教授将我们的注意力吸引到下面的结果上来, 这个结果可以用本节中的论证方法的一种简单的延拓来加以证明.

设 $h < 2^m$ 是奇数, $M = 2^m h - 1 \equiv \pm 2 \pmod 5$, 且

---

[1] 域 $k(\vartheta)$ (ϑ 是一个 n 次本原单位根) 称为**分圆域**, 是因为 ϑ 和它的幂恰为单位圆的一个内接正 n 边形诸顶点的复数坐标.

[2] $e^{\frac{2}{8}\pi i} = e^{\frac{1}{4}\pi i} = \frac{1+i}{\sqrt{2}}$ 是 $k(\sqrt{2} + i)$ 中的一个数.

$$R_1 = \omega^{2h} + \overline{\omega}^{2h}, \quad R_j = R_{j-1}^2 - 2 \; (j \geqslant 2).$$

那么 M 是素数的充分必要条件是

$$R_{m-1} \equiv 0 \; (\mathrm{mod} \; M).$$

这个结论是由 Lucas [*Amer. Journal of Math.* **1** (1878), 310] 陈述的, 它对形如 $N = h2^m + 1$ 的数给出了一个类似 (但是好像有错误) 的检验法. 然而, 后者的素性可以用定理 102 的检验法加以判断, 这个检验法也要求 m 次平方以及关于模 N 的化简. 这两个检验法对寻求大的素数对 $(p, \; p+2)$ 提供了一个有实用价值的方法.

15.6 节至 15.7 节. 这几节根据 Ingham 先生的批评意见作了重大的改进, 他阅读过较早时写的一个版本. 15.6 节中有关多项式的一个注解属于 Bochner, *Journal London Math. Soc.* **9** (1934), 4.

15.8 节. 在 Landau 的 *Vorlesungen*, iii, 228-231 中有关于 $k(\mathrm{e}^{\frac{2}{5}\pi \mathrm{i}})$ 是一个 Euclid 域的证明.

具有唯一分解性质的域 $k\left(\mathrm{e}^{2\pi \mathrm{i}/m}\right)$ 的列表已经由 Masley and Montgomery (*J. Reine Angew. Math.* **286/287** (1976), 248-256) 完全决定. 如果 m 是奇数, 则 m 与 $2m$ 给出同样的域. 记住这一点, 则对于 $m \geqslant 3$ 恰有 29 个不同的域, 它们对应于

$$\begin{aligned} m = \; & 3, 4, 5, 7, 8, 9, 11, 12, 13, 15, 16, 17, 19, 20, 21, 24, 25, 27, 28, \\ & 32, 33, 35, 36, 40, 44, 45, 48, 60, 84. \end{aligned}$$

第 16 章 算术函数 $\phi(n), \mu(n), d(n), \sigma(n), r(n)$

16.1 函数 $\phi(n)$

本章和下面两章要研究 n 的某些 "算术函数" 的性质. 所谓算术函数就是正整数 n 的函数 $f(n)$, 这种函数是用表达 n 的某些算术性质的方式加以定义的.

对于 $n > 1$, 函数 $\phi(n)$ 在 5.5 节中定义为小于 n 的正整数中与 n 互素的整数个数. 我们证明了 (定理 62)

$$\phi(n) = n \prod_{p \mid n} \left(1 - \frac{1}{p} \right). \tag{16.1.1}$$

这个公式也是由下面的定理表达的一般原理的一个直接推论.

定理 260 如果有 N 个物体, 其中 N_α 个有性质 α, N_β 个有性质 β, $\cdots$, $N_{\alpha\beta}$ 个有性质 α 和 β, $\cdots$, $N_{\alpha\beta\gamma}$ 个有性质 α、β 和 γ, $\cdots$, 如此下去, 那么没有 $\alpha, \beta, \gamma, \cdots$ 中任何一种性质的物体的个数是

$$N - N_\alpha - N_\beta - \cdots + N_{\alpha\beta} + \cdots - N_{\alpha\beta\gamma} - \cdots. \tag{16.1.2}$$

假设 O 是恰有 $\alpha, \beta, \cdots$ 中 k 个性质的一个物体, 那么 O 就对 N 贡献了 1. 如果 $k \geqslant 1$, 那么 O 也对 $N_\alpha, N_\beta, \cdots$ 中的 k 个贡献了 1, 对 $N_{\alpha\beta}, \cdots$ 中的 $\frac{1}{2}k(k-1)$ 个贡献了 1, 对 $N_{\alpha\beta\gamma}, \cdots$ 中的

$$\frac{k(k-1)(k-2)}{1 \times 2 \times 3}$$

个贡献了 1, 如此等等. 因此, 如果 $k \geqslant 1$, 那么它就对和式 (16.1.2) 贡献了

$$1 - k + \frac{k(k-1)}{1 \times 2} - \frac{k(k-1)(k-2)}{1 \times 2 \times 3} + \cdots = (1-1)^k = 0.$$

此外, 如果 $k = 0$, 它就对 (16.1.2) 给出贡献 1. 从而 (16.1.2) 就是不具有任何性质的物体的个数.

不大于 n 且能被 a 整除的整数的个数是 $\left\lfloor \dfrac{n}{a} \right\rfloor$. 如果 a 与 b 互素, 那么不大于 n 且能被 a 和 b 都整除的整数的个数是 $\left\lfloor \dfrac{n}{ab} \right\rfloor$. 如此等等. 于是, 取 $\alpha, \beta, \gamma, \cdots$ 是能被 $a, b, c, \cdots$ 整除的性质, 就得到:

定理 261 小于或等于 n 的整数中, 不能被互素的整数集合 $a, b, \cdots$ 中任何一个数整除的整数的个数是

$$\lfloor n \rfloor - \sum \left\lfloor \frac{n}{a} \right\rfloor + \sum \left\lfloor \frac{n}{ab} \right\rfloor - \cdots.$$

如果取 $a, b, \cdots$ 是 n 的不同的素因子 $p, p', \cdots$, 就得到

$$\phi(n) = n - \sum \frac{n}{p} + \sum \frac{n}{pp'} - \cdots = n \prod_{p \mid n} \left(1 - \frac{1}{p} \right), \tag{16.1.3}$$

这就是定理 62.

16.2 定理 63 的另一个证明

考虑一组 n 个有理分数

$$\frac{h}{n} \quad (1 \leqslant h \leqslant n) \tag{16.2.1}$$

可以用恰好一种方式将其中的每一个分数表示成 "不可约的" 形式, 也就是表示成

$$\frac{h}{n} = \frac{a}{d},$$

其中 $d \mid n$, 而

$$1 \leqslant a \leqslant d, \quad (a, d) = 1, \tag{16.2.2}$$

而且 a 和 d 是由 h 和 n 唯一确定的. 反过来, 满足 $d \mid n$ 以及 (16.2.2) 的每一个分数 a/d 都在集合 (16.2.1) 中出现, 尽管一般说来它们并不以最简分数的形式出现. 这样一来, 对于任何函数 $F(x)$, 我们都有

$$\sum_{1 \leqslant h \leqslant n} F\left(\frac{h}{n} \right) = \sum_{d \mid n} \sum_{\substack{1 \leqslant a \leqslant d \\ (a,d)=1}} F\left(\frac{a}{d} \right). \tag{16.2.3}$$

对于特殊的 d, (根据定义) 再次有恰好 $\phi(d)$ 个 a 的值满足 (16.2.2). 于是, 如果在 (16.2.3) 中取 $F(x) = 1$, 就有

$$n = \sum_{d \mid n} \phi(d).$$

16.3 Möbius 函数

Möbius 函数 $\mu(n)$ 定义如下:

(i) $\mu(1) = 1$;

(ii) 如果 n 有平方因子, 则 $\mu(n) = 0$;

(iii) 如果所有素数 $p_1, p_2, \cdots, p_k$ 均不相同, 则有 $\mu(p_1 p_2 \cdots p_k) = (-1)^k$.

从而有 $\mu(2) = -1$, $\mu(4) = 0$, $\mu(6) = 1$.

定理 262 $\mu(n)$ 是积性函数.[①]

这可以立即从 $\mu(n)$ 的定义推出.

由 (16.1.3) 以及 $\mu(n)$ 的定义可以得到

$$\phi(n) = n \sum_{d \mid n} \frac{\mu(d)}{d} = \sum_{d \mid n} \frac{n}{d}\mu(d) = \sum_{d \mid n} d\mu\left(\frac{n}{d}\right) = \sum_{dd'=n} d'\mu(d). \text{[②]} \qquad (16.3.1)$$

现在, 我们来证明以下定理.

定理 263 $\displaystyle\sum_{d \mid n} \mu(d) = 1 \quad (n = 1), \qquad \sum_{d \mid n} \mu(d) = 0 \quad (n > 1).$

定理 264   如果 $n > 1$, 且 k 是 n 的不同素因子的个数, 那么 $\displaystyle\sum_{d \mid n} |\mu(d)| = 2^k$.

事实上, 如果 $k \geqslant 1$, 且 $n = p_1^{a_1} \cdots p_k^{a_k}$, 那么就有

$$\sum_{d \mid n} \mu(d) = 1 + \sum_{i} \mu(p_i) + \sum_{i,j} \mu(p_i p_j) + \cdots$$

$$= 1 - k + \binom{k}{2} - \binom{k}{3} + \cdots = (1-1)^k = 0,$$

然而, 如果 $n = 1$, 则有 $\mu(n) = 1$. 这就证明了定理 263. 定理 264 的证明与之类似. 定理 263 还有另外一个证明, 这个证明依赖一个重要的一般性定理.

定理 265   如果 $f(n)$ 是 n 的积性函数, 则 $g(n) = \displaystyle\sum_{d \mid n} f(d)$ 亦然.

如果 $(n, n') = 1$, $d \mid n$, 且 $d' \mid n'$, 则有 $(d, d') = 1$ 且 $c = dd'$ 取遍 nn' 的所有因子. 从而

$$g(nn') = \sum_{c \mid nn'} f(c) = \sum_{d \mid n, d' \mid n'} f(dd') = \sum_{d \mid n} f(d) \sum_{d' \mid n'} f(d') = g(n)g(n').$$

为了推出定理 263, 记 $f(n) = \mu(n)$, 这样就有

$$g(n) = \sum_{d \mid n} \mu(d).$$

于是有 $g(1) = 1$, 而当 $m \geqslant 1$ 时有

$$g(p^m) = 1 + \mu(p) = 0.$$

从而当 $n = p_1^{a_1} \cdots p_k^{a_k} > 1$ 时有

$$g(n) = g(p_1^{a_1})g(p_2^{a_2}) \cdots = 0.$$

---

① 参见 5.5 节.

② 对满足 $dd' = n$ 的所有数对 d, d' 求和.

16.4　Möbius 反演公式

以后要频繁地使用一般的 "反演公式", 它首先是由 Möbius 证明的.

定理 266　如果

$$g(n) = \sum_{d \mid n} f(d),$$

那么

$$f(n) = \sum_{d \mid n} \mu\left(\frac{n}{d}\right) g(d) = \sum_{d \mid n} \mu(d) g\left(\frac{n}{d}\right).$$

事实上,

$$\sum_{d \mid n} \mu(d) g\left(\frac{n}{d}\right) = \sum_{d \mid n} \mu(d) \sum_{c \mid \frac{n}{d}} f(c) = \sum_{cd \mid n} \mu(d) f(c) = \sum_{c \mid n} f(c) \sum_{d \mid \frac{n}{c}} \mu(d).$$

根据定理 263, 这里的内和当 $n/c = 1$ 时, 也即当 $c = n$ 时为 1, 在其他情形为 0. 因此这个二重和就化简为 $f(n)$.

定理 266 有一个逆命题, 叙述如下.

定理 267　$f(n) = \sum_{d \mid n} \mu\left(\frac{n}{d}\right) g(d) \quad \rightarrow \quad g(n) = \sum_{d \mid n} f(d).$

它的证明与定理 266 类似. 有

$$\sum_{d \mid n} f(d) = \sum_{d \mid n} f\left(\frac{n}{d}\right) = \sum_{d \mid n} \sum_{c \mid \frac{n}{d}} \mu\left(\frac{n}{cd}\right) g(c)$$

$$= \sum_{cd \mid n} \mu\left(\frac{n}{cd}\right) g(c) = \sum_{c \mid n} g(c) \sum_{d \mid \frac{n}{c}} \mu\left(\frac{n}{cd}\right) = g(n).$$

如果在定理 267 中取 $g(n) = n$, 并利用 (16.3.1), 从而 $f(n) = \phi(n)$, 于是就得到定理 63.

作为应用定理 266 的一个例子, 我们来给出定理 110 的另一个证明.

假设 $d \mid p - 1$ 且 $c \mid d$, 而设 $\chi(c)$ 是同余式 $x^d \equiv 1 \pmod{p}$ 的属于 c 的根的个数. 那么 (由于该同余式总共有 d 个根)

$$\sum_{c \mid d} \chi(c) = d;$$

由此再根据定理 266 就推出

$$\chi(d) = \sum_{c \mid d} \mu(c) \frac{d}{c} = \phi(d).$$

16.5　进一步的反演公式

还有包含 $\mu(n)$ 的其他不同类型的反演公式存在.

定理 268　如果对所有正数 x,

$$G(x) = \sum_{n=1}^{\lfloor x \rfloor} F\left(\frac{x}{n}\right),^{①}$$

那么

$$F(x) = \sum_{n=1}^{\lfloor x \rfloor} \mu(n) G\left(\frac{x}{n}\right).$$

根据定理 263 有

$$\sum_{n=1}^{\lfloor x \rfloor} \mu(n) G\left(\frac{x}{n}\right) = \sum_{n=1}^{\lfloor x \rfloor} \mu(n) \sum_{m=1}^{\lfloor x/n \rfloor} F\left(\frac{x}{mn}\right) = \sum_{1 \leqslant k \leqslant \lfloor x \rfloor} F\left(\frac{x}{k}\right) \sum_{n \mid k} \mu(n)^{②} = F(x).$$

它有一个逆命题, 叙述如下.

定理 269　$F(x) = \sum_{n=1}^{\lfloor x \rfloor} \mu(n) G\left(\frac{x}{n}\right) \quad \rightarrow \quad G(x) = \sum_{n=1}^{\lfloor x \rfloor} F\left(\frac{x}{n}\right).$

这个定理可以类似地证明.

这两个进一步的反演公式都包含在下面的定理之中.

定理 270　$g(x) = \sum_{m=1}^{\infty} f(mx) \equiv f(x) = \sum_{n=1}^{\infty} \mu(n) g(nx).$

借助定理 263, 读者应该没有什么困难就可以构造出它的证明. 但是在涉及有关收敛性的时候还是应该小心从事. 一个充分条件是

$$\sum_{m,n} |f(mnx)| = \sum_k d(k) |f(kx)|$$

应该是收敛的. 这里 $d(k)$ 是 k 的因子的个数.^{③}

16.6　Ramanujan 和的估计

在 5.6 节中, Ramanujan 和 $c_n(m)$ 定义为

---

① 空和的值为 0. 于是当 $0 < x < 1$ 时有 $G(x) = 0$.
② 如果 $mn = k$, 则有 $n \mid k$, 而 k 取遍诸数 $1, 2, \cdots, \lfloor x \rfloor$.
③ 参见 16.7 节.

$$c_n(m) = \sum_{\substack{1 \leqslant h \leqslant n \\ (h,n)=1}} e\left(\frac{hm}{n}\right). \tag{16.6.1}$$

现在可以将 $c_n(m)$ 表示成为取遍 m 和 n 的公约数的和式.

定理 271 $\quad c_n(m) = \sum_{d \mid m, d \mid n} \mu\left(\frac{n}{d}\right) d.$

如果记

$$g(n) = \sum_{1 \leqslant h \leqslant n} F\left(\frac{h}{n}\right), \quad f(n) = \sum_{\substack{1 \leqslant h \leqslant n \\ (h,n)=1}} F\left(\frac{h}{n}\right),$$

(16.2.3) 就变成

$$g(n) = \sum_{d \mid n} f(d).$$

根据定理 266, 有反演公式

$$f(n) = \sum_{d \mid n} \mu\left(\frac{n}{d}\right) g(d), \tag{16.6.2}$$

这就是

$$\sum_{\substack{1 \leqslant h \leqslant n \\ (h,n)=1}} F\left(\frac{h}{n}\right) = \sum_{d \mid n} \mu\left(\frac{n}{d}\right) \sum_{1 \leqslant a \leqslant d} F\left(\frac{a}{d}\right). \tag{16.6.3}$$

现在取 $F(x) = e(mx)$. 此时, 根据 (16.6.1) 有 $f(n) = c_n(m)$, 而

$$g(n) = \sum_{1 \leqslant h \leqslant n} e\left(\frac{hm}{n}\right),$$

它根据 $n \mid m$ 或者 $n \nmid m$ 而取值为 n 或者 0. 因此 (16.6.2) 就变成

$$c_n(m) = \sum_{d \mid n, d \mid m} \mu\left(\frac{n}{d}\right) d.$$

$c_n(m)$ 的另外一个简单的表示由下面的定理给出.

定理 272 $\quad$ 如果 $(n,m) = a$ 且 $n = aN$, 那么

$$c_n(m) = \frac{\mu(N)\phi(n)}{\phi(N)}.$$

根据定理 271 有

$$c_n(m) = \sum_{d \mid a} d\mu\left(\frac{n}{d}\right) = \sum_{cd=a} d\mu(Nc) = \sum_{c \mid a} \frac{a}{c}\mu(Nc).$$

现在, 根据 $(N,c) = 1$ 成立或者不成立, 分别有 $\mu(Nc) = \mu(N)\mu(c)$ 或者为 0. 于是

$$c_n(m) = a\mu(N) \sum_{\substack{c \mid a \\ (c,N)=1}} \frac{\mu(c)}{c} = a\mu(N) \left(1 - \sum \frac{1}{p} + \sum \frac{1}{pp'} - \cdots\right),$$

其中的和式取遍能整除 a 但不能整除 N 的所有不同的素数 p. 从而有

$$c_n(m) = a\mu(N) \prod_{p \mid a,\, p \nmid N} \left(1 - \frac{1}{p}\right).$$

但是根据定理 62 有

$$\frac{\phi(n)}{\phi(N)} = \frac{n}{N} \prod_{p \mid n,\, p \nmid N} \left(1 - \frac{1}{p}\right) = a \prod_{p \mid n,\, p \nmid N} \left(1 - \frac{1}{p}\right),$$

这就立即得出定理 272.

当 $m = 1$ 时有 $c_n(1) = \mu(n)$, 这就是

$$\mu(n) = \sum_{\substack{1 \leqslant h \leqslant n \\ (h,n)=1}} e\left(\frac{h}{n}\right). \tag{16.6.4}$$

16.7　函数 $d(n)$ 和 $\sigma_k(n)$

函数 $d(n)$ 是 n 的包含 1 和 n 在内的因子的个数, $\sigma_k(n)$ 是 n 的因子的 k 次幂之和. 从而

$$\sigma_k(n) = \sum_{d \mid n} d^k, \quad d(n) = \sum_{d \mid n} 1,$$

且 $d(n) = \sigma_0(n)$. 把 n 的因子之和 $\sigma_1(n)$ 记为 $\sigma(n)$.

如果

$$n = p_1^{a_1} p_2^{a_2} \cdots p_l^{a_l},$$

则 n 的因子是下列诸数

$$p_1^{b_1} p_2^{b_2} \cdots p_l^{b_l},$$

其中

$$0 \leqslant b_1 \leqslant a_1, \quad 0 \leqslant b_2 \leqslant a_2, \cdots, \quad 0 \leqslant b_l \leqslant a_l.$$

这样的数共有 $(a_1 + 1)(a_2 + 1) \cdots (a_l + 1)$ 个. 从而有以下定理.

定理 273　$d(n) = \prod\limits_{i=1}^{l} (a_i + 1).$

更一般地, 如果 $k > 0$, 则有

$$\sigma_k(n) = \sum_{b_1=0}^{a_1} \sum_{b_2=0}^{a_2} \cdots \sum_{b_l=0}^{a_l} p_1^{b_1 k} p_2^{b_2 k} \cdots p_l^{b_l k} = \prod_{i=1}^{l} (1 + p_i^k + p_i^{2k} + \cdots + p_i^{a_i k}).$$

于是有以下定理.

定理 274　$\sigma_k(n) = \prod\limits_{i=1}^{l} \dfrac{p_i^{(a_i+1)k} - 1}{p_i^k - 1}.$

特别地有以下定理.

定理 275　$\sigma(n) = \prod\limits_{i=1}^{l} \dfrac{p_i^{a_i+1} - 1}{p_i - 1}.$

16.8　完　全　数

完全数是满足 $\sigma(n) = 2n$ 的数 n. 换言之, 一个数是完全数, 如果这个数就是它的异于自己的因子之和.[①] 由于 1+2+3=6, 且 1+2+4+7+14=28, 所以 6 和 28 都是完全数.

仅有的一类已知的完全数出现在 Euclid 的《几何原本》中.

定理 276　*如果 $2^{n+1} - 1$ 是素数, 那么 $2^n(2^{n+1} - 1)$ 是完全数.*

记 $2^{n+1} - 1 = p, N = 2^n p$. 那么, 根据定理 275 有

$$\sigma(N) = (2^{n+1} - 1)(p + 1) = 2^{n+1}(2^{n+1} - 1) = 2N,$$

于是 N 是完全数.

定理 276 表明每个 Mersenne 素数都对应一个完全数. 另外, 如果 $N = 2^n p$ 是完全数, 则有 $\sigma(N) = (2^{n+1} - 1)(p + 1) = 2^{n+1}p$, 所以 $p = 2^{n+1} - 1$. 因此任何一个形如 $2^n p$ 的完全数都对应一个 Mersenne 素数. 但是我们还可以证明得更多一些.

定理 277　*任何偶完全数都是一个 Euclid 数, 也就是形如 $2^n(2^{n+1} - 1)$ 的数, 其中 $2^{n+1} - 1$ 是素数.*

可以将任何一个这样的数写成 $N = 2^n b$ 的形式, 其中 $n > 0$, 而 b 是奇数. 根据定理 275, $\sigma(n)$ 是积性函数, 从而 $\sigma(N) = \sigma(2^n)\sigma(b) = (2^{n+1} - 1)\sigma(b)$. 由于 N 是完全数, 则有 $\sigma(N) = 2N = 2^{n+1}b$, 所以有

$$\frac{b}{\sigma(b)} = \frac{2^{n+1} - 1}{2^{n+1}}.$$

右边的分数已是最简形式, 于是

---

① 一个数的异于自己的因子通常称为它的真因子, 因此完全数也可以定义成其真因子之和恰与该数相等.

——译者注

$$b = (2^{n+1} - 1)c, \quad \sigma(b) = 2^{n+1}c,$$

其中 c 是整数.

如果 $c > 1$, b 至少有因子 $b, c, 1$, 所以

$$\sigma(b) \geqslant b + c + 1 = 2^{n+1}c + 1 > 2^{n+1}c = \sigma(b),$$

矛盾. 于是有 $c = 1, N = 2^n(2^{n+1} - 1)$, 且 $\sigma(2^{n+1} - 1) = 2^{n+1}$. 但是, 如果 $2^{n+1} - 1$ 不是素数, 它除了自身和 1 以外还含有其他的因子, 所以

$$\sigma(2^{n+1} - 1) > 2^{n+1}.$$

从而 $2^{n+1} - 1$ 是素数, 定理得证.

与 Mersenne 素数对应的 Euclid 数是仅有的已知完全数. 看起来有可能不存在奇完全数, 但这并未得到证明. 在这个方向上已知的最好结果是: 任何奇完全数必定大于 10^{200}; 任何奇完全数必定有至少 8 个不同的素因子; 任何奇完全数的最大素因子必定大于 100 110.[①]

16.9　函　数　$r(n)$

定义 $r(n)$ 是将 n 表示成 $n = A^2 + B^2$ 这种形状的表法个数, 其中 A 和 B 是有理整数. 即便两个表示法仅仅是 "平凡地" 不同, 也就是两个表示法仅仅是符号或者 A 和 B 的次序不同, 我们也把它们算作不同的表示法. 于是

$$
\begin{aligned}
0 &= 0^2 + 0^2, & r(0) &= 1; \\
1 &= (\pm 1)^2 + 0^2 = 0^2 + (\pm 1)^2, & r(1) &= 4; \\
5 &= (\pm 2)^2 + (\pm 1)^2 = (\pm 1)^2 + (\pm 2)^2, & r(5) &= 8.
\end{aligned}
$$

我们已经知道 (15.1 节): 当 n 是形如 $4m + 1$ 的素数时, $r(n) = 8$, 且除了 8 个平凡的变形外, 其表示法是唯一的. 另外, 当 n 形如 $4m + 3$ 时, $r(n) = 0$.

对于 $n > 0$, 我们定义 $\chi(n)$ 为

$$\chi(n) = 0 \quad (2 \mid n), \quad \chi(n) = (-1)^{\frac{1}{2}(n-1)} \quad (2 \nmid n).$$

从而对 $n = 1, 2, 3 \cdots$, $\chi(n)$ 的取值为 $1, 0, -1, 0, 1, \cdots$. 由于当 n 和 n' 是奇数时有

$$\frac{1}{2}(nn' - 1) - \frac{1}{2}(n - 1) - \frac{1}{2}(n' - 1) = \frac{1}{2}(n - 1)(n' - 1) \equiv 0 \ (\mathrm{mod} \ 2),$$

从而对所有的 n 和 n' 有

$$\chi(nn') = \chi(n)\chi(n').$$

---

① 见章后附注.

特别地, $\chi(n)$ 是在 5.5 节意义下的积性函数.

显然, 如果记

$$\delta(n) = \sum_{d \mid n} \chi(d), \tag{16.9.1}$$

那么

$$\delta(n) = d_1(n) - d_3(n), \tag{16.9.2}$$

其中 $d_1(n)$ 和 $d_3(n)$ 分别表示 n 的形如 $4m + 1$ 以及形如 $4m + 3$ 的因子的个数.

现在假设

$$n = 2^\alpha N = 2^\alpha \mu\nu = 2^\alpha \prod p^r \prod q^s, \tag{16.9.3}$$

其中 p 和 q 分别是形如 $4m + 1$ 以及 $4m + 3$ 的素数. 如果没有形如 q 的因子, 则 $\prod q^s$ 是 "空" 的, 此时定义 ν 为 1. 显然 $\delta(n) = \delta(N)$. N 的因子都是乘积

$$\prod (1 + p + \cdots + p^r) \prod (1 + q + \cdots + q^s) \tag{16.9.4}$$

中的项. 一个因子形如 $4m + 1$, 如果它包含偶数多个因子 q; 在相反的情形中, 该因子形如 $4m + 3$. 于是, 在 (16.9.4) 中用 1 代替 p, 用 -1 代替 q 就得到了 $\delta(N)$, 这就是

$$\delta(N) = \prod (r + 1) \prod \frac{1 + (-1)^s}{2}. \tag{16.9.5}$$

如果有任何一个 s 是奇数, 也就是说, ν 不是平方数, 那么

$$\delta(n) = \delta(N) = 0.$$

然而, 如果 ν 是平方数, 则有

$$\delta(n) = \delta(N) = \prod (r + 1) = d(\mu).$$

我们的目的是证明以下定理.

定理 278   *如果 $n \geqslant 1$, 那么 $r(n) = 4\delta(n)$.*

这样就证明了: 当 ν 是平方数时, $r(n)$ 取值为 $4\delta(n)$; 当 ν 不是平方数时, $r(n)$ 取值为 0.

16.10 $r(n)$ 公式的证明

将 (16.9.3) 写成

$$n = \{(1 + \mathrm{i})(1 - \mathrm{i})\}^\alpha \prod \{(a + b\mathrm{i})(a - b\mathrm{i})\}^r \prod q^s,$$

的形式, 其中 a 和 b 是不相等的正数, 且 $p = a^2 + b^2$. 除了 a 和 b 的次序之外, p 的这个表达式是唯一的 (根据 15.1 节). 因子

$$1 \pm \mathrm{i}, \quad a \pm b\mathrm{i}, \quad q$$

都是 $k(\mathrm{i})$ 中的素元.

如果 $n = A^2 + B^2 = (A + B\mathrm{i})(A - B\mathrm{i})$, 那么

$$A + B\mathrm{i} = \mathrm{i}^t (1 + \mathrm{i})^{\alpha_1} (1 - \mathrm{i})^{\alpha_2} \prod \{(a + b\mathrm{i})^{r_1} (a - b\mathrm{i})^{r_2}\} \prod q^{s_1},$$
$$A - B\mathrm{i} = \mathrm{i}^{-t} (1 - \mathrm{i})^{\alpha_1} (1 + \mathrm{i})^{\alpha_2} \prod \{(a - b\mathrm{i})^{r_1} (a + b\mathrm{i})^{r_2}\} \prod q^{s_2},$$

其中

$$t = 0, 1, 2 \text{ 或者 } 3, \quad \alpha_1 + \alpha_2 = \alpha, \quad r_1 + r_2 = r, \quad s_1 + s_2 = s.$$

显然 $s_1 = s_2$, 所以每个 s 都是偶数, 且 ν 是平方数. 除去这种情形外不存在这样的表示法.

然后, 假设

$$\nu = \prod q^s = \prod q^{2s_1}$$

是一个平方数. 在 $A + B\mathrm{i}$ 和 $A - B\mathrm{i}$ 之间没有其他选择来对因子 q 进行划分. 对于其他因子的划分, 有 $4(\alpha + 1) \prod (r + 1)$ 种可供选择的方式. 但是

$$\frac{1 - \mathrm{i}}{1 + \mathrm{i}} = -\mathrm{i}$$

是一个单位, 所以对 α_1 和 α_2 所作的改变对于 A 和 B 产生的改变并不产生超出由于 t 的变化而产生的改变. 从而只剩下有 $4 \prod (r + 1) = 4d(\mu)$ 种可能的有效选择, 这也就是可以使 A 和 B 产生改变的选择.

表示法 $n = A^2 + B^2$ 的平凡变形对应于 (i) 一个单位与 $A + B\mathrm{i}$ 的乘积; (ii)$A + B\mathrm{i}$ 及其共轭数的交换. 这里有

$$1(A + B\mathrm{i}) = A + B\mathrm{i}, \qquad \mathrm{i}(A + B\mathrm{i}) = -B + A\mathrm{i},$$
$$\mathrm{i}^2(A + B\mathrm{i}) = -A - B\mathrm{i}, \quad \mathrm{i}^3(A + B\mathrm{i}) = B - A\mathrm{i},$$

且 $A - B\mathrm{i}, -B - A\mathrm{i}, -A + B\mathrm{i}, B + A\mathrm{i}$ 是这 4 个数的共轭. t 的任何改变都会使表示方法发生改变. r_1 和 r_2 的任何改变都会使表示方法发生改变, 而且是以 t 的任何改变都没有涉及的方式改变. 因为根据定理 215,

$$\mathrm{i}^t (1 + \mathrm{i})^{\alpha_1} (1 - \mathrm{i})^{\alpha_2} \prod \{(a+b\mathrm{i})^{r_1} (a-b\mathrm{i})^{r_2}\} = $$
$$\mathrm{i}^\theta \mathrm{i}^{t'} (1 + \mathrm{i})^{\alpha_1'} (1 - \mathrm{i})^{\alpha_2'} \prod \left\{(a + b\mathrm{i})^{r_1'} (a-b\mathrm{i})^{r_2'}\right\}$$

是不可能的, 除非有 $r_1 = r_1'$ 以及 $r_2 = r_2'$. [①] 于是就有 $4d(\mu)$ 组不同的 A 和 B 的值, 或者说 n 有 $4d(\mu)$ 种不同的表示法, 这就证明了定理 278.

---

① r_1 变成 r_2 且 r_2 变成 r_1 时 (同时对 t, α_1, α_2 作相应的改变), 就会将 $A + B\mathrm{i}$ 变成它的共轭数.

本 章 附 注

16.1 节. 这里的论证效仿 Pólya and Szegö, Nos. 21, 25. 定理 260 以容斥原理这个名字广为人知.

16.3 节至 16.5 节. 函数 $\mu(n)$ 早在 1748 年就已经隐含出现在 Euler 的著作中了, 但是 Möbius (在 1832 年) 是系统研究它的性质的第一人. 见 Landau, *Handbuch*, 567-587 以及 901.

16.6 节. Ramanujan, *Collected papers*, 180. 我们证明定理 271 的方法是 van der Pol 教授建议的. 定理 272 属于 Hölder, *Prace Mat. Fiz.* **43** (1936), 13-23. 也见 Zuckerman, *American Math. Monthly*, **59** (1952), 230 以及 Anderson and Apostol, *Duke Math. Journ.*, **20** (1953), 211-216.

16.7 节至 16.8 节. 在 Dickson, *History*, i, 第 1 章和第 2 章中对于这几节的定理的历史有一个完整的说明. 与 16.8 节末尾所引用的定理有关的参考文献由 Kishore (*Math. Comp.* **31** (1977), 274-279) 给出.

Euler 曾经证明: 奇完全数必定有形状 $p^a q_1^{2e_1} \cdots q_r^{2e_r}$, 其中 $p, q_1, \cdots, q_r$ 是素数, 且 $a \equiv p \equiv 1 \pmod 4$. 现在 (2007 年) 已知: 奇完全数应该超过 10^{300} (Brent, Cohen, and te Riele, *Math. Comp.* **57** (1991), 857-868). 此外, Nielsen 宣布: 奇完全数必须至少有 9 个不同的素因子. 已知奇完全数的最大素因子必定超过 10^7 [Jenkins, *Math. Comp.* **72** (2003), no.243, 1549-1554(电子版)]. 事实上, Goto 与 Ohno 已经宣布: 此下界可以进一步增加到 10^8. Nielsen [*Integers* **3** (2003), A14(电子版)] 证明了: 有 k 个不同素因子的奇完全数 n 必定满足 $n < 2^{4^k}$.

16.9 节. 定理 278 首先是由 Jacobi 用椭圆函数论的方法加以证明的. 不过, 它与 Gauss, D. A., 182 目所陈述的一个结果是等价的; 且早先对于这个定理发表过许多不完全的证明以及表述方式. 见 Dickson, *History*, ii, 第 6 章以及 Bachmann, *Niedere Zahlentheorie*, ii, 第 7 章.

第 17 章　算术函数的生成函数

17.1　由 Dirichlet 级数生成算术函数

Dirichlet 级数 (Dirichlet series) 是形如

$$F(s) = \sum_{n=1}^{\infty} \frac{\alpha_n}{n^s} \tag{17.1.1}$$

的级数. 变量 s 可以是实的或者复的, 不过, 这里只考虑实的值. 级数的和 $F(s)$ 称为 α_n 的**生成函数** (generating function).

当我们深入研究 Dirichlet 级数时, 要涉及许多精细的收敛性问题. 这些收敛性问题大多数与这里要讨论的内容无关, 这是因为我们关心的主要是该理论形式的一面, 而且大多数结果都可以 (如同 17.6 节将要说明的那样) 不用任何分析的定理, 甚至不需要使用无穷级数的和的概念就可以证明. 然而还是有一些定理必须看成分析的定理. 而且, 即使情形并非如此, 读者也会发现, 将出现的级数看成在通常的分析意义下的和式来考虑要更容易一些.

我们将要利用下面的四个定理. 它们是更为一般的定理的特殊情形, 当这些更一般的定理在一般理论的适当地方出现时, 可以用不同的方法更好地予以证明. 这里仅限于讨论当前必需的基本结果.

(1) 如果 $\sum \alpha_n n^{-s}$ 对于一个给定的 s 是绝对收敛的, 则它对所有更大的 s 也绝对收敛. 这是显而易见的, 因为当 $n \geqslant 1$ 且 $s_2 > s_1$ 时有

$$|\alpha_n n^{-s_2}| \leqslant |\alpha_n n^{-s_1}|.$$

(2) 如果 $\sum \alpha_n n^{-s}$ 对 $s > s_0$ 为绝对收敛, 那么等式 (17.1.1) 可以逐项微分, 从而对 $s > s_0$ 有

$$F'(s) = -\sum \frac{\alpha_n \ln n}{n^s}. \tag{17.1.2}$$

为证明这个结论, 假设 $s_0 < s_0 + \delta = s_1 \leqslant s \leqslant s_2$. 那么就有 $\ln n < K(\delta) n^{\frac{1}{2}\delta}$, 其中 $K(\delta)$ 只与 δ 有关, 且对区间 (s_1, s_2) 中所有 s 有

$$\left| \frac{\alpha_n \ln n}{n^s} \right| \leqslant K(\delta) \left| \frac{\alpha_n}{n^{s_0 + \frac{1}{2}\delta}} \right|.$$

由于

$$\sum \left| \frac{\alpha_n}{n^{s_0 + \frac{1}{2}\delta}} \right|$$

收敛, 所以 (17.1.2) 右边的级数在 (s_1, s_2) 中一致收敛, 从而逐项微分是无可厚非的.

(3) 如果对 $s > s_0$ 有 $F(s) = \sum \alpha_n n^{-s} = 0$, 则对所有 n 有 $\alpha_n = 0$. 为证明这点, 假设 α_m 是第一个非零的系数. 那么就有

$$0 = F(s) = \alpha_m m^{-s} \left\{ 1 + \frac{\alpha_{m+1}}{\alpha_m} \left(\frac{m+1}{m} \right)^{-s} + \frac{\alpha_{m+2}}{\alpha_m} \left(\frac{m+2}{m} \right)^{-s} + \cdots \right\} \quad (17.1.3)$$
$$= \alpha_m m^{-s} \{1 + G(s)\}.$$

如果 $s_0 < s_1 < s$, 则有

$$\left(\frac{m+k}{m} \right)^{-s} \leqslant \left(\frac{m+1}{m} \right)^{-(s-s_1)} \left(\frac{m+k}{m} \right)^{-s_1}$$

以及

$$|G(s)| \leqslant \frac{1}{|\alpha_m|} \left(\frac{m+1}{m} \right)^{-(s-s_1)} m^{s_1} \sum_{k=1}^{\infty} \frac{|\alpha_{m+k}|}{(m+k)^{s_1}},$$

当 $s \to \infty$ 时它趋向于 0. 因此, 对充分大的 s 有

$$|1 + G(s)| > \frac{1}{2},$$

于是 (17.1.3) 蕴涵 $\alpha_m = 0$, 矛盾.

由此推出, 如果对 $s > s_1$ 有 $\sum \alpha_n n^{-s} = \sum \beta_n n^{-s}$, 则对所有 n 皆有 $\alpha_n = \beta_n$. 我们把这个定理称为 "唯一性定理".

(4) 两个绝对收敛的 Dirichlet 级数可以用 17.4 节中所说的方式相乘.

17.2 ζ 函 数

最简单的无穷 Dirichlet 级数是

$$\zeta(s) = \sum_{n=1}^{\infty} \frac{1}{n^s}. \quad (17.2.1)$$

它对 $s > 1$ 收敛, 它的和称为 Riemann ζ 函数. 特别地有[1]

$$\zeta(2) = \sum_{n=1}^{\infty} \frac{1}{n^2} = \frac{\pi^2}{6}. \quad (17.2.2)$$

如果在 (17.2.1) 中对于 s 逐项微分, 则得到以下定理.

---

[1] 对所有正整数 n, $\zeta(2n)$ 是 π^{2n} 的一个有理倍数. 例如 $\zeta(4) = \frac{1}{90}\pi^4$, 一般地有
$$\zeta(2n) = \frac{2^{2n-1}B_n}{(2n)!}\pi^{2n},$$
其中 B_n 是 Bernoulli 数.

定理 279 $\zeta'(s) = -\sum\limits_{n=1}^{\infty} \dfrac{\ln n}{n^s}$ $(s > 1)$.

ζ 函数是素数论的基础. 它的重要性与 Euler 发现的一个不寻常的恒等式有关. 这个恒等式把这个函数表示成了只取遍素数的一个乘积.

定理 280 如果 $s > 1$, 则有

$$\zeta(s) = \prod_p \frac{1}{1 - p^{-s}}.$$

由于 $p \geqslant 2$, 对 $s > 1$ (实际上对 $s > 0$) 有:

$$\frac{1}{1 - p^{-s}} = 1 + p^{-s} + p^{-2s} + \cdots. \tag{17.2.3}$$

取 $p = 2, 3, \cdots, P$, 并将这些级数乘在一起, 所得到的一般项就有形式

$$2^{-a_2 s} 3^{-a_3 s} \cdots P^{-a_P s} = n^{-s},$$

其中

$$n = 2^{a_2} 3^{a_3} \cdots P^{a_P} \quad (a_2 \geqslant 0, a_3 \geqslant 0, \cdots, a_P \geqslant 0).$$

利用定理 2 可得, 当且仅当 n 没有大于 P 的素因子时, 这样的数 n 会在此乘积中仅出现一次. 从而有

$$\prod_{p \leqslant P} \frac{1}{1 - p^{-s}} = \sum_{(P)} n^{-s},$$

右边的求和取遍素因子不超过 P 的所有正整数.

这些数包括所有不超过 P 的数, 所以 $0 < \sum\limits_{n=1}^{\infty} n^{-s} - \sum\limits_{(P)} n^{-s} < \sum\limits_{n=P+1}^{\infty} n^{-s}$. 而最后的和当 $P \to \infty$ 时趋向于 0. 于是 $\sum\limits_{n=1}^{\infty} n^{-s} = \lim\limits_{P \to \infty} \sum\limits_{(P)} n^{-s} = \lim\limits_{P \to \infty} \prod\limits_{p \leqslant P} \dfrac{1}{1 - p^{-s}}$, 这就是定理 280.

定理 280 可以看成是算术基本定理的一种解析表述.

17.3 $\zeta(s)$ 在 $s \to 1$ 时的性状

以后我们需要知道当 s 取大于 1 的值趋向于 1 时, $\zeta(s)$ 和 $\zeta'(s)$ 的性状如何. 可以将 $\zeta(s)$ 表示成下述形式:

$$\zeta(s) = \sum_{n=1}^{\infty} n^{-s} = \int_1^{\infty} x^{-s} \mathrm{d}x + \sum_1^{\infty} \int_n^{n+1} (n^{-s} - x^{-s}) \mathrm{d}x. \tag{17.3.1}$$

其中, 由于 $s > 1$, 则

$$\int_1^{\infty} x^{-s} \mathrm{d}x = \frac{1}{s - 1}.$$

如果 $n < x < n+1$, 则有

$$0 < n^{-s} - x^{-s} = \int_n^x st^{-s-1}\mathrm{d}t < \frac{s}{n^2},$$

所以

$$0 < \int_n^{n+1} (n^{-s} - x^{-s})\mathrm{d}x < \frac{s}{n^2}.$$

(17.3.1) 中最后一项是正的, 且数值上小于 $s \sum n^{-2}$. 从而有以下定理.

定理 281 $\zeta(s) = \dfrac{1}{s-1} + O(1)$.

我们还有

$$\ln \zeta(s) = \ln \frac{1}{s-1} + \ln\left\{1 + O(s-1)\right\},$$

从而有以下定理.

定理 282 $\ln \zeta(s) = \ln \dfrac{1}{s-1} + O(s-1)$.

如同对 $\zeta(s)$ 进行讨论那样还可以对

$$-\zeta'(s) = \sum_{n=1}^{\infty} n^{-s} \ln n = \int_1^{\infty} x^{-s} \ln x \mathrm{d}x + \sum_{n=1}^{\infty} \int_n^{n+1} (n^{-s} \ln n - x^{-s} \ln x)\mathrm{d}x$$

进行讨论, 从而得出以下定理.

定理 283 $\zeta'(s) = -\dfrac{1}{(s-1)^2} + O(1)$.

特别地有

$$\zeta(s) \sim \frac{1}{s-1}.$$

这也可以用下述方法加以证明. 注意到, 如果 $s > 1$, 则有

$$(1 - 2^{1-s})\zeta(s) = 1^{-s} + 2^{-s} + 3^{-s} + \cdots - 2(2^{-s} + 4^{-s} + 6^{-s} + \cdots)$$
$$= 1^{-s} - 2^{-s} + 3^{-s} - \cdots,$$

最后一个级数对 $s = 1$ 收敛于 $\ln 2$. 从而 [①]

$$(s-1)\zeta(s) = (1 - 2^{1-s})\zeta(s)\frac{s-1}{1 - 2^{1-s}} \;\to\; \ln 2\frac{1}{\ln 2} = 1.$$

---

① 这里假设

$$\lim_{s \to 1} \sum \frac{a_n}{n^s} = \sum \frac{a_n}{n},$$

只要右边的级数收敛即可, 这是一个不包含在 17.1 节中的定理. 我们不证明这个定理, 因为只在另一种证明中才需要用到它.

17.4   Dirichlet 级数的乘法

假设给定由有限多个 Dirichlet 级数组成的集合

$$\sum \alpha_n n^{-s}, \quad \sum \beta_n n^{-s}, \quad \sum \gamma_n n^{-s}, \quad \cdots, \tag{17.4.1}$$

我们从每一个级数中选取一个因子构成所有可能的乘积, 用这种方式将这些级数相乘在一起. 所得到的一般项是

$$\alpha_u u^{-s} \cdot \beta_v v^{-s} \cdot \gamma_w w^{-s} \cdots = \alpha_u \beta_v \gamma_w \cdots n^{-s},$$

其中 $n = uvw\cdots$. 如果对一个给定的 n 值, 把所有的项加在一起, 就得到一个单独的项 $\chi_n n^{-s}$, 其中

$$\chi_n = \sum_{uvw\cdots=n} \alpha_u \beta_v \gamma_w \cdots. \tag{17.4.2}$$

级数 $\sum \chi_n n^{-s}$ (χ_n 由 (17.4.2) 定义) 称为级数 (17.4.1) 的**形式乘积** (formal product).

最简单的情形是 (17.4.1) 中只有两个级数 $\sum \alpha_u u^{-s}$ 和 $\sum \beta_v v^{-s}$. 如果 (将记号稍加改变) 用 $\sum \gamma_n n^{-s}$ 来记它们的形式乘积, 那么

$$\gamma_n = \sum_{uv=n} \alpha_u \beta_v = \sum_{d\mid n} \alpha_d \beta_{n/d} = \sum_{d\mid n} \alpha_{n/d} \beta_d, \tag{17.4.3}$$

这是一种在第 16 章中频繁出现过的和式. 如果两个给定的级数都是绝对收敛的, 且它们的和分别是 $F(s)$ 和 $G(s)$, 则有

$$\begin{aligned} F(s)G(s) &= \sum_u \alpha_u u^{-s} \sum_v \beta_v v^{-s} = \sum_{u,v} \alpha_u \beta_v (uv)^{-s} \\ &= \sum_n n^{-s} \sum_{uv=n} \alpha_u \beta_v = \sum \gamma_n n^{-s}, \end{aligned}$$

这是因为我们可以将两个绝对收敛的级数相乘, 且可以按照所希望的任何次序来安排乘积中的项.

定理 284   *如果级数*

$$F(s) = \sum \alpha_u u^{-s}, \quad G(s) = \sum \beta_v v^{-s}$$

绝对收敛, 那么

$$F(s)G(s) = \sum \gamma_n n^{-s},$$

其中 γ_n 由 (17.4.3) 定义.

反过来, 如果 $H(s) = \sum \delta_n n^{-s} = F(s)G(s)$, 那么由 17.1 节中的唯一性定理推出有 $\delta_n = \gamma_n$.

适当注意就可以将我们给出的形式乘积的定义推广到无穷多个级数的情形去. 为了方便起见, 可以假设 $\alpha_1 = \beta_1 = \gamma_1 = \cdots = 1$. 此时 (17.4.2) 中的项 $\alpha_u \beta_v \gamma_w \cdots$ 只包含有限多个异于 1 的因子, 只要该级数绝对收敛,[①]我们就可以用 (17.4.2) 来定义 χ_n.

最重要的情形是 $f(1) = 1$, $f(n)$ 是积性函数, 级数 (17.4.1) 是

$$1 + f(p)p^{-s} + f(p^2)p^{-2s} + \cdots + f(p^a)p^{-as} + \cdots, \tag{17.4.4}$$

其中 $p = 2, 3, 5, \cdots$. 于是, 比方说当 $u = 2^a$ 时, α_u 是 $f(2^a)$, 反之 α_u 取值为 0. 此时根据定理 2, 每个 n 作为一个有非零系数的乘积 $uvw \cdots$ 恰好出现一次, 而且, 当 $n = p_1^{a_1} p_2^{a_2} \cdots$ 时有

$$\chi_n = f(p_1^{a_1}) f(p_2^{a_2}) \cdots = f(n).$$

应该注意到, 系数 (17.4.2) 化简成一个单项, 从而不再有收敛性问题.

于是有以下定理.

定理 285   如果 $f(1) = 1$, 且 $f(n)$ 是积性函数, 则

$$\sum f(n)n^{-s}$$

是级数 (17.4.4) 的形式乘积.

特别地, $\sum n^{-s}$ 是级数

$$1 + p^{-s} + p^{-2s} + \cdots$$

的形式乘积.

定理 280 在某些方面说的要比这更多一些, 也就是说, $\zeta(s)$ (当 $s > 1$ 时它是级数 $\sum n^{-s}$ 的和) 等于级数 $1 + p^{-s} + p^{-2s} + \cdots$ 的和的乘积. 其证明可以推广以包含这里所考虑的更加一般的情形.

定理 286   如果 $f(n)$ 满足定理 285 的条件, 且

$$\sum |f(n)| \, n^{-s} \tag{17.4.5}$$

收敛, 那么

$$F(s) = \sum f(n)n^{-s} = \prod_p \left\{ 1 + f(p)p^{-s} + f(p^2)p^{-2s} + \cdots \right\}.$$

记

$$F_p(s) = 1 + f(p)p^{-s} + f(p^2)p^{-2s} + \cdots,$$

这个级数的绝对收敛性是 (17.4.5) 收敛性的一个推论. 这样一来, 与在 17.2 节中进行同样讨论, 并利用 $f(n)$ 的积性性质, 就得到

---

① 必须假设**绝对**收敛, 这是因为我们没有在所要选取的项中指定它们的次序.

$$\prod_{p \leqslant P} F_p(s) = \sum_{(P)} f(n) n^{-s}.$$

由于

$$\left| \sum_{n=1}^{\infty} f(n) n^{-s} - \sum_{(P)} f(n) n^{-s} \right| \leqslant \sum_{P+1}^{\infty} |f(n)| \, n^{-s} \to 0,$$

所欲证之结果就如同在 17.2 节中一样得出.

17.5 某些特殊算术函数的生成函数

我们所研究的大多数算术函数的生成函数都是 ζ 函数的简单组合. 本节讨论若干最重要的例子.

定理 287 $\quad \dfrac{1}{\zeta(s)} = \displaystyle\sum_{n=1}^{\infty} \dfrac{\mu(n)}{n^s} \quad (s > 1).$

这可以立即由定理 280、定理 262 以及定理 286 得出, 这是因为

$$\frac{1}{\zeta(s)} = \prod_p \left(1 - p^{-s} \right) = \prod \left\{ 1 + \mu(p) p^{-s} + \mu(p^2) p^{-2s} + \cdots \right\} = \sum_{n=1}^{\infty} \mu(n) n^{-s}.$$

定理 288 $\quad \dfrac{\zeta(s-1)}{\zeta(s)} = \displaystyle\sum_{n=1}^{\infty} \dfrac{\phi(n)}{n^s} \quad (s > 2).$

根据定理 287、定理 284 以及 (16.3.1), 有

$$\frac{\zeta(s-1)}{\zeta(s)} = \sum_{n=1}^{\infty} \frac{n}{n^s} \sum_{n=1}^{\infty} \frac{\mu(n)}{n^s} = \sum_{n=1}^{\infty} \frac{1}{n^s} \sum_{d \mid n} d\mu \left(\frac{n}{d} \right) = \sum_{n=1}^{\infty} \frac{\phi(n)}{n^s}.$$

定理 289 $\quad \zeta^2(s) = \displaystyle\sum_{n=1}^{\infty} \dfrac{d(n)}{n^s} \quad (s > 1).$

定理 290 $\quad \zeta(s)\zeta(s-1) = \displaystyle\sum_{n=1}^{\infty} \dfrac{\sigma(n)}{n^s} \quad (s > 2).$

这些结果是下述定理的特殊情形.

定理 291 $\quad \zeta(s)\zeta(s-k) = \displaystyle\sum_{n=1}^{\infty} \dfrac{\sigma_k(n)}{n^s} \quad (s > 1, s > k+1).$

事实上, 根据定理 284 得

$$\zeta(s)\zeta(s-k) = \sum_{n=1}^{\infty} \frac{1}{n^s} \sum_{n=1}^{\infty} \frac{n^k}{n^s} = \sum_{n=1}^{\infty} \frac{1}{n^s} \sum_{d \mid n} d^k = \sum_{n=1}^{\infty} \frac{\sigma_k(n)}{n^s}.$$

定理 292 $\dfrac{\sigma_{s-1}(m)}{m^{s-1}\zeta(s)} = \sum\limits_{n=1}^{\infty} \dfrac{c_n(m)}{n^s}$ $(s > 1)$.

根据定理 271 得

$$c_n(m) = \sum_{d \mid m, d \mid n} \mu\left(\frac{n}{d}\right)d = \sum_{d \mid m, dd'=n} \mu(d')d,$$

所以

$$\sum_{n=1}^{\infty} \frac{c_n(m)}{n^s} = \sum_{n=1}^{\infty} \sum_{d \mid m, dd'=n} \frac{\mu(d')d}{d'^s d^s}$$

$$= \sum_{d'=1}^{\infty} \frac{\mu(d')}{d'^s} \sum_{d \mid m} \frac{1}{d^{s-1}} = \frac{1}{\zeta(s)} \sum_{d \mid m} \frac{1}{d^{s-1}}.$$

最后有

$$\sum_{d \mid m} d^{1-s} = m^{1-s} \sum_{d \mid m} d^{s-1} = m^{1-s}\sigma_{s-1}(m).$$

特别地, 有以下定理.

定理 293 $\sum\limits_n \dfrac{c_n(m)}{n^2} = \dfrac{6}{\pi^2} \dfrac{\sigma(m)}{m}$.

17.6 Möbius 公式的解析说明

假设

$$g(n) = \sum_{d \mid n} f(d),$$

又假设 $F(s)$ 和 $G(s)$ 是 $f(n)$ 和 $g(n)$ 的生成函数. 那么, 如果级数均绝对收敛, 则有

$$F(s)\zeta(s) = \sum_{n=1}^{\infty} \frac{f(n)}{n^s} \sum_{n=1}^{\infty} \frac{1}{n^s} = \sum_{n=1}^{\infty} \frac{1}{n^s} \sum_{d \mid n} f(d) = \sum_{n=1}^{\infty} \frac{g(n)}{n^s} = G(s).$$

于是

$$F(s) = \frac{G(s)}{\zeta(s)} = \sum_{n=1}^{\infty} \frac{g(n)}{n^s} \sum_{n=1}^{\infty} \frac{\mu(n)}{n^s} = \sum_{n=1}^{\infty} \frac{h(n)}{n^s},$$

其中

$$h(n) = \sum_{d \mid n} g(d)\mu\left(\frac{n}{d}\right).$$

再根据 17.1 节 (3) 中的唯一性定理就推出

$$h(n) = f(n),$$

这就是 Möbius 反演公式 (定理 266). 因此, 这个公式给出了等式

$$G(s) = \zeta(s)F(s), \quad F(s) = \frac{G(s)}{\zeta(s)}$$

之间的等价性的算术表示.

我们不能把这里给出的讨论看成是 Möbius 公式的证明, 这是因为它依赖于 $F(s)$ 的级数的收敛性. 这个假设涉及对于 $f(n)$ 的阶的一个限制, 显然这样的限制是无关紧要的. Möbius 公式的 "真正的" 证明在 16.4 节中给出.

不过可以利用这个机会将 17.1 节中所作的某些注释加以扩充. 可以构造出 Dirichlet 级数的一个形式的理论, 在这个理论中 "分析" 不起任何作用. 这个理论将会包含所有的 Möbius 型的恒等式, 但是有关无穷级数的和的概念, 或者无穷乘积的值的概念永远不会在其中出现. 我们不打算详细构造这样一种理论, 但是考虑一下这个理论将会如何开始也是很有意义的.

用 A 来记形式级数 $\sum a_n n^{-s}$, 并记

$$A = \sum a_n n^{-s}.$$

特别地记

$$I = 1 \times 1^{-s} + 0 \times 2^{-s} + 0 \times 3^{-s} + \cdots,$$
$$Z = 1 \times 1^{-s} + 1 \times 2^{-s} + 1 \times 3^{-s} + \cdots,$$
$$M = \mu(1)1^{-s} + \mu(2)2^{-s} + \mu(3)3^{-s} + \cdots.$$

用 $A = B$ 来表示对所有 n 的值都有 $a_n = b_n$.

等式 $A \times B = C$ 表示 C 是 A 和 B 的形式乘积 (在 17.4 节的意义下). 如同在 17.4 节中那样, 这个定义可以推广到任意有限多个级数的乘积, 而且如果适当谨慎处理的话, 还可以推广到无穷多个级数的乘积中去. 由定义显然可以看出

$$A \times B = B \times A, \quad A \times B \times C = (A \times B) \times C = A \times (B \times C),$$

等等, 还有 $A \times I = A$.

等式 $A \times Z = B$ 意味着有

$$b_n = \sum_{d \mid n} a_d.$$

假设存在一个级数 L 使得 $Z \times L = I$. 这样就有

$$A = A \times I = A \times (Z \times L) = (A \times Z) \times L = B \times L,$$

也即有

$$a_n = \sum_{d \mid n} b_d l_{n/d}.$$

Möbius 公式断言 $l_n = \mu(n)$, 也就是 $L = M$, 或者说有

$$Z \times M = I, \tag{17.6.1}$$

这就意味着

$$\sum_{d \mid n} \mu(d)$$

当 $n = 1$ 时为 1, 当 $n > 1$ 时为 0 (定理 263).

可以如同在 16.3 节中那样来证明这个结论, 或者也可以如下进行下去. 记

$$P_p = 1 - p^{-s}, \quad Q_p = 1 + p^{-s} + p^{-2s} + \cdots,$$

其中 p 是素数 (从而使得, 比方说, P_p 是这样一个级数 A, 其中 $a_1 = 1, a_p = -1$, 其余的系数均为 0). 在 P_p 和 Q_p 的形式乘积中计算 n^{-s} 的系数. 如果 $n = 1$, 这个系数为 1; 如果 n 是 p 的正幂次, 这个系数为 1−1=0; 在所有其他的情形下, 这个系数的值都是 0. 如此对每个 p 都有

$$P_p \times Q_p = I.$$

级数 P_p, Q_p 以及 I 都是 17.4 节中考虑过的特殊类型的级数, 且有

$$Z = \prod Q_p, \quad M = \prod P_p,$$
$$Z \times M = \prod Q_p \times \prod P_p,$$
$$\prod (Q_p \times P_p) = \prod I = I.$$

但是在

$$(Q_2 \times Q_3 \times Q_5 \times \cdots) \times (P_2 \times P_3 \times P_5 \times \cdots)$$

(这是两个一般类型的级数的乘积) 中 n^{-s} 的系数与在

$$Q_2 \times P_2 \times Q_3 \times P_3 \times Q_5 \times P_5 \times \cdots$$

中或者与在

$$(Q_2 \times P_2) \times (Q_3 \times P_3) \times (Q_5 \times P_5) \times \cdots$$

(它们每一个都是无穷多个特殊类型的级数的乘积) 中的系数相同. 在每一种情形下, 17.4 节中的 χ_n 只包含有限多项. 从而

$$Z \times M = \prod Q_p \times \prod P_p = \prod (Q_p \times P_p) = \prod I = I.$$

显然, (17.6.1) 的这个证明实质上不过是 16.3 节中的证明翻译成了不同的语言. 而在与此相似的一种简单情形中, 我们通过这种翻译没有得到任何东西. 当用无穷级数和无穷乘积的语言来表述时, 对于更为复杂的公式的掌握和证明也都变得更为容易, 重要的是要认识到我们可以利用它, 而不需要解析的假设条件. 然而, 接下来要继续使用通常的分析语言.

17.7　函　数　$\Lambda(n)$

函数 $\Lambda(n)$ (它在素数的解析理论中特别重要) 定义为

$$\Lambda(n) = \ln p \quad (n = p^m),$$
$$\Lambda(n) = 0 \qquad (n \neq p^m),$$

即当 n 是一个素数 p 或者该素数的幂时, 其值为 $\ln p$, 在其他情形其值为 0.

由定理 280 得

$$\ln \zeta(s) = \sum_p \ln \left(\frac{1}{1 - p^{-s}} \right).$$

关于 s 求导, 并注意到

$$\frac{\mathrm{d}}{\mathrm{d}s} \ln \frac{1}{1 - p^{-s}} = -\frac{\ln p}{p^s - 1},$$

则得

$$-\frac{\zeta'(s)}{\zeta(s)} = \sum_p \frac{\ln p}{p^s - 1}. \tag{17.7.1}$$

逐项微分是合法的, 因为求导得到的级数对于 $s \geqslant 1 + \delta > 1$ 是一致收敛的. [①]

可以把 (17.7.1) 写成

$$-\frac{\zeta'(s)}{\zeta(s)} = \sum_p \ln p \sum_{m=1}^{\infty} p^{-ms},$$

当 $s > 1$ 时其中的二重级数 $\sum\sum p^{-ms} \ln p$ 是绝对收敛的. 因此, 根据 $\Lambda(n)$ 的定义, 可以把它写成

$$\sum_{p,m} p^{-ms} \ln p = \sum \Lambda(n) n^{-s}.$$

定理 294　$-\dfrac{\zeta'(s)}{\zeta(s)} = \sum \Lambda(n) n^{-s} \quad (s > 1).$

因为根据定理 279 有

$$-\zeta'(s) = \sum_{n=1}^{\infty} \frac{\ln n}{n^s},$$

故可得

---

① 第 n 个素数 p_n 大于 n, 该级数可以与 $\sum n^{-s} \ln n$ 做比较.

$$\sum_{n=1}^{\infty} \frac{\Lambda(n)}{n^s} = \frac{1}{\zeta(s)} \sum_{n=1}^{\infty} \frac{\ln n}{n^s} = \sum_{n=1}^{\infty} \frac{\mu(n)}{n^s} \sum_{n=1}^{\infty} \frac{\ln n}{n^s},$$

以及

$$\sum_{n=1}^{\infty} \frac{\ln n}{n^s} = \zeta(s) \sum_{n=1}^{\infty} \frac{\Lambda(n)}{n^s} = \sum_{n=1}^{\infty} \frac{1}{n^s} \sum_{n=1}^{\infty} \frac{\Lambda(n)}{n^s}.$$

由这些等式以及 17.1 节中的唯一性定理, 则得以下定理.[①]

定理 295　$\Lambda(n) = \displaystyle\sum_{d \mid n} \mu\left(\frac{n}{d}\right) \ln d.$

定理 296　$\ln n = \displaystyle\sum_{d \mid n} \Lambda(d).$

也可以直接证明这些定理. 如果 $n = \prod p^a$, 那么

$$\sum_{d \mid n} \Lambda(d) = \sum_{p^a \mid n} \ln p.$$

求和取遍满足 $p^a \mid n$ 的所有 p 值以及所有正数 a, 从而 $\ln p$ 出现 a 次. 于是

$$\sum_{p^a \mid n} \ln p = \sum a \ln p = \ln \prod p^a = \ln n.$$

这就证明了定理 296, 而定理 295 可以由定理 266 推出.

我们还有

$$-\frac{\mathrm{d}}{\mathrm{d}s}\left\{\frac{1}{\zeta(s)}\right\} = \frac{\zeta'(s)}{\zeta^2(s)} = -\frac{1}{\zeta(s)}\left\{-\frac{\zeta'(s)}{\zeta(s)}\right\},$$

所以

$$\sum_{n=1}^{\infty} \frac{\mu(n) \ln n}{n^s} = -\sum_{n=1}^{\infty} \frac{\mu(n)}{n^s} \sum_{n=1}^{\infty} \frac{\Lambda(n)}{n^s}.$$

所以, 与前面一样可以推出以下定理.

定理 297　$-\mu(n)\ln n = \displaystyle\sum_{d \mid n} \mu\left(\frac{n}{d}\right) \Lambda(d).$

类似地有

$$-\frac{\zeta'(s)}{\zeta(s)} = \zeta(s)\frac{\mathrm{d}}{\mathrm{d}s}\left\{\frac{1}{\zeta(s)}\right\},$$

由此 (或者由定理 297 和定理 267) 可以推出以下定理.

定理 298　$\Lambda(n) = -\displaystyle\sum_{d \mid n} \mu(d) \ln d.$

[①] 与 7.6 节比较.

17.8　生成函数的进一步的例子

我们增加几个各具特色的例子. 定义 $d_k(n)$ 是将 n 表示成 k 个正因子 (其中任何一个数都可以是 1) 的乘积的表法个数, 两个表示法如果仅仅是其中因子的次序不同, 也视为不同的表示. 特别地有 $d_2(n) = d(n)$. 于是有以下定理.

定理 299　$\zeta^k(s) = \sum \dfrac{d_k(n)}{n^s} \quad (s > 1)$.

定理 289 是这个定理的一个特例.

又有

$$
\begin{aligned}
\frac{\zeta(2s)}{\zeta(s)} &= \prod_p \left(\frac{1 - p^{-s}}{1 - p^{-2s}} \right) = \prod_p \left(1 + \frac{1}{p^s} \right)^{-1} \\
&= \prod_p \left(1 - \frac{1}{p^s} + \frac{1}{p^{2s}} - \cdots \right) \\
&= \sum_{n=1}^{\infty} \frac{\lambda(n)}{n^s},
\end{aligned}
$$

其中 $\lambda(n) = (-1)^\rho$, ρ 是 n 的素因子的总个数, 重因子按照重数来计算. 这样就有以下定理.

定理 300　$\dfrac{\zeta(2s)}{\zeta(s)} = \sum \dfrac{\lambda(n)}{n^s} \quad (s > 1)$.

类似地, 可以证明以下定理.

定理 301　$\dfrac{\zeta^2(s)}{\zeta(2s)} = \sum\limits_{n=1}^{\infty} \dfrac{2^{\omega(n)}}{n^s} \quad (s > 1)$,

其中 $\omega(n)$ 是 n 的不同素因子的个数.

如果数 n 没有平方因子, 则称它为**无平方因子数** (squarefree). 当 n 是无平方因子数时记 $q(n) = 1$, 当 n 有平方因子时记 $q(n) = 0$, 所以 $q(n) = |\mu(n)|$, 这样根据定理 280 和定理 286 就有

$$
\frac{\zeta(s)}{\zeta(2s)} = \prod_p \left(\frac{1 - p^{-2s}}{1 - p^{-s}} \right) = \prod_p (1 + p^{-s}) = \sum_{n=1}^{\infty} \frac{q(n)}{n^s} \quad (s > 1).
$$

从而得到以下定理.

定理 302　$\dfrac{\zeta(s)}{\zeta(2s)} = \sum\limits_{n=1}^{\infty} \dfrac{q(n)}{n^s} = \sum\limits_{n=1}^{\infty} \dfrac{|\mu(n)|}{n^s} \quad (s > 1)$.

更一般地, 如果根据 n 有还是没有 k 次幂因子而有 $q_k(n) = 0$ 或者 $q_k(n) = 1$, 那么就有以下定理.

定理 303 $\dfrac{\zeta(s)}{\zeta(ks)} = \sum\limits_{n=1}^{\infty} \dfrac{q_k(n)}{n^s}$ $(s > 1)$.

另一个属于 Ramanujan 的例子叙述如下.

定理 304 $\dfrac{\zeta^4(s)}{\zeta(2s)} = \sum\limits_{n=1}^{\infty} \dfrac{\{d(n)\}^2}{n^s}$ $(s > 1)$.

这可以证明如下. 我们有

$$\frac{\zeta^4(s)}{\zeta(2s)} = \prod_p \frac{1 - p^{-2s}}{(1 - p^{-s})^4} = \prod_p \frac{1 + p^{-s}}{(1 - p^{-s})^3}.$$

现在有

$$\frac{1 + x}{(1 - x)^3} = (1 + x)(1 + 3x + 6x^2 + \cdots)$$

$$= 1 + 4x + 9x^2 + \cdots = \sum_{l=0}^{\infty} (l + 1)^2 x^l.$$

于是

$$\frac{\zeta^4(s)}{\zeta(2s)} = \prod_p \left\{ \sum_{l=0}^{\infty} (l + 1)^2 p^{-ls} \right\}.$$

根据定理 273, 当 $n = p_1^{l_1} p_2^{l_2} \cdots$ 时 n^{-s} 的系数是

$$(l_1 + 1)^2 (l_2 + 1)^2 \cdots = \{d(n)\}^2.$$

更为一般地, 可以用类似的推理证明以下定理.

定理 305 如果 $s, s - a, s - b$ 和 $s - a - b$ 全都大于 1, 那么

$$\frac{\zeta(s)\zeta(s - a)\zeta(s - b)\zeta(s - a - b)}{\zeta(2s - a - b)} = \sum_{n=1}^{\infty} \frac{\sigma_a(n)\sigma_b(n)}{n^s}.$$

17.9 $r(n)$ 的生成函数

在 16.10 节中我们看到

$$r(n) = 4 \sum_{d \mid n} \chi(d),$$

其中 $\chi(n)$ 当 n 为偶数时取值为 0, 而当 n 为奇数时取值为 $(-1)^{\frac{1}{2}(n-1)}$. 于是有

$$\sum \frac{r(n)}{n^s} = 4 \sum \frac{1}{n^s} \sum \frac{\chi(n)}{n^s} = 4\zeta(s)L(s),$$

其中 $L(s) = 1^{-s} - 3^{-s} + 5^{-s} - \cdots$ (如果 $s > 1$).

定理 306 $\displaystyle\sum \frac{r(n)}{n^s} = 4\zeta(s)L(s) \quad (s > 1).$

函数

$$\eta(s) = 1^{-s} - 2^{-s} + 3^{-s} - \cdots$$

可以通过公式

$$\eta(s) = (1 - 2^{1-s})\zeta(s)$$

来用 $\zeta(s)$ 表示. 但是 $L(s)$ (它也可以表示成

$$L(s) = \prod_p \left(\frac{1}{1 - \chi(p)p^{-s}} \right)$$

的形式) 是一个独立的函数. 在形如 $4m + 1$ 和 $4m + 3$ 的级数中, 它是素数分布的解析理论的基础.

17.10 其他类型的生成函数

本章讨论的生成函数是由 Dirichlet 级数定义的, 但是任何函数

$$F(s) = \sum \alpha_n u_n(s)$$

都可以看成是 α_n 的生成函数. $u_n(s)$ 的最一般的形式是

$$u_n(s) = \mathrm{e}^{-\lambda_n s},$$

其中 λ_n 是稳步增加而趋向于无穷的正数数列. 最重要的情形是 $\lambda_n = \ln n$ 和 $\lambda_n = n$ 的情形. 当 $\lambda_n = \ln n$ 时, $u_n(s) = n^{-s}$, 该级数即为 Dirichlet 级数. 当 $\lambda_n = n$ 时, 它是关于 $x = \mathrm{e}^{-s}$ 的幂级数.

由于 $m^{-s} \cdot n^{-s} = (mn)^{-s}$. 且 $x^m \cdot x^n = x^{m+n}$, 第一种类型的级数在数论 (尤其是素数理论) 的 "积性" 方面较为重要. 像

$$\sum \mu(n)x^n, \quad \sum \phi(n)x^n, \quad \sum \Lambda(n)x^n$$

这样的一些函数都是极难处理的. 但由幂级数定义的生成函数在加性数论中却起着主导作用.[①]

其他的有意思的级数类型可以通过取

$$u_n(s) = \frac{\mathrm{e}^{-ns}}{1 - \mathrm{e}^{-ns}} = \frac{x^n}{1 - x^n}$$

来得到. 记

$$F(x) = \sum_{n=1}^{\infty} a_n \frac{x^n}{1 - x^n},$$

---

① 见第 19 章至第 21 章.

并忽视收敛性问题 (这里对收敛性问题不感兴趣) ①. 这样一种类型的级数称为 "Lambert 级数". 那么就有

$$F(x) = \sum_{n=1}^{\infty} a_n \sum_{m=1}^{\infty} x^{mn} = \sum_{N=1}^{\infty} b_N x^N,$$

其中

$$b_N = \sum_{n \mid N} a_n.$$

a 与 b 之间的这种关系是在 16.4 节和 17.6 节中考虑过的, 它等价于 $\zeta(s)f(s) = g(s)$, 其中 $f(s)$ 和 $g(s)$ 是与 a_n 以及 b_n 相伴的 Dirichlet 级数.

定理 307 如果

$$f(s) = \sum a_n n^{-s}, \quad g(s) = \sum b_n n^{-s},$$

那么

$$F(x) = \sum a_n \frac{x^n}{1 - x^n} = \sum b_n x^n$$

当且仅当

$$\zeta(s)f(s) = g(s).$$

如果 $f(s) = \sum \mu(n)n^{-s}$, 则由定理 287 有 $g(s) = 1$. 如果 $f(s) = \sum \phi(n)n^{-s}$, 则由定理 288 有

$$g(s) = \zeta(s-1) = \sum \frac{n}{n^s}.$$

从而得出以下定理.

定理 308 $\displaystyle\sum_1^{\infty} \frac{\mu(n)x^n}{1 - x^n} = x.$

定理 309 $\displaystyle\sum_1^{\infty} \frac{\phi(n)x^n}{1 - x^n} = \frac{x}{(1-x)^2}.$

类似地, 由定理 289 和定理 306 可得以下定理.

定理 310 $\displaystyle\sum_{n=1}^{\infty} d(n)x^n = \frac{x}{1-x} + \frac{x^2}{1-x^2} + \frac{x^3}{1-x^3} + \cdots.$

定理 311 $\displaystyle\sum_{n=1}^{\infty} r(n)x^n = 4\left(\frac{x}{1-x} - \frac{x^3}{1-x^3} + \frac{x^5}{1-x^5} - \cdots\right).$

定理 311 等价于椭圆函数论中一个著名的恒等式, 叙述如下.

① 当 $0 \leqslant x < 1$ 时, 我们考虑的所有这种类型的级数都是绝对收敛的.

定理 312　$(1+2x+2x^4+2x^9+\cdots)^2=1+4\left(\dfrac{x}{1-x}-\dfrac{x^3}{1-x^3}+\dfrac{x^5}{1-x^5}-\cdots\right).$

事实上, 如果将级数

$$1+2x+2x^4+2x^9+\cdots=\sum_{-\infty}^{\infty}x^{m^2}$$

平方, x^n 的系数就是 $r(n)$, 这是因为每一对满足 $m_1^2+m_2^2=n$ 的数 (m_1,m_2) 都贡献出 1. [①]

本 章 附 注

17.1 节. 在 Titchmarsh 的 *Theory of functions* 一书的第 9 章里有关于 Dirichlet 级数的解析理论的一个简短说明; 对于更一般类型的级数

$$\sum a_n\mathrm{e}^{-\lambda_n s}$$

(参见 17.10 节) 的更为完整的说明见 Hardy 和 Riesz 的书 *The general theory of Dirichlet's series* (Cambridge Math. Tracts, No. 18, 1915) , 以及 Landau 的书 *Handbuch*, 103-124, 723-775.

17.2 节. 关于 ζ 函数及其对素数理论的应用有许许多多的文献. 特别地, 请参见 Ingham 和 Landau 的书, 参见 Titchmarsh, *The Riemann zeta-function* (Oxford, 1951) 和 Edwards, *Riemann's zeta-function* (New York, Academic Press, 1974), 最后一本书特别从历史的观点作了介绍.

有关 $\zeta(2n)$ 的值, 请参见 Bromwich, *Infinite series*, 第二版, 298.

17.3 节. 定理 283 的证明依赖于公式

$$0<n^{-s}\ln n-x^{-s}\ln x=\int_n^x t^{-s-1}(s\ln t-1)\mathrm{d}t<\frac{s}{n^2}\ln(n+1),$$

它对于 $3\leqslant n\leqslant x\leqslant n+1$ 和 $s>1$ 成立.

关于这个定理还有一些证明, 请参看 Landau 的书 *Handbuch*, 106-107 中关于第 247 页所作的脚注, 以及 Titchmarsh, *Theory of functions*, 289-290 .

17.5 节至 17.10 节. 这几节里的许多恒等式以及其他有类似特征的恒等式出现在 Pólya and Szegö, Nos. 38-83 中. 其中有一些可以追溯到 Euler. 我们不打算系统地研究谁是它们的发现者, 不过定理 304 和定理 305 是首先由 Ramanujan 在 *Messenger of Math.* **45** (1916), 81-84 (*Collected papers*, 133-135 以及 185) 中加以陈述的.

17.6 节. 第 3 自然段至该节末尾的内容 (不过可以 ⋯⋯ 分析语言) 是与 Harald Bohr 教授讨论得到的结果.

17.10 节. 定理 312 属于 Jacobi, *Fundamenta nova* (1829), 第 40 章 (4) 以及第 65 章 (6).

---

① 这样对于数 5 就有 8 个数对出现, 也就是 (2, 1), (1, 2) 以及那些通过改变符号得到的数对.

第 18 章 算术函数的阶

18.1 $d(n)$ 的阶

第 17 章讨论了像 $d(n)$、$\sigma(n)$ 以及 $\phi(n)$ 这样的算术函数所满足的形式关系. 现在来考虑当 n 的值很大时这些函数的变化, 首先从函数 $d(n)$ 开始. 显然当 $n > 1$ 时有 $d(n) \geqslant 2$, 当 n 是素数时有 $d(n) = 2$. 从而有以下定理.

定理 313 当 $n \to \infty$ 时, $d(n)$ 的下极限是 2: $\varliminf\limits_{n \to \infty} d(n) = 2$.

要想对 $d(n)$ 的阶找一个非平凡的上界就不那么显而易见了. 首先来证明一个否定的结果.

定理 314 $d(n)$ 的阶有时可以大于 $\ln n$ 的任意幂次: 等式

$$d(n) = O\left\{(\ln n)^{\Delta}\right\} \tag{18.1.1}$$

对每个 Δ 都不成立. [①]

如果 $n = 2^m$, 那么

$$d(n) = m + 1 \sim \frac{\ln n}{\ln 2}.$$

如果 $n = (2 \times 3)^m$, 那么

$$d(n) = (m + 1)^2 \sim \left(\frac{\ln n}{\ln 6}\right)^2.$$

如此等等. 如果

$$l \leqslant \Delta < l + 1$$

且

$$n = (2 \times 3 \times \cdots \times p_{l+1})^m,$$

那么

$$d(n) = (m + 1)^{l+1} \sim \left\{\frac{\ln n}{\ln(2 \times 3 \times \cdots \times p_{l+1})}\right\}^{l+1} > K(\ln n)^{l+1},$$

---

① 符号 $O, o, \sim$ 定义在 1.6 节中.

其中 K 与 n 无关. 于是 (18.1.1) 对无穷多个 n 的值皆不成立.

此外, 可以证明以下定理.

定理 315　对所有正数 δ 都有 $d(n) = O(n^\delta)$.

这一论断与对所有正数 δ 都有 $d(n) = o(n^\delta)$ 是等价的, 因为当 $0 < \delta' < \delta$ 时有 $n^{\delta'} = o(n^\delta)$.

我们需要下面的引理.

定理 316　如果 $f(n)$ 是积性函数, 且当 $p^m \to \infty$ 时有 $f(p^m) \to 0$, 那么当 $n \to \infty$ 时有 $f(n) \to 0$.

给定任何正数 ε, 有:

(i) 对所有 p 和 m, 有 $|f(p^m)| < A$;

(ii) 如果 $p^m > B$, 则有 $|f(p^m)| < 1$;

(iii) 如果 $p^m > N(\varepsilon)$, 则有 $|f(p^m)| < \varepsilon$.

其中 A 和 B 与 p, m, ε 无关, $N(\varepsilon)$ 只依赖于 ε. 如果 $n = p_1^{a_1} p_2^{a_2} \cdots p_r^{a_r}$, 那么

$$f(n) = f(p_1^{a_1}) f(p_2^{a_2}) \cdots f(p_r^{a_r}).$$

在因子 $p_1^{a_1}, p_2^{a_2}, \cdots$ 中, 有不多于 C 个小于或者等于 B, 而 C 与 n 及 ε 无关. 对应的诸因子 $f(p^a)$ 的乘积在数值上小于 A^C, $f(n)$ 的其余因子在数值上均小于 1.

可以用因子 $p^a \leqslant N(\varepsilon)$ 的乘积构成的整数的个数是 $M(\varepsilon)$, 而且每个这样的数都小于 $P(\varepsilon)$, $M(\varepsilon)$ 和 $P(\varepsilon)$ 只依赖于 ε. 因此, 如果 $n > P(\varepsilon)$, 则至少存在 n 的一个因子 p^a 使得 $p^a > N(\varepsilon)$, 这样一来, 根据 (iii) 就有 $|f(p^a)| < \varepsilon$. 由此推出, 当 $n > P(\varepsilon)$ 时

$$|f(n)| < A^C \varepsilon,$$

于是就有 $f(n) \to 0$.

为了推导出定理 315, 取 $f(n) = n^{-\delta} d(n)$. 此时根据定理 273, $f(n)$ 是积性的, 且当 $p^m \to \infty$ 时有

$$f(p^m) = \frac{m+1}{p^{m\delta}} \leqslant \frac{2m}{p^{m\delta}} = \frac{2}{p^{m\delta}} \frac{\ln p^m}{\ln p} \leqslant \frac{2}{\ln 2} \frac{\ln p^m}{(p^m)^\delta} \to 0.$$

从而当 $n \to \infty$ 时有 $f(n) \to 0$, 而这正是定理 315 (用 o 代替 O).

还可以直接证明定理 315. 根据定理 273 有

$$\frac{d(n)}{n^\delta} = \prod_{i=1}^{r} \left(\frac{a_i + 1}{p_i^{a_i \delta}} \right). \tag{18.1.2}$$

由于

$$a\delta \ln 2 \leqslant e^{a\delta \ln 2} = 2^{a\delta} \leqslant p^{a\delta},$$

所以

$$\frac{a+1}{p^{a\delta}} \leqslant 1 + \frac{a}{p^{a\delta}} \leqslant 1 + \frac{1}{\delta\ln 2} \leqslant \exp\left(\frac{1}{\delta\ln 2}\right).$$

我们在 (18.1.2) 中对于小于 $2^{1/\delta}$ 的那些 p 利用这个结果, 这样的素数个数少于 $2^{1/\delta}$. 如果 $p \geqslant 2^{1/\delta}$, 则有

$$p^\delta \geqslant 2, \quad \frac{a+1}{p^{a\delta}} \leqslant \frac{a+1}{2^a} \leqslant 1.$$

从而

$$\frac{d(n)}{n^\delta} \leqslant \prod_{p \leqslant 2^{1/\delta}} \exp\left(\frac{1}{\delta\ln 2}\right) < \exp\left(\frac{2^{1/\delta}}{\delta\ln 2}\right) = O(1). \tag{18.1.3}$$

这就是定理 315.

还可以用这种类型的论证方法对定理 315 进行改进. 假设 $\varepsilon > 0$, 并在上一段中用

$$\alpha = \frac{\left(1 + \frac{1}{2}\varepsilon\right)\ln 2}{\ln\ln n}$$

代替 δ. 因为正是在这里才第一次用到 δ 与 n 无关这一事实, 所以要到我们得到 (18.1.3) 的最后一步, 才会看出其中出现的变化. 这一次对于所有 $n > n_0(\varepsilon)$ 有

$$\ln\frac{d(n)}{n^\alpha} < \frac{2^{1/\alpha}}{\alpha\ln 2} = \frac{(\ln n)^{1/(1+\frac{1}{2}\varepsilon)}\ln\ln n}{\left(1 + \frac{1}{2}\varepsilon\right)\ln^2 2} \leqslant \frac{\varepsilon\ln 2\ln n}{2\ln\ln n}$$

(根据 1.7 节关于对数型无穷大以及幂级数无穷大的说明). 从而有

$$\ln d(n) \leqslant \alpha\ln n + \frac{\varepsilon\ln 2\ln n}{2\ln\ln n} = \frac{(1+\varepsilon)\ln 2\ln n}{\ln\ln n}.$$

这样就证明了下面定理的一部分结果.

定理 317 $\overline{\lim}\dfrac{\ln d(n)\ln\ln n}{\ln n} = \ln 2$. 也就是说, 如果 $\varepsilon > 0$, 那么对所有 $n > n_0(\varepsilon)$ 有

$$d(n) < 2^{(1+\varepsilon)\ln n/\ln\ln n},$$

又对无穷多个 n 的值有

$$d(n) > 2^{(1-\varepsilon)\ln n/\ln\ln n}. \tag{18.1.4}$$

于是 $d(n)$ 的真实的 "最大阶" 大约是 $2^{\ln n/\ln\ln n}$, 由定理 315 推出

$$\frac{\ln d(n)}{\ln n} \to 0,$$

所以有 $d(n) = n^{\ln d(n)/\ln n} = n^{\varepsilon_n}$, 其中当 $n \to \infty$ 时有 $\varepsilon_n \to 0$. 另外, 由于 $2^{\ln n/\ln \ln n} = n^{\ln 2/\ln \ln n}$, 且 $\ln \ln n$ 很慢地趋向于无穷, 所以 ε_n 很慢地趋向于 0. 粗略地说, 对某些 n, $d(n)$ 更像是 n 的幂, 而不像是 $\ln n$ 的幂. 但是这种情形出现得十分少①, 而且正如定理 313 所指出的那样, $d(n)$ 有时候是相当小的.

为了完成定理 317 的证明, 必须对一列适当的 n 证明 (18.1.4). 取 n 是前 r 个素数的乘积, 所以

$$n = 2 \times 3 \times 5 \times 7 \times \cdots \times P, \quad d(n) = 2^r = 2^{\pi(P)},$$

其中 P 是第 r 个素数. 这样选择的 n 会给出 $d(n)$ 的很大的值. 第 22 章要讨论函数

$$\vartheta(x) = \sum_{p \leqslant x} \ln p,$$

那里将证明 (定理 414): 对某个固定的正数 A 和所有 $x \geqslant 2$ 有

$$\vartheta(x) > Ax.②$$

这样就有

$$AP < \vartheta(P) = \sum_{p \leqslant P} \ln p = \ln n,$$

$$\pi(P) \ln P = \ln P \sum_{p \leqslant P} 1 \geqslant \vartheta(P) = \ln n,$$

从而对 $n > n_0(\varepsilon)$ 有

$$\ln d(n) = \pi(P) \ln 2 \geqslant \frac{\ln n \ln 2}{\ln P} > \frac{\ln n \ln 2}{\ln \ln n - \ln A} > \frac{(1-\varepsilon) \ln n \ln 2}{\ln \ln n}.$$

18.2 $d(n)$ 的平均阶

如果 $f(n)$ 是一个算术函数且 $g(n)$ 是 n 的任意一个简单函数, 使得

$$f(1) + f(2) + \cdots + f(n) \sim g(1) + g(2) + \cdots + g(n), \tag{18.2.1}$$

则称 $f(n)$ 的**平均阶** (average order) 是 $g(n)$. 对许多算术函数来说, 当 n 很大时, (18.2.1) 左边的和式与 $f(n)$ 本身相比, 前者的性质要有规律得多. 特别对于 $d(n)$ 来说, 这也是正确的, 而且能对此证明非常精确的结果.

定理 318　$d(1) + d(2) + \cdots + d(n) \sim n \ln n.$

由于

---

① 见 22.13 节.
② 事实上, 我们证明的是 (定理 6 和定理 420)$\vartheta(x) \sim x$, 但有趣的是, 这里只需要简单得多的定理 414 就足够了.

$$\ln 1 + \ln 2 + \cdots + \ln n \sim \int_1^n \ln t \mathrm{d}t \sim n \ln n,$$

定理 318 的结果等价于

$$d(1) + d(2) + \cdots + d(n) \sim \ln 1 + \ln 2 + \cdots + \ln n.$$

可以将此结果表述成以下定理.

定理 319 $d(n)$ 的平均阶是 $\ln n$.

这两个定理都包含在一个更精确的定理之中, 叙述如下.

定理 320 $d(1) + d(2) + \cdots + d(n) = n \ln n + (2\gamma - 1)n + O(\sqrt{n})$, 其中 γ 是 Euler 常数. [①]

我们用第 3 章的格 L 来证明这些定理, 格的顶点是 xy 平面上有整数坐标的点. 用 **D** 来表示第一象限中包含在坐标轴与等轴双曲线 $xy = n$ 之间的区域. 下面来计算区域 **D** 中所含的格点个数 (包含位于双曲线上但不在坐标轴上的格点). **D** 中的每个格点都出现在双曲线

$$xy = s \quad (1 \leqslant s \leqslant n)$$

上. 在这样一条双曲线上的格点个数是 $d(s)$. 从而 **D** 中的格点个数是

$$d(1) + d(2) + \cdots + d(n).$$

在这些点中, 有 $n = \lfloor n \rfloor$ 个点的 x 坐标为 1, $\left\lfloor \frac{1}{2}n \right\rfloor$ 个点的 x 坐标为 2, 等等. 所以它们的个数为

$$\lfloor n \rfloor + \left\lfloor \frac{n}{2} \right\rfloor + \left\lfloor \frac{n}{3} \right\rfloor + \cdots + \left\lfloor \frac{n}{n} \right\rfloor = n \left(1 + \frac{1}{2} + \cdots + \frac{1}{n} \right) + O(n) = n \ln n + O(n),$$

这是因为在去掉任何一个下取整函数的作用时产生的误差都小于 1. 这个结果就包含了定理 318 的结论.

定理 320 需要对这个方法作出改进. 记

$$u = \lfloor \sqrt{n} \rfloor,$$

则有

$$u^2 = n + O(\sqrt{n}) = n + O(u)$$

以及

$$\ln u = \ln \{ \sqrt{n} + O(1) \} = \frac{1}{2} \ln n + O \left(\frac{1}{\sqrt{n}} \right).$$

---

① 定理 422 中证明了

$$1 + \frac{1}{2} + \cdots + \frac{1}{n} - \ln n = \gamma + O \left(\frac{1}{n} \right),$$

其中 γ 是一个常数, 称为 Euler 常数.

在图 8 中, 曲线 $GEFH$ 是等轴双曲线 $xy = n$, 点 A, B, C, D 的坐标是 $(0,0), (0,u), (u,u), (u,0)$. 由于 $(u+1)^2 > n$, 在小三角形 ECF 的内部没有格点, 而且这张图介于 x 轴和 y 轴之间的部分是对称的. 所以区域 $\mathbf{D}$ 中的格点个数等于 AY 和 DF 之间的条形区域中格点个数的两倍 (计入那些位于 DF 以及曲线上的格点, 但不计入那些位于 AY 上的格点) 减去正方形 $ADCB$ 中格点的个数 (计入那些位于 BC 以及 CD 上的格点, 但不计入位于 AB 以及 AD 上的格点). 这样就有

$$\sum_{l=1}^{n} d(l) = 2\left(\left\lfloor\frac{n}{1}\right\rfloor + \left\lfloor\frac{n}{2}\right\rfloor + \cdots + \left\lfloor\frac{n}{u}\right\rfloor\right) - u^2 = 2n\left(1 + \frac{1}{2} + \cdots + \frac{1}{u}\right) - n + O(u).$$

现在有

$$2\left(1 + \frac{1}{2} + \cdots + \frac{1}{u}\right) = 2\ln u + 2\gamma + O\left(\frac{1}{u}\right),$$

从而

$$\sum_{l=1}^{n} d(l) = 2n\ln u + (2\gamma - 1)n + O(u) + O\left(\frac{n}{u}\right) = n\ln n + (2\gamma - 1)n + O(\sqrt{n}).$$

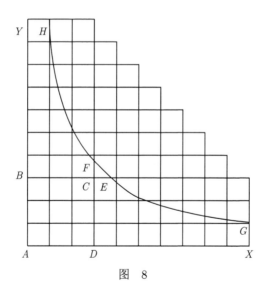

图　8

虽然有

$$\frac{1}{n}\sum_{l=1}^{n} d(l) \sim \ln n,$$

但是 "大多数" 的数 n 都有大约 $\ln n$ 个因子这一结论并不正确. 实际上 "几乎所有的" 数都有大约

$$(\ln n)^{\ln 2} = (\ln n)^{0.69\cdots}$$

个因子. 平均阶 $\ln n$ 是由具有非正常的大的 $d(n)$ 的那少部分数所贡献的. [①]

假设 Ramanujan 的某些定理成立, 则这个结果还可以用另外一种方式来得到. 和式 $d^2(1) + \cdots + d^2(n)$ 的阶是 $n(\ln n)^{2^2-1} = n(\ln n)^3$, 和式 $d^3(1) + \cdots + d^3(n)$ 的阶是 $n(\ln n)^{2^3-1} = n(\ln n)^7$, 如此等等. 一般来说, 如果 $d(n)$ 的阶是 $\ln n$, 我们应该期待这些和式的阶是 $n(\ln n)^2, n(\ln n)^3, \cdots$. 但是, 当 $d(n)$ 的幂变得更大的时候, 那些具有非正常多个因子的数就会越来越控制住平均阶的大小.

18.3 $\sigma(n)$ 的阶

$\sigma(n)$ 性状的不规则性要比 $d(n)$ 的不规则性小得多.

由于 $1 \mid n$ 以及 $n \mid n$, 首先有以下定理.

定理 321 $\sigma(n) > n$.

其次, 我们有以下定理.

定理 322 对每个正数 δ 有 $\sigma(n) = O(n^{1+\delta})$.

更精确地, 我们还有以下定理.

定理 323 $\overline{\lim} \dfrac{\sigma(n)}{n \ln \ln n} = \mathrm{e}^\gamma$.

18.4 节将证明定理 322, 但必须将定理 323 的证明推迟到 22.9 节中, 定理 323 和定理 321 表明: $\sigma(n)$ 的阶总是 "非常接近于 n".

关于它的平均阶, 有以下定理.

定理 324 $\sigma(n)$ 的平均阶是 $\dfrac{1}{6}\pi^2 n$. 更确切地说,

$$\sigma(1) + \sigma(2) + \cdots + \sigma(n) = \frac{1}{12}\pi^2 n^2 + O(n \ln n).$$

因为

$$\sigma(1) + \cdots + \sigma(n) = \sum y,$$

其中的求和取遍 18.2 节中区域 **D** 中的所有格点. 从而

$$\sum_{l=1}^{n} \sigma(l) = \sum_{x=1}^{n} \sum_{y \leqslant n/x} y = \sum_{x=1}^{n} \frac{1}{2} \left\lfloor \frac{n}{x} \right\rfloor \left(\left\lfloor \frac{n}{x} \right\rfloor + 1 \right)$$

$$= \frac{1}{2} \sum_{x=1}^{n} \left(\frac{n}{x} + O(1) \right) \left(\frac{n}{x} + O(1) \right) = \frac{1}{2} n^2 \sum_{x=1}^{n} \frac{1}{x^2} + O\left(n \sum_{x=1}^{n} \frac{1}{x} \right) + O(n).$$

---

① "几乎所有" 是指在 1.6 节的意义下. 这个定理证明在 22.13 节中.

现在由 (17.2.2) 有

$$\sum_{x=1}^{n} \frac{1}{x^2} = \sum_{x=1}^{\infty} \frac{1}{x^2} + O\left(\frac{1}{n}\right) = \frac{1}{6}\pi^2 + O\left(\frac{1}{n}\right),$$

且有

$$\sum_{x=1}^{n} \frac{1}{x} = O(\ln n).$$

故有

$$\sum_{l=1}^{n} \sigma(l) = \frac{1}{12}\pi^2 n^2 + O(n \ln n).$$

特别地, $\sigma(n)$ 的平均阶是 $\dfrac{1}{6}\pi^2 n$. [①]

18.4 $\phi(n)$ 的阶

函数 $\phi(n)$ 也是比较规则的, 而且它的阶也总是 "接近于 n". 首先有以下定理.

定理 325   如果 $n > 1$, 则有 $\phi(n) < n$.

其次, 如果 $n = p^m$, 且 $p > 1/\varepsilon$, 那么

$$\phi(n) = n\left(1 - \frac{1}{p}\right) > n(1 - \varepsilon).$$

从而有以下定理.

定理 326 $\overline{\lim}\dfrac{\phi(n)}{n} = 1$.

关于 $\phi(n)$ 还有两个与定理 322 以及定理 323 相对应的定理.

定理 327   对每个正数 δ 有 $\dfrac{\phi(n)}{n^{1-\delta}} \to \infty$.

定理 328 $\underline{\lim}\dfrac{\phi(n) \ln\ln n}{n} = \mathrm{e}^{-\gamma}$.

由以下定理可知, 定理 327 与定理 322 等价.

定理 329 $A < \dfrac{\sigma(n)\phi(n)}{n^2} < 1$ (对某个正的常数 A).

为了证明最后一个定理, 注意到, 如果 $n = \prod p^a$, 那么

$$\sigma(n) = \prod_{p \,|\, n} \frac{p^{a+1} - 1}{p - 1} = n \prod_{p \,|\, n} \frac{1 - p^{-a-1}}{1 - p^{-1}},$$

---

① 因为 $\sum\limits_{m=1}^{n} m \sim \frac{1}{2}n^2$.

且

$$\phi(n) = n \prod_{p \mid n} (1 - p^{-1}).$$

因此

$$\frac{\sigma(n)\phi(n)}{n^2} = \prod_{p \mid n} (1 - p^{-a-1}),$$

它介于 1 和 $\prod (1 - p^{-2})$ 之间. [1] 由此推出 $\sigma(n)/n$ 和 $n/\phi(n)$ 有同样的阶, 所以定理 327 等价于定理 322.

为了证明定理 327 (从而证明定理 322), 记

$$f(n) = \frac{n^{1-\delta}}{\phi(n)}.$$

那么 $f(n)$ 是积性的, 由此根据定理 316 可知, 只需要证明当 $p^m \to \infty$ 时有

$$f(p^m) \to 0$$

就够了. 但是

$$\frac{1}{f(p^m)} = \frac{\phi(p^m)}{p^{m(1-\delta)}} = p^{m\delta}\left(1 - \frac{1}{p}\right) \geqslant \frac{1}{2}p^{m\delta} \to \infty.$$

我们把定理 328 的证明推迟到第 22 章中.

18.5 $\phi(n)$ 的平均阶

$\phi(n)$ 的平均阶是 $6n/\pi^2$. 更精确地有以下定理.

定理 330 $\Phi(n) = \phi(1) + \cdots + \phi(n) = \dfrac{3n^2}{\pi^2} + O(n \ln n).$

这是因为, 根据 (16.3.1) 有

$$\Phi(n) = \sum_{m=1}^{n} m \sum_{d \mid m} \frac{\mu(d)}{d} = \sum_{dd' \leqslant n} d'\mu(d)$$

$$= \sum_{d=1}^{n} \mu(d) \sum_{d'=1}^{\lfloor n/d \rfloor} d' = \frac{1}{2} \sum_{d=1}^{n} \mu(d) \left(\left\lfloor \frac{n}{d} \right\rfloor^2 + \left\lfloor \frac{n}{d} \right\rfloor\right)$$

$$= \frac{1}{2} \sum_{d=1}^{n} \mu(d) \left\{\frac{n^2}{d^2} + O\left(\frac{n}{d}\right)\right\}$$

$$= \frac{1}{2} n^2 \sum_{d=1}^{n} \frac{\mu(d)}{d^2} + O\left(n \sum_{d=1}^{n} \frac{1}{d}\right)$$

---

[1] 根据定理 280 和 (17.2.2) 可知, 事实上定理 329 中的 A 就是 $\{\zeta(2)\}^{-1} = 6\pi^{-2}$.

$$= \frac{1}{2}n^2 \sum_{d=1}^{\infty} \frac{\mu(d)}{d^2} + O\left(n^2 \sum_{n+1}^{\infty} \frac{1}{d^2}\right) + O(n \ln n)$$

$$= \frac{n^2}{2\zeta(2)} + O(n) + O(n \ln n) = \frac{3n^2}{\pi^2} + O(n \ln n),$$

这里用到定理 287 和 (17.2.2).

Farey 数列 $\mathfrak{F}_n$ 中的项的个数是 $\Phi(n) + 1$, 定理 330 的另一种形式叙述如下.

定理 331 n 阶 Farey 数列中项的个数近似等于 $3n^2/\pi^2$.

定理 330 和定理 331 可以更形象地用概率论的语言加以描述. 假设给定 n, 考虑满足

$$q > 0, \quad 1 \leqslant p \leqslant q \leqslant n$$

的所有整数对 (p,q) 以及相应的分数 p/q. 共有

$$\psi_n = \frac{1}{2}n(n+1) \sim \frac{1}{2}n^2$$

个这样的分数, 其中既约分数的个数 χ_n 是 $\Phi(n)$. 如果按照自然的方式将 "p 与 q 互素的概率" 定义成 $\lim\limits_{n \to \infty} \dfrac{\chi_n}{\psi_n}$, 就得到以下定理.

定理 332   两个整数互素的概率是 $6/\pi^2$.

18.6   无平方因子数的个数

一个相关的问题是求 "无平方因子的" 数[①]的概率, 也就是近似地确定不超过 x 的无平方因子数的个数 $Q(x)$.

可以把所有正整数 $n \leqslant y^2$ 划分成集合 $S_1, S_2, \cdots$, 使得 S_d 恰好包含以 d^2 作为最大平方因子的那些数 n, 从而 S_1 就是所有无平方因子数 $n \leqslant y^2$ 组成的集合. 属于 S_d 的数 n 的个数等于

$$Q\left(\frac{y^2}{d^2}\right),$$

又当 $d > y$ 时, S_d 是空集. 于是

$$\lfloor y^2 \rfloor = \sum_{d \leqslant y} Q\left(\frac{y^2}{d^2}\right).$$

由此根据定理 268 有

$$Q(y^2) = \sum_{d \leqslant y} \mu(d) \left\lfloor \frac{y^2}{d^2} \right\rfloor = \sum_{d \leqslant y} \mu(d) \left\{\frac{y^2}{d^2} + O(1)\right\}$$

---

① 没有平方因子, 即是不同素数的乘积; 见 17.8 节.

$$= y^2 \sum_{d \leqslant y} \frac{\mu(d)}{d^2} + O(y)$$

$$= y^2 \sum_{d=1}^{\infty} \frac{\mu(d)}{d^2} + O\left(y^2 \sum_{d>y} \frac{1}{d^2}\right) + O(y)$$

$$= \frac{y^2}{\zeta(2)} + O(y) = \frac{6y^2}{\pi^2} + O(y).$$

用 x 代替 y^2 得到以下定理.

定理 333 无平方因子数的概率是 $6/\pi^2$. 更精确地说,

$$Q(x) = \frac{6x}{\pi^2} + O(\sqrt{x}).$$

一个数 n 是无平方因子的, 如果 $\mu(n) = \pm 1$, 也即有 $|\mu(n)| = 1$. 定理 333 可以重新表述如下.

定理 334 $\displaystyle\sum_{n=1}^{x} |\mu(n)| = \frac{6x}{\pi^2} + O(\sqrt{x}).$

自然要问, 在无平方因子数中, 使得 $\mu(n) = 1$ 成立的数与使得 $\mu(n) = -1$ 成立的数是否以大致相同的频率出现? 如果确实如此, 和式

$$M(x) = \sum_{n=1}^{x} \mu(n)$$

的阶就会比 x 要低, 也就是有以下定理.

定理 335 $M(x) = o(x).$

这个结论是正确的, 不过我们必须把它的证明推迟到 22.17 节中.

18.7 $r(n)$ 的 阶

根据定理 278 以及 (16.9.2) 可以猜测, 函数 $r(n)$ 的性状在某些方面有点像 $d(n)$. 如果 $n \equiv 3 \pmod 4$, 那么 $r(n) = 0$. 如果 $n = (p_1 p_2 \cdots p_{l+1})^m$, 且每个 p 都是形如 $4k+1$ 的素数, 那么 $r(n) = 4d(n)$. 在任何情形总有 $r(n) \leqslant 4d(n)$. 这样就得到了与定理 313、定理 314 和定理 315 类似的结果, 这就是以下定理.

定理 336 $\underline{\lim}\, r(n) = 0.$

定理 337 对每个 Δ, $r(n) = O\{(\ln n)^{\Delta}\}$ 都不成立.

定理 338 对每个正数 δ 都有 $r(n) = O(n^{\delta})$.

还有一个与定理 317 对应的定理. $r(n)$ 的最大阶是 $2^{\frac{\ln n}{\ln\ln n}}$. 当考虑平均阶时就会出现差别.

定理 339　　$r(n)$ 的平均阶是 π, 也就是有

$$\lim_{n\to\infty}\frac{r(1)+r(2)+\cdots+r(n)}{n}=\pi.$$

更精确地有

$$r(1)+r(2)+\cdots+r(n)=\pi n+O(\sqrt{n}). \tag{18.7.1}$$

可以从定理 278 推出这个结论, 或者直接证明它. 直接证明更加简单. 由于方程 $x^2+y^2=m$ 的解数 $r(m)$ 就是 L 在圆 $x^2+y^2=m$ 上的格点个数, 所以和式 (18.7.1) 是在圆 $x^2+y^2=n$ 上及其内部的格点个数少 1. 如果把每个这样的格点与以此格点为左下角点的方格对应起来, 就得到一个面积, 这个面积包含在圆 $x^2+y^2=(\sqrt{n}+\sqrt{2})^2$ 中且包含圆 $x^2+y^2=(\sqrt{n}-\sqrt{2})^2$ 在其内部, 而这两个圆均有面积 $\pi n+O(\sqrt{n})$.

这个几何论证方法可以推广到任意维数的空间中去. 例如, 假设 $r_3(n)$ 是

$$x^2+y^2+z^2=n$$

的整数解的个数 (仅符号不同或者次序不同的解视为不同的解). 那么可以证明以下定理.

定理 340　　$r_3(1)+r_3(2)+\cdots+r_3(n)=\dfrac{4}{3}\pi n^{\frac{3}{2}}+O(n)$.

如果利用定理 278, 就有

$$\sum_{1\leqslant v\leqslant x}r(v)=4\sum_{v=1}^{\lfloor x\rfloor}\sum_{d\mid v}\chi(d)=4\sum_{1\leqslant uv\leqslant x}\chi(u),$$

这里的求和取遍 18.2 节的区域 **D** 中所有的格点. 如果将它写成形式

$$4\sum_{1\leqslant u\leqslant x}\chi(u)\sum_{1\leqslant v\leqslant x/u}1=4\sum_{1\leqslant u\leqslant x}\chi(u)\left\lfloor\frac{x}{u}\right\rfloor,$$

得到以下定理.

定理 341　　$\displaystyle\sum_{1\leqslant v\leqslant x}r(v)=4\left(\left\lfloor\frac{x}{1}\right\rfloor-\left\lfloor\frac{x}{3}\right\rfloor+\left\lfloor\frac{x}{5}\right\rfloor-\cdots\right)$.

无论 x 是否整数, 这个公式皆为真. 如果我们分别过 18.2 节的区域 $ADFY$ 和 DFX 求和, 并通过首先沿图 8 的水平线求和来计算这个和式的第二部分, 就得到

$$4\sum_{u\leqslant\sqrt{x}}\chi(u)\left\lfloor\frac{x}{u}\right\rfloor+4\sum_{v\leqslant\sqrt{x}}\sum_{\sqrt{x}<u\leqslant x/v}\chi(u).$$

第二个和是 $O(\sqrt{x})$, 这是因为 $\sum \chi(u)$ 在任何界限之间的值都是 0 或者 ± 1, 而且

$$\sum_{u \leqslant \sqrt{x}} \chi(u) \left\lfloor \frac{x}{u} \right\rfloor = \sum_{u \leqslant \sqrt{x}} \chi(u) \frac{x}{u} + O(\sqrt{x})$$

$$= x \left\{ 1 - \frac{1}{3} + \frac{1}{5} - \cdots + \frac{\chi\left(\lfloor \sqrt{x} \rfloor\right)}{\lfloor \sqrt{x} \rfloor} \right\} + O(\sqrt{x})$$

$$= x \left\{ \frac{1}{4}\pi + O\left(\frac{1}{\sqrt{x}}\right) \right\} + O\left(\sqrt{x}\right) = \frac{1}{4}\pi x + O\left(\sqrt{x}\right).$$

这就给出了定理 339 的结论.

本 章 附 注

18.1 节. 定理 315 的证明见 Pólya and Szegö, No.264.

定理 317 属于 Wigert, *Arkiv för matematik*, **3** no. 18(1907), 1-9 (Landau, Handbuch, 219-22). Wigert 的证明依赖于素数定理 (定理 6), 但是 Ramanujan (*Collected papers*, 85-86) 指出, 有可能用更初等的方法证明它. 我们的证明基本上是 Wigert 的, 但是作了修改, 以使得不需要定理 6.

18.2 节. 定理 320 是由 Dirichlet 证明的, *Abhandl. Akad. Berlin* (1849), 69-83 (Werke,ii. 49-66).

自从关于寻求非常困难的问题 (Dirichlet 除数问题) 的更好的逼近误差界提出以来, 人们已经做了大量的工作. 假设 θ 是满足

$$d(1) + d(2) + \cdots + d(n) = n \ln n + (2\gamma - 1)n + O(n^\beta)$$

的数 β 的下界, 定理 320 表明有 $\theta \leqslant \frac{1}{2}$. 1903 年, Voronöi 证明了 $\theta \leqslant \frac{1}{3}$, 1922 年 van der Corput 证明了 $\theta \leqslant \frac{33}{100}$, 这些数又进一步被后来者所改进. 目前 (2007 年) 的纪录是 Huxley (*Proc. London Math. Soc.* (3) **87** (2003) 591-609) 创造的, 其结果是 $\theta \leqslant \frac{131}{416}$. 另外, Hardy 和 Landau 在 1915 年分别独立地证明了 $\theta \geqslant \frac{1}{4}$. θ 的真实值仍然不知道. 也见 18.7 节附注.

关于和式 $d^2(1) + \cdots + d^2(n)$ 以及类似和式, 见 Ramanujan, *Collected papers*, 133-135 以及 B. M. Wilson, *Proc. London Math. Soc.* (2) **21** (1922), 235-255.

18.3 节. 定理 323 属于 Gronwall, *Trans. American Math. Soc.* 14 (1913), 113-122. 这里陈述的定理 324 出自 Bachmann, *Analytische Zahlentheorie*, 402. 它的实质内容包含在 18.2 节附注中提及的 Dirichlet 的专题研究论文之中. 其中的误差项由 Walfisz, *Weylsche Exponentialsummen in der neueren Zahlentheorie* (Berlin, 1963) 略微改进为 $O\left(n\left(\ln n\right)^{2/3}\right)$. 类似地, 他还将定理 330 中的误差项改进为 $O\left(n\left(\ln n\right)^{2/3}\left(\ln \ln n\right)^{4/3}\right)$.

18.4 节至 18.5 节. 定理 328 是由 Landau, *Archiv d. Math. u. Phys.* (3) **5** (1903), 86-91 (*Handbuch*, 216-219) 证明的; 定理 330 是由 Mertens, *Journal für Math.* **77** (1874), 289-338 (Landau, *Handbuch*, 578-579) 证明的. Dirichlet (1849) 证明了定理 330 的一个较弱的形式, 即对任何 $\varepsilon > 0$ 有误差项 $O(n^{1+\varepsilon})$ (Dickson, *History* i, 119).

18.6 节. 定理 333 属于 Gegenbauer, *Denkschriften Akad. Wien*, **49**, Abt. 1 (1885) 37-80 (Landau, *Handbuch*, 580-582). 其误差项由多位研究工作者给出了改进, 目前 (2007 年) 的纪录是对任何 $\theta > \dfrac{17}{54}$ 误差项为 $O\left(x^\theta\right)$, 此结果属于贾朝华 (Jia, *Sci. China Ser.* A **36** (1993), 154-169).

　　Landau [*Handbuch*, ii. 588-590] 指出, 定理 335 可以直接从 "素数定理"(定理 6) 推出, 其后 [*Sitzungsberichte Akad. Wien*, **120**, Abt. 2 (1911), 973-988] 又指出, 定理 6 容易从定理 335 得出. Mertens 猜想: 对所有 $x > 1$ 有 $|M(x)| \leqslant x^{1/2}$. 然而, 这被 Odlyzko 以及 te Riele 所否定 (*J. Reine Angew. Math.* **357** (1985), 138-160), 他们证明了: 实际上, 存在无穷多个整数 x 使得 $M(x) > \sqrt{x}$, 又对 $M(x) < -\sqrt{x}$ 推导类似结论. 但是, 不知道有不符合 Mertens 猜想的这样一个 $x > 1$ 的具体的例子. Odlyzko 以及 te Riele 认为在 10^{20} (甚至 10^{30}) 以下没有这样的例子.

　　18.7 节. 有关定理 339, 见 Gauss, *Werke*, ii. 272-275.

　　这个定理像定理 320 一样, 一直是众多现代研究工作的出发点, 其目的是确定与 18.2 节附注中的 θ 相对应的数 θ. 此问题与除数问题非常类似, 且用同样的方法可以得到诸如 $\dfrac{1}{2}, \dfrac{1}{3}, \dfrac{1}{4}$ 这些数相应的结果; 不过在某些方面要求的分析稍微简单一些, 且可以得到稍微进一步的结果. 见 Landau, *Vorlesungen*, ii. 183-308. 关于定理 320, 目前 (2007 年) 的纪录属于 Huxley (*Proc. London Math. Soc.* (3) **87** (2003), 591-609), 他再次证明了 $\theta \leqslant \dfrac{131}{416}$.

　　定理 340 中的误差项被若干学者研究过. 到 2007 年为止, 已知最好的结果属于 Heath-Brown (*Number theory in progress*, Vol. 2, 883-892, Berlin, 1999), 他的结果是: 对任何 $\theta > 21/32$, 误差项为 $O(n^\theta)$.

　　Atkinson and Cherwell (*Quart. J. Math. Oxford*, **20** (1949), 65-79) 给出了一般性的方法用于计算一类广泛的算术函数的平均阶. 更深入的方法见 Wirsing (*Acta Math. Acad. Sci. Hungaricae* **18** (1967), 411-467) 以及 Halász (同前一本杂志, **19** (1968), 365-403).

第 19 章 分　　划

19.1　加性算术的一般问题

本章以及下面两章重点研究加性数论. 这个理论的一般性问题可以表述如下.

假设 A (或者说 $a_1, a_2, a_3, \cdots$) 是一组给定的整数. 这样的话, A 可能包含所有的正整数, 或者所有的平方数, 或者所有的素数. 考虑任意一个正整数 n 的形如

$$n = a_{i_1} + a_{i_2} + \cdots + a_{i_s}$$

的所有可能的表示, 其中 s 可以固定也可以没有限制, 诸数 a 可以相同[①], 也可以不相同, 可以考虑它们的次序, 也可以不予考虑, 这要根据所研究的具体问题来决定. 用 $r(n)$ 来记这样的表示法的个数. 那么关于 $r(n)$ 我们要讨论些什么呢? 例如, $r(n)$ 永远是正数吗? 是否对每个 n 都有这样一个表示呢?

19.2　数 的 分 划

首先取 A 是所有正整数集合 $1, 2, 3, \cdots$ 的情形, s 没有限制, 允许重复, 且不考虑数的次序. 这就是 "无限制分划" 问题.

数 n 的**分划** (partition) 是将 n 表示成任意多个正整数之和的形式. 于是

$$5 = 4 + 1 = 3 + 2 = 3 + 1 + 1 = 2 + 2 + 1 = 2 + 1 + 1 + 1$$
$$= 1 + 1 + 1 + 1 + 1$$

有 7 个分划.[②]各部分的次序不予考虑, 这样就可以使我们在需要时将各个部分按照递减的次序排列. 用 $p(n)$ 来记 n 的分划的个数, 这样就有 $p(5) = 7$.

可以像下面这样用由 "点" 构成的阵列

```
· · · · · · ·
· · · · ·
· · · ·
· · ·
·
```

A

---

① 包括部分相同和全部相同. ——译者注
② 当然, 我们需要计入仅由一个部分所表示的分划.

来形象地表示分划, 一行中的点对应于分划中的一个部分. 于是 A 就表示 18 的分划

$$7 + 4 + 3 + 3 + 1.$$

也可以按照列来解读 A, 在上述例子中就表示 18 的分划

$$5 + 4 + 4 + 2 + 1 + 1 + 1.$$

以这种方式相关联的诸分划称为**共轭的**.

有若干个关于分划的定理可以从这种图形表示法立即推出. 一个有 m 行的图如果按行读数, 就表示分成 m 个部分的一个分划; 如果按列读数, 则表示所分成的最大部分是 m 的一个分划. 从而有以下定理.

定理 342　将 n 分成 m 个部分的分划个数, 等于将 n 分成的最大部分是 m 的分划个数.

类似地有以下定理.

定理 343　将 n 分成最多 m 个部分的分划个数, 等于将 n 分成每部分都不超过 m 的分划个数.

我们将进一步使用这种特征的 "图形的" 论证法, 但通常还需要由生成函数的理论提供的更加强有力的工具.

19.3　$p(n)$ 的生成函数

在这里有用的生成函数是幂级数[①]

$$F(x) = \sum f(n)x^n.$$

一般项系数是 $f(n)$ 的级数的和称为 $f(n)$ 的**生成函数**, 也说成是对 $f(n)$ 进行**计数**.

$p(n)$ 的生成函数是 Euler 发现的, 它是

$$F(x) = \frac{1}{(1-x)(1-x^2)(1-x^3)\cdots} = 1 + \sum_{n=1}^{\infty} p(n)x^n. \tag{19.3.1}$$

通过写出无穷乘积

$$(1 + x + x^2 + \cdots)$$
$$(1 + x^2 + x^4 + \cdots)$$
$$(1 + x^3 + x^6 + \cdots),$$
$$\cdots$$

并将这些级数乘在一起, 就能看出这个公式成立. n 的每个分划恰好对 x^n 的系数贡献出 1. 于是, 分划

---

① 与 17.10 节比较.

$$10 = 3 + 2 + 2 + 2 + 1$$

对应于第三行中 x^3、第二行中的 $x^6 = x^{2+2+2}$ 以及第一行中的 x 的乘积, 这个乘积对 x^{10} 的系数给出贡献 1.

这就使得 (19.3.1) 变得直观, 但是 (由于必须将无穷多个无穷级数相乘) 有必要对此论证方法作某些进一步的展开.

假设 $0 < x < 1$, 此时定义 $F(x)$ 的乘积收敛. 级数

$$1 + x + x^2 + \cdots, \quad 1 + x^2 + x^4 + \cdots, \quad \cdots, \quad 1 + x^m + x^{2m} + \cdots$$

均为绝对收敛, 于是可以将它们相乘, 并且可以按照我们的意愿来安排得到的结果. 乘积中 x^n 的系数是 $p_m(n)$, 它是将 n 分成每部分均不超过 m 的分划的个数. 从而

$$F_m(x) = \frac{1}{(1-x)(1-x^2)\cdots(1-x^m)} = 1 + \sum_{n=1}^{\infty} p_m(n)x^n. \tag{19.3.2}$$

显然有

$$p_m(n) \leqslant p(n), \tag{19.3.3}$$

对 $n \leqslant m$ 有

$$p_m(n) = p(n), \tag{19.3.4}$$

又对每个 n, 当 $m \to \infty$ 时有

$$p_m(n) \to p(n). \tag{19.3.5}$$

又有

$$F_m(x) = 1 + \sum_{n=1}^{m} p(n)x^n + \sum_{n=m+1}^{\infty} p_m(n)x^n. \tag{19.3.6}$$

它的左端项小于 $F(x)$, 且当 $m \to \infty$ 时趋向 $F(x)$. 所以有

$$1 + \sum_{n=1}^{m} p(n)x^n < F_m(x) < F(x),$$

它与 m 无关. 从而 $\sum p(n)x^n$ 收敛, 根据 (19.3.3) 知, 对于区间 $0 < x < 1$ 中任何固定的 x, $\sum p_m(n)x^n$ 均收敛, 而且还对于所有 m 的值为一致收敛. 最后, 由 (19.3.5) 得出

$$1 + \sum_{n=1}^{\infty} p(n)x^n = \lim_{m \to \infty} \left(1 + \sum_{n=1}^{\infty} p_m(n)x^n\right) = \lim_{m \to \infty} F_m(x) = F(x).$$

附带还证明了:

$$\frac{1}{(1-x)(1-x^2)\cdots(1-x^m)} \tag{19.3.7}$$

计算了将 n 分成每部分均不超过 m 的分划的个数, 也即分成至多 m 个部分的分划的个数 (根据定理 343, 二者完全相同).

我们已经详细写出了基本公式 (19.3.1) 的证明. 我们对 $0 < x < 1$ 证明了这个公式, 它对 $|x| < 1$ 的正确性可以立即由分析中熟知的定理推出. 下面将不关注这样的 "收敛定理",[①] 这是因为对于讨论对象的兴趣基本是形式上的. 我们处理的级数和乘积对于很小的 x (与这里相同, 通常是对于 $|x| < 1$) 全都是绝对收敛的. 所出现的收敛性、恒等式等问题都是平凡的, 这些问题可以由任何懂得函数论基础的读者立即解决.

19.4　其他的生成函数

对于用各种方式将 n 进行受限制的分划, 求出其生成函数同样是很容易的. 例如

$$\frac{1}{(1-x)(1-x^3)(1-x^5)\cdots} \tag{19.4.1}$$

计算的是将 n 分成**奇数**之和的分划;

$$\frac{1}{(1-x^2)(1-x^4)(1-x^6)\cdots} \tag{19.4.2}$$

是将 n 分成**偶数**之和的分划;

$$(1+x)(1+x^2)(1+x^3)\cdots \tag{19.4.3}$$

是将 n 分成**不相等的诸数**之和的分划;

$$(1+x)(1+x^3)(1+x^5)\cdots \tag{19.4.4}$$

是将 n 分成**不相等的奇数**之和的分划;

$$\frac{1}{(1-x)(1-x^4)(1-x^6)(1-x^9)\cdots} \tag{19.4.5}$$

(其中的指数是形如 $5m+1$ 或者 $5m+4$ 的数) 是将 n 分成若干个数 (每个数都有这两种形状之一) 之和的分划.

以后会出现的另一个函数是

$$\frac{x^N}{(1-x^2)(1-x^4)\cdots(1-x^{2m})}. \tag{19.4.6}$$

它计算的是将 $n-N$ 分成偶数个均不超过 $2m$ 的数之和的分划, 也就是将 $\frac{1}{2}(n-N)$ 分成每个数均不超过 m 的若干个数之和的分划. 再根据定理 343, 这也就是将 $\frac{1}{2}(n-N)$ 分成至多 m 个数之和的分划.

---

① 除了 19.8 节再次考虑基本恒等式, 以及 19.9 节中不太明显地涉及极限过程以外.

分划的某些性质可以立即由这些生成函数的形式导出. 由于

$$(1+x)(1+x^2)(1+x^3)\cdots = \frac{1-x^2}{1-x}\frac{1-x^4}{1-x^2}\frac{1-x^6}{1-x^3}\cdots$$
$$= \frac{1}{(1-x)(1-x^3)(1-x^5)\cdots}, \qquad (19.4.7)$$

从而有以下定理.

定理 344   将 n 分成若干个不相等的数之和的分划个数等于将它分成若干个奇数之和的分划个数.

不用生成函数来证明这一结论是有趣的. 任何数 l 都可以唯一地用二进制数来表示, 也即表示成

$$l = 2^a + 2^b + 2^c + \cdots \quad (0 \leqslant a < b < c\cdots).^{①}$$

将 n 分成奇数之和的分划可以写成

$$n = l_1 \times 1 + l_2 \times 3 + l_3 \times 5 + \cdots$$
$$= (2^{a_1} + 2^{b_1} + \cdots) \times 1 + (2^{a_2} + 2^{b_2} + \cdots) \times 3 + (2^{a_3} + \cdots) \times 5 + \cdots.$$

在这个分划与将 n 分成若干个不相等的数之和的分划

$$2^{a_1}, 2^{b_1}, \cdots, 2^{a_2} \times 3, 2^{b_2} \times 3, \cdots, 2^{a_3} \times 5, 2^{b_3} \times 5, \cdots, \cdots$$

之间有一一对应.

19.5 Euler 的两个定理

有两个属于 Euler 的恒等式, 它们对于这个理论中频繁使用的不同证明方法给出了富有启发性的例证.

定理 345 $(1+x)(1+x^3)(1+x^5)\cdots = 1 + \dfrac{x}{1-x^2} + \dfrac{x^4}{(1-x^2)(1-x^4)}$
$$+ \frac{x^9}{(1-x^2)(1-x^4)(1-x^6)} + \cdots.$$

定理 346 $(1+x^2)(1+x^4)(1+x^6)\cdots = 1 + \dfrac{x^2}{1-x^2} + \dfrac{x^6}{(1-x^2)(1-x^4)}$
$$+ \frac{x^{12}}{(1-x^2)(1-x^4)(1-x^6)} + \cdots.$$

---

① 它与恒等式

$$(1+x)(1+x^2)(1+x^4)(1+x^8)\cdots = \frac{1}{1-x}$$

是算术等价的.

在定理 346 中, 分子中 x 的指数是 $1 \times 2, 2 \times 3, 3 \times 4, \cdots$.

(i) 我们可以利用 Euler 引进一个第二参数 a 的方法来证明这些定理. 设

$$K(a) = K(a, x) = (1 + ax)(1 + ax^3)(1 + ax^5) \cdots = 1 + c_1 a + c_2 a^2 + \cdots,$$

其中 $c_n = c_n(x)$ 与 a 无关. 显然

$$K(a) = (1 + ax)K(ax^2),$$

这也就是

$$1 + c_1 a + c_2 a^2 + \cdots = (1 + ax)(1 + c_1 ax^2 + c_2 a^2 x^4 + \cdots).$$

于是, 令系数相等, 就得到

$$c_1 = x + c_1 x^2, \quad c_2 = c_1 x^3 + c_2 x^4, \cdots, c_m = c_{m-1} x^{2m-1} + c_m x^{2m}, \cdots,$$

从而

$$c_m = \frac{x^{2m-1}}{1 - x^{2m}} c_{m-1} = \frac{x^{1+3+\cdots+(2m-1)}}{(1-x^2)(1-x^4)\cdots(1-x^{2m})} = \frac{x^{m^2}}{(1-x^2)(1-x^4)\cdots(1-x^{2m})}.$$

由此得出

$$(1+ax)(1+ax^3)(1+ax^5)\cdots = 1 + \frac{ax}{1-x^2} + \frac{a^2 x^4}{(1-x^2)(1-x^4)} + \cdots, \quad (19.5.1)$$

定理 345 和定理 346 是当 $a = 1$ 以及 $a = x$ 时的特例.

(ii) 我们还可以用不依赖于无穷级数理论的方法来证明这些定理. 这样的证明有时被称为 "组合的". 以定理 345 为例.

可以看到, 该恒等式左边计算的是分成不相等的奇数之和的分划个数, 从而

$$15 = 11 + 3 + 1 = 9 + 5 + 1 = 7 + 5 + 3$$

有 4 个这样的分划. 例如, 取分划 11+3+1, 将它用图形表示在 B 中, 则图中每条折线上的点就对应该分划中的一个部分.

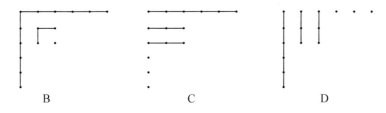

B　　　　　　　　　　C　　　　　　　　　　D

还可以将图 (看成为点阵) 按照 C 或者 D 那样, 沿着一列水平线或者铅垂线来书写. C 和 D 只有方向的区别, 它们中的每一个都对应数 15 的另外一种分划, 也就是 6+3+3+1+1+1. 像这样一个关于东南方向对称的分划被 Macmahon 称为**自共轭的** (self-conjugate) 分划, 这些图就在自共轭分划与分成不相等的奇数

之和的分划之间建立了一一对应. 该恒等式的左边计算的是分成不相等的奇数之和, 这样一来, 如果能证明它的右边计算的是自共轭分划的个数, 那么该恒等式就被证明了.

现在可以用第四种方法 (也即 E 中所示的方法) 来解读我们的点列.

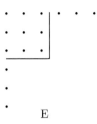

E

这里有一个由 3^2 个点组成的正方形以及两个 "尾图", 每个尾图表示将 $\frac{1}{2}(15 - 3^2) = 3$ 分成至多 3 个部分的分划 (在这种特殊的情形下, 它们全都是 1). 一般来说, n 的一个自共轭分划都可以看成为由 m^2 个点组成的一个正方形加上两个尾图, 这两个尾图表示将 $\frac{1}{2}(n - m^2)$ 分成至多 m 个部分的分划. 给定了这个 (自共轭) 分划, 数 m 和该分划的解读就固定了. 反过来, 给定了 n, 再给定不超过 n 的任意一个平方数 m^2, 就有一组以 m^2 个点的正方形为基础的 n 的自共轭分划.

现在

$$\frac{x^{m^2}}{(1 - x^2)(1 - x^4) \cdots (1 - x^{2m})}$$

是 (19.4.6) 的一个特例, 它计算的是将 $\frac{1}{2}(n - m^2)$ 分成至多 m 个部分的分划, 如同我们已经看到的那样, 这些分划中的每一个都对应于 n 的基于 m^2 个点的正方形的一个自共轭分划. 于是, 关于 m 求和,

$$1 + \sum_{m=1}^{\infty} \frac{x^{m^2}}{(1 - x^2)(1 - x^4) \cdots (1 - x^{2m})}$$

计算的是 n 的所有自共轭分划, 这就证明了定理.

附带地还证明了以下定理.

定理 347　将 n 分成不相等的奇数之和的分划个数等于它的自共轭分划个数.

我们的论证方法足以证明更一般的恒等式 (19.5.1), 并且指出它的组合意义. 将 n 恰好分成 m 个不相等的奇数之和的分划个数, 等于将 n 分成基于 m^2 个点的正方形的自共轭分划个数. 取 $a = 1$ 的作用是消除 m 的不同的值之间的差别.

读者将会发现, 给出定理 346 的组合证明是富有教益的. 最好是用 x 代替 x^2, 并利用 $\frac{1}{2} m(m + 1)$ 的分解式 $1 + 2 + 3 + \cdots + m$. 方法 (ii) 中的正方形就被一个

等腰直角三角形所代替.

19.6 进一步的代数恒等式

可以利用 19.5 节中的方法 (i) 来证明一大批代数恒等式. 例如, 假设

$$K_j(a) = K_j(a,x) = (1+ax)(1+ax^2)\cdots(1+ax^j) = \sum_{m=0}^{j} c_m a^m,$$

那么

$$(1+ax^{j+1})K_j(a) = (1+ax)K_j(ax).$$

将幂级数代入, 并令 a^m 的系数相等, 就得到

$$c_m + c_{m-1}x^{j+1} = (c_m + c_{m-1})x^m,$$

也就是对 $1 \leqslant m \leqslant j$ 有

$$(1-x^m)c_m = (x^m - x^{j+1})c_{m-1} = x^m(1-x^{j-m+1})c_{m-1}.$$

从而有以下定理.

定理 348 $(1+ax)(1+ax^2)\cdots(1+ax^j) = 1 + ax\dfrac{1-x^j}{1-x} + a^2x^3\dfrac{(1-x^j)(1-x^{j-1})}{(1-x)(1-x^2)}$

$$+ \cdots + a^m x^{\frac{1}{2}m(m+1)}\dfrac{(1-x^j)\cdots(1-x^{j-m+1})}{(1-x)\cdots(1-x^m)} + \cdots + a^j x^{\frac{1}{2}j(j+1)}.$$

如果将 x^2 记为 x, 将 $1/x$ 记为 a, 并令 $j \to \infty$, 就得到定理 345. 类似地, 可以证明以下定理.

定理 349 $\dfrac{1}{(1-ax)(1-ax^2)\cdots(1-ax^j)} = 1 + ax\dfrac{1-x^j}{1-x} + a^2x^2\dfrac{(1-x^j)(1-x^{j+1})}{(1-x)(1-x^2)}$

$$+ \cdots.$$

特别地, 如果取 $a = 1$, 并令 $j \to \infty$, 就得到以下定理.

定理 350 $\dfrac{1}{(1-x)(1-x^2)\cdots} = 1 + \dfrac{x}{1-x} + \dfrac{x^2}{(1-x)(1-x^2)} + \cdots.$

19.7 $F(x)$ 的另一个公式

作为 "组合" 推理的进一步的例子, 我们来证明 Euler 的另外一个定理.

定理 351 $\dfrac{1}{(1-x)(1-x^2)(1-x^3)\cdots} = 1 + \dfrac{x}{(1-x)^2} + \dfrac{x^4}{(1-x)^2(1-x^2)^2}$

$$+ \dfrac{x^9}{(1-x)^2(1-x^2)^2(1-x^3)^2} + \cdots.$$

任何分划的图示法 (比方说 F) 的左上角都包含一个由点构成的正方形. 如果取最大的一个这样的正方形, 它称为 "Durfee 正方形"(这里是一个由 9 个点构成的正方形), 那么这个图就由包含 i^2 个点的一个正方形和两个尾图组成. 其中一个尾图表示将一个数 (比方说 l) 表示成不多于 i 个数之和的分划, 另一个尾图则表示将一个数 (比方说 m) 表示成若干个都不超过 i 的数之和的分划, 且有 $n = i^2 + l + m$. 在图 F 中有 $n = 20$, $i = 3$, $l = 6$, $m = 5$.

$$
\begin{array}{ccc|ccc}
\cdot & \cdot & \cdot & \cdot & \cdot & \cdot \\
\cdot & \cdot & \cdot & \cdot & \cdot \\
\cdot & \cdot & \cdot \\
\hline
\cdot & \cdot & \cdot \\
\cdot & \cdot
\end{array} \quad \text{F}
$$

根据 19.3 节, l 的 (分解成至多 i 个数之和的) 分划个数是

$$
\frac{1}{(1-x)(1-x^2)\cdots(1-x^i)}
$$

中 x^l 的系数, m 的 (分解成若干个都不超过 i 的数之和的) 分划个数是同一个展开式中 x^m 的系数. 从而

$$
\left\{ \frac{1}{(1-x)(1-x^2)\cdots(1-x^i)} \right\}^2
$$

中 x^{n-i^2} 的系数, 也就是

$$
\frac{x^{i^2}}{(1-x)^2(1-x^2)^2\cdots(1-x^i)^2}
$$

中 x^n 的系数, 就是 n 的以 i^2 为其 Durfee 正方形的分划中可能的成对尾图的数量. 因此 n 的分划的总数是

$$
1 + \frac{x}{(1-x)^2} + \frac{x^4}{(1-x)^2(1-x^2)^2} + \cdots + \frac{x^{i^2}}{(1-x)^2(1-x^2)^2\cdots(1-x^i)^2} + \cdots
$$

的展开式中 x^n 的系数, 这就证明了定理.

这个定理还有若干简单的代数[①]证法.

19.8 Jacobi 的一个定理

后面需要用到一个著名恒等式的某种特殊情形, 这个恒等式属于椭圆函数论的范畴.

[①] 我们在旧式的意义下使用 "代数" 这个单词, 其中包含幂级数以及无穷乘积的初等运算. 这样的证明涉及 (虽然有时仅仅是很肤浅的) 极限过程的使用, 就这个单词的严格意义来说, 这样的证明是 "解析的". 但是 "解析的" 一词在数论中通常只用来表示依赖于更艰深的分析工具 (通常指依赖于复变函数论) 的证明.

定理 352　如果 $|x| < 1$，那么，对除了 $z = 0$ 以外所有的 z 都有

$$\prod_{n=1}^{\infty} \left\{ (1 - x^{2n})(1 + x^{2n-1}z)(1 + x^{2n-1}z^{-1}) \right\} = 1 + \sum_{n=1}^{\infty} x^{n^2}(z^n + z^{-n}) = \sum_{n=-\infty}^{\infty} x^{n^2} z^n.$$

$$(19.8.1)$$

该级数的这两种形式显然是等价的.

记 $P(x, z) = Q(x)R(x, z)R(x, z^{-1})$，其中

$$Q(x) = \prod_{n=1}^{\infty} (1 - x^{2n}), \quad R(x, z) = \prod_{n=1}^{\infty} (1 + x^{2n-1}z) \ .$$

当 $|x| < 1$ 且 $z \neq 0$ 时，无穷乘积

$$\prod_{n=1}^{\infty} (1 + |x|^{2n}), \quad \prod_{n=1}^{\infty} (1 + |x^{2n-1}z|), \quad \prod_{n=1}^{\infty} (1 + |x^{2n-1}z^{-1}|)$$

都收敛. 因此乘积 $Q(x), R(x, z), R(x, z^{-1})$ 以及乘积 $P(x, z)$ 可以形式地乘在一起，并将得到的项按照我们愿意采用的任何方式集项和排序. 所得到的级数都是绝对收敛的，且该级数的和等于 $P(x, z)$. 特别地,

$$P(x, z) = \sum_{n=-\infty}^{\infty} a_n(x) z^n,$$

其中 $a_n(x)$ 与 z 无关，且有

$$a_{-n}(x) = a_n(x).$$

$$(19.8.2)$$

只要 $x \neq 0$，容易验证

$$(1 + xz)R(x, zx^2) = R(x, z), \quad R(x, z^{-1}x^{-2}) = (1 + z^{-1}x^{-1})R(x, z^{-1}) \ ,$$

所以 $xzP(x, zx^2) = P(x, z)$，从而

$$\sum_{n=-\infty}^{\infty} x^{2n+1} a_n(x) z^{n+1} = \sum_{n=-\infty}^{\infty} a_n(x) z^n.$$

由于这对 z 的 (除了 $z = 0$ 以外的) 所有值均为真，所以可以让 z^n 的系数相等，从而求得 $a_{n+1}(x) = x^{2n+1} a_n(x)$. 这样一来，对 $n \geqslant 0$ 就有

$$a_{n+1}(x) = x^{(2n+1)+(2n-1)+\cdots+1} a_0(x) = x^{(n+1)^2} a_0(x).$$

根据 (19.8.2)，当 $n + 1 < 0$ 时有同样的结论成立，从而只要 $x \neq 0$，对所有 n 就有 $a_n(x) = x^{n^2} a_0(x)$. 但是，当 $x = 0$ 时，这个结果是平凡的. 于是

$$P(x, z) = a_0(x) S(x, z),$$

$$(19.8.3)$$

其中

$$S(x, z) = \sum_{n=-\infty}^{\infty} x^{n^2} z^n.$$

为了完成定理的证明, 需要证明 $a_0(x) = 1$.

如果 z 取除 0 以外任意固定的值, 且 $|x| < \dfrac{1}{2}$, 则乘积 $Q(x), R(x,z),$ $R(x,z^{-1})$ 以及级数 $S(x,z)$ 全都关于 x 一致收敛. 于是 $P(x,z)$ 和 $S(x,z)$ 都表示 x 的连续函数, 而且当 $x \to 0$ 时,

$$P(x,z) \to P(0,z) = 1, \quad S(x,z) \to S(0,z) = 1 \ .$$

由 (19.8.3) 推出, 当 $x \to 0$ 时 $a_0(x) \to 1$.

令 $z = \mathrm{i}$, 则有

$$S(x,\mathrm{i}) = 1 + 2\sum_{n=1}^{\infty} (-1)^n x^{4n^2} = S(x^4, -1). \tag{19.8.4}$$

再次我们有

$$R(x,\mathrm{i})R(x,\mathrm{i}^{-1}) = \prod_{n=1}^{\infty} \left\{ (1 + \mathrm{i}x^{2n-1})(1 - \mathrm{i}x^{2n-1}) \right\} = \prod_{n=1}^{\infty} (1 + x^{4n-2}),$$

$$Q(x) = \prod_{n=1}^{\infty} (1 - x^{2n}) = \prod_{n=1}^{\infty} \left\{ (1 - x^{4n})(1 - x^{4n-2}) \right\},$$

所以

$$P(x,\mathrm{i}) = \prod_{n=1}^{\infty} \left\{ (1 - x^{4n})(1 - x^{8n-4}) \right\}$$

$$= \prod_{n=1}^{\infty} \left\{ (1 - x^{8n})(1 - x^{8n-4})^2 \right\} = P(x^4, -1). \tag{19.8.5}$$

显然 $P(x^4, -1) \neq 0$, 由 (19.8.3) (19.8.4) (19.8.5) 得出 $a_0(x) = a_0(x^4)$. 重复利用此式, 并依次用 $x^4, x^{4^2}, x^{4^3}, \cdots$ 代替 x, 得到: 对任何正整数 k 有

$$a_0(x) = a_0(x^4) = \cdots = a_0(x^{4^k}).$$

然而 $|x| < 1$, 当 $k \to \infty$ 时有 $x^{4^k} \to 0$. 于是

$$a_0(x) = \lim_{x \to 0} a_0(x) = 1.$$

这就完成了定理 352 的证明.

19.9　Jacobi 恒等式的特例

如果在 (19.8.1) 的左边用 x^k 代替 x, 用 $-x^l$ 和 x^l 代替 z, 并用 $n+1$ 代替 n, 就得到

$$\prod_{n=0}^{\infty} \left\{ (1 - x^{2kn+k-l})(1 - x^{2kn+k+l})(1 - x^{2kn+2k}) \right\} = \sum_{n=-\infty}^{\infty} (-1)^n x^{kn^2 + ln},$$

$$\tag{19.9.1}$$

$$\prod_{n=0}^{\infty} \left\{ (1+x^{2kn+k-l})(1+x^{2kn+k+l})(1-x^{2kn+2k}) \right\} = \sum_{n=-\infty}^{\infty} x^{kn^2+ln}. \qquad (19.9.2)$$

某些特殊情形是特别有趣的.

(i) $k=1, l=0$ 给出

$$\prod_{n=0}^{\infty} \left\{ (1-x^{2n+1})^2(1-x^{2n+2}) \right\} = \sum_{n=-\infty}^{\infty} (-1)^n x^{n^2},$$

$$\prod_{n=0}^{\infty} \left\{ (1+x^{2n+1})^2(1-x^{2n+2}) \right\} = \sum_{n=-\infty}^{\infty} x^{n^2},$$

这是两个来自椭圆函数论的标准公式.

(ii) 在 (19.9.1) 中取 $k=\dfrac{3}{2}, l=\dfrac{1}{2}$ 得

$$\prod_{n=0}^{\infty} \left\{ (1-x^{3n+1})(1-x^{3n+2})(1-x^{3n+3}) \right\} = \sum_{n=-\infty}^{\infty} (-1)^n x^{\frac{1}{2}n(3n+1)},$$

这也就得出以下定理.

定理 353 $(1-x)(1-x^2)(1-x^3)\cdots = \displaystyle\sum_{n=-\infty}^{\infty} (-1)^n x^{\frac{1}{2}n(3n+1)}.$

这个著名的 Euler 恒等式也可以写成

$$(1-x)(1-x^2)(1-x^3)\cdots = 1 + \sum_{n=1}^{\infty} (-1)^n \left\{ x^{\frac{1}{2}n(3n-1)} + x^{\frac{1}{2}n(3n+1)} \right\}$$
$$= 1 - x - x^2 + x^5 + x^7 - x^{12} - x^{15} + \cdots. \qquad (19.9.3)$$

(iii) 在 (19.9.2) 中取 $k=l=\dfrac{1}{2}$ 得

$$\prod_{n=0}^{\infty} \left\{ (1+x^n)(1-x^{2n+2}) \right\} = \sum_{n=-\infty}^{\infty} x^{\frac{1}{2}n(n+1)},$$

应用 (19.4.7) 即得以下定理.

定理 354 $\dfrac{(1-x^2)(1-x^4)(1-x^6)\cdots}{(1-x)(1-x^3)(1-x^5)\cdots} = 1 + x + x^3 + x^6 + x^{10} + \cdots.$

其中右边的指数是三角数.[①]

(iv) 在 (19.9.1) 中取 $k=\dfrac{5}{2}, l=\dfrac{3}{2}$ 以及 $k=\dfrac{5}{2}, l=\dfrac{1}{2}$, 则得以下定理.

---

① 即形如 $\dfrac{1}{2}n(n+1)$ 的数.

定理 355 $\displaystyle\prod_{n=0}^{\infty}\left\{(1-x^{5n+1})(1-x^{5n+4})(1-x^{5n+5})\right\}=\sum_{n=-\infty}^{\infty}(-1)^{n}x^{\frac{1}{2}n(5n+3)}.$

定理 356 $\displaystyle\prod_{n=0}^{\infty}\left\{(1-x^{5n+2})(1-x^{5n+3})(1-x^{5n+5})\right\}=\sum_{n=-\infty}^{\infty}(-1)^{n}x^{\frac{1}{2}n(5n+1)}.$

以后将需要用到这些公式.

作为最后一个应用, 在 (19.8.1) 中用 $x^{\frac{1}{2}}$ 代替 x, 用 $x^{\frac{1}{2}}\zeta$ 代替 z. 于是得

$$\prod_{n=1}^{\infty}\left\{(1-x^{n})(1+x^{n}\zeta)(1+x^{n-1}\zeta^{-1})\right\}=\sum_{n=-\infty}^{\infty}x^{\frac{1}{2}n(n+1)}\zeta^{n},$$

也即

$$(1+\zeta^{-1})\prod_{n=1}^{\infty}\left\{(1-x^{n})(1+x^{n}\zeta)(1+x^{n}\zeta^{-1})\right\}=\sum_{m=0}^{\infty}\left(\zeta^{m}+\zeta^{-m-1}\right)x^{\frac{1}{2}m(m+1)},$$

其中在右边, 我们已经将与 $n=m$ 以及 $n=-m-1$ 对应的项组合在一起. 于是得出: 对于除了 $\zeta=0$ 以及 $\zeta=-1$ 以外所有的 ζ, 有

$$\prod_{n=1}^{\infty}\left\{(1-x^{n})(1+x^{n}\zeta)(1+x^{n}\zeta^{-1})\right\}=\sum_{m=0}^{\infty}\zeta^{-m}\left(\frac{1+\zeta^{2m+1}}{1+\zeta}\right)x^{\frac{1}{2}m(m+1)}$$
$$=\sum_{m=0}^{\infty}x^{\frac{1}{2}m(m+1)}\zeta^{-m}(1-\zeta+\zeta^{2}-\cdots+\zeta^{2m}).$$

$$(19.9.4)$$

现在假设 x 的值是固定的, 且 ζ 位于闭区间 $-\dfrac{3}{2}\leqslant\zeta\leqslant-\dfrac{1}{2}$ 之中. 于是 (19.9.4) 左边的无穷乘积和右边的无穷级数关于 ζ 均为一致收敛. 从而它们每一个都表示 ζ 在该区间中的一个连续函数, 可以令 $\zeta\to-1$. 这样就有以下定理.

定理 357 $\displaystyle\sum_{n=1}^{\infty}(1-x^{n})^{3}=\sum_{m=0}^{\infty}(-1)^{m}(2m+1)x^{\frac{1}{2}m(m+1)}.$

这是 Jacobi 的另外一个著名的定理.

19.10　定理 353 的应用

Euler 恒等式 (19.9.3) 有一个鲜明的组合解释.

$$(1-x)(1-x^{2})(1-x^{3})\cdots$$

中 x^{n} 的系数是

$$\sum(-1)^{v},\qquad\qquad(19.10.1)$$

其中的求和取遍将 n 分成不相等的诸数之和的所有分划, 而 v 则是这样的分划中所含部分的个数. 例如数 6 的分划 3+2+1 对 x^6 的系数给出贡献 $(-1)^3$. 但是 (19.10.1) 是 $E(n) - U(n)$, 其中 $E(n)$ 是将 n 分成偶数个不相等的数之和的分划个数, $U(n)$ 是将 n 分成奇数个不相等的数之和的分划个数. 定理 353 可以如下改述.

定理 358   除了 $n = \dfrac{1}{2}k(3k \pm 1)$ 的情形以外, 均有 $E(n) = U(n)$ 成立. 当 $n = \dfrac{1}{2}k(3k \pm 1)$ 时有 $E(n) - U(n) = (-1)^k$.

例如 $7 = 6+1 = 5+2 = 4+3 = 4+2+1$, $E(7) = 3$, $U(7) = 2$, $E(7)-U(7) = 1$, 且有 $7 = \dfrac{1}{2} \times 2 \times (3 \times 2 + 1)$, $k = 2$.

这个恒等式可以用来有效地计算 $p(n)$. 因为

$$(1 - x - x^2 + x^5 + x^7 - \cdots) \left\{ 1 + \sum_{n=1}^{\infty} p(n)x^n \right\} = \frac{1 - x - x^2 + x^5 + x^7 - \cdots}{(1-x)(1-x^2)(1-x^3)\cdots} = 1.$$

令它们的系数相等, 这样就得到

$$\begin{aligned} p(n) &- p(n-1) - p(n-2) + p(n-5) + \cdots \\ &+ (-1)^k p\left\{ n - \frac{1}{2}k(3k-1) \right\} + (-1)^k p\left\{ n - \frac{1}{2}k(3k+1) \right\} + \cdots = 0. \end{aligned}$$

$$(19.10.2)$$

对很大的 n 来说, 左边的项数大约是 $2\sqrt{\dfrac{2}{3}n}$.

Macmahon 曾经利用 (19.10.2) 计算 $p(n)$ 直到 $n = 200$, 并求得

$$p(200) = 3\,972\,999\,029\,388.$$

19.11   定理 358 的初等证明

对于定理 358 有一个属于 Franklin 的非常漂亮的证明, 这个证明不用代数工具.

我们力图在 19.10 节中考虑过的两种分划之间建立一一对应关系. 这样一个对应当然不可能是精确的, 因为一个精确的一一对应将会证明对所有 n 均有 $E(n) = U(n)$.

取一个 G, 它表示将 n 分成任意多个不相等的数之和的一个分划, 其中各个数按照递减次序排列. 把最下面那条线 AB (它有可能只包含一个点) 称为这个图的 "底" β.

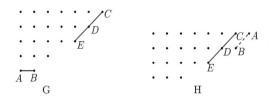

从 G 的最右上角的结点 C 出发, 向左下方画一条最长的能处在这个图中的线, 这条线也可能只包含一个结点. 把这条线 CDE 称为是这个图的 "斜率" σ. 如同在 G 中那样, 当在 σ 中比在 β 中有更多的结点时, 记成 $\beta < \sigma$, 在其他情形中也使用类似的记号. 这样就有 3 种可能性.

(a) $\beta < \sigma$. 将 β 移到在 σ 外面且和 σ 平行的位置, 如 H 所示. 这给出一种将该数分成若干个递减的不相等部分的新的分划, 它把该数分成的部分的个数与 G 中所分成的部分的个数二者奇偶性相反. 把这种操作称为 O, 而把相反的操作 (移动 σ, 并将它放在 β 的下面) 称为 Ω. 显然, 当 $\beta < \sigma$ 时, 要不破坏图的条件而进行操作 Ω 是不可能的.

(b) $\beta = \sigma$. 此时操作 O 是可能的 (如 I 所示), 除非 β 与 σ 相交 (如 J 所示), 当 β 与 σ 相交时, 操作 O 是不可能的. 无论在哪一种情形下, 操作 Ω 都是不可能的.

(c) $\beta > \sigma$. 此时操作 O 总是不可能的. 操作 Ω 则是可能的 (如 K 所示), 除非 β 与 σ 相交且 $\beta = \sigma + 1$ (如 L 所示, 此时操作 Ω 是不可能的, 因为它会导致含有两个相等部分构成的分划).

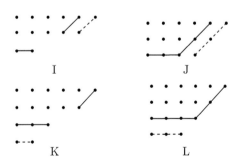

总结起来, 除了在由 J 和 L 所示的这些情形之外, 在这两种类型的分划之间都存在一一对应关系. 在这些例外情形中的第一种情形下, n 形如

$$k + (k+1) + \cdots + (2k-1) = \frac{1}{2}(3k^2 - k),$$

此时, 要么多出一个分成偶数个数之和的分划, 要么多出一个分成奇数个数之和的分划, 这要根据 k 是偶数还是奇数而定. 在第二种情形下, n 形如

$$(k+1) + (k+2) + \cdots + 2k = \frac{1}{2}(3k^2 + k),$$

其中两种分划的差额有同样的结果. 于是, 除非 $n = \frac{1}{2}(3k^2 \pm k)$, 否则总有 $E(n) - U(n) = 0$, 而在 $n = \frac{1}{2}(3k^2 \pm k)$ 的情形时有 $E(n) - U(n) = (-1)^k$. 这正是 Euler 定理.

19.12　$p(n)$ 的同余性质

尽管 $p(n)$ 的定义非常简单, 然而有关它的算术性质却知道得并不太多.

已知的最简单的算术性质是由 Ramanujan 发现的. 通过研究 Macmahon 所做的关于 $p(n)$ 的表, 受到启发的他首先猜想了三个与模 5, 7, 11 有关的令人称奇的性质, 随后证明了这些性质. 虽然对于模 13 Newman 已经发现了一些进一步的结果, 然而对于模 2 和 3, 没有已知的类似性质.

定理 359　$p(5m + 4) \equiv 0 \pmod{5}$.

定理 360　$p(7m + 5) \equiv 0 \pmod{7}$.

定理 361*　$p(11m + 6) \equiv 0 \pmod{11}$.

这里给出定理 359 的证明. 定理 360 可以用同样的方式加以证明, 但是定理 361 的证明要困难一些.

根据定理 353 和定理 357,

$$\begin{aligned} x\left\{(1-x)(1-x^2)\cdots\right\}^4 &= x(1-x)(1-x^2)\cdots\left\{(1-x)(1-x^2)\cdots\right\}^3 \\ &= x(1 - x - x^2 + x^5 + \cdots)(1 - 3x + 5x^3 - 7x^6 + \cdots) \\ &= \sum_{r=-\infty}^{\infty}\sum_{s=0}^{\infty}(-1)^{r+s}(2s+1)x^k, \end{aligned}$$

其中

$$k = k(r, s) = 1 + \frac{1}{2}r(3r+1) + \frac{1}{2}s(s+1).$$

我们来考虑在何种情况下 k 可以被 5 整除.

现在有

$$2(r+1)^2 + (2s+1)^2 = 8k - 10r^2 - 5 \equiv 8k \pmod{5}.$$

于是 $k \equiv 0 \pmod 5$ 蕴涵 $2(r+1)^2 + (2s+1)^2 \equiv 0 \pmod 5$. 又有

$$2(r+1)^2 \equiv 0, 2 \text{ 或者 } 3, \quad (2s+1)^2 \equiv 0, 1 \text{ 或者 } 4 \pmod 5,$$

仅当 $2(r+1)^2$ 和 $(2s+1)^2$ 中的每一个都能被 5 整除时, 将它们相加才能得到 0. 从而仅当 $2s+1$ 能被 5 整除时, k 才能被 5 整除, 这也就是

$$x\left\{(1-x)(1-x^2)\cdots\right\}^4$$

中 x^{5m+5} 的系数能被 5 整除.

在 $(1-x)^{-5}$ 的二项展开式中, 除了 $1, x^5, x^{10}, \cdots$ 的系数以外 (这些系数被 5 除都余 1),[①] 所有其他的系数都能被 5 整除. 可以将这个结果表示成

$$\frac{1}{(1-x)^5} \equiv \frac{1}{1-x^5} \pmod 5.$$

这个记号是 7.2 节中对于多项式所用记号的一个推广, 其含义是, x 的每个幂的系数都是同余的. 由此推出

$$\frac{1-x^5}{(1-x)^5} \equiv 1 \pmod 5$$

和

$$\frac{(1-x^5)(1-x^{10})(1-x^{15})\cdots}{\{(1-x)(1-x^2)(1-x^3)\cdots\}^5} \equiv 1 \pmod 5.$$

于是,

$$x\frac{(1-x^5)(1-x^{10})\cdots}{(1-x)(1-x^2)\cdots} = x\left\{(1-x)(1-x^2)\cdots\right\}^4\frac{(1-x^5)(1-x^{10})\cdots}{\{(1-x)(1-x^2)\cdots\}^5}$$

中 x^{5m+5} 的系数是 5 的倍数. 最后, 由于

$$\frac{x}{(1-x)(1-x^2)\cdots} = x\frac{(1-x^5)(1-x^{10})\cdots}{(1-x)(1-x^2)\cdots}(1+x^5+x^{10}+\cdots)(1+x^{10}+x^{20}+\cdots)\cdots,$$

所以

$$\frac{x}{(1-x)(1-x^2)(1-x^3)\cdots} = x + \sum_2^\infty p(n-1)x^n$$

中 x^{5m+5} 的系数是 5 的倍数, 这正是定理 359.

定理 360 的证明是类似的. 用 Jaccobi 级数 $1 - 3x + 5x^3 - 7x^6 + \cdots$ 的平方来代替 Euler 级数与 Jaccobi 级数的乘积.

还有一些形如 $p(25m + 24) \equiv 0 \pmod{5^2}$ 的关于模 $5^2, 7^2, 11^2$ 的同余式. Ramanujan 给出了一般的猜想: 如果 $\delta = 5^a 7^b 11^c$, 且 $24n \equiv 1 \pmod \delta$, 那么 $p(n) \equiv 0 \pmod \delta$. 只需要研究 $\delta = 5^a, 7^b, 11^c$ 的情形, 因为所有其他情形都可以作为推论从这些情形中得出.

Ramanujan 对于模 $5^2, 7^2, 11^2$ 证明了这些同余式, Krečmar 对于模 5^3 证明了同余式, Watson 对一般的 5^a 给出了该同余式的证明. 但是 Gupta 在将 Macmahon 的表扩充到 300 时发现,

$$p(243) = 133\,978\,259\,344\,888$$

---

① 第 6 章定理 76.

不能被 $7^3 = 343$ 整除. 而且, 由于 $24 \times 243 \equiv 1 \pmod{343}$, 这与关于 7^3 的猜想矛盾. 这样一来, 关于 7^b 的猜想不得不修改, Watson 发现并证明了一个经过适当修改的结论, 也就是: 如果 $b > 1$ 且 $24n \equiv 1 \pmod{7^{2b-2}}$, 那么就有 $p(n) \equiv 0 \pmod{7^b}$.

D. H. Lehmer 用了一个不同的方法来对特殊的 n 计算 $p(n)$, 这个方法基于 Hardy 和 Ramanujan 的解析理论以及 Rademacher 的解析理论. 他用这种方法对前面一些 n 的值验证了关于模 11^3 和模 11^4 的猜想的正确性. 其后, Lehner 对模 11^3 证明了这个猜想, 而 Atkin 则对一般的模 11^c 证明了这个猜想.

Dyson 猜想了某些非凡的结果, 而 Atkin 和 Swinnerton-Dyer 则证明了它们, 定理 359 和定理 360 是这些结果的直接推论, 但定理 361 不能直接由这些结果推出. 可以定义一个分划的 **秩** (rank) 是该分划中最大的数减去该分划中数的个数的差, 从而至少可有一个分划的秩与它的共轭分划的秩仅相差一个符号. 接下来我们将一个数的分划分成 5 个类, 每个类都包含这样一些分划, 这些分划的秩关于模 5 有同样的剩余. 这样一来, 如果 $n \equiv 4 \pmod 5$, 则这 5 个类的每一个类中含有的分划个数都是相同的, 从而立即推出定理 359. 还有一个类似的结果, 由它可以导出定理 360.

19.13   Rogers-Ramanujan 恒等式

我们用两个定理来结束本章, 这两个定理在表面上很像定理 345 和定理 346, 但是其证明要困难得多.

定理 362 $1 + \dfrac{x}{1-x} + \dfrac{x^4}{(1-x)(1-x^2)} + \dfrac{x^9}{(1-x)(1-x^2)(1-x^3)} + \cdots$

$$= \frac{1}{(1-x)(1-x^6)\cdots(1-x^4)(1-x^9)\cdots},$$

也就是

$$1 + \sum_{m=1}^{\infty} \frac{x^{m^2}}{(1-x)(1-x^2)\cdots(1-x^m)} = \prod_{0}^{\infty} \frac{1}{(1-x^{5m+1})(1-x^{5m+4})}. \quad (19.13.1)$$

定理 363 $1 + \dfrac{x^2}{1-x} + \dfrac{x^6}{(1-x)(1-x^2)} + \dfrac{x^{12}}{(1-x)(1-x^2)(1-x^3)} + \cdots$

$$= \frac{1}{(1-x^2)(1-x^7)\cdots(1-x^3)(1-x^8)\cdots},$$

也就是

$$1 + \sum_{m=1}^{\infty} \frac{x^{m(m+1)}}{(1-x)(1-x^2)\cdots(1-x^m)} = \prod_{0}^{\infty} \frac{1}{(1-x^{5m+2})(1-x^{5m+3})}. \quad (19.13.2)$$

这里的级数与定理 345 以及定理 346 中级数的区别仅仅是在分母中用 x 代替了 x^2. 这些公式的特殊意义在于数 5 所起的令人意想不到的作用.

首先注意到, 这些定理与定理 345 以及定理 346 一样, 有一个组合的解释. 例如, 考虑定理 362. 可以把任何一个平方数 m^2 表示成

$$m^2 = 1 + 3 + 5 + \cdots + (2m-1),$$

像 M 中的黑点所表示的那样 (其中 $m=4$). 如果现在取任意一个将 $n - m^2$ 分解成至多 m 个数 (其中的数按照递减的次序排列) 之和的分划, 并将这个分划添加到图中, 如 M (在该图中有 $m=4$ 以及 $n = 4^2 + 11 = 27$) 中的圆圈所表示的那样, 这样就得到数 n 的一个分划, 其中没有重复的数, 也没有连续的数出现 (在图中有 27=11+8+6+2), 也就是所分成的诸数之间的最小的差是 2. (19.13.1) 的左端项列出了 n 的这种类型的分划.

$$\begin{matrix} \bullet & \bullet & \bullet & \bullet & \bullet & \bullet & \bullet & \circ & \circ & \circ \\ \bullet & \bullet & \bullet & \bullet & \bullet & \circ & \circ & \circ \\ \bullet & \bullet & \bullet & \bullet & \circ & \circ & \circ \\ \bullet & \circ \end{matrix}$$
$$\text{M}$$

其次, 该式的右边计算了将它分成形如 $5m+1$ 和 $5m+4$ 的诸数之和的分划个数. 因此定理 362 可以重新表述成一个纯粹的 "组合的" 定理, 如下所述.

定理 364 将 n 分成最小差为 2 的分划个数等于将 n 分成形如 $5m+1$ 以及 $5m+4$ 的诸数之和的分划个数.

例如当 $n=9$ 时, 每一种类型的分划都各有 5 个:

$$9, \ 8+1, \ 7+2, \ 6+3, \ 5+3+1$$

是第一种类型的分划, 而

9, 6+1+1+1, 4+4+1, 4+1+1+1+1+1, 1+1+1+1+1+1+1+1+1

是第二种类型的分划.

类似地, 定理 363 的组合等价结果如下所述.

定理 365 将 n 分成每部分不小于 2 且最小差为 2 的分划个数, 等于将 n 分成形如 $5m+2$ 以及 $5m+3$ 的诸数之和的分划个数.

可以从恒等式

$$m(m+1) = 2 + 4 + 6 + \cdots + 2m$$

出发, 用同样的方法来证明这个等价定理.

在 19.14 节里要给出的这些定理的证明是由 Rogers 和 Ramanujan 独立发现的. 我们用 Rogers 给出的形式来陈述证明. 他的证明比较直白易懂, 但缺少启发性, 这是因为他的证明依赖于一个辅助函数, 然而这个函数产生的缘由仍然不甚明了. 自然人们希望有一个初等的证明, 它能像 19.11 节中的那些证明那样按照某种思路来进行, 这样一个证明是由 Schur 发现的. 但是 Schur 的证明过于复杂, 无法在这里讲述. 还有由 Rogers 和 Schur 给出的另外一些证明, 以及一个由 Watson 给出的基于不同思路的证明. 没有一个证明是真正容易的 (看来指望有一个容易的证明是不大合理的).

19.14　定理 362 和定理 363 的证明

记

$$P_0 = 1, \quad P_r = \prod_{s=1}^{r} \frac{1}{1-x^s}, \quad Q_r = Q_r(a) = \prod_{s=r}^{\infty} \frac{1}{1-ax^s}, \quad \lambda(r) = \frac{1}{2}r(5r+1),$$

并且用 $\eta f(a) = f(ax)$ 定义操作 η. 引进一个辅助函数

$$H_m = H_m(a) = \sum_{r=0}^{\infty} (-1)^r a^{2r} x^{\lambda(r)-mr}(1-a^m x^{2mr})P_r Q_r, \tag{19.14.1}$$

其中 $m = 0, 1$ 或者 2. 我们的目的是要将 H_1 和 H_2 展开成 a 的幂级数. 首先来证明

$$H_m - H_{m-1} = a^{m-1}\eta H_{3-m} \quad (m=1,2). \tag{19.14.2}$$

我们有

$$H_m - H_{m-1} = \sum_{r=0}^{\infty} (-1)^r a^{2r} x^{\lambda(r)} C_{mr} P_r Q_r,$$

其中

$$C_{mr} = x^{-mr} - a^m x^{mr} - x^{(1-m)r} + a^{m-1}x^{r(m-1)}$$
$$= a^{m-1}x^{r(m-1)}(1-ax^r) + x^{-mr}(1-x^r).$$

现在有

$$(1-ax^r)Q_r = Q_{r+1}, \quad (1-x^r)P_r = P_{r-1}, \quad 1-x^0 = 0 ,$$

因此

$$H_m - H_{m-1} = \sum_{r=0}^{\infty} (-1)^r a^{2r+m-1} x^{\lambda(r)+r(m-1)} P_r Q_{r+1} + \sum_{r=1}^{\infty} (-1)^r a^{2r} x^{\lambda(r)-mr} P_{r-1} Q_r.$$

在这个等式右边的第二个和中, 将 r 改成 $r+1$. 这样就有

$$H_m - H_{m-1} = \sum_{r=0}^{\infty} (-1)^r D_{mr} P_r Q_{r+1},$$

其中

$$D_{mr} = a^{2r+m-1} x^{\lambda(r)+r(m-1)} - a^{2(r+1)} x^{\lambda(r+1)-m(r+1)}$$

$$= a^{m-1+2r} x^{\lambda(r)+r(m-1)} (1 - a^{3-m} x^{(2r+1)(3-m)})$$

$$= a^{m-1} \eta \left\{ a^{2r} x^{\lambda(r)-r(3-m)} (1 - a^{3-m} x^{2r(3-m)}) \right\},$$

其中用到 $\lambda(r+1) - \lambda(r) = 5r + 3$. 又有 $Q_{r+1} = \eta Q_r$, 所以

$$H_m - H_{m-1} = a^{m-1} \eta \sum_{r=0}^{\infty} (-1)^r a^{2r} x^{\lambda(r)-r(3-m)} (1 - a^{3-m} x^{2r(3-m)}) P_r Q_r$$

$$= a^{m-1} \eta H_{3-m},$$

这就是 (19.14.2).

如果在 (19.14.2) 中令 $m = 1$ 以及 $m = 2$, 并记住有 $H_0 = 0$, 就得到

$$H_1 = \eta H_2, \qquad\qquad\qquad (19.14.3)$$

$$H_2 - H_1 = a\eta H_1,$$

从而有

$$H_2 = \eta H_2 + a\eta^2 H_2. \qquad\qquad\qquad (19.14.4)$$

用此式来将 H_2 展开成 a 的幂级数. 如果

$$H_2 = c_0 + c_1 a + \cdots = \sum c_s a^s,$$

其中 c_s 与 a 无关, 那么 $c_0 = 1$, 且 (19.14.4) 给出

$$\sum c_s a^s = \sum c_s x^s a^s + \sum c_s x^{2s} a^{s+1}.$$

于是, 令 a^s 的系数相等, 就有

$$c_1 = \frac{1}{1-x}, \quad c_s = \frac{x^{2s-2}}{1-x^s} c_{s-1} = \frac{x^{2+4+\cdots+2(s-1)}}{(1-x)\cdots(1-x^s)} = x^{s(s-1)} P_s.$$

从而

$$H_2(a) = \sum_{s=0}^{\infty} a^s x^{s(s-1)} P_s.$$

如果取 $a = x$, 此式的右边就是 (19.13.1) 中的级数. 又有 $P_r Q_r(x) = P_{\infty}$, 根据 (19.14.1) 有

$$H_2(x) = P_{\infty} \sum_{r=0}^{\infty} (-1)^r x^{\lambda(r)} (1 - x^{2(2r+1)})$$

$$= P_\infty \left\{ \sum_{r=0}^{\infty} (-1)^r x^{\lambda(r)} + \sum_{r=1}^{\infty} (-1)^r x^{\lambda(r-1)+2(2r-1)} \right\}$$

$$= P_\infty \left\{ 1 + \sum_{r=1}^{\infty} (-1)^r (x^{\frac{1}{2}r(5r+1)} + x^{\frac{1}{2}r(5r-1)}) \right\}.$$

这样一来, 根据定理 356 就有

$$H_2(x) = P_\infty \prod_{n=0}^{\infty} \left\{ (1 - x^{5n+2})(1 - x^{5n+3})(1 - x^{5n+5}) \right\}$$

$$= \prod_{n=0}^{\infty} \frac{1}{(1 - x^{5n+1})(1 - x^{5n+4})}.$$

这就完成了定理 362 的证明.

再次根据 (19.14.3) 有

$$H_1(a) = \eta H_2(a) = H_2(ax) = \sum_{s=0}^{\infty} a^s x^{s^2} P_s,$$

而对 $a = x$, 此式的右边变成 (19.13.2) 中的级数. 利用 (19.14.1) 以及定理 355, 我们就用与证明定理 362 同样的方式完成了定理 363 的证明.

19.15　Ramanujan 连分数

可以将 (19.14.4) 写成

$$H_2(a, x) = H_2(ax, x) + aH_2(ax^2, x),$$

从而有

$$H_2(ax, x) = H_2(ax^2, x) + axH_2(ax^3, x).$$

这样一来, 如果定义 $F(a)$ 为

$$F(a) = F(a, x) = H_1(a, x) = \eta H_2(a, x) = H_2(ax, x)$$

$$= 1 + \frac{ax}{1-x} + \frac{a^2x^4}{(1-x)(1-x^2)} + \cdots,$$

那么 $F(a)$ 满足

$$F(ax^n) = F(ax^{n+1}) + ax^{n+1}F(ax^{n+2}).$$

于是, 如果

$$u_n = \frac{F(ax^n)}{F(ax^{n+1})},$$

就有

$$u_n = 1 + \frac{ax^{n+1}}{u_{n+1}},$$

从而 $u_0 = F(a)/F(ax)$ 可以形式地展开成

$$\frac{F(a)}{F(ax)} = 1 + \frac{ax}{1+} \frac{ax^2}{1+} \frac{ax^3}{1+\cdots}, \tag{19.15.1}$$

这是与第 10 章中考虑过的那些连分数类型不同的 "连分数".

在此不会对这样的连分数构造一个理论. 不难证明, 当 $|x| < 1$ 时,

$$1 + \frac{ax}{1+} \frac{ax^2}{1+} \cdots \frac{ax^n}{1}$$

趋向一个极限, 用这个极限可以定义 (19.15.1) 的右边. 如果承认这个结论为真, 特别地, 就有

$$\frac{F(1)}{F(x)} = 1 + \frac{x}{1+} \frac{x^2}{1+} \frac{x^3}{1+\cdots},$$

从而有

$$1 + \frac{x}{1+} \frac{x^2}{1+\cdots} = \frac{1-x^2-x^3+x^9+\cdots}{1-x-x^4+x^7+\cdots} = \frac{(1-x^2)(1-x^7)\cdots(1-x^3)(1-x^8)\cdots}{(1-x)(1-x^6)\cdots(1-x^4)(1-x^9)\cdots}.$$

由椭圆函数论可知, 这些乘积和级数对于 x 的某种特殊值 (特别当 $x = e^{-2\pi\sqrt{h}}$ 且 h 是有理数时) 是可以计算的. 例如, Ramanujan 用这种方法证明了

$$1 + \frac{e^{-2\pi}}{1+} \frac{e^{-4\pi}}{1+} \frac{e^{-6\pi}}{1+\cdots} = \left\{ \sqrt{\frac{5+\sqrt{5}}{2}} - \frac{\sqrt{5}+1}{2} \right\} e^{\frac{2}{5}\pi}.$$

本 章 附 注

19.1 节. 在 Bachmann, *Niedere Zahlentheorie*, ii 第 3 章; Netto, *Combinatorik* (第 2 版, Brun 与 Skolem 合著, 1927 年); Macmahon, *Combinatory analysis*, ii 中有关于分划的早期理论的一些一般性的说明; 关于后期研究工作参见以下著作: Gupta 的综述文章 (*J. Res. Nat. Bur. Standards* **B74** (1970), 1-29); Andrews 的 *Partitions* 一书; Andrews 与 Eriksson 所著 *Integer Partitions*; Ono 与 Ahlgren 的文章 (*Notices Amer. Math. Soc.*, **48** (2001), 978-984) 以及 Ono 所著 *The Web of Modularity*.

19.3 节至 19.5 节. 这几节所有的公式都属于 Euler. 这些方法更进一步的发展可以在 Andrews 的 *Partitions* 一书第 2 章以及 Andrews 与 Eriksson 所著 *Integer Partitions* 一书第 5 章中找到. 有关历史的参考文献, 见 Dickson, *History*, ii 第 3 章.

19.6 节. 定理 348 (q-二项定理) 和定理 349 (q-二项级数) 都不包含在 Euler 的著作中. Cauchy 曾经研究过它们, 但可能这两个结果在 Cauchy 之前就已经为他人所知. 这些结果的进一步应用出现在 Andrews 的 *Partitions* 一书第 3 章以及 Andrews 与 Eriksson 所著书之第 7 章中.

19.7 节. 虽然此公式常归功于 Euler, 但它的第一次公开发表是由 Jacobi, *Fundamenta nova* 第 64 章给出的. 事实上, Jacobi 需要用定理 351 的一个推广来对定理 352 做出他最初的证明.

19.8 节. 定理 352 常称为 Jacobi 三重乘积恒等式 (Jacobi, *Fundamenta nova*, 第 64 章). 这个定理已为 Gauss 所知. 根据 Enneper 的说法, 这里给出的证明归功于 Jacobi; R. F. Whitehead 先生引起了我们对它的注意. Wright (*J. London Math. Soc.* **40** (1965), 55-57) 对定理 352 给出了一个简单的组合证明, 如同在 19.5 节、19.6 节以及 19.11 节中一样, 他的证明用到了点阵. Wright 所用的这个方法的完整历史以及它的更广泛应用是由 Andrews 给出的 (*Memoirs of the Amer. Math. Soc.* **49** (1984)). 其他的证明出现在 Andrews 的 *Partitions* 一书第 2 章以及 Andrews 与 Eriksson 合著的 *Integer Partitions* 一书第 8 章里.

19.9 节. 定理 353 属于 Euler; 参考文献见 Bachmann, *Niedere Zahlentheorie*, ii, 163 或者见 Dickson, *History*, ii, 103. 定理 354 是由 Gauss 在 1808 年证明的 (*Werke*, ii, 20), 定理 357 是由 Jacobi (*Fundamenta nova*, 第 66 章) 证明的. 这里给出的定理 357 的证明是由 D. H. Lehmer 教授提出的.

19.10 节. Macmahon 的表印在 *Proc. London Math. Soc.* (2) **17** (1918), 114-115 中, 后来被扩充到了 600 [Gupta, 同一杂志, **39** (1935), 142-149 以及 **42** (1937), 546-549] 以及 1000 [Gupta, Gwyther, and Miller, *Roy. Soc. Math. Tables* **4** (Cambridge, 1958)]. 最近, Sun Tae Soh 对 $n \leqslant 22\,000\,000$ 的 $p(n)$ 的计算准备了一个程序.

19.11 节. F. Franklin, *Comptes rendus*, **92** (1881), 448-450. 我们注意到, 如果用这个方法来证明定理 358, 也就是定理 353, 就能简化 19.8 节中定理 352 的证明. 如前一样得到 (19.8.3). 然后令 $x = y^{3/2} z = -y^{1/2}$, 根据定理 353, 我们就有

$$P(x,z) = \prod_{n=1}^{\infty} \left\{ (1-y^{3n})(1-y^{3n-1})(1-y^{3n-2}) \right\} = \prod_{m=1}^{\infty} (1-y^m)$$

和

$$S(x,z) = \sum_{n=-\infty}^{\infty} (-1)^n y^{\frac{1}{2}n(3n+1)} = P(x,z),$$

所以 $a_0(x) = 1$.

19.12 节. 见 Ramanujan, *Collected Papers*, nos. 25, 28, 30. 这些论文只包含了关于模 5、7 以及 11 的同余式的完整的证明. 在第 213 页上他陈述了一些恒等式, 这些恒等式蕴涵关于模 5^2 以及模 7^2 的同余式作为其推论, 后来这些恒等式由 Darling [*Proc. London Math. Soc.* (2) **19** (1921), 350-372] 以及 Mordell [同一杂志, **20** (1922), 408-416] 给出了证明. Ramanujan 的一份没有发表的手稿处理了许多有关他的猜想的例子; 这份文献已被 Berndt 和 Ono 重新发现 (*The Andrews Festschrift*, Springer, 2001, pp. 39-110).

这一节末尾提到的论文是: 在 19.10 节附注中提及的 Gupta 的论文; Krečmar, *Bulletin de l'acad. des sciences de l'URSS* (7) **6** (1933), 763-800; Lehmer, *Journal London Math. Soc.* **11** (1936), 114-118 以及 *Bull. Amer. Math. Soc.* **44** (1938), 84-90; Watson, *Journal für Math.* **179** (1938), 97-128; Lehner, *Proc. Amer. Math. Soc.* **1** (1950), 172-181; Dyson, *Eureka* **8** (1944), 10-15; Atkin and Swinnerton-Dyer, *Proc. London Math. Soc.* (3) **4** (1954), 84-106. Atkin [*Glasgow Math. J.* **8** (1967), 14-32] 对于一般性的 c 证明了关于模 11^c 的结果, 他还发现了其他若干个更为复杂的同余式结果.

最近, Ono (*The Web of Modularity*) 和他的同事们大大扩展了有关分划函数同余式的知识. Andrews and Garvan (*Bull. Amer. Math. Soc.* **18** (1998), 167-171) 发现了 Dyson 所

猜想的 "奇招"; Mahlberg (*Proc. Nat. Acad. Sci.* **102** (2005), 15373-15376) 则将此奇招与 Ono 所发现的大量同余式联系了起来.

19.13 节至 19.14 节. 有关 Rogers-Ramanujan 恒等式 (它是首先由 Rogers 在 1894 年发现的) 的历史, 见 Hardy 在 Ramanujan 的 *Collected papers*, pp. 344-345 上重印的注记以及 Hardy, *Ramanujan* 一书第 6 章. Schur 的证明出现在 *Berliner Sitzungsberichte* (1917), 302-321 上, Watson 的证明出现在 *Journal London Math. Soc.* **4** (1929), 4-9 中. Hardy, *Ramanujan*, 95-99 以及 107-111 给出了这些证明的另外的变种.

Selberg, *Avhandlinger Norske Akad.* (1936), no. 8 将 Rogers 和 Ramanujan 的推理方法作了推广, 并且发现了与数 7 有关的类似的 (并非简单的) 公式. Dyson [*Journal London Math. Soc.* **18** (1943), 35-39] 指出, 这些公式也可以在 Rogers 的工作中找到, 并大大简化了它们的证明.

最近, 这一理论的进展以及 Rogers-Ramanujan 恒等式一直都很活跃. 这些发现的报道可以在以下文章中找到: Alder 的综述文章 (*Amer. Math. Monthly,* **76** (1969), 733-746); Alladi (*Number Theory,* Paris 1992-1993, Cambridge University Press (1995), 1-36); Andrews (*Advances in Math.,* **9** (1972), 10-51; *Bull. Amer. Math. Soc.* **80** (1974) 1033-1052; *Memoirs Amer. Math. Soc.,* **152** (1974), I+86pp.; *Pac. J. Math.* **114** (1984), 267-283). 有关物理方面的应用见 Berkovich 与 McCoy 的综述文章 (*Proc. ICM* 1998, III, 163-172). 也见 Andrews 所著 *Partitions* 一书.

C. Sudler 先生对 19.14 节中给出的证明提出了一个实质性的改进.

19.15 节. 在 Andrews and Berndt, *Ramanujan's Lost Notebook*, Part I 第 1 章到第 8 章中讨论了关于 Rogers-Ramanujan 连分数的最近发现.

第 20 章 用两个或四个平方和表示数

20.1 Waring 问题: 数 $g(k)$ 和 $G(k)$

Waring 问题是将正整数表示成固定的 s 个非负整数 k 次幂之和的问题. 它是 19.1 节中的一般性问题的特殊情形, 在该问题中取那里的诸数 a 为

$$0^k, 1^k, 2^k, 3^k, \cdots,$$

且 s 是固定的数. 当 $k = 1$ 时, 问题就是将该数分成 s 个无限制形式的数之和的分划. 如同我们在第 19 章中看到的那样, 这样的分划是由函数

$$\frac{1}{(1-x)(1-x^2)\cdots(1-x^s)}$$

来计数的. 因此我们取 $k \geqslant 2$.

如果 s 太小, 比方说 $s = 1$, 显然不可能把所有整数都表示出来. 确实, 如果 $s < k$, 这是不可能的. 因为满足 $x_1^k \leqslant n$ 的 x_1 的值的个数不超过 $n^{1/k} + 1$, 所以 $x_1, x_2, \cdots, x_{k-1}$ 中满足 $x_1^k + \cdots + x_{k-1}^k \leqslant n$ 的数组个数不超过 $(n^{1/k} + 1)^{k-1} = n^{(k-1)/k} + O(n^{(k-2)/k})$. 从而大多数的数都不能用 $k-1$ 个或者更少个数的 k 次幂来表示.

我们提出的第一个问题是: 对于给定的 k, 是否有一个固定的 $s = s(k)$ 存在, 使得对每个 n,

$$n = x_1^k + x_2^k + \cdots + x_s^k \tag{20.1.1}$$

都可解?

问题的答案无论如何都不是显然的. 例如, 如果 19.1 节中的诸数 a 是下列的数

$$1, \, 2, \, 2^2, \, \cdots, \, 2^m, \, \cdots,$$

那么数 $2^{m+1} - 1 = 1 + 2 + 2^2 + \cdots + 2^m$ 就不能用少于 $m + 1$ 个数 a 来表示, 而当 $n = 2^{m+1} - 1 \to \infty$ 时有 $m + 1 \to \infty$. 于是, "所有的数都可以用固定个数的 2 的幂来表示" 是不正确的.

Waring 不加证明地陈述道: 每个数都是 4 个平方数之和, 都是 9 个立方数之和, 都是 19 个四次方数之和, 等等. 他的话意味着他相信我们这个问题的答案是肯定的, 也就是对每个固定的 k、任何正数 n 以及某个仅依赖于 k 的 $s = s(k)$, (20.1.1) 都是可解的. Waring 对于他的论断, 不大可能有任何足够的理由, 一直到一百多年以后, Hilbert 才首次证明了这个论断为真.

一个可以用 s 个 k 次幂来表示的数显然也可以用更多的 k 次幂来表示. 这样一来, 如果所有的数都可以用 s 个 k 次幂来表示, 那么就有一个最小的数 s 使此结论仍然成立. 用 $g(k)$ 来记 s 的这个最小的值. 本章要证明 $g(2) = 4$, 也就是说任何数都可以用四个平方数来表示, 而且 4 是能表示出所有的数所需要的平方数的最少的个数. 第 21 章将要证明 $g(3)$ 和 $g(4)$ 是存在的, 但是没有定出它们的值.

还有另外一种数在某个方面比 $g(k)$ 更有意义. 不妨假设 $k = 3$. 已知 $g(3) = 9$, 即每个数可以用至多 9 个立方数来表示, 而除了 $23 = 2 \times 2^3 + 7 \times 1^3$ 和

$$239 = 2 \times 4^3 + 4 \times 3^3 + 3 \times 1^3$$

之外, 其他每个数都可以用至多 8 个立方数来表示. 事实上, 每个充分大的数可以用至多 7 个立方数来表示. 数值证据显示, 只有 15 个其他的数 (其中最大的一个是 454) 需要用 8 个立方数来表示, 而从 455 开始往后的每个数只要用 7 个立方数就足够了.

显然, 如果事实确实如此, 那么 9 并不是这个问题中真正最有意义的数. 只有两个数需要用 9 个立方数来表示, 如果事实如此的话, 也只有恰好另外 15 个数需要用 8 个立方数来表示. 这样说来, 这些事实是算术中的偶然事件, 它们的发生依赖于一些特殊的数的没有什么意义的特性. 最基本和最困难的问题并不是确定至少需要用多少个立方数来表示出**所有的数**, 而是确定至少需要用多少个立方数来表示出**所有充分大的数**, 也就是除了有限多个例外之外所有的数.

定义 $G(k)$ 是使得对所有充分大的数此结论为真的 s 的最小的值, 也就是除了有限多个例外的数, 所有的数均可用 s 个 k 次幂来表示, 这样就有 $G(3) \leqslant 7$. 此外, 如同我们在第 21 章里将要看到的那样, 有 $G(3) \geqslant 4$, 有无穷多个数不能用 3 个立方数来表示. 从而 $G(3)$ 的值是 4、5、6 或者 7, 现在还不知道其中哪一个值是正确的.

显然对每个 k 都有

$$G(k) \leqslant g(k).$$

一般来说, $G(k)$ 要比 $g(k)$ 小得多, $g(k)$ 的值由于表示某些相对较小的数所遇到的困难而被增大了.

20.2　平　方　和

本章仅限于讨论 $k = 2$ 的情形. 主要结果是定理 369, 将它和平凡的结果[①]"任何形如 $8m + 7$ 的数都不能表示成三个平方数之和" 结合起来就表明

$$g(2) = G(2) = 4.$$

---

① 见 20.10 节.

我们给出这个基本定理的三个证明. 第一个证明 (20.5 节) 是初等的, 它依赖于 "递降法", 这个方法原则上属于 Fermat. 第二个证明 (20.6 节至 20.9 节) 依赖于四元数的算术. 第三个证明 (20.11 节至 20.12 节) 依赖于一个恒等式, 此恒等式应该属于椭圆函数论 (尽管我们是用初等代数将它证明的),[①] 并对表法个数给出了一个公式.

在这样做之前, 先暂时回到用两个平方来表示数这个问题上来.

定理 366　一个数 n 是两个平方之和, 当且仅当在 n 的标准分解式中, 它的所有形如 $4m+3$ 的素因子都有偶次幂.

这个定理是 (16.9.5) 以及定理 278 的直接推论. 不过, 定理 366 还有其他一些证明, 其中有一些证明与 $k(\mathrm{i})$ 中的算术无关, 这些证明包含了有趣而且重要的思想.

20.3　定理 366 的第二个证明

我们需要证明: n 形如 x^2+y^2 当且仅当

$$n = n_1^2 n_2, \tag{20.3.1}$$

其中 n_2 没有形如 $4m+3$ 的素因子.

如果 $(x,y)=1$, 称 $n=x^2+y^2$ 是 n 的一个**本原**表示, 反之则称它是一个**非本原**表示.

定理 367　如果 $p=4m+3$, 且 $p\mid n$, 那么 n 没有本原的表示.

如果 n 有一个本原的表示, 那么

$$p\mid(x^2+y^2),\quad (x,y)=1,$$

所以 $p\nmid x, p\nmid y$. 根据定理 57 可知, 存在一个数 l 使得 $y\equiv lx\pmod{p}$, 从而有

$$x^2(1+l^2)\equiv x^2+y^2\equiv 0\pmod{p}.$$

由此推得 $1+l^2\equiv 0\pmod{p}$, 从而 -1 是 p 的一个二次剩余, 这与定理 82 矛盾.

定理 368　如果 $p=4m+3, p^c\mid n, p^{c+1}\nmid n$, 且 c 是奇数, 那么 n 没有 (本原的或非本原的) 表示.

假设 $n=x^2+y^2, (x,y)=d$, 并设 p^γ 是 p 整除 d 的最高幂次. 那么就有, 比方说

$$x=dX,\quad y=dY,\quad (X,Y)=1,$$

① 见 19.7 节末尾的脚注.

$$n = d^2(X^2 + Y^2) = d^2 N.$$

p 能整除 N 的最高幂的指数是 $c - 2\gamma$, 它是一个正数, 这是因为 c 是奇数. 从而

$$N = X^2 + Y^2, \quad (X, Y) = 1, \quad p \,|\, N.$$

这与定理 367 矛盾.

剩下要证明, 当 n 有 (20.3.1) 的形式时, n 是可以表示的[1]. 显然只要证明 n_2 是可以表示的足矣. 我们又有

$$(x_1^2 + y_1^2)(x_2^2 + y_2^2) = (x_1 x_2 + y_1 y_2)^2 + (x_1 y_2 - x_2 y_1)^2,$$

所以两个可以表示的数的乘积仍然是一个可以表示的数. 由于 $2 = 1^2 + 1^2$ 是可以表示的, 从而问题就转化成证明定理 251, 也就是证明: 如果 $p = 4m + 1$, 那么 p 是可以表示的.

既然 -1 是这样的 p 的二次剩余, 那么就存在一个 l 使得 $l^2 \equiv -1 \pmod{p}$. 在定理 36 中取 $n = \lfloor \sqrt{p} \rfloor$, 我们看到有整数 a 和 b 使得

$$0 < b < \sqrt{p}, \quad \left| -\frac{l}{p} - \frac{a}{b} \right| < \frac{1}{b\sqrt{p}}.$$

如果记 $c = lb + pa$, 那么

$$|c| < \sqrt{p}, \quad 0 < b^2 + c^2 < 2p.$$

但是 $c \equiv lb \pmod{p}$, 所以

$$b^2 + c^2 \equiv b^2 + l^2 b^2 \equiv b^2(1 + l^2) \equiv 0 \pmod{p}.$$

这样就有

$$b^2 + c^2 = p.$$

20.4　定理 366 的第三个和第四个证明

(1) 定理 366 的另一个证明 [它 (在原则上) 是属于 Fermat 的] 以 "递降法" 作为基础. 为了证明 $p = 4m + 1$ 是可以表示的, 我们要证明 (i) p 的某个倍数是可以表示的, 而且 (ii) p 的**最小的**可以表示的倍数就是 p 自己. 而证明的剩下的部分是同样的.

根据定理 86, 存在数 x, y 使得

$$x^2 + y^2 = mp, \quad p \nmid x, \quad p \nmid y, \tag{20.4.1}$$

---

[1] 本节以及 20.4 节中的 "可以表示" 一词均指的是 "可以表示成两个平方数之和". 以下类似, 不再赘述.

——译者注

且有 $0 < m < p$. 设 m_0 是使得 (20.4.1) 成立的 m 的最小的值, 在 (20.4.1) 中用 m_0 取代 m. 如果 $m_0 = 1$, 我们的定理就已经证明了.

如果 $m_0 > 1$, 那么 $1 < m_0 < p$. 现在 m_0 不可能同时整除 x 和 y, 因为如果这样的话, 就有

$$m_0^2 \,|\, (x^2 + y^2) \to m_0^2 \,|\, m_0 p \to m_0 \,|\, p.$$

于是可以选取 c 和 d 使得

$$x_1 = x - cm_0, \quad y_1 = y - dm_0,$$
$$|x_1| \leqslant \frac{1}{2} m_0, \quad |y_1| \leqslant \frac{1}{2} m_0, \quad x_1^2 + y_1^2 > 0,$$

这样就有

$$0 < x_1^2 + y_1^2 \leqslant 2\left(\frac{1}{2} m_0\right)^2 < m_0^2. \tag{20.4.2}$$

现在有

$$x_1^2 + y_1^2 \equiv x^2 + y^2 \equiv 0 \pmod{m_0},$$

这也就是

$$x_1^2 + y_1^2 = m_1 m_0, \tag{20.4.3}$$

其中 $0 < m_1 < m_0$ [根据 (20.4.2)]. 用 (20.4.1) 乘 (20.4.2), 并取 $m = m_0$, 就得到

$$m_0^2 m_1 p = (x^2 + y^2)(x_1^2 + y_1^2) = (xx_1 + yy_1)^2 + (xy_1 - x_1 y)^2.$$

但是

$$xx_1 + yy_1 = x(x - cm_0) + y(y - dm_0) = m_0 X,$$
$$xy_1 - x_1 y = x(y - dm_0) - y(x - cm_0) = m_0 Y,$$

其中 $X = p - cx - dy, Y = cy - dx$. 从而有

$$m_1 p = X^2 + Y^2 \quad (0 < m_1 < m_0),$$

这与 m_0 的定义矛盾. 由此推得 m_0 必须为 1.

(2) 第四个证明 (属于 Grace) 依赖于第 3 章的思想.

根据定理 82, 存在一个数 l 使得 $l^2 + 1 \equiv 0 \pmod{p}$. 考虑基本格 Λ 中满足 $y \equiv lx \pmod{p}$ 的点 (x, y). 这些点定义了一个格 M.[①]容易看出, Λ 中处在属于 M 的一个环绕原点的大圆中的点的比例渐近地是 $\dfrac{1}{p}$, 于是 M 的基本平行四边形的面积就是 p.

假设 A [或者写成 (ξ, η)] 是 M 的最接近原点的诸点中的一个. 那么 $\eta \equiv l\xi$, 所以有 $-\xi \equiv l^2 \xi \equiv l\eta \pmod{p}$, 于是 B [也就是 $(-\eta, \xi)$] 也是 M 的一个点. M 没有点在三角形 OAB 内部, 于是它也没有点在以 OA, OB 为边的正方形内部. 从而这个正方形就是 M 的一个基本平行四边形, 所以它的面积就是 p. 由此推得 $\xi^2 + \eta^2 = p$.

---

① 我们简略地叙述这个证明, 而把细节留给读者.

20.5　四平方定理

现在转向本章的主要定理.

定理 369 (Lagrange 定理)　每个正整数都是四个平方数之和.

由于

$$(x_1^2 + x_2^2 + x_3^2 + x_4^2)(y_1^2 + y_2^2 + y_3^2 + y_4^2)$$

$$= (x_1y_1 + x_2y_2 + x_3y_3 + x_4y_4)^2 + (x_1y_2 - x_2y_1 + x_3y_4 - x_4y_3)^2 \qquad (20.5.1)$$

$$+ (x_1y_3 - x_3y_1 + x_4y_2 - x_2y_4)^2 + (x_1y_4 - x_4y_1 + x_2y_3 - x_3y_2)^2,$$

所以两个可表示的数的乘积仍然是可以表示的. 我们还有 $1 = 1^2 + 0^2 + 0^2 + 0^2$. 于是定理 369 可以从下述定理推出.

定理 370　任何素数 p 都是四个平方数之和.

第一个证明按照与 20.4 节 (1) 中定理 366 的证明同样的路线进行. 因为 $2 = 1^2 + 1^2 + 0^2 + 0^2$, 所以可以取 $p > 2$.

由定理 87 推出, 存在 p 的一个倍数, 比方说 mp, 使得有 $mp = x_1^2 + x_2^2 + x_3^2 + x_4^2$, 其中 x_1, x_2, x_3, x_4 不全 p 被整除. 我们要证明: 有此性质的 p 的最小倍数就是 p 自己.

设 m_0p 是这样一个最小的倍数. 如果 $m_0 = 1$, 那就没有什么要证的了, 因此假设 $m_0 > 1$. 根据定理 87 有 $m_0 < p$.

如果 m_0 是偶数, 那么 $x_1 + x_2 + x_3 + x_4$ 是偶数, 所以, 要么 (i) x_1, x_2, x_3, x_4 全都是偶数, 要么 (ii) 它们全都是奇数, 要么 (iii) 两个是偶数, 两个是奇数. 在最后一种情形, 可以假设 x_1, x_2 是偶数, x_3, x_4 是奇数. 在所有这三种情形下,

$$x_1 + x_2, \quad x_1 - x_2, \quad x_3 + x_4, \quad x_3 - x_4$$

全都是偶数, 所以

$$\frac{1}{2}m_0p = \left(\frac{x_1 + x_2}{2}\right)^2 + \left(\frac{x_1 - x_2}{2}\right)^2 + \left(\frac{x_3 + x_4}{2}\right)^2 + \left(\frac{x_3 - x_4}{2}\right)^2$$

是四个整数的平方之和. 这些平方数不全能被 p 整除, 这是因为 x_1, x_2, x_3, x_4 不能全被 p 整除. 但是这与 m_0 的定义矛盾. 从而 m_0 必须是奇数.

此外 x_1, x_2, x_3, x_4 不全能被 m_0 整除, 因为不然的话就蕴涵

$$m_0^2 \mid m_0p \rightarrow m_0 \mid p,$$

而这是不可能的. m_0 是奇数, 于是它至少是 3. 这样一来, 就可以选取 b_1, b_2, b_3, b_4, 使得 $y_i = x_i - b_im_0 \ (i = 1, 2, 3, 4)$ 满足

$$|y_i| < \frac{1}{2}m_0, \quad y_1^2 + y_2^2 + y_3^2 + y_4^2 > 0.$$

此时有

$$0 < y_1^2 + y_2^2 + y_3^2 + y_4^2 < 4\left(\frac{1}{2}m_0\right)^2 = m_0^2$$

以及

$$y_1^2 + y_2^2 + y_3^2 + y_4^2 \equiv 0 \pmod{m_0}.$$

由此得出

$$x_1^2 + x_2^2 + x_3^2 + x_4^2 = m_0 p \quad (m_0 < p),$$
$$y_1^2 + y_2^2 + y_3^2 + y_4^2 = m_0 m_1 \quad (0 < m_1 < m_0).$$

再根据 (20.5.1) 就有

$$m_0^2 m_1 p = z_1^2 + z_2^2 + z_3^2 + z_4^2, \tag{20.5.2}$$

其中 z_1, z_2, z_3, z_4 是在 (20.5.1) 的右边出现的那四个数. 但是

$$z_1 = \sum x_i y_i = \sum x_i(x_i - b_i m_0) \equiv \sum x_i^2 \equiv 0 \pmod{m_0}.$$

类似地, z_2, z_3, z_4 都能被 m_0 整除. 于是可以写成

$$z_i = m_0 t_i \quad (i = 1, 2, 3, 4),$$

这样的话 (20.5.2) 就变成 $m_1 p = t_1^2 + t_2^2 + t_3^2 + t_4^2$, 而 $m_1 < m_0$, 这与 m_0 的定义矛盾.

由此推出 $m_0 = 1$.

20.6　四　元　数

第 15 章从 Gauss 整数的算术推导出定理 251, 而 Gauss 整数是通常的分析中复数的一个子类. 定理 370 有一个证明基于一种类似的思想, 不过更为复杂, 因为我们要用到并不遵从通常代数中的所有法则的那种数.

四元数[①] (quaternion) 是一种特殊类型的 "超复数的" 数. 该系统中的数形如

$$\alpha = a_0 + a_1 i_1 + a_2 i_2 + a_3 i_3, \tag{20.6.1}$$

其中 a_0, a_1, a_2, a_3 都是实数 [称为 α 的**坐标** (coordinate)], i_1, i_2, i_3 是该系统的特征元素. 两个四元数**相等**, 如果它们的坐标相等.

这些数按照与通常代数类似的那些法则 (仅有一点例外) 组合在一起. 如同在通常的代数中一样, 它有加法和乘法运算. 加法的法则与通常代数中的加法法则相同, 从而有

[①] 我们认为四元数代数的元素是理所当然的. 对四元数一无所知的读者, 接受这里所述内容, 将能够理解本章第 7 节至第 9 节.

$$\alpha + \beta = (a_0 + a_1i_1 + a_2i_2 + a_3i_3) + (b_0 + b_1i_1 + b_2i_2 + b_3i_3)$$
$$= (a_0 + b_0) + (a_1 + b_1)i_1 + (a_2 + b_2)i_2 + (a_3 + b_3)i_3.$$

乘法有结合律和分配律, 但一般不满足交换律. 它对于坐标以及在坐标与 i_1, i_2, i_3 之间是交换的, 但是

$$\begin{cases} i_1^2 = i_2^2 = i_3^2 = -1, \\ i_2i_3 = i_1 = -i_3i_2, \quad i_3i_1 = i_2 = -i_1i_3, \quad i_1i_2 = i_3 = -i_2i_1, \end{cases} \quad (20.6.2)$$

一般地有

$$\alpha\beta = (a_0 + a_1i_1 + a_2i_2 + a_3i_3)(b_0 + b_1i_1 + b_2i_2 + b_3i_3)$$
$$= c_0 + c_1i_1 + c_2i_2 + c_3i_3, \quad (20.6.3)$$

其中

$$\begin{cases} c_0 = a_0b_0 - a_1b_1 - a_2b_2 - a_3b_3, \\ c_1 = a_0b_1 + a_1b_0 + a_2b_3 - a_3b_2, \\ c_2 = a_0b_2 - a_1b_3 + a_2b_0 + a_3b_1, \\ c_3 = a_0b_3 + a_1b_2 - a_2b_1 + a_3b_0. \end{cases} \quad (20.6.4)$$

特别地,

$$(a_0 + a_1i_1 + a_2i_2 + a_3i_3)(a_0 - a_1i_1 - a_2i_2 - a_3i_3) = a_0^2 + a_1^2 + a_2^2 + a_3^2, \quad (20.6.5)$$

这个乘积中 i_1, i_2, i_3 的系数均为 0.

如果 a_0, a_1, a_2, a_3 要么 (i) 全都是有理整数, 要么 (ii) 全都是奇有理整数的一半, 则称四元数 α 是**整的**. 我们只对整四元数感兴趣, 从现在起用 "四元数" 一词来表示 "整四元数". 除去 $a_1 = a_2 = a_3 = 0$ 这种情形之外, 都将用希腊字母表示四元数, 而在 $a_1 = a_2 = a_3 = 0$ 这一情形有 $\alpha = a_0$, 此时用 a_0 既表示四元数

$$a_0 + 0 \cdot i_1 + 0 \cdot i_2 + 0 \cdot i_3,$$

也表示有理整数 a_0.

四元数

$$\overline{\alpha} = a_0 - a_1i_1 - a_2i_2 - a_3i_3 \quad (20.6.6)$$

称为 $\alpha = a_0 + a_1i_1 + a_2i_2 + a_3i_3$ 的**共轭**, 称

$$N\alpha = \alpha\overline{\alpha} = \overline{\alpha}\alpha = a_0^2 + a_1^2 + a_2^2 + a_3^2 \quad (20.6.7)$$

为 α 的**范数**. 整四元数的范数是有理整数. 根据 $N\alpha$ 是奇数还是偶数来把 α 称为**奇的**或者**偶的**.

由 (20.6.3) (20.6.4) (20.6.6) 推出 $\overline{\alpha\beta} = \overline{\beta}\,\overline{\alpha}$, 所以

$$N(\alpha\beta) = \alpha\beta \cdot \overline{\alpha\beta} = \alpha\beta \cdot \overline{\beta}\,\overline{\alpha} = \alpha \cdot N\beta \cdot \overline{\alpha} = \alpha\overline{\alpha} \cdot N\beta = N\alpha N\beta. \quad (20.6.8)$$

当 $\alpha \neq 0$ 时, 定义 α^{-1} 为

$$\alpha^{-1} = \frac{\overline{\alpha}}{N\alpha}, \tag{20.6.9}$$

所以

$$\alpha\alpha^{-1} = \alpha^{-1}\alpha = 1. \tag{20.6.10}$$

如果 α 和 α^{-1} 均为整四元数, 那么就称 α 是一个**单位**, 并记成 $\alpha = \varepsilon$. 由于 $\varepsilon\varepsilon^{-1} = 1, N\varepsilon N\varepsilon^{-1} = 1$, 故有 $N\varepsilon = 1$. 反之, 如果 α 是整四元数且 $N\alpha = 1$, 那么 $\alpha^{-1} = \overline{\alpha}$ 也是整的, 从而 α 是一个单位. 于是, 单位又可以定义为范数为 1 的整四元数.

如果 a_0, a_1, a_2, a_3 全都是整数, 且有 $a_0^2 + a_1^2 + a_2^2 + a_3^2 = 1$, 那么 $a_0^2, a_1^2, a_2^2, a_3^2$ 中必有一个是 1, 其余的皆为 0. 如果它们全都是奇整数之一半, 那么 $a_0^2, a_1^2, a_2^2, a_3^2$ 中的每一个数必定都是 $\frac{1}{4}$. 于是恰有 24 个单位, 它们是

$$\pm 1, \pm i_1, \pm i_2, \pm i_3, \frac{1}{2}(\pm 1 \pm i_1 \pm i_2 \pm i_3). \tag{20.6.11}$$

如果记

$$\rho = \frac{1}{2}(1 + i_1 + i_2 + i_3), \tag{20.6.12}$$

那么任何整四元数都可以表为形式

$$k_0\rho + k_1 i_1 + k_2 i_2 + k_3 i_3, \tag{20.6.13}$$

其中 k_0, k_1, k_2, k_3 皆为有理整数, 而且任何一个这种形式的四元数均为整的. 显然, 任何两个整四元数之和仍为整四元数. 又根据 (20.6.3) 以及 (20.6.4) 有

$$\rho^2 = \frac{1}{2}(-1 + i_1 + i_2 + i_3) = \rho - 1,$$

$$\rho i_1 = \frac{1}{2}(-1 + i_1 + i_2 - i_3) = -\rho + i_1 + i_2,$$

$$i_1 \rho = \frac{1}{2}(-1 + i_1 - i_2 + i_3) = -\rho + i_1 + i_3,$$

对于 ρi_2 等也有类似的表达式. 所有这些乘积都是整的, 从而任何两个整四元数的乘积都是整的.

如果 ε 是任意一个单位, 那么 $\varepsilon\alpha$ 和 $\alpha\varepsilon$ 都称为是 α 的**相伴元**. 相伴元有相等的范数, 且整四元数的相伴元仍为整的.

如果 $\gamma = \alpha\beta$, 那么就说 γ 以 α 为**左因子** (left-hand divisor), 以 β 为**右因子** (right-hand divisor). 如果 $\alpha = a_0$ 或者 $\beta = b_0$, 那么就有 $\alpha\beta = \beta\alpha$, 此时就没有必要区分左和右了.

20.7 关于整四元数的预备定理

关于定理 370 的第二个证明原则上与 12.8 节以及 15.1 节中定理 251 的证明相类似. 我们需要几个辅助性的定理.

定理 371 *如果 α 是整四元数, 那么它的相伴元中至少有一个有整数坐标. 如果 α 是奇的, 那么它的相伴元中至少有一个有非整数坐标.*

(1) 如果 α 本身的坐标不是整数, 那么可以选择符号使得, 比方说有

$$\alpha = (b_0 + b_1 i_1 + b_2 i_2 + b_3 i_3) + \frac{1}{2}(\pm 1 \pm i_1 \pm i_2 \pm i_3) = \beta + \gamma,$$

其中 b_0, b_1, b_2, b_3 都是偶数. β 的任何相伴元都有整数坐标, 且 $\gamma\bar{\gamma}$ (它是 γ 的一个相伴元) 是 1. 于是 $\alpha\bar{\gamma}$ (它是 α 的一个相伴元) 有整数坐标.

(2) 如果 α 是奇的, 且有整数坐标, 那么比方说有

$$\alpha = (b_0 + b_1 i_1 + b_2 i_2 + b_3 i_3) + (c_0 + c_1 i_1 + c_2 i_2 + c_3 i_3) = \beta + \gamma,$$

其中 b_0, b_1, b_2, b_3 都是偶数, c_0, c_1, c_2, c_3 中的每个数都是 0 或者 1, 且 (由于 $N\alpha$ 是奇数) 要么其中有一个是 1, 要么其中有三个是 1. β 的任何相伴元都有整数坐标. 于是只要证明四元数

$$1, i_1, i_2, i_3, 1 + i_2 + i_3, 1 + i_1 + i_3, 1 + i_1 + i_2, i_1 + i_2 + i_3$$

中的每一个都有一个相伴元有非整数坐标就够了, 而这是很容易验证的. 这样一来, 如果 $\gamma = i_1$, 那么 $\gamma\rho$ 有非整数坐标. 如果

$$\gamma = 1 + i_2 + i_3 = (1 + i_1 + i_2 + i_3) - i_1 = \lambda + \mu,$$

或者

$$\gamma = i_1 + i_2 + i_3 = (1 + i_1 + i_2 + i_3) - 1 = \lambda + \mu,$$

那么

$$\lambda\varepsilon = \lambda \cdot \frac{1}{2}(1 - i_1 - i_2 - i_3) = 2,$$

于是 $\mu\varepsilon$ 的坐标不是整数.

定理 372 *如果 κ 是整四元数, m 是正整数, 那么存在整四元数 λ 使得*

$$N(\kappa - m\lambda) < m^2.$$

$m = 1$ 的情形是平凡的, 我们可以假设 $m > 1$. 利用 (20.6.13) 给出的整四元数的形式, 并且记

$$\kappa = k_0\rho + k_1 i_1 + k_2 i_2 + k_3 i_3, \quad \lambda = l_0\rho + l_1 i_1 + l_2 i_2 + l_3 i_3,$$

其中 $k_0, \cdots, l_0, \cdots$ 都是整数. $\kappa - m\lambda$ 的坐标是

$$\frac{1}{2}(k_0 - ml_0), \quad \frac{1}{2}\left\{k_0 + 2k_1 - m(l_0 + 2l_1)\right\},$$

$$\frac{1}{2}\left\{k_0 + 2k_2 - m(l_0 + 2l_2)\right\}, \quad \frac{1}{2}\left\{k_0 + 2k_3 - m(l_0 + 2l_3)\right\}.$$

可以相继选取 l_0, l_1, l_2, l_3, 使得这些坐标的绝对值分别不超过 $\frac{1}{4}m, \frac{1}{2}m, \frac{1}{2}m, \frac{1}{2}m$, 这样就有

$$N(\kappa - m\lambda) \leqslant \frac{1}{16}m^2 + 3 \times \frac{1}{4}m^2 < m^2.$$

定理 373　如果 α 和 β 都是整四元数, 且 $\beta \neq 0$, 则存在整四元数 λ 和 γ 使有

$$\alpha = \lambda\beta + \gamma, \quad N\gamma < N\beta.$$

取

$$\kappa = \alpha\overline{\beta}, \quad m = \beta\overline{\beta} = N\beta,$$

并如同在定理 372 中一样来确定 λ. 这样就有

$$(\alpha - \lambda\beta)\overline{\beta} = \kappa - \lambda m = \kappa - m\lambda,$$

$$N(\alpha - \lambda\beta)N\overline{\beta} = N(\kappa - m\lambda) < m^2,$$

$$N\gamma = N(\alpha - \lambda\beta) < m = N\beta.$$

20.8　两个四元数的最高右公约数

如果 (i) δ 是 α 和 β 的一个右公约数, (ii) α 和 β 的每个右公约数都是 δ 的一个右因子, 就称两个整四元数 α 和 β 有**最高右公约数** (highest common right-hand divisor) δ. 我们要证明, 任何两个不全为 0 的整四元数都有一个最高右公约数, 这个最高右公约数事实上还是唯一的. 可以利用定理 373 来构造一个与 12.3 节以及 12.8 节中的算法类似的 "Euclid 算法", 不过应用与 2.9 节和 15.7 节中类似的思想来证明它要更简单一些.

如果一组不全为 0 的整四元数构成的集合 S 有性质:

(i) $\alpha \in S, \beta \in S \rightarrow \alpha \pm \beta \in S$;

(ii) 对所有整四元数 λ 都有: $\alpha \in S \rightarrow \lambda\alpha \in S$,

就称它是一个**右理想** (right-ideal), 后面这条性质与 15.7 节中理想的特征性质相对应. 如果 δ 是任意一个整四元数, 且 S 是用整四元数 λ 作出的 δ 的所有左倍元构成的集合 $(\lambda\delta)$, 显然 S 是一个右理想. 称这样一个右理想为**主右理想** (principal right-ideal).

定理 374　每个右理想都是主右理想.

在 S 的不为 0 的诸元素中, 存在某些数有最小范数: 把其中一个记为 δ. 如果 $\gamma \in S, N\gamma < N\delta$, 就有 $\gamma = 0$.

如果 $\alpha \in S$, 那么, 对每个整四元数 λ, 由 (i) 和 (ii) 有 $\alpha - \lambda\delta \in S$. 根据定理 373, 可以选取 λ, 使得 $N\gamma = N(\alpha - \lambda\delta) < N\delta$. 但这样就有 $\gamma = 0, \alpha = \lambda\delta$, 从而 S 是一个主右理想 $(\lambda\delta)$.

现在可以来证明以下定理.

定理 375　任何两个不全为 0 的整四元数 α 和 β 都有一个最高右公约数 δ, 除了相差一个左单位因子以外, 这个最高右公约数是唯一的, 它可以表成形式

$$\delta = \mu\alpha + \nu\beta, \tag{20.8.1}$$

其中 μ 和 ν 都是整四元数.

所有四元数 $\mu\alpha + \nu\beta$ 组成的集合 S 显然是一个右理想, 根据定理 374, 它是一个由某个 δ 的所有整倍元 $\lambda\delta$ 形成的主右理想. 由于 S 包含 δ, 所以 δ 可以用 (20.8.1) 的形式来表示. 由于 S 包含 α 和 β, 所以 δ 是 α 和 β 的一个右公约数, 且任何这样的因子都是 S 中每个元素的一个右因子, 于是也是 δ 的一个右因子. 从而 δ 是 α 和 β 的最高右公约数.

最后, 如果 δ 和 δ' 都满足条件, 那么就有 $\delta' = \lambda\delta$, 且 $\delta = \lambda'\delta'$, 其中 λ 和 λ' 都是整四元数. 因此 $\delta = \lambda'\lambda\delta, 1 = \lambda'\lambda$, 从而 λ 和 λ' 都是单位.

如果 δ 是一个单位 ε, 那么 α 和 β 的所有最高右公约数都是单位. 此时, 对某两个整四元数 μ', ν' 有

$$\mu'\alpha + \nu'\beta = \varepsilon,$$

且有

$$(\varepsilon^{-1}\mu')\alpha + (\varepsilon^{-1}\nu')\beta = 1,$$

所以对某两个整四元数 μ, ν 有

$$\mu\alpha + \nu\beta = 1. \tag{20.8.2}$$

这时记

$$(\alpha, \beta)_r = 1. \tag{20.8.3}$$

当然, 我们能对最高左公约数建立类似的理论.

如果 α 和 β 有一个右公约数 δ, δ 不是单位, 那么 $N\alpha$ 和 $N\beta$ 有右公约数 $N\delta > 1$. 有一种其逆命题为真的重要情形.

定理 376　如果 α 是整四元数, 且 $\beta = m$ 是一个正的有理整数, 那么 $(\alpha, \beta)_r = 1$ 的充分必要条件是 $(N\alpha, N\beta) = 1$, 或者说是 (意义相同) $(N\alpha, m) = 1$.

因为如果 $(\alpha, \beta)_r = 1$, 那么对适当的 μ, ν, (20.8.2) 为真. 于是

$$N(\mu\alpha) = N(1 - \nu\beta) = (1 - m\nu)(1 - m\overline{\nu}),$$
$$N\mu N\alpha = 1 - m\nu - m\overline{\nu} + m^2 N\nu,$$

且 $(N\alpha, m)$ 整除这个等式中除了 1 以外的每一项, 从而有 $(N\alpha, m) = 1$. 由于 $N\beta = m^2$, 所以这两种形式的条件是等价的.

20.9　素四元数和定理 370 的证明

如果一个非单位的整四元数 π 仅有的因子是单位以及自己的相伴元, 也就是说, $\pi = \alpha\beta$ 蕴涵 α 或者 β 是一个单位, 就称它是**素元**. 显然, 素四元数的所有的相伴元仍然是素的. 如果 $\pi = \alpha\beta$, 那么就有 $N\pi = N\alpha N\beta$, 所以, 如果 $N\pi$ 是一个有理素数, 那么 π 肯定是素的. 我们要来证明其逆也为真.

定理 377　一个整四元数 π 是素的, 当且仅当它的范数 $N\pi$ 是有理素数.

由于 $Np = p^2$, 定理 377 的一个特例叙述如下.

定理 378　有理素数 p 不可能是素四元数.

首先证明定理 378 (它是我们实际上需要用到的全部).

由于

$$2 = (1 + i_1)(1 - i_1),$$

所以 2 不是素四元数. 从而可以假设 p 是奇数.

根据定理 87, 存在整数 r 和 s, 使得

$$0 < r < p, \quad 0 < s < p, \quad 1 + r^2 + s^2 \equiv 0 \pmod{p}.$$

如果 $\alpha = 1 + si_2 - ri_3$, 那么 $N\alpha = 1 + r^2 + s^2 \equiv 0 \pmod{p}$, 且 $(N\alpha, p) > 1$. 根据定理 376 推出, α 和 p 有一个不等于单位的右公约数 δ. 如果 $\alpha = \delta_1\delta$, $p = \delta_2\delta$, 那么 δ_2 不是单位. 因为如果它是一个单位, δ 就是 p 的一个相伴元, 在此情形 p 就整除 $\alpha = \delta_1\delta = \delta_1\delta_2^{-1}p$ 的所有的坐标, 特别地, 它能整除 1. 于是 $p = \delta_2\delta$, 其中无论 δ 还是 δ_2 都不是单位, 从而 p 不是素元.

为了完成定理 377 的证明, 假设 π 是素元, 且 p 是 $N\pi$ 的一个有理素因子. 根据定理 376, π 和 p 有一个右公约数 π', π' 不是单位. 由于 π 是素元, 从而 π' 是 π 的一个相伴元, 且 $N\pi' = N\pi$. 我们还有 $p = \lambda\pi'$, 其中 λ 是整四元数, 且有 $p^2 = N\lambda N\pi' = N\lambda N\pi$, 所以 $N\lambda$ 等于 1 或者 p. 如果 $N\lambda$ 是 1, p 就是 π' 和 π 的一个相伴数, 因而是一个素四元数, 我们已经看到这是不可能的. 所以 $N\pi = p$ 是有理素数.

现在容易证明定理 370 了. 如果 p 是任何一个有理素数, $p = \lambda\pi$, 其中 $N\lambda = N\pi = p$. 如果 π 有整数坐标 a_0, a_1, a_2, a_3, 那么

$$p = N\pi = a_0^2 + a_1^2 + a_2^2 + a_3^2.$$

如若不然, 根据定理 371 知, 存在 π 的一个相伴元 π', 它有整数坐标. 由于

$$p = N\pi = N\pi',$$

于是结论可如前面一样得到.

前面几节的分析可以如此发展, 从而导出整四元数的因子分解以及有理整数表示成四个平方数之和的一套完整的理论. 特别地, 它引导到若干个有关表法个数的公式, 这些公式与 16.9 节至 16.10 节中的那些公式类似. 我们要在 20.12 节中用不同的方法证明这些公式, 而不在这里进一步展开讨论四元数的算术. 然而, 还有另外一个有趣的定理, 它是我们的分析的直接推论. 如果假设 p 是奇的, 并选取 π 的一个相伴元 π', π' 的坐标都是奇整数的一半 (根据定理 371 这是允许的), 那么

$$p = N\pi = N\pi' = \left(b_0 + \frac{1}{2}\right)^2 + \left(b_1 + \frac{1}{2}\right)^2 + \left(b_2 + \frac{1}{2}\right)^2 + \left(b_3 + \frac{1}{2}\right)^2,$$

其中 b_0, b_1, b_2, b_3 都是整数, 且

$$4p = (2b_0 + 1)^2 + (2b_1 + 1)^2 + (2b_2 + 1)^2 + (2b_3 + 1)^2.$$

于是我们得到以下定理.

定理 379   如果 p 是奇素数, 那么 $4p$ 是四个奇整数的平方之和.

例如 $4 \times 3 = 12 = 1^2 + 1^2 + 1^2 + 3^2$ (但是 $4 \times 2 = 8$ 不是四个奇整数的平方之和).

20.10 $g(2)$ 和 $G(2)$ 的值

定理 369 表明

$$G(2) \leqslant g(2) \leqslant 4.$$

此外,

$$(2m)^2 \equiv 0 \ (\mathrm{mod} \ 4), \quad (2m+1)^2 \equiv 1 \ (\mathrm{mod} \ 8),$$

所以 $x^2 \equiv 0, 1$ 或者 $4 \ (\mathrm{mod} \ 8)$ 且有 $x^2 + y^2 + z^2 \not\equiv 7 \ (\mathrm{mod} \ 8)$. 因此形如 $8m + 7$ 的数不可能表示成三个平方数之和, 从而得到以下定理.

定理 380 $g(2) = G(2) = 4$.

如果 $x^2 + y^2 + z^2 \equiv 0 \ (\mathrm{mod} \ 4)$, 那么 x, y, z 全都是偶数, 且

$$\frac{1}{4}(x^2+y^2+z^2) = \left(\frac{1}{2}x\right)^2 + \left(\frac{1}{2}y\right)^2 + \left(\frac{1}{2}z\right)^2$$

可以用三个平方数来表示. 由此推出, 形如 $4^a(8m+7)$ 的数都不能表为三个平方数之和. 可以证明, 任何不是这种形状的数都可以表示成三个平方数之和, 所以

$$n \neq 4^a(8m+7)$$

是 n 可以用三个平方数表示的充分必要条件, 但是它的证明依赖于三元二次型的理论, 不能放在这里讨论.

20.11 定理 369 的第三个证明的引理

关于定理 369 的第三个证明十分特别, 尽管这个证明是 "初等的", 但它实际上属于椭圆函数论的范畴. 展开式

$$(1+2x+2x^4+\cdots)^4 = \left(\sum_{m=-\infty}^{\infty} x^{m^2}\right)^4$$

中 x^n 的系数 $r_4(n)$ 是

$$n = m_1^2 + m_2^2 + m_3^2 + m_4^2$$

的有理整数解的个数, 仅仅是符号不同或者诸 m 的次序不同的解都视为不同的解. 我们需要证明, 对每个 n 这个系数都是正数.

根据定理 312 有

$$(1+2x+2x^4+\cdots)^2 = 1+4\left(\frac{x}{1-x} - \frac{x^3}{1-x^3} + \cdots\right),$$

我们来着手寻求右边的平方的一个变换.

下面的 x 是任何一个实数或者复数, $|x| < 1$. 我们要用的级数, 无论是单重的还是多重的, 对于 $|x| < 1$ 都是绝对收敛的. 根据定理: 任何绝对收敛的单重或者多重级数可以按照我们的意愿用任何方式求和. 这使我们对涉及的级数重新排序求和的合法性得到了保证.

记

$$u_r = \frac{x^r}{1-x^r},$$

所以

$$\frac{x^r}{(1-x^r)^2} = u_r(1+u_r).$$

我们需要两个预备引理.

定理 381 $\displaystyle\sum_{m=1}^{\infty} u_m(1+u_m) = \sum_{n=1}^{\infty} n u_n.$

因为

$$\sum_{m=1}^{\infty} \frac{x^m}{(1-x^m)^2} = \sum_{m=1}^{\infty} \sum_{n=1}^{\infty} n x^{mn} = \sum_{n=1}^{\infty} n \sum_{m=1}^{\infty} x^{mn} = \sum_{n=1}^{\infty} \frac{n x^n}{1-x^n}.$$

定理 382 $\displaystyle\sum_{m=1}^{\infty} (-1)^{m-1} u_{2m}(1+u_{2m}) = \sum_{n=1}^{\infty} (2n-1) u_{4n-2}.$

因为

$$\sum_{m=1}^{\infty} \frac{(-1)^{m-1} x^{2m}}{(1-x^{2m})^2} = \sum_{m=1}^{\infty} (-1)^{m-1} \sum_{r=1}^{\infty} r x^{2mr}$$

$$= \sum_{r=1}^{\infty} r \sum_{m=1}^{\infty} (-1)^{m-1} x^{2mr} = \sum_{r=1}^{\infty} \frac{r x^{2r}}{1+x^{2r}}$$

$$= \sum_{r=1}^{\infty} \left(\frac{r x^{2r}}{1-x^{2r}} - \frac{2r x^{4r}}{1-x^{4r}} \right) = \sum_{n=1}^{\infty} \frac{(2n-1) x^{4n-2}}{1-x^{4n-2}}.$$

20.12 定理 369 的第三个证明：表法个数

首先证明一个比实际需要的公式更加一般的恒等式.

定理 383 *如果 θ 是一个不是 π 的偶数倍的实数, 且*

$$L = L(x,\theta) = \frac{1}{4} \cot \frac{1}{2}\theta + u_1 \sin\theta + u_2 \sin 2\theta + \cdots,$$

$$T_1 = T_1(x,\theta) = \left(\frac{1}{4} \cot \frac{1}{2}\theta \right)^2 + u_1(1+u_1)\cos\theta + u_2(1+u_2)\cos 2\theta + \cdots,$$

$$T_2 = T_2(x,\theta) = \frac{1}{2} \{ u_1(1-\cos\theta) + 2u_2(1-\cos 2\theta) + 3u_3(1-\cos 3\theta) + \cdots \},$$

那么

$$L^2 = T_1 + T_2.$$

我们有

$$L^2 = \left\{ \frac{1}{4} \cot \frac{1}{2}\theta + \sum_{n=1}^{\infty} u_n \sin n\theta \right\}^2$$

$$= \left(\frac{1}{4} \cot \frac{1}{2}\theta \right)^2 + \frac{1}{2} \sum_{n=1}^{\infty} u_n \cot \frac{1}{2}\theta \sin n\theta + \sum_{m=1}^{\infty} \sum_{n=1}^{\infty} u_m u_n \sin m\theta \sin n\theta$$

$$= \left(\frac{1}{4} \cot \frac{1}{2}\theta \right)^2 + S_1 + S_2,$$

这里 S_1 和 S_2 分别表示上述第二个等式中的后面两个和式. 现在利用恒等式

$$\frac{1}{2}\cot\frac{1}{2}\theta\sin n\theta=\frac{1}{2}+\cos\theta+\cos 2\theta+\cdots+\cos(n-1)\theta+\frac{1}{2}\cos n\theta,$$
$$2\sin m\theta\sin n\theta=\cos(m-n)\theta-\cos(m+n)\theta,$$

可得

$$S_1=\sum_{n=1}^{\infty}u_n\left\{\frac{1}{2}+\cos\theta+\cos 2\theta+\cdots+\cos(n-1)\theta+\frac{1}{2}\cos n\theta\right\},$$
$$S_2=\frac{1}{2}\sum_{m=1}^{\infty}\sum_{n=1}^{\infty}u_m u_n\left\{\cos(m-n)\theta-\cos(m+n)\theta\right\}.$$

将 S_1 和 S_2 重新排序成为 θ 的倍角的余弦级数①, 得到,

$$L^2=\left(\frac{1}{4}\cot\frac{1}{2}\theta\right)^2+C_0+\sum_{k=1}^{\infty}C_k\cos k\theta.$$

首先来考虑 C_0. 这个系数包含来自 S_1 的贡献 $\frac{1}{2}\sum_{1}^{\infty}u_n$ 以及来自 S_2 的对应于 $m=n$ 的项的贡献 $\frac{1}{2}\sum_{1}^{\infty}u_n^2$. 根据定理 381 有

$$C_0=\frac{1}{2}\sum_{n=1}^{\infty}\left(u_n+u_n^2\right)=\frac{1}{2}\sum_{n=1}^{\infty}nu_n.$$

现在假设 $k>0$. 那么 S_1 对 C_k 的贡献是

$$\frac{1}{2}u_k+\sum_{n=k+1}^{\infty}u_n=\frac{1}{2}u_k+\sum_{l=1}^{\infty}u_{k+l},$$

而 S_2 对它的贡献是

$$\frac{1}{2}\sum_{m-n=k}u_m u_n+\frac{1}{2}\sum_{n-m=k}u_m u_n-\frac{1}{2}\sum_{m+n=k}u_m u_n,$$

在其中的每一个和式都有 $m\geqslant 1,n\geqslant 1$. 从而

$$C_k=\frac{1}{2}u_k+\sum_{l=1}^{\infty}u_{k+l}+\sum_{l=1}^{\infty}u_l u_{k+l}-\frac{1}{2}\sum_{l=1}^{k-1}u_l u_{k-l}.$$

---

① 为了保证重新排序的合法性, 我们需要证明
$$\sum_{n=1}^{\infty}|u_n|\left(\frac{1}{2}+|\cos\theta|+\cdots+\frac{1}{2}|\cos n\theta|\right)$$
和
$$\sum_{m=1}^{\infty}\sum_{n=1}^{\infty}|u_m||u_n|\left(|\cos(m+n)\theta|+|\cos(m-n)\theta|\right)$$
都是收敛的. 这是级数
$$\sum_{n=1}^{\infty}nu_n,\quad \sum_{m=1}^{\infty}\sum_{n=1}^{\infty}u_m u_n$$
的绝对收敛性的一个直接推论.

读者容易验证

$$u_l u_{k-l} = u_k(1 + u_l + u_{k-l})$$

以及

$$u_{k+l} + u_l u_{k+l} = u_k(u_l - u_{k+l}).$$

因此

$$C_k = u_k \left[\frac{1}{2} + \sum_{l=1}^{\infty} (u_l - u_{k+l}) - \frac{1}{2} \sum_{l=1}^{k-1} (1 + u_l + u_{k-l}) \right]$$

$$= u_k \left[\frac{1}{2} + u_1 + u_2 + \cdots + u_k - \frac{1}{2}(k-1) - (u_1 + u_2 + \cdots + u_{k-1}) \right]$$

$$= u_k \left(1 + u_k - \frac{1}{2}k \right),$$

所以

$$L^2 = \left(\frac{1}{4} \cot \frac{1}{2}\theta \right)^2 + \frac{1}{2} \sum_{n=1}^{\infty} n u_n + \sum_{k=1}^{\infty} u_k \left(1 + u_k - \frac{1}{2}k \right) \cos k\theta$$

$$= \left(\frac{1}{4} \cot \frac{1}{2}\theta \right)^2 + \sum_{k=1}^{\infty} u_k (1 + u_k) \cos k\theta + \frac{1}{2} \sum_{k=1}^{\infty} k u_k (1 - \cos k\theta)$$

$$= T_1(x, \theta) + T_2(x, \theta).$$

定理 384 $\left(\frac{1}{4} + u_1 - u_3 + u_5 - u_7 + \cdots \right)^2 = \frac{1}{16} + \frac{1}{2}(u_1 + 2u_2 + 3u_3 + 5u_5 + 6u_6 + 7u_7 + 9u_9 + \cdots)$，其中最后一个级数不含关于 $u_4, u_8, u_{12}, \cdots$ 的项.

在定理 383 中取 $\theta = \frac{1}{2}\pi$, 则有

$$T_1 = \frac{1}{16} - \sum_{m=1}^{\infty} (-1)^{m-1} u_{2m} (1 + u_{2m}),$$

$$T_2 = \frac{1}{2} \sum_{m=1}^{\infty} (2m-1) u_{2m-1} + 2 \sum_{m=1}^{\infty} (2m-1) u_{4m-2}.$$

现在, 根据定理 382 有

$$T_1 = \frac{1}{16} - \sum_{m=1}^{\infty} (2m-1) u_{4m-2},$$

所以

$$T_1 + T_2 = \frac{1}{16} + \frac{1}{2} (u_1 + 2u_2 + 3u_3 + 5u_5 + \cdots).$$

由定理 312 和定理 384 得出以下定理.

定理 385 $\left(1 + 2x + 2x^4 + 2x^9 + \cdots \right)^4 = 1 + 8 \sum{'} m u_m$, 其中 m 取遍所有不是 4 的倍数的正整数值.

最后有

$$8 \sum{}' m u_m = 8 \sum{}' \frac{m x^m}{1 - x^m} = 8 \sum{}' m \sum_{r=1}^{\infty} x^{mr} = 8 \sum_{n=1}^{\infty} c_n x^n,$$

其中

$$c_n = \sum_{m \mid n, 4 \nmid m} m$$

是 n 的不是 4 的倍数的因子之和.

　　显然, 对所有 $n > 0$ 都有 $c_n > 0$, 从而有 $r_4(n) > 0$. 这就给我们提供了定理 369 的另外一个证明. 而且我们还证明了以下定理.

　　定理 386　　正整数 n 表示成四个平方和的表法个数 (仅仅是数的次序或者符号不同的表示都视为不同的表法) 等于 n 的不是 4 的倍数的因子之和的 8 倍.

20.13　用多个平方和表示数

　　对于将 n 表示成 6 个或者 8 个平方数之和也有类似的公式. 例如

$$r_6(n) = 16 \sum_{d \mid n} \chi(d') d^2 - 4 \sum_{d \mid n} \chi(d) d^2,$$

其中 $dd' = n$, 而 $\chi(d)$ (如在 16.9 节中一样) 取值为 1, -1 或者 0, 这要根据 d 是 $4k + 1$, $4k - 1$ 还是 $2k$ 而定. 又有

$$r_8(n) = 16(-1)^n \sum_{d \mid n} (-1)^d d^3.$$

这些公式算术等价于恒等式

$$\left(1 + 2x + 2x^4 + \cdots\right)^6$$
$$= 1 + 16 \left(\frac{1^2 x}{1 + x^2} + \frac{2^2 x^2}{1 + x^4} + \frac{3^2 x^3}{1 + x^6} + \cdots \right) - 4 \left(\frac{1^2 x}{1 - x} - \frac{3^2 x^3}{1 - x^3} + \frac{5^2 x^5}{1 - x^5} - \cdots \right),$$

以及

$$\left(1 + 2x + 2x^4 + \cdots\right)^8 = 1 + 16 \left(\frac{1^3 x}{1 + x} + \frac{2^3 x^2}{1 - x^2} + \frac{3^3 x^3}{1 + x^3} + \cdots \right).$$

这些恒等式也可以用初等方法来证明, 但是它们的本质在于椭圆模函数的理论. 根据定理 369, $r_6(n)$ 和 $r_8(n)$ 对所有 n 皆为正数是显然的.

　　$r_s(n)$ 的公式 (其中 $s = 10, 12, \cdots$) 涉及更为艰深的算术函数. 例如 $r_{10}(n)$ 就涉及 n 的复因子的幂和.

　　正如从 20.10 节可以想象到的那样, 将 n 表示成**奇数**个平方数之和的对应问题更加困难. 当 s 为 3、5 或者 7 时, 这样的表法个数可以表示成涉及 Legendre 和 Jacobi 符号 $\left(\dfrac{m}{n} \right)$ 的一个有限的和.

本 章 附 注

20.1 节. Waring 在 *Meditationes algebraicae* (1770), 204-205 中给出了他的结论, 在同一年稍后 Lagrange 证明了 $g(2) = 4$. 关于四平方定理的历史, 在 Dickson, *History*, ii 第 8 章中有详尽说明.

Hilbert 有关 $g(k)$ 对每个 k 的存在性的证明发表在 *Göttinger Nachrichten* (1909), 17-36 以及 *Math. Annalen*, **67** (1909), 281-305. 以前的研究工作者证明了它对 $k = 3, 4, 5, 6, 7, 8$ 以及 10 的存在性, 但仅对 $k = 3$ 确定了 $g(k)$ 的值. 对所有的 k, $g(k)$ 的值现在都已经知道. 而 $G(k)$ 仅对 $k = 2$ 和 $k = 4$ 是已知的. $g(k)$ 的确定依赖于先前对 $G(k)$ 的上界的确定.

也见 Dickson, *History*, ii 第 25 章以及我们关于第 21 章的附注.

Lord Saltoun 引起了我们对于 20.1 节的一个错误的注意.

20.3 节. 这个证明属于 Hermite, *Journal de math.* (1) **13** (1848), 15 (*Œuvres*, i. 264).

20.4 节. 第四个证明属于 Grace, *Journal London Math. Soc* **2** (1927), 3-8. Grace 还给出定理 369 的一个证明, 这个证明基于四维格的简单性质.

20.5 节. Bachet 在 1621 年发表了定理 369, 虽然他没有说已经证明了它. 这一节里给出的证明基本上是 Euler 的证明.

20.6 节至 20.9 节. 这几节的内容都是以 Hurwitz, *Vorlesungen über die Zahlenteorie der Quaternionen* (Berlin, 1919) 为基础的. Hurwitz 极为详尽地发展了这个理论, 并用它得到了 20.12 节中的公式. 我们在这个方向讲解仅限于对于定理 370 的证明来说是必要的内容; 例如, 我们没有对分解的唯一性证明任何一般性的定理. 在 Dickson, *Algebren und ihre Zahlentheorie* (Zürich, 1927) 的第 9 章中有关于 Hurwitz 的理论以及它的推广的另外一个说明.

Lipschitz (*Untersuchungen über die Summen von Quadrat*, Bonn, 1886) 是发展并发表了一种四元数算术的第一人, 尽管四元数的发现者 Hamilton 在他写于 1856 年的一封未曾发表的信中 [见 *The Mathematical papers of Sir. Wm. R. Hamilton* (Halberstam 和 Ingram 主编), xviii 以及附录 4] 给出了同样的方法. Lipschitz (像 Hamilton 一样) 用最明显的方式 (也就是用整数坐标) 定义了整四元数, 但是他的理论要比 Hurwitz 的理论复杂得多. 后来, Dickson [*Proc. London Math. Soc.* (2) **20** (1922), 225-232] 用 Lipschitz 的定义作为基础, 成功建立起另外一套简单得多的理论. 在我们的书的第 1 版里就是按照这个理论来讲述的, 但是它不如 Hurwitz 的理论那样令人满意: 例如, 在 Dickson 的理论中, 任何两个整四元数都有最高右公因子这一结论并不为真.

20.10 节. 我们没有加以证明的 "三平方定理" 属于 Legendre, *Essai sur la théorie des nombres* (1798), 202, 398-399 以及 Gauss, *D.A.*, 第 291 目. Gauss 还确定了表法个数. 见 Landau, *Vorlesungen*, i, 114-125. 在 Uspensky and Heaslet, 465-474 中有一个证明, 它依赖于 Liouville 的方法 (参见 20.13 节的附注), 还有另一个属于 Ankeny (*Proc. Amer. Math. Soc.* **8** (1957), 316-319) 的证明, 这个证明只依赖于 Minkowski 定理 (我们的定理 447) 和 Dirichlet 定理 (我们的定理 15).

20.11 节至 20.12 节. Ramanujan, *Collected papers*, **138** 及其后续内容.

20.13 节. 6 个平方和 8 个平方的结果属于 Jacobi, 且隐含在 *Fundamenta nova*, 第 40 章至第 42 章的公式之中. 它们也明显地陈述在 Smith 的 *Report on the theory of numbers*

(*Collected papers*, i. 306-307) 之中. Liouville 在 *Journal de math.* (2) **9** (1864), 296-298 以及 **11** (1866), 1-8 中给出了关于 12 和 10 个平方的公式. Glaisher, *Proc. London Math. Soc.* (2) **5** (1907), 479-490 对直到 $2s = 18$ 给出了关于 $r_{2s}(n)$ 的公式的系统的表, 这项工作是基于以前在 *Quarterly Journal of Math.*, 第 **36-39** 卷上发表的工作. 关于 14 和 18 个平方和的公式包含了仅作为某种模函数的系数定义的函数, 而不是用算术方法加以定义的函数. Ramanujan (*Collected papers*, no. 18) 继续将 Glaisher 的表扩充到了 $2s = 24$.

1914 年 Boulyguine 发现了关于 $r_{2s}(n)$ 的一般性的公式, 这些公式中出现的每一个函数都有一个算术定义. 例如 $r_{2s}(n)$ 的公式中就包含函数 $\sum \phi(x_1, x_2, \cdots, x_l)$, 其中 ϕ 是一个多项式, t 取值为 $2s - 8$, $2s - 16, \cdots$ 中之一, 而求和取遍满足 $x_1^2 + x_2^2 + \cdots + x_t^2 = n$ 的所有的解. 在 Dickson, *History*, ii, 317 中有关于 Boulyguine 的工作成果的参考资料.

Uspensky 发展了一些初等方法, 这些方法似乎被 Liouville 在用俄文发表的一系列论文中使用过: 参考文献可以在后来发表在 *Trans. Amer. Math. Soc.* **30** (1928), 385-404 上的一篇论文中找到. 他将其分析方法一直用到 $2s = 12$, 并说明, 他的方法使他能证明 Boulyguine 的一般公式.

一个更加分析化的方法 (它也能用于表为奇数个平方和的问题) 是由 Hardy、Mordell 以及 Ramanujan 发展起来的. 见 Hardy, *Trans. Amer. Math. Soc.* **21** (1920), 255-284 以及 Ramanujan 的书的第 9 章; Mordell, *Quarterly Journal of Math.* **48** (1920), 93-104 以及 *Trans. Camb. Phil. Soc.* **22** (1923), 361-372; Estermann, *Acta arithmetica*, **2** (1936), 47-79 以及 Ramanujan, *Collected papers* 的 nos. **18** 和 **21**.

我们在 6.5 节中定义了 Legendre 符号, Jacobi 的广义符号是在更为系统的专著 (例如 Landau, *Vorlesungen*, i, **47** 中) 定义的.

正整数表示成平方和的表法个数的自成一体的公式现在可以用模形式理论予以解释 (例如, 见 H. Iwaniec, *Topics in classical automorphic forms,* Amer. Math. Soc., 1997 第 11 章). 的确, 我们可以用这样的方法在完全一般的意义下研究正定二次型

$$Q(x_1, \cdots, x_n) = \sum_{i,j=1}^{n} a_{ij} x_i x_j \quad (a_{ij} = a_{ji} \text{ 均为整数}).$$

这种二次型的一个精致的结果被 Conway 与 Schneeberger 所证明 (尚未发表). 它说的是: 如果 Q 表示出不超过 15 (15 包含在内) 的每个正整数, 那么它就表示出所有的正整数. 数 15 不能再减小, 这是因为, 事实上 $x_1^2 + 2x_2^2 + 5x_3^2 + 5x_4^2$ 就表示除 15 以外的所有正整数. 这个结论的一个更加难的表述形式由 Bhargava 得到 (*Quadratic forms and their applications* (*Dublin, 1999*), 27-37, Contemp. Math., 272, Amer. Math. Soc., Providence, RI, 2000), 它针对的是二次型

$$Q(x_1, \cdots, x_n) = \sum_{1 \leqslant i \leqslant j \leqslant n} a_{ij} x_i x_j \quad (a_{ij} \text{ 是整数}).$$

在此情形, 如果直到 290 的每个整数都可以用它表示, 那么所有整数都可以用它表示.

第 21 章　用立方数以及更高次幂表示数

21.1　四　次　幂

20.1 节将 Waring 问题定义成确定 $g(k)$ 和 $G(k)$ 的问题, 20.10 节对 $k = 2$ 的情形给出了完整的解答. 一般的问题要困难得多. 即便是证明 $g(k)$ 和 $G(k)$ 的存在性也需要相当精细的分析. 除了 k 等于 2 和 4 以外, $G(k)$ 的值还不知道. 本章末尾对这些问题的现状给出一个综述, 不过我们仅仅来证明几个特殊的定理, 而这些定理通常并不是已知最好的结果.

容易证明 $g(4)$ 的存在性.

定理 387　$g(4)$ 存在, 且不超过 50.

其证明依赖于定理 369 和恒等式

$$6\left(a^2 + b^2 + c^2 + d^2\right)^2 = (a+b)^4 + (a-b)^4 + (c+d)^4 + (c-d)^4$$
$$+ (a+c)^4 + (a-c)^4 + (b+d)^4 + (b-d)^4 \qquad (21.1.1)$$
$$+ (a+d)^4 + (a-d)^4 + (b+c)^4 + (b-c)^4.$$

用 B_s 来记一个至多是 s 个四次方数之和的数. 那么 (21.1.1) 表明

$$6\left(a^2 + b^2 + c^2 + d^2\right)^2 = B_{12},$$

于是, 根据定理 369 知, 对每个 x 都有

$$6x^2 = B_{12}. \qquad (21.1.2)$$

任何正整数 n 都有形式 $n = 6N + r$, 其中 $N \geqslant 0$, r 是 0, 1, 2, 3, 4 或者 5 中之一. 于是 (再次利用定理 369) $n = 6(x_1^2 + x_2^2 + x_3^2 + x_4^2) + r$, 由 (21.1.2) 得到

$$n = B_{12} + B_{12} + B_{12} + B_{12} + r = B_{48} + r = B_{53}$$

(因为 r 可以用至多 5 个 1 来表示). 于是 $g(4)$ 存在且至多为 53.

容易对此结果作少许的改进. 任何一个数 $n \geqslant 81$ 都可以表示成 $n = 6N + t$ 的形式, 其中 $N \geqslant 0$, 且 $t = 0, 1, 2, 81, 16$ 或者 17, 这要根据 $n \equiv 0, 1, 2, 3, 4$ 或者 5 (mod 6) 来确定的. 但是

$$1 = 1^4, \quad 2 = 1^4 + 1^4, \quad 81 = 3^4, \quad 16 = 2^4, \quad 17 = 2^4 + 1^4.$$

所以 $t = B_2$, 因此 $n = B_{48} + B_2 = B_{50}$, 从而任何 $n \geqslant 81$ 都是 B_{50}.

另外, 容易验证: 如果 $1 \leqslant n \leqslant 80$, 则有 $n = B_{19}$. 事实上只有 $79 = 4 \times 2^4 + 15 \times 1^4$ 需要 19 个四次方数.

21.2　三次幂：$G(3)$ 和 $g(3)$ 的存在性

$g(3)$ 的存在性的证明更加复杂 (这是很自然的, 因为立方数可以是负的). 首先证明以下定理.

定理 388　$G(3) \leqslant 13$.

用 C_s 来记一个可以表成 s 个非负立方数之和的数.

假设 z 取遍同余于 $1 \pmod 6$ 的数 $7, 13, 19, \cdots$, 并设 I_z 是区间

$$\phi(z) = 11z^9 + (z^3 + 1)^3 + 125z^3 \leqslant n \leqslant 14z^9 = \psi(z).$$

显然, 对于大的 z 有 $\phi(z + 6) < \psi(z)$, 所以诸区间 I_z 最终是相互重叠的, 而且每个大的 n 都落在某个 I_z 中. 这样一来, 只要证明 I_z 中的每一个 n 都是 13 个非负立方数之和就够了.

我们来证明 I_z 中的任何 n 都可以表示成

$$n = N + 8z^9 + 6mz^3 \tag{21.2.1}$$

的形式, 其中

$$N = C_5, \quad 0 < m < z^6. \tag{21.2.2}$$

那样就会有

$$m = x_1^2 + x_2^2 + x_3^2 + x_4^2,$$

其中 $0 \leqslant x_i < z^3$, 所以

$$\begin{aligned}
n &= N + 8z^9 + 6z^3(x_1^2 + x_2^2 + x_3^2 + x_4^2) \\
&= N + \sum_{i=1}^{4} \left\{ (z^3 + x_i)^3 + (z^3 - x_i)^3 \right\} \\
&= C_5 + C_8 = C_{13}.
\end{aligned}$$

剩下要证明 (21.2.1). 定义 r, s 以及 N 为

$$\begin{aligned}
n &\equiv 6r \pmod{z^3} && (1 \leqslant r \leqslant z^3), \\
n &\equiv s + 4 \pmod 6 && (0 \leqslant s \leqslant 5), \\
N &= (r + 1)^3 + (r - 1)^3 + 2(z^3 - r)^3 + (sz)^3.
\end{aligned}$$

这样就有 $N = C_5$, 且

$$0 < N < (z^3 + 1)^3 + 3z^9 + 125z^3 = \phi(z) - 8z^9 \leqslant n - 8z^9,$$

所以

$$8z^9 < n - N < 14z^9. \tag{21.2.3}$$

现在有
$$N \equiv (r+1)^3 + (r-1)^3 - 2r^3 = 6r \equiv n \equiv n - 8z^9 \pmod{z^3}.$$
又对每个 x 有 $x^3 \equiv x \pmod 6$, 因此
$$
\begin{aligned}
N &\equiv r+1+r-1+2(z^3-r)+sz = 2z^3 + sz \\
&\equiv (2+s)z \equiv 2+s \equiv n-2 \\
&\equiv n-8 \equiv n-8z^9 \pmod 6.
\end{aligned}
$$
从而 $n - N - 8z^9$ 是 $6z^3$ 的倍数. 这就证明了 (21.2.1), 再由 (21.2.3) 就得出 (21.2.2) 中的不等式.

$g(3)$ 的存在性是定理 388 的一个推论. 但是指出下面这一点是很有趣的: 该定理中对 $G(3)$ 所说的界也是 $g(3)$ 的一个界.

21.3　$g(3)$ 的界

首先必须证明定理 388 的一个加强形式, 它给出一个确定的界限, 所有超出这个界限的数都是 C_{13}.

定理 389　*如果 $n \geqslant 10^{25}$, 那么 $n = C_{13}$.*

先来证明, 如果 $z \geqslant 373$, 那么 $\phi(z+6) \leqslant \psi(z)$, 也就是
$$11t^9 + (t^3+1)^3 + 125t^3 \leqslant 14(t-6)^9,$$
也即对 $t \geqslant 379$ 有
$$14\left(1 - \frac{6}{t}\right)^9 \geqslant 12 + \frac{3}{t^3} + \frac{128}{t^6} + \frac{1}{t^9}. \tag{21.3.1}$$
现在, 对 $0 < \delta < 1$ 有 $(1-\delta)^m > 1 - m\delta$. 从而对 $t > 6$ 有
$$\left(1 - \frac{6}{t}\right)^9 > 1 - \frac{54}{t}.$$
所以, 如果
$$14\left(1 - \frac{54}{t}\right) \geqslant 12 + \frac{3}{t^3} + \frac{128}{t^6} + \frac{1}{t^9},$$
或者说,
$$2(t - 7 \times 54) \geqslant \frac{3}{t^2} + \frac{128}{t^5} + \frac{1}{t^8},$$
那么 (21.3.1) 就满足. 这对 $t \geqslant 7 \times 54 + 1 = 379$ 显然是成立的.

由此推出, 诸区间 I_z 从 $z = 373$ 开始往后都是重叠的, 而且如果 $n \geqslant 14 \times 373^9$ (它小于 10^{25}), 那么 n 就一定落在一个 I_z 之中.

现在必须来考虑小于 10^{25} 的数的表示问题. 根据表已知, 所有直到 $40\,000$ 的数都是 C_9, 而且在这些数之中, 只有 23 和 239 需要用到 9 个立方数. 从而

$$n = C_9 \ (1 \leqslant n \leqslant 239), \quad n = C_8 \ (240 \leqslant n \leqslant 40\,000).$$

其次, 如果 $N \geqslant 1$ 且 $m = \lfloor N^{\frac{1}{3}} \rfloor$, 就有

$$N - m^3 = (N^{\frac{1}{3}})^3 - m^3 \leqslant 3N^{\frac{2}{3}}(N^{\frac{1}{3}} - m) < 3N^{\frac{2}{3}}.$$

现在假设 $240 \leqslant n \leqslant 10^{25}$, 并令 $n = 240 + N$, $0 \leqslant N < 10^{25}$. 那么

$$N = m^3 + N_1, \quad m = \lfloor N^{\frac{1}{3}} \rfloor, \quad 0 \leqslant N_1 < 3N^{\frac{2}{3}},$$

$$N_1 = m_1^3 + N_2, \quad m_1 = \lfloor N_1^{\frac{1}{3}} \rfloor, \quad 0 \leqslant N_2 \leqslant 3N_1^{\frac{2}{3}},$$

$$\cdots$$

$$N_4 = m_4^3 + N_5, \quad m_4 = \lfloor N_4^{\frac{1}{3}} \rfloor, \quad 0 \leqslant N_5 \leqslant 3N_4^{\frac{2}{3}}.$$

于是

$$n = 240 + N = 240 + N_5 + m^3 + m_1^3 + m_2^3 + m_3^3 + m_4^3. \tag{21.3.2}$$

这里

$$0 \leqslant N_5 \leqslant 3N_4^{\frac{2}{3}} \leqslant 3\left(3N_3^{\frac{2}{3}}\right)^{\frac{2}{3}} \leqslant \cdots$$

$$\leqslant 3 \times 3^{\frac{2}{3}} 3^{\left(\frac{2}{3}\right)^2} 3^{\left(\frac{2}{3}\right)^3} 3^{\left(\frac{2}{3}\right)^4} N^{\left(\frac{2}{3}\right)^5}$$

$$= 27\left(\frac{N}{27}\right)^{\left(\frac{2}{3}\right)^5} < 27\left(\frac{10^{25}}{27}\right)^{\left(\frac{2}{3}\right)^5} < 35\,000.$$

其中

$$240 \leqslant 240 + N_5 < 35\,240 < 40\,000,$$

所以 $240 + N_5$ 是 C_8. 根据 (21.3.2) 知, n 是 C_{13}. 从而所有正整数都是 13 个立方数之和.

定理 390　$g(3) \leqslant 13$.

$g(3)$ 真正的值是 9, 但是它的证明需要用到关于用**三个**平方和来表示数的 Legendre 定理 (20.10 节). 我们还没有证明这个定理, 不得不用定理 369 来替代它, 这也正是我们的结果不完美的原因所在.

21.4　更　高　次　幂

在 21.1 节中, 利用恒等式 (21.1.1) 由 $g(2)$ 的存在性推导出了 $g(4)$ 的存在性. 还有一些类似的恒等式, 使我们能从 $g(3)$ 和 $g(4)$ 的存在性推导出 $g(6)$ 和 $g(8)$ 的存在性. 例如

$$60\,(a^2 + b^2 + c^2 + d^2)^3 = \sum (a \pm b \pm c)^6 + 2 \sum (a \pm b)^6 + 36 \sum a^6. \tag{21.4.1}$$

它的右边有

$$16 + 2 \times 12 + 36 \times 4 = 184$$

个六次幂. 现在任何一个 n 都有 $60N + r\ (0 \leqslant r \leqslant 59)$ 的形式, 且

$$60N = 60 \sum_{i=1}^{g(3)} X_i^3 = 60 \sum_{i=1}^{g(3)} \left(a_i^2 + b_i^2 + c_i^2 + d_i^2\right)^3,$$

根据 (21.4.1), 它是 $184g(3)$ 个六次幂. 因此 n 是 $184g(3) + r \leqslant 184g(3) + 59$ 个六次幂之和, 所以根据定理 390 就得出以下定理.

定理 391 $g(6) \leqslant 184g(3) + 59 \leqslant 2451$.

恒等式

$$5040 \left(a^2 + b^2 + c^2 + d^2\right)^4$$

$$= 6 \sum (2a)^8 + 60 \sum (a \pm b)^8 + \sum (2a \pm b \pm c)^8 + 6 \sum (a \pm b \pm c \pm d)^8 \tag{21.4.2}$$

的右边有 $6 \times 4 + 60 \times 12 + 48 + 6 \times 8 = 840$ 个八次幂. 于是和上面相同可得, 任何数 $5040N$ 都是 $840g(4)$ 个八次幂. 而直到 5039 的数都是至多 273 个 1 和 2 的八次幂.[①] 这样一来, 根据定理 387 就得出以下定理.

定理 392 $g(8) \leqslant 840g(4) + 273 \leqslant 42\,273$.

从数值上来讲, 定理 391 和定理 392 的结果是很差的. 这些定理仅仅作为存在性定理才有真正的意义. 已知 $g(6) = 73$ 以及 $g(8) = 279$.

21.5 $g(k)$ 的一个下界

对 $k = 3, 4, 6, 8$, 我们对 $g(k)$ 找到一个上界, 由此给出了 $G(k)$ 的一个上界, 不过这些上界要比用更深的方法所给出的界要大得多. 还有寻求下界的问题, 在这方面初等方法要相对有效得多. 的确, 很容易证明所有现在已知的那些结果.

先研究 $g(k)$. 我们记 $q = \left\lfloor \left(\dfrac{3}{2}\right)^k \right\rfloor$. 数 $n = 2^k q - 1 < 3^k$ 只能用 1^k 和 2^k 来表示. 事实上有 $n = (q-1)2^k + (2^k - 1)1^k$, 所以 n 恰好要求 $q - 1 + 2^k - 1 = 2^k + q - 2$ 个 k 次幂. 从而有以下定理.

定理 393 $g(k) \geqslant 2^k + q - 2$.

特别有

[①] 最差的数是 $4863 = 18 \times 2^8 + 255 \times 1^8$.

$$g(2) \geqslant 4, \ g(3) \geqslant 9, \ g(4) \geqslant 19, \ g(5) \geqslant 37, \ \cdots.$$

现在已知, 对于除了 4 和 5 以外的直到 400 的所有的 k 都有 $g(k) = 2^k + q - 2$, 而且很可能这对所有的 k 皆为真.

21.6 $G(k)$ 的下界

现在转到 $G(k)$, 首先来对每一个 k 证明一个一般性的定理.

定理 394 对 $k \geqslant 2$ 有 $G(k) \geqslant k+1$.

设 $A(N)$ 是能表示成形式

$$n = x_1^k + x_2^k + \cdots + x_k^k \tag{21.6.1}$$

的数 $n \leqslant N$ 的个数, 其中 $x_i \geqslant 0$. 可以假设 x_i 按照递增的次序排列, 因此

$$0 \leqslant x_1 \leqslant x_2 \leqslant \cdots \leqslant x_k \leqslant N^{1/k}. \tag{21.6.2}$$

从而 $A(N)$ 不超过不等式 (21.6.2) 的解数, 这个解数就是

$$B(N) = \sum_{x_k=0}^{\lfloor N^{1/k} \rfloor} \sum_{x_{k-1}=0}^{x_k} \sum_{x_{k-2}=0}^{x_{k-1}} \cdots \sum_{x_1=0}^{x_2} 1.$$

关于 x_1 的求和给出 $x_2 + 1$, 关于 x_2 的求和给出

$$\sum_{x_2=0}^{x_3} (x_2 + 1) = \frac{(x_3+1)(x_3+2)}{2!},$$

关于 x_3 的求和给出

$$\sum_{x_3=0}^{x_4} \frac{(x_3+1)(x_3+2)}{2!} = \frac{(x_4+1)(x_4+2)(x_4+3)}{3!},$$

如此下去. 所以对很大的 N 有

$$B(N) = \frac{1}{k!} \prod_{r=1}^{k} \left(\lfloor N^{1/k} \rfloor + r \right) \sim \frac{N}{k!}. \tag{21.6.3}$$

此外, 如果 $G(k) \leqslant k$, 那么除了有限多个 n 以外, 所有的 n 均可表示成 (21.6.1) 的形式, 所以有 $A(N) > N - C$, 其中 C 与 N 无关. 从而

$$N - C < A(N) \leqslant B(N) \sim \frac{N}{k!},$$

然而这对 $k > 1$ 显然是不可能的. 由此推出 $G(k) > k$.

定理 394 对于 $G(k)$ 给出了已知最好的统一下界. 有一些以同余式为基础的论证方法, 这些方法对于特殊形式的 k 给出等价的、或者更好的结果. 比方说

$$x^3 \equiv 0, 1 \ \text{或者} \ -1 \ (\mathrm{mod}\ 9),$$

于是一个形如 $N = 9m \pm 4$ 的数至少需要用 4 个立方数来表示. 这就证明了 $G(3) \geqslant 4$, 它是定理 394 的特殊情形.

再有

$$x^4 \equiv 0 \text{ 或者 } 1 \pmod{16}, \tag{21.6.4}$$

因此所有形如 $16m + 15$ 的数至少要用 15 个四次方数来表示. 由此推出 $G(4) \geqslant 15$. 这比定理 394 给出的结果要好得多, 对此结果我们还能稍微做一点改进.

由 (21.6.4) 推出, 如果 $16n$ 是至多 15 个四次方数之和, 那么这些四次方数中的每一个数必定都是 16 的倍数. 从而

$$16n = \sum_{i=1}^{15} x_i^4 = \sum_{i=1}^{15} (2y_i)^4,$$

所以

$$n = \sum_{i=1}^{15} y_i^4.$$

这样一来, 如果 $16n$ 是至多 15 个四次方数之和, 那么 n 也是至多 15 个四次方数之和. 但是 31 不能表为至多 15 个四次方数之和, 从而对任何 m, 形如 $16^m \times 31$ 的数也一定不能表为至多 15 个四次方数之和. 从而有以下定理.

定理 395 $G(4) \geqslant 16$.

更一般地有以下定理.

定理 396   *如果 $\theta \geqslant 2$, 则有*

$$G(2^\theta) \geqslant 2^{\theta+2}.$$

对 $\theta = 2$ 的情形已经进行了处理. 如果 $\theta > 2$, 那么

$$k = 2^\theta > \theta + 2.$$

于是, 如果 x 是偶数, 则有

$$x^{2^\theta} \equiv 0 \pmod{2^{\theta+2}},$$

如果 x 是奇数, 则有

$$\begin{aligned} x^{2^\theta} = (1+2m)^{2^\theta} &\equiv 1 + 2^{\theta+1}m + 2^{\theta+1}(2^\theta - 1)m^2 \\ &\equiv 1 - 2^{\theta+1}m(m-1) \equiv 1 \pmod{2^{\theta+2}}. \end{aligned}$$

因此

$$x^{2^\theta} \equiv 0 \text{ 或者 } 1 \pmod{2^{\theta+2}}. \tag{21.6.5}$$

现在设 n 是任意一个奇数, 并设 $2^{\theta+2}n$ 是至多 $2^{\theta+2}-1$ 个 k 次幂之和. 那么根据 (21.6.5), 这些幂中的每一个必定都是偶数, 所以也都能被 2^k 整除. 从而 $2^{k-\theta-2}\,|\,n$, 因此 n 是偶数. 矛盾, 这就证明了定理 396.

应该注意到, 在 $\theta=2$ 的情形, 证明的最后一步失效, 此时需要一种特别的方法.

另外还有三个定理, 应用它们可以得到比定理 394 更好的结果.

定理 397　如果 $p>2$ 且 $\theta\geqslant0$, 那么 $G\left\{p^{\theta}(p-1)\right\}\geqslant p^{\theta+1}$.

例如, $G(6)\geqslant9$.

如果 $k=p^{\theta}(p-1)$, 那么 $\theta+1\leqslant3^{\theta}<k$. 因此, 如果 $p\,|\,x$, 就有 $x^k\equiv0\ (\mathrm{mod}\ p^{\theta+1})$. 此外, 如果 $p\nmid x$, 根据定理 72 有 $x^k=x^{p^{\theta}(p-1)}\equiv1\ (\mathrm{mod}\ p^{\theta+1})$. 于是, 如果 $p^{\theta+1}n$ (其中 $p\nmid n$) 是至多 $p^{\theta+1}-1$ 个 k 次幂的和, 那么这些幂中的每一个都必定能被 $p^{\theta+1}$ 整除, 从而也能被 p^k 整除. 从而 $p^k\,|\,p^{\theta+1}n$, 而这是不可能的, 因此 $G(k)\geqslant p^{\theta+1}$.

定理 398　如果 $p>2$ 且 $\theta\geqslant0$, 那么 $G\left\{\dfrac{1}{2}p^{\theta}(p-1)\right\}\geqslant\dfrac{1}{2}\left(p^{\theta+1}-1\right)$.

例如, $G(10)\geqslant12$.

显然, 除了 $p=3,\theta=0,k=1$ 的平凡情形之外, 我们都有

$$k=\frac{1}{2}p^{\theta}(p-1)\geqslant p^{\theta}>\theta+1.$$

于是, 如果 $p\,|\,x$, 则有 $x^k\equiv0\ (\mathrm{mod}\ p^{\theta+1})$. 此外, 如果 $p\nmid x$, 那么根据定理 72 有

$$x^{2k}=x^{p^{\theta}(p-1)}\equiv1\ (\mathrm{mod}\ p^{\theta+1}).$$

从而 $p^{\theta+1}\,\big|\,\left(x^{2k}-1\right)$, 这也就是 $p^{\theta+1}\,\big|\,\left(x^k-1\right)\left(x^k+1\right)$. 由于 $p>2$, p 不可能同时整除 x^k-1 和 x^k+1 这两者, 从而 x^k-1 和 x^k+1 这两者中有一个能被 $p^{\theta+1}$ 整除. 由此推出, 对每个 x 有 $x^k\equiv0,1$ 或者 $-1\ (\mathrm{mod}\ p^{\theta+1})$. 这样一来, 形如 $p^{\theta+1}m\pm\dfrac{1}{2}\left(p^{\theta+1}-1\right)$ 的数至少需要 $\dfrac{1}{2}\left(p^{\theta+1}-1\right)$ 个 k 次幂.

定理 399　如果 $\theta\geqslant2$,[①] 那么 $G\left(3\times2^{\theta}\right)\geqslant2^{\theta+2}$.

由于 $G\left(3\times2^{\theta}\right)\geqslant G\left(2^{\theta}\right)\geqslant2^{\theta+2}$, 所以这个结论是定理 396 的一个平凡推论. 可以将这一节里的结果总结在下面的定理中.

定理 400　$G(k)$ 有如下的下界:

(i) $2^{\theta+2}$, 如果 k 形如 2^{θ} 或者 $3\times2^{\theta}$, 且 $\theta\geqslant2$;

(ii) $p^{\theta+1}$, 如果 $p>2$ 且 $k=p^{\theta}(p-1)$;

---

① 该定理对 $\theta=0$ 和 $\theta=1$ 为真, 不过那些情形已包含在定理 394 和定理 397 之中.

(iii) $\frac{1}{2}\left(p^{\theta+1}-1\right)$, 如果 $p>2$ 且 $k=\frac{1}{2}p^{\theta}(p-1)$;

(iv) $k+1$, 在任何情形下.

这些是 $G(k)$ 的已知最好的下界. 容易验证, 这些下界中没有一个超过 $4k$, 所以对于大的 k, $G(k)$ 的下界要比定理 393 给出的 $g(k)$ 的下界要小得多. 正如我们在 20.1 节中注意到的, 由于在表示某种相对较小的数时所遇到的困难, $g(k)$ 的值被增大了.

应该注意, k 可以是定理 400 中所提到的某些特殊形式的数中的某几种. 例如

$$6=3(3-1)=7-1=\frac{1}{2}(13-1),$$

所以 6 可以用两种方法表示成形式 (ii), 可以用一种方式表示成形式 (iii). 定理给出的下界是

$$3^2=9,\quad 7^1=7,\quad \frac{1}{2}(13-1)=6,\quad 6+1=7.$$

其中的第一个给出了最强的 (下界) 结果.

21.7　受符号影响的和：数 $v(k)$

这里很自然的是来考虑整数 n 用集合

$$0,1^k,2^k,\cdots,-1^k,-2^k,-3^k,\cdots \tag{21.7.1}$$

中的 s 个元素之和来表示, 或者说, 形如

$$n=\pm x_1^k\pm x_2^k\pm\cdots\pm x_s^k \tag{21.7.2}$$

的表示问题. 用 $v(k)$ 来记每一个 n 都可以用这种方式来表示的 s 的最小值.

这个问题在大多数方面都比 Waring 问题要容易处理, 但是它的解答在某一个方面仍然是不完全的. $g(k)$ 的值对许多 k 都是已知的, 然而 $v(k)$ 的值除了 2 以外, 对其他 k 的值仍未求得. 这里主要的困难在于确定 $v(k)$ 的一个下界. [在与 $v(k)$ 有关的问题中] 没有与定理 393, 甚至也没有与定理 394 有效对应的结果.

定理 401　$v(k)$ 对每个 k 都存在.

显然, 如果 $g(k)$ 存在, 那么 $v(k)$ 存在且不超过 $g(k)$. 但 $v(k)$ 的存在性的直接证明要比 $g(k)$ 的存在性的证明要容易得多.

我们需要一个引理.

定理 402　$\displaystyle\sum_{r=0}^{k-1}(-1)^{k-1-r}\binom{k-1}{r}(x+r)^k=k!x+d$, 其中 d 是与 x 无关的整数.

熟悉有限差分基础知识的读者立即就能看出, 这就是 x^k 的 $k-1$ 次差分的一个熟知的性质. 显然, 如果 $Q_k(x) = A_k x^k + \cdots$ 是一个 k 次多项式, 那么

$$\Delta Q_k(x) = Q_k(x+1) - Q_k(x) = k A_k x^{k-1} + \cdots,$$

$$\Delta^2 Q_k(x) = k(k-1) A_k x^{k-2} + \cdots,$$

$$\cdots$$

$$\Delta^{k-1} Q_k(x) = k! A_k x + d,$$

其中 d 与 x 无关. 该引理是 $Q_k(x) = x^k$ 的情形. 事实上 $d = \dfrac{1}{2}(k-1)(k!)$, 不过我们用不到这个结果.

由引理立即推出, 任何形如 $k!x + d$ 的数可以表示成集合 (21.7.1) 中

$$\sum_{r=0}^{k-1} \binom{k-1}{r} = 2^{k-1}$$

个数的和, 对任何 n 和适当的 l 以及 x 有

$$n - d = k!x + l, \quad -\frac{1}{2}(k!) < l \leqslant \frac{1}{2}(k!).$$

于是 $n = (k!x + d) + l$, 且 n 是集合 (21.7.1) 中 $2^{k-1} + l \leqslant 2^{k-1} + \dfrac{1}{2}(k!)$ 个数的和.

这样就证明了比定理 401 还多的东西, 也即证明了以下定理.

定理 403　　$v(k) \leqslant 2^{k-1} + \dfrac{1}{2}(k!).$

21.8　$v(k)$ 的上界

一般来说, 定理 403 中的上界太大.

如同我们在 21.7 节中所注意到的, 显然有 $v(k) \leqslant g(k)$. 如果有关于 $G(k)$ 的一个上界, 就能求出 $v(k)$ 的一个上界. 从某个 $N(k)$ 开始往后的任何一个数都是 $G(k)$ 个正的 k 次幂之和, 而对某个 y 有

$$n + y^k > N(k),$$

所以有

$$n = \sum_{i=1}^{G(k)} x_i^k - y^k$$

以及

$$v(k) \leqslant G(k) + 1. \tag{21.8.1}$$

除了一些较小的 k, 对于所有其他的 k, 这个结果是比 $g(k)$ 要好得多的界.

定理 403 的界也可以用更加初等的方法来给出实质性的改进. 这里只考虑 k 的一些特殊值, 对于这些特殊值, 这样的初等方法能给出比 (21.8.1) 更好的界.

(1) **平方数**. 定理 403 给出 $v(2) \leqslant 3$, 这个结果也可由恒等式

$$2x + 1 = (x+1)^2 - x^2$$

和

$$2x = x^2 - (x-1)^2 + 1^2$$

推出.

此外, 6 不能用两个平方数表示, 这是因为它不是两个平方数之和, 而且

$$x^2 - y^2 = (x-y)(x+y)$$

要么是奇数, 要么是 4 的倍数.

定理 404 $v(2) = 3$.

(2) **立方数**. 由于对任何 n 都有

$$n^3 - n = (n-1)n(n+1) \equiv 0 \pmod 6,$$

所以, 对任何 n 和某个整数 x, 我们有

$$n = n^3 - 6x = n^3 - (x+1)^3 - (x-1)^3 + 2x^3.$$

所以 $v(3) \leqslant 5$.

此外, $y^3 \equiv 0, 1$ 或者 $-1 \pmod 9$, 从而数 $9m \pm 4$ 至少要求 4 个立方数. 因此 $v(3) \geqslant 4$.

定理 405 $v(3)$ 是 4 或者 5.

现在还不知道究竟 4 还是 5 是 $v(3)$ 的准确值. 恒等式

$$6x = (x+1)^3 + (x-1)^3 - 2x^3$$

表明, 6 的每个倍数都可以用 4 个立方数来表示. Richmond 和 Mordell 给出了许多适用于其他算术级数的类似恒等式. 例如恒等式

$$6x + 3 = x^3 - (x-4)^3 + (2x-5)^3 - (2x-4)^3$$

表明, 3 的任何奇倍数可以用 4 个立方数来表示.

(3) **四次方数**. 根据定理 402, 有

$$(x+3)^4 - 3(x+2)^4 + 3(x+1)^4 - x^4 = 24x + d \tag{21.8.2}$$

(其中 $d = 36$). $0^4, 1^4, 3^4, 2^4 \pmod{24}$ 的剩余分别是 0, 1, 9, 16, 我们容易验证, 每个剩余 $\pmod{24}$ 都是 $0, \pm1, \pm9, \pm16$ 中至多 4 个数的和. 把这表述成: 0, 1, 9, 16 是模 24 的四次幂剩余, 且模 24 的任何剩余都可以用这四个幂剩余中的 4 个数来表示. 现在可以将任何 n 表示成形式 $n = 24x + d + r$, 其中 $0 \leqslant r < 24$. 此时 (21.8.2) 表明, 任何 n 可以用 8+4=12 个形如 $\pm y^4$ 的数来表示. 所以 $v(4) \leqslant 12$. 此外, 模 16 的仅有的四次幂剩余是 0 和 1, 所以一个形如 $16m + 8$ 的数不可能用 8 个形如 $\pm y^4$ 的数来表示, 除非这些数全是奇数, 且有相同的符号. 由于存在这种形式的数 (例如 24), 它不是 8 个四次方数之和, 由此推出 $v(4) \geqslant 9$.

定理 406　　$9 \leqslant v(4) \leqslant 12$.

(4) **五次方数**. 此时, 定理 402 不能导出最好的结果, 代之用恒等式

$$(x+3)^5 - 2(x+2)^5 + x^5 + (x-1)^5 - 2(x-3)^5 + (x-4)^5 = 720x - 360. \quad (21.8.3)$$

稍许作一点计算就能证明, 模 720 的每个剩余都可以用两个五次幂剩余来表示. 从而 $v(5) \leqslant 8 + 2 = 10$.

模 11 仅有的五次幂剩余是 0, 1 以及 -1, 所以形如 $11m \pm 5$ 的数至少需要 5 个五次幂.

定理 407　　$5 \leqslant v(5) \leqslant 10$.

21.9　Prouhet-Tarry 问题: 数 $P(k, j)$

另外有一个令人感兴趣的问题, 它和 21.8 节中的问题有某种联系 (尽管此处不对这种联系展开讨论).

假设诸数 a 和 b 都是整数, 且

$$S_h = S_h(a) = a_1^h + a_2^h + \cdots + a_s^h = \sum a_i^h.$$

再考虑 k 个方程的方程组

$$S_h(a) = S_h(b) \quad (1 \leqslant h \leqslant k). \quad (21.9.1)$$

显然, 当诸数 b 是诸数 a 的一个排列时, 这些方程是满足的, 称这样的解为平凡的解.

容易证明, 当 $s \leqslant k$ 时没有其他的解. 这只要考虑 $s = k$ 的情形就够了. 此时

$$b_1 + b_2 + \cdots + b_k, b_1^2 + \cdots + b_k^2, \cdots, b_1^k + \cdots + b_k^k$$

与作为诸数 a 的同样的函数有同样的值, 于是[1]初等对称函数

$$\sum b_i, \sum b_i b_j, \cdots, b_1 b_2 \cdots b_k$$

---

[1] 根据方程的系数与它的根的幂和之间的 Newton 公式.

与作为诸数 a 的同样函数也有同样的值. 从而诸数 a 与诸数 b 都是同一个代数方程的根, 所以诸数 b 是诸数 a 的一个排列.

当 $s>k$ 时, 可能有非平凡的解, 用 $P(k,2)$ 来记使得它有非平凡解的 s 的最小值. 首先 (由于当 $s\leqslant k$ 时没有非平凡的解) 显然有

$$P(k,2)\geqslant k+1. \tag{21.9.2}$$

可以将我们的问题作一点推广. 取 $j\geqslant 2$, 记

$$S_{hu}=a_{1u}^h+a_{2u}^h+\cdots+a_{su}^h,$$

考虑 $k(j-1)$ 个方程

$$S_{h1}=S_{h2}=\cdots=S_{hj} \quad (1\leqslant h\leqslant k) \tag{21.9.3}$$

组成的集合. (21.9.3) 的一个非平凡的解是指在这组解中不存在这样的两个集合 a_{iu} $(1\leqslant i\leqslant s)$ 和 a_{iv} $(1\leqslant i\leqslant s)$ $(u\neq v)$, 它们之间仅相差一个排列. 用 $P(k,j)$ 来记使得它有非平凡解的 s 的最小值. 显然, 对 $j\geqslant 2$, (21.9.3) 的一个非平凡的解包含了 (21.9.1) 对于同样的 s 的一个非平凡解. 因此, 由 (21.9.2) 有以下定理.

定理 408 $P(k,j)\geqslant P(k,2)\geqslant k+1.$

在另一个方向上, 我们要证明以下定理

定理 409 $P(k,j)\leqslant\frac{1}{2}k(k+1)+1.$

记 $s=\frac{1}{2}k(k+1)+1$, 并假设 $n>s!s^kj$. 考虑所有由满足

$$1\leqslant a_r\leqslant n \quad (1\leqslant r\leqslant s)$$

的整数

$$a_1,a_2,\cdots,a_s \tag{21.9.4}$$

组成的集合. 这样的集合有 n^s 个.

由于 $1\leqslant a_r\leqslant n$, 从而有 $s\leqslant S_h(a)\leqslant sn^h$. 所以至多有

$$\prod_{h=1}^k\left(sn^h-s+1\right)<s^kn^{\frac{1}{2}k(k+1)}=s^kn^{s-1}$$

个不同的集合

$$S_1(a),S_2(a),\cdots,S_k(a). \tag{21.9.5}$$

现在有 $s!j\cdot s^kn^{s-1}\leqslant n^s$, 所以在诸集合 (21.9.4) 之中至少有 $s!j$ 个有同样的集合 (21.9.5). 但是 s 件东西 (无论这些东西是否相同) 的排列的个数至多为 $s!$, 从而至少有 j 个集合 (21.9.4) [它们中没有任何两个是互为排列的, 且没有任何两个有同样的集合 (21.9.5)]. 这就对 $s=\frac{1}{2}k(k+1)+1$ 给方程 (21.9.3) 提供了一个非平凡解.

21.10　对特殊的 k 和 j 计算 $P(k, j)$

我们来证明以下定理.

定理 410　对 $k = 2, 3, 5$ 以及所有的 j, 都有 $P(k, j) = k + 1$.

根据定理 408, 只需要证明 $P(k, j) \leqslant k+1$, 为此只要对任意给定的 j 构造出 (21.9.3) 实际的解就行了.

根据定理 337, 对任意固定的 j, 存在一个 n 使得

$$n = c_1^2 + d_1^2 = c_2^2 + d_2^2 = \cdots = c_j^2 + d_j^2,$$

其中所有的数 $c_1, c_2, \cdots, c_j, d_1, \cdots, d_j$ 都是正数, 且没有任何两个数是相等的. 令

$$a_{1u} = c_u, \quad a_{2u} = d_u, \quad a_{3u} = -c_u, \quad a_{4u} = -d_u,$$

由此推出

$$S_{1u} = 0, \quad S_{2u} = 2n, \quad S_{3u} = 0 \quad (1 \leqslant u \leqslant j),$$

所以对 $k = 3, s = 4$ 我们有 (21.9.3) 的一个非平凡解. 因此 $P(3, j) \leqslant 4$, 从而有 $P(3, j) = 4$.

对于 $k = 2$ 和 $k = 5$, 利用在第 13 章以及第 15 章中所得到的二次域 $k(\rho)$ 的性质. 根据定理 255, $\pi = 3 + \rho$ 和 $\overline{\pi} = 3 + \rho^2$ 是共轭的素元, 且有 $\pi \overline{\pi} = 7$. 它们不是相伴元, 这是因为

$$\frac{\pi}{\overline{\pi}} = \frac{\pi^2}{\pi \overline{\pi}} = \frac{9 + 6\rho + \rho^2}{7} = \frac{8}{7} + \frac{5}{7} \rho,$$

这不是一个整数, 当然它也不是一个单位. 现在设 $u > 0$, 并令 $\pi^{2u} = A_u - B_u \rho$, 其中 A_u 和 B_u 是有理整数. 如果 $7 | A_u$, 那么在 $k(\rho)$ 中我们就有

$$\pi \overline{\pi} | A_u, \ \pi | A_u, \ \pi | B_u \rho,$$

在 $k(1)$ 中有 $N\pi | B_u^2, 7 | B_u^2, 7 | B_u$. 最后, 在 $k(\rho)$ 中有 $7 | \pi^{2u}, \pi \overline{\pi} | \pi^{2u}, \overline{\pi} | \pi^{2u-1}$, $\overline{\pi} | \pi$, 而这是错误的. 从而 $7 \nmid A_u$, 类似地有 $7 \nmid B_u$.

记 $c_u = 7^{j-u} A_u, d_u = 7^{j-u} B_u$, 就有

$$c_u^2 + c_u d_u + d_u^2 = N(c_u - d_u \rho) = 7^{2j-2u} N\pi^{2u} = 7^{2j}.$$

因此, 令 $a_{1u} = c_u, a_{2u} = d_u, a_{3u} = -(c_u + d_u)$, 就有 $S_{1u} = 0$, 且

$$S_{2u} = c_u^2 + d_u^2 + (c_u + d_u)^2 = 2(c_u^2 + c_u d_u + d_u^2) = 2 \times 7^{2j}.$$

由于 (a_{1u}, a_{2u}, a_{3u}) 中至少有两个能被 7^{j-u} 整除, 但不能被 7^{j-u+1} 整除, 因此没有一个集合是别的任何一个集合的一个排列, 这样对 $k = 2$ 和 $s = 3$ 就有 (21.9.3) 的一个非平凡解. 从而有 $P(2, j) = 3$.

附带地, 还有

$$S_{4u} = c_u^4 + d_u^4 + (c_u + d_u)^4 = 2(c_u^2 + c_u d_u + d_u^2)^2 = 2 \times 7^{4j},$$

所以, 对任何 j, 方程

$$x_1^2 + y_1^2 + z_1^2 = x_2^2 + y_2^2 + z_2^2 = \cdots = x_j^2 + y_j^2 + z_j^2 \tag{21.10.1}$$

和

$$x_1^4 + y_1^4 + z_1^4 = x_2^4 + y_2^4 + z_2^4 = \cdots = x_j^4 + y_j^4 + z_j^4 \tag{21.10.2}$$

有非平凡解.

对于 $k = 5$, 记

$$a_{1u} = c_u, a_{2u} = d_u, a_{3u} = -c_u - d_u, a_{4u} = -a_{1u}, a_{5u} = -a_{2u}, a_{6u} = -a_{3u},$$

则有

$$S_{1u} = S_{3u} = S_{5u} = 0, \quad S_{2u} = 4 \times 7^{2j}, \quad S_{4u} = 4 \times 7^{4j}.$$

如前面那样, 没有平凡的解, 因此 $P(5, j) = 6$.

在上面例子的最后的解中, $S_{1u} = S_{3u} = S_{5u} = 0$ 这个事实并没有使得它的这个解像初看起来那么特殊. 因为如果

$$a_{ru} = A_{ru} \quad (1 \leqslant r \leqslant s, 1 \leqslant u \leqslant j)$$

是 (21.9.3) 的一个解, 那么就容易验证, 对任何 d, $a_{ru} = A_{ru} + d$ 都是另外一个这样的解. 于是能很容易地得到下面的解: 这个解中没有哪个 S 是 0.

用对于大的 j 所用的方法可以成功地解决 $j = 2$ 的情形. 如果 $a_1, a_2, \cdots, a_s$, $b_1, \cdots, b_s$ 是 (21.9.1) 的一个解, 那么, 对每个 d 有

$$\sum_{i=1}^{s} \left\{ (a_i + d)^h + b_i^h \right\} = \sum_{i=1}^{s} \left\{ a_i^h + (b_i + d)^h \right\} \quad (1 \leqslant h \leqslant k+1). \tag{21.10.3}$$

这是因为可以将这些式子转化成

$$\sum_{l=1}^{h-1} \binom{h}{l} S_{h-l}(a) d^l = \sum_{l=1}^{h-1} \binom{h}{l} S_{h-l}(b) d^l \quad (2 \leqslant h \leqslant k+1),$$

所以这些结果可以立即从 (21.9.1) 推出.

我们选取 d 是最频繁地作为两个 a 或者两个 b 的差出现的那个数. 这样就能从恒等式 (21.10.3) 的两边去掉许多的项.

用 $[a_1, \cdots, a_s]_k = [b_1, \cdots, b_s]_k$ 来表示对 $1 \leqslant h \leqslant k$ 有 $S_h(a) = S_h(b)$. 这样就有 $[0, 3]_1 = [1, 2]_1$. 对 $d = 3$ 利用 (21.10.3), 得到 $[1, 2, 6]_2 = [0, 4, 5]_2$.

从最后一个方程开始, 在 (21.10.3) 中取 $d = 5$, 则得

$$[0, 4, 7, 11]_3 = [1, 2, 9, 10]_3.$$

由此相继推出

$$[1,2,10,14,18]_4 = [0,4,8,16,17]_4 \qquad (d=7),$$
$$[0,4,9,17,22,26]_5 = [1,2,12,14,24,25]_5 \qquad (d=8),$$
$$[1,2,12,13,24,30,35,39]_6 = [0,4,9,15,26,27,37,38]_6 \qquad (d=13),$$
$$[0,4,9,23,27,41,46,50]_7 = [1,2,11,20,30,39,48,49]_7 \quad (d=11).$$

例子[①]

$$[0,18,27,58,64,89,101]_6 = [1,13,38,44,75,84,102]_6$$

表明: 对 $k=6$ 有 $P(k,2) \leqslant k+1$. 这些结果和定理 408 一起就给出以下定理.

定理 411　　如果 $k \leqslant 7$, 则有 $P(k,2)=k+1$.

21.11　Diophantus 分析的进一步的问题

我们对若干个 Diophantus 方程作若干零散评注来结束本章, 这些方程是由第 13 章的 Fermat 问题所提供的.

(1) **Euler 的一个猜想**.

一个 k 次幂能否表示成 s 个 k 次幂之和?

$$x_1^k + x_2^k + \cdots + x_s^k = y^k \qquad (21.11.1)$$

有正整数解吗? Fermat 大定理断言当 $s=2$ 且 $k>2$ 时, 该方程是不可解的. Euler 则将这个猜想拓展到了 s 的值为 $3,4,\cdots,k-1$ 的情形. 然而, 对于 $k=5, s=4$, 这个猜想是错误的, 这是因为

$$27^5 + 84^5 + 110^5 + 133^5 = 144^5.$$

方程

$$x_1^k + x_2^k + \cdots + x_k^k = y^k \qquad (21.11.2)$$

也吸引了许多的关注. $k=2$ 的情形是大家所熟知的.[②]当 $k=3$ 时, 可以从 13.7 节的分析导出它的解来. 在 (13.7.8) 中取 $\lambda=1$ 以及 $a=-3b$, 然后用 $-\frac{1}{2}q$ 来代替 b, 得到

$$x = 1-9q^3, \quad y=-1, \quad u=-9q^4, \quad v=9q^4-3q. \qquad (21.11.3)$$

---

① 从

$$[1,8,12,15,20,23,27,34]_1 = [0,7,11,17,18,24,28,35]_1$$

出发, 并相继取 $d=7,11,13,17,19$ 即可获得证明.

② 见 13.2 节.

根据 (13.7.2) 有

$$(9q^4)^3 + (3q - 9q^4)^3 + (1 - 9q^3)^3 = 1.$$

现在用 ξ/η 取代 q, 并用 η^{12} 来乘之, 得到恒等式

$$(9\xi^4)^3 + (3\xi\eta^3 - 9\xi^4)^3 + (\eta^4 - 9\xi^3\eta)^3 = (\eta^4)^3. \tag{21.11.4}$$

如果

$$0 < \xi < 9^{-\frac{1}{3}}\eta,$$

那么该式中所有的三次幂都是正的, 所以任何十二次幂 η^{12} 都可以用至少 $\lfloor 9^{-\frac{1}{3}}\eta \rfloor$ 种方式表示成三个正的立方数之和.

我们对 $k > 3$ 时的情况知之甚少. 对于 $k = 4$, 已知 (21.11.2) 的一些特殊解, 其中最小的一个是

$$30^4 + 120^4 + 272^4 + 315^4 = 353^4. \tag{21.11.5}$$

对 $k = 5$, 恒等式

$$\left(75y^5 - x^5\right)^5 + \left(x^5 + 25y^5\right)^5 + \left(x^5 - 25y^5\right)^5 + \left(10x^3y^2\right)^5 + \left(50xy^4\right)^5$$
$$= \left(x^5 + 75y^5\right)^5 \tag{21.11.6}$$

中就包含有无穷多组解. 如果 $0 < 25y^5 < x^5 < 75y^5$, 那么其中所有的幂都是正的. 对于 $k \geqslant 6$, 没有解是已知的.

(2) **两个 k 次幂的相等的和.**

$$x_1^k + y_1^k = x_2^k + y_2^k \tag{21.11.7}$$

有正整数解吗? 更一般地, 对给定的 k 和 r,

$$x_1^k + y_1^k = x_2^k + y_2^k = \cdots = x_r^k + y_r^k \tag{21.11.8}$$

可解吗?

当 $k = 2$ 时, 答案是肯定的, 这是因为根据定理 337, 可以如此来选取 n, 使得 $r(n)$ 可以任意大. 现在要证明, 当 $k = 3$ 时, 答案也是肯定的.

定理 412 *不论什么样的 r, 都存在这样的数, 它们可以用至少 r 种不同的方式表示成两个正数的立方之和.*

我们用到两个恒等式, 也即:

---

① 恒等式

$$(4x^4 - y^4)^4 + 2(4x^3y)^4 + 2(2xy^3)^4 = (4x^4 + y^4)^4$$

给出无穷多个四次方数, 它们均可表示成五个四次方数之和 (其中有两对相等的四方数). 恒等式

$$(x^2 - y^2)^4 + (2xy + y^2)^4 + (2xy + x^2)^4 = 2(x^2 + xy + y^2)^4$$

给出了方程

$$x_1^4 + x_2^4 + x_3^4 = y_1^4 + y_2^4$$

的无穷多组解 (所有解均满足 $y_1 = y_2$).

$$X^3 - Y^3 = x_1^3 + y_1^3, \tag{21.11.9}$$

其中

$$X = \frac{x_1\left(x_1^3 + 2y_1^3\right)}{x_1^3 - y_1^3}, \quad Y = \frac{y_1\left(2x_1^3 + y_1^3\right)}{x_1^3 - y_1^3}, \tag{21.11.10}$$

以及

$$x_2^3 + y_2^3 = X^3 - Y^3, \tag{21.11.11}$$

其中

$$x_2 = \frac{X\left(X^3 - 2Y^3\right)}{X^3 + Y^3}, \quad y_2 = \frac{Y\left(2X^3 - Y^3\right)}{X^3 + Y^3}. \tag{21.11.12}$$

每一个恒等式都是另一个恒等式的显然推论, 且每一个恒等式都可以从 13.7 节的公式推导出来.[①] 由 (21.11.9) 以及 (21.11.11) 推出

$$x_1^3 + y_1^3 = x_2^3 + y_2^3. \tag{21.11.13}$$

这里, 如果 x_1, y_1 是有理数, 那么 x_2, y_2 也是有理数.

现在假设给定 r, x_1 和 y_1 是有理数且为正数, 又设

$$\frac{x_1}{4^{r-1}y_1}$$

很大. 那么 X, Y 是正数, 且 X/Y 接近于 $x_1/2y_1$, 而且 x_2, y_2 是正数, 且 x_2/y_2 接近于 $X/2Y$ 或者 $x_1/4y_1$.

现在从 x_2, y_2 出发, 用 x_2, y_2 代替 x_1, y_1, 并重复这一讨论, 就得到第三对有理数 x_3, y_3, 使得有 $x_1^3 + y_1^3 = x_2^3 + y_2^3 = x_3^3 + y_3^3$, 且 x_3/y_3 接近于 $x_1/4^2 y_1$. 在应用这个讨论 r 次之后, 得到

$$x_1^3 + y_1^3 = x_2^3 + y_2^3 = \cdots = x_r^3 + y_r^3, \tag{21.11.14}$$

其中涉及的所有的数都是正有理数, 且所有的数

$$\frac{x_1}{y_1}, \ 4\frac{x_2}{y_2}, \ 4^2\frac{x_3}{y_3}, \ \cdots, \ 4^{r-1}\frac{x_r}{y_r}$$

都几乎相等, 从而所有的比率 x_s/y_s $(s = 1, 2, \cdots, r)$ 肯定都是不相等的. 如果用 l^3 来乘 (21.11.14) (其中 l 是 $x_1/y_1, \cdots, x_r/y_r$ 的诸分母的最小公倍数), 就得到方程组 (21.11.14) 的一个整数解.

现在,

$$x_1^4 + y_1^4 = x_2^4 + y_2^4$$

[①] 在 (13.7.8) 中取 $a = b$ 以及 $\lambda = 1$, 得到
$$x = 8a^3 + 1, \quad y = 16a^3 - 1, \quad u = 4a - 16a^4, \quad v = 2a + 16a^4;$$
用 $\frac{1}{2}q$ 代替 a, 并利用 (13.7.2), 得到
$$(q^4 - 2q)^3 + (2q^3 - 1)^3 = (q^4 + q)^3 - (q^3 + 1)^3,$$
这是一个与 (21.11.11) 等价的恒等式.

的解可以从公式 (13.7.11) 推导出来. 但是还没有

$$x_1^4 + y_1^4 = x_2^4 + y_2^4 = x_3^4 + y_3^4$$

的解是已知的. 而且对于 $k \geqslant 5$, 也没有 (21.11.7) 的解是已知的.

我们曾经指出, 对于任何 j, 如何构造出 (21.10.2) 的一个解. Swinnerton-Dyer 发现了

$$x_1^5 + x_2^5 + x_3^5 = y_1^5 + y_2^5 + y_3^5 \tag{21.11.15}$$

的一组参数解, 这组参数解产生出它的正整数解. 它的一个数值解是

$$49^5 + 75^5 + 107^5 = 39^5 + 92^5 + 100^5. \tag{21.11.16}$$

对于六次幂来说这种类型的数值最小的解是

$$3^6 + 19^6 + 22^6 = 10^6 + 15^6 + 23^6. \tag{21.11.17}$$

本 章 附 注

在前面这一百年里, 关于 Waring 问题有过大量的研究工作, 在此对这些结果作一个简短的综述是值得的. 我们已经提及 Waring 原来的命题, 提及 Hilbert 关于 $g(k)$ 的存在性的证明, 以及 $g(3) = 9$ 的证明 [Wieferich, *Math. Annalen*, **66** (1909), 99-101, 由 Kempner, 同一杂志, **72** (1912), 387-397 给出了纠正], 这个证明被 Scholz (*Jber. Deutsch. Math. Ver.* **58** (1955), Abt. 1, 45-48) 加以简化.

Landau [同一杂志, **66** (1909), 102-105] 证明了 $G(3) \leqslant 8$, 一直到 1942 年 Linnik [*Comptes Rendus (Doklady) Acad. Sci. USSR*, **35** (1942), 162] 才宣布了关于 $G(3) \leqslant 7$ 的一个证明. Dickson [*Bull. Amer. Math. Soc.* **45** (1939), 588-591] 证明了: 除了 23 和 239 以外, 所有的数只需要 8 个立方数就够了. 有关 $G(3) \leqslant 8$ 的一个简单的证明, 见 G. L. Watson, *Math. Gazette*, **37** (1953), 209-211. 关于 $G(3) \leqslant 7$ 的一个证明以及进一步的参考文献, 见 *Journ. London Math. Soc.* **26** (1951), 153-156. 根据定理 394, $G(3) \geqslant 4$, 所以 $G(3)$ 是 4, 5, 6 或者 7; 尽管数值表的证据很强烈地指向 4 或者 5, 但仍然不知道准确的值是哪一个. 见 Western, 同一杂志, **1** (1926), 244-250. Deshouillers, Hennecart, and Landreau (*Math. Comp.* **69** (2000), 421-439) 提供证据表明: 7 373 170 279 850 是不能表示成四个正整数的立方之和的最大整数.

Hardy 和 Littlewood 在发表于 1920 年到 1928 年、总标题为 "Some problems of partitio numerorum" 的一系列文章中开发了一种新的解析方法来研究 Waring 问题. 他们对任意的 k 求出了 $G(k)$ 的上界, 第一个上界是

$$(k-2)2^{k-1} + 5$$

第二个上界是 k 的更为复杂的一个函数, 它渐近于 $k2^{k-2}$ (对于很大的 k). 特别地, 他们证明了

(a) $G(4) \leqslant 19, \quad G(5) \leqslant 41, \quad G(6) \leqslant 87, \quad G(7) \leqslant 193, \quad G(8) \leqslant 425$

他们的方法不能对 $G(3)$ 给出任何新的结果, 不过他们证明了: "几乎所有的" 数都是 5 个立方数之和.

Davenport, *Acta Math.* **71** (1939), 123-143 证明了: 几乎所有的数都是 4 个立方数之和. 由于形如 $9m \pm 4$ 的数至少需要 4 个立方数, 这是不能再改进的最终结果.

Hardy 和 Littlewood 还用所谓的 "奇异级数" 这个工具, 对于将 n 表示成 s 个 k 次方数之和的表法个数求出了一个渐近公式. 例如, 将 n 表示成 21 个四次方数之和的表法个数 $r_{4,21}(n)$ 渐近地等于

$$\frac{\left\{2\Gamma\left(\dfrac{5}{4}\right)\right\}^{21}}{\Gamma\left(\dfrac{21}{4}\right)} n^{\frac{17}{4}} \left\{1 + 1 \times 331 \cos\left(\frac{1}{8}n\pi + \frac{11}{16}\pi\right) + 0 \times 379 \cos\left(\frac{1}{4}n\pi - \frac{5}{8}\pi\right) + \cdots\right\}$$

(该级数后面的项更小). 关于所有这些工作 (除了 "数值" 方面的工作之外) 在 Landau, *Vorlesungen*, i. 235-339 中有详尽的说明.

至于 $g(k)$, 直到 1933 年为止, 对于比较小的 k 已知最好的结果是

$$g(4) \leqslant 37, \quad g(5) \leqslant 58, \quad g(6) \leqslant 478, \quad g(7) \leqslant 3806, \quad g(8) \leqslant 31\,353$$

(它们分别属于 Wieferich, Baer, Baer, Wieferich 以及 Kempner). 所有这些结果都是用与 21.1 节至 21.4 节类似的初等方法求得的. Hardy 和 Littlewood 的结果使得我们可以从理论上来对任意的 k 求出 $g(k)$ 的一个上界, 尽管对于相对比较大的 k 来说, 所需要的计算在实际上是不可行的. 然而, James 在发表于 *Trans. Amer. Math. Sos.* **36** (1934), 395-444 的一篇论文中成功地证明了

$$\text{(b)} \qquad\qquad g(6) \leqslant 183, \quad g(7) \leqslant 322, \quad g(8) \leqslant 595$$

他还求出了 $g(9)$ 和 $g(10)$ 的上界.

Vinogradov 后来的的工作使得有可能得到令人更加满意的结果. Vinogradov 早期关于 Waring 问题的研究工作发表于 1924 年, 在 Landau, *Vorlesungen*, i. 340-358 中有关于他的方法的一个说明. Vinogradov 那时所用的方法与 Hardy 和 Littlewood 的方法在原则上是相似的, 但是能更快地导出他们的某些结果, 特别地, 它能给出 Hilbert 定理较为简单的证明. 它还可以用来求出 $g(k)$ 的一个上界. 在 Vinogradov 后期的工作中, 他对自己的方法做出了非常重要的改进, 这些改进主要是以关于某种三角和估计的一种新的、更加强有力的方法作为基础的, 由此对于很大的 k, 他得到了比以前所知道的任何结果都更好的估计. 例如, 他证明了

$$G(k) \leqslant 6k \ln k + (4 + \ln 216)k$$

所以 $G(k)$ 的阶至多是 $k \ln k$. Vinogradov 的证明后来被 Heibronn 作了很大的简化, Heibronn 证明了

$$\text{(c)} \qquad\qquad G(k) \leqslant 6k \ln k + \left\{4 + 3\ln\left(3 + \frac{2}{k}\right)\right\}k + 3$$

对于 $k > 6$, 这里得到的 $G(k)$ 的上界要好于 (a) 中的上界 (自然, 对于 k 的很大的值, 这个界要更好得多). Vinogradov (1947 年) 将他的结果改进为 $G(k) \leqslant k(3 \ln k + 11)$, 董光昌 (1957 年) 和陈景润 (1958 年) 分别用 9 以及 5.2 代替了这个结果中的 11, 而 Vinogradov [*Izv. Akad. Nauk SSSR Ser. Mat.* **23** (1959), 637-642] 证明了, 对超过 170 000 的所有的 k 皆有

$$\text{(d)} \qquad\qquad G(k) \leqslant k(2 \ln k + 4 \ln\ln k + 2 \ln\ln\ln k + 13)$$

关于比较小的 k, 有更多的结果得到了证明: 特别地, $G(4)$ 的值现在已经知道. Davenport [*Annals of Math.* **40** (1939), 731-747] 证明了 $G(4) \leqslant 16$, 于是, 根据定理 395 就有 $G(4) = 16$; 而且, 任何不同余于 14 或者 15 (mod 16) 的数都是 14 个四次方数之和. 他还证明了 [*Amer. Journal of Math.* **64** (1942), 199-207] $G(5) \leqslant 23$ 以及 $G(6) \leqslant 36$. 用 Davenport 的方法还证明了 $G(7) \leqslant 53$ [Rao, *J. Indian Math. Soc.* **5** (1941), 117-121 以及 Vaughan, *Proc. London Math. Soc.* **28** (1974), 387]. Narasimkamurti [*J. Indian Math. Soc.* **5** (1941), 11-12] 证明了 $G(8) \leqslant 73$, 并对 $k = 9$ 和 $k = 10$ 求出了一个上界, 后来 Cook 和 Vaughan (*Acta Arith.* **33** (1977), 231-253) 给出改进了这些上界. 最后提到的那位还证明了

$$G(9) \leqslant 91, \quad G(10) \leqslant 107, \quad G(11) \leqslant 122, \quad G(12) \leqslant 137.$$

Vaughan 的方法推导出 $G(k) \leqslant k(3 \ln k + 4.2)$ $(k \geqslant 9)$, 对于满足 $k \leqslant 2.131 \times 10^{10}$ (大约) 的 k, 这个结果要比 (d) 好, 反之则不如它.

Vinogradov 的工作对于 $g(k)$ 也推导出了十分令人瞩目的结果. 如果我们知道 $G(k)$ 不超过某个上界 $\overline{G}(k)$, 那么大于 $C(k)$ 的数可以用至多 $\overline{G}(k)$ 个 k 次幂来表示, 从而, 这就打开了通向确定 $g(k)$ 的上界之路. 因为我们只需要研究直到 $C(k)$ 为止的数的表示问题, 而这从逻辑上来讲只是一个计算的问题 (对于给定的 k). 正因为如此, James 确定了 (b) 中给出的这些界; 但是这样的研究结果在 Vinogradov 之前一定是不能令人满意的, 这是由于 Hardy 和 Littlewood 对 $G(k)$ 所发现的界 (a) (除了 k 的相当小的值之外) 太大, 特别地, 它要比定理 393 所给出的 $g(k)$ 的下界要大.

如果

$$\underline{g}(k) = 2^k + \left\lfloor \left(\frac{3}{2}\right)^k \right\rfloor - 2$$

是由定理 393 给出的 $g(k)$ 的下界, 又如果我们暂时取 $\overline{G}(k)$ 是由 (d) 给出的 $G(k)$ 的上界, 那么 $\underline{g}(k)$ 的大小要比 $\overline{G}(k)$ 有更高的阶. 事实上, 对 $k \geqslant 7$ 有 $\underline{g}(k) > \overline{G}(k)$. 于是, 对于 $k > 7$, 假如从 $C(k)$ 开始往后所有的数都能用 $\overline{G}(k)$ 个幂来表示, 且小于 $C(k)$ 的所有的数都能用 $\underline{g}(k)$ 个幂来表示, 那么

$$g(k) = \underline{g}(k)$$

不必要对这个特别的 $\overline{G}(k)$ 来确定 $C(k)$, 只需要知道与任何 $\overline{G}(k) \leqslant \underline{g}(k)$ 相对应的 $C(k)$ 就足够了, 特别地, 只需要知道与 $\overline{G}(k) = \underline{g}(k)$ 相对应的 $C(k)$ 就可以了.

这种类型的讨论可推导出原来形式的 Waring 问题的一个 "几乎完全的" 解答. 这个解的第一部分, 也是最深刻的部分, 依赖于对 Vinogradov 方法的应用. 第二部分依赖于对于 "递降法" 的创造性的使用, 递降法的一个简单情形出现在 21.3 节中定理 390 的证明中.

我们记

$$A = \left\lfloor \left(\frac{3}{2}\right)^k \right\rfloor, \quad B = 3^k - 2^k A, \quad D = \left\lfloor \left(\frac{4}{3}\right)^k \right\rfloor$$

则终极结果是:

(e) $$g(k) = 2^k + A - 2$$

对所有满足

(f) $$B \leqslant 2^k - A - 2$$

的 $k \geqslant 2$ 成立. 在这种情形, $g(k)$ 的值是由数

$$n = 2^k A - 1 = (A-1)2^k + (2^k - 1) \cdot 1^k$$

来确定的, 这个数用在定理 393 的证明中, 它是一个相对比较小的数, 只能用 1 和 2 的幂来表示. 对于 $4 \leqslant k \leqslant 471\,600\,000$, 条件 (f) 是满足的 [Kubina and Wunderlich, *Math. Comp.* **55** (1990), 815-820], 它甚至有可能对所有的 $k > 3$ 皆为真. 它至多只可能对有限多个 k 是错误的 (Mahler, *Mathematika* **4** (1957), 122-124).

已知 $B \neq 2^k - A - 1$ 且 $B \neq 2^k - A$ (除了 $k = 1$ 以外). 如果 $B \geqslant 2^k - A + 1$, 那么 $g(k)$ 的公式是不一样的. 在这种情形有

$$g(k) = 2^k + A + D - 3 \text{ (如果 } 2^k < AD + A + D)$$

以及

$$g(k) = 2^k + A + D - 2 \text{ (如果 } 2^k = AD + A + D).$$

容易证明 $2^k \leqslant AD + A + D$.

这些结果中的大多数是由 Dickson [*Amer. Journal of Math.* **58** (1936), 521-529, 530-535] 以及 Pillai [*Journal Indian Math. Soc.* (2) **2** (1936), 16-44 以及 *Proc. Indian Acad. Sci.* (A), **4** (1936), 261] 独立发现的. 证明最终由 Pillai [同一杂志, **12** (1940), 30-40. 他证明了 $g(6) = 73$]、Rubugunday [*Journal Indian Math. Soc.* (2) **6** (1942), 192-198. 他证明了 $B \neq 2^k - A$]、Niven [*Amer. Journal of Math.* **66** (1944), 137-143. 他证明了, 当 $B = 2^k - A - 2$ 时有 (e) 成立, 这是一个以前未曾解决的情况]、陈景润 [*Chinese Math. Acta* **6** (1965), 105-127. 他证明了 $g(5) = 37$]、Balasubramanian, Deshouillers, and Dress [*C. R. Acad. Sci. Paris Sér. I Math.* **303** (1986), 85-88 以及 161-163. 他们证明了 $g(4) = 19$] 完成.

应该注意到, 关于 $G(k)$ 的值比 $g(k)$ 有更多的不确定性; 最令人惊讶的情形是 $k = 3$. 这是十分自然的, 因为 $G(k)$ 的值依赖于整个整数序列的更为深刻的性质, 而 $g(k)$ 的值依赖于整数数列接近开头部分的某些特殊的数的更加平凡的性质.

Vaughan 的 *The Hardy-Littlewood Method* 一书对于这个论题有极好的介绍, 并且给出了完整的参考文献.

在过去 30 年里, 与 Waring 问题有关的论题取得了很大的进展. 一个较为全面的综述可以在 Vaughan 和 Wooley 的论文 *Surveys in Number Theory, Papers from Millenial Conference in Number Theory* (A. K. Peters, Ltd., MA, 2003) 中找到. 简言之, 这方面的研究有两个阶段. 第一阶段是在 20 世纪 80 年代早期, 大体上是由 Thanigasalan 和 Vaughan 独立地进行深入研究的, 早先由 Davenport 所发展起来的方法 (如先前提及的) 被改进到臻于至善. Vaughan 的论文 (*Proc. London Math. Soc.* (3) **52** (1986), 45-63; *J. London Math. Soc.* (2) **33** (1986), 227-236) 代表了这一阶段研究的顶峰, 在这些论文中证明了: $G(5) \leqslant 21$, $G(6) \leqslant 31$, $G(7) \leqslant 45$, $G(8) \leqslant 62$ 以及 $G(9) \leqslant 82$. Vaughan 还证明了: "几乎所有的" 正整数都是 32 个八次幂之和, 这是一个最好的可能结果.

在 20 世纪 80 年代末, 随着 Vaughan 将光滑数 [(光滑数) smooth number 是一种整数, 它们所有的素因子都 "小"] 引入到 Hardy-Littlewood 方法 [见 *Acta Math* **162** (1989), 1-71] 之中, 这时景观发生了变化. 特别地, 这就引导到上界 $G(5) \leqslant 19$, $G(6) \leqslant 29$, $G(7) \leqslant 41$, $G(8) \leqslant 57$, $G(9) \leqslant 75, \cdots, G(20) \leqslant 248$. 其后, 一种新的迭代思想 ("重复高效差分") 被 Wooley (*Ann. of Math.* (2) **135** (1992), 131-164) 发现, 从而得到更好的上界 $G(6) \leqslant 27$,

$G\,(7)\leqslant 36,\,G\,(8)\leqslant 47,\,G\,(9)\leqslant 55,\cdots,\,G\,(20)\leqslant 146$, 而对于更大的指数 k, 上界为 $G\,(k)\leqslant k$ $[\ln k+\ln\ln k+O\,(1)]$. 后面这一结果对 Vinogradov 自从 1959 年以来的估计式 (d) 给出了首个大的改进. Wooley 还证明了: "几乎所有的" 正整数都是 64 个十六次幂之和, 也是 128 个 32 次幂之和, 且它们中的每一个都是最好的可能结论. 用这一类思想目前 (2007 年) 所能得到的最好的界是

$$G\,(5)\leqslant 17,\quad G\,(6)\leqslant 24,\quad G\,(7)\leqslant 33,\quad G\,(8)\leqslant 42,\quad G\,(9)\leqslant 50,\quad\cdots,\quad G\,(20)\leqslant 142$$

(见跨度在 20 世纪 90 年代 Vaughan 与 Wooley 的工作, 总结在 *Acta Arith.* (2000), 203-285 之中) 以及

$$G\,(k)\leqslant k\,(\ln k+\ln\ln k+2+O\,(\ln\ln k/\ln k))$$

(见 Wooley, *J. London Math. Soc.* (2) **51** (1995), 1-13).

上面已经总结了有关四次幂和这一论题的超越 Davenport (1939) 结果的进一步的进展. 例如, Vaughan (*Acta Math.* **162** (1989), 1-71) 证明了: 只要 n 是一个足够大的且与某个数 r 对模 16 同余的整数 $(1\leqslant r\leqslant 12)$, 那么 n 都是 12 个四次幂之和. Kawada and Wooley (*J. Reine Angew. Math.* **512** (1999), 173-223) 对于 11 个四次幂之和得到一个类似的结论 (只要 n 与某个数 r 对模 16 同余, 且 $1\leqslant r\leqslant 10$).

21.1 节. Liouville 在 1859 年证明了 $g(4)\leqslant 53$. 这个上界直到 1909 年 Wieferich 用初等方法证明了 $g(4)\leqslant 37$ 才逐渐得到改进. Dickson (1933) 用上面描述的方法将其改进为 35, Dress(*Comptes Rendus* **272A** (1971), 457-459) 应用 Hilbert 证明 $g(k)$ 存在性时所用的方法进一步将它减小为 30. 我们已经提到了 Balasubramanian、Deshouillers 和 Dress 对于 $g(4)=19$ 的证明.

Davenport 的补充工作 (*Ann. of Math.* (2) **40** (1939), 731-747) 表明 $G\,(4)=16$, Deshouillers, Hennecart, Kawada, Landreau, and Wooley (*J. Théor. Nombres Bordeaux* **12** (2000), 411-422 以及 *Mém. Soc. Fr.* (N. S.) No. **100** (2005), vi+120 页) 最近证明了: 不能表示成 16 个四次幂之和的最大的整数是 13 792. 在证明中, 除了其他的工具之外, 还用到了恒等式 $x^4+y^4+(x+y)^4=2\,(x^2+xy+y^2)^2$, 这一恒等式也在前述方程 (21.10.1) 之前出现过.

与这一节以及后面几节有关的较早的参考文献可以在 Bachmann, *Niedere Zahlentheorie*, ii, 328-348 或者 Dickson, *History*, ii 第 25 章中找到.

21.2 节至 21.3 节. 见 20.1 节的附注以及上面有关历史的说明.

21.4 节. $g(6)$ 的证明属于 Fleck. Maillet 用一个比 (21.4.2) 更复杂的恒等式证明了 $g(8)$ 的存在; 后一个结果 [指 (21.4.2)] 属于 Hurwitz. Schur 发现了 $g(10)$ 的一个类似证明.

21.5 节. 这里考虑的特殊的数 n 是由 Euler 注意到的 (可能 Waring 也注意到了它).

21.6 节. 定理 394 属于 Maillet 和 Hurwitz, 定理 395 和定理 396 属于 Kempner. $G(k)$ 的其他下界由 Hardy and Littlewood, *Proc. London Math. Soc.* (2) **28** (1928), 518-542 系统地研究过.

21.7 节至 21.8 节. 这几节的结果见 Wright, *Journal London Math. Soc.* **9** (1934), 267-272, 其中还给出了进一步的参考文献; 也见 Mordell, 同一杂志, **11** (1936), 208-218 以及 Richmond, 同一杂志, **12** (1937), 206.

Hunter, *Journal London Math. Soc.* **16** (1941), 177-179 证明了 $9\leqslant v(4)\leqslant 10$; 我们已经把他关于 $v(4)\geqslant 9$ 的简单证明加入到这本教材之中了. 有关 $v(k)$ 对于 $6\leqslant k\leqslant 20$ 所满足

的不等式, 见 Fuchs and Wright, *Quart. J. Math. (Oxford)*, **10** (1939), 190-209 以及 Wright, *J. für Math.* **311/312** (1979), 170-173.

　　Vaserstein 证明了 $v(8) \leqslant 28$ (*J. Number Theory* **28** (1988), 66-68), A. Choudhry 证明了 $v(7) \leqslant 12$ (*J. Number Theory* **81** (2000), 266-269). 这两个结论都依赖于令人惊叹的多项式恒等式的存在性, 这些恒等式过于冗长, 无法写在这里.

　　21.9 节至 21.10 节. Prouhet [*Comptes Rendus Paris*, **33** (1851), 225] 发现了关于这个问题的第一个非平凡的结果. 他给出一个法则, 将前面 j^{k+1} 个正整数分成 j 个由 j^k 个元素组成的集合, 这就对 $s = j^k$ 给出了 (21.9.3) 的一个解. 有关 Prouhet 法则的一个简单证明, 见 Wright, *Proc. Edinburgh Math. Soc.* (2) **8** (1949), 138-142. 一般的参考文献见 Dickson, *History*, ii 第 24 章以及 Gloden and Palamà, *Bibliographie des Multigrades* (Luxemburg, 1948). 定理 408 属于 Bastien [*Sphinx-Oedipe* **8** (1913), 171-172], 定理 409 属于 Wright [*Bull. American Math. Soc.* **54** (1948), 755-757].

　　21.10 节. 定理 410 属于 Gloden [*Mehrgradige Gleichungen*, Groningen, 1944, 71-90]. 关于定理 411, 见 Tarry, *L'intermédiaire des mathematiciens*, **20** (1913), 68-70 以及 Escott, *Quarterly Journal of Math.* **41** (1910), 152.

　　A. Létac 发现了例子

$$[1, 25, 31, 84, 87, 134, 158, 182, 198]_8$$
$$= [2, 18, 42, 66, 113, 116, 169, 175, 199]_8$$

以及

$$[\pm 12, \pm 11\,881, \pm 20\,231, \pm 20\,885, \pm 23\,738]_9$$
$$= [\pm 436, \pm 11\,857, \pm 20\,449, \pm 20\,667, \pm 23\,750]_9$$

它们表明, 对 $k = 8$ 和 $k = 9$ 有 $P(k, 2) = k + 1$. 见 A. Létac, *Gazeta Matematica* **48** (1942), 68-69 以及上面提到的 A. Gloden 的文章.

　　P. Borwein, Lisoněk and Percival (*Math. Comp.* **72** (2003), 2063-2070) 发现了例子

$$[\pm 99, \pm 100, \pm 188, \pm 301, \pm 313]_9 = [\pm 71, \pm 131, \pm 180, \pm 307, \pm 308]_9,$$

它提供了比早先更小的一组解, 这再次确认: 对 $k = 9$ 有 $P(k, 2) = k + 1$. 作为可能代表了 Shuwen Chen, Kuosa 以及 Meyrignac 之间相互独立地共同著作之最佳结果, 他们在 1999 年发现的一个例子等同于

$$[\pm 22, \pm 61, \pm 86, \pm 127, \pm 140, \pm 151]_{11} = [\pm 35, \pm 47, \pm 94, \pm 121, \pm 146, \pm 148]_{11},$$

这确认了对 $k = 11$ 有 $P(k, 2) = k + 1$.

　　21.11 节. 这一节里最重要的结果是定理 412. 关系式 (21.11.9) 至 (21.11.12) 属于 Vieta; 它们曾被 Fermat 用来对任意的 r 求 (21.11.14) 的解 (见 Dickson, *History*, ii, 550-551). Fermat 不加证明地假设了所有的数对 x_s, y_s $(s = 1, 2, \cdots, r)$ 都是不同的. 第一个完整的证明是由 Mordell 发现的, 但没有发表.

　　在我们提到的其他恒等式和方程中, (21.11.4) 属于 Gérardin [*L'intermédiaire des math.* **19** (1912), 7], 它的推论属于 Mahler [*Journal London Math. Soc.* **11** (1936), 136-138], (21.11.6) 属于 Sastry [同一杂志, **9** (1934), 242-246], (21.11.15) 的参数解属于 Swinnerton-Dyer [*Proc. Cambridge Phil. Soc.* **48** (1952), 516-518], (21.11.16) 属于 Moessner [*Proc. Ind. Math. Soc.* **A 10** (1939), 296-306], (21.11.17) 属于 Subba Rao [*Journal London Math. Soc.* **9** (1934), 172-173], (21.11.5) 属于 Norrie. 对于 $k = 4$, Patterson 发现了 (21.11.2) 的又一个解,

Leech 又找到了它的另外 6 个解 [*Bull. Amer. Math. Soc.* **48** (1942), 736 以及 *Proc. Cambridge Phil. Soc.* **54** (1958), 554-555]. 在 (21.11.5) 的脚注中所提及的恒等式分别是由 Fauquembergue 和 Gérardin 发现的. 有关 Norrie 和最后两位作者的工作以及许多类似的研究工作的详尽的参考文献, 见 Dickson, *History*, ii, 650-654. Lander and Parkin [*Math. Computation* **21** (1967), 101-103] 发现了一个结果, 它推翻关于 $k = 5, s = 4$ 的 Euler 猜想, Elkies [*Math. Comp.* **51** (1988), 825-835] 找到了 (21.11.1) 的解, 这些解推翻了关于 $k = 4$, $s = 3$ 的 Euler 猜想. 由 Frye 算出的最小的反例是 $95\,800^4 + 217\,519^4 + 414\,560^4 = 422\,481^4$. Brudno [*Math. Comp.* **30** (1976), 646-648] 给出了方程 $x_1^6 + x_2^6 + x_3^6 = y_1^6 + y_2^6 + y_3^6$ 的一组双参数解, (21.11.17) 是其中的一个特解.

有关等幂和问题的综述, 见 Lander, *American Math. Monthly* **75** (1968), 1061-1073.

第 22 章 素 数 (3)

22.1 函数 $\vartheta(x)$ 和 $\psi(x)$

本章要回到关于素数分布的问题, 第 1 章至第 2 章里已经给出了一个初步的介绍. 那里仅仅是证明了 Euclid 的定理 4 和包含在 2.1 节至 2.6 节中少许推广的结论. 这里要将它的理论大大向前推进. 特别地, 我们要证明定理 6 (素数定理). 不过, 首先来证明简单得多的定理 7.

定理 6 和定理 7 的证明依赖于函数 $\psi(x)$ 和 (在较小的程度上依赖于) 函数 $\vartheta(x)$ 的性质. 记[①]

$$\vartheta(x) = \sum_{p \leqslant x} \ln p = \ln \prod_{p \leqslant x} p \qquad (22.1.1)$$

以及

$$\psi(x) = \sum_{p^m \leqslant x} \ln p = \sum_{n \leqslant x} \Lambda(n) \qquad (22.1.2)$$

(按照 17.7 节中的记号). 于是

$$\psi(10) = 3\ln 2 + 2\ln 3 + \ln 5 + \ln 7,$$

其中由 2, 4 和 8 给出贡献 $\ln 2$, 由 3 和 9 给出贡献 $\ln 3$. 如果 p^m 是 p 的不超过 x 的最高幂, 那么 $\ln p$ 在 $\psi(x)$ 中出现 m 次. 又 p^m 是能整除不超过 x 的任何数的 p 的最高幂, 所以

$$\psi(x) = \ln U(x), \qquad (22.1.3)$$

其中 $U(x)$ 是直到 x 的所有数的最小公倍数. 还可以将 $\psi(x)$ 表示成形式

$$\psi(x) = \sum_{p \leqslant x} \left\lfloor \frac{\ln x}{\ln p} \right\rfloor \ln p. \qquad (22.1.4)$$

$\vartheta(x)$ 和 $\psi(x)$ 的定义比 $\pi(x)$ 的定义更复杂, 但是它们实际上是更加 "自然的" 函数. 根据 (22.1.2), $\psi(x)$ 是 $\Lambda(n)$ 的 "和函数", 而且 $\Lambda(n)$ 有 (如同我们在 17.7 节中所看到的) 一个简单的生成函数. $\vartheta(x)$ 的生成函数, 还有 $\pi(x)$ 的生成函数, 都要复杂得多. 即便是 $\psi(x)$ 的算术定义, 当它写成 (22.1.3) 的形式时, 也是非常初等、非常自然的.

由于 $p^2 \leqslant x, p^3 \leqslant x, \cdots$ 等价于 $p \leqslant x^{\frac{1}{2}}, p \leqslant x^{\frac{1}{3}}, \cdots$, 所以

[①] 在整个本章中, x (以及 y 和 t) 并不一定是整数. 另一方面, $m, n, h, k, \cdots$ 是正整数, 而 p 如通常一样是一个素数. 我们总是假设 $x \geqslant 1$.

$$\psi(x) = \vartheta(x) + \vartheta(x^{\frac{1}{2}}) + \vartheta(x^{\frac{1}{3}}) + \cdots = \sum \vartheta(x^{1/m}). \tag{22.1.5}$$

当 $x^{1/m} < 2$, 也即当

$$m > \frac{\ln x}{\ln 2}$$

时, 此级数终止. 由定义显然有 $\vartheta(x) < x \ln x$ (对于 $x \geqslant 2$). 所以当 $m \geqslant 2$ 时就有

$$\vartheta\left(x^{1/m}\right) < x^{1/m} \ln x \leqslant x^{\frac{1}{2}} \ln x,$$

且有

$$\sum_{m \geqslant 2} \vartheta\left(x^{1/m}\right) = O\left\{x^{\frac{1}{2}} (\ln x)^2\right\},$$

这是因为在这个级数中仅有 $O(\ln x)$ 项. 从而有以下定理.

定理 413 $\psi(x) = \vartheta(x) + O\left\{x^{\frac{1}{2}} (\ln x)^2\right\}$.

我们对这些函数的幅值的阶很感兴趣. 由于

$$\pi(x) = \sum_{p \leqslant x} 1, \quad \vartheta(x) = \sum_{p \leqslant x} \ln p,$$

自然会期待 $\vartheta(x)$ 是 $\pi(x)$ 的 "大约 $\ln x$ 倍". 以后我们将会看到这的确如此. 下面来证明 $\vartheta(x)$ 的阶是 x, 所以定理 413 告诉我们: 当 x 很大时, $\psi(x)$ 与 $\vartheta(x)$ "大致相等".

22.2 $\boldsymbol{\vartheta(x)}$ 和 $\boldsymbol{\psi(x)}$ 的阶为 $\boldsymbol{x}$ 的证明

现在来证明以下定理.

定理 414   函数 $\vartheta(x)$ 和 $\psi(x)$ 的阶是 x:

$$Ax < \vartheta(x) < Ax, \quad Ax < \psi(x) < Ax \quad (x \geqslant 2). \tag{22.2.1}$$

根据定理 413, 只要证明

$$\vartheta(x) < Ax \tag{22.2.2}$$

和

$$\psi(x) > Ax \quad (x \geqslant 2) \tag{22.2.3}$$

就足够了. 事实上, 我们要证明一个比 (22.2.2) 更精确一点的结果, 叙述如下.

定理 415   对所有 $n \geqslant 1$, 有 $\vartheta(n) < 2n \ln 2$.

根据定理 73,

$$M = \frac{(2m+1)!}{m!(m+1)!} = \frac{(2m+1)(2m)\cdots(m+2)}{m!}$$

是一个整数. 它在 $(1+1)^{2m+1}$ 的二项展开式中出现两次, 因此 $2M < 2^{2m+1}$ 以及 $M < 2^{2m}$.

如果 $m+1 < p \leqslant 2m+1$, 那么 p 整除 M 的分子, 但不整除它的分母. 这样就有

$$\left(\prod_{m+1 < p \leqslant 2m+1} p\right) \bigg| M$$

以及

$$\vartheta(2m+1) - \vartheta(m+1) = \sum_{m+1 < p \leqslant 2m+1} \ln p \leqslant \ln M < 2m \ln 2.$$

对于 $n=1$ 和 $n=2$, 定理 415 是平凡的. 假设它对所有 $n \leqslant n_0 - 1$ 为真. 如果 n_0 是偶数, 则有

$$\vartheta(n_0) = \vartheta(n_0 - 1) < 2(n_0 - 1) \ln 2 < 2n_0 \ln 2.$$

如果 n_0 是奇数, 比方说 $n_0 = 2m+1$, 则有

$$\vartheta(n_0) = \vartheta(2m+1) = \vartheta(2m+1) - \vartheta(m+1) + \vartheta(m+1)$$
$$< 2m \ln 2 + 2(m+1) \ln 2$$
$$= 2(2m+1) \ln 2 = 2n_0 \ln 2,$$

这是因为 $m+1 < n_0$. 所以定理 415 对 $n = n_0$ 为真, 根据归纳法, 它对所有 n 皆为真. 不等式 (22.2.2) 立即由此推出.

现在来证明 (22.2.3). 诸数 $1, 2, \cdots, n$ 恰好包含 $\lfloor n/p \rfloor$ 个 p 的倍数, 恰好包含 $\lfloor n/p^2 \rfloor$ 个 p^2 的倍数, 等等. 于是有以下定理.

定理 416　$n! = \prod_p p^{j(n,p)},$

其中

$$j(n,p) = \sum_{m \geqslant 1} \left\lfloor \frac{n}{p^m} \right\rfloor.$$

记

$$N = \frac{(2n)!}{(n!)^2} = \prod_{p \leqslant 2n} p^{k_p},$$

根据定理 416 有

$$k_p = \sum_{m=1}^{\infty} \left(\left\lfloor \frac{2n}{p^m} \right\rfloor - 2 \left\lfloor \frac{n}{p^m} \right\rfloor \right). \tag{22.2.4}$$

圆括号中的每一项是 1 或者 0, 这要根据 $\lfloor 2n/p^m \rfloor$ 是奇数还是偶数来决定. 特别地, 如果 $p^m > 2n$, 则该项为 0. 从而根据 (22.1.4) 有

$$k_p \leqslant \left\lfloor \frac{\ln 2n}{\ln p} \right\rfloor \tag{22.2.5}$$

以及

$$\ln N = \sum_{p \leqslant 2n} k_p \ln p \leqslant \sum_{p \leqslant 2n} \left\lfloor \frac{\ln 2n}{\ln p} \right\rfloor \ln p = \psi(2n).$$

但是

$$N = \frac{(2n)!}{(n!)^2} = \frac{n+1}{1} \times \frac{n+2}{2} \times \cdots \times \frac{2n}{n} \geqslant 2^n, \tag{22.2.6}$$

所以 $\psi(2n) \geqslant n \ln 2$.

对 $x \geqslant 2$, 令 $n = \left\lfloor \frac{1}{2}x \right\rfloor \geqslant 1$, 于是就有 $\psi(x) \geqslant \psi(2n) \geqslant n \ln 2 \geqslant \frac{1}{4} x \ln 2$, 这就是 (22.2.3).

22.3 Bertrand 假设和一个关于素数的 "公式"

由定理 414 可以推导出以下定理.

定理 417 存在一个数 B, 使得对每个 $x > 1$ 都存在一个素数 p 满足 $x < p \leqslant Bx$.

因为, 根据定理 414 可知, 对某些固定的常数 C_1, C_2 有

$$C_1 x < \vartheta(x) < C_2 x \quad (x \geqslant 2).$$

从而

$$\vartheta(C_2 x / C_1) > C_1 (C_2 x / C_1) = C_2 x > \vartheta(x),$$

所以在 x 与 $C_2 x / C_1$ 之间存在一个素数. 如果取 $B = \max(C_2/C_1, 2)$, 就立即得出定理 417.

然而, 我们可以对论证方法略加改进以证明一个更精确的结果.

定理 418 (Bertrand 假设) 如果 $n \geqslant 1$, 那么至少存在一个素数 p 使得

$$n < p \leqslant 2n. \tag{22.3.1}$$

这就是说, 如果 p_r 是第 r 个素数, 那么对每个 r 都有

$$p_{r+1} < 2p_r. \tag{22.3.2}$$

定理的两部分显然是等价的. 假设对某个 $n > 2^9 = 512$, 没有满足 (22.3.1) 的素数存在. 利用 22.2 节的记号, 设 p 是 N 的一个素因子, 所以 $k_p \geqslant 1$. 根据假设, $p \leqslant n$. 如果 $\frac{2}{3}n < p \leqslant n$, 就有

$$2p \leqslant 2n < 3p, \quad p^2 > \frac{4}{9}n^2 > 2n,$$

而 (22.2.4) 变为

$$k_p = \left\lfloor \frac{2n}{p} \right\rfloor - 2 \left\lfloor \frac{n}{p} \right\rfloor = 2 - 2 = 0.$$

从而对 N 的每个素因子 p 皆有 $p \leqslant \frac{2}{3}n$, 所以根据定理 415 就有

$$\sum_{p \mid N} \ln p \leqslant \sum_{p \leqslant \frac{2}{3}n} \ln p = \vartheta \left(\frac{2}{3}n \right) \leqslant \frac{4}{3}n \ln 2. \tag{22.3.3}$$

如果 $k_p \geqslant 2$, 根据 (22.2.5) 有

$$2\ln p \leqslant k_p \ln p \leqslant \ln(2n), \quad p \leqslant \sqrt{2n},$$

因此至多有 $\sqrt{2n}$ 个这样的 p 值, 于是

$$\sum_{k_p \geqslant 2} k_p \ln p \leqslant \sqrt{2n} \ln (2n),$$

所以根据 (22.3.3) 就有

$$\ln N \leqslant \sum_{k_p = 1} \ln p + \sum_{k_p \geqslant 2} k_p \ln p \leqslant \sum_{p \mid N} \ln p + \sqrt{2n} \ln (2n)$$
$$\leqslant \frac{4}{3}n \ln 2 + \sqrt{2n} \ln (2n). \tag{22.3.4}$$

此外, N 是 $2^{2n} = (1+1)^{2n}$ 的展开式中最大的一项, 所以

$$2^{2n} = 2 + \binom{2n}{1} + \binom{2n}{2} + \cdots + \binom{2n}{2n-1} \leqslant 2nN.$$

因此, 根据 (22.3.4) 有

$$2n \ln 2 \leqslant \ln(2n) + \ln N \leqslant \frac{4}{3}n \ln 2 + \left(1 + \sqrt{2n} \right) \ln (2n),$$

它可以简化成

$$2n \ln 2 \leqslant 3 \left(1 + \sqrt{2n} \right) \ln (2n). \tag{22.3.5}$$

现在记

$$\zeta = \frac{\ln(n/512)}{10 \ln 2},$$

从而 $2n = 2^{10(1+\zeta)}$. 由于 $n > 512$, 我们有 $\zeta > 0$. (22.3.5) 变成

$$2^{10(1+\zeta)} \leqslant 30 \left(2^{5+5\zeta} + 1 \right) (1 + \zeta),$$

由此即有

$$2^{5\zeta} \leqslant 30 \cdot 2^{-5}(1 + 2^{-5-5\zeta})(1 + \zeta) < (1 - 2^{-5})(1 + 2^{-5})(1 + \zeta) < 1 + \zeta.$$

但是

$$2^{5\zeta} = \exp(5\zeta \ln 2) > 1 + 5\zeta \ln 2 > 1 + \zeta,$$

矛盾. 这样一来, 如果 $n > 512$, 就必定有一个满足 (22.3.1) 的素数存在.

诸素数

$$2, 3, 5, 7, 13, 23, 43, 83, 163, 317, 631$$

中的每一个都小于该表中紧排在它前面的那个素数的两倍. 于是对任何 $n \leqslant 630$, 这些数中至少有一个是满足 (22.3.1) 的. 这就完成了定理 418 的证明.

接下来证明以下定理.

定理 419   *如果*

$$\alpha = \sum_{m=1}^{\infty} p_m 10^{-2^m} = 0.020\,300\,050\,000\,000\,70\cdots,$$

则有

$$p_n = \lfloor 10^{2^n}\alpha \rfloor - 10^{2^{n-1}}\lfloor 10^{2^{n-1}}\alpha \rfloor. \tag{22.3.6}$$

根据 (2.2.2) 有

$$p_m < 2^{2^m} = 4^{2^{m-1}},$$

所以关于 α 的级数是收敛的. 又有

$$0 < 10^{2^m} \sum_{m=n+1}^{\infty} p_m 10^{-2^m} < \sum_{m=n+1}^{\infty} 4^{2^{m-1}} 10^{-2^{m-1}}$$

$$= \sum_{m=n+1}^{\infty} \left(\frac{2}{5}\right)^{2^{m-1}} < \left(\frac{2}{5}\right)^{2^n} \frac{1}{(1 - \frac{2}{5})} < \frac{4}{15} < 1.$$

从而有

$$\lfloor 10^{2^n}\alpha \rfloor = 10^{2^n} \sum_{m=1}^{n} p_m 10^{-2^m},$$

类似地有

$$\lfloor 10^{2^{n-1}}\alpha \rfloor = 10^{2^{n-1}} \sum_{m=1}^{n-1} p_m 10^{-2^m}.$$

由此推出

$$\lfloor 10^{2^n}\alpha \rfloor - 10^{2^{n-1}}\lfloor 10^{2^{n-1}}\alpha \rfloor = 10^{2^n} \left(\sum_{m=1}^{n} p_m 10^{-2^m} - \sum_{m=1}^{n-1} p_m 10^{-2^m} \right) = p_n.$$

尽管 (22.3.6) 对于第 n 个素数 p_n 给出了一个 "公式", 但它并不是一个很有用的公式. 为了用这个公式来计算 p_n, 必须要知道 α 的直到小数点后 2^n 位的准确值. 要做到这一点, 又必须要知道 $p_1, p_2, \cdots, p_n$ 的值.

有若干个类似的公式, 它们都有同样的缺陷. 假设 r 是一个大于 1 的整数. 则根据 (22.3.2) 就有

$$p_n \leqslant r^n.$$

(的确, 对于 $r \geqslant 4$, 这可以从定理 20 推出) 于是可以记

$$\alpha_r = \sum_{m=1}^{\infty} p_m r^{-m^2},$$

那么, 根据与上面类似的讨论方法, 可以推导出

$$p_n = \lfloor r^{n^2} \alpha_r \rfloor - r^{2n-1} \lfloor r^{(n-1)^2} \alpha_r \rfloor.$$

如果其中出现的数 α 或者 α_r 可以用与素数无关的方式表达出来的话, 这些公式中的任何一个 (或者任何与之类似的公式) 都会占有重要的地位. 对此现在还看不到有可能性, 但是也不能完全排除这种可能性.

有关 p_n 的其他公式, 请见附录 1.

22.4 定理 7 和定理 9 的证明

由定理 414 很容易推导出定理 7. 首先有

$$\vartheta(x) = \sum_{p \leqslant x} \ln p \leqslant \ln x \sum_{p \leqslant x} 1 = \pi(x) \ln x,$$

所以

$$\pi(x) \geqslant \frac{\vartheta(x)}{\ln x} > \frac{Ax}{\ln x}. \tag{22.4.1}$$

此外, 如果 $0 < \delta < 1$,

$$\vartheta(x) \geqslant \sum_{x^{1-\delta} < p \leqslant x} \ln p \geqslant (1-\delta) \ln x \sum_{x^{1-\delta} < p \leqslant x} 1$$

$$= (1-\delta) \ln x \left\{ \pi(x) - \pi(x^{1-\delta}) \right\} \geqslant (1-\delta) \ln x \left\{ \pi(x) - x^{1-\delta} \right\},$$

所以有

$$\pi(x) \leqslant x^{1-\delta} + \frac{\vartheta(x)}{(1-\delta) \ln x} < \frac{Ax}{\ln x}. \tag{22.4.2}$$

现在可以证明以下定理.

定理 420 $\pi(x) \sim \dfrac{\vartheta(x)}{\ln x} \sim \dfrac{\psi(x)}{\ln x}.$

根据定理 413 和定理 414, 只需要考虑第一个结论即可. 由 (22.4.1) 和 (22.4.2) 得出

$$1 \leqslant \frac{\pi(x) \ln x}{\vartheta(x)} \leqslant \frac{x^{1-\delta} \ln x}{\vartheta(x)} + \frac{1}{1-\delta}.$$

对任何 $\varepsilon > 0$, 可以选取 $\delta = \delta(\varepsilon)$, 使得

$$\frac{1}{1-\delta} < 1 + \frac{1}{2}\varepsilon,$$

然后选取 $x_0 = x_0(\delta, \varepsilon) = x_0(\varepsilon)$, 使得对所有 $x > x_0$ 有

$$\frac{x^{1-\delta} \ln x}{\vartheta(x)} < \frac{A \ln x}{x^{\delta}} < \frac{1}{2}\varepsilon.$$

从而对所有 $x > x_0$ 都有

$$1 \leqslant \frac{\pi(x) \ln x}{\vartheta(x)} < 1 + \varepsilon.$$

由于 ε 是任意的, 这就立即得出了定理 420 的第一部分.

（如在 1.8 节中所说的那样）定理 9 是定理 7 的一个推论. 因为, 首先有

$$n = \pi(p_n) < \frac{A p_n}{\ln p_n}, \quad p_n > A n \ln p_n > A n \ln n.$$

其次有

$$n = \pi(p_n) > \frac{A p_n}{\ln p_n},$$

所以

$$\sqrt{p_n} < \frac{A p_n}{\ln p_n} < A n, \quad p_n < A n^2,$$

且有

$$p_n < A n \ln p_n < A n \ln n.$$

22.5　两个形式变换

这里引进两个初等的形式变换, 它们在本章里非常有用.

定理 421　假设 $c_1, c_2, \cdots$ 是一列数,

$$C(t) = \sum_{n \leqslant t} c_n,$$

且 $f(t)$ 是 t 的任意一个函数. 那么

$$\sum_{n \leqslant x} c_n f(n) = \sum_{n \leqslant x-1} C(n) \{f(n) - f(n+1)\} + C(x) f\left(\lfloor x \rfloor\right). \tag{22.5.1}$$

此外, 如果对 $j < n_1$ 有 $c_j = 0$,[①] 且 $f(t)$ 对 $t \geqslant n_1$ 有连续导数, 那么

$$\sum_{n \leqslant x} c_n f(n) = C(x) f(x) - \int_{n_1}^{x} C(t) f'(t) \mathrm{d}t. \tag{22.5.2}$$

如果记 $N = \lfloor x \rfloor$, 则 (22.5.1) 左边的和是

$$C(1) f(1) + \{C(2) - C(1)\} f(2) + \cdots + \{C(N) - C(N-1)\} f(N)$$
$$= C(1) \{f(1) - f(2)\} + \cdots + C(N-1) \{f(N-1) - f(N)\} + C(N) f(N).$$

---

① 在应用中 $n_1 = 1$ 或者 2. 如果 $n_1 = 1$, 当然对 c_n 就没有限制. 如果 $n_1 = 2$, 就有 $c_1 = 0$.

由于 $C(N) = C(x)$, 这就证明了 (22.5.1). 为了推导出 (22.5.2), 注意到, 当 $n \leqslant t < n+1$ 时有 $C(t) = C(n)$, 所以

$$C(n)\{f(n) - f(n+1)\} = -\int_n^{n+1} C(t)f'(t)\mathrm{d}t.$$

当 $t < n_1$ 时则有 $C(t) = 0$.

如果取 $c_n = 1$ 以及 $f(t) = 1/t$, 就有 $C(x) = \lfloor x \rfloor$, (22.5.2) 就变成

$$\sum_{n \leqslant x} \frac{1}{n} = \frac{\lfloor x \rfloor}{x} + \int_1^x \frac{\lfloor t \rfloor}{t^2}\mathrm{d}t$$
$$= \ln x + \gamma + E,$$

这里

$$\gamma = 1 - \int_1^\infty \frac{(t - \lfloor t \rfloor)}{t^2}\mathrm{d}t$$

与 x 无关, 且

$$E = \int_x^\infty \frac{(t - \lfloor t \rfloor)}{t^2}\mathrm{d}t - \frac{x - \lfloor x \rfloor}{x} = \int_x^\infty \frac{O(1)}{t^2}\mathrm{d}t + O\left(\frac{1}{x}\right) = O\left(\frac{1}{x}\right).$$

这样就有以下定理.

定理 422　$\displaystyle\sum_{n \leqslant x} \frac{1}{n} = \ln x + \gamma + O\left(\frac{1}{x}\right)$, 其中 γ 是一个常数 (称为 Euler 常数).

22.6　一个重要的和

首先证明下面的引理.

定理 423　$\displaystyle\sum_{n \leqslant x} \ln^h\left(\frac{x}{n}\right) = O(x) \ (h > 0)$.

由于 $\ln t$ 与 t 一起增加, 对 $n \geqslant 2$ 有

$$\ln^h\left(\frac{x}{n}\right) \leqslant \int_{n-1}^n \ln^h\left(\frac{x}{t}\right)\mathrm{d}t.$$

从而

$$\sum_{n=2}^{\lfloor x \rfloor} \ln^h\left(\frac{x}{n}\right) \leqslant \int_1^x \ln^h\left(\frac{x}{t}\right)\mathrm{d}t = x\int_1^x \frac{\ln^h u}{u^2}\mathrm{d}u$$
$$< x\int_1^\infty \frac{\ln^h u}{u^2}\mathrm{d}u = Ax,$$

这是因为这个无穷限的积分是收敛的. 定理 423 由此立即得出.

如果取 $h = 1$, 就有

$$\sum_{n \leqslant x} \ln n = \lfloor x \rfloor \ln x + O(x) = x \ln x + O(x).$$

但是, 由定理 416 有

$$\sum_{n \leqslant x} \ln n = \sum_{p \leqslant x} j\left(\lfloor x \rfloor, p\right) \ln p = \sum_{p^m \leqslant x} \left\lfloor \frac{x}{p^m} \right\rfloor \ln p = \sum_{n \leqslant x} \left\lfloor \frac{x}{n} \right\rfloor \Lambda(n)$$

(按照 17.7 节中的记号). 如果在最后一个和中去掉下取整符号, 产生的误差项小于

$$\sum_{n \leqslant x} \Lambda(n) = \psi(x) = O(x),$$

所以

$$\sum_{n \leqslant x} \frac{x}{n} \Lambda(n) = \sum_{n \leqslant x} \ln n + O(x) = x \ln x + O(x).$$

如果消去因子 x, 就有以下定理.

定理 424 $\quad \sum_{n \leqslant x} \dfrac{\Lambda(n)}{n} = \ln x + O(1).$

由此可以推导出以下定理.

定理 425 $\quad \sum_{p \leqslant x} \dfrac{\ln p}{p} = \ln x + O(1).$

因为

$$\sum_{n \leqslant x} \frac{\Lambda(n)}{n} - \sum_{p \leqslant x} \frac{\ln p}{p} = \sum_{m \geqslant 2} \sum_{p^m \leqslant x} \frac{\ln p}{p^m}$$

$$< \sum_{p} \left(\frac{1}{p^2} + \frac{1}{p^3} + \cdots \right) \ln p = \sum_{p} \frac{\ln p}{p(p-1)}$$

$$< \sum_{n=2}^{\infty} \frac{\ln n}{n(n-1)} = A.$$

如果在 (22.5.2) 中令 $f(t) = 1/t$ 以及 $c_n = \Lambda(n)$, 使得 $C(x) = \psi(x)$, 则有

$$\sum_{n \leqslant x} \frac{\Lambda(n)}{n} = \frac{\psi(x)}{x} + \int_2^x \frac{\psi(t)}{t^2} \mathrm{d}t,$$

根据定理 414 和定理 424 有

$$\int_2^x \frac{\psi(t)}{t^2} \mathrm{d}t = \ln x + O(1). \tag{22.6.1}$$

由 (22.6.1) 就能推出

$$\underline{\lim} \left\{ \psi(x)/x \right\} \leqslant 1, \quad \overline{\lim} \left\{ \psi(x)/x \right\} \geqslant 1. \tag{22.6.2}$$

这是因为, 如果 $\underline{\lim}\{\psi(x)/x\} = 1+\delta$, 其中 $\delta > 0$, 则对大于某个 x_0 的所有 x 皆有 $\psi(x) > \left(1 + \dfrac{1}{2}\delta\right)x$. 从而

$$\int_2^x \frac{\psi(t)}{t^2}\mathrm{d}t > \int_2^{x_0} \frac{\psi(t)}{t^2}\mathrm{d}t + \int_{x_0}^x \frac{(1+\frac{1}{2}\delta)}{t}\mathrm{d}t > \left(1 + \frac{1}{2}\delta\right)\ln x - A,$$

这与 (22.6.1) 矛盾. 如果假设 $\overline{\lim}\{\psi(x)/x\} = 1-\delta$, 就会得到一个类似的矛盾.

根据定理 420, 可以从 (22.6.2) 推出以下定理.

定理 426　$\underline{\lim}\left\{\pi(x)\Big/\dfrac{x}{\ln x}\right\} \leqslant 1$, $\overline{\lim}\left\{\pi(x)\Big/\dfrac{x}{\ln x}\right\} \geqslant 1$. 如果当 $x \to \infty$ 时 $\pi(x)\Big/\dfrac{x}{\ln x}$ 有极限, 那么它的极限是 1.

如果能证明 $\pi(x)\Big/\dfrac{x}{\ln x}$ 趋向于一个极限, 则立即就能推出定理 6. 令人遗憾的是, 这正是证明定理 6 真正的困难所在.

22.7　$\sum p^{-1}$ 与 $\prod(1 - p^{-1})$

由于

$$0 < \ln\left(\frac{1}{1-p^{-1}}\right) - \frac{1}{p} = \frac{1}{2p^2} + \frac{1}{3p^3} + \cdots \tag{22.7.1}$$

$$< \frac{1}{2p^2} + \frac{1}{2p^3} + \cdots = \frac{1}{2p(p-1)},$$

且

$$\sum \frac{1}{p(p-1)}$$

是收敛的, 所以级数

$$\sum\left\{\ln\left(\frac{1}{1-p^{-1}}\right) - \frac{1}{p}\right\}$$

必定是收敛的. 根据定理 19, $\sum p^{-1}$ 发散, 所以乘积

$$\prod(1 - p^{-1}) \tag{22.7.2}$$

一定也是发散的 (发散于 0).

由乘积 (22.7.2) 的发散性可以推出

$$\pi(x) = o(x),$$

即几乎所有的数都是合数, 这里没有用到 22.1 节至 22.6 节中的任何结果. 当然, 这个结果比定理 7 要弱, 但是这个非常简单的证明也是有意思的.

选取 r 使得

$$M = p_1 p_2 \cdots p_r \leqslant x < p_1 \cdots p_r p_{r+1},$$

且 k 是满足 $kM \leqslant x < (k+1)M$ 的正整数. 设 H 是满足下述条件的正整数的个数: (i) 不超过 $(k+1)M$; (ii) 不能被素数 $p_1, \cdots p_r$ 中任何一个整除, 也即与 M 互素. 这些数显然包括了所有的素数 $p_{r+1}, \cdots, p_{\pi(x)}$. 因此有

$$\pi(x) \leqslant r + H.$$

根据定义, $\phi(M)$ 是小于等于 M 且与 M 互素的整数个数, 所以 $H = (k+1)\phi(M)$. 但是 $x \geqslant kM$, 根据 (16.1.3) 可知, 当 $r \to \infty$ 时有

$$\frac{H}{x} \leqslant \frac{(k+1)\phi(M)}{kM} \leqslant \frac{2\phi(M)}{M} = 2\prod_{i=1}^{r}\left(1 - \frac{1}{p_i}\right) \to 0,$$

这是因为乘积 (22.7.2) 发散. 又有

$$\frac{r}{x} \leqslant \frac{r}{p_{r-1}p_r} \leqslant \frac{1}{p_{r-1}} \to 0.$$

当 $x \to \infty$ 时, 也有 $r \to \infty$, 我们有

$$\frac{\pi(x)}{x} \leqslant \frac{r}{x} + \frac{H}{x} \to 0,$$

这也就是 $\pi(x) = o(x)$.

我们能不依赖 $\sum p^{-1}$ 的发散性而如下来证明 $\prod\left(1 - p^{-1}\right)$ 的发散性. 显然有

$$\prod_{p \leqslant N}\left(\frac{1}{1-p^{-1}}\right) = \prod_{p \leqslant N}\left(1 + \frac{1}{p} + \frac{1}{p^2} + \cdots\right) = \sum_{(N)}\frac{1}{n},$$

最后一个和式取遍素因子 $p \leqslant N$ 的所有 n. 由于所有的 $n \leqslant N$ 都满足这个条件, 由定理 422 得

$$\prod_{p \leqslant N}\left(\frac{1}{1-p^{-1}}\right) \geqslant \sum_{n=1}^{N}\frac{1}{n} > \ln N - A.$$

从而乘积 (22.7.2) 是发散的.

如果利用上面两节的结果, 就能对 $\sum p^{-1}$ 得到更精确的信息. 在定理 421 中, 取 $c_p = \ln p/p$, 当 n 不是素数时, 则取 $c_n = 0$, 从而有

$$C(x) = \sum_{p \leqslant x}\frac{\ln p}{p} = \ln x + \tau(x),$$

其中 $\tau(x) = O(1)$ (根据定理 425). 取 $f(t) = 1/\ln t$, (22.5.2) 就变成

$$\begin{aligned}
\sum_{p \leqslant x}\frac{1}{p} &= \frac{C(x)}{\ln x} + \int_2^x \frac{C(t)}{t\ln^2 t}\mathrm{d}t \\
&= 1 + \frac{\tau(x)}{\ln x} + \int_2^x \frac{\mathrm{d}t}{t\ln t} + \int_2^x \frac{\tau(t)\mathrm{d}t}{t\ln^2 t} \qquad (22.7.3)\\
&= \ln\ln x + B_1 + E(x),
\end{aligned}$$

其中

$$B_1 = 1 - \ln \ln 2 + \int_2^\infty \frac{\tau(t)\mathrm{d}t}{t \ln^2 t},$$

且

$$E(x) = \frac{\tau(x)}{\ln x} - \int_x^\infty \frac{\tau(t)\mathrm{d}t}{t \ln^2 t} = O\left(\frac{1}{\ln x}\right) + O\left(\int_x^\infty \frac{\mathrm{d}t}{t \ln^2 t}\right) = O\left(\frac{1}{\ln x}\right). \quad (22.7.4)$$

这样就有以下定理.

定理 427 $\displaystyle\sum_{p \leqslant x} \frac{1}{p} = \ln \ln x + B_1 + o(1)$, 其中 B_1 是一个常数.

22.8   Mertens 定理

将 22.7 节里有关级数与乘积的研究稍稍向前推进一点是很有意思的.

定理 428   在定理 427 中有

$$B_1 = \gamma + \sum \left\{ \ln\left(1 - \frac{1}{p}\right) + \frac{1}{p} \right\}, \quad (22.8.1)$$

其中 γ 是 Euler 常数.

定理 429 (Mertens 定理) $\displaystyle\prod_{p \leqslant x} \left(1 - \frac{1}{p}\right) \sim \frac{\mathrm{e}^{-\gamma}}{\ln x}.$

如同我们在 22.7 节中看到的那样, (22.8.1) 中的级数是收敛的. 由于

$$\sum_{p \leqslant x} \frac{1}{p} + \sum_{p \leqslant x} \ln\left(1 - \frac{1}{p}\right) = \sum_{p \leqslant x} \left\{ \ln\left(1 - \frac{1}{p}\right) + \frac{1}{p} \right\},$$

定理 429 就由定理 427 和定理 428 推出. 因此只要证明定理 428 就够了. 我们将假设[①]

$$\gamma = -\Gamma'(1) = -\int_0^\infty \mathrm{e}^{-x} \ln x \mathrm{d}x. \quad (22.8.2)$$

如果 $\delta \geqslant 0$, 则根据与 (22.7.1) 类似的计算, 我们有

$$0 < -\ln\left(1 - \frac{1}{p^{1+\delta}}\right) - \frac{1}{p^{1+\delta}} < \frac{1}{2p^{1+\delta}\left(p^{1+\delta} - 1\right)} \leqslant \frac{1}{2p(p-1)}.$$

从而级数

$$F(\delta) = \sum_p \left\{ \ln\left(1 - \frac{1}{p^{1+\delta}}\right) + \frac{1}{p^{1+\delta}} \right\}$$

对所有的 $\delta \geqslant 0$ 一致收敛, 所以, 当 δ 取正的值趋向于 0 时有

---

① 例如, 参见 Whittaker and Watson, *Modern analysis*, 第 12 章.

$$F(\delta) \to F(0).$$

现在假设 $\delta > 0$, 根据定理 280 有

$$F(\delta) = g(\delta) - \ln \zeta(1 + \delta),$$

其中

$$g(\delta) = \sum_p p^{-1-\delta}.$$

如果在定理 421 中取 $c_p = 1/p$, 当 n 不是素数时取 $c_n = 0$, 则根据 (22.7.3) 有

$$C(x) = \sum_{p \leqslant x} \frac{1}{p} = \ln \ln x + B_1 + E(x).$$

于是, 如果 $f(t) = t^{-\delta}$, 则 (22.5.2) 变成

$$\sum_{p \leqslant x} p^{-1-\delta} = x^{-\delta} C(x) + \delta \int_2^x t^{-1-\delta} C(t) \mathrm{d}t.$$

令 $x \to \infty$, 则有

$$\begin{aligned} g(\delta) &= \delta \int_2^\infty t^{-1-\delta} C(t) \mathrm{d}t \\ &= \delta \int_2^\infty t^{-1-\delta} \left(\ln \ln t + B_1 \right) \mathrm{d}t + \delta \int_2^\infty t^{-1-\delta} E(t) \mathrm{d}t. \end{aligned}$$

现在, 如果取 $t = \mathrm{e}^{u/\delta}$, 则根据 (22.8.2) 有

$$\delta \int_1^\infty t^{-1-\delta} \ln \ln t \mathrm{d}t = \int_0^\infty \mathrm{e}^{-u} \ln \left(\frac{u}{\delta} \right) \mathrm{d}u = -\gamma - \ln \delta,$$

以及

$$\delta \int_1^\infty t^{-1-\delta} \mathrm{d}t = 1.$$

从而

$$g(\delta) + \ln \delta - B_1 + \gamma = \delta \int_2^\infty t^{-1-\delta} E(t) \mathrm{d}t - \delta \int_1^2 t^{-1-\delta} \left(\ln \ln t + B_1 \right) \mathrm{d}t.$$

现在, 如果 $T = \exp(1/\sqrt{\delta})$, 则由 (22.7.4) 可知, 当 $\delta \to 0$ 时有

$$\left| \delta \int_2^\infty \frac{E(t)}{t^{1+\delta}} \mathrm{d}t \right| < A\delta \int_2^T \frac{\mathrm{d}t}{t} + \frac{A\delta}{\ln T} \int_T^\infty \frac{\mathrm{d}t}{t^{1+\delta}} < A\delta \ln T + \frac{A}{\ln T} < A\sqrt{\delta} \to 0.$$

我们还有

$$\left| \int_1^2 t^{-1-\delta} \left(\ln \ln t + B_1 \right) \mathrm{d}t \right| < \int_1^2 t^{-1} \left(|\ln \ln t| + |B_1| \right) \mathrm{d}t = A,$$

这是由于该积分在 $t = 1$ 收敛①. 于是, 当 $\delta \to 0$ 时

$$g(\delta) + \ln \delta \to B_1 - \gamma.$$

但是, 根据定理 282 知, 当 $\delta \to 0$ 时有 $\ln \zeta(1 + \delta) + \ln \delta \to 0$, 所以 $F(\delta) \to B_1 - \gamma$. 从而有 $B_1 = \gamma + F(0)$, 这就是 (22.8.1).

---

① 这一句理由似乎有问题, 因为 t 是这个积分中的积分变量, 而不是含参数积分中的参数.

22.9　定理 323 和定理 328 的证明

现在可以来证明定理 323 和定理 328 了. 如果记

$$f_1(n) = \frac{\phi(n)e^\gamma \ln\ln n}{n}, \quad f_2(n) = \frac{\sigma(n)}{ne^\gamma \ln\ln n},$$

我们需要证明

$$\underline{\lim} f_1(n) = 1, \quad \overline{\lim} f_2(n) = 1.$$

这只需求出两个函数 $F_1(t), F_2(t)$, 使得每个函数当 $t \to \infty$ 时都趋向于 1, 且对所有 $n \geqslant 3$ 有

$$f_1(n) \geqslant F_1(\ln n), \quad f_2(n) \leqslant \frac{1}{F_1(\ln n)}, \tag{22.9.1}$$

且对一个无穷递增的序列 $n_2, n_3, n_4, \cdots$ 有

$$f_2(n_j) \geqslant F_2(j), \quad f_1(n_j) \leqslant \frac{1}{F_2(j)} \tag{22.9.2}$$

就够了.

根据定理 329, $f_1(n)f_2(n) < 1$, 所以 (22.9.1) 中的第二个不等式可以从第一个不等式推出. 对 (22.9.2) 来说, 情况是类似的.

设 $p_1, p_2, \cdots, p_{r-\rho}$ 是整除 n 且不超过 $\ln n$ 的素数, $p_{r-\rho+1}, \cdots, p_r$ 是整除 n 且大于 $\ln n$ 的素数. 我们有

$$(\ln n)^\rho < p_{r-\rho+1}\cdots p_r \leqslant n, \quad \rho < \frac{\ln n}{\ln\ln n},$$

所以

$$\frac{\phi(n)}{n} = \prod_{i=1}^r \left(1 - \frac{1}{p_i}\right) \geqslant \left(1 - \frac{1}{\ln n}\right)^\rho \prod_{i=1}^{r-\rho}\left(1 - \frac{1}{p_i}\right)$$
$$> \left(1 - \frac{1}{\ln n}\right)^{\ln n/\ln\ln n} \prod_{p \leqslant \ln n}\left(1 - \frac{1}{p}\right).$$

于是 (22.9.1) 的第一部分对于

$$F_1(t) = e^\gamma \ln t \left(1 - \frac{1}{t}\right)^{t/\ln t} \prod_{p \leqslant t}\left(1 - \frac{1}{p}\right)$$

为真. 但是, 根据定理 429, 当 $t \to \infty$ 时,

$$F_1(t) \sim \left(1 - \frac{1}{t}\right)^{t/\ln t} = 1 + O\left(\frac{1}{\ln t}\right) \to 1.$$

为了证明 (22.9.2) 的第一部分, 记

$$n_j = \prod_{p \leqslant \mathrm{e}^j} p^j \quad (j \geqslant 2),$$

所以, 根据定理 414 有 $\ln n_j = j\vartheta(\mathrm{e}^j) \leqslant Aj\mathrm{e}^j$. 从而

$$\ln\ln n_j \leqslant A_0 + j + \ln j.$$

根据定理 280 有

$$\prod_{p \leqslant \mathrm{e}^j} \left(1 - p^{-j-1}\right) > \prod \left(1 - p^{-j-1}\right) = \frac{1}{\zeta(j+1)}.$$

所以

$$\begin{aligned}
f_2(n_j) = \frac{\sigma(n_j)}{n_j \mathrm{e}^\gamma \ln\ln n_j} &= \frac{\mathrm{e}^{-\gamma}}{\ln\ln n_j} \prod_{p \leqslant \mathrm{e}^j} \left(\frac{1 - p^{-j-1}}{1 - p^{-1}}\right) \\
&\geqslant \frac{\mathrm{e}^{-\gamma}}{\zeta(j+1)(A_0 + j + \ln j)} \prod_{p \leqslant \mathrm{e}^j} \left(\frac{1}{1 - p^{-1}}\right) = F_2(j).
\end{aligned}$$

这就是 (22.9.2) 的第一部分. 再次, 当 $j \to \infty$ 时 $\zeta(j+1) \to 1$, 根据定理 429 有

$$F_2(j) \sim \frac{j}{\zeta(j+1)(A_1 + j + \ln j)} \to 1.$$

22.10 n 的素因子个数

定义 $\omega(n)$ 是 n 的不同的素因子的个数, 定义 $\Omega(n)$ 是 n 的所有素因子的个数, 则当 $n = p_1^{a_1} \cdots p_r^{a_r}$ 时有

$$\omega(n) = r, \quad \Omega(n) = a_1 + a_2 + \cdots + a_r.$$

对于大的 n, $\omega(n)$ 和 $\Omega(n)$ 的性状并不规则. 当 n 为素数时, 这两个函数的值都是 1, 然而当 n 是 2 的幂时, 有

$$\Omega(n) = \frac{\ln n}{\ln 2}.$$

如果

$$n = p_1 p_2 \cdots p_r$$

是前 r 个素数的乘积, 那么

$$\omega(n) = r = \pi(p_r), \quad \ln n = \vartheta(p_r),$$

所以, 根据定理 420 和定理 414 就有

$$\omega(n) \sim \frac{\vartheta(p_r)}{\ln p_r} \sim \frac{\ln n}{\ln\ln n}$$

(当 n 通过这列特殊的数值趋向于无穷时).

定理 430 $\omega(n)$ 和 $\Omega(n)$ 的平均阶都是 $\ln\ln n$. 更确切地说,

$$\sum_{n\leqslant x} \omega(n) = x\ln\ln x + B_1 x + o(x), \tag{22.10.1}$$

$$\sum_{n\leqslant x} \Omega(n) = x\ln\ln x + B_2 x + o(x), \tag{22.10.2}$$

其中 B_1 是定理 427 和定理 428 中的数, 且

$$B_2 = B_1 + \sum_p \frac{1}{p(p-1)}.$$

记

$$S_1 = \sum_{n\leqslant x} \omega(n) = \sum_{n\leqslant x}\sum_{p\,|\,n} 1 = \sum_{p\leqslant x}\left\lfloor\frac{x}{p}\right\rfloor,$$

这是因为恰有 $\lfloor x/p \rfloor$ 个 $n \leqslant x$ 的值是 p 的倍数. 去掉下取整符号后, 根据定理 7 和定理 427 有

$$S_1 = \sum_{p\leqslant x} \frac{x}{p} + O\left\{\pi(x)\right\} = x\ln\ln x + B_1 x + o(x). \tag{22.10.3}$$

类似地有

$$S_2 = \sum_{n\leqslant x} \Omega(n) = \sum_{n\leqslant x}\sum_{p^m|n} 1 = \sum_{p^m\leqslant x}\left\lfloor\frac{x}{p^m}\right\rfloor, \tag{22.10.4}$$

所以

$$S_2 - S_1 = \sum{'}\lfloor x/p^m\rfloor,$$

其中 $\sum{'}$ 表示对所有满足 $p^m \leqslant x$ $(m \geqslant 2)$ 的 p 和 m 求和. 如果在最后一个和中去掉下取整符号, 根据定理 413 知, 所产生的误差小于

$$\sum{'}1 \leqslant \sum{'}\frac{\ln p}{\ln 2} = \frac{\psi(x) - \vartheta(x)}{\ln 2} = o(x).$$

所以

$$S_2 - S_1 = x\sum{'}p^{-m} + o(x).$$

级数

$$\sum_{m=2}^{\infty}\sum_p \frac{1}{p^m} = \sum_p \left(\frac{1}{p^2} + \frac{1}{p^3} + \cdots\right) = \sum \frac{1}{p(p-1)} = B_2 - B_1$$

是收敛的, 所以当 $x \to \infty$ 时

$$\sum{'}p^{-m} = B_2 - B_1 + o(1).$$

于是

$$S_2 - S_1 = (B_2 - B_1)x + o(x),$$

(22.10.2) 即由 (22.10.3) 推出.

22.11 $\boldsymbol{\omega(n)}$ 和 $\boldsymbol{\Omega(n)}$ 的正规阶

函数 $\omega(n)$ 和 $\Omega(n)$ 是不规则的, 但是有确定的 "平均阶" $\ln\ln n$. 另外有一个有趣的概念, 在这个概念下它们可以说成是 "在整体上" 有确定的阶. 粗略地说, 称 $f(n)$ 有**正规阶** (normal order) $F(n)$, 如果 $f(n)$ 对几乎所有的 n 值都近似于 $F(n)$. 更确切地说, 假设对于每个正数 ε 以及几乎所有 n 值都有

$$(1-\varepsilon)F(n) < f(n) < (1+\varepsilon)F(n). \qquad (22.11.1)$$

那么就说 $f(n)$ 的正规阶是 $F(n)$. 这里 "几乎所有" 的含义如 1.6 节和 9.9 节中定义. 可能会有 n 的一个例外的 "无限小的" 集合存在, 在这个集合中 (22.11.1) 不成立, 而这个例外的集合自然与 ε 有关.

一个函数有可能有平均阶, 但没有正规阶, 也可能出现相反的情形. 例如, 函数

$$f(n) = 0 \ (2 \mid n), \quad f(n) = 2 \ (2 \nmid n)$$

有平均阶 1, 但没有正规阶. 函数

$$f(n) = 2^m \ (n = 2^m), \quad f(n) = 1 \ (n \neq 2^m)$$

有正规阶 1, 但没有平均阶.

定理 431 $\omega(n)$ 和 $\Omega(n)$ 的正规阶是 $\ln\ln n$. 更确切地说, 对每个正数 δ, 不超过 x 且使

$$|f(n) - \ln\ln n| > (\ln\ln n)^{\frac{1}{2}+\delta} \qquad (22.11.2)$$

成立的 n 的个数是 $o(x)$, 其中 $f(n)$ 是 $\omega(n)$ 或者 $\Omega(n)$.

只要证明使得

$$|f(n) - \ln\ln x| > (\ln\ln x)^{\frac{1}{2}+\delta} \qquad (22.11.3)$$

成立的 n 的个数是 $o(x)$ 就够了, $\ln\ln n$ 和 $\ln\ln x$ 之间的区别是不重要的. 这是因为当 $x^{1/e} \leqslant n \leqslant x$ 时有 $\ln\ln x - 1 \leqslant \ln\ln n \leqslant \ln\ln x$, 所以实际上对 n 的所有这样的值, $\ln\ln n$ 就是 $\ln\ln x$, 而问题中 n 的其他值的个数是 $O\left(x^{1/e}\right) = o(x)$.

接下来, 只需要考虑 $f(n) = \omega(n)$ 的情形. 因为 $\Omega(n) \geqslant \omega(n)$, 由 (22.10.1) 以及 (22.10.2) 就有

$$\sum_{n \leqslant x} \{\Omega(n) - \omega(n)\} = O(x).$$

于是, $n \leqslant x$ 中满足

$$\Omega(n) - \omega(n) > (\ln\ln x)^{\frac{1}{2}}$$

的数的个数是

$$O\left(\frac{x}{(\ln\ln x)^{\frac{1}{2}}}\right) = o(x),$$

所以定理 431 的一种情形可以从另一种情形推出.

考虑 n 的不同的素因子对 p, q (即 $p \neq q$) 的个数, 数对 q, p 视为与 p, q 不同的数对. 有 $\omega(n)$ 个可能的 p 值, 对于其中的每一个值, 恰好有 $\omega(n) - 1$ 个可能的 q 的值. 于是

$$\omega(n)\left\{\omega(n) - 1\right\} = \sum_{\substack{pq \mid n \\ p \neq q}} 1 = \sum_{pq \mid n} 1 - \sum_{p^2 \mid n} 1.$$

对所有的 $n \leqslant x$ 求和, 就有

$$\sum_{n\leqslant x}\left\{\omega(n)\right\}^2 - \sum_{n\leqslant x}\omega(n) = \sum_{n\leqslant x}\left(\sum_{pq \mid n} 1 - \sum_{p^2 \mid n} 1\right) = \sum_{pq\leqslant x}\left\lfloor\frac{x}{pq}\right\rfloor - \sum_{p^2\leqslant x}\left\lfloor\frac{x}{p^2}\right\rfloor.$$

首先有

$$\sum_{p^2\leqslant x}\left\lfloor\frac{x}{p^2}\right\rfloor \leqslant \sum_{p^2\leqslant x}\frac{x}{p^2} \leqslant x\sum_{p}\frac{1}{p^2} = O(x),$$

这是由于这个级数是收敛的. 其次有

$$\sum_{pq\leqslant x}\left\lfloor\frac{x}{pq}\right\rfloor = x\sum_{pq\leqslant x}\frac{1}{pq} + O(x).$$

于是, 利用 (22.10.1) 就有

$$\sum_{n\leqslant x}\left\{\omega(n)\right\}^2 = x\sum_{pq\leqslant x}\frac{1}{pq} + O(x\ln\ln x). \tag{22.11.4}$$

现在有

$$\left(\sum_{p\leqslant\sqrt{x}}\frac{1}{p}\right)^2 \leqslant \sum_{pq\leqslant x}\frac{1}{pq} \leqslant \left(\sum_{p\leqslant x}\frac{1}{p}\right)^2, \tag{22.11.5}$$

这是因为, 如果 $pq \leqslant x$, 则有 $p < x$ 以及 $q < x$, 而如果 $p \leqslant \sqrt{x}$ 且 $q \leqslant \sqrt{x}$, 则有 $pq \leqslant x$. (22.11.5) 外侧的两项中的每一项都是

$$\left\{\ln\ln x + O(1)\right\}^2 = (\ln\ln x)^2 + O(\ln\ln x),$$

从而有

$$\sum_{n\leqslant x}\left\{\omega(n)\right\}^2 = x(\ln\ln x)^2 + O(x\ln\ln x). \tag{22.11.6}$$

由此并利用 (22.10.1) 和 (22.11.6) 就推出

$$\sum_{n \leqslant x} \{\omega(n) - \ln\ln x\}^2$$

$$= \sum_{n \leqslant x} \{\omega(n)\}^2 - 2\ln\ln x \sum_{n \leqslant x} \omega(n) + \lfloor x \rfloor (\ln\ln x)^2$$

$$= x(\ln\ln x)^2 + O(x\ln\ln x) - 2\ln\ln x \{x\ln\ln x + O(x)\} + \{x + O(1)\}(\ln\ln x)^2$$

$$= x(\ln\ln x)^2 - 2x(\ln\ln x)^2 + x(\ln\ln x)^2 + O(x\ln\ln x)$$

$$= O(x\ln\ln x).$$

$$(22.11.7)$$

如果在不超过 x 的数中有多于 ηx 个数满足 (22.11.3) [对于 $f(n) = \omega(n)$], 那么

$$\sum_{n \leqslant x} \{\omega(n) - \ln\ln x\}^2 \geqslant \eta x (\ln\ln x)^{1+2\delta},$$

对于充分大的 x, 这与 (22.11.7) 矛盾, 而且这对每个正的 η 皆为真. 因此, 满足 (22.11.3) 的 n 的个数是 $o(x)$, 这就证明了定理.

22.12　关于圆整数的一个注解

通常称一个数是 "圆整的", 如果它是比较多的相对较小的因子的乘积. 例如, $1200 = 2^4 \times 3 \times 5^2$ 肯定会被称为一个圆整数. 但像 $2187 = 3^7$ 这样的数的圆整性被十进制记数法掩盖了起来.

一个普遍注意到的事实是, 圆整数非常稀少. 这个事实可以由任何一个有分解数癖好的人来检验. 数, 就像大批出租车或者火车车厢的数量一样, 是以完全随机的方式出现在人们的注意范围内的. 定理 431 包含了这种现象的数学解释.

函数 $\omega(n)$ 和 $\Omega(n)$ 中的每一个都给出了 n 的 "圆整性" 的一个自然度量, 它们中每一个通常都大约是 $\ln\ln n$, 这是一个增长得非常缓慢的 n 的函数. 例如 $\ln\ln 10^7$ 的值要比 3 小一点点, 而 $\ln\ln 10^{80}$ 又比 5 要大一点点. 一个接近 10^7 的数 (因子表的极限) 通常大约会有 3 个素因子, 而一个接近 10^{80} 的数 (这个数接近于宇宙中质子的个数) 大约会有 5 个或者 6 个素因子. 一个像

$$6092\,087 = 37 \times 229 \times 719$$

这样的数在某个意义上讲是一个 "典型的" 数.

这些事实初看起来非常令人吃惊, 然而看似不合理的事实深藏不露. 真正令人吃惊的是大多数的数都有如此多的因子, 而不是它们都有如此少的因子. 定理 431 包含两个结论: $\omega(n)$ 通常不比 $\ln\ln n$ 大得太多; 而且也不比它小得太多. 正是这里的第二个结论更加深藏不露, 也更加难以证明. "$\omega(n)$ 通常不比 $\ln\ln n$ 大得太多" 这一结论可以不需要借助 (22.11.6) 而从定理 430 推导出来.[①]

---

① 粗略地说, 如果 $\chi(x)$ 有比 $\ln\ln x$ 更高的阶, 且 $\omega(n)$ 对于小于 x 的数中占一定比例的数都大于 $\chi(n)$, 那么 $\sum_{n \leqslant x} \omega(n)$ 就会大于 $x\chi(x)$ 的一个固定的倍数, 这与定理 430 矛盾.

22.13 $d(n)$ 的正规阶

如果 $n = p_1^{a_1} p_2^{a_2} \cdots p_r^{a_r}$, 那么

$$\omega(n) = r, \quad \Omega(n) = a_1 + a_2 + \cdots + a_r, \quad d(n) = (1+a_1)(1+a_2)\cdots(1+a_r).$$

又有 $2 \leqslant 1+a \leqslant 2^a$ 以及 $2^{\omega(n)} \leqslant d(n) \leqslant 2^{\Omega(n)}$. 于是, 根据定理 431 可知, $\ln d(n)$ 的正规阶是 $\ln 2 \ln \ln n$.

定理 432　如果 ε 是正数, 那么对几乎所有的数 n 都有

$$2^{(1-\varepsilon)\ln\ln n} < d(n) < 2^{(1+\varepsilon)\ln\ln n}. \tag{22.13.1}$$

于是 $d(n)$ "通常" 大约是 $2^{\ln\ln n} = (\ln n)^{\ln 2} = (\ln n)^{0.69\cdots}$. 我们不能肯定地说 "$d(n)$ 的正规阶是 $2^{\ln\ln n}$", 因为不等式 (22.13.1) 要比 (22.11.1) 的精确度差一些, 不过可以粗略地说 "$d(n)$ 的正规阶大约是 $2^{\ln\ln n}$".

应该注意到, 这个正规阶要大大小于它的平均阶 $\ln n$. 平均值

$$\frac{1}{n}\{d(1) + d(2) + \cdots + d(n)\}$$

并不是由那些 "正规的" n (对这些正规的 n 来说, $d(n)$ 取最通常的大小) 所控制的, 而是由较少的那一部分 n (其对应的 $d(n)$ 取值要远大于 $\ln n$) 所控制的.[①] $\omega(n)$ 和 $\Omega(n)$ 的不规则性还不够强, 不足以产生一个类似的效果.

22.14 Selberg 定理

我们将用下面三节来证明定理 6. 对于本章较前面的结果, 我们只用到定理 420 至定理 424 以及下面的事实

$$\psi(x) = O(x), \tag{22.14.1}$$

这个结论是定理 414 的一部分. 首先证明以下定理.

定理 433 (Selberg 定理)

$$\psi(x)\ln x + \sum_{n \leqslant x} \Lambda(n)\psi\left(\frac{x}{n}\right) = 2x\ln x + O(x), \tag{22.14.2}$$

$$\sum_{n \leqslant x} \Lambda(n)\ln n + \sum_{mn \leqslant x} \Lambda(m)\Lambda(n) = 2x\ln x + O(x). \tag{22.14.3}$$

容易看出 (22.14.2) 和 (22.14.3) 是等价的. 因为

---

① 见 18.1 节和 18.2 节末尾处的说明.

$$\sum_{n\leqslant x}\Lambda(n)\psi\left(\frac{x}{n}\right)=\sum_{n\leqslant x}\Lambda(n)\sum_{m\leqslant x/n}\Lambda(m)=\sum_{mn\leqslant x}\Lambda(m)\Lambda(n),$$

而且, 如果在 (22.5.2) 中取 $c_n=\Lambda(n)$ 以及 $f(t)=\ln t$, 根据 (22.14.1) 就有

$$\sum_{n\leqslant x}\Lambda(n)\ln n=\psi(x)\ln x-\int_2^x\frac{\psi(t)}{t}\mathrm{d}t=\psi(x)\ln x+O(x). \tag{22.14.4}$$

为证明 (22.14.3), 我们需要使用在 16.3 节中定义的 Möbius 函数 $\mu(n)$. 根据定理 263、定理 296 以及定理 298, 得

$$\sum_{d\,|\,n}\mu(d)=1\ (n=1),\quad \sum_{d\,|\,n}\mu(d)=0\ (n>1), \tag{22.14.5}$$

$$\Lambda(n)=-\sum_{d\,|\,n}\mu(d)\ln d,\quad \ln n=\sum_{d\,|\,n}\Lambda(d). \tag{22.14.6}$$

因此

$$\begin{aligned}\sum_{h\,|\,n}\Lambda(h)\Lambda\left(\frac{n}{h}\right)&=-\sum_{h\,|\,n}\Lambda(h)\sum_{d\,|\,\frac{n}{h}}\mu(d)\ln d\\ &=-\sum_{d\,|\,n}\mu(d)\ln d\sum_{h\,|\,\frac{n}{d}}\Lambda(h)=-\sum_{d\,|\,n}\mu(d)\ln d\ln\left(\frac{n}{d}\right).\\ &=\Lambda(n)\ln n+\sum_{d\,|\,n}\mu(d)\ln^2 d\end{aligned} \tag{22.14.7}$$

根据 (22.14.5) 有

$$\sum_{d\,|\,1}\mu(d)\ln^2\left(\frac{x}{d}\right)=\ln^2 x,$$

但是, 对 $n>1$, 根据 (22.14.6) 和 (22.14.7) 有

$$\begin{aligned}\sum_{d\,|\,n}\mu(d)\ln^2\left(\frac{x}{d}\right)&=\sum_{d\,|\,n}\mu(d)\left(\ln^2 d-2\ln x\ln d\right)\\ &=2\Lambda(n)\ln x-\Lambda(n)\ln n+\sum_{hk=n}\Lambda(h)\Lambda(k).\end{aligned}$$

于是, 如果记

$$S(x)=\sum_{n\leqslant x}\sum_{d\,|\,n}\mu(d)\ln^2\left(\frac{x}{d}\right),$$

则根据 (22.14.4) 就有

$$\begin{aligned}S(x)&=\ln^2 x+2\psi(x)\ln x-\sum_{n\leqslant x}\Lambda(n)\ln n+\sum_{hk\leqslant x}\Lambda(h)\Lambda(k)\\ &=\sum_{n\leqslant x}\Lambda(n)\ln n+\sum_{mn\leqslant x}\Lambda(m)\Lambda(n)+O(x).\end{aligned}$$

为了完成 (22.14.3) 的证明, 只需要证明

$$S(x) = 2x \ln x + O(x). \tag{22.14.8}$$

根据 (22.14.5) 有

$$S(x) - \gamma^2 = \sum_{n \leqslant x} \sum_{d \mid n} \mu(d) \left\{ \ln^2 \left(\frac{x}{d} \right) - \gamma^2 \right\}$$

$$= \sum_{d \leqslant x} \mu(d) \left\lfloor \frac{x}{d} \right\rfloor \left\{ \ln^2 \left(\frac{x}{d} \right) - \gamma^2 \right\},$$

这是因为满足 $n \leqslant x$ 且 $d \mid n$ 的数 n 的个数是 $\lfloor x/d \rfloor$. 如果去掉下取整符号, 根据定理 423 可知, 所产生的误差小于

$$\sum_{d \leqslant x} \left\{ \ln^2 \left(\frac{x}{d} \right) + \gamma^2 \right\} = O(x).$$

从而有

$$S(x) = x \sum_{d \leqslant x} \frac{\mu(d)}{d} \left\{ \ln^2 \left(\frac{x}{d} \right) - \gamma^2 \right\} + O(x). \tag{22.14.9}$$

现在根据定理 422 有

$$\sum_{d \leqslant x} \frac{\mu(d)}{d} \left\{ \ln^2 \left(\frac{x}{d} \right) - \gamma^2 \right\}$$

$$= \sum_{d \leqslant x} \frac{\mu(d)}{d} \left\{ \ln \left(\frac{x}{d} \right) - \gamma \right\} \left\{ \sum_{k \leqslant x/d} \frac{1}{k} + O \left(\frac{d}{x} \right) \right\}. \tag{22.14.10}$$

根据定理 423, 各个误差项之和至多为

$$\sum_{d \leqslant x} \frac{1}{d} \left\{ \ln \left(\frac{x}{d} \right) + \gamma \right\} O \left(\frac{d}{x} \right) = O \left(\frac{1}{x} \right) \sum_{d \leqslant x} \ln \left(\frac{x}{d} \right) + O(1) = O(1). \tag{22.14.11}$$

又根据 (22.14.5) (22.14.6) 以及定理 424 有

$$\sum_{d \leqslant x} \frac{\mu(d)}{d} \left\{ \ln \left(\frac{x}{d} \right) - \gamma \right\} \sum_{k \leqslant x/d} \frac{1}{k}$$

$$= \sum_{dk \leqslant x} \frac{\mu(d)}{dk} \left\{ \ln \left(\frac{x}{d} \right) - \gamma \right\} = \sum_{n \leqslant x} \frac{1}{n} \sum_{d \mid n} \mu(d) \left\{ \ln \left(\frac{x}{d} \right) - \gamma \right\} \tag{22.14.12}$$

$$= \ln x - \gamma + \sum_{2 \leqslant n \leqslant x} \frac{\Lambda(n)}{n} = 2 \ln x + O(1).$$

将 (22.14.9) 至 (22.14.12) 组合起来, 就得到 (22.14.8).

22.15 函数 $R(x)$ 和 $V(\xi)$

根据定理 420, 素数定理 (定理 6) 等价于以下定理.

定理 434 $\psi(x) \sim x$.

这是我们要证明的最后一个定理. 如果在 (22.14.2) 中令

$$\psi(x) = x + R(x),$$

并且利用定理 424, 就得到

$$R(x)\ln x + \sum_{n \leqslant x} \Lambda(n) R\left(\frac{x}{n}\right) = O(x). \tag{22.15.1}$$

我们的目标是要证明 $R(x) = o(x)$.[①]

如果在 (22.15.1) 中用 m 代替 n, 用 x/n 代替 x, 就有

$$R\left(\frac{x}{n}\right)\ln\left(\frac{x}{n}\right) + \sum_{m \leqslant x/n} \Lambda(m) R\left(\frac{x}{mn}\right) = O\left(\frac{x}{n}\right).$$

于是

$$\ln x \left\{ R(x)\ln x + \sum_{n \leqslant x} \Lambda(n) R\left(\frac{x}{n}\right) \right\}$$

$$- \sum_{n \leqslant x} \Lambda(n) \left\{ R\left(\frac{x}{n}\right)\ln\left(\frac{x}{n}\right) + \sum_{m \leqslant x/n} \Lambda(m) R\left(\frac{x}{mn}\right) \right\}$$

$$= O(x\ln x) + O\left(x \sum_{n \leqslant x} \frac{\Lambda(n)}{n} \right) = O(x\ln x),$$

这就是

$$R(x)\ln^2 x = -\sum_{n \leqslant x} \Lambda(n) R\left(\frac{x}{n}\right)\ln n + \sum_{mn \leqslant x} \Lambda(m)\Lambda(n) R\left(\frac{x}{mn}\right) + O(x\ln x),$$

由此得到

$$|R(x)|\ln^2 x \leqslant \sum_{n \leqslant x} a_n \left| R\left(\frac{x}{n}\right) \right| + O(x\ln x), \tag{22.15.2}$$

其中

$$a_n = \Lambda(n)\ln n + \sum_{hk=n} \Lambda(h)\Lambda(k),$$

根据 (22.14.3) 有

$$\sum_{n \leqslant x} a_n = 2x\ln x + O(x).$$

现在用一个积分代替 (22.15.2) 右边的和. 为此要证明

$$\sum_{n \leqslant x} a_n \left| R\left(\frac{x}{n}\right) \right| = 2\int_1^x \left| R\left(\frac{x}{t}\right) \right| \ln t\, \mathrm{d}t + O(x\ln x). \tag{22.15.3}$$

[①] 当然, 如果对所有 x 都有 $R(x) \geqslant 0$ [或者对所有 x 都有 $R(x) \leqslant 0$], 这个结果的推导是显而易见的. 事实上, 我们还可以得到更多一些, 也即可以推出 $R(x) = O(x/\ln x)$. 但是正如我们在目前讨论的这个阶段所知道的那样, 有可能 $R(x)$ 通常的阶是 x, 但是它的正值与负值的分布使得 (22.15.1) 的左边那个取遍 n 的和式与第一项有相反的符号, 从而大大将其抵消.

注意到, 如果 $t > t' \geqslant 0$, 则有

$$||R(t)| - |R(t')|| \leqslant |R(t) - R(t')| = |\psi(t) - \psi(t') - t + t'|$$
$$\leqslant \psi(t) - \psi(t') + t - t' = F(t) - F(t'),$$

其中 $F(t) = \psi(t) + t = O(t)$, 且 $F(t)$ 是 t 的递增函数. 还有

$$\sum_{n \leqslant x-1} n \left\{ F\left(\frac{x}{n}\right) - F\left(\frac{x}{n+1}\right) \right\} = \sum_{n \leqslant x} F\left(\frac{x}{n}\right) - \lfloor x \rfloor F\left(\frac{x}{\lfloor x \rfloor}\right)$$
$$= O\left(x \sum_{n \leqslant x} \frac{1}{n}\right) = O(x \ln x). \tag{22.15.4}$$

我们分两步来证明 (22.15.3). 首先, 如果在 (22.5.1) 中取

$$c_1 = 0, \quad c_n = a_n - 2 \int_{n-1}^{n} \ln t \, dt, \quad f(n) = \left| R\left(\frac{x}{n}\right) \right|,$$

那么就有

$$C(x) = \sum_{n \leqslant x} a_n - 2 \int_{1}^{\lfloor x \rfloor} \ln t \, dt = O(x),$$

根据 (22.15.4) 有

$$\sum_{n \leqslant x} a_n \left| R\left(\frac{x}{n}\right) \right| - 2 \sum_{2 \leqslant n \leqslant x} \left| R\left(\frac{x}{n}\right) \right| \int_{n-1}^{n} \ln t \, dt$$
$$= \sum_{n \leqslant x-1} C(n) \left\{ \left| R\left(\frac{x}{n}\right) \right| - \left| R\left(\frac{x}{n+1}\right) \right| \right\} + C(x) R\left(\frac{x}{\lfloor x \rfloor}\right)$$
$$= O\left(\sum_{n \leqslant x-1} n \left\{ F\left(\frac{x}{n}\right) - F\left(\frac{x}{n+1}\right) \right\} \right) + O(x) = O(x \ln x). \tag{22.15.5}$$

其次,

$$\left| \left| R\left(\frac{x}{n}\right) \right| \int_{n-1}^{n} \ln t \, dt - \int_{n-1}^{n} \left| R\left(\frac{x}{t}\right) \right| \ln t \, dt \right|$$
$$\leqslant \int_{n-1}^{n} \left| \left| R\left(\frac{x}{n}\right) \right| - \left| R\left(\frac{x}{t}\right) \right| \right| \ln t \, dt$$
$$\leqslant \int_{n-1}^{n} \left\{ F\left(\frac{x}{t}\right) - F\left(\frac{x}{n}\right) \right\} \ln t \, dt \leqslant (n-1) \left\{ F\left(\frac{x}{n-1}\right) - F\left(\frac{x}{n}\right) \right\}.$$

从而有

$$\sum_{2 \leqslant n \leqslant x} \left| R\left(\frac{x}{n}\right) \right| \int_{n-1}^{n} \ln t \mathrm{d}t - \int_{1}^{x} \left| R\left(\frac{x}{t}\right) \right| \ln t \mathrm{d}t$$

$$= O\left(\sum_{n \leqslant x-1} n \left\{ F\left(\frac{x}{n}\right) - F\left(\frac{x}{n+1}\right) \right\} \right) + O(x \ln x) = O(x \ln x).$$

$$(22.15.6)$$

将 (22.15.5) 和 (22.15.6) 组合起来就得到 (22.15.3).

将 (22.15.3) 用到 (22.15.2) 之中, 得

$$|R(x)| \ln^2 x \leqslant 2 \int_{1}^{x} \left| R\left(\frac{x}{t}\right) \right| \ln t \mathrm{d}t + O(x \ln x). \qquad (22.15.7)$$

现在可以将这个不等式的意义说得稍微明白一点, 引进一个新的函数

$$V(\xi) = \mathrm{e}^{-\xi} R\left(\mathrm{e}^{\xi}\right) = \mathrm{e}^{-\xi} \psi\left(\mathrm{e}^{\xi}\right) - 1 = \mathrm{e}^{-\xi} \left\{ \sum_{n \leqslant \mathrm{e}^{\xi}} \Lambda(n) \right\} - 1. \qquad (22.15.8)$$

记 $x = \mathrm{e}^{\xi}$ 以及 $t = x\mathrm{e}^{-\eta}$, 通过交换积分次序有

$$\int_{1}^{x} \left| R\left(\frac{x}{t}\right) \right| \ln t \mathrm{d}t = x \int_{0}^{\xi} |V(\eta)| (\xi - \eta) \mathrm{d}\eta = x \int_{0}^{\xi} |V(\eta)| \int_{\eta}^{\xi} \mathrm{d}\zeta \mathrm{d}\eta$$

$$= x \int_{0}^{\xi} \int_{0}^{\zeta} |V(\eta)| \mathrm{d}\eta \mathrm{d}\zeta.$$

(22.15.7) 变成

$$\xi^2 |V(\xi)| \leqslant 2 \int_{0}^{\xi} \int_{0}^{\zeta} |V(\eta)| \mathrm{d}\eta \mathrm{d}\zeta + O(\xi). \qquad (22.15.9)$$

由于 $\psi(x) = O(x)$, 由 (22.15.8) 得出, 当 $\xi \to \infty$ 时 $V(\xi)$ 是有界的. 因此可以记

$$\alpha = \overline{\lim_{\xi \to \infty}} |V(\xi)|, \quad \beta = \overline{\lim} \frac{1}{\xi} \int_{0}^{\xi} |V(\eta)| \mathrm{d}\eta,$$

这是由于这两个上极限都存在. 显然有

$$|V(\xi)| \leqslant \alpha + o(1) \qquad (22.15.10)$$

以及

$$\int_{0}^{\xi} |V(\eta)| \mathrm{d}\eta \leqslant \beta \xi + o(\xi).$$

将它用到 (22.15.9) 中, 得

$$\xi^2 |V(\xi)| \leqslant 2 \int_{0}^{\xi} \{ \beta \zeta + o(\zeta) \} \mathrm{d}\zeta + O(\xi) = \beta \xi^2 + o\left(\xi^2\right),$$

所以有 $|V(\xi)| \leqslant \beta + o(1)$. 因此

$$\alpha \leqslant \beta. \qquad (22.15.11)$$

22.16　完成定理 434、定理 6 和定理 8 的证明

根据 (22.15.8), 定理 434 等价于命题: 当 $\xi \to \infty$ 时 $V(\xi) \to 0$, 这也就是等价于 $\alpha = 0$. 现在假设 $\alpha > 0$, 并来证明, 此时有 $\beta < \alpha$, 这与 (22.15.11) 矛盾. 我们还需要两个引理.

定理 435　存在一个固定的正数 A_1, 使得对任意正数 ξ_1, ξ_2 都有

$$\left| \int_{\xi_1}^{\xi_2} V(\eta)\mathrm{d}\eta \right| < A_1.$$

如果取 $x = \mathrm{e}^\xi, t = \mathrm{e}^\eta$, 根据 (22.6.1) 有

$$\int_0^\xi V(\eta)\mathrm{d}\eta = \int_1^x \left\{ \frac{\psi(t)}{t^2} - \frac{1}{t} \right\} \mathrm{d}t = O(1).$$

因此

$$\int_{\xi_1}^{\xi_2} V(\eta)\mathrm{d}\eta = \int_0^{\xi_2} V(\eta)\mathrm{d}\eta - \int_0^{\xi_1} V(\eta)\mathrm{d}\eta = O(1),$$

这就是定理 435.

定理 436　如果 $\eta_0 > 0$ 且 $V(\eta_0) = 0$, 那么

$$\int_0^\alpha |V(\eta_0 + \tau)|\, \mathrm{d}\tau \leqslant \frac{1}{2}\alpha^2 + O\left(\eta_0^{-1}\right).$$

可以将 (22.14.2) 写成形式

$$\psi(x)\ln x + \sum_{mn \leqslant x} \Lambda(m)\Lambda(n) = 2x\ln x + O(x).$$

如果 $x > x_0 \geqslant 1$, 则同样的结果成立 (用 x_0 代替 x). 相减即得

$$\psi(x)\ln x - \psi(x_0)\ln x_0 + \sum_{x_0 < mn \leqslant x} \Lambda(m)\Lambda(n) = 2(x\ln x - x_0\ln x_0) + O(x).$$

由于 $\Lambda(n) \geqslant 0$, 所以

$$0 \leqslant \psi(x)\ln x - \psi(x_0)\ln x_0 \leqslant 2(x\ln x - x_0\ln x_0) + O(x),$$

由此推出

$$|R(x)\ln x - R(x_0)\ln x_0| \leqslant x\ln x - x_0\ln x_0 + O(x).$$

取 $x = \mathrm{e}^{\eta_0 + \tau}, x_0 = \mathrm{e}^{\eta_0}$, 所以 $R(x_0) = 0$. 由于 $0 \leqslant \tau \leqslant \alpha$, 有

$$|V(\eta_0 + \tau)| \leqslant 1 - \left(\frac{\eta_0}{\eta_0 + \tau} \right) \mathrm{e}^{-\tau} + O\left(\frac{1}{\eta_0} \right)$$

$$= 1 - \mathrm{e}^{-\tau} + O(1/\eta_0) \leqslant \tau + O(1/\eta_0),$$

所以

$$\int_0^\alpha |V(\eta_0 + \tau)|\, \mathrm{d}\tau \leqslant \int_0^\alpha \tau \mathrm{d}\tau + O\left(\frac{1}{\eta_0}\right) = \frac{1}{2}\alpha^2 + O\left(\frac{1}{\eta_0}\right).$$

现在记 $\delta = \dfrac{3\alpha^2 + 4A_1}{2\alpha} > \alpha$, 取 ζ 是任意一个正数, 考虑 $V(\eta)$ 在区间 $\zeta \leqslant \eta \leqslant \zeta + \delta - \alpha$ 中的性状. 根据 (22.15.8) 可知, 除了在不连续点之外, 当 η 增加时 $V(\eta)$ 递减, 而在不连续点处 $V(\eta)$ 递增. 这样一来, 在我们的区间中, 要么对某个 η_0 有 $V(\eta_0) = 0$, 要么 $V(\eta)$ 至多改变一次符号. 在第一种情形, 利用 (22.15.10) 和定理 436, 对于大的 ζ 有

$$\int_\zeta^{\zeta+\delta} |V(\eta)|\, \mathrm{d}\eta = \int_\zeta^{\eta_0} + \int_{\eta_0}^{\eta_0+\alpha} + \int_{\eta_0+\alpha}^{\zeta+\delta} |V(\eta)|\, \mathrm{d}\eta$$

$$\leqslant \alpha(\eta_0 - \zeta) + \frac{1}{2}\alpha^2 + \alpha(\zeta + \delta - \eta_0 - \alpha) + o(1)$$

$$= \alpha\left(\delta - \frac{1}{2}\alpha\right) + o(1) = \alpha'\delta + o(1),$$

其中 $\alpha' = \alpha\left(1 - \dfrac{\alpha}{2\delta}\right) < \alpha$.

在第二种情形, 如果 $V(\eta)$ 仅在区间 $\zeta \leqslant \eta \leqslant \zeta + \delta - \alpha$ 中的点 $\eta = \eta_1$ 处恰好改变符号一次, 就有

$$\int_\zeta^{\zeta+\delta-\alpha} |V(\eta)|\mathrm{d}\eta = \left|\int_\zeta^{\eta_1} V(\eta)\mathrm{d}\eta\right| + \left|\int_{\eta_1}^{\zeta+\delta-\alpha} V(\eta)\mathrm{d}\eta\right| < 2A_1,$$

然而, 如果 $V(\eta)$ 在该区间中根本就不改变符号, 根据定理 435 有

$$\int_\zeta^{\zeta+\delta-\alpha} |V(\eta)|\mathrm{d}\eta = \left|\int_\zeta^{\zeta+\delta-\alpha} V(\eta)\mathrm{d}\eta\right| < A_1.$$

从而

$$\int_\zeta^{\zeta+\delta} |V(\eta)|\, \mathrm{d}\eta = \int_\zeta^{\zeta+\delta-\alpha} + \int_{\zeta+\delta-\alpha}^{\zeta+\delta} |V(\eta)|\, \mathrm{d}\eta < 2A_1 + \alpha^2 + o(1) = \alpha''\delta + o(1),$$

其中

$$\alpha'' = \frac{2A_1 + \alpha^2}{\delta} = \alpha\left(\frac{4A_1 + 2\alpha^2}{4A_1 + 3\alpha^2}\right) = \alpha\left(1 - \frac{\alpha}{2\delta}\right) = \alpha'.$$

因此总有

$$\int_\zeta^{\zeta+\delta} |V(\eta)|\, \mathrm{d}\eta \leqslant \alpha'\delta + o(1),$$

其中, 当 $\zeta \to \infty$ 时 $o(1) \to 0$. 如果 $M = \lfloor \xi/\delta \rfloor$, 则有

$$\int_0^\xi |V(\eta)|\, \mathrm{d}\eta = \sum_{m=0}^{M-1} \int_{m\delta}^{(m+1)\delta} |V(\eta)|\, \mathrm{d}\eta + \int_{M\delta}^\xi |V(\eta)|\, \mathrm{d}\eta$$

$$\leqslant \alpha'M\delta + o(M) + O(1) = \alpha'\xi + o(\xi).$$

从而有

$$\beta = \overline{\lim} \frac{1}{\xi} \int_0^{\xi} |V(\eta)| \,\mathrm{d}\eta \leqslant \alpha' < \alpha,$$

这与 (22.15.11) 矛盾. 从而推出 $\alpha = 0$, 从而得到定理 434 和定理 6. 如同我们在 1.7 节中看到的那样, 定理 8 可以很简单地从定理 6 得出.

22.17　定理 335 的证明

定理 335 是定理 434 的一个简单推论. 根据定理 423 有

$$\sum_{n \leqslant x} \mu(n) \ln \left(\frac{x}{n} \right) = O(x),$$

因此

$$M(x) \ln x = \sum_{n \leqslant x} \mu(n) \ln n + O(x).$$

根据定理 297, 利用 22.15 节中的记号, 就有

$$\begin{aligned} -\sum_{n \leqslant x} \mu(n) \ln n &= \sum_{n \leqslant x} \sum_{d \mid n} \mu\left(\frac{n}{d}\right) \Lambda(d) = \sum_{dk \leqslant x} \mu(k) \Lambda(d) \\ &= \sum_{k \leqslant x} \mu(k) \psi\left(\frac{x}{k}\right) = \sum_{k \leqslant x} \mu(k) \psi\left(\left\lfloor \frac{x}{k} \right\rfloor\right) \\ &= \sum_{k \leqslant x} \mu(k) \left\lfloor \frac{x}{k} \right\rfloor + \sum_{k \leqslant x} \mu(k) R\left(\left\lfloor \frac{x}{k} \right\rfloor\right) = S_3 + S_4, \end{aligned}$$

最后一步是我们的定义. 现在由 (22.14.5) 有

$$S_3 = \sum_{k \leqslant x} \mu(k) \left\lfloor \frac{x}{k} \right\rfloor = \sum_{n \leqslant x} \sum_{k \mid n} \mu(k) = 1.$$

根据定理 434, $R(x) = o(x)$. 这就是说, 对任何 $\varepsilon > 0$, 存在一个整数 $N = N(\varepsilon)$, 使得对所有 $x \geqslant N$ 都有 $|R(x)| < \varepsilon x$. 又根据定理 414, 对于所有 $x \geqslant 1$ 有 $|R(x)| < Ax$. 从而

$$\begin{aligned} |S_4| &\leqslant \sum_{k \leqslant x} \left| R\left(\left\lfloor \frac{x}{k} \right\rfloor\right) \right| \leqslant \sum_{k \leqslant x/N} \varepsilon \left\lfloor \frac{x}{k} \right\rfloor + \sum_{x/N < k \leqslant x} A \left[\frac{x}{k} \right] \\ &\leqslant \varepsilon x \ln(x/N) + Ax \{\ln x - \ln(x/N)\} + O(x) \\ &= \varepsilon x \ln x + O(x). \end{aligned}$$

由于 ε 是任意的, 得到 $S_4 = o(x \ln x)$, 所以

$$-M(x) \ln x = S_3 + S_4 + O(x) = o(x \ln x),$$

由此即推出定理 335.

22.18 k 个素因子的乘积

设 $k \geqslant 1$, 考虑一个恰好是 k 个素因子乘积的正整数 n, 也即

$$n = p_1 p_2 \cdots p_k. \tag{22.18.1}$$

按照 22.10 节中的记号, $\Omega(n) = k$. 用 $\tau_k(x)$ 表示在 $n \leqslant x$ 中满足此条件的数的个数. 如果附加 (22.18.1) 中所有的 p 均不相同这一限制条件, 那么 n 是无平方因子数, 且有 $\omega(n) = \Omega(n) = k$. 用 $\pi_k(x)$ 表示在 $n \leqslant x$ 中满足条件的 (无平方因子) 数的个数. 我们要来证明以下定理.

定理 437 $\pi_k(x) \sim \tau_k(x) \sim \dfrac{x \left(\ln \ln x\right)^{k-1}}{(k-1)! \ln x}$ $(k \geqslant 2)$.

如果像通常那样取 $0! = 1$ 的话, 那么, 对 $k = 1$, 这个结果就转化为定理 6.

为了证明定理 437, 引进三个辅助函数, 也就是

$$L_k(x) = \sum \frac{1}{p_1 p_2 \cdots p_k}, \quad \prod_k (x) = \sum 1, \quad \vartheta_k(x) = \sum \ln \left(p_1 p_2 \cdots p_k\right),$$

其中每一个函数里的求和都取遍满足 $p_1 p_2 \cdots p_k \leqslant x$ 的所有素数组 $p_1, p_2, \cdots, p_k$, 两个素数组即便仅仅是其中素数 p 的次序不同, 也仍然被看作不同的素数组. 如果用 c_n 来记 n 可以表示成 (22.18.1) 这种形式的表示方法个数, 则有

$$\prod_k (x) = \sum_{n \leqslant x} c_n, \quad \vartheta_k(x) = \sum_{n \leqslant x} c_n \ln n.$$

如果 (22.18.1) 中所有的 p 都是不同的, 则 $c_n = k!$, 而在任何情形均有 $c_n \leqslant k!$. 如果 n 不是 (22.18.1) 这种形式, 则有 $c_n = 0$. 于是

$$k!\pi_k(x) \leqslant \prod_k (x) \leqslant k!\tau_k(x) \quad (k \geqslant 1). \tag{22.18.2}$$

对于 $k \geqslant 2$, 再次考虑有 (22.18.1) 这种形式且其中至少有两个素数 p 相等的情形. 这种 $n \leqslant x$ 的个数是 $\tau_k(x) - \pi_k(x)$. 每一个这样的 n 都能表示成 (22.18.1) 的形式, 这里有 $p_{k-1} = p_k$, 所以

$$\tau_k(x) - \pi_k(x) \leqslant \sum_{p_1 p_2 \cdots p_{k-1}^2 \leqslant x} 1 \leqslant \sum_{p_1 p_2 \cdots p_{k-1} \leqslant x} 1 = \prod_{k-1} (x) \quad (k \geqslant 2). \tag{22.18.3}$$

下面将要证明

$$\vartheta_k(x) \sim kx \left(\ln \ln x\right)^{k-1} \quad (k \geqslant 2). \tag{22.18.4}$$

根据 (22.5.2) (取 $f(t) = \ln t$), 有

$$\vartheta_k(x) = \prod_k (x) \ln x - \int_2^x \frac{\Pi_k(t)}{t} \mathrm{d}t.$$

现在有 $\tau_k(x) \leqslant x$, 根据 (22.18.2) 有 $\prod\limits_k(t) = O(t)$ 以及

$$\int_2^x \frac{\Pi_k(t)}{t}\mathrm{d}t = O(x).$$

从而由 (22.18.4) 知, 对 $k \geqslant 2$ 有

$$\prod_k(x) = \frac{\vartheta_k(x)}{\ln x} + O\left(\frac{x}{\ln x}\right) \sim \frac{kx\,(\ln\ln x)^{k-1}}{\ln x}. \tag{22.18.5}$$

但是根据定理 6 可知, 这对 $k = 1$ 也为真, 因为 $\prod\limits_1(x) = \pi(x)$. 在 (22.18.2) 和 (22.18.3) 中利用 (22.18.5) 就可立即得出定理 437.

现在需要证明 (22.18.4). 对所有 $k \geqslant 1$ 有

$$\begin{aligned}
k\vartheta_{k+1}(x) &= \sum_{p_1\cdots p_{k+1}\leqslant x} \{\ln(p_2 p_3 \cdots p_{k+1}) + \ln(p_1 p_3 p_4 \cdots p_{k+1}) \\
&\quad + \cdots + \ln(p_1 p_2 \cdots p_k)\} \\
&= (k+1) \sum_{p_1\cdots p_{k+1}\leqslant x} \ln(p_2 p_3 \cdots p_{k+1}) = (k+1) \sum_{p_1\leqslant x} \vartheta_k\left(\frac{x}{p_1}\right),
\end{aligned}$$

如果取 $L_0(x) = 1$, 则有

$$L_k(x) = \sum_{p_1\cdots p_k\leqslant x} \frac{1}{p_1\cdots p_k} = \sum_{p_1\leqslant x} \frac{1}{p_1} L_{k-1}\left(\frac{x}{p_1}\right).$$

因此, 如果记 $f_k(x) = \vartheta_k(x) - kxL_{k-1}(x)$, 就有

$$kf_{k+1}(x) = (k+1) \sum_{p\leqslant x} f_k\left(\frac{x}{p}\right). \tag{22.18.6}$$

利用它并用归纳法来证明

$$f_k(x) = o\left\{x\,(\ln\ln x)^{k-1}\right\} \quad (k \geqslant 1). \tag{22.18.7}$$

根据定理 6 和定理 420 有

$$f_1(x) = \vartheta_1(x) - x = \vartheta(x) - x = o(x),$$

所以 (22.18.7) 对 $k = 1$ 成立. 现在假设 (22.18.7) 对 $k = K \geqslant 1$ 为真, 因此对任何 $\varepsilon > 0$, 存在一个 $x_0 = x_0(K, \varepsilon)$, 使得对所有 $x \geqslant x_0$ 皆有

$$|f_K(x)| < \varepsilon x\,(\ln\ln x)^{K-1}.$$

由 $f_K(x)$ 的定义可以看出, 对 $1 \leqslant x < x_0$ 有 $|f_K(x)| < D$, 其中 D 只与 K 和 ε 有关. 从而对足够大的 x, 由定理 427 有

$$\sum_{p\leqslant x/x_0} \left|f_K\left(\frac{x}{p}\right)\right| < \varepsilon\,(\ln\ln x)^{K-1} \sum_{p\leqslant x/x_0} \frac{x}{p} < 2\varepsilon x\,(\ln\ln x)^K.$$

我们又有

$$\sum_{x/x_0 < p \leqslant x} \left| f_K\left(\frac{x}{p}\right) \right| < D\pi(x) < Dx.$$

由于 $K + 1 \leqslant 2K$, 根据 (22.18.6) 知, 对于 $x > x_1 = x_1(\varepsilon, D, K) = x_1(\varepsilon, K)$ 有

$$|f_{K+1}(x)| < 2x \left\{ 2\varepsilon (\ln\ln x)^K + D \right\} < 5\varepsilon x (\ln\ln x)^K.$$

由于 ε 是任意的, 这就蕴涵对 $k = K + 1$ 也有 (22.18.7) 成立, 所以根据归纳法可知, 结论对所有 $k \geqslant 1$ 都成立.

根据 (22.18.7), 可以通过证明

$$L_k(x) \sim (\ln\ln x)^k \quad (k \geqslant 1) \tag{22.18.8}$$

来完成 (22.18.4) 的证明.

在 (22.18.1) 中, 如果每个 $p_i \leqslant x^{1/k}$, 那么 $n \leqslant x$, 反过来, 如果 $n \leqslant x$, 那么对每个 i 都有 $p_i \leqslant x$. 于是

$$\left(\sum_{p \leqslant x^{1/k}} \frac{1}{p} \right)^k \leqslant L_k(x) \leqslant \left(\sum_{p \leqslant x} \frac{1}{p} \right)^k.$$

但是, 根据定理 427 有

$$\sum_{p \leqslant x} \frac{1}{p} \sim \ln\ln x, \quad \sum_{p \leqslant x^{1/k}} \frac{1}{p} \sim \ln\left(\frac{\ln x}{k}\right) \sim \ln\ln x,$$

从而立即得出 (22.18.8).

22.19　区间中的素数

假设 $\varepsilon > 0$, 那么就有

$$\pi(x+\varepsilon x) - \pi(x) = \frac{x + \varepsilon x}{\ln x + \ln(1 + \varepsilon)} - \frac{x}{\ln x} + o\left(\frac{x}{\ln x}\right) = \frac{\varepsilon x}{\ln x} + o\left(\frac{x}{\ln x}\right). \tag{22.19.1}$$

只要 $x > x_0(\varepsilon)$, 最后一个表达式是正的. 于是, 总存在一个素数 p, 当 $x > x_0(\varepsilon)$ 时它满足

$$x < p < (1 + \varepsilon)x. \tag{22.19.2}$$

可以将这个结果与定理 418 对照. 后者与 (22.19.2) 当 $\varepsilon = 1$ 时的情形对应, 不过它对所有 $x \geqslant 1$ 都成立.

如果在 (22.19.1) 中取 $\varepsilon = 1$, 就有

$$\pi(2x) - \pi(x) = \frac{x}{\ln x} + o\left(\frac{x}{\ln x}\right) \sim \pi(x). \tag{22.19.3}$$

这样一来, 作为一个初步的近似, 位于 x 和 $2x$ 之间的素数个数与小于 x 的素数个数一样多. 初看起来这是令人吃惊的, 因为我们知道当 x 增加时接近 x 的素数会变得稀薄起来 (在某种含糊的意义上). 事实上, 当 $x \to \infty$ 时有 $\pi(2x) - 2\pi(x) \to -\infty$ (尽管这里不能证明这个结论), 然而这与 (22.19.3) 是不相容的, 因为 (22.19.3) 等价于

$$\pi(2x) - 2\pi(x) = o\left\{\pi(x)\right\}.$$

22.20 关于素数对 $p, p{+}2$ 的分布的一个猜想

尽管如 1.4 节中所述, 还不知道是否有无穷多个素数对 $p, p+2$ 存在, 但是有一种论证方法使得下面的结果看起来是合理的:

$$P_2(x) \sim \frac{2C_2 x}{(\ln x)^2}. \tag{22.20.1}$$

其中 $P_2(x)$ 是 $p \leqslant x$ 中这种素数对的个数, 而

$$C_2 = \prod_{p \geqslant 3}\left\{\frac{p(p-2)}{(p-1)^2}\right\} = \prod_{p \geqslant 3}\left\{1 - \frac{1}{(p-1)^2}\right\}. \tag{22.20.2}$$

取 x 是任意一个大的正数, 并记

$$N = \prod_{p \leqslant \sqrt{x}} p.$$

我们将把任何一个与 N 互素的整数 n (也就是不能被任何不超过 $\sqrt{x}$ 的素数 p 整除的整数 n) 称为一个**特殊的**整数, 并用 $S(X)$ 来记不超过 X 的特殊整数的个数. 根据定理 62 就有

$$S(N) = \phi(N) = N \prod_{p \leqslant \sqrt{x}}\left(1 - \frac{1}{p}\right) = NB(x),$$

其中最后一步是我们的定义. 从而区间 $(1, N)$ 中特殊整数所占的比例是 $B(x)$. 容易看出, 这个比例在模 N 的任何一个完全剩余类中都是相同的, 所以, 对于任何正整数 r, 在任何一组 rN 个连续整数中这个比例都是相同的.

如果这个比例在区间 $(1, x)$ 中是相同的, 根据定理 429 就应当有

$$S(x) = xB(x) \sim \frac{2\mathrm{e}^{-\gamma}x}{\ln x}.$$

但是这是错误的. 对每个不超过 x 的合数来说, 它都有一个不超过 $\sqrt{x}$ 的素因子, 从而不超过 x 的特殊的 n 恰好就只是介于 $\sqrt{x}$ (不含 $\sqrt{x}$ 在内) 与 x (含 x 在内) 之间的那些素数. 这样一来, 根据定理 6 就有

$$S(x) = \pi(x) - \pi(\sqrt{x}) \sim \frac{x}{\ln x}.$$

于是区间 $(1, x)$ 中特殊整数的比例大约是区间 $(1, N)$ 中特殊整数的比例的 $\frac{1}{2}e^{\gamma}$ 倍.

这个结论并不令人吃惊, 因为按照 22.1 节中的记号, 根据定理 413 和定理 434 有

$$\ln N = \vartheta\left(\sqrt{x}\right) \sim \sqrt{x},$$

所以 N 要比 x 大得多. 在每一个长为 N 的区间中特殊整数的比例不一定与在一个 (短得多的) 长为 x 的区间中特殊整数的比例相同.[①]事实上, 我们有 $S(\sqrt{x}) = 0$, 所以在特别的区间 $(1, \sqrt{x})$ 中它的比例是 0. 注意到, 在区间 $(N-x, N)$ 中的比例再次大约是 $1/\ln x$, 而在区间 $(N-\sqrt{x}, N)$ 中的比例再次是 0.

接下来计算在 $n \leqslant N$ 中特殊整数对 $n, n+2$ 的个数. 如果 n 和 $n+2$ 都是特殊整数, 则必定有 $n \equiv 1 \pmod 2$, $n \equiv 2 \pmod 3$ 以及

$$n \equiv 1, 2, 3, \cdots, p-3 \text{ 或者 } p-1 \pmod p \quad (3 < p \leqslant \sqrt{x}).$$

于是 $n (\bmod N)$ 的可能的不同剩余个数是

$$\prod_{3 \leqslant p \leqslant \sqrt{x}} (p-2) = \frac{1}{2} N \prod_{3 \leqslant p \leqslant \sqrt{x}} \left(1 - \frac{2}{p}\right) = N B_1(x),$$

其中最后一步是我们的定义. 这就是 $n \leqslant N$ 中特殊整数对 $n, n+2$ 的个数.

于是在区间 $(1, N)$ 中特殊整数对的比例是 $B_1(x)$, 在任何 rN 个连续整数组成的任何一个区间中同样的结论显然也成立. 然而, 在较小的区间 $(1, x)$ 中, 特殊整数的比例大约是在更长的区间中特殊整数所占比例的 $\frac{1}{2}e^{\gamma}$ 倍. 因此我们可以猜测 (在这里仅仅是 "猜测", 而不能证明): 在区间 $(1, x)$ 中特殊整数对 $n, n+2$ 的比例大约是在更长的区间中所占比例的 $\frac{1}{2}e^{\gamma}$ 倍. 但是在区间 $(1, x)$ 中的特殊整数对就是在区间 $(\sqrt{x}, x)$ 中的素数对, 于是可以猜测

$$P_2(x) - P_2(\sqrt{x}) \sim \frac{1}{4} e^{2\gamma} x B_1(x).$$

根据定理 429,

$$B(x) \sim \frac{2e^{-\gamma}}{\ln x},$$

所以

$$\frac{1}{4} e^{2\gamma} B_1(x) \sim \frac{1}{(\ln x)^2} \frac{B_1(x)}{\{B(x)\}^2}.$$

但是, 当 $x \to \infty$ 时有

$$\frac{B_1(x)}{\{B(x)\}^2} = 2 \prod_{3 \leqslant p \leqslant \sqrt{x}} \frac{(1 - 2/p)}{(1 - 1/p)^2} = 2 \prod_{3 \leqslant p \leqslant \sqrt{x}} \frac{p(p-2)}{(p-1)^2} \to 2C_2.$$

由于 $P_2(\sqrt{x}) = O(\sqrt{x})$, 最终得到结果 (22.20.1).

[①] 这种考虑解释了为什么通常的 "概率" 方法会引导出 $\pi(x)$ 的错误渐近值的原因.

本 章 附 注

22.1 节、22.2 节和 22.4 节. 这几节的定理基本上属于 Tchebychef. 定理 416 曾独立地被 de Polignac 所发现. 定理 415 是 Tchebychef 的一个结果的改进; 我们在这里给出的证明属于 Erdös 和 Kalmar.

关于素数理论的历史, 在 Dickson, *History*, i 第 18 章、Ingham 的论文 (在引言和第 1 章里) 以及 Landau, *Handbuch* (3-102 以及 883-885) 中都有全面完整的介绍, 我们不再给出详细的参考文献.

在 Torelli, *Sulla totalità dei numeri primi, Atti della R. Acad. Di Napoli* (2) **11** (1902), 1-222 中有关于这个理论的早期历史的一个详尽的说明, 较为简短的介绍见 Glaisher, *Factor table for the sixth million* (London, 1883) 的引言以及 1.4 节的附注中所引用的 Lehmer 的表.

22.2 节. 不同的研究者给出了各种式样的带有显式数值常数的定理 414. 例如, Tchebychef [*Mem. Acad. Sc. St. Petersburg* **7** (1850~1854), 15-33] 证明了: 对足够大的 x 有

$$(0.921\ldots)x \leqslant \theta(x) \leqslant (1.105\ldots)x,$$

并将此结果用到他对 Bertrand 假设的证明之中. Diamond and Erdös[*Enseign. Math.* (2) **26** (1980) 313-321] 证明了: Tchebychef 所用的这种初等方法可以使我们得到任意接近于 1 的上界以及下界常数. 遗憾的是, 由于他们的论文在推理过程中实际上用到了素数定理, 所以他们的结果并未能对该定理给出独立的证明.

22.3 节. "Bertrand 假设" 说的是, 对每个 $n > 3$, 存在一个素数 p 满足 $n < p < 2n - 2$. Betrand 对 $n < 3\,000\,000$ 验证了这个命题, 而 Tchebychef 则在 1850 年对所有 $n > 3$ 证明了这个命题. 我们的定理 418 说的要比它略少一点, 不过, 可以通过修改那里的证明来证明这个更好的结果. 我们的证明属于 Erdös, *Acta Litt. Ac. Sci. (Szeged)*, **5** (1932), 194-198.

有关定理 419, 见 L. Moser, *Math. Mag.* **23** (1950), 163-164. 也见 Mills, *Bull. American Math. Soc.* 53 (1947), 604; Bang, *Norsk. Mat. Tidsskr.* 34 (1952), 117-118; Wright, *American Math. Monthly*, **58** (1951), 616-618 和 **59** (1952), 99 以及 *Journal London Math. Soc.* **29** (1954), 63-71.

22.7 节. Euler 在 1737 年证明了 $\sum p^{-1}$ 和 $\prod \left(1 - p^{-1}\right)$ 都是发散的.

22.8 节. 关于定理 429, 见 Mertens, *Journal für Math.* **78** (1874), 46-62. 另外一个证明 (在本书的头两版里有) 见 Hardy, *Journal London Math. Soc.* **10** (1935), 91-94.

22.10 节. 定理 430 以一种更为精确的形式陈述在 Hardy and Ramanujan, *Quarterly Journal of Math.* **48** (1917), 76-92 (也见 Ramanujan, *Collected papers*, no. 35) 之中. 它有可能更早一些, 不过我们无法给出任何参考文献.

22.11 节至 22.13 节. 这些定理首先是由 Hardy 和 Ramanujan 在上一个说明中所引用的论文里证明的. 除了 Marshall Hall 先生向我们建议的一个简化证明之外, 这里给出的证明属于 Turán, *Journal London Math. Soc.* **9** (1934), 274-276. Turán [同一杂志, **11** (1936), 125-133] 在两个方向上推广了这些定理.

事实上, 函数 $[\omega(n) - \ln\ln n]/\sqrt{\ln\ln n}$ 在下述意义下是正态分布的: 对任何固定的实数 z, 当 $x \to \infty$ 时我们有

$$x^{-1} \# \left\{ n \leqslant x : \frac{\omega(n) - \ln\ln n}{\sqrt{\ln\ln n}} \leqslant z \right\} \to \frac{1}{\sqrt{2\pi}} \int_{-\infty}^{z} \exp\left\{ -w^2/2 \right\} \mathrm{d}w.$$

如果用 $\Omega(n)$ 代替 $\omega(n)$, 也有同样的结论成立. 这些结果属于 Erdös and Kac[*Amer. J. Math.* **62** (1940), 738-742].

关于加性函数的值分布有大量的文献. 例如, 见 Kubilius, *Probabilistic methods in the theory of numbers* (Providence, R. I., A. M. S., 1964) 以及 Kac, *Statistical independence in probability, analysis and number theory* (Washington, D. C., Math. Assoc. America, 1959).

22.14 节至 22.16 节. A. Selberg 以如下形式给出他的定理

$$\vartheta(x)\ln x + \sum_{p\leqslant x} \vartheta\left(\frac{x}{p}\right)\ln p = 2x\ln x + O(x)$$

以及

$$\sum_{p\leqslant x} \ln^2 p + \sum_{pp'\leqslant x} \ln p \ln p' = 2x\ln x + O(x).$$

这些结果可以很容易地从定理 433 推导出来. 有两种本质上不同的方法, 用这些方法可以从 Selberg 的定理推导出素数定理. 第一种方法属于 Erdös 和 Selberg 两人, 见 *Proc. Nat. Acad. Sci.* **35** (1949), 374-384, 而第二种方法则单独属于 Selberg 一个人, 见 *Annals of Math.* **50** (1949), 305-313. 这两种方法 (从逻辑的意义上讲) 都比我们给出的方法要更加 "初等", 这是由于这两种方法避免了使用积分学, 其代价是证明的细节稍微复杂一点. 我们在 22.15 节和 22.16 节中所用的方法基本上是以 Selberg 自己的方法为基础的. 关于在证明中用 $\psi(x)$ 来代替 $\vartheta(x)$, 引进积分学并作出另外一些小的改变, 请见 Wright, *Proc. Roy. Soc. Edinburgh*, **63** (1951), 257-267.

有关定理 6 的初等证明的另一种解释, 见 van der Corput, *Colloques sur la théorie des nombres* (Liège 1956). 最短的 (非初等的) 证明见 Errera (同一文献, 111-118). 同一卷 (pp. 9-66) 中还包含了一篇原始论文的一个重印本, 在其中 de la Vallée Poussin (与 Hadamard 同时, 但是独立地) 给出了第一个证明 (1896).

de la Vallée Poussin 后来的工作表明: 对某个正的常数 c, 有

$$\pi(x) = \int_2^x \frac{\mathrm{d}t}{\ln t} + O\left(x\exp\left\{-c\sqrt{\ln c}\right\}\right),$$
$$\psi(x) = x + O\left(x\exp\left\{-c\sqrt{\ln c}\right\}\right).$$

这些结果均被后来的研究工作者改进了, 现在已知最有名的误差项是 $O(x\exp\{-c(\ln x)^{3/5}(\ln\ln x)^{-1/5}\})$, 这是由 Korobov [*Uspehi Mat. Nauk* **13** (1958). no. 4 (82), 185-192] 和 Vinogradov[*Izv. Akad. Nauk SSSR. Ser. Mat.* **22** (1958), 161-164] 独立地获得的.

有关 22.15 节的工作的另一种可供选择的途径, 见 V. Nevanlinna, *Soc. Sci. Fennica: Comm. Phys. Math.* **27/3** (1962), 1-7. 同一作者 [*Ann. Acad. Sci. Fennicae A* **I343** (1964), 1-52] 还对各种不同的初等证明给出一个比较说明.

素数定理的另外两个相当不同的初等证明也已经给出. 这些证明是分别由 Daboussi [*C. R. Acad. Sci. Paris Sér. I Math.* **298** (1984), 161-164] 和 Hildebrand (*Mathematika* **33** (1986), 23-30) 给出的.

多位研究工作者指出: 以 Selberg 公式为基础的初等证明可以用来证明素数定理中的显式误差项. 特别地, Diamond and Steinig [*Invent. Math.* **11** (1970), 199-258] 用这种方式证明了: 对任何固定的 $\theta < \frac{1}{7}$, 有

$$\pi\left(x\right)=\int_{2}^{x}\frac{\mathrm{d}t}{\ln t}+O\left(x\exp\left\{-\ln^{\theta}x\right\}\right)$$

$$\psi(x)=x+O\left(x\exp\left\{-\ln^{\theta}x\right\}\right).$$

也见 Lavrik and Sobirov [*Dokl. Akad. Nauk SSSR*, **211**(1973), 534-536], Srinivasan and Sampath [*J. Indian Math. Soc.* (*N.S.*), **53** (1988), 1-50] 以及 Lu [*Rocky Mountain J. Math.* **29** (1999), 979-1053].

22.18 节. Landau 在 1900 年证明了定理 437, 并在 1911 年发现了 $\pi_k(x)$ 和 $\tau_k(x)$ 的更为详细的渐近展开式. 后来 Shah (1933 年) 和 S. Selberg (1940 年) 用更为初等的方法得到了后面那种类型的结果. 关于我们的证明以及有关文献的参考资料, 见 Wright, *Proc. Edinburgh Math. Soc.* **9** (1954), 87-90.

22.20 节. 这种类型的讨论方法可以用来对于三生素数以及更长的素数块得到类似的猜想式的渐近公式. 见 Cherwell and Wright, *Quart. J. Math.* **11** (1960), 60-63 以及 Pólya, *American Math. Monthly* **66** (1959), 375-384. Hardy and Littlewood [*Acta Math.* **44** (1923), 1-70 (43)] 用不同的 (解析) 方法发现了这些公式 (同样依附于一个未经证明的猜想). 他们对于由 Staeckel 和其他人所做的工作给出了参考文献. 有关另外一种简单的有启发性的方法, 也请参见 Cherwell, *Quarterly Journal of Math.* (Oxford), **17** (1946), 46-62.

这些公式与计算的结果非常吻合. D. H. Lehmer 和 E. Lehmer 将各种素数对、三生素数以及四生素数计算到了 40 000 000, 而 Golubew 则将五生素数、……、九生素数计算到了 20 000 000 (*Osterreich Akad. Wiss. Math.-Naturwiss. Kl.* 1971, no. 1, 19-22). 也见 Leech [*Math. Comp.* **13** (1959), 56] 以及 Bohman [*BIT, Nordisk Tidskr. Inform. behandl.* **13** (1973), 242-244].

第 23 章 Kronecker 定理

23.1 一维的 Kronecker 定理

Dirichlet 定理 201 断言: 给定任何一组实数 $\vartheta_1, \vartheta_2, \cdots, \vartheta_k$, 都可以求得一个整数 n 使得所有的数 $n\vartheta_1, n\vartheta_2, \cdots, n\vartheta_k$ 与整数相差如我们所希望的那样小. 本章专门讨论 Kronecker 的一个著名定理, 它和 Dirichlet 的这个定理有同样的一般性的特点, 但相对来说要更艰深一些. 在 23.4 节中给出了这个定理的最一般性的表述, 23.7 节至 23.9 节用三种不同方法给出它的证明. 我们暂时只考虑最简单的情形, 此时只研究单个的 ϑ.

假设给定两个数 ϑ 和 α. 能否求得一个整数 n 使得

$$n\vartheta - \alpha$$

接近于一个整数? 当 $\alpha = 0$ 时, 这个问题就化为 Dirichlet 问题的最简单情形.

一眼就可看出的是, 需要对这个问题加以限制才能有肯定的答案. 如果 ϑ 是一个有理数 a/b (已经约分成最简分数), 那么 $(n\vartheta) = n\vartheta - \lfloor n\vartheta \rfloor$ 总是取下列诸值之一:

$$0, \frac{1}{b}, \frac{2}{b}, \cdots, \frac{b-1}{b}. \tag{23.1.1}$$

如果 $0 < \alpha < 1$, 且 α 不是 (23.1.1) 中诸数之一, 那么

$$\left| \frac{r}{b} - \alpha \right| \quad (r = 0, 1, \cdots, b)$$

有一个正的最小值 μ, 而 $n\vartheta - \alpha$ 与整数的差不可能小于 μ.

显然 $\mu \leqslant 1/2b$, 且当 $b \to \infty$ 时有 $\mu \to 0$, 这就提示了我们下述定理的正确性.

定理 438 如果 ϑ 是无理数, α 是任意的, 且 N 和 ε 都是正数, 那么存在整数 n 和 p, 使得 $n > N$ 且

$$|n\vartheta - p - \alpha| < \varepsilon. \tag{23.1.2}$$

可以应用 9.10 节的语言来将这个定理的本质描述得更为形象. 它断言存在 n, 使得 $(n\vartheta)$ 可以如我们所愿地任意接近 $(0, 1)$ 中任何一个数, 换言之有以下定理.

定理 439 如果 ϑ 是无理数, 那么点集 $(n\vartheta)$ 在区间 $(0, 1)$ 中稠密.[①]

定理 438 和定理 439 中的每一个都可以称为 "一维的 Kronecker 定理".

[①] 当我们这样表述该定理时 (也就是不等式 $n > N$), 似乎失去了一些东西. 但是显然, 如果该点集中有可以任意接近 $(0, 1)$ 中每个 α 的点, 那么在这些点中就有使得 n 任意大的点存在.

23.2   一维定理的证明

证明定理 438 和定理 439 很容易, 但是我们要给出好几个证明, 以此来描述算术领域中不同的重要思想. 我们的某些方法可以推广到多维的空间去, 有一些方法则不能推广.

(i) 根据定理 201, 对于 $k = 1$, 存在整数 n_1 和 p, 使得 $|n_1 \vartheta - p| < \varepsilon$. 于是点 $(n_1 \vartheta)$ 要么与 0 的距离是 ε, 要么与 1 的距离是 ε. 点列

$$(n_1 \vartheta), (2n_1 \vartheta), (3n_1 \vartheta), \cdots$$

只要需要就一直继续下去, 这列点 (在一个方向或者另一个方向) 画出一条链穿越区间 $(0, 1)$, 这条链的网格① 小于 ε. 这样就存在一个点 $(kn_1 \vartheta)$, 或者说是 $(n\vartheta)$, 使得它和 $(0, 1)$ 中任何一点 α 之间的距离不超过 ε.

(ii) 可以重新表述 (i) 以避免使用定理 201, 之所以要这样做, 是因为这样产生的证明将是我们在多维空间的第一个证明原型.

必须要证明点 P_n 或者 $(n\vartheta)$ (其中 $n = 1, 2, 3, \cdots$) 的集合 S 在 $(0, 1)$ 中稠密. 由于 ϑ 是无理数, 所以没有点落在 0, 且没有两个点是重合的. 于是该集合就有一个极限点, 且有数对 (P_n, P_{n+r}) 存在, 其中 $r > 0$ (而且的确是有任意大的 r 存在), 使得它们能如我们所愿任意地相互接近.

把有向线段 $P_n P_{n+r}$ 称为一个**向量** (vector). 如果我们标出一个与 $P_n P_{n+r}$ 相等且方向相同的线段 $P_m Q$ (从任意一个点 P_m 出发), 那么 Q 是 S 的另外一点, 事实上它就是 P_{m+r}. 当做出这样的构造时, 应该这样来理解: 如果线段 $P_m Q$ 超出 0 或者 1 的外边, 那么超出去的那部分就要被从区间 $(0, 1)$ 的另一端点 1 或者 0 量度的一个全等的部分取代.

存在长度小于 ε 的向量, 这样的向量 $(r > N)$ 从 S 的任意一点延长出去, 特别地, 它从 P_1 出发. 如果从 P_1 出发, 反复度量出这样一个向量, 就得到与 (i) 中的链有同样性质的由点作成的链, 从而可以用同样的方法完成证明.

(iii) 有另外一个有趣的 "几何的" 证明, 它不容易 (无论在何种程度上) 推广到多维空间.

如同在 3.8 节中一样, 我们在单位圆的圆周上表示实数, 而不在直线上表示实数. 这种表示法自动将整数剔除在外. 0 和 1 用圆周上的同一个点来表示, 因此, 一般说来, $(n\vartheta)$ 和 $n\vartheta$ 也是用同一个点来表示.

说 S 在这个圆上稠密, 就是说每个 α 都属于导出集 S' ②. 如果 α 属于 S, 但不属于 S', 就会存在一个围绕 α 的区间, 其中除了 α 自己以外, 没有 S 的其他点,

---

① 这里的网格指的是该链上相邻点之间的距离.

② 所谓一个集合 S 的导出集 S', 指的是该集合所有极限点组成的集合, 如果恰有 $S = S'$, 则称 S 是一个完全集或者完满集. ——译者注

这样就有接近 α 的点, 它既不属于 S, 也不属于 S'. 于是我们只要证明每个 α 要么属于 S, 要么属于 S' 就行了.

如果 α 既不属于 S, 也不属于 S', 那么就有一个区间 $(\alpha - \delta, \alpha + \delta')$ 存在 (δ 和 δ' 都是正数), 它的内部不包含 S 的点. 在所有这样的区间中有一个区间是**最大的**.① 我们把这个最大的区间 $I(\alpha)$ 称为 α 的**拒绝区间** (excluded interval).

显然, 如果 α 被一个拒绝区间 $I(\alpha)$ 所包围, 那么 $\alpha - \vartheta$ 就被一个全等的拒绝区间 $I(\alpha - \vartheta)$ 所包围. 这样就定义了一个无穷的区间序列

$$I(\alpha),\ I(\alpha - \vartheta),\ I(\alpha - 2\vartheta),\ \cdots,$$

它们类似地围绕点 $\alpha, \alpha - \vartheta, \alpha - 2\vartheta, \cdots$ 而布置开来. 这些区间中没有任何两个是重合的, 这是因为 ϑ 是无理数, 也没有两个区间相互重叠, 这是因为两个重叠的区间就会共同构造出一个更大的区间, 该区间中没有 S 中的点, 并且环绕这些点中的一个点. 这导致矛盾, 因为圆周上不可能包含无穷多个长度相等的不相重叠区间. 这矛盾表明, 不可能有区间 $I(\alpha)$ 存在, 这就证明了定理.

(iv) Kronecker 本人给出的证明要更复杂一些, 不过它也证明了更多的东西. 它证明了以下定理.

定理 440 如果 ϑ 是无理数, α 是任意的, 且 N 是正数, 那么就存在一个 $n > N$ 和一个 p, 使得有

$$|n\vartheta - p - \alpha| < \frac{3}{n}.$$

应该注意到, 这个定理不像定理 438 那样, 它是用 n 给出了 "误差" 的一个确定的界, 当 $\alpha = 0$ 时, 这是和定理 183 以及定理 193 给出的那些结果同一类型的 (尽管没有那么精确).

根据定理 193, 存在互素的整数 $q > 2N$ 和 r, 使得

$$|q\vartheta - r| < \frac{1}{q}. \tag{23.2.1}$$

假设 Q 是一个整数, 或者是这两个整数之一, 使得有

$$|q\alpha - Q| \leqslant \frac{1}{2}. \tag{23.2.2}$$

可以将 Q 表示成形式

$$Q = vr - uq, \tag{23.2.3}$$

其中 u 和 v 是整数, 且

$$|v| \leqslant \frac{1}{2}q. \tag{23.2.4}$$

① 我们把正式的证明留给读者去做, 这个证明要依赖于对 δ 和 δ' 的可能值构造出 "Dedekind 分割", 这是在初等分析中熟知的东西.

那么就有

$$q(v\vartheta - u - \alpha) = v(q\vartheta - r) - (q\alpha - Q),$$

于是根据 (23.2.1)(23.2.2)(23.2.4) 就有

$$|q(v\vartheta - u - \alpha)| < \frac{1}{2}q \cdot \frac{1}{q} + \frac{1}{2} = 1. \tag{23.2.5}$$

如果现在记

$$n = q + v, \quad p = r + u,$$

那么就有

$$N < \frac{1}{2}q \leqslant n \leqslant \frac{3}{2}q \tag{23.2.6}$$

以及

$$|n\vartheta - p - \alpha| \leqslant |v\vartheta - u - \alpha| + |q\vartheta - r| < \frac{1}{q} + \frac{1}{q} = \frac{2}{q} \leqslant \frac{3}{n}$$

[根据 (23.2.1)(23.2.5)(23.2.6)].

有可能对这个定理中的数字 3 加以改进 (但不是用这个方法, 而是用一种很有趣的方法). 第 24 章将再回到这个问题.

23.3　反射光线的问题

在转向 Kronecker 定理的一般性的证明之前, 我们要将已经证明的特例应用到 König 和 Szücs 所解决的一个简单却颇有趣味的平面几何问题中.

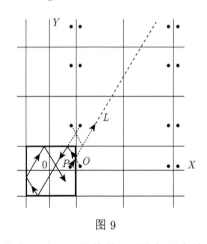

正方形的边是反射镜面. 一束光线从正方形内部的一个点发出, 并反复被镜面所反射. 它的路径有何特征?①

定理 441　光线的路径要么是闭的且有周期性, 要么在该正方形中稠密, 并在途中任意接近正方形中的每一个点. 它有周期性的充分必要的条件是: 正方形的一边与这束光线的起始方向的夹角有一个有理数值的正切值.

在图 9 中与坐标轴平行的直线是

$$x = l + \frac{1}{2}, \quad y = m + \frac{1}{2},$$

图 9

其中 l 和 m 是整数. 图中那个边长为 1、环绕原点的粗黑边框的正方形就是问题中的正方形, 其中点 P 或者 (a, b) 是起点. 我们来构造 P 经过直接反射或者反

---

① 有可能意外地发生该束光线穿过正方形的一个角. 此时, 假设它循前面的路径返回. 这是根据连续性的考虑而做出的约定.

复反射在镜面中所得到的所有的映像. 稍加思考即可证明它们有四种类型, 不同
类型的映像坐标是

$$(A)\ a + 2l, b + 2m; \qquad (B)\ a + 2l, -b + 2m + 1;$$

$$(C) -a + 2l + 1, b + 2m; \quad (D) -a + 2l + 1, -b + 2m + 1;$$

其中 l 和 m 是任意的整数. [①]此外, 如果在 P 点的速度有方向余弦 λ, μ, 那么速
度对应的映像就有方向余弦

$$(A)\ \lambda, \mu; \quad (B) \lambda, -\mu; \quad (C) -\lambda, \mu; \quad (D) -\lambda, -\mu.$$

基于对称性, 可以假设 μ 是正的.

如果我们想象把平面划分成单位边长的正方形, 一个典型的正方形的内部是

$$l - \frac{1}{2} < x < l + \frac{1}{2}, \quad m - \frac{1}{2} < y < m + \frac{1}{2}, \tag{23.3.1}$$

那么每一个正方形都恰好包含原点正方形

$$-\frac{1}{2} < x < \frac{1}{2}, \quad -\frac{1}{2} < y < \frac{1}{2}$$

中每个点的一个映像. 如果原点正方形中任意一个点在 (23.3.1) 中的映像是类型
A、B、C 或者 D 之一, 那么原点正方形中任意其他的点在 (23.3.1) 中的映像也
有同一类型.

现在想象 P 与光线一道移动. 当 P 在点 Q 与镜面相遇时, 它就和一个映像
重合. 暂时与 P 重合的 P 的映像在一个与基本正方形相邻接的正方形中继续 P
的移动 (按照原来的方向). 我们跟随其映像在正方形中的这种运动, 直到它与正
方形的一条边相遇为止. 显然 P 原来的路径将会在同一条线 L 上一直继续下去,
中间经历一系列不同的映像.

L 在任何一个正方形 (23.3.1) 中的一段线段都是 P 的路径在原来正方形中
直线部分的映像. 在 L 位于不同正方形中的线段与 P 的介于相邻接的反射之间
的那部分路径之间存在一一对应, L 的每一个线段都是 P 的路径的对应部分的一
个映像.

如果 P 沿同样的方向运动回到了最初的位置, 则 P 在原来的正方形中的路
径将会是周期性的. 这样的情形会发生, 当且仅当 L 通过原来的点 P 的一个类型
A 的映像. L 上任意一点的坐标是 $x = a + \lambda t, y = b + \mu t$. 于是这个路径将是周期
性的, 当且仅当对某个 t 和整数 l, m 有 $\lambda t = 2l, \mu t = 2m$, 也就是如果 λ / μ 是
有理数.

剩下来要证明, 当 λ / μ 是无理数时, P 的路径可以任意接近于该正方形的每
一个点 (ξ, η). 其充分必要条件是 L 应该任意接近于 (ξ, η) 的某个映像, 而一个充

---

① x 坐标取到从 a 出发重复使用代换 $x' = 1 - x$ 以及 $x' = -1 - x$ 得到的所有的值. 这个图指出了与非
　负的 l 和 m 所对应的映像.

分条件是它应该任意接近 (ξ, η) 的类型 A 的某个映像. 而且, 如果对每个 ξ 和 η, 任何正数 ε 及对某个正数 t 和适当的整数 l, m 有

$$|a + \lambda t - \xi - 2l| < \varepsilon, \quad |b + \mu t - \eta - 2m| < \varepsilon, \qquad (23.3.2)$$

那么这些条件就是满足的.

取

$$t = \frac{\eta + 2m - b}{\mu},$$

此时 (23.3.2) 的第二个不等式自动满足. 此时第一个不等式变成

$$|m\vartheta - \omega - l| < \frac{1}{2}\varepsilon, \qquad (23.3.3)$$

其中

$$\vartheta = \frac{\lambda}{\mu}, \quad \omega = (b - \eta)\frac{\lambda}{2\mu} - \frac{1}{2}(a - \xi).$$

定理 438 表明, 当 ϑ 是无理数时, 存在 l 和 m (它们足够大, 使得 t 是正数), 使得 (23.3.3) 得以满足.

23.4　一般定理的表述

我们转向 k 维空间的一般性问题: 给定诸数 $\vartheta_1, \vartheta_2, \cdots, \vartheta_k$, 希望用 $\vartheta_1, \vartheta_2, \cdots, \vartheta_k$ 的相同倍数来逼近任意一组非整数的数 $\alpha_1, \alpha_2, \cdots, \alpha_k$. 根据 23.1 节显然可见, 诸 ϑ 必须是无理数, 但是对于逼近的可能性来说, 这个条件并不充分.

例如 $k = 2$ 时, 假设 $\vartheta, \phi, \alpha, \beta$ 都是正数且小于 1, ϑ 和 ϕ (无论它们是有理数还是无理数) 对于整数 a, b, c 满足一个关系式

$$a\vartheta + b\phi + c = 0.$$

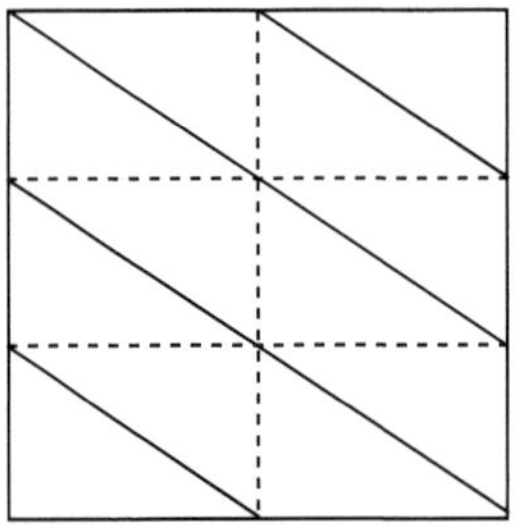

图 10

那么 $a \cdot n\vartheta + b \cdot n\phi$ 和 $a(n\vartheta) + b(n\phi)$ 是整数, 且坐标为 $(n\vartheta)$ 以及 $(n\phi)$ 的点在有限多条直线的某一条上. 例如, 图 10 指出的是 $a = 2, b = 3$ 的情形, 此时点在诸直线 $2x + 3y = v$ $(v = 1, 2, 3, 4)$ 中的某一条上. 显然, 如果 (α, β) 不在这几条直线中的任何一条上, 就不可能用高于某个确定的精确度来逼近它.

称一组数

$$\xi_1, \ \xi_2, \ \cdots, \ \xi_r$$

是**线性无关的** (linearly independent), 如果它们之间没有线性关系

$$a_1\xi_1 + a_2\xi_2 + \cdots + a_r\xi_r = 0$$

成立, 其中 $a_1, a_2, \cdots, a_r$ 是一组不全为零的整数. 例如, 如果 $p_1, p_2, \cdots, p_r$ 是不同的素数, 那么

$$\ln p_1, \ \ln p_2, \ \cdots, \ \ln p_r$$

是线性无关的, 这是因为

$$a_1 \ln p_1 + a_2 \ln p_2 + \cdots + a_r \ln p_r = 0$$

就是 $p_1^{a_1} p_2^{a_2} \cdots p_r^{a_r} = 1$, 这与算术基本定理矛盾.

现在将 Kronecker 定理表述成一般的形式.

定理 442   如果 $\vartheta_1, \vartheta_2, \cdots, \vartheta_k, 1$ 是线性无关的, $\alpha_1, \alpha_2, \cdots, \alpha_k$ 是任意的, 且 N 和 ε 都是正数, 那么就存在整数 $n > N, p_1, p_2, \cdots, p_k$, 使得有

$$|n\vartheta_m - p_m - \alpha_m| < \varepsilon \quad (m = 1, 2, \cdots, k).$$

也可以将此定理表述成与定理 439 对应的形式, 但是为此必须要将 9.10 节中的定义推广到 k 维空间中去.

如果 k 维空间中一个点 P 的坐标是 $x_1, x_2, \cdots, x_k$, 且 δ 是正数, 那么满足

$$|x'_m - x_m| \leqslant \delta \quad (m = 1, 2, \cdots, k)$$

的点 $x'_1, x'_2, \cdots, x'_k$ 的集合称为点 P 的一个**邻域**. 术语**极限点**、**导出集**、**闭集** (closed set)、**自稠密集** (dense set in itself) 和**完全集** (perfect set) 都在 9.10 节中给出了精确的定义. 最后, 如果把由

$$0 \leqslant x_m \leqslant 1 \quad (m = 1, 2, \cdots, k)$$

定义的集合称为 "单位立方体", 那么一个点集 S **在单位立方体中稠密**, 如果该立方体的每一个点都是导出集 S' 的一个点.

定理 443   如果 $\vartheta_1, \vartheta_2, \cdots, \vartheta_k, 1$ 是线性无关的, 那么点集

$$(n\vartheta_1), (n\vartheta_2), \cdots, (n\vartheta_k)$$

在单位立方体内稠密.

23.5   定理的两种形式

Kronecker 定理还有另一种可供选择的形式, 在此形式中假设和结论都要少一点.

定理 444   如果 $\vartheta_1, \vartheta_2, \cdots, \vartheta_k$ 是线性无关的, $\alpha_1, \alpha_2, \cdots, \alpha_k$ 是任意的, 且 T 和 ε 是正数, 那么存在一个实数 t 以及整数 $p_1, p_2, \cdots, p_k$, 使得 $t > T$ 以及

$$|t\vartheta_m - p_m - \alpha_m| < \varepsilon \quad (m = 1, 2, \cdots, k).$$

定理 444 中的基本假设条件弱于定理 442 中的假设条件, 这是因为它仅仅考虑了诸个 ϑ 之间的齐次的线性关系. 例如 $\vartheta_1 = \sqrt{2}, \vartheta_2 = 1$ 满足定理 444 的条件, 但不满足定理 442 的条件. 又在定理 444 中, 恰好有一个 ϑ 可以是有理数. 定理 444 结论也要弱一些, 因为 t 不一定是整数.

容易证明这两个定理等价. 给出定理的这两种形式是有用的, 因为某些证明会自然地引导到其中的一种形式, 而另外一些证明则会引导到定理的另一种形式.

(1) **定理 444 蕴涵定理 442**. 不妨假设每一个 ϑ 都在 $(0,1)$ 中, 且 $\varepsilon < 1$. 对数组

$$\vartheta_1, \vartheta_2, \cdots, \vartheta_k, 1; \quad \alpha_1, \alpha_2, \cdots, \alpha_k, 0$$

来应用定理 444, 将定理 444 中的 k 换成 $k+1$, 将 T 换成 $N+1$, ε 换成 $\frac{1}{2}\varepsilon$. 此时关于线性无关性的假设就是定理 442 中的假设, 从而其结论可以表示成

$$t > N + 1, \tag{23.5.1}$$

$$|t\vartheta_m - p_m - \alpha_m| < \frac{1}{2}\varepsilon \quad (m = 1, 2, \cdots, k), \tag{23.5.2}$$

$$|t - p_{k+1}| < \frac{1}{2}\varepsilon. \tag{23.5.3}$$

从 (23.5.1) 和 (23.5.3) 推出 $p_{k+1} > N$, 又由 (23.5.2) 和 (23.5.3) 得到

$$|p_{k+1}\vartheta_m - p_m - \alpha_m| \leqslant |t\vartheta_m - p_m - \alpha_m| + |t - p_{k+1}| < \varepsilon.$$

这些就是定理 442 的结论, 其中 $n = p_{k+1}$.

(2) **定理 442 蕴涵定理 444**. 现在要从定理 442 推导出定理 444. 首先注意到, (无论哪一种形式的) Kronecker 定理都是 "关于诸 α 是加性的". 如果这个结果对一组 ϑ 和一组 $\alpha_1, \cdots, \alpha_k$ 为真, 且对同一组 ϑ 以及另一组 $\beta_1, \cdots, \beta_k$ 也为真, 那么它对于同样的 ϑ 以及 $\alpha_1 + \beta_1, \cdots, \alpha_k + \beta_k$ 也为真. 这是因为, 如果诸 $p\vartheta$ 和 α 的差, 以及诸 $q\vartheta$ 和 β 的差都几乎是整数, 那么 $(p+q)\vartheta$ 和 $\alpha + \beta$ 的差也几乎是整数.

如果 $\vartheta_1, \vartheta_2, \cdots, \vartheta_{k+1}$ 是线性无关的, 那么

$$\frac{\vartheta_1}{\vartheta_{k+1}}, \cdots, \frac{\vartheta_k}{\vartheta_{k+1}}, 1$$

也是线性无关的. 对 $N = T$, 将定理 442 应用到数组

$$\frac{\vartheta_1}{\vartheta_{k+1}}, \cdots, \frac{\vartheta_k}{\vartheta_{k+1}}; \quad \alpha_1, \cdots, \alpha_k$$

中. 那样就存在整数 $n > N, p_1, \cdots, p_k$ 使得

$$\left| \frac{n\vartheta_m}{\vartheta_{k+1}} - p_m - \alpha_m \right| < \varepsilon \quad (m = 1, 2, \cdots, k). \tag{23.5.4}$$

如果取 $t = n/\vartheta_{k+1}$, 那么不等式 (23.5.4) 就是所要求的那些不等式中的 k 个不等式, 而 $|t\vartheta_{k+1} - n| = 0 < \varepsilon$. 又有 $t \geqslant n > N = T$. 这样就对

$$\vartheta_1, \cdots, \vartheta_k, \vartheta_{k+1}; \quad \alpha_1, \cdots, \alpha_k, 0$$

得到了定理 444. 类似地可以对

$$\vartheta_1, \cdots, \vartheta_k, \vartheta_{k+1}; \quad 0, \cdots, 0, \alpha_{k+1}$$

证明定理, 于是整个定理即根据 (2) 的开头所作的说明得出.

23.6 一个例证

Kronecker 定理是那样一些数学定理中的一个, 粗略地说来, 这种定理断言 "有时候不可能的事情也会发生, 无论它是多么的不可信". 可以 "用天文学的方法" 来给出它的解释.

假设 k 个球形行星在同心同平面的圆周上绕着一个点 O 旋转, 它们的角速度是 $2\pi\omega_1, 2\pi\omega_2, \cdots, 2\pi\omega_k$, 假设在 O 点处有一个观察者, 最里面的行星 P 的表面直径 (从 O 点看过去) 大于任何一个外面的行星的表面直径.

如果在时刻 $t = 0$ 时诸行星全部都连接在一起 (从而 P 掩盖了所有其他的行星), 则在时刻 t 时它们的角坐标是 $2\pi t\omega_1, \cdots$. 定理 201 表明, 可以选取一个任意大的 t, 对于这个 t 来说, 所有这些角都可以任意地接近 2π 的整数倍. 因此整个系统被 P 所掩盖将会不断反复地出现. 这个结论对**所有的**角速度都成立.

如果一开始时的角坐标是 $\alpha_1, \alpha_2, \cdots, \alpha_k$, 那么这样的掩盖可能永远不会出现. 例如, 有两个行星一开始可能处在相冲的位置 [①], 并且有相等的角速度. 然而, 假设诸角速度是线性无关的. 那么定理 444 表明, 对于适当的 t (它可以任意大), 所有的

$$2\pi t\omega_1 + \alpha_1, \cdots, 2\pi t\omega_k + \alpha_k$$

都会任意接近 2π 的倍数, 那时掩盖就将再次发生, 而不管其起始位置如何.

23.7 Lettenmeyer 给出的定理证明

现在假设 $k = 2$, 用属于 Lettenmeyer 的 "几何的" 方法来证明 Kronecker 定理. 当 $k = 1$ 时, Lettenmeye 的论证方法化为 23.2 节 (ii) 中所用的方法.

取这个定理的第一种形式, 用 ϑ, ϕ 取代 ϑ_1, ϑ_2. 可以假设

---

① 这里的 "相冲" 是天文学的一个术语, 它指的是这两个行星与 P 处在一条直线上, 且 P 夹在这两个行星之间. ——译者注

$$0 < \vartheta < 1, \quad 0 < \phi < 1.$$

需要证明：如果 $\vartheta, \phi, 1$ 是线性无关的, 那么坐标为

$$(n\vartheta), (n\phi) \quad (n = 1, 2, \cdots)$$

的点 P_n 在单位正方形中稠密. 没有两个 P_n 是重合的, 也没有 P_n 落在正方形的边上.

把有向线段

$$P_n P_{n+r} \quad (n > 0, r > 0)$$

称为一个**向量**. 如果取任何点 P_m, 画出一个与向量 $P_n P_{n+r}$ 相等并且平行的向量 $P_m Q$, 那么这个向量的另外一个端点 Q 是这个集合中的一个点 (事实上它就是 P_{m+r}). 这里我们自然采用 23.2 节 (ii) 中与此相对应的约定, 也就是：如果 $P_m Q$ 与正方形的一边相遇, 那么它就沿同样的方向从正方形相反边上对应的那一点继续前行.

由于没有两个 P_n 是重合的, 所以集合 $\{P_n\}$ 有一个极限点. 这样一来, 就存在长度小于任何正数 ε 的向量以及其中 r 可以任意大的向量. 称这样的向量为 **ε 向量** (ε-vector). 有 ε 向量存在, 还有 r 可以任意大的 ε 向量存在, 它们从每个 P_n 出发, 特别地从 P_1 出发. 如果 $\varepsilon < \min(\vartheta, \phi, 1-\vartheta, 1-\phi)$, 则所有从 P_1 出发的 ε 向量都是不断裂的, 也就是说不与正方形的边相遇.

由此推出会出现两种情形.

(1) **存在两个不平行的 ε 向量**.[①] 此时, 我们从 P_1 开始将它们标注出来, 并以 P_1 以及这两个向量的另外两个端点为基础构造出一个格. 这样一来, 正方形的每个点就与某个格点相距的距离不超过 ε, 定理即由此得出.

(2) **所有 ε 向量都是平行的**. 此时, 所有从 P_1 出发的 ε 向量都处在同一条直线上, 而且在这条直线上存在点 P_r, P_s, 它们有任意大的下标 r, s. 由于 P_1, P_r, P_s 共线, 从而

$$0 = \begin{vmatrix} \vartheta & \phi & 1 \\ (r\vartheta) & (r\phi) & 1 \\ (s\vartheta) & (s\phi) & 1 \end{vmatrix} = \begin{vmatrix} \vartheta & \phi & 1 \\ r\vartheta - \lfloor r\vartheta \rfloor & r\phi - \lfloor r\phi \rfloor & 1 \\ s\vartheta - \lfloor s\vartheta \rfloor & s\phi - [s\phi] & 1 \end{vmatrix},$$

所以

$$\begin{vmatrix} \vartheta & \phi & 1 \\ \lfloor r\vartheta \rfloor & \lfloor r\phi \rfloor & r-1 \\ \lfloor s\vartheta \rfloor & \lfloor s\phi \rfloor & s-1 \end{vmatrix} = 0,$$

也就是 $a\vartheta + b\phi + c = 0$, 其中 a, b, c 为整数. 但是 $\vartheta, \phi, 1$ 是线性无关的, 于是 a, b, c 全都为 0. 特别地有

---

① 在初等几何的意义下, 我们不区分一条直线上的两个方向.

$$\begin{vmatrix} \lfloor r\phi \rfloor & r-1 \\ \lfloor s\phi \rfloor & s-1 \end{vmatrix} = 0,$$

也就是

$$\frac{\lfloor s\phi \rfloor}{s-1} = \frac{\lfloor r\phi \rfloor}{r-1}.$$

由于存在具有任意大 s 的 P_s, 可以令 $s \to \infty$, 这样就得到

$$\phi = \lim \frac{\lfloor s\phi \rfloor}{s-1} = \frac{\lfloor r\phi \rfloor}{r-1},$$

然而由于 ϕ 是无理数, 这是不可能的.

由此推得情形 (2) 是不可能的, 所以定理得到证明.

23.8　Estermann 给出的定理证明

Lettenmeyer 的方法可以推广到 k 维空间中去, 从而导出 Kronecker 定理的一个一般性的证明. 但是其蕴涵的思想在二维的情形中已经充分说明了. 在本节以及 23.9 节中, 我们要用两个很不相同的方法来证明这个一般性的定理.

Estermann 的证明用的是归纳法. 他的方法表明: 如果该定理在 $k-1$ 维空间中为真, 那么它在 k 维空间中也为真. 他还附带证明了该定理在一维空间中为真. 所以这个证明是完备的. 不过我们已经证明了这一点, 如果读者愿意的话, 可以认为这是理所当然的.

该定理的第一种形式表述的是: 若 $\vartheta_1, \vartheta_2, \cdots, \vartheta_k, 1$ 是线性无关的, $\alpha_1, \alpha_2, \cdots, \alpha_k$ 是任意的, ε 和 ω 是正数, 则存在整数 $n, p_1, p_2, \cdots, p_k$, 使得

$$n > \omega \qquad (23.8.1)$$

以及

$$|n\vartheta_m - p_m - \alpha_m| < \varepsilon \quad (m=1,2,\cdots,k). \qquad (23.8.2)$$

这里要强调的是 n 可以取大的正数值. 其实这个结论对于 n 取正值还是负值都是成立的. 这样也可以断言更多一点结论, 也即: 给定正数 ε 和 ω, 给定一个 λ (正负均可), 那么可以选取 n 和 p 使得 (23.8.2) 得以满足, 且有

$$|n| > \omega, \quad \operatorname{sign} n = \operatorname{sign} \lambda, \qquad (23.8.3)$$

其中第二个方程表示 n 和 λ 有相同的符号. 我们需要证明: (a) 如果它对 $k-1$ 为真, 那么它对 k 也为真; (b) 当 $k=1$ 时它为真.

根据定理 201, 存在整数

$$s > 0, \quad b_1, b_2, \cdots, b_k$$

使得

$$|s\vartheta_m - b_m| < \frac{1}{2}\varepsilon \quad (m = 1, 2, \cdots, k).$$ (23.8.4)

由于 ϑ_k 是无理数, 所以 $s\vartheta_k - b_k \neq 0$. 而 k 个数

$$\phi_m = \frac{s\vartheta_m - b_m}{s\vartheta_k - b_k}$$

(其中最后一个数是 1) 是线性无关的, 这是因为它们之间的线性关系就会包含 ϑ_1, $\vartheta_2, \cdots, \vartheta_k, 1$ 之间的一个线性关系.

首先, 假设 $k > 1$, 并假设该定理对 $k-1$ 为真. 将定理 (用 $k-1$ 代替 k) 应用到数组

$$\phi_1, \phi_2, \cdots, \phi_{k-1} \quad (\text{代替 } \vartheta_1, \vartheta_2, \cdots, \vartheta_{k-1}),$$
$$\beta_1 = \alpha_1 - \alpha_k\phi_1, \beta_2 = \alpha_2 - \alpha_k\phi_2, \cdots,$$
$$\beta_{k-1} = \alpha_{k-1} - \alpha_k\phi_{k-1} \quad (\text{代替 } \alpha_1, \alpha_2, \cdots, \alpha_{k-1}),$$
$$\frac{1}{2}\varepsilon \quad (\text{代替 } \varepsilon), \quad \lambda(s\vartheta_k - b_k) \quad (\text{代替 } \lambda),$$
$$\Omega = (\omega+1)|s\vartheta_k - b_k| + |\alpha_k| \quad (\text{代替 } \omega),$$ (23.8.5)

则存在整数 $c_k, c_1, c_2, \cdots, c_{k-1}$ 使得

$$|c_k| > \Omega, \quad \text{sign } c_k = \text{sign}\{\lambda(s\vartheta_k - b_k)\},$$ (23.8.6)

$$|c_k\phi_m - c_m - \beta_m| < \frac{1}{2}\varepsilon \quad (m = 1, 2, \cdots, k-1).$$ (23.8.7)

不等式 (23.8.7) 如果用诸数 ϑ 来表示即形如

$$\left|\frac{c_k + \alpha_k}{s\vartheta_k - b_k}(s\vartheta_m - b_m) - c_m - \alpha_m\right| < \frac{1}{2}\varepsilon \quad (m = 1, 2, \cdots, k).$$ (23.8.8)

如同我们可以这样做的那样, 在这里加入了 m 的值 k, 因为当 $m = k$ 时 (23.8.8) 的左边变成了零.

我们已经假设了 $k > 1$. 当 $k = 1$ 时, (23.8.8) 是平凡的, 所以, 显而易见的是只需要选取 c_k 以满足 (23.8.6) 即可.

现在选取一个整数 N 使得

$$\left|N - \frac{c_k + \alpha_k}{s\vartheta_k - b_k}\right| < 1,$$ (23.8.9)

并取 $n = Ns, p_m = Nb_m + c_m$. 那么, 根据 (23.8.4)(23.8.8)(23.8.9) 就有

$$|n\vartheta_m - p_m - \alpha_m| = |N(s\vartheta_m - b_m) - c_m - \alpha_m|$$
$$\leqslant \left|\frac{c_k + \alpha_k}{s\vartheta_k - b_k}(s\vartheta_m - b_m) - c_m - \alpha_m\right| + |s\vartheta_m - b_m|$$
$$< \frac{1}{2}\varepsilon + \frac{1}{2}\varepsilon = \varepsilon \quad (m = 1, 2, \cdots, k).$$

这就是 (23.8.2). 其次, 由 (23.8.5) 和 (23.8.6) 有

$$\left| \frac{c_k + \alpha_k}{s\vartheta_k - b_k} \right| \geqslant \frac{|c_k| - |\alpha_k|}{|s\vartheta_k - b_k|} > \omega + 1, \tag{23.8.10}$$

所以有 $|N| > \omega$ 以及 $|n| = |N| s \geqslant |N| > \omega$. 最后, n 与 N 有同样的符号, 所以, 根据 (23.8.9) 和 (23.8.10), 这也与

$$\frac{c_k}{s\vartheta_k - b_k}$$

的符号相同. 根据 (23.8.6), 这也就是 λ 的符号.

于是, n 和 p 满足所有的要求, 这就完成了从 $k-1$ 到 k 的归纳推理.

23.9 Bohr 给出的定理证明

Kronecker 定理还有若干个 "解析的" 证明, 其中似乎是最简单的一个证明属于 Bohr. 所有这些证明都依赖于下面的事实:

$$e(x) = e^{2\pi i x}$$

有周期 1, 且它取值为 1 当且仅当 x 是一个整数.

如果 c 是一个非零实数, 那么

$$\lim_{T \to \infty} \frac{1}{T} \int_0^T e^{cit} dt = \lim_{T \to \infty} \frac{e^{ciT} - 1}{ciT} = 0,$$

如果 $c = 0$, 则它的值为 1. 由此推出, 如果

$$\chi(t) = \sum_{\nu=1}^{r} b_\nu e^{c_\nu it}, \tag{23.9.1}$$

其中没有两个 c_ν 是相等的, 那么

$$b_\nu = \lim_{T \to \infty} \frac{1}{T} \int_0^T \chi(t) e^{-c_\nu it} dt. \tag{23.9.2}$$

取 Kronecker 定理的第二种形式 (定理 444), 并考虑函数

$$\phi(t) = |F(t)|, \tag{23.9.3}$$

其中

$$F(t) = 1 + \sum_{m=1}^{k} e(\vartheta_m t - \alpha_m) \tag{23.9.4}$$

是实变量 t 的函数. 显然 $\phi(t) \leqslant k+1$.

如果 Kronecker 定理为真, 就可以求得一个大的 t, 使得和式中的每一项都接近于 1, 且 $\phi(t)$ 接近于 $k+1$. 反过来, 如果对某个大的 t, $\phi(t)$ 接近于 $k+1$, 那么 (由于没有哪一项的绝对值可以超过 1) 每一项必须都接近于 1, 从而 Kronecker 定理必定为真. 这样一来, 如果能证明

$$\varlimsup_{t\to\infty}\phi(t) = k+1,\tag{23.9.5}$$

我们就证明了 Kronecker 定理.

这个证明以 $F(t)$ 与 k 个变量 x 的函数

$$\psi(x_1,x_2,\cdots,x_k) = 1+x_1+x_2+\cdots+x_k\tag{23.9.6}$$

之间的某种形式的关系作为基础. 如果用多项式定理将 ψ 取 p 次幂, 就得到

$$\psi^p = \sum a_{n_1,n_2,\cdots,n_k}x_1^{n_1}x_2^{n_2}\cdots x_k^{n_k}.\tag{23.9.7}$$

这里诸系数 a 都是正数. 它们单个的值无关紧要, 但是它们的**和**是

$$\sum a = \psi^p(1,1,\cdots,1) = (k+1)^p.\tag{23.9.8}$$

我们还要求对它们的**个数**有一个上界. 当 $k=1$ 时它们有 $p+1$ 个, 而且

$$(1+x_1+\cdots+x_k)^p = (1+x_1+\cdots+x_{k-1})^p + \binom{p}{1}(1+x_1+\cdots+x_{k-1})^{p-1}x_k+\cdots+x_k^p,$$

所以, 当从 $k-1$ 过渡到 k 时, 其个数至多被乘了 $p+1$ 倍. 因此这种 a 的个数不超过 $(p+1)^k$. [①]

现在作出与 F 对应的幂

$$F^p = \{1+\mathrm{e}\,(\vartheta_1 t-\alpha_1)+\cdots+\mathrm{e}\,(\vartheta_k t-\alpha_k)\}^p.$$

这是一个形如 (23.9.1) 的和, 它是在 (23.9.7) 中用 $\mathrm{e}\,(\vartheta_r t-\alpha_r)$ 代替 x_r 后得到的. 当这样做时, (23.9.7) 中的**每一个**乘积 $x_1^{n_1}\cdots x_k^{n_k}$ 都会产生一个不同的 c_ν, 这是因为两个 c_ν 的相等将会蕴涵诸 ϑ 之间的一个线性关系. [②] 由此推出, 每个系数 b_ν 都有一个与对应的系数 a 相等的绝对值, 且有 $\sum|b_\nu| = \sum a = (k+1)^p$.

现在假设与 (23.9.5) 相矛盾地有

$$\varlimsup\phi(t) < k+1.\tag{23.9.9}$$

那么就存在一个 λ 和一个 t_0, 使得对 $t>t_0$ 有 $|F(t)| \leqslant \lambda < k+1$, 且有

$$\varlimsup\frac{1}{T}\int_0^T |F(t)|^p\,\mathrm{d}t \leqslant \lim\frac{1}{T}\int_0^T \lambda^p\mathrm{d}t = \lambda^p.$$

这样就有

$$|b_\nu| = \left|\lim\frac{1}{T}\int_0^T \{F(t)\}^p\,\mathrm{e}^{-c_\nu\mathrm{i}t}\mathrm{d}t\right| \leqslant \varlimsup\frac{1}{T}\int_0^T |F(t)|^p\,\mathrm{d}t \leqslant \lambda^p,$$

从而对每个 a 都有 $a \leqslant \lambda^p$. 由于至多有 $(p+1)^k$ 个 a, 这样就得出

$$(k+1)^p = \sum a \leqslant (p+1)^k\lambda^p,$$

这也就是

---

① 实际的个数是 $\binom{p+k}{k}$.

② 在这里仅仅用到了诸 ϑ 的线性无关性, 这当然是证明的核心.

$$\left(\frac{k+1}{\lambda}\right)^p \leqslant (p+1)^k. \tag{23.9.10}$$

但是 $\lambda < k+1$, 所以有

$$\left(\frac{k+1}{\lambda}\right)^p = \mathrm{e}^{\delta p},$$

其中 $\delta > 0$. 因此 $\mathrm{e}^{\delta p} \leqslant (p+1)^k$, 而这对于大的 p 来说是不可能的, 这是因为当 $p \to \infty$ 时有 $\mathrm{e}^{-\delta p}(p+1)^k \to 0$. 所以, (23.9.9) 对于大的 p 产生矛盾, 这就证明了定理.

23.10 一 致 分 布

Kronecker 定理虽然是很重要的, 但是它没有对点集 $(n\vartheta)$ 或者 $(n\vartheta_1)$, $(n\vartheta_2),\cdots$ 说出我们所关注的全部信息. 这些集合不仅仅在单位区间或者单位立方体中**稠密**, 而且还是 "一致分布的".

暂时回到一维的情形. 粗略地说, 如果 $(0,1)$ 的每个子区间包含的点都占有它应有的份额, 我们就说一个点集 P_n 在 $(0,1)$ 中是**一致分布的** (uniformly distributed). 要给出它的精确的定义, 假设 I 是 $(0,1)$ 的一个子区间, 并且既用 I 来表示区间, 也用 I 来表示它的长度. 如果 n_I 是落在 I 中的点 $P_1, P_2, \cdots, P_n$ 的个数, 且当 $n \to \infty$ 时, 不论是什么样的 I, 都有

$$\frac{n_I}{n} \to I, \tag{23.10.1}$$

那么这个集合就是一致分布的. 还可以把 (23.10.1) 写成下面任一形式

$$n_I \sim nI, \quad n_I = nI + o(n). \tag{23.10.2}$$

定理 445 *如果 ϑ 是无理数, 那么诸点 $(n\vartheta)$ 在 $(0,1)$ 中是一致分布的.*

设 $0 < \varepsilon < \dfrac{1}{10}$, 根据定理 439, 可以选取 j 使得 $0 < (j\vartheta) = \delta < \varepsilon$. 记 $K = \lfloor 1/\delta \rfloor$. 如果 $0 \leqslant h < K$, 那么区间 I_h 就是满足

$$(hj\vartheta) < x \leqslant (\{h+1\}j\vartheta)$$

的点集. 这里 I_K 超出了点 1, 而我们是在用 23.2 节 (iii) 中的圆周表示法. 用 $\eta_h(n)$ 来表示落在 I_h 中的 $(\vartheta), (2\vartheta), \cdots, (n\vartheta)$ 的个数. 如果 $(t\vartheta)$ 落在 I_0 中, 其中 t 是一个正整数, 那么 $(\{t+hj\}\vartheta)$ 落在 I_h 中, 且反之亦然. 于是, 如果 $n > hj$, 则有 $\eta_h(n) - \eta_h(hj) = \eta_0(n-hj)$. 但是 $\eta_h(hj) \leqslant hj$, 且 $\eta_0(n-hj) \geqslant \eta_0(n) - hj$, 因此

$$\eta_0(n) - hj \leqslant \eta_h(n) \leqslant \eta_0(n) + hj,$$

所以

$$\lim_{n\to\infty} \frac{\eta_h(n)}{\eta_0(n)} = 1 \quad (0 \leqslant h \leqslant K). \tag{23.10.3}$$

现在有

$$\sum_{h=0}^{K-1} \eta_h(n) \leqslant n \leqslant \sum_{h=0}^{K} \eta_h(n),$$

由 (23.10.3) 推导出

$$\frac{1}{K+1} \leqslant \varliminf_{n\to\infty} \frac{\eta_0(n)}{n} \leqslant \varlimsup_{n\to\infty} \frac{\eta_0(n)}{n} \leqslant \frac{1}{K}. \tag{23.10.4}$$

如果 I 是区间 (α, β), 且 $\beta - \alpha \geqslant \varepsilon$, 则存在整数 u, k 使得

$$0 \leqslant (uj\vartheta) \leqslant \alpha \leqslant (\{u+1\}j\vartheta) \leqslant (\{u+k\}j\vartheta) \leqslant \beta < (\{u+k+1\}j\vartheta),$$

所以

$$\sum_{h=u+1}^{u+k-1} \eta_h(n) \leqslant n_I \leqslant \sum_{h=u}^{u+k} \eta_h(n).$$

因此, 利用 (23.10.3) 就有

$$k - 1 \leqslant \varliminf_{n\to\infty} \frac{n_I}{\eta_0(n)} \leqslant \varlimsup_{n\to\infty} \frac{n_I}{\eta_0(n)} \leqslant k + 1,$$

再利用 (23.10.4) 即得

$$\frac{k-1}{K+1} \leqslant \varliminf \frac{n_I}{n} \leqslant \varlimsup \frac{n_I}{n} \leqslant \frac{k+1}{K}.$$

但是

$$K\delta \leqslant 1 \leqslant (K+1)\delta, \quad (k-1)\delta < I < (k+1)\delta.$$

从而

$$\frac{I - 2\delta}{I + \delta} \leqslant \varliminf \frac{n_I}{n} \leqslant \varlimsup \frac{n_I}{n} \leqslant \frac{I + 2\delta}{I - \delta}.$$

由于可以选取 ε (从而 δ 亦如此) 任意地小, 这就推出 (23.10.1).

一致分布的定义可以立即被推广到 k 维空间中去, Kronecker 的一般性定理可以用同样的方式加以改善. 但是其证明更为复杂.

很自然地要问, 在诸 ϑ 由一个或者多个线性关系相联系的例外情形下会怎么样呢. 例如, 假设 $k = 3$. 如果有**一个**关系存在, 则点 P_n 就局限在某些平面上, 如同在 23.4 节中它们局限在某些直线上一样. 如果有**两个**关系存在, 则点 P_n 就局限在直线上. 这种相似性提示我们: 在这些平面或者直线上的分布应该是稠密的, 而且还是一致分布的. 可以证明这的确如此, 且在 k 维空间中对应的定理仍然为真.

本 章 附 注

23.1 节. Kronecker 在 *Berliner Sitzungsberichte*, 1884 [*Werke*, iii (i), 47-110] 中首先陈述并证明了他的定理. 关于此后受这个定理启发所进行的研究工作的更完全的介绍以及论著目录, 见 Cassels, *Diophantine approximation*. 一维的定理似乎应该属于 Tchebychef, 见 Koksma 的书 76 页.

23.2 节. 证明 (iii) 见 Hardy and Littlewood, *Acta Math.* **37** (1914), 155-191, 特别是 161-162.

23.3 节. König and Szücs, *Rendiconti del circolo matematico di Palermo*, **36** (1913), 79-90.

23.7 节. Lettenmeyer, *Proc. London Math. Soc.* (2), **21** (1923), 306-314.

23.8 节. Estermann, *Journal London Math. Soc.* **8** (1933), 18-20.

23.9 节. H. Bohr, *Journal London Math. Soc.* **9** (1934), 5-6; 有关它的一个变形, 见 *Proc. London Math. Soc.* (2), **21** (1923), 315-316. 在 Bohr and Jessen, *Journal London Math. Soc.* **7** (1932), 274-275 中还有另一个简单的证明.

23.10 节. 定理 445 似乎是在同一时期由 Bohl、Sierpiński 以及 Weyl 分别独立地发现的. 见 Koksma 的书第 92 页. 我所给出的这种特殊形式的证明是由 Miclavc 博士建议的 [*Proc. American Math. Soc.* **39** (1973), 279-280].

毫无疑问, 这个定理的最好的证明是 Weyl 在 *Math. Annalen,* **77** (1916), 313-352 上发表的一篇很重要的论文中给出的. Weyl 证明了: 诸数

$$(f(1)), \quad (f(2)), \quad (f(3)), \quad \cdots$$

在 (0, 1) 中一致分布的充分必要条件是, 对每个整数 h 都有

$$\sum_{v=1}^{n} e\{hf(v)\} = o(n).$$

这个原理有许多重要应用, 特别是对本章末尾提到的那些问题.

有关一致分布这一论题的详细说明, 见 Kuipers 和 Niederreiter 的著作.

第 24 章 数 的 几 何

24.1 基本定理的导引和重新表述

本章是 "数的几何" 的一个导引, 这个由 Minkowski 创立的研究分支是以他的基本定理 37 以及该定理在 n 维空间中的推广作为基础的.

我们要在 n 维空间中推广 3.9 节至 3.11 节中用过的概念. 但是, 如同 3.11 节中说过的那样, 这些都是容易解决的. 如 3.5 节, 我们定义一个格以及格的等价, 其中的平行四边形被 n 维平行六面体所取代, 凸区域如同在 3.9 节中的第一个定义一样. [①] Minkowski 定理叙述如下.

定理 446 n 维空间中关于原点对称且体积大于 2^n 的任何一个凸区域都包含一个坐标皆为整数且不全为零的点.

通过修改第 3 章定理 37 的任意一个证明都可以证明定理 446. 例如, 取 Mordell 的证明. 诸平面

$$x_r = 2p_r/t \quad (r = 1, 2, \cdots, n)$$

将空间划分成体积为 $(2/t)^n$ 的立方体. 如果 $N(t)$ 是这些立方体在所考虑的区域 R 中顶角的个数, V 是 R 的体积, 那么, 当 $t \to \infty$ 时

$$(2/t)^n N(t) \to V.$$

又如果 $V > 2^n$ 且 t 充分大, 则有 $N(t) > t^n$. 这样一来, 证明就可以与以前一样来完成.

如果 $\xi_1, \xi_2, \cdots, \xi_n$ 是关于 $x_1, x_2, \cdots, x_n$ 的线性型, 比方说

$$\xi_r = \alpha_{r,1} x_1 + \alpha_{r,2} x_2 + \cdots + \alpha_{r,n} x_n \quad (r = 1, 2, \cdots, n), \tag{24.1.1}$$

其中系数是实数, 且行列式

$$\Delta = \begin{vmatrix} \alpha_{1,1} & \alpha_{1,2} & \cdots & \alpha_{1,n} \\ \vdots & \vdots & & \vdots \\ \alpha_{n,1} & \alpha_{n,2} & \cdots & \alpha_{n,n} \end{vmatrix} \neq 0, \tag{24.1.2}$$

[①] 第二个定义也可以经过修改后用到 n 维情形中去, 直线 l 变成一个 $n-1$ 维的 "平面"(而第一个定义中的直线仍然是一条 "直线"). 我们将使用三维的语言: 这样一来我们就把区域 $|x_1| < 1, |x_2| < 1, \cdots, |x_n| < 1$ 称为 "单位立方体".

那么在 ξ 空间中与整数 $x_1, x_2, \cdots, x_n$ 对应的点作成一个格 Λ [①], 称 Δ 是这个格的行列式. x 空间的一个区域 R 被转变成 ξ 空间的一个区域 P, x 空间的一个凸区域 R 变成 ξ 空间的一个凸区域 P. [②] 我们还有

$$\iint \cdots \int d\xi_1 d\xi_2 \cdots d\xi_n = |\Delta| \iint \cdots \int dx_1 dx_2 \cdots dx_n,$$

所以 P 的体积是 R 的体积的 $|\Delta|$ 倍. 于是可以将定理 446 重新表述如下.

定理 447　如果 Λ 是行列式为 Δ 的一个格, P 是一个关于原点 O 对称的凸区域, 且它的体积大于 $2^n |\Delta|$, 那么 P 包含 Λ 的一个异于 O 的点.

本章将始终假设 $\Delta \neq 0$.

24.2　简单的应用

接下来的几个定理都有同样的特点. 我们会给定一组型 ξ_r, 它们通常是线性齐次的, 但是有时候 (如同在定理 455 中那样) 也是非齐次的, 我们将要证明: 存在诸 x_r 的整数值 (通常不全为零), 使得诸 ξ_r 满足某种不等式. 对各种简单区域 P 应用定理 447 就能立即得到这样的定理.

(1) 首先假设 P 是由

$$|\xi_1| < \lambda_1, |\xi_2| < \lambda_2, \cdots, |\xi_n| < \lambda_n$$

定义的区域. 这是凸的且关于 O 为对称的区域, 它的体积是 $2^n \lambda_1 \lambda_2 \cdots \lambda_n$. 如果 $\lambda_1 \lambda_2 \cdots \lambda_n > |\Delta|$, 那么 P 包含一个异于 O 的格点. 如果 $\lambda_1 \lambda_2 \cdots \lambda_n \geqslant |\Delta|$, 则在 P 内部或者边界上存在一个异于 O 的格点. [③] 这样就得到以下定理.

定理 448　如果 $\xi_1, \xi_2, \cdots, \xi_n$ 是关于 $x_1, x_2, \cdots, x_n$ 的实系数的齐次线性型, 且行列式 $\Delta, \lambda_1, \lambda_2, \cdots, \lambda_n$ 均为正数, 又有

$$\lambda_1 \lambda_2 \cdots \lambda_n \geqslant |\Delta|, \tag{24.2.1}$$

那么就存在不全为零的整数 $x_1, x_2, \cdots, x_n$ 使得

$$|\xi_1| \leqslant \lambda_1, \ |\xi_2| \leqslant \lambda_2, \ \cdots, \ |\xi_n| \leqslant \lambda_n. \tag{24.2.2}$$

特别地, 可以使得对每个 r 都有 $|\xi_r| \leqslant \sqrt[n]{|\Delta|}$.

(2) 第二, 假设 P 定义为

---

① 在 3.5 节中, 我们用 L 表示直线作成的格, 用 Λ 表示对应的点格. 现在更方便的是保留用希腊字母来表示 "ξ 空间" 中的构造.
② 凸区域的不变性依赖于线性变换的两个性质, 也就是: (1) 直线和平面被变换成直线和平面, (2) 直线上点的次序不改变.
③ 在这里, 我们求助于连续性将关于开区域的一个结果转变成关于闭区域的一个结果. 当然, 可以在一般性的定理 446 和定理 447 中作类似的改变, 于是任何一个关于原点对称且体积不小于 2^n 的闭凸区域都会在它内部或者边界上含有一个异于 O 的格点. 我们将不再这样明显地提及对于连续性的这样简单的应用.

$$|\xi_1| + |\xi_2| + \cdots + |\xi_n| < \lambda. \tag{24.2.3}$$

如果 $n = 2$, 则 P 是一个正方形; 如果 $n = 3$, 则 P 是一个正八面体. 一般情形下, 它由 2^n 个全等的部分组成, 在每个 "卦限" 中都有它的一个部分. 显然它关于 O 是对称的, 而且还是凸的, 因为对正的 μ 和 μ' 有

$$|\mu\xi + \mu'\xi'| \leqslant \mu|\xi| + \mu'|\xi'|.$$

在正的卦限 $\xi_r > 0$ 中的体积是

$$\lambda^n \int_0^1 \mathrm{d}\xi_1 \int_0^{1-\xi_1} \mathrm{d}\xi_2 \cdots \int_0^{1-\xi_1-\cdots-\xi_{n-1}} \mathrm{d}\xi_n = \frac{\lambda^n}{n!}.$$

如果 $\lambda^n > n!\,|\Delta|$, 那么 P 的体积超过 $2^n|\Delta|$, 于是在 P 中除了 O 以外, 还存在一个格点. 这样就得到以下定理.

定理 449　存在不全为零的整数 $x_1, x_2, \cdots, x_n$ 使得

$$|\xi_1| + |\xi_2| + \cdots + |\xi_n| \leqslant (n!\,|\Delta|)^{1/n}. \tag{24.2.4}$$

根据算术与几何平均的定理有

$$n|\xi_1\xi_2\cdots\xi_n|^{1/n} \leqslant |\xi_1| + |\xi_2| + \cdots + |\xi_n|,$$

所以我们还有以下定理.

定理 450　存在不全为零的整数 $x_1, x_2, \cdots, x_n$ 使得

$$|\xi_1\xi_2\cdots\xi_n| \leqslant n^{-n}n!\,|\Delta|. \tag{24.2.5}$$

(3) 作为第三个应用, 定义 P 为

$$\xi_1^2 + \xi_2^2 + \cdots + \xi_n^2 < \lambda^2.$$

这个区域是凸的, 因为对正的 μ 和 μ' 有

$$(\mu\xi + \mu'\xi')^2 \leqslant (\mu + \mu')(\mu\xi^2 + \mu'\xi'^2).$$

P 的体积是 $\lambda^n J_n$, 其中 [①]

$$J_n = \underset{\xi_1^2+\xi_2^2+\cdots+\xi_n^2 \leqslant 1}{\iint \cdots \int} \mathrm{d}\xi_1 \mathrm{d}\xi_2 \cdots \mathrm{d}\xi_n = \frac{\pi^{\frac{1}{2}n}}{\Gamma\left(\frac{1}{2}n + 1\right)}.$$

这样就得到以下定理.

定理 451　存在不全为零的整数 $x_1, x_2, \cdots, x_n$ 使得

$$\xi_1^2 + \xi_2^2 + \cdots + \xi_n^2 \leqslant 4\left(\frac{|\Delta|}{J_n}\right)^{2/n}. \tag{24.2.6}$$

定理 451 可以用不同的方式来表达. 一个关于 $x_1, x_2, \cdots, x_n$ 的**二次型** (quadratic form) Q 是一个函数

---

① 例如, 见 Whittaker and Watson, *Modern analysis*, 1920 (第 3 版), 258. 对于 $n = 2$ 和 $n = 3$ 时的圆和球的体积, 得到数值 $\pi\lambda^2$ 和 $\frac{4}{3}\pi\lambda^3$.

$$Q(x_1, x_2, \cdots, x_n) = \sum_{r=1}^{n} \sum_{s=1}^{n} a_{r,s} x_r x_s,$$

其中 $a_{s,r} = a_{r,s}$. Q 的**行列式** D 是它的系数的行列式. 如果对所有不全为零的 $x_1, x_2, \cdots, x_n$ 都有 $Q > 0$, 则 Q 称为是**正定的** (positive definite). 熟知 [①], Q 可以表示成 $Q = \xi_1^2 + \xi_2^2 + \cdots + \xi_n^2$ 的形式, 其中 $\xi_1, \xi_2, \cdots, \xi_n$ 都是实系数的线性型且行列式为 $\sqrt{D}$. 从而定理 451 可以重新表述如下.

定理 452 如果 Q 是关于 $x_1, x_2, \cdots, x_n$ 的正定二次型, 行列式为 D, 那么存在 $x_1, x_2, \cdots, x_n$ 的不全为零的整数值使得

$$Q \leqslant 4 D^{1/n} J_n^{-2/n}. \tag{24.2.7}$$

24.3 定理 448 的算术证明

定理 448 有各种不依赖于定理 446 的证明, 这个定理的重要性使我们希望给出它的一个证明. 为简单起见, 我们仅讨论 $n = 2$ 的情形. 于是给定了实系数的线性型

$$\xi = \alpha x + \beta y, \quad \eta = \gamma x + \delta y, \tag{24.3.1}$$

其行列式 $\Delta = \alpha\delta - \beta\gamma \neq 0$, 且正数 λ, μ 使得 $\lambda\mu \geqslant |\Delta|$. 我们需要证明, 对某些不全为零的整数 x 和 y 有

$$|\xi| \leqslant \lambda, \quad |\eta| \leqslant \mu. \tag{24.3.2}$$

显然可以假设 $\Delta > 0$.

分三步来证明: (1) 当系数是整数且每一对数 α, β 和 γ, δ 都互素时; (2) 当系数为有理数时; (3) 一般情形.

(1) 首先假设 α, β, γ 和 δ 都是整数, 且

$$(\alpha, \beta) = (\gamma, \delta) = 1.$$

由于 $(\alpha, \beta) = 1$, 所以存在整数 p 和 q 使得 $\alpha q - \beta p = 1$. 线性变换

$$\alpha x + \beta y = X, \quad px + qy = Y$$

在整数对 x, y 与 X, Y 之间建立了一一对应, 且有

$$\xi = X, \quad \eta = rX + \Delta Y,$$

其中 $r = \gamma q - \delta p$ 是整数. 所以只要对某些不全为零的整数 X 和 Y 有 $|\xi| \leqslant \lambda$ 和 $|\eta| \leqslant \mu$ 成立就够了.

如果 $\lambda \leqslant 1$, 那么 $\mu \geqslant \Delta$, 且 $X = 0, Y = 1$ 给出 $\xi = 0, |\eta| = \Delta \leqslant \mu$. 如果 $\lambda > 1$, 则在定理 36 中取

---

① 例如, 见 Bôcher, *Introduction to higher algebra* 第 10 章或者 Ferrar, *Algebra* 第 11 章.

$$n = \lfloor \lambda \rfloor, \quad \xi = -\frac{r}{\Delta}, \quad h = Y, \quad k = X.^{①}$$

那么就有

$$0 < X \leqslant \lfloor \lambda \rfloor \leqslant \lambda$$

以及

$$|rX + \Delta Y| = \Delta X \left| -\frac{r}{\Delta} - \frac{Y}{X} \right| \leqslant \frac{\Delta}{n+1} = \frac{\Delta}{\lfloor \lambda \rfloor + 1} < \frac{\Delta}{\lambda} \leqslant \mu,$$

所以 $X = k$ 和 $Y = h$ 满足我们的要求.

(2) 其次假设 α, β, γ 和 δ 是任意有理数. 那么可以选取 ρ 和 σ 使得

$$\xi' = \rho\xi = \alpha'x + \beta'y, \quad \eta' = \sigma\eta = \gamma'x + \delta'y,$$

其中 α', β', γ' 和 δ' 都是整数, $(\alpha', \beta') = 1$, $(\gamma', \delta') = 1$, 且 $\Delta' = \alpha'\delta' - \beta'\gamma' = \rho\sigma\Delta$. 我们还有 $\rho\lambda \cdot \sigma\mu \geqslant \Delta'$, 于是根据 (1) 就存在不全为零的整数 x, y 使得

$$|\xi'| \leqslant \rho\lambda, \quad |\eta'| \leqslant \sigma\mu.$$

这些不等式等价于 (24.3.2), 所以就在情形 (2) 证明了定理.

(3) 最后假设 α, β, γ 和 δ 不受限制. 如果令 $\alpha = \alpha'\sqrt{\Delta}, \cdots, \xi = \xi'\sqrt{\Delta}, \cdots$, 那么 $\Delta' = \alpha'\delta' - \beta'\gamma' = 1$. 如果定理对于 $\Delta = 1$ 以及 $\lambda'\mu' \geqslant 1$ 已经证明, 那么就存在不全为零的整数 x, y 使得

$$|\xi'| \leqslant \lambda', \quad |\eta'| \leqslant \mu',$$

而这些不等式等价于 (24.3.2) (对于 $\lambda = \lambda'\sqrt{\Delta}$, $\mu = \mu'\sqrt{\Delta}$, $\lambda\mu \geqslant \Delta$). 从而不失一般性, 可以假设 $\Delta = 1.$ ^②

可以选取一列有理数组 $\alpha_n, \beta_n, \gamma_n, \delta_n$ 使得

$$\alpha_n\delta_n - \beta_n\gamma_n = 1,$$

且当 $n \to \infty$ 时有 $\alpha_n \to \alpha, \beta_n \to \beta, \cdots$. 由 (2) 推出, 存在不全为零的整数 x_n 和 y_n 使得

$$|\alpha_n x_n + \beta_n y_n| \leqslant \lambda, \quad |\gamma_n x_n + \delta_n y_n| \leqslant \mu. \tag{24.3.3}$$

又有

$$|x_n| = |\delta_n(\alpha_n x_n + \beta_n y_n) - \beta_n(\gamma_n x_n + \delta_n y_n)| \leqslant \lambda|\delta_n| + \mu|\beta_n|,$$

所以 x_n 有界. 类似地, y_n 也有界. 由于 x_n 和 y_n 都是整数, 由此推出, 某一对整数 x, y 必定在数对 x_n, y_n 之中出现无穷多次. 在 (24.3.3) 中取 $x_n = x, y_n = y$, 并令 n 取适当的值趋向于无穷大, 就得到 (24.3.2).

特别要注意, 这种转化成有理系数或者整系数情形的证明方法不能应用到定理 450 这样的定理中去. 这个定理 (当 $n = 2$ 时) 断言对适当的 x, y 有 $|\xi\eta| \leqslant$

---

① 这里的 ξ 不是本节里的那个 ξ.

② 类似地, 借助于齐性使我们能将本章里任何一个定理的证明化简成 Δ 有任意指定值这种情形的证明.

$\frac{1}{2}|\Delta|$. 如果我们试图利用上面 (3) 的论证方法, 由于 x_n 和 y_n 不一定有界, 该方法会失效. 这种失效很自然, 因为当系数为有理数时该定理是平凡的: 显然可以选取 x 和 y 使得 $\xi = 0$, $|\xi\eta| = 0 < \frac{1}{2}|\Delta|$.

24.4 最好的可能的不等式

容易看出, 定理 448 是这种类型的结果中的最佳定理, 这里最佳的含义在于, 如果 (24.2.1) 代之以对任何 $k < 1$ 有

$$\lambda_1\lambda_2\cdots\lambda_n \geqslant k|\Delta|, \tag{24.4.1}$$

则该定理将不再成立. 这样一来, 如果对每个 r 有 $\xi_r = x_r$, 就有 $\Delta = 1$ 以及 $\lambda_r = \sqrt[n]{k}$, 这样 (24.4.1) 就得以满足. 但是 $|\xi_r| \leqslant \lambda_r < 1$ 蕴涵 $x_r = 0$, 所以 (24.2.2) 除了 $x_1 = x_2 = \cdots = 0$ 之外没有其他的解.

自然要问, 定理 449 至定理 451 是否也类似地都是 "最佳的"? 除了一种情形之外, 这个问题的答案都是否定的. (24.2.4)(24.2.5)(24.2.6) 右边的数值常数都可以被更小的数代替.

要提及的一个特殊情形是定理 449 当 $n = 2$ 时的情形. 这个定理断言我们可以使得

$$|\xi| + |\eta| \leqslant \sqrt{2|\Delta|}, \tag{24.4.2}$$

而且容易看出, 这是最佳的结果. 如果 $\xi = x+y$, $\eta = x-y$, 那么 $\Delta = -2$, (24.4.2) 就变成 $|\xi| + |\eta| \leqslant 2$. 但是

$$|\xi| + |\eta| = \max(|\xi + \eta|, |\xi - \eta|) = \max(|2x|, |2y|),$$

除了 $x = y = 0$ 以外它不可能小于 2. ①

定理 450 即便当 $n = 2$ 时也不是最佳的定理. 当 $n = 2$ 时它断言

$$|\xi\eta| \leqslant \frac{1}{2}|\Delta|, \tag{24.4.3}$$

我们将在 24.6 节中证明, 这里的 $\frac{1}{2}$ 可以被更小的常数 $5^{-\frac{1}{2}}$ 取代. 我们也可以在定理 451 中作出相应改进. 这个定理 (当 $n = 2$ 时) 断言

$$\xi^2 + \eta^2 \leqslant 4\pi^{-1}|\Delta|,$$

而我们将要证明, $4\pi^{-1} = 1.27\cdots$ 能被 $\left(\frac{4}{3}\right)^{\frac{1}{2}} = 1.15\cdots$ 取代.

我们还将证明 $5^{-\frac{1}{2}}$ 和 $\left(\frac{4}{3}\right)^{\frac{1}{2}}$ 是最佳常数. 当 $n > 2$ 时, 确定最佳常数是很困难的.

---

① 实际上定理 449 当 $n = 2$ 时的情形等价于定理 448 中对应的情形.

24.5 关于 $\xi^2 + \eta^2$ 的最好可能的不等式

如果
$$Q(x, y) = ax^2 + 2bxy + cy^2$$
是一个关于 x 和 y 的 (实系数, 但不一定是整系数的) 二次型,
$$x = px' + qy', \quad y = rx' + sy' \quad (ps - qr = \pm 1)$$
是在 3.6 节的意义下的一个幺模变换, 而
$$Q(x, y) = a'x'^2 + 2b'x'y' + c'y'^2 = Q'(x', y'),$$
那么就称 Q 与 Q' 等价, 记成 $Q \sim Q'$. 容易验证有 $a'c' - b'^2 = ac - b^2$, 所以等价的型有相同的判别式. 显然, "对适当的整数 x, y 有 $|Q| \leqslant k$" 与 "对适当的整数 x', y' 有 $|Q'| \leqslant k$" 这两个结论是等价的.

现在设 x_0, y_0 是互素的整数, 它们使得 $M = Q(x_0, y_0) \neq 0$. 可以选取 x_1, y_1 使得 $x_0 y_1 - x_1 y_0 = 1$. 变换
$$x = x_0 x' + x_1 y', \quad y = y_0 x' + y_1 y' \tag{24.5.1}$$
是将 $Q(x, y)$ 变换成 $Q'(x', y')$ 的一个幺模变换, 其中
$$a' = ax_0^2 + 2bx_0 y_0 + cy_0^2 = Q(x_0, y_0) = M.$$
如果进一步再做一个幺模变换
$$x' = x'' + ny'', \quad y' = y'', \tag{24.5.2}$$
其中 n 是整数, $a' = M$ 不变, 而 b' 则变成
$$b'' = b' + na' = b' + nM.$$
由于 $M \neq 0$, 可以选取 n 使得 $-|M| < 2b'' \leqslant |M|$. 这样就用幺模变换把 $Q(x, y)$ 变换成了
$$Q''(x'', y'') = Mx''^2 + 2b''x''y'' + c'y''^2,$$
其中 $-|M| < 2b'' \leqslant |M|$. [①]

现在可以对 $n = 2$ 的情形改进定理 450 和定理 451 的结果. 首先讨论后一个定理.

定理 453 *存在不全为零的整数 x, y 使得*
$$\xi^2 + \eta^2 \leqslant \left(\frac{4}{3}\right)^{\frac{1}{2}} |\Delta|. \tag{24.5.3}$$
而且, 除了

---

① 熟悉二次型理论基础的读者应该了解 Gauss 将 Q 变换成 "已化" 型的方法.

$$\xi^2 + \eta^2 \sim \left(\frac{4}{3}\right)^{\frac{1}{2}} |\Delta| \left(x^2 + xy + y^2\right) \tag{24.5.4}$$

这种情形之外, 结论中都有不等号成立.

我们有

$$\xi^2 + \eta^2 = ax^2 + 2bxy + cy^2 = Q(x, y), \tag{24.5.5}$$

其中

$$\begin{cases} a = \alpha^2 + \gamma^2, \ b = \alpha\beta + \gamma\delta, \ c = \beta^2 + \delta^2, \\ ac - b^2 = (\alpha\delta - \beta\gamma)^2 = \Delta^2 > 0. \end{cases} \tag{24.5.6}$$

这样一来, 除了 $x = y = 0$ 的情形之外, 都有 $Q > 0$, 而且存在至多有限多对整数 x, y 使得 Q 小于任意给定的 k. 由此推出, 在这样不全为零的整数对中, 存在一个整数对, 比方说就是 (x_0, y_0), 它使得 Q 取到正的最小值 m. 显然, x_0 和 y_0 是互素的, 所以, 根据我们刚刚说过的, Q 与一个型 Q'' 等价, 其中 $a'' = m$ 以及 $-m < 2b'' \leqslant m$. 这样一来 (去掉撇号), 就可以假设这个型是

$$mx^2 + 2bxy + cy^2,$$

其中 $-m < 2b \leqslant m$. 那样就有 $c \geqslant m$, 这是因为, 如若不然, 那么由 $x = 0, y = 1$ 就会给出一个小于 m 的值, 而且

$$\Delta^2 = mc - b^2 \geqslant m^2 - \frac{1}{4}m^2 = \frac{3}{4}m^2, \tag{24.5.7}$$

所以有 $m \leqslant \left(\frac{4}{3}\right)^{\frac{1}{2}} |\Delta|$.

这就证明了 (24.5.3). (24.5.7) 中的等号仅当 $c = m$ 以及 $b = \frac{1}{2}m$ 同时满足时才成立, 此时有 $Q \sim m\left(x^2 + xy + y^2\right)$. 对于这样一个型, 其最小值显然是 $\left(\frac{4}{3}\right)^{\frac{1}{2}} |\Delta|$.

24.6 关于 $|\xi\eta|$ 的最好可能的不等式

现在转向乘积 $|\xi\eta|$, 来证明以下定理.

定理 454 存在不全为零的整数 x, y 使得

$$|\xi\eta| \leqslant 5^{-\frac{1}{2}} |\Delta|. \tag{24.6.1}$$

而且, 除了

$$\xi\eta \sim 5^{-\frac{1}{2}} |\Delta| \left(x^2 + xy - y^2\right), \tag{24.6.2}$$

这种情形之外, 结论中都有不等号成立.

这个证明不如定理 453 的证明那样简洁明了, 因为这里关注的是一个 "不定型". 记

$$\xi\eta = ax^2 + 2bxy + cy^2 = Q(x,y), \tag{24.6.3}$$

其中

$$\begin{cases} a = \alpha\gamma,\ 2b = \alpha\delta + \beta\gamma,\ c = \beta\delta, \\ 4(b^2 - ac) = \Delta^2 > 0. \end{cases} \tag{24.6.4}$$

用 m 表示 $|Q(x,y)|$ 的下界 (对于不全为零的 x 和 y). 显然可以假设 $m > 0$, 这是因为如果 $m = 0$, 那就没有什么要证明的了. 现在有可能不存在数对 x,y 使得 $|Q(x,y)| = m$. 但是必定有数对存在, 使得 $|Q(x,y)|$ 可以任意接近于 m. 因此可以求得一对互素的 x_0 和 y_0 使得 $m \leqslant |M| < 2m$, 其中 $M = Q(x_0, y_0)$. 不失一般性, 可以取 $M > 0$. 如果像在 24.5 节中那样来作变换, 并去掉撇号, 新的二次型就是

$$Q(x,y) = Mx^2 + 2bxy + cy^2,$$

其中

$$m \leqslant M < 2m,\ \ -m < 2b \leqslant M \tag{24.6.5}$$

且

$$4(b^2 - Mc) = \Delta^2 > 0. \tag{24.6.6}$$

根据 m 的定义, 对所有不同时为零的整数对 x,y 都有 $|Q(x,y)| \geqslant m$. 所以, 如果对某对特殊的整数有 $Q(x,y) < m$, 就会推出有 $Q(x,y) \leqslant -m$. 现在根据 (24.6.5) 和 (24.6.6) 有

$$Q(0,1) = c < \frac{b^2}{M} \leqslant \frac{1}{4}M < m.$$

于是 $c \leqslant -m$, 记 $C = -c \geqslant m > 0$. 再次有

$$Q\left(1, \frac{-b}{|b|}\right) = M - |2b| - C \leqslant M - C \leqslant M - m < m,$$

所以 $M - |2b| - C \leqslant -m$, 这就是

$$|2b| \geqslant M + m - C. \tag{24.6.7}$$

如果 $M + m - C < 0$, 就有 $C > M + m \geqslant 2m$, 且

$$\Delta^2 = 4(b^2 + MC) \geqslant 4MC \geqslant 8m^2 > 5m^2.$$

如果 $M + m - C \geqslant 0$, 由 (24.6.7) 有

$$\Delta^2 = 4b^2 + 4MC \geqslant (M + m - C)^2 + 4MC$$
$$= (M - m + C)^2 + 4Mm \geqslant 5m^2.$$

其中的等号仅当 $M - m + C = m$ 和 $M = m$ 时才会发生. 所以有 $M = C = m$ 以及 $|b| = m$. 这等价于两个 (等价的) 二次型 $m(x^2 + xy - y^2)$ 和 $m(x^2 - xy - y^2)$ 中的一个. 对这些型有 $|Q(1,0)| = m = 5^{-\frac{1}{2}}\Delta$, 而对所有其他的型则有 $5m^2 < \Delta^2$, 从而可以选取 x_0, y_0, 使得

$$5m^2 \leqslant 5M^2 < \Delta^2.$$

这就是定理 454.

24.7　关于非齐次型的一个定理

接下来证明 Minkowski 关于非齐次型

$$\xi - \rho = \alpha x + \beta y - \rho, \quad \eta - \sigma = \gamma x + \delta y - \sigma \tag{24.7.1}$$

的一个重要定理.

定理 455　如果 ξ 和 η 是关于 x, y 的齐次线性型, 其行列式 $\Delta \neq 0$, 且 ρ 和 σ 是实数, 那么存在整数 x, y 使得

$$|(\xi - \rho)(\eta - \sigma)| \leqslant \frac{1}{4}|\Delta|. \tag{24.7.2}$$

此时式中有不等号成立, 除非有

$$\xi = \theta u, \quad \eta = \phi v, \quad \theta\phi = \Delta, \quad \rho = \theta\left(f + \frac{1}{2}\right), \quad \sigma = \phi\left(g + \frac{1}{2}\right), \tag{24.7.3}$$

其中 u 和 v 是整系数的型 (且行列式为 1), f 和 g 是整数.

应该注意到, 这个定理与前面所有的定理之间的区别在于: 我们并不排除取值 $x = y = 0$. 如果不允许取这种值的可能性, 就会产生错误. 例如, ξ 和 η 是定理 454 的特例且 $\rho = \sigma = 0$ 这种情形.

用不同的形式来重新表述这个定理会很方便. 在 ξ, η 平面中与整数 x, y 对应的点构成一个行列式为 Δ 的格 Λ. 两个点 P, Q 关于 Λ 是等价的, 如果向量 PQ 与从原点出发到 Λ 的某个点的一个向量相等,[①] $(\xi - \rho, \eta - \sigma)$ (其中的 x, y 是整数) 等价于 $(-\rho, -\sigma)$. 从而该定理可以被重新表述如下.

定理 456　如果 Λ 是在 (ξ, η) 平面上一个行列式为 Δ 的格, Q 是平面上任意一个给定的点, 那么存在一个与 Q 等价的点使得

$$|\xi\eta| \leqslant \frac{1}{4}|\Delta|. \tag{24.7.4}$$

而且除了 (24.7.3) 所述的特殊情形以外, 均有不等号成立.

下面要来关注三组变量的集合 $(x, y), (\xi, \eta)$ 以及 (ξ', η'). 称后面两组变量所在的平面为 π 和 π'.

可以假设 $\Delta = 1$.[②] 根据定理 450 (当然也要用到定理 454), 存在 Λ 的一个异于原点且与 x_0, y_0 对应的点 P_0 使得

$$|\xi_0\eta_0| \leqslant \frac{1}{2}. \tag{24.7.5}$$

可以假设 x_0 和 y_0 互素 (从而点 P_0 在 3.6 节的意义下是 "可视的"). 由于 ξ_0 和 η_0 满足 (24.7.5), 且不全为零, 因此存在一个正的实数 λ 使得

---

① 见 3.11 节. 这与说 "在 (x, y) 平面上对应的点关于基本格是等价的" 有同样的意义.

② 见 24.3 节中的相关脚注.

$$(\lambda\xi_0)^2 + (\lambda^{-1}\eta_0)^2 = 1. \tag{24.7.6}$$

取

$$\xi' = \lambda\xi, \quad \eta' = \lambda^{-1}\eta. \tag{24.7.7}$$

那么在平面 π 中的格 Λ 对应于 π' 中的一个格 Λ', Λ' 的行列式也为 1. 如果 O' 和 P_0' 与 O 和 P_0 对应, 那么 P_0' 也像 P_0 一样是可视的. 而且由 (24.7.6) 有 $O'P_0' = 1$. 于是 Λ' 的位于 $O'P_0'$ 上的点是按照单位长度分布开来的, 由于 Λ' 的基本平行四边形的面积是 1, 所以 Λ' 的其他的点就位于与 $O'P_0'$ 平行的直线上, 且相互之间间隔的距离为单位长.

用 S' 来记中心在 O' 点且有一边垂直平分 $O'P_0'$ 的那个正方形.[①] S' 的每边长都是 1. S' 位于圆

$$\xi'^2 + \eta'^2 = 2\left(\frac{1}{2}\right)^2 = \frac{1}{2}$$

的内部, 且在 S' 的所有点处皆有

$$|\xi'\eta'| \leqslant \frac{1}{2}\left(\xi'^2 + \eta'^2\right) \leqslant \frac{1}{4}. \tag{24.7.8}$$

如果 A' 和 B' 是 S' 内部的两个点, 那么向量 $A'B'$ 的每一个分量 (平行于正方形的边来度量) 都小于 1, 所以 A' 和 B' 不可能是关于 Λ' 为等价的. 由定理 42 推出, 存在 S' 的一个点与 Q' 等价 (Q' 是 π' 中与 Q 对应的点). π 的对应的点等价于 Q, 且满足

$$|\xi\eta| = |\xi'\eta'| \leqslant \frac{1}{4}. \tag{24.7.9}$$

这就证明了定理 456 (或者定理 455) 的主要结论.

如果在 (24.7.9) 中有等号成立, 则在 (24.7.8) 中等号必定成立, 所以有 $|\xi'| = |\eta'| = \frac{1}{2}$. 这仅在 S' 有边与坐标轴平行且当问题中所讨论的 S' 的点在顶角上时才有可能. 此时, P_0' 必定是四个点 $(\pm 1, 0), (0, \pm 1)$ 中的一个. 例如, 可以假设它是 $(1, 0)$.

格 Λ' 可以用 $O'P_0'$ 和 $O'P_1'$ 作为基础, 其中 P_1' 在 $\eta' = 1$ 上. 适当选取 P_1', 我们可以假设它就是 $(c, 1)$, 其中 $0 \leqslant c < 1$. 如果 S' 中与 Q' 等价的点(比方说)是 $\left(\frac{1}{2}, \frac{1}{2}\right)$, 那么与 Q' 等价的另一个点就是 $\left(\frac{1}{2} - c, \frac{1}{2} - 1\right)$, 也即 $\left(\frac{1}{2} - c, -\frac{1}{2}\right)$. 如果 $c = 0$, 那么这个点只可能在 S' 的一个角上, 这必定如此. 因此, P_1' 是 $(0, 1)$, Λ' 是在 π' 中的基本格, Q' (它与 $\left(\frac{1}{2}, \frac{1}{2}\right)$ 等价) 的坐标为

---

① 读者应该画一个图.

$$\xi' = f + \frac{1}{2}, \quad \eta' = g + \frac{1}{2},$$

其中 f 和 g 是整数. 这样我们就被引导到例外的情形 (24.7.3), 显然, 此时在 (24.7.2) 中能取到等号.

24.8 定理 455 的算术证明

我们还要对定理 455 的主要结论给出一个算术的证明. 像在定理 456 中一样来对它加以变换, 我们需要证明, 给定 μ 和 ν, 可以用与 μ 和 ν 关于模 1 同余的一个 x 和一个 y 来满足 (24.7.4).

再次假设 $\Delta = 1$, 如同在 24.7 节中一样, 存在整数 x_0, y_0 (可以假设它们是互素的) 使得

$$|(\alpha x_0 + \beta y_0)(\gamma x_0 + \delta y_0)| \leqslant \frac{1}{2}.$$

选取 x_1 和 y_1 使得 $x_0 y_1 - x_1 y_0 = 1$. 变换

$$x = x_0 x' + x_1 y', \quad y = y_0 x' + y_1 y'$$

将 ξ 和 η 变换成型 $\xi' = \alpha' x' + \beta' y', \eta' = \gamma' x' + \delta' y'$, 且满足

$$|\alpha'\gamma'| = |(\alpha x_0 + \beta y_0)(\gamma x_0 + \delta y_0)| \leqslant \frac{1}{2}.$$

于是, 恢复到原来的记号, 不失一般性可以假设

$$|\alpha\gamma| \leqslant \frac{1}{2}. \tag{24.8.1}$$

由 (24.8.1) 推出, 存在一个实数 λ 使得

$$\lambda^2 \alpha^2 + \lambda^{-2} \gamma^2 = 1,$$

且对某些 b, c, p 有

$$2|(\alpha x + \beta y)(\gamma x + \delta y)| \leqslant \lambda^2 (\alpha x + \beta y)^2 + \lambda^{-2} (\gamma x + \delta y)^2$$
$$= x^2 + 2bxy + cy^2 = (x + by)^2 + py^2.$$

一方面, 这个二次型的判别式是 $\lambda(\alpha x + \beta y)$ 和 $\lambda^{-1}(\gamma x + \delta y)$ 的行列式[1]的平方, 这就是 1, 另一方面, 它又等于 $x + by$ 和 $p^{\frac{1}{2}} y$ 的行列式的平方, 这就是 p, 于是有 $p = 1$. 从而

$$2|(\alpha x + \beta y)(\gamma x + \delta y)| \leqslant (x + by)^2 + y^2.$$

---

[1] 指的是线性变换 (或者说是两个变量的线性型) $\begin{cases} \xi = \lambda(\alpha x + \beta y) \\ \eta \lambda^{-1}(\gamma x + \delta y) \end{cases}$ 的行列式 $\begin{vmatrix} \lambda\alpha & \lambda\beta \\ \lambda^{-1}\gamma & \lambda^{-1}\delta \end{vmatrix} = \alpha\delta - \beta\gamma$, 参见 (24.5.5) 以及 (24.5.6), 下同. ——译者注

可以选取 $y \equiv \nu \pmod 1$ 使得 $|y| \leqslant \frac{1}{2}$, 从而 $x \equiv \mu \pmod 1$, 所以 $|x + by| \leqslant \frac{1}{2}$. 这样就有

$$|\xi\eta| \leqslant \frac{1}{2}\left\{\left(\frac{1}{2}\right)^2 + \left(\frac{1}{2}\right)^2\right\} = \frac{1}{4}.$$

在这个证明中等式成立的条件留给读者来研究.

24.9 Tchebotaref 定理

人们猜想定理 455 可以推广到 n 维的情形, 并可以用 2^{-n} 来取代 $\frac{1}{4}$. 但是这仅仅对 $n = 3$ 和 $n = 4$ 得到了证明. 然而 Tchebotaref 有一个定理在这个方向上取得了某种成功.

定理 457 如果 $\xi_1, \xi_2, \cdots, \xi_n$ 是关于 $x_1, x_2, \cdots, x_n$ 的齐次线性型, 系数为实数, 行列式为 Δ, $\rho_1, \rho_2, \cdots, \rho_n$ 为实数, m 是

$$|(\xi_1 - \rho_1)(\xi_2 - \rho_2) \cdots (\xi_n - \rho_n)|$$

的下界, 那么

$$m \leqslant 2^{-\frac{1}{2}n}|\Delta|. \tag{24.9.1}$$

可以假设 $\Delta = 1$ 以及 $m > 0$. 这样的话, 给定任何正数 ε, 都存在整数 $x_1^*, x_2^*, \cdots, x_n^*$ 使得

$$\prod|\xi_i^* - \rho_i| = |(\xi_1^* - \rho_1)(\xi_2^* - \rho_2) \cdots (\xi_n^* - \rho_n)| = \frac{m}{1 - \theta}, \quad (0 \leqslant \theta < \varepsilon). \tag{24.9.2}$$

设

$$\xi_i' = \frac{\xi_i - \xi_i^*}{\xi_i^* - \rho_i} \quad (i = 1, 2, \cdots, n).$$

那么 $\xi_1', \xi_2', \cdots, \xi_n'$ 是关于 $x_1 - x_1^*, x_2 - x_2^*, \cdots, x_n - x_n^*$ 的线性型, 其行列式为 D, 且它的绝对值为

$$|D| = \left(\prod|\xi_i^* - \rho_i|\right)^{-1} = \frac{1 - \theta}{m}.$$

在 ξ' 空间中与整数 x 对应的点构成一个格 Λ', 其行列式的绝对值是 $\frac{1 - \theta}{m}$. 由于

$$\prod|\xi_i - \rho_i| \geqslant m,$$

所以 Λ' 的每个点都满足

$$\prod|\xi_i' + 1| = \prod\left|\frac{\xi_i - \rho_i}{\xi_i^* - \rho_i}\right| \geqslant 1 - \theta.$$

关于原点对称的点也满足同样的不等式, 所以有 $\prod|\xi_i' - 1| \geqslant 1 - \theta$ 以及

$$\prod|\xi_i'^2 - 1| = |(\xi_1'^2 - 1)(\xi_2'^2 - 1) \cdots (\xi_n'^2 - 1)| \geqslant (1 - \theta)^2. \tag{24.9.3}$$

现在来证明, 当 ε 和 θ 很小时, 除了原点之外, 在由

$$|\xi_i'| < \sqrt{1 + (1-\theta)^2} \qquad (24.9.4)$$

定义的立方体 C' 中不再含有 Λ' 的任何其他的点. 假设如果有这样一个点, 它就会满足

$$-1 \leqslant \xi_i'^2 - 1 < (1-\theta)^2 \leqslant 1 \quad (i = 1, 2, \cdots, n). \qquad (24.9.5)$$

如果对某个 i 有

$$\xi_i'^2 - 1 > -(1-\theta)^2, \qquad (24.9.6)$$

那么对那个 i 就有 $|\xi_i'^2 - 1| < (1-\theta)^2$, 而且对每个 i 都有 $|\xi_i'^2 - 1| \leqslant 1$, 所以

$$\prod |\xi_i'^2 - 1| < (1-\theta)^2,$$

这与 (24.9.3) 矛盾. 因此 (24.9.6) 是不可能的, 于是

$$-1 \leqslant \xi_i'^2 - 1 \leqslant -(1-\theta)^2 \quad (i = 1, 2, \cdots, n),$$

从而

$$|\xi_i'| \leqslant \sqrt{1 - (1-\theta)^2} \leqslant \sqrt{2\theta} \quad (i = 1, 2, \cdots, n). \qquad (24.9.7)$$

这样一来, 当 ε 和 θ 很小时, Λ' 在 C' 中的每个点都非常接近于原点.

但是这立即会产生矛盾. 因为如果 $(\xi_1', \xi_2', \cdots, \xi_n')$ 是 Λ' 的一个点, 那么, 对每个整数 N, $(N\xi_1', \cdots, N\xi_n')$ 也是 Λ' 的一个点. 如果 θ 很小, 则 C' 中的一个格点的每个坐标都满足 (24.9.7), 且这些坐标中至少有一个不是 0, 那么显然可以选取 N 使得 $(N\xi_1', \cdots, N\xi_n')$ 仍然在 C' 之中, 而且它与原点之间的距离至少为 $\frac{1}{2}$, 这样它就不可能满足 (24.9.7). 如我们所说的那样, 这矛盾表明, 除了原点之外, 在 C' 中再也没有 Λ' 的点了.

现在很容易完成定理 457 的证明. 由于除了原点之外, 在 C' 中再也没有 Λ' 的点了, 由此根据定理 447 推出, C' 的体积不超过

$$2^n |D| = 2^n (1-\theta)/m.$$

于是有

$$2^n m \{1 + (1-\theta)^2\}^{\frac{1}{2}n} \leqslant 2^n (1-\theta).$$

两边用 2^n 来除, 并令 $\theta \to 0$, 得到

$$m \leqslant 2^{-\frac{1}{2}n},$$

这就是定理的结论.

24.10 Minkowski 定理 (定理 446) 的逆定理

定理 446 有一个部分的逆定理, 我们要对 $n = 2$ 来证明这个结论. 这个结论并不局限于凸区域, 所以首先来重新定义一个有界区域 P 的面积, 因为 3.10 节中的定义可能已经不再适用.

对每个 $\rho > 0$, 我们用 $\Lambda(\rho)$ 记点 $(\rho x, \rho y)$ 作成的格, 其中 x, y 全取整数值, 并用 $g(\rho)$ 来记 $\Lambda(\rho)$ 的 (除了原点 O 之外的) 属于有界区域 P 的点的个数. 称

$$V = \lim_{\rho \to 0} \rho^2 g(\rho) \tag{24.10.1}$$

为 P 的**面积**, 如果此极限存在的话. 这个定义包含了面积的仅有的性质, 我们在下面要用到这些性质. 它显然与多边形、椭圆等初等区域的面积的任何一种自然的定义都等价.

首先证明以下定理.

定理 458   如果 P 是一个面积为 V ($V < 1$) 的有界平面区域, 那么存在一个行列式为 1 的格, 它 (除了 O 之外) 没有其他属于 P 的点.

由于 P 是有界的, 所以存在一个数 N 使得对 P 中的每个点 (ξ, η) 都有

$$-N \leqslant \xi \leqslant N, \quad -N \leqslant \eta \leqslant N. \tag{24.10.2}$$

设 p 是任何一个满足

$$p > N^2 \tag{24.10.3}$$

的素数.

令 u 是任意一个整数, Λ_u 是由点 (ξ, η) 作成的格, 其中

$$\xi = \frac{X}{\sqrt{p}}, \quad \eta = \frac{uX + pY}{\sqrt{p}},$$

其中 X, Y 全都取整数值. Λ_u 的行列式为 1. 如果定理 458 不成立, 那么就存在一个既属于 Λ_u 又属于 P 的点 T_u, 它不与 O 重合. 设 T_u 的坐标为

$$\xi_u = \frac{X_u}{\sqrt{p}}, \quad \eta_u = \frac{uX_u + pY_u}{\sqrt{p}}.$$

如果 $X_u = 0$, 根据 (24.10.2) 和 (24.10.3) 有

$$\sqrt{p}\,|Y_u| = |\eta_u| \leqslant N < \sqrt{p}.$$

由此推出 $Y_u = 0$, 从而 T_u 就是 O, 这与假设矛盾. 因此 $X_u \neq 0$, 且

$$0 < |X_u| = \sqrt{p}\,|\xi_u| \leqslant N\sqrt{p} < p.$$

从而有

$$X_u \not\equiv 0 \pmod{p}. \tag{24.10.4}$$

如果 T_u 和 T_v 重合, 有

$$X_u = X_v, \quad uX_u + pY_u = vX_v + pY_v,$$

所以根据 (24.10.4) 有

$$X_u (u - v) \equiv 0, \quad u \equiv v \pmod{p}.$$

因此 p 个点

$$T_0, \ T_1, \ T_2, \ \cdots, \ T_{p-1} \qquad\qquad (24.10.5)$$

都是不相同的. 由于它们都属于 P 和 $\Lambda\left(p^{-\frac{1}{2}}\right)$, 由此推出

$$g\left(p^{-\frac{1}{2}}\right) \geqslant p.$$

但是这对足够大的 p 是错误的, 因为根据 (24.10.1) 有

$$p^{-1}g\left(p^{-\frac{1}{2}}\right) \to V < 1,$$

所以定理 458 成立.

为了下一个结果, 我们需要用到第 3 章里引进的一个格的**可视的**点这个思想. $\Lambda(\rho)$ 的一个点 T 是**可视的** (visible) (也就是从原点可以看见的), 如果 T 不是 O, 且在 O 与 T 之间的线段 OT 上没有 $\Lambda(\rho)$ 的点. 用 $f(\rho)$ 记 $\Lambda(\rho)$ 的属于 P 的可以看视的点的个数, 并证明下面的引理.

定理 459   当 $\rho \to 0$ 时有

$$\rho^2 f(\rho) \to \frac{V}{\zeta(2)}.$$

$\Lambda(\rho)$ 的异于 O 且坐标满足 (24.10.2) 的点的个数是

$$(2 [N/\rho] + 1)^2 - 1.$$

从而对所有 ρ 都有

$$f(\rho) = g(\rho) = 0 \quad (\rho > N) \qquad\qquad (24.10.6)$$

以及

$$f(\rho) \leqslant g(\rho) < 9N^2/\rho^2 \qquad\qquad (24.10.7)$$

成立.

显然, $(\rho x, \rho y)$ 是 $\Lambda(\rho)$ 的一个可视的点, 当且仅当 x, y 互素. 更一般地, 如果 m 是 x 和 y 的最大公约数, 点 $(\rho x, \rho y)$ 是 $\Lambda(m\rho)$ 的一个可视的点, 但是对任何整数 $k \neq m$, 它都不是 $\Lambda(k\rho)$ 的一个可视的点. 这样就有

$$g(\rho) = \sum_{m=1}^{\infty} f(m\rho).$$

根据定理 270, 我们有

$$f(\rho) = \sum_{m=1}^{\infty} \mu(m) g(m\rho).$$

该定理的收敛性条件显然是满足的, 这是由于根据 (24.10.6) 可知, 对 $m\rho > N$ 有 $f(m\rho) = g(m\rho) = 0$. 利用定理 287 有

$$\frac{1}{\zeta(2)} = \sum_{m=1}^{\infty} \frac{\mu(m)}{m^2},$$

所以

$$\rho^2 f(\rho) - \frac{V}{\zeta(2)} = \sum_{m=1}^{\infty} \frac{\mu(m)}{m^2} \left\{ m^2 \rho^2 g(m\rho) - V \right\}. \tag{24.10.8}$$

现在设 $\varepsilon > 0$. 根据 (24.10.1), 存在一个数 $\rho_1 = \rho_1(\varepsilon)$, 使得只要 $m\rho < \rho_1$ 就有

$$|m^2 \rho^2 g(m\rho) - V| < \varepsilon.$$

根据 (24.10.7), 对所有 m 有

$$|m^2 \rho^2 g(m\rho) - V| < 9N^2 + V.$$

如果记 $M = \lfloor \rho_1 / \rho \rfloor$, 根据 (24.10.8) 有

$$\left| \rho^2 f(\rho) - \frac{V}{\zeta(2)} \right| < \varepsilon \sum_{m=1}^{M} \frac{1}{m^2} + (9N^2 + V) \sum_{m=M+1}^{\infty} \frac{1}{m^2}$$

$$< \frac{\varepsilon \pi^2}{6} + \frac{9N^2 + V}{M+1} < 3\varepsilon,$$

如果 ε 足够小, 使得

$$M = \lfloor \rho_1 / \rho \rfloor > (9N^2 + V) / \varepsilon.$$

由于 ε 是任意的, 就立即得出定理 459.

现在可以指出, 定理 458 的条件 $V < 1$ 可以放宽, 如果我们的结果仅限于某种特殊形式的区域的话. 称一个有界区域 P 是**星形区域** (star region), 只要 (i) O 属于 P, (ii) P 有一个由 (24.10.1) 所定义的面积 V, (iii) 如果 T 是 P 的任意一个点, 那么在 O 与 T 之间的线段 OT 上的每个点也都是 P 的点. 每个包含点 O 的凸区域都是一个星形区域, 但是存在不是凸区域的星形区域. 现在可以证明以下定理.

定理 460   如果 P 是一个星形区域, 它关于 O 对称, 且面积 $V < 2\zeta(2) = \frac{1}{3}\pi^2$, 那么就存在行列式为 1 的一个格, 它 (除了 O 以外) 没有其他的点在 P 中.

我们用与在定理 458 中同样的记号以及论证方法. 如果定理 460 不成立, 那么就存在一个异于 O 的点 T_u, 它属于 Λ_u 和 P.

如果 T_u 是 $\Lambda\left(p^{-\frac{1}{2}}\right)$ 的一个不可视的点, 则有 $m > 1$, 其中 m 是 X_u 和 $uX_u + pY_u$ 的最大公约数. 根据 (24.10.4), 有 $p \nmid X_u$, 所以 $p \nmid m$. 从而有 $m \,|\, Y_u$. 如果记 $X_u = mX_u'$, $Y_u = mY_u'$, 则数 X_u' 和 $uX_u' + pY_u'$ 互素. 于是坐标为

$$\frac{X_u'}{\sqrt{p}}, \quad \frac{uX_u' + pY_u'}{\sqrt{p}}$$

的点 T_u' 属于 Λ_u, 且它是 $\Lambda\left(p^{-\frac{1}{2}}\right)$ 的一个可视的点. 但是 T_u' 位于 OT_u 上, 从而也属于星形区域 P. 因此, 如果 T_u 是不可视的, 可以用一个可视的点来代替它.

现在 P 包含 p 个点

$$T_0, T_1, \cdots, T_{p-1}, \tag{24.10.9}$$

它们是 $\Lambda\left(p^{-\frac{1}{2}}\right)$ 的所有可视的点, (与以前一样) 它们都不相同, 且没有一个与 O 重合. 由于 P 是关于 O 对称的, 所以 P 也包含 p 个点

$$\overline{T}_0, \overline{T}_1, \cdots, \overline{T}_{p-1}, \tag{24.10.10}$$

其中 $\overline{T}_u$ 是点 $(-\xi_u, -\eta_u)$. 所有这 p 个点都是 $\Lambda\left(p^{-\frac{1}{2}}\right)$ 的可视的点, 所有的点都不相同, 且没有一个点是 O. 现在 T_u 和 $\overline{T}_u$ 不可能重合 (因为那样的话每一个点都会是 O 了). 此外, 如果 $u \neq v$, 且 T_u 和 $\overline{T}_v$ 重合, 就有

$$X_u = -X_v, \quad uX_u + pY_u = -vX_v - pY_v,$$

$$(u-v)X_u \equiv 0, \quad X_u \equiv 0 \text{ 或者 } u \equiv v \pmod{p},$$

这两者都是不可能的. 因此 (24.10.9) 和 (24.10.10) 中列举的这 $2p$ 个点均不相同, 它们全都是 $\Lambda\left(p^{-\frac{1}{2}}\right)$ 的可视的点, 且全都属于 P, 所以

$$f\left(p^{-\frac{1}{2}}\right) \geqslant 2p. \tag{24.10.11}$$

但是, 根据定理 459 可知, 当 $p \to \infty$ 时根据假设有

$$p^{-1}f\left(p^{-\frac{1}{2}}\right) \to 6V/\pi^2 < 2,$$

从而对足够大的 p 来说 (24.10.11) 是错误的. 这就得出定理 460.

上面给出的定理 458 和定理 460 的证明可以立即推广到 n 维. 在定理 460 中, $\zeta(2)$ 要用 $\zeta(n)$ 来代替.

本 章 附 注

24.1 节. Minkowski 有关数的几何的著述包含在他的书 *Geometrie der Zahlen* 和 *Diophantische Approximationen* (这两本书已经在 3.10 节的附注中提到过) 以及他的 *Gesammelte Abhandlungen* (Leipzig, 1911) 中重新印行的若干篇论文之中. 他在 1891 年的一篇论

文 (*Gesammelte Abhandlungen*, i, 265) 中首先表述并证明了基本定理. 在 Koksma 的书第 2 章和第 3 章中有关于这个论题直到 1936 年为止的历史以及文献资料的非常详尽的介绍, 有关其后进展的综述由 Davenport 在 *Proc. International Congress Math.* (Cambridge, Mass., 1950), **1** (1952), 166-174 的一篇文章中给出. 整个论题的更加新近的介绍由 Cassels, *Geometry of numbers*; Gruber 和 Lekkerkerker, *Geometry of numbers* (North Holland, Amsterdam, 1987) 以及 Erdös, Gruber, and Hammer, *Lattice points* (Longman Scientific, Harlow, 1989) 给出.

Siegel [*Acta Math.* **65** (1935), 307-323] 指出, 如果 V 是不包含除了 O 以外的格点的一个凸的对称区域 R 的体积, 那么

$$2^n = V + V^{-1} \sum |I|^2,$$

其中每一个 I 都是 R 上的一个重积分. 这个公式使得 Minkowski 的定理变得显而易见.

Minkowski (*Geometrie der Zahlen*, 211-219) 证明了一个进一步的定理, 这个定理包含并超越了基本定理. 我们假设 R 是凸的对称区域, 并用 λR 来表示用因子 λ 对 R 作关于 O 点的线性放大. 我们如下来定义 $\lambda_1, \lambda_2, \cdots, \lambda_n$: λ_1 是使得 λR 在其边界上有一个格点 P_1 的最小的 λ; λ_2 是使得 λR 在其边界上有一个格点 P_2, 且 P_2 不与 O 以及 P_1 共线的最小的 λ; λ_3 是使得 λR 在其边界上有一个格点 P_3, 且 P_3 不与 O、P_1 以及 P_2 共线的最小的 λ; 如此等等. 那么就有

$$0 < \lambda_1 \leqslant \lambda_2 \leqslant \cdots \leqslant \lambda_n$$

(例如, 如果 $\lambda_1 R$ 在它的边界上有第二个不与 O 以及 P_1 共线的格点, λ_2 就会等于 λ_1); 且有

$$\lambda_1 \lambda_2 \cdots \lambda_n V \leqslant 2^n.$$

基本定理等价于 $\lambda_1^n V \leqslant 2^n$. Davenport [*Quarterly Journal of Math.* (Oxford), **10** (1939), 117-121] 对这个更一般的定理给出了一个简短的证明. 也见 Bambah, Woods, and Zassenhaus (*J. Australian Math. Soc.* **5** (1965), 453-462) 以及 Henk [*Rend. Circ. Mat. Palermo* (II) Vol 1, Suppl. **70** (2002) 377-384].

24.2 节. 基本定理的所有这些应用都是由 Minkowski 作出的.

Siegel, *Math. Annalen*, **87** (1922), 36-38 给出了定理 448 的一个解析的证明, 也见 Mordell, 同一杂志, **103** (1930), 38-47.

Hajós, *Math. Zeitschrift*, **47** (1941), 427-467 证明了 Minkowski 关于定理 448 的 "边界情形" 的一个有趣的猜想. 假设 $\Delta = 1$, 则存在整数 $x_1, x_2, \cdots, x_n$ 使得对 $r = 1, 2, \cdots, n$ 有 $|\xi_r| \leqslant 1$. 可否选取诸 x_r 使得对每个 r 都有 $|\xi_r| < 1$? Minkowski 的猜想 (现在已被 Hajós 证明) 说的是: 除了当 ξ_r 可以通过次序的改变以及幺模变换化为型

$$\xi_1 = x_1, \quad \xi_2 = \alpha_{2,1} x_1 + x_2, \quad \cdots, \quad \xi_n = \alpha_{n,1} x_1 + \alpha_{n,2} x_2 + \cdots + x_n$$

这种情形之外, 在其他情形这都是正确的. 这个猜想以前只对 $n \leqslant 7$ 获得了证明.

定二次型的最小值的第一个一般性的结果, 是由 Hermite 在 1847 年发现的 (*Œuvres*, i, 100 以及其后所述), 这些结果不如 Minkowski 的结果那么好.

24.3 节. 这种特点的第一个证明是由 Hurwitz, *Göttinger Nachrichten* (1897), 139-145 发现的, Landau 在 *Algebraische Zahlen*, 34-40 中又重新给出了这个结果. 其证明后来由 Weber and Wellstein, *Math. Annalen*, **73** (1912), 275-285, Mordell, *Journal London Math. Soc.* **8** (1933), 179-182 以及 Rado, 同一杂志, **9** (1934), 164-165 以及 10(1933), 115 给出了简化. 这里给出的证明本质上属于 Rado(简化为 2 维的情形).

24.5 节. 定理 453 在 Gauss, *D.A.*, 第 171 目中. 有关 n 个变量的型的对应的结果只对于 $n \leqslant 8$ 是已知的, 见 Koksma, 24 以及 Mordell, *Journal London Math. Soc.* **19** (1944), 3-6.

24.6 节. 定理 454 是由 Korkine and Zolotareff, *Math. Annalen* **6** (1873), 366-389 (369) 首先证明的. 我们的证明属于 Davenport 教授. 另一个简单的证明见 Macbeath, *Journal London Math. Soc.* **22** (1947), 261-262. 在定理 193 和定理 454 之间有着密切的联系.

定理 454 是一系列定理中的第一个, 它们主要属于 Markoff, 在 Dickson, *Studies* 第 7 章中对此有一个系统的介绍. 如果 $\xi\eta$ 既不与 (24.6.2) 等价, 也不与

(a) $$8^{-\frac{1}{2}} |\Delta| \left(x^2 + 2xy - y^2\right)$$

等价, 那么对适当的 x, y 有

$$|\xi\eta| < 8^{-\frac{1}{2}} |\Delta|;$$

如果它不等价于 (24.6.2), 也不等价于 (a) 或者

(b) $$221^{-\frac{1}{2}} |\Delta| \left(5x^2 + 11xy - 5y^2\right),$$

那么就有

$$|\xi\eta| < 5 \times (221)^{-\frac{1}{2}} |\Delta|;$$

如此等等. 这些不等式右边的数是

(c) $$m(9m^2 - 4)^{-\frac{1}{2}},$$

其中 m 是 "Markoff 数"1, 2, 5, 13, 29, $\cdots$ 中的一个; 数 (c) 有极限 $\frac{1}{3}$. 有关这些定理的其他可供选择的证明, 也见 Cassels, *Diophantine Approximation* 第 2 章.

用有理数逼近一个无理数 ξ 有一组类似的定理, 其中最简单的一个结果是定理 193, 见 11.8 节至 11.10 节以及 Koksma, 31-33.

Davenport [*Proc. London Math. Soc.* (2) **44** (1938), 412-431 以及 *Journal London Math. Soc.* **16** (1941), 98-101] 解决了与 $n = 3$ 对应的问题. 我们可以使得

$$|\xi_1 \xi_2 \xi_3| < \frac{1}{7} |\Delta|,$$

除非有

$$\xi_1 \xi_2 \xi_3 \sim \frac{1}{7} \prod \left(x_1 + \theta x_2 + \theta^2 x_3\right),$$

其中的乘积取遍 $\theta^3 + \theta^2 - 2\theta - 1 = 0$ 的根 θ. Mordell 在 *Journal London Math. Soc.* **17** (1942), 107-115 以及后来发表在 *Journal* 以及 *Proceedings* 上的一系列论文中, 对于有给定行列式的一般的二元三次型的最小值得到了最佳不等式, 并且指出了怎样能从中推导出 Davenport 的结果; 而这正是 Mordell、Mahler 和 Davenport 关于非凸域的格点的大量研究工作的出发点.

与 $n > 3$ 对应的问题迄今尚未解决.

Minkowski [*Göttinger Nachrichten* (1904), 311-335; *Gesammelte Abhandlungen*, ii, 3-42] 对于 $|\xi_1| + |\xi_2| + |\xi_3|$ 发现了最佳结果, 也就是

$$|\xi_1| + |\xi_2| + |\xi_3| \leqslant \left(\frac{108}{19} |\Delta|\right)^{\frac{1}{2}}.$$

对这个结果尚不知任何简单的证明, 且对于 $n > 3$ 也不知道对应的结果.

定理 454 的另一种表述是: 如果 $Q(x, y)$ 是行列式为 D 的不定二次型, 那么存在不全为零的整数值 x_0, y_0 使得 $|Q(x_0, y_0)| \leqslant 2\sqrt{|D|/5}$. 自然要问: 对于多于两个变量的二次型会发生什么? 1929 年, Oppenheim 猜想: 如果 Q 是有 $n \geqslant 3$ 个变量的不定型, 且不与一个整型成

比例, 那么 $Q(x_1, \cdots, x_n)$ 可以在不全为零的整变量值 $x_1, \cdots, x_n$ 处取到任意小的值. 此结论是由 Margulis[*Dynamical systems and ergodic theory* (Warsaw, 1986), 399-409] 证明的.

24.7 节至 24.8 节. Minkowski 在 *Math. Annalen*, **54** (1901), 91-124 (*Gesammelte Abhandlungen*, i, 320-356 以及 *Diophantische Approximationen*, 42-47) 中证明了定理 455. 24.7 节中的证明属于 Heibronn, 24.8 节中的证明属于 Landau, *Journal für Math.* **165** (1931), 1-3, 这两个证明尽管形式上很不相同, 实际上是以同样的思想作为基础的. Davenport [*Acta Math.* **80** (1948), 65-95] 解决了与不定三元二次型对应的问题.

24.9 节. 在这一节开头提到的那个猜想通常归属于 Minkowski, 不过 Dyson [*Annals of Math.* **49** (1948), 82-109] 注意到, 在 Minkowski 已发表的著作中都没有找到与这个猜想有关的资料. 当型的系数是有理数时, 这个命题是容易证明的. Remak [*Math. Zeitschrift*, **17** (1923), 1-34 以及 **18** (1923), 173-200] 对于 $n = 3$ 证明了这个猜想的正确性, Dyson [见刚刚提及的那篇文章] 对 $n = 4$ 证明了这个猜想. Davenport [*Journal London Math. Soc.* **14** (1939), 47-51] 对于 $n = 3$ 给出了一个简短得多的证明.

Remak-Davenport-Dyson 的方法依赖于下面的见解: Minkowski 猜想可以从下面两个猜想推出.

猜想 I: 对 n 维 Euclid 空间中的每个格 L, 存在一个形如

$$a_1 x_1^2 + \cdots + a_n x_n^2 \leqslant 1$$

的椭球, 在其边界上包含 L 的 n 个线性独立的点, 且在其内部没有 L 中除了 O 以外的点.

猜想 II: 设 L 是 n 维 Euclid 空间中的一个行列式为 1 的格, S 是中心在 O 点的一个球, 在这个球的边界上包含 L 的 n 个线性独立的点, 但在其内部没有 L 中除了 O 以外的点. 那么, 族 $\left\{ \left(\sqrt{n/2} \right) S + A : A \in L \right\}$ 覆盖整个空间.

Woods 在三篇系列论文 [*Mathematika* **12** (1965), 138-142, 143-150 以及 *J. Number Theory* **4** (1972), 157-180] 中对于 $n = 4$ 时的猜想 II 给出一个简单的证明, 并对 $n = 5, 6$ 证明了此猜想. 对于猜想 I, Bambah and Woods [*J. Number Theory* **12** (1980), 27-48] 对于 $n = 4$ 给出一个简单的证明. 大约在同一时间, Skubenko [*Zap. Naučn. Sem. Leningrad. Otdel. Mat. Inst. Steklov.* (*LOMI*) **33** (1973), 6-36 以及 *Trudy Mat. Inst. Steklov* **142** (1976), 240-253] 对于 $n \leqslant 5$ 概略叙述了一个证明. 按照 Skubenko 所提供的路线, Bambah and Woods [*J. Number Theory* **12** (1980), 27-48] 对于 $n = 5$ 的情形给出了一个完整的证明. 此后, McMullen [*J. Amer. Math. Soc.* **18** (2005), 711-734] 对所有 n 证明了猜想 I. 这些加上上面提及的有关猜想 II 的结果, 就表明 Minkowski 猜想对所有 $n \leqslant 6$ 得到了证明. 对 $n = 3$ 的另一个证明由 Birch and Swinnerton-Dyer [*Mathematika* **3** (1956), 25-39] 给出, 还有另一种通过矩阵分解的方法由 Macbeath[*Proc. Glasgow Math. Assoc.* **5** (1961), 86-89] 以及其后在 Narzullaev 的一系列论文中进行过探索性研究. 然而, Gruber (1976) 与 Ahmedov (1977) 曾经指出: 对于很大的 n, 这种方法不会取得成功.

Tchebotaref 的定理发表在 *Bulletin Univ. Kasan* (2) **94** (1934), 第 7 期, 3-16; 其证明重新发表在 *Zentralblatt für Math.* **18** (1938), 110-111 中. Mordell [*Vierteljahrsschrift d. Naturforschenden Ges. in Zürich*, **85** (1940), 47-50] 指出, 这个结果也许还可以稍加改进. 也见 Davenport, *Journal London Math. Soc.* **21** (1946), 28-34.

至于更多的细节, 包括渐近结果以及参考文献, 读者可以参看 Gruber 与 Lekkerkerker 所著 *Geometry of Numbers* 一书, 以及 Bambah、Dumir 和 Hans-Gill 的文章 (*Number Theory*,

15-41, Birkhauser, Basel 2000).

关于 $n = 2$ 时的 Minkowski 猜想 (如定理 455) 可以理解成一个非齐次的二元不定二次型问题. 它对 n 个变量的不定二次型的推广引起了包括 Bambah、Birch、Blaney、Davenport、Dumir、Foster、Hans-Gill、Madhu Raka、Watson 和 Woods 在内的众多研究工作者的兴趣. 特别地, Watson(*Proc. London Math. Soc.* (3) **12** (1962), 564-576) 发现了对于 $n \geqslant 21$ 的最佳结果, 并对 $4 \leqslant n \leqslant 21$ 的情形作出了相应的猜测. 这个猜想后来被 Dumir, Hans-Gill, and Woods [*J. Number Theory* **4** (1994), 190-197] 证明. 二次型的正的值以及渐近不等式也得到了研究, 并得出了类似的结果. 参考文献以及相关的结果见上面引文中提到的 Bambah、Dumir 和 Hans-Gill 的著述.

24.10 节. Minkowski [*Gesammelte Abhandlungen* (Leipzig, 1911), i, 265, 270, 277] 首先对定理 458 和定理 460 给出了 n 维推广的猜想, 并在其后对 n 维球证明了后者 [见上面提到的著作, ii, 95]. 一般性的定理的第一个证明是由 Hlawka [*Math. Zeitschrift*, **49** (1944), 285-312] 给出的. 我们的证明属于 Rogers [*Annals of Math.* **48** (1947), 994-1002 以及 *Nature* **159** (1947), 104-105]. 关于 Minkowski-Hlawka 定理以及其后的改进的介绍, 也见 Rogers, *Packing and Covering* 一书.

第 25 章　椭 圆 曲 线

25.1　同余数问题

同余数 (congruent number) 是一个有理数 q, 它是一个所有边长均为有理数的直角三角形的面积. 我们注意到, 如果该三角形边长为 a、b 和 c, 且 s 是一个有理数, 那么 s^2q 也是一个同余数, 它所对应的直角三角形的边长为 sa、sb 和 sc. 所以我们只需要研究什么样的无平方因子数 n 是同余数就足够了.

如果取 c 作为斜边之长, 那么我们就是要寻求无平方因子数 n, 使得存在有理数 a、b 和 c, 满足

$$a^2 + b^2 = c^2 \quad \text{且} \quad \frac{1}{2}ab = n. \tag{25.1.1}$$

简单的代数计算表明：联立方程 (25.1.1) 的正的解与经由变换

$$x = \frac{n(a+c)}{b}, \quad y = \frac{2n^2(a+c)}{b^2}, \quad a = \frac{y}{x}, \quad b = \frac{2nx}{y}, \quad c = \frac{x^2 + n^2}{y}$$

得到的方程

$$y^2 = x^3 - n^2x \tag{25.1.2}$$

的正的解一一对应. 因此, n 是一个同余数, 当且仅当 (25.1.2) 有正有理数解 x 和 y.

方程 (25.1.2) 是与第 13 章讨论过的那些方程类似的 Diophantus 方程的一个例子. 这种类型的方程称为**椭圆曲线** (elliptic curve), 尽管我们必须注意到这个名字取得不那么妥贴, 这是因为椭圆曲线和椭圆之间几乎没有什么关系. 更一般地, 椭圆曲线是由形如

$$E : y^2 = x^3 + Ax + B \tag{25.1.3}$$

的方程所得出来的, 其中一个进一步的要求是：**判别式** (discriminant)

$$\Delta = 4A^3 + 27B^2 \tag{25.1.4}$$

须不为零. 判别式所需满足的这一条件确保该三次多项式有互不相同的 (复的) 根, 且 E 在实平面上的轨迹是非奇异的. 为方便起见, 我们一般假设系数 A 和 B 是整数. 用 $E(\mathbb{R})$ 来记 (25.1.3) 的实数解, 用 $E(\mathbb{Q})$ 来记它的有理数解, 等等, 都是很方便的.

椭圆曲线组成一族 Diophantus 方程. 它们有许多极具魅力的性质, 在本章中我们要来谈及其中的某些性质. 椭圆曲线为数论中众多的定理和猜想提供了判断的基础, 还有许多的数论问题 (例如同余数问题), 它们的解决自然而然地引导到一条或者多条椭圆曲线. 最近关于椭圆曲线的最为引人注目的应用是 Wiles 关于 Fermat 大定理的证明. 尽管当 $n \geqslant 4$ 时, 绝对可以肯定 Fermat 方程 $x^n + y^n = z^n$ 本身不是一条椭圆曲线, 然而 Wiles 还是对椭圆曲线作了大范围的应用.

25.2　椭圆曲线的加法法则

在研究方程 (25.1.3) 的解时, 通过对应地替换 $(x, y) = (u^{-2}X, u^{-3}Y)$, 每一个非零的数 u 都给出一个等价的方程

$$Y^2 = X^3 + u^4 AX + u^6 B. \tag{25.2.1}$$

我们称 (25.1.3) 和 (25.2.1) 定义了**同构的** (isomorphic) 椭圆曲线. 如果 A、B 和 u 都在给定的域 k 内, 我们就称这些曲线**在 k 上是同构的** (isomorphic over k), 在此情形, 在 (25.1.3) 与 (25.2.1) 的坐标在 k 中的解之间存在一个自然的双射.

E 的 **j 不变量** (j invariant) 是量

$$j(E) = \frac{4A^3}{4A^3 + 27B^2} = \frac{4A^3}{\Delta}.$$

如果 E 和 E' 是同构的, 则有 $j(E) = j(E')$, 且在一个如同 $\mathbb{C}$ 一样的代数的封闭域上, 其逆也为真. 而在如同 $\mathbb{Q}$ 一样的其他域上, 情形要略微复杂一些, 这是因为 u 的值受到了限制. 根据 A 和 B 中是否有一个值为零, 可以分成三种情形.

定理 461　设 E 和 E' 是由方程

$$E : y^2 = x^3 + Ax + B \quad 以及 \quad E' : y^2 = x^3 + A'x + B'$$

给出的椭圆曲线, 系数在某个域 k 中. 那么, E 和 E' 在 k 上是同构的, 当且仅当 $j(E) = j(E')$, 且满足下列诸条件中之一:

(a) $A = A' = 0$ 且 B/B' 在 k 中是一个 6 次幂;

(b) $B = B' = 0$ 且 A/A' 在 k 中是一个 4 次幂;

(c) $ABA'B' \neq 0$ 且 $AB'/A'B$ 在 k 中是一个平方数.

首先假设 $AB \neq 0$, 故有 $j(E) \neq 0$ 以及 $j(E) \neq 1$. 如果 E 和 E' 在 k 上是同构的, 那么关系式 $A' = u^4 A$ 和 $B' = u^4 B$ 立即蕴涵 $j(E') = j(E)$, 故 $A'B' \neq 0$, 且

$$\frac{AB'}{A'B} = \frac{Au^6 B}{u^4 AB} = u^2$$

在 k 中是一个平方数.

反之, 假设 $j(E) = j(E')$, 且对某个 $u \in k$ 有

$$AB'/A'B = u^2.$$

则关于 j 不变量的假设蕴涵着

$$\frac{A^3}{B^2} = \frac{27j(E)}{4 - 4j(E)} = \frac{27j(E')}{4 - 4j(E')} = \frac{A'^3}{B'^2}.$$

从而

$$A' = \frac{A^3 B'^2}{A'^2 B^2} = \left(\frac{AB'}{A'B}\right)^2 A = u^4 A \quad 且 \quad B' = \frac{A^3 B'^3}{A'^3 B^2} = \left(\frac{AB'}{A'B}\right)^3 B = u^6 B,$$

于是 E 和 E' 在 k 上是同构的. $A = 0$ 和 $B = 0$ 的情形可以类似处理.

　　使得椭圆曲线 E 成为有如此吸引力的研究对象的一个性质是：存在一种复合法则, 使得我们能把一个点与另一个点 "相加". 为此, 我们将 (25.1.3) 的实数解 (x, y) 可视化地表示成笛卡儿平面上的点. 这样一来, E 上的加法法则的几何描述就很简单了. 令 P 和 Q 是 E 上不同的点, 而 L 是经过 P 和 Q 的直线. 那么, E 是由三次方程 (25.1.3) 所给出的这一事实就意味着 L 与 E 交于三个点. [①]这些点中的两个是 P 和 Q. 如果用 R 来记 $L \cap E$ 中的第三个点, 那么 P 和 Q 的和就定义为

$$P + Q = (R \text{ 关于 } x \text{ 轴的反射点}).$$

为了将 P 与自己相加, 让 Q 接近于 P, 所以 L 就变成 E 在点 P 处的切线. E 上的加法法则描述在图 11 中.

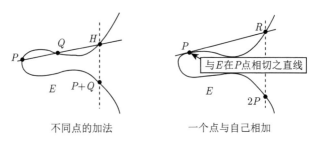

不同点的加法　　　　　　　一个点与自己相加

图 11　椭圆曲线上的加法法则

　　加法失效的一种情形是当 L 是铅直线的时候. 为了将来方便起见, 我们定义一个点 $P = (x, y)$ 的负点是它关于 x 轴的反射点

$$-P = (x, -y).$$

经过 P 和 $-P$ 的直线 L 与 E 仅在这两点相交, 从而使得在加法法则中没有第三个点 R 可以利用. 为了对此种情形加以修补, 我们将一个理想化的点 $\mathcal{O}$ 引入到这个平面中来. 我们称点 $\mathcal{O}$ 为**无穷远点** (point at infinity), 它有如下性质：无穷远点位于每一条铅直线上, 但不在其他任意一条直线上. [②]此外, E 在 $\mathcal{O}$ 点的切线定

---

　①交点必须按照相应的重数计算, 有一些特殊情形需要马上加以处理.
　②熟悉射影平面 $\mathbb{P}^2$ 的读者会看出 $\mathcal{O}$ 是无穷远直线上的一个点. 通过在仿射平面 $\mathbb{A}^2$ 上对每个方向 (也即对经过 $(0,0)$ 的每一条直线) 赋予一个额外的点, 即可构造出射影平面来.

义为在 $\mathcal{O}$ 点与 E 有三阶相切. 那么 E 上的几何加法法则就对任意一对点都有定义. 特别地, 涉及点 $\mathcal{O}$ 的特殊规则是: 对 E 上所有点 P 均有

$$P + (-P) = \mathcal{O} \quad \text{且} \quad P + \mathcal{O} = P. \tag{25.2.2}$$

现在, 我们用少量的解析几何以及微积分学的知识来推导出加法法则的公式. 设 $P = (x_P, y_P)$ 和 $Q = (x_Q, y_Q)$ 是曲线 E 上的两个点. 如果 $P = -Q$, 那么 $P + Q = \mathcal{O}$, 所以我们假设 $P \neq -Q$. 如果 P 和 Q 是不同的点, 我们就用

$$L : y = \lambda x + \nu$$

来记通过 P 和 Q 的直线, 而当它们重合时, 则用它表示 E 在 P 点的切线. 显然有

$$\lambda = \frac{y_Q - y_P}{x_Q - x_P} \quad \text{且} \quad \nu = \frac{y_P x_Q - y_Q x_P}{x_Q - x_P}, \quad \text{如果} \quad P \neq Q, \tag{25.2.3}$$

$$\lambda = \frac{3x_P^2 + A}{2y_P} \quad \text{且} \quad \nu = \frac{-x_P^3 + Ax_P - 2B}{2y_P}, \quad \text{如果} \quad P = Q. \tag{25.2.4}$$

我们通过解方程

$$(\lambda x + \nu)^2 = x^3 + Ax + B \tag{25.2.5}$$

来计算 E 与 L 的交点. E 与 L 的交点包含点 P 和 Q, 所以三次方程 (25.2.5) 的两个根是 x_P 和 x_Q (如果 $P = Q$, 那么 x_P 将是一个重根, 这是因为 L 是 E 在 P 点的切线). 设 $R = (x_R, y_R)$ 表示 E 与 L 的第三个交点, 方程 (25.2.5) 就分解成

$$x^3 - \lambda^2 x^2 + (A - 2\lambda\nu)x + (B - \beta^2) \tag{25.2.6}$$

$$= (x - x_P)(x - x_Q)(x - x_R).$$

比较 (25.2.6) 的二次项, 给出公式

$$x_R = \lambda^2 - x_P - x_Q, \tag{25.2.7}$$

再由 L 的公式给出对应关系 $y_R = \lambda x_R + \nu$. 最后, 通过关于 y 轴的反射就算出 P 和 Q 的和是

$$P + Q = (x_R, -y_R). \tag{25.2.8}$$

为了以后的应用, 我们显式计算出**加倍公式** (duplication formula)

$$x_{2P} = \left(\frac{3x_P^2 + A}{2y_P}\right)^2 - 2x_P = \frac{x_P^4 - 2Ax_P^2 - 8Bx_P + A^2}{4x_P^3 + 4Ax_P + 4B}. \tag{25.2.9}$$

定理 462 设 E 是一条椭圆曲线. 上面所述的加法法则有如下性质:

(a) [单位元] 对所有 $P \in E$, $P + \mathcal{O} = \mathcal{O} + P = P$.

(b) [逆 元] 对所有 $P \in E$, $P + (-P) = \mathcal{O}$.

(c) *[结合律] 对所有 $P, Q, R \in E$, 有 $(P + Q) + R = P + (Q + R)$.

(d) [交换律] 对所有 $P, Q \in E$, 有 $P + Q = Q + P$.

根据构造可知, 单位元和逆元公式为真, 这是因为我们把 $\mathcal{O}$ 置于每一条铅直线上, 且在该点有一条具有三阶相切的切线. 交换律也是显然的, 这是因为 $P + Q$ 是利用经过 P 和 Q 的直线来计算的, $Q + P$ 是利用经过 Q 和 P 的直线来计算的, 它们是同一条直线. 结合律的证明更加困难, 它可以利用加法公式并考虑许多特殊情形, 通过篇幅冗长的代数计算加以证明; 也可以利用代数几何或者复分析方面的更加高深的技巧加以证明.

定理 462 的内容是: E 的点集构成一个以 $\mathcal{O}$ 为单位元的交换群. 重复使用加法以及负元, 使我们可以用任何整数 m 来与 E 的点 "相乘". 从 E 到其自身的这一作用称为**用 m 乘** (multiplication-by-m) 映射

$$\phi_m : E \to E, \quad \phi_m(P) = mP = (m \text{ 的符号}) \overbrace{(P + P + \cdots + P)}^{|m| \text{ 项}} \tag{25.2.10}$$

(习惯上, 我们也定义 $\phi_0(P) = \mathcal{O}$).

定理 462 是说 E 的点集构成一个交换群. 下面一个结果说的是: 如果取坐标在任意域中的点, 则有同样的结论成立.

定理 463　设 E 是由方程 (25.1.3) 给出的一条椭圆曲线, 其系数 A 和 B 在一个域 k 中, 又令

$$E(k) = \{(x, y) \in k^2 : y^2 = x^3 + Ax + B\} \cup \{\mathcal{O}\}.$$

那么 $E(k)$ 中两个点的和与差仍在 $E(k)$ 中, 从而 $E(k)$ 是一个交换群.

证明便捷而简单, 这是因为对 E 上的加法公式粗略审视即可表明: 如果 A 和 B 在 k 中, 且 P 和 Q 的坐标在 k 中, 那么 $P \pm Q$ 的坐标也在 k 中. 加法公式的关键特性是: 它们全都由有理函数给出, 无论何时都无须开方. 从而 $E(k)$ 关于加法和减法是封闭的, 而定理 462 说的是: 加法法则具有使 $E(k)$ 成为交换群所需要的性质.

如果 k 是一个有算术意义的域, 例如 $\mathbb{Q}$、$k(\mathrm{i})$ 或者有限域 $\mathbb{F}_p$, 那么 Diophantus 方程

$$y^2 = x^3 + Ax + B$$

(其中 $x, y \in k$) 的解的描述可以用对于群 $E(k)$ 的描述来实现. 为说明起见, 我们对四条曲线

$$E_1 : y^2 = x^3 + 7, \quad E_2 : y^2 = x^3 - 43x + 166$$
$$E_3 : y^2 = x^3 - 2, \quad E_4 : y^2 = x^3 + 17$$

上具有有理坐标的点组成的群描述如下 (不加证明): 曲线 E_1 没有非平凡的有理点, 也即 $E_1(\mathbb{Q}) = \{\mathcal{O}\}$. 曲线 E_2 有有限多个有理点. 更确切地说, $E_2(\mathbb{Q})$ 是一个由 7 个元素

$$E_2(\mathbb{Q}) = \{(3, \pm 8), (-5, \pm 16), (11, \pm 32), \mathcal{O}\}$$

组成的循环群. 曲线 E_3 和 E_4 都有无穷多个有理点. 群 $E_3(\mathbb{Q})$ 是一个由单个点 $P = (3, 5)$ 自由生成的群, 其含义是: $E_3(\mathbb{Q})$ 中的每个点都有 nP 的形式 (对于唯一一个 $n \in \mathbb{Z}$). 类似地, 点 $P = (-2, 3)$ 和 $Q = (2, 5)$ 自由生成 $E_4(\mathbb{Q})$, 其含义是: $E_4(\mathbb{Q})$ 中的每个点都有 $mP + nQ$ 的形式 (对于唯一的一对整数 $m, n \in \mathbb{Z}$). 注意, 有关 E_1, E_2, E_3, E_4 的这些结论中没有一个是显而易见的.

对于椭圆曲线上的二阶点, 很容易刻画出它们的特征.

定理 464 椭圆曲线 E 上一个点 $P = (x, y) \neq \mathcal{O}$ 是一个二阶点 (也即满足 $2P = \mathcal{O}$), 当且仅当 $y = 0$.

按照加法法则的几何描述, 点 P 的阶为 2, 当且仅当 E 在点 P 的切线是铅直线. 切线 L 在点 $P = (x, y)$ 处的斜率满足

$$2y\frac{\mathrm{d}y}{\mathrm{d}x} = 3x^2 + A,$$

所以, L 是铅直线, 当且仅当 $y = 0$. (注意, 不可能同时有 $y = 0$ 和 $3x^2 + A = 0$ 成立, 这是因为 $y = 0$ 蕴涵 $x^3 + Ax + B = 0$, 而条件 $\Delta \neq 0$ 就确保 $x^3 + Ax + B = 0$ 和它的导数没有公共的根.)

用 m 乘映射 (25.2.10) 是在如下的意义下用有理函数来定义的: x_{mP} 和 y_{mP} 可以表示成 $\mathbb{Q}(A, B, x_P, y_P)$ 的元素. 例如, 加倍公式 (25.2.9) 就对 x_{2P} 给出这样一个表达式. 用有理函数定义的把 $\mathcal{O}$ 映射成 $\mathcal{O}$ 的映射 $E \to E$ 称为 E 的**自同态** (endomorphism). 自同态可以根据法则

$$(\phi + \psi)(P) = \phi(P) + \psi(P) \quad 和 \quad (\phi\psi)(P) = \phi(\psi(P))$$

相加和相乘 (复合), 可以证明: 自同态的集合 $\mathrm{End}(E)$ 对于这些运算构成一个环.[①]

对于 (特征为 0 的域上) 大多数椭圆曲线来说, 仅有的自同态是用 m 乘映射, 所以对这些曲线有 $\mathrm{End}(E) = \mathbb{Z}$. 有另外的自同态存在的曲线称为具有**复乘法** (complex multiplication), 复乘法也简写为 CM. 这种曲线的例子包括

$$E_5 : y^2 = x^3 + Ax, \quad 它有自同态 \phi_i(x, y) = (-x, iy);$$

以及曲线

$$E_6 : y^2 = x^3 + B, \quad 它有自同态 \phi_\rho(x, y) = (\rho x, y).$$

(这里与在第 12 章中一样, 有 $i = \sqrt{-1}$ 以及 $\rho = e^{\frac{2}{3}\pi i}$.) 这些自同态满足

$$\phi_i^2(P) = -P \quad 以及 \quad \phi_\rho^2(P) + \phi_\rho(P) + P = 0.$$

[①] 证明中最困难的部分是分配律, 也即证明: ϕ 是用有理函数定义的这一仅有的事实蕴涵 ϕ 满足 $\phi(P + Q) = \phi(P) + \phi(Q)$.

可以证明：$\text{End}(E_5)$ 与 Gauss 整数环同构, $\text{End}(E_6)$ 是 $k(\rho)$ 中的整数环. 这在下述意义上是典型的事实：特征为 0 的域上一条 CM 椭圆曲线的自同态环永远是一个虚二次域的子环. 特别地, 自同态的复合运算是可交换的, 即对所有 $P \in E$ 都有 $\phi(\psi(P)) = \psi(\phi(P))$. [①]

25.3 定义椭圆曲线的其他方程

一个齐次多项式方程

$$F(X, Y, Z) = \sum_{i+j+k=d} A_{ijk} X^i Y^j Z^k = 0 \tag{25.3.1}$$

是**非奇异的** (nonsingular), 如果联立方程

$$F(X, Y, Z) = \frac{\partial}{\partial X} F(X, Y, Z) = \frac{\partial}{\partial Y} F(X, Y, Z) = \frac{\partial}{\partial Z} F(X, Y, Z) = 0$$

没有异于 $X = Y = Z = 0$ 的 (复) 根. 可以证明：任何有一个指定的非平凡解 $P_0 = (x_0 : y_0 : z_0)$ 的三阶非奇异方程 (25.3.1) 在下述意义下是一条椭圆曲线：它可以通过有理函数变换成如下形式之方程

$$y^2 + a_1 xy + a_3 y = x^3 + a_2 x^2 + a_4 x + a_6, \tag{25.3.2}$$

其中点 P_0 被映射成位于无穷远的点 $\mathcal{O}$. 此外, 如果 k 是一个包含所有 A_{ijk} 且包含 P_0 的坐标 x_0, y_0, z_0 的域, 那么 k 也包含新的系数 $a_1, \cdots, a_6$. 形如 (25.3.2) 的方程称为**广义 Weierstrass 方程** (generalized Weierstrass equation).

下面的例子描述了这个一般性的原理, 它对应用是有用处的.

定理 465 方程

$$X^3 + Y^3 = A \tag{25.3.3}$$

的非零解通过函数

$$(X, Y) \mapsto \left(\frac{12A}{X+Y}, 36A \frac{X-Y}{X+Y} \right) \tag{25.3.4}$$

与方程

$$y^2 = x^3 - 432 A^2 \tag{25.3.5}$$

的解 $(x \neq 0)$ 作成双射. 其逆映射由

$$(x, y) \mapsto \left(\frac{36A + y}{6x}, \frac{36A - y}{6x} \right) \tag{25.3.6}$$

---

① 然而应该注意的是, 存在定义在有限域上的椭圆曲线, 其自同态环是非交换的.

给出.

验证映射 (25.3.4) 和 (25.3.6) 将曲线 (25.3.3) 和 (25.3.4) 相互变换成对方以及这两个映射的复合是恒等映射, 只是一个初等的计算. 曲线 (25.3.3) 有三个无穷远点, 它们对应于齐次型方程 $X^3 + Y^3 = AZ^3$ 中置 $Z = 0$ 的情形. 变换 (25.3.4) 使得 (25.3.4) 上的点 $(1 : -1 : 0)$ 与 (25.3.5) 上唯一的无穷远点对应.

广义 Weierstrass 方程 (25.3.2) 的**判别式** (discriminant) 由较为复杂的表达式 [1]

$$\Delta = -a_1^6 a_6 + a_1^5 a_3 a_4 + a_1^4 a_2 a_3^2 - 12a_1^4 a_2 a_6 + a_1^4 a_4^2$$
$$+8a_1^3 a_2 a_3 a_4 + a_1^3 a_3^3 + 36a_1^3 a_3 a_6 - 8a_1^2 a_2^2 a_3^2$$
$$-48a_1^2 a_2^2 a_6 + 8a_1^2 a_2 a_4^2 - 30a_1^2 a_3^2 a_4 + 72a_1^2 a_4 a_6$$
$$+16a_1 a_2^2 a_3 a_4 + 36a_1 a_2 a_3^3 + 144a_1 a_2 a_3 a_6 - 96a_1 a_3 a_4^2$$
$$-16a_2^3 a_3^2 - 64a_2^3 a_6 + 16a_2^2 a_4^2 + 72a_2 a_3^2 a_4 + 288a_2 a_4 a_6$$
$$-27a_3^4 - 216a_3^2 a_6 - 432a_6^2 - 64a_4^3$$
$$\tag{25.3.7}$$

给出. 花费较长的篇幅可以验证: 曲线是非奇异的, 当且仅当 $\Delta \neq 0$.

保持 Weierstrass 方程 (25.3.2) 形式不变的最一般的变换是

$$x = u^2 x' + r \quad 和 \quad y = u^3 y' + u^2 s x' + t(u \neq 0). \tag{25.3.8}$$

变换 (25.3.8) 的效果是将判别式 Δ 变换成 $\Delta' = u^{-12}\Delta$.

在研究椭圆曲线 (25.3.2) 上的整点或者有理点时, 对方程加上一个与将分数化为最简分数相类似的最小性条件常常是有好处的. 方程 (25.3.2) 称为 **(整体) 最小 Weierstrass 方程** (minimal Weierstrass equation), 如果对所有的变换 (25.3.8) (其中 $r, s, t \in \mathbb{Q}$ 且 $u \in \mathbb{Q}^*$) 判别式 $|\Delta|$ 在条件 $a_1, \cdots, a_6 \in \mathbb{Z}$ 之下是最小化的.

如果 k 的特征不等于 2 或者 3, 则代换

$$x = x' - \frac{1}{12}a_1^2 - \frac{1}{3}a_2, \quad y = y' - \frac{1}{2}a_1 x' - \frac{1}{24}a_1^3 - \frac{1}{6}a_1 a_2 - \frac{1}{2}a_3$$

将 (25.3.2) 变换成更简短的 Weierstrass 型 (25.1.3), 其中

$$A = \frac{1}{48}a_1^4 + \frac{1}{6}a_1^2 a_2 - \frac{1}{2}a_1 a_3 + \frac{1}{3}a_2^2 - a_4,$$

$$B = -\frac{1}{864}a_1^6 - \frac{1}{72}a_1^4 a_2 + \frac{1}{24}a_1^3 a_3 - \frac{1}{18}a_1^2 a_2^2 + \frac{1}{12}a_1^2 a_4 + \frac{1}{6}a_1 a_2 a_3$$
$$-\frac{1}{4}a_3^2 - \frac{2}{27}a_2^3 + \frac{1}{3}a_2 a_4 - a_6.$$

---

[1] 敏锐的读者会注意到: 这个新的判别式 (25.3.7) 是老的判别式 (25.1.4) 的 16 倍, 这个多出来的倍数仅在研讨素数 $p = 2$ 情形时才有重要意义. 在此情形, 新的判别式更加合适.

25.4　有限阶点

如果 P 的某个正整倍数 mP 等于 $\mathcal{O}$, 则点 $P \in E$ 有**有限阶** (finite order). P 的阶是满足此条件的 m 的最小的值. 例如, 定理 464 说的是: P 的阶是 2, 当且仅当 $y_P = 0$. 利用椭圆函数的理论, 可以证明 $E(\mathbb{C})$ 中的 m 阶点作成两个 m 阶循环群的乘积. 在这一节里, 我们要证明 Nagell 和 Lutz 的一个精巧的定理, 该定理刻画了 $E(\mathbb{Q})$ 中的有限阶点的特征. 特别地, 仅有有限多个这样的点, 此定理给出了寻求所有这种点的一个有效方法.

定理 466　设 E 是由整系数方程 (25.1.3) 给出的一条椭圆曲线, 又令 $P = (x, y) \in E(\mathbb{Q})$ 是一个有限阶点. 那么, P 的坐标是整数, 而且要么 $y = 0$, 要么 $y^2 | \Delta$.

通常更方便的是, 通过引进坐标变换

$$z = \frac{x}{y}, \quad w = \frac{1}{y}, \tag{25.4.1}$$

将方程 (25.1.3) 中的 "无穷远点" 移动到点 $(0,0)$. 原来椭圆曲线的新方程是

$$E : w = z^3 + Azw^2 + Bw^3, \tag{25.4.2}$$

现在点 $\mathcal{O}$ 就是 $(z, w) = (0, 0)$ (曲线上满足 $y = 0$ 的三个点, 也即二阶点被移到 "无穷远"). 我们观察到: 变换 (25.4.1) 把直线变成直线; 例如, (x, y) 平面上的直线 $y = \lambda x + \nu$ 变成 (z, w) 平面上的直线 $1 = \lambda z + \nu w$. 这就意味着, 我们可以利用在 (x, y) 平面中用过的同样的程序在 (z, w) 平面中将 E 上的两个点相加. 现在来推导 (z, w) 平面上加法定律的显式公式.

定理 467　设 E 是由 (25.4.2) 给出的一条椭圆曲线, 又设 $P = (z_P, w_P)$ 和 $Q = (z_Q, w_Q)$ 是 E 上的点. 置

$$\alpha = \frac{z_Q^2 + z_P z_Q + z_P^2 + A w_P^2}{1 - A z_Q (w_Q + w_P) - B (w_Q^2 + w_P w_Q + w_P^2)}, \tag{25.4.3}$$

$$\beta = w_P - \alpha z_P.$$

那么, $P + Q$ 的 z 坐标由公式

$$z_{P+Q} = \frac{2A\alpha\beta + 3B\alpha^2\beta}{1 + A\alpha^2 + B\alpha^3} + z_P + z_Q \tag{25.4.4}$$

给出 (如果 $z_P = z_Q$ 且 $w_P \neq w_Q$, 则 α 形式上等同于 ∞, 所以 (25.4.4) 必须解释成 $\alpha \to \infty$ 以及 $\beta/\alpha \to -z_P$, 在此情形得到 $z_{P+Q} = -z_P$ [①]).

定理 467 的证明并不困难, 但要求掌握一定数量公式的代数运算. 首先假设 $z_P \neq z_Q$, 则经过 P 和 Q 的直线 $w = \alpha z + \beta$ 有斜率

[①] 如果也有 $B = 0$, 则公式需稍作修改, 我们把它留给读者完成.

$$\alpha = \frac{w_Q - w_P}{z_Q - z_P}.$$

点 P 和 Q 两者均满足 (25.4.2). 相减给出

$$w_Q - w_P = \left(z_Q^3 - z_P^3\right) + A\left(z_Q w_Q^2 - z_P w_P^2\right) + B\left(w_Q^3 - w_P^3\right) \tag{25.4.5}$$
$$= \left(z_Q^3 - z_P^3\right) + A z_Q \left(w_Q^2 - w_P^2\right) + A\left(z_Q - z_P\right) w_P^2 + B\left(w_Q^3 - w_P^3\right).$$

(25.4.5) 中的每一项要么能被 $w_Q - w_P$ 整除, 要么能被 $z_Q - z_P$ 整除, 所以应用稍许代数知识即得

$$\alpha = \frac{w_Q - w_P}{z_Q - z_P} = \frac{z_Q^2 + z_P z_Q + z_P^2 + A w_P^2}{1 - A z_Q \left(w_Q + w_P\right) - B\left(w_Q^2 + w_P w_Q + w_P^2\right)}. \tag{25.4.6}$$

类似地, 如果 $P = Q$, 则切线的斜率是

$$\alpha = \frac{\mathrm{d}w}{\mathrm{d}z}(P) = \frac{3 z_P^2 + A w_P^2}{1 - 2A z_P w_P - 3B w_P^2}. \tag{25.4.7}$$

我们注意到, 如果作代换 $(z_Q, w_Q) = (z_P, w_P)$, 那么 (25.4.6) 就变得与 (25.4.7) 相等, 所以在这种情形也可以利用 (25.4.6).

直线 $L: w = \alpha z + \beta$ 与曲线 E 在点 P 和 Q 以及第三个点 R 相交. 将 $w = \alpha z + \beta$ 代入 (25.4.2) 给出一个三次方程, 其根是 z_P, z_Q 和 z_R (带有适当的重数). 因此存在一个常数 C 使得

$$z^3 + A z\left(\alpha z + \beta\right)^2 + B\left(\alpha z + \beta\right)^3 - \left(\alpha z + \beta\right) = C\left(z - z_P\right)\left(z - z_Q\right)\left(z - z_R\right).$$

比较 z^2 和 z^3 的系数即得

$$-z_P - z_Q - z_R = \frac{2A\alpha\beta + 3B\alpha^2\beta}{1 + A\alpha^2 + B\alpha^3}.$$

点 P、Q 和 R 满足 $P + Q + R = \mathcal{O}$, 从而 $P + Q = -R$. 最后注意, 在 (z, w) 平面中, E 上一个点的负元由 $-(z, w) = (-z, -w)$ 给出, 所以 $P + Q$ 的 z 坐标是 $-z_R$.

剩下要处理的是 $z_P = z_Q$ 以及 $w_P \neq w_Q$ 的情形. 此时经过点 P 和 Q 的直线 L 是直线 $z = z_P$, 而且, 只要 $B \neq 0$, 直线 L 与 E 在 zw 平面上交于三个点. 第三个点 $R = (z_R, w_R)$ 必定满足 $z_R = z_P$, 这是因为它在 L 上, 这样就有 $z_{P+Q} = z_{-R} = -z_R = -z_P$. 这就完成了定理 467 的证明.

我们要来证明有限阶点有整数坐标, 这将通过证明不存在素数整除这些坐标的分母来实现. 为此目的, 我们固定一个素数 p, 并令

$$R_p = \left\{\frac{a}{b} \in \mathbb{Q} : p \nmid b\right\}.$$

容易验证: R_p 关于加法、减法以及乘法都是封闭的, 所以 R_p 是 $\mathbb{Q}$ 的一个子环. 更长远地来讲, 恰如同在 $\mathbb{Z}$ 中一样, 在 R_p 中可以定义整除性. R_p 中的单位 (即乘法逆元是关于该元素的) 正是那些分子与分母两者均与 p 互素的有理数. 我们

可以将 R_p 的元素按照模 p 来化简, 在 5.2 节和 5.3 节中讲述的同余式理论依然成立.[1]

我们定义一个非零整数 a 的 **p 进赋值** $v_p(a)$ (p adic valuation) 是 p 能整除 a 的最高幂, 通过令

$$v_p\left(\frac{a}{b}\right) = v_p(a) - v_p(b)$$

将此定义推广到有理数上. 我们还形式上地令 $v_p(0) = \infty$ 大于每个实数. 注意: R_p 由

$$R_p = \{\alpha \in \mathbb{Q} : v_p(\alpha) \geqslant 0\}$$

来刻画.

容易验证 v_p 有下列性质:[2]

$$v_p(\alpha\beta) = v_p(\alpha) + v_p(\beta), \tag{25.4.8}$$

$$v_p(\alpha + \beta) \geqslant \min\{v_p(\alpha), v_p(\beta)\}. \tag{25.4.9}$$

此外, 在赋值不相等的情形, (25.4.9) 中有等式成立:

$$v_p(\alpha) \neq v_p(\beta) \quad \Rightarrow \quad v_p(\alpha + \beta) = \min\{v_p(\alpha), v_p(\beta)\}. \tag{25.4.10}$$

定理 468　设 E 是由整系数方程 (25.1.3) 和 (25.4.2) 给出的一条椭圆曲线, 又设 $P = (x, y) = (z, w)$ 是 E 上一个有有理坐标的点. 那么

$$v_p(x) < 0 \quad \Leftrightarrow \quad v_p(y) < 0 \quad \Leftrightarrow \quad v_p(z) > 0 \quad \Leftrightarrow \quad v_p(w) > 0.$$

如果这些等价条件中有任何一个为真, 则有

$$v_p(x) = -2v_p(z), \quad v_p(y) = -3v_p(z) \quad \text{以及} \quad v_p(w) = 3v_p(z).$$

定理 468 的所有结论都是将基本赋值规则 (25.4.8) (25.4.9)(25.4.10) 应用到定义 E 的方程 (25.1.3) 和 (25.4.2) 的直接推论.

定理 469　设 E 是由整系数方程 (25.4.2) 定义的一条椭圆曲线. 设 P 和 Q 是 E 的点, 其 (z, w) 坐标在 R_p 中, 又假设这些点满足

$$z_P \equiv z_Q \equiv 0 \pmod{p^k} \quad (\text{对某个 } k \geqslant 1). \tag{25.4.11}$$

那么, 它们的和的 z 坐标满足

$$z_{P+Q} \equiv z_P + z_Q \pmod{p^{5k}}. \tag{25.4.12}$$

特别地, (25.4.11) 蕴涵 $z_{P+Q} \equiv 0 \pmod{p^k}$.

定理 468 和 (25.4.11) 告诉我们: $w_P \equiv w_Q \equiv 0 \pmod{p^{3k}}$. 我们首先排除定理 467 中的例外情形. 假设 $z_P = z_Q$, 从 (25.4.2) 在 Q 点的值减去 (25.4.2) 在 P

---

[1] R_p 是**局部环** (local ring) 的一个例子, 局部环是具有单一极大理想的环.

[2] 性质 (25.4.8) 和 (25.4.9) 是说: 函数 $v_p : \mathbb{Q}^* \to \mathbb{Z}$ 是**离散的赋值** (discrete valuation).

点的值得到

$$(w_Q - w_P)\left(1 - Az_P(w_Q + w_P) - B\left(w_Q^2 + w_P w_Q + w_P^2\right)\right) = 0$$

第 2 个因子模 p 同余于 1, 故有 $w_Q = w_P$.

排除了 $z_P = z_Q$ 以及 $w_P \neq w_Q$ 的情形, 我们看到: 由定理 467 的 (25.4.3) 定义的量 α 和 β 满足

$$\alpha \equiv 0 \left(\mathrm{mod}\, p^{2k}\right) \quad \text{和} \quad \beta \equiv 0 \left(\mathrm{mod}\, p^{3k}\right).$$

这样一来, 定理 467 的 (25.4.4) 给出

$$z_{P+Q} = \frac{2A\alpha\beta + 3B\alpha^2\beta}{1 + A\alpha^2 + B\alpha^3} + z_P + z_Q \equiv z_P + z_Q \left(\mathrm{mod}\, p^{5k}\right).$$

定理 469 对于证明定理 466 中的整值性结论提供了所需要的工具. 设 $P = (x_P, y_P) \in E\left(\mathbb{Q}\right)$ 是一个有限阶点. 我们需要证明: x_P 和 y_P 是整数. 如果 $y_P = 0$, 则由定理 464 得 $2P = \mathcal{O}$, 这样一来, E 的方程 (25.1.3) 表明: x_P 是一个整数, 证明完毕. 从现在起我们假设 $y_P \neq 0$.

如若不然, 假设存在一个素数 p, 它整除 x_P 的分母. 变换到 (z, w) 坐标, 定理 469 告诉我们: $p \mid z_P$. 设 $k = v(z_P) > 0$, 则有 $p^k \mid z_P$ 以及 $p^{k+1} \nmid z_P$. 重复应用定理 469 中的 (25.4.12) 就得到

$$z_{nP} \equiv n z_P \left(\mathrm{mod}\, p^{5k}\right) \quad (\text{对所有}\, n \geqslant 1). \tag{25.4.13}$$

现在, 我们利用 P 有有限阶的这一假设, 从而对某个 $m \geqslant 1$ 有 $mP = \mathcal{O}$. 在 (25.4.13) 中设 $n = m$, 并利用 $z_{\mathcal{O}} = 0$ 这一事实就给出

$$0 = z_{\mathcal{O}} = z_{mP} \equiv m z_P \left(\mathrm{mod}\, p^{5k}\right). \tag{25.4.14}$$

如果 $p \nmid m$, 那么 (25.4.14) 与假设 $p^{k+1} \nmid z_P$ 矛盾, 这就证明了 p 不整除 x_P 和 y_P 的分母.

剩下要处理 p 整除 m 的情形. 记 $m = pm'$, 置 $P' = m'P$, 又令 $k' = v(z_P')$ (注意: 对 $n = m'$, 根据 (25.4.13) 有 $k' \geqslant k \geqslant 1$). 由于 P' 的阶为 p, 同样的讨论得到

$$0 = z_{\mathcal{O}} = z_{pP'} \equiv p z_P' \left(\mathrm{mod}\, p^{5k'}\right).$$

从而 $p^{5k'-1}$ 整除 z_P', 这仍是一个矛盾. 这就完成了证明: 有限阶点的 (x, y) 坐标是整数.

既然知道了有限阶点有整数坐标, 那么定理 466 的第二部分的证明就容易了. 首先, 定理 464 说的是: $2P = \mathcal{O}$ 当且仅当 $y = 0$, 所以我们可以假设 $P = (x, y)$ 的阶是 $m \geqslant 3$. 于是 P 和 $2P$ 两者都是有限阶点, 从而由前面的结果知道: 它们两者都有整数坐标. 加倍公式 (25.2.9) 给出

$$x_{2P} = \frac{x_P^4 - 2Ax_P^2 - 8Bx_P + A^2}{4x_P^3 + 4Ax_P + 4B}, \tag{25.4.15}$$

利用标准 Euclid 算法或者结式计算即得恒等式

$$\begin{aligned}
&(3x^2 + 4A)(x^4 - 2Ax^2 - 8Bx + A^2) \\
&- (3x^3 - 5Ax - 27B)(x^3 + Ax + B) \\
&= 4A^3 + 27B^2 = \Delta.
\end{aligned} \tag{25.4.16}$$

将 (25.4.15) 和 (25.4.16) 与基本关系式 $y^2 = x^3 + Ax + B$ 合起来, 就给出

$$y_P^2 \left(4(3x_P^2 + 4A)x_{2P} - (3x_P^2 - 5Ax_P - 27B)\right) = \Delta. \tag{25.4.17}$$

(25.4.17) 中所有的量都是整数, 这就证明了 $y_P^2 \mid \Delta$.

25.5　有理点组成的群

由定理 466 可以有效地确定 $E(\mathbb{Q})$ 中的有限阶点. 对无限阶点的刻画则困难得多. 关于 $E(\mathbb{Q})$ 的一个基本定理 (它属于 Mordell 并经 Weil 加以推广) 说的是: $E(\mathbb{Q})$ 中每个点都可以表示成取自一个有限的生成元集合的点的线性组合, 这里要注意的是: 加法总是通过椭圆曲线 E 上的复合运算法则来实现的.

定理 470　设 E 是由有理系数方程 (25.1.3) 给出的一条椭圆曲线. 则它的有理点群 $E(\mathbb{Q})$ 是有限生成的.

一个标准的代数结论说的是: 每个有限生成的 Abel 群是一个有限群与一个自由生成群的直和. 定理 470 蕴涵如下更精确的命题.

定理 471　设 E 是由有理系数方程 (25.1.3) 给出的一条椭圆曲线. 则 $E(\mathbb{Q})$ 中存在一个有限点集 $P_1, \cdots, P_r$, 使得每个点 $P \in E(\mathbb{Q})$ 都可以唯一地表示成

$$P = n_1 P_1 + n_2 P_2 + \cdots + n_r P_r + T$$

的形式, 其中 $n_1, \cdots, n_r \in \mathbb{Z}$, 而 T 是一个有限阶点. 非负整数 r (它由 $E(\mathbb{Q})$ 唯一决定) 称为 $E(\mathbb{Q})$ 的秩 (rank).

我们由给出一个初等的引理开始, 并讨论定理 470 中秩为 0 的某些情形, 然后我们来叙述此定理的一个较弱的形式, 利用它经由与 Fermat 无穷递降法类似的方法推导出整个定理.

定理 472　设 E 是由有理系数方程 (25.1.3) 给出的一条椭圆曲线, 又设 $P = (x, y)$ 是 E 的一个有有理坐标的点. 那么, E 的坐标可以表为如下形式

$$P = \left(\frac{a}{d^2}, \frac{b}{d^3}\right), \quad \gcd(a, d) = (b, d) = 1.$$

定理 472 是定理 468 的推论, 不过我们要给出一个简短的直接证明. 将 $P = \left(\dfrac{a}{u}, \dfrac{b}{v}\right)$ 的坐标记为分母是正数的最简分数, 并代入 (25.1.3) 中得到

$$\frac{(一个与\ v\ 互素的数)}{v^2} = \frac{(一个与\ u\ 互素的数)}{u^3}.$$

从而 $v^2 = u^3$, 比较 v 和 u 的素因子分解, 可以看出, 存在一个整数 d, 使得 $v = d^3$ 且 $u = d^2$.

我们在第 13 章里研究过的某些 Diophantus 方程是椭圆曲线. 下面两个定理对那些结果作了重新表述, 从而对定理 470 中几种秩为 0 的情形给出证明.

定理 473 椭圆曲线 $E : y^2 = x^3 + x$ 的秩为 0. 它的有理点群 $E(\mathbb{Q}) = \{(0,0), \mathcal{O}\}$ 是一个二阶循环群.

设 $P = (a/d^2, b/d^3) \in E(\mathbb{Q})$. 那么

$$b^2 = a^3 + ad^4 = a(a^2 + d^4), \tag{25.5.1}$$

而 $\gcd(a, d) = 1$ 这一事实蕴涵 (25.5.1) 中之诸因子是平方数, 比方说有

$$a = u^2 \quad 和 \quad a^2 + d^4 = v^2.$$

消去 a 得到 $u^4 + d^4 = v^2$, 而定理 226 给出 $udv = 0$. 根据假设有 $d \neq 0$, 而 $v = 0$ 将使得有 $u = d = 0$, 所以仅有的解是 $u = 0$. 从而有 $a = 0$ 以及 $P = (0,0)$.

定理 474 对于 $B \in \{16, -144, -432, 3888\}$ 中的每一个值, 椭圆曲线

$$E_B : y^2 = x^3 + B$$

的秩都是 0, 也就是说, $E_B(\mathbb{Q})$ 是有限的.

定理 465 给出从曲线

$$C_A : X^3 + Y^3 = A$$

到曲线 E_{-432A^2} 的一个映射. 除了至多几个例外, 这个映射使得有理点集 $C_A(\mathbb{Q})$ 对等于有理点集 $E_{-432A^2}(\mathbb{Q})$.

与定理 472 证明中类似的讨论表明: $C_A(\mathbb{Q})$ 中每个有理点都有 $(a/c, b/c)$ 的形式, 其中的分数取最简形式. 于是

$$a^3 + b^3 = Ac^3.$$

定理 228 对 $A = 1$ 以及定理 232 对 $A = 3$ 告诉我们

$$C_1(\mathbb{Q}) = \{(1,0),(0,1)\} \quad 且 \quad C_3(\mathbb{Q}) = \varnothing,$$

由此即推出 $E_{-432}(\mathbb{Q})$ 和 $E_{3888}(\mathbb{Q})$ 都是有限的.

验证如下结论不过是一个代数练习: 下面的公式给出从 E_B 到 E_{-27B} 的一个有良好定义的映射 (它在 $E_B(\mathbb{Q})$ 上至多是 3 比 1 的)[①]

$$E_B : y^2 = x^3 + B \rightarrow E_{-27B} : y^2 = x^3 - 27B,$$

[①] 此映射在复的点 $E_B(\mathbb{C}) \to E_{-27B}(\mathbb{C})$ 上恰好是 3 比 1 的. 椭圆曲线之间由有理函数定义的映射称为**同种** (isogeny).

$$(x, y) \mapsto ((x^3 + 4B)/x^2, y(x^3 - 8B)/x^3).$$

取 $B = 16$ 给出 $E_{16}(\mathbb{Q}) \to E_{-432}(\mathbb{Q})$, 所以 $E_{16}(\mathbb{Q})$ 是有限的, 类似地, 取 $B = -144$ 表明, $E_{-144}(\mathbb{Q})$ 是有限的.

现在来继续讨论定理 470 的证明, 传统上它被分成两部分. 对于第一部分我们予以陈述而不加证明, 因为它所需要的工具超出了我们的范围.[①]

定理 475　设 E 是由有理系数方程 (25.1.3) 给出的一条椭圆曲线. 那么, 商群 $E(\mathbb{Q})/2E(\mathbb{Q})$ 是有限的, 也就是说, 存在一个有限点集 $Q_1, \cdots, Q_k \in E(\mathbb{Q})$, 使得 $E(\mathbb{Q})$ 中每个点 Q 都可以表示为如下形式

$$Q = Q_i + 2Q'$$

(对某个 $1 \leqslant i \leqslant k$ 以及某个 $Q' \in E(\mathbb{Q})$).

定理 470 证明的第二部分是递降法的论证, 它与 Fermat 的方法非常类似. 对于一个适当的有理数 u 作形如 $x = u^2 x'$ 以及 $y = u^3 y'$ 的变量替换, 我们就可以假设定义 E 的方程 (25.1.3) 有整系数.

为递降法之需要, 我们将用高度函数来度量 $E(\mathbb{Q})$ 中点的算术大小. 一个有理数 $t \in \mathbb{Q}$ 的**高度** (height) 定义为: 对 $t = \dfrac{a}{b} \in \mathbb{Q}$ (其中 $\gcd(a, b) = 1$),

$$H(t) = H\left(\frac{a}{b}\right) = \max\{|a|, |b|\},$$

一个点 $P = (x_P, y_P) \in E(\mathbb{Q})$ 的高度定义为: 当 $P \neq \mathcal{O}$ 时有

$$H(P) = H(x_P)$$

以及 $H(\mathcal{O}) = 1$. 显然, 高度小于任何给定界限的有理数仅有有限多个, 对 $E(\mathbb{Q})$ 中的点也有类似结论, 这是因为每个有理的 x 坐标至多给出两个有理的 y 坐标.

执行递降法的关键在于弄清楚群法则对于点的高度的作用效果.

定理 476　设 E 是由整系数方程 (25.1.3) 给出的一条椭圆曲线. 那么, 存在常数 c_1 以及 $c_2 > 0$, 使得

$$\text{对所有} P, Q \in E(\mathbb{Q}) \text{ 有 } H(P + Q) \leqslant c_1 H(P)^2 H(Q)^2, \tag{25.5.2}$$

$$\text{对所有} P \in E(\mathbb{Q}) \text{ 有 } H(2P) \geqslant c_2 H(P)^4. \tag{25.5.3}$$

高度函数满足 $H \geqslant 1$, 所以, 如果 $P = \mathcal{O}$ 或者 $Q = \mathcal{O}$, 那么 (25.5.2) 和 (25.5.3) 两者对 $c_1 = c_2 = 1$ 都成立. 类似地, 如果 $P + Q = \mathcal{O}$, 那么 (25.5.2) 对 $c_1 = 1$ 成立. 我们来考虑剩下的情形.

利用定理 472, 我们记

[①] 如果 (25.1.3) 中的三次方程 $x^3 + Ax + B$ 有一个有理根, 那么定理 470 就能有一个初等 (然而冗长的) 的证明, 例如, 可以在 Silverman-Tate 的 *Rational Points on Elliptic Curves* 一书第 3 章中找到这个证明.

$$P = (x_P, y_P) = \left(\frac{a_P}{d_P^2}, \frac{b_P}{d_P^3} \right) \quad \text{以及} \quad Q = (x_Q, y_Q) = \left(\frac{a_Q}{d_Q^2}, \frac{b_Q}{d_Q^3} \right).$$

假设 $P \neq Q$, 则加法公式 (25.2.3) (25.2.7) (25.2.8) 给出

$$
\begin{aligned}
x_{P+Q} &= \left(\frac{y_Q - y_P}{x_Q - x_P} \right)^2 - x_P - x_Q \\
&= \frac{(x_P x_Q + A)(x_P + x_Q) + 2B - 2y_P y_Q}{(x_P - x_Q)^2} \\
&= \frac{\left(a_P a_Q + A d_P^2 d_Q^2 \right) \left(a_P d_Q^2 + a_Q d_P^2 \right) + 2B d_P^4 d_Q^4 - 2 b_P d_P b_Q d_Q}{\left(a_P d_Q^2 - a_Q d_P^2 \right)^2}.
\end{aligned}
$$

$$(25.5.4)$$

如果一个有理数的分子与分母之间有化简相消, 则它的高度只会减小, 所以 (25.5.4) 以及三角不等式就给出

$$H\left(x_{P+Q} \right) \leqslant c_3 \max \left\{ |a_P|^2, |d_P|^4, |b_P d_P| \right\} \times \max \left\{ |a_Q|^2, |d_Q|^4, |b_Q d_Q| \right\} \quad (25.5.5)$$

(显然可以取 $c_3 = 4 + 2|A| + 2|B|$). 接下来注意到, 由于 P 和 Q 都是曲线上的点, 所以它们的坐标满足

$$b_P^2 = a_P^3 + A a_P d_P^4 + B d_P^6 \quad \text{以及} \quad b_Q^2 = a_Q^3 + A a_Q d_Q^3 + B d_Q^6.$$

从而有

$$
\begin{aligned}
|b_P| &\leqslant c_4 \max \left\{ |a_P|^{3/2}, |d_P|^3 \right\} \\
|b_Q| &\leqslant c_4 \max \left\{ |a_Q|^{3/2}, |d_Q|^3 \right\}
\end{aligned}
$$

$$(25.5.6)$$

(显然可取 $c_4 = 1 + |A| + |B|$). 将 (25.5.6) 代入 (25.5.5) 即得

$$H\left(x_{P+Q} \right) \leqslant c_3 c_4^2 \max \left\{ |a_P|^2, |d_P|^4 \right\} \max \left\{ |a_Q|^2, |d_Q|^4 \right\} = c_1 H(P)^2 H(Q)^2,$$

这就完成了当 $P \neq Q$ 时 (25.5.2) 的证明. 对于 $P = Q$ 的情形, 证明与此相似 [要利用加倍公式 (25.2.9)], 读者应该有把握自己完成它.

现在转而讨论下界 (25.5.3). 如果多项式 $x^3 + Ax + B$ 有有理根, 那么我们首先断定正常数 c_2 满足

$$c_2 < \min\{ H(\xi)^{-4} : \xi \in \mathbb{Q} \text{ 且 } \xi^3 + A\xi + B = 0 \}. \quad (25.5.7)$$

此时, 定理 464 告诉我们: 如果 $2P = \mathcal{O}$, 则 (25.5.3) 为真, 所以可以假设 $2P \neq \mathcal{O}$.

为简化记号, 我们记

$$x_P = \frac{\alpha}{\delta}$$

是一个最简分数. 定义多项式

$$F(X, Z) = X^4 - 2AX^2Z^2 - 8BXZ^3 + A^2Z^4,$$
$$G(X, Z) = 4X^3Z + 4AXZ^3 + 4BZ^4,$$

并利用它们来将加倍公式 (25.2.9) 齐次化. 从而 $2P$ 的 x 坐标就由

$$x_{2P} = \frac{F(\alpha, \delta)}{G(\alpha, \delta)} \tag{25.5.8}$$

给出. Euclid 算法或者结式理论告诉我们如何从 F 和 G 中消去 X 或者 Z 得到一个关系式, 参见 (25.4.16). 显然, 如果定义多项式

$$f_1(X, Z) = 12X^2Z + 16AZ^3, \tag{25.5.9}$$
$$g_1(X, Z) = 3X^3 - 5AXZ^2 - 27BZ^3, \tag{25.5.10}$$
$$f_2(X, Z) = 4(4A^3 + 27B^2)X^3 - 4A^2BX^2Z$$
$$+ 4A(3A^3 + 22B^2X)Z^2 + 12B(A^3 + 8B^2)Z^3, \tag{25.5.11}$$
$$g_2(X, Z) = A^2BX^3 + A(5A^3 + 32B^2)X^2Z$$
$$+ 2B(13A^3 + 96B^2)XZ^2 - 3A^2(A^3 + 8B^2)Z^3, \tag{25.5.12}$$

然后, 再用一个初等但冗长的计算验证两个形式恒等式

$$f_1(X, Z)F(X, Z) + g_1(X, Z)G(X, Z) = 4\Delta Z^7, \tag{25.5.13}$$
$$f_2(X, Z)F(X, Z) + g_2(X, Z)G(X, Z) = 4\Delta X^7. \tag{25.5.14}$$

与通常一样, $\Delta = 4A^3 + 27B^2 \neq 0$ 表示 E 的判别式.

将 $X = \alpha$ 以及 $Z = \delta$ 代入 (25.5.13) 和 (25.5.14) 即得

$$f_1(\alpha, \delta)F(\alpha, \delta) + g_1(\alpha, \delta)G(\alpha, \delta) = 4\Delta\delta^7, \tag{25.5.15}$$
$$f_2(\alpha, \delta)F(\alpha, \delta) + g_2(\alpha, \delta)G(\alpha, \delta) = 4\Delta\alpha^7. \tag{25.5.16}$$

由 (25.5.15) 和 (25.5.16) 以及 $\gcd(\alpha, \delta) = 1$ 这一事实可以看出

$$\gcd(F(\alpha, \delta), G(\alpha, \delta)) | 4\Delta.$$

于是在 (25.5.8) 的分子与分母之间至多能消去 4Δ 的一个因子, 所以

$$H(x_{2P}) \geqslant \frac{\max\{F(\alpha, \delta), G(\alpha, \delta)\}}{|4\Delta|}. \tag{25.5.17}$$

恒等式 (25.5.15) 与 (25.5.16) 也能给出估计式

$$|4\Delta\delta^7| \leqslant 2\max\{|f_1(\alpha, \delta)|, |g_1(\alpha, \delta)|\} \tag{25.5.18}$$
$$\times \max\{|F(\alpha, \delta)|, |G(\alpha, \delta)|\},$$
$$|4\Delta\delta^7| \leqslant 2\max\{|f_2(\alpha, \delta)|, |g_2(\alpha, \delta)|\}$$

$$\times \max \left\{ |F(\alpha, \delta)|, |G(\alpha, \delta)| \right\}. \tag{25.5.19}$$

观察 f_1, g_1, f_2 以及 g_2 的显式表达式 (25.5.9)~(25.5.12), 我们看出有

$$\max \left\{ |f_1(\alpha, \delta)|, |g_1(\alpha, \delta)|, |f_2(\alpha, \delta)|, |g_2(\alpha, \delta)| \right\}$$

$$\leqslant c_5 \max \left\{ |\alpha|^3, |\delta|^3 \right\}, \tag{25.5.20}$$

其中 c_5 只由 A 和 B 来决定. 将 (25.5.18) (25.5.19) (25.5.20) 组合起来即得

$$4 |\Delta| \max \left\{ |\alpha|, |\delta| \right\}^7 \leqslant 2c_5 \max \left\{ |\alpha|, |\delta| \right\}^3 \cdot \max \left\{ |F(\alpha, \delta)|, |G(\alpha, \delta)| \right\}, \tag{25.5.21}$$

这样一来, (25.5.17) 和 (25.5.21) 就蕴涵

$$H(x_{2P}) \geqslant (2c_5)^{-1} \max \left\{ |\alpha|, |\delta| \right\}^4 \geqslant c_2 H(x_P)^4,$$

其中可以取满足 (25.5.7) 的任何正数 $c_2 \leqslant (2c_5)^{-1}$. 这就完成了 (25.5.3) 的证明.

定理 476 将 E 上点的和与它们高度的乘积联系起来, 从这个意义上说, 这个定理表述成乘积的形式. 利用**对数高度** (logarithmic height)

$$h(P) = \ln H(P)$$

改写它是很方便的. 按照这一记号, 定理 476 中的两个不等式变为

$$h(P + Q) \leqslant 2h(P) + 2h(Q) + C_1 \quad (\text{对所有} P, Q \in E(\mathbb{Q})), \tag{25.5.22}$$

$$h(2P) \geqslant 4h(P) - C_2 \quad (\text{对所有} P \in E(\mathbb{Q})), \tag{25.5.23}$$

其中 C_1 和 C_2 是只与 E 有关的非负常数.

现在要来证明: 存在一个由高度有界的点组成的集合 $S \subset E(\mathbb{Q})$, 使得 $E(\mathbb{Q})$ 中每个点都是 S 中点的线性组合. 这就蕴涵了 $E(\mathbb{Q})$ 是有限生成的 (定理 470), 这是因为高度有界的点集是有限的.

定理 475 告诉我们: 存在一个有限点集 $Q_1, \cdots, Q_k \in E(\mathbb{Q})$, 使得 $E(\mathbb{Q})$ 中每个点与某个 Q_j 只相差 $2E(\mathbb{Q})$ 中的一个点. 令

$$C_3 = \frac{1}{2} \max \left\{ h(Q_j) : 1 \leqslant j \leqslant k \right\} + \frac{C_1 + C_2}{4}, \tag{25.5.24}$$

其中 C_1 和 C_2 分别是在 (25.5.22) 以及 (25.5.23) 中出现的常数, 用

$$S = \left\{ R \in E(\mathbb{Q}) : h(R) \leqslant 2C_3 + 1 \right\} \tag{25.5.25}$$

来定义有限点集 $S \subset E(\mathbb{Q})$. 特别请注意, $Q_1, \cdots, Q_k$ 在 S 中.

设 $P_0 \in E(\mathbb{Q})$ 是 $E(\mathbb{Q})$ 中任意一个非零的点. 我们用归纳的方法定义 $E(\mathbb{Q})$ 中一列指数 $j_0, j_1, j_2, \cdots$ 和一列点 $P_0, P_1, P_2, \cdots$, 它们满足

$$P_0 = 2P_1 + Q_{j_1}, \quad P_1 = 2P_2 + Q_{j_2}, \quad P_2 = 2P_3 + Q_{j_3}, \cdots. \tag{25.5.26}$$

相连接的 P_i 和 j_i 的选择不一定是唯一的, 但是定理 475 确保在每一步都至少有一种选择. 我们首先应用 (25.5.23) 然后再利用 (25.5.22) 来证明: P_i 的高度减小得很快. 从而

$$
\begin{aligned}
h\left(P_i\right) &\leqslant \frac{1}{4}\left(h\left(2P_i\right)+C_2\right)=\frac{1}{4}\left(h\left(P_{i-1}-Q_{j_i}\right)+C_2\right) \\
&\leqslant \frac{1}{4}\left(2h\left(P_{i-1}\right)+2h\left(Q_{j_i}\right)+C_1+C_2\right) \\
&\leqslant \frac{1}{4}h\left(P_{i-1}\right)+C_3,
\end{aligned}
\tag{25.5.27}
$$

其中 C_3 由 (25.5.24) 定义, 我们还用到了 $h(-Q)=h(Q)$ 这一事实, 这是因为 $h(Q)$ 只与 x_Q 有关.

我们来应用 (25.5.27), 从 P_n 开始回溯到 P_0, 得到

$$
h\left(P_n\right) \leqslant \frac{1}{2^n}h\left(P_0\right)+\left(1+\frac{1}{2}+\frac{1}{4}+\cdots+\frac{1}{2^{n-1}}\right)C_3 \leqslant \frac{1}{2^n}h\left(P_0\right)+2C_3.
$$

这样一来, 如果选取满足 $2^n \geqslant h\left(P_0\right)$ 的 n, 则点 P_n 在由 (25.5.25) 定义的集合 S 之中. 最后, 用方程序列 (25.5.26) 中的后向代换即可证明

$$
P_0 = 2^n P_n + \sum_{i=1}^n 2^{i-1}Q_{j_i},
$$

所以原点 P_0 是 S 中点的一个线性组合. 这就证明了: 有限集合 S 是群 $E(\mathbb{Q})$ 的一个生成集.

25.6　关于模 p 的点群

研究系数在其他域中 (例如: 由 p 个元素组成的域, 这样的域记为 $\mathbb{F}_p$ [①]) 的椭圆曲线是富有教益的. 曲线上 mod p 的点

$$
E\left(\mathbb{F}_p\right) = \left\{(x,y) \in \mathbb{F}_p^2 : y^2 \equiv x^3 + Ax + B\ (\bmod\ p)\right\} \cup \{\mathcal{O}\}
$$

可以用通常的加法公式 (25.2.2)~(25.2.8) 相加成为另一个点, 且它们满足定理 462 中描述的通常的性质.

我们可以用 Lengendre 符号 (6.5 节) 计算 $E(\mathbb{F}_p)$ 中的点数, 其中要用到如下事实: 同余式 $y^2 \equiv a\,(\bmod\ p)$ 有 $1+\left(\dfrac{a}{p}\right)$ 个解. 从而

$$
\#E\left(\mathbb{F}_p\right) = 1 + \sum_{x=0}^{p-1}\left(1+\left(\frac{x^3+Ax+B}{p}\right)\right) = p+1+\sum_{x=0}^{p-1}\left(\frac{x^3+Ax+B}{p}\right).
$$

---

① 为简单起见, 假设 p 是一个奇素数. 为了对 $\mathbb{F}_2$ 在或者其他特征为 2 的域上的椭圆曲线进行研究, 如果有必要的话, 要利用推广的 Weierstrass 方程 (25.3.2), 与 25.3 节中讨论过的判别式 (25.3.7) 相比, 在这里相应有一个更为复杂的表达式.

我们可以期待 $\left(\dfrac{x^3 + Ax + B}{p}\right)$ 取值 $+1$ 和 -1 的可能性近似相等, 因此 $\#E(\mathbb{F}_p)$ 近似等于 $p+1$. 这一合理论证之正确性可以表述成一个属于 Hasse 的定理.

定理 477* 设 p 是一个素数, E 是系数在 p 个元素的有限域 $\mathbb{F}_p$ 中的一条椭圆曲线. 那么, E 中坐标在 $\mathbb{F}_p$ 中的点的个数满足估计式

$$|\#E(\mathbb{F}_p) - (p+1)| < 2\sqrt{p}.$$

25.7 椭圆曲线上的整点

椭圆曲线常有无穷多个具有有理坐标的点, 这是因为两个有理点之和仍是一个有理点. 而对于有整数坐标的点, 情形则大不相同, 对加法公式 (25.2.2)~(25.2.8) 中所用到的有理函数仔细研究将会明了: 整点之和未必是一个整点.

这一领域的主要定理 (它属于 Siegel) 是说: 椭圆曲线仅有有限多个整点. 我们首先来对 Siegel 定理的三种初等情形加以证明, 然后用一个例子来展示 (椭圆) 曲线上的整点与 Diophantus 逼近 (第 11 章) 的理论之间的紧密联系, 最后再以 Siegel 结果的完整表述作为结束.

定理 478 方程

$$y^2 = x^3 + 7 \tag{25.7.1}$$

没有整数解. [①]

假设 (x, y) 是 (25.7.1) 的一组整数解. 注意: x 不可能是偶数, 因为形如 $8k+7$ 的数不可能是平方数. 将 (25.7.1) 重新写成

$$y^2 + 1 = x^3 + 8 = (x+2)\left(x^2 - 2x + 4\right). \tag{25.7.2}$$

由于 x 是奇数, 我们有

$$x^2 - 2x + 4 = (x-1)^2 + 3 \equiv 3 \,(\text{mod } 4),$$

所以存在某个素数 $p \equiv 3 \,(\text{mod } 4)$, 它整除 $x^2 - 2x + 4$. 这样一来, (25.7.2) 就蕴涵

$$y^2 \equiv -1 \,(\text{mod } p),$$

这与定理 82 矛盾. 从而 (25.7.1) 没有整数解.

定理 479 方程

$$y^2 = x^3 - 2 \tag{25.7.3}$$

仅有的整数解是 $(x, y) = (3, \pm 5)$.

我们在二次域 $k\left(\sqrt{-2}\right)$ 的整数环中运作, 根据定理 238, 这个环是由形如

---

① 事实上, 方程 (25.7.1) 没有有理数解, 但是其证明需要不同的方法, 而且困难得多.

$$a + b\sqrt{-2}$$

$(a, b \in \mathbb{Z})$ 的数组成之集合. 域 $k\left(\sqrt{-2}\right)$ 是一个 Euclid 域 (定理 246), 所以它的元素可以唯一分解成素因子之积, 且它仅有的单位是 ± 1 (定理 240).

现在假设 (x, y) 是 (25.7.3) 的一组有理整数解. 首先注意到: x 和 y 必定都是奇数, 这是因为, 如果 $2 \mid x$, 则有

$$y^2 \equiv -2 \,(\mathrm{mod}\ 8),$$

而这是不可能的.

在 $k\left(\sqrt{-2}\right)$ 的整数环中有分解式

$$x^3 = y^2 + 2 = \left(y + \sqrt{-2}\right)\left(y - \sqrt{-2}\right), \tag{25.7.4}$$

$y + \sqrt{-2}$ 和 $y - \sqrt{-2}$ 的任何公因子都必须整除它们的和 $2y$ 以及它们的差 $2\sqrt{-2}$. 然而 (25.7.4) 中没有哪个因子能被 $\sqrt{-2}$ 整除, 这是因为 y 是奇数, 因此它们没有公共的素因子. 从而 (25.7.4) 蕴涵: 每一个因子在 $k\left(\sqrt{-2}\right)$ 的整数环中都是一个立方数, 比方说有

$$y + \sqrt{-2} = \xi^3 \quad \text{以及} \quad y - \sqrt{-2} = \eta^3. \tag{25.7.5}$$

从 (25.7.5) 的第一式中减去第二式得到

$$2\sqrt{-2} = \xi^3 - \eta^3 = (\xi - \eta)\left(\xi^2 + \xi\eta + \eta^2\right). \tag{25.7.6}$$

(25.7.5) 中两式互为复共轭, 所以, 如果记 $\xi = a + b\sqrt{-2}$, 则 $\eta = a - b\sqrt{-2}$, 所以 (25.7.6) 就变成

$$2\sqrt{-2} = 2b\sqrt{-2}\left(3a^2 - 2b^2\right).$$

于是 $b = 1$ 且 $a = \pm 1$, 这就得出 $y = \pm 5$ 以及 $x = 3$.

定理 480　设 A 是一个非零整数. 那么, 方程

$$x^3 + y^3 = A$$

的每个整数解都满足 $x^2 + y^2 \leqslant 2\,|A|$.

定理 480 的初等证明依赖于以下事实: 三次型 $x^3 + y^3$ 可以因子分解成

$$x^3 + y^3 = (x + y)\left(x^2 - xy + y^2\right) = A.$$

由于 $x + y \neq 0$, 我们有 $|x + y| \geqslant 1$, 所以

$$|A| \geqslant |x^2 - xy + y^2| \geqslant \frac{1}{2}\left(x^2 + y^2\right).$$

对于形如

$$x^3 + 2y^3 = A$$

的方程, 自然会试图再次用定理 480 的证明, 对它要用因子分解

$$\left(x + \sqrt[3]{2}y\right)\left(x^2 - \sqrt[3]{2}xy + \sqrt[3]{4}y^2\right) = A.$$

在此情形, 域 $k\left(\sqrt[3]{2}\right)$ 中的整数满足基本定理, 但却有无穷多个单位存在, 这使我们不能成功地给出一个初等的证明. 一般来说, 椭圆曲线上整点的存在性与 Diophantus 逼近的理论密切相关.

定理 481　设 d 是一个整数, 它不是完全立方数; 又设 A 是一个非零整数. 那么, 方程

$$x^3 + dy^3 = A \tag{25.7.7}$$

仅有有限多组整数解.

为了证明定理 481, 我们需要 Diophantus 逼近论中一个比定理 191 更强的结果. 在以下述 Roth 定理作为其最佳结果之前, 这一类的估计式是由 Thue、Siegel、Gelfond 和 Dyson 所证明的 (参见第 11 章附注).

定理 482*　设 ξ 是一个至少 2 次的代数数 (定义见 11.5 节). 那么, 对每个 $\varepsilon > 0$, 存在一个正的常数 C, 它只与 ξ 和 ε 有关, 使得对所有写成最简分数形式的有理数 a/b (其中 $b > 0$) 有

$$\left|\frac{a}{b} - \xi\right| \geqslant \frac{C}{b^{2+\varepsilon}}.$$

定理 482 (即使是它的一个较弱的形式, 其中 b 的指数取严格小于 ξ 次数的任何值) 的证明会离题过远. 所以我们将满足于用定理 482 来证明定理 481.

为简化记号, 令 $\delta = \sqrt[3]{d}$, 设 $\rho = \frac{1}{2}\left(-1 + \sqrt{-3}\right)$ 是一个三次单位根 (与在第 12 章中一样). 又用 $-y$ 代替 y, 则方程 (25.7.7) 可以完全分解成

$$x^3 - dy^3 = (x - \delta y)\left(x - \rho\delta y\right)\left(x - \rho^2\delta y\right) = A.$$

用 y^3 来除, 即得

$$\left(\frac{x}{y} - \delta\right)\left(\frac{x}{y} - \rho\delta\right)\left(\frac{x}{y} - \rho^2\delta\right) = \frac{A}{y^3}. \tag{25.7.8}$$

实数 x/y 不可能接近复数 $\rho\delta$ 和 $\rho^2\delta$ 中的任何一个. 事实上, 我们有

$$\left|\frac{x}{y} - \rho\delta\right| \geqslant \operatorname{Im}\left(\rho\delta\right) = \frac{\sqrt{3}\delta}{2},$$

对 $\left|\dfrac{x}{y} - \rho^2\delta\right|$ 也有类似的结论. 于是 (25.7.8) 导出估计式

$$\frac{|A|}{|y|^3} \geqslant \left|\frac{x}{y} - \sqrt[3]{d}\right|\left(\frac{\sqrt{3}\delta}{2}\right)^2.$$

从而存在一个常数 C' (它与 x 和 y 无关) 使得

$$\frac{C'}{|y|^3} \geqslant \left| \frac{x}{y} - \sqrt[3]{d} \right|. \tag{25.7.9}$$

现在取 $\varepsilon = \dfrac{1}{2}$, 对代数数 $\sqrt[3]{d}$ 应用定理 482, 给出对应的下界

$$\left| \frac{x}{y} - \sqrt[3]{d} \right| \geqslant \frac{C}{|y|^{5/2}}. \tag{25.7.10}$$

将 (25.7.9) 与 (25.7.10) 组合起来, 即得

$$(C'/C)^2 \geqslant |y|,$$

这表明 y 只取有限多个值. 最后, 方程 $x^3 + 2y^3 = A$ 表明: y 的每一个值只给出有限多个 x 的值.

Siegel 曾经用与定理 481 的证明类似但复杂得多的方法证明了: 对所有椭圆曲线有一个类似的结果成立.

定理 483* 设 E 是由一个有理系数方程所给出的椭圆曲线. 那么, E 仅有有限多个具有整数坐标的点. 特别地, 方程

$$y^2 = x^3 + Ax + B$$

(其中 $A, B \in \mathbb{Z}$ 且 $4A^3 + 27B^2 \neq 0$) 仅有有限多组整数解.

Siegel 对于定理 483 的证明得到一个更强的结果, 此结果实际上说的是: 其有理点坐标的分子与分母有差不多同样的大小.

定理 484* 设 E 是由一个有理系数方程所给出的椭圆曲线, $P_1, P_2, P_3, \cdots \in E(\mathbb{Q})$ 是一列不同的有理点. 将 P_i 的 x 坐标写成一个分数 $x_{P_i} = \alpha_i/\beta_i$. 那么

$$\lim_{i \to \infty} \frac{\ln |\alpha_i|}{\ln |\beta_i|} = 1.$$

25.8　椭圆曲线的 L 级数

设 E 是由一个极小 Weierstrass 方程 [①] (25.3.2) 给出的椭圆曲线. 对每个素数 p, 将 (25.3.2) 的系数 mod p 进行化简, 只要 $p \nmid \Delta$, 我们就得到一条在有限域 $\mathbb{F}_p$ 上定义的椭圆曲线 E_p. 定理 477 告诉我们: 量

$$a_p = p + 1 - \#E(\mathbb{F}_p) \tag{25.8.1}$$

满足 $|a_p| < 2\sqrt{p}$ (如果 $p \mid \Delta$, 我们仍然用 (25.8.1) 来定义 a_p. 在此情形可以证明 $a_p \in \{-1, 0, 1\}$).

将椭圆曲线 mod p 的所有信息都糅合形成一个生成函数是很方便的. E 的 **L 级数** (L-series) 是无穷乘积

---

① 如果略去素数 $p = 2$ 和 $p = 3$, 那么只需要取满足 $A, B \in \mathbb{Z}$ 且 $\gcd(A^3, B^2)$ 无 12 次幂因子的方程 (25.1.3) 就足够了.

$$L(E,s) = \prod_{p\,|\,\Delta} \frac{1}{1-a_p p^{-s}} \times \prod_{p\,\nmid\,\Delta} \frac{1}{1-a_p p^{-s}+p^{1-2s}}. \tag{25.8.2}$$

定义 L 级数的乘积 (25.8.2) 可以形式地展开成一个 Dirichlet 级数

$$L(E,s) = \sum_{n\geqslant 1} \frac{a_n}{n^s}, \tag{25.8.3}$$

这里用到几何级数

$$\frac{1}{1-a_p p^{-s}} = \sum_{k\geqslant 0} \frac{a_p^k}{p^{ks}} \quad \text{以及} \quad \frac{1}{1-a_p p^{-s}+p^{1-2s}} = \sum_{k\geqslant 0}\left(\frac{a_p}{p^s}+\frac{1}{p^{2s-1}}\right)^k.$$

定理 485 L 级数 $L(E,s)$ 的系数 a_n 有下列性质:

$$a_{mn} = a_m a_n \quad (\text{对所有互素的} m \text{和} n), \tag{25.8.4}$$

$$a_p a_{p^k} = a_{p^{k+1}} + p a_{p^{k-1}} \quad (\text{对所有素数幂} p^k, \text{其中} k \geqslant 1), \tag{25.8.5}$$

$$|a_n| \leqslant d(n)\sqrt{n} \quad (\text{对所有} n \geqslant 1) \tag{25.8.6}$$

(其中 $d(n)$ 是 n 的因子个数, 见 16.7 节).

(25.8.4) 和 (25.8.5) 的证明是形式演算. 首先, 比较 (25.8.2) 与 (25.8.3), 即看出

$$L(E,s) = \prod_p \sum_{k\geqslant 0} \frac{a_{p^k}}{p^{sk}}. \tag{25.8.7}$$

因此, 如果将 n 分解成 $n = p_1^{k_1} p_2^{k_2} \cdots p_t^{k_t}$, 那么

$$a_n = a_{p_1}^{k_1} a_{p_2}^{k_2} ... a_{p_t}^{k_t}.$$

特别地, 如果 $\gcd(m,n)=1$, 则 $a_{mn}=a_m a_n$.

其次, 对每个素数 $p \nmid \Delta$, 作因式分解

$$1 - a_p X + p X^2 = (1-\alpha_p X)(1-\beta_p X) \quad (\alpha_p, \beta_p \in \mathbb{C}). \tag{25.8.8}$$

而对 $p\,|\,\Delta$, 则令 $\alpha_p = a_p$ 以及 $\beta_p = 0$, 这样一来, 在所有情形下, (25.8.2) 中的 p 因子都等于

$$\frac{1}{1-\alpha_p p^{-s}} \cdot \frac{1}{1-\beta_p p^{-s}} = \left(\sum_{i=0}^{\infty}\frac{\alpha_p^i}{p^{si}}\right)\cdot\left(\sum_{j=0}^{\infty}\frac{\beta_p^j}{p^{sj}}\right)$$

$$= \sum_{k=0}^{\infty}\frac{1}{p^{sk}}\sum_{i+j=k}\alpha_p^i\beta_p^j. \tag{25.8.9}$$

(对于 $p\,|\,\Delta$, 约定取 $0^0=1$).

比较 (25.8.9) 与 (25.8.7), 即得

$$a_{p^k} = \sum_{i+j=k}\alpha_p^i\beta_p^j = \frac{\alpha_p^{k+1}-\beta_p^{k+1}}{\alpha_p-\beta_p}. \tag{25.8.10}$$

利用 (25.8.10) 以及关系式 $\alpha_p\beta_p = p$ [根据 (25.8.8)], 我们算得

$$a_p a_{p^k} = (\alpha_p + \beta_p)\left(\frac{\alpha_p^{k+1} - \beta_p^{k+1}}{\alpha_p - \beta_p}\right) = \frac{\alpha_p^{k+2} - \beta_p^{k+2} + \alpha_p\beta_p\left(\alpha_p^k - \beta_p^k\right)}{\alpha_p - \beta_p}$$

$$= a_{p^{k+1}} + p a_{p^{k-1}}.$$

我们用定理 477 来验证 (25.8.6), 定理 477 告诉我们: $|a_p| < 2\sqrt{p}$. 这就蕴涵二次多项式 (25.8.8) 的根是复共轭的, 从而 α_p 和 β_p 是复共轭的, 它们的乘积等于 p. 于是它们满足

$$|\alpha_p| = |\beta_p| = \sqrt{p}. \tag{25.8.11}$$

对 (25.8.10) 应用 (25.8.11) 给出

$$\left|a_{p^k}\right| \leqslant \sum_{i+j=k}\left|\alpha_p^i \beta_p^j\right| = \sum_{i+j=k} p^{k/2} = (k+1)\, p^{k/2} = d\left(p^k\right) p^{k/2}.$$

这样一来, 由 a_n 的积性 (25.8.4) 以及 $\mathrm{d}(n)$ 的积性 (根据定理 273) 就推得 $|a_n| \leqslant d(n)\sqrt{n}$.

　　定理 486　由 (25.8.2) 和 (25.8.3) 定义的 L 级数 $L(E,s)$ 视为变量 s 的函数时, 对所有 $\mathrm{Re}(s) > \dfrac{3}{2}$ 绝对收敛, 且在该区域内定义一个取值不为零的全纯函数.

　　定理 485 中的估计式 (25.8.6) 是说: $L(E,s)$ 的 Dirichlet 系数满足 $|a_n| \leqslant d(n)\sqrt{n}$. 定理 315 告诉我们: 除数函数的和是相当小的, 对任何 $\delta > 0$,

$$d(n) = O\left(n^\delta\right).$$

记 $\sigma = \mathrm{Re}(s)$, 并利用

$$\sum_{n \geqslant 1}\left|\frac{a_n}{n^s}\right| \leqslant \sum_{n \geqslant 1}\frac{d(n)\, n^{1/2}}{n^\sigma} = O\left(\sum_{n \geqslant 1}\frac{1}{n^{\sigma - \frac{1}{2} - \delta}}\right)$$

来估计 Dirichlet 级数 (25.8.3). 由此可知, Dirichlet 级数对 $\mathrm{Re}(s) > \dfrac{3}{2} + \delta$ 是绝对收敛的, 又因为 δ 是任意的, 故 $L(E,s)$ 对 $\mathrm{Re}(s) > \dfrac{3}{2}$ 定义了一个全纯函数. 最后, $L(E,s)$ 在区域 $\mathrm{Re}(s) > \dfrac{3}{2}$ 取值不为零由它的乘积展开式 (25.8.2) 得出.

　　虽然定义 $L(E,s)$ 的级数 (25.8.2) 只对 $\mathrm{Re}(s) > \dfrac{3}{2}$ 收敛, 但是它所定义的函数与 Riemann ζ 函数很类似: 从一定意义上来说, 它也有一个解析延拓, 且满足一个函数方程. 下一个定理代表了现代数论的一项最高成就, 然而它的证明大大超出了本书的范畴.

　　定理 487[*]　L 级数 $L(E,s)$ 可以解析延拓到整个复平面. 此外, 存在一个整数 N_E, 称之为 E 的前导子 (conductor), 它整除判别式 Δ, 使得函数

$$\xi(E, s) = N_E^{s/2} (2\pi)^{-2} \Gamma(s) L(E, s)$$

满足函数方程

$$\xi(E, 2 - s) = \pm \xi(E, s)$$

(对所有 $s \in \mathbb{C}$).

椭圆曲线的 L 级数是通过纯局部的 (mod p) 信息建立起来的. Birch 和 Swinnerton-Dyer 的一个猜想预言 $L(E, s)$ 包含相当数量有关椭圆曲线上有理点的整体信息. 例如, 他们猜想: $L(E, s)$ 在 $s = 1$ 的零点的阶等于其有理点群 $E(\mathbb{Q})$ 的秩. 特别地, 当且仅当 $E(\mathbb{Q})$ 含有无穷多个点时, $L(E, 1)$ 取值为零. 关于 Birch 和 Swinnerton-Dyer 猜想所做出的少许进展 (如下述定理所描述的), 需要庞大而完整的数学工具才能给出其证明.

定理 488*　如果 $L(E, 1) \neq 0$, 那么 $E(\mathbb{Q})$ 的秩为零; 如果 $L(E, 1) = 0$ 而 $L'(E, 1) \neq 0$, 那么 $E(\mathbb{Q})$ 的秩为 1.

25.9　有限阶点与模曲线

在本章第 4 节中我们已经看到: 任何特殊的椭圆曲线只有有限多个具有有理坐标的有限阶点. 在本节里, 我们将改变视角, 力求对具有一个阶为定数的有限阶点的所有椭圆曲线进行分类. 例如, 对于一个给定的整数 $N \geqslant 1$, 我们的目的是要在一种自然的等价关系之下来描述序偶的集合

$$\{(E, P) : E \text{ 是一条椭圆曲线}, P \text{ 是 } E \text{ 上一个阶恰为 } N \text{ 的点}\}, \qquad (25.9.1)$$

在这个自然等价关系下, 任何两个序偶 (E_1, P_1) 和 (E_2, P_2) 被看成是等同的, 如果存在一个同构 $\phi: E_1 \to E_2$, 满足 $\phi(P_1) = P_2$. 这就是称为模问题的一个例子.

例如, 若 $N = 1$, 那么, 我们只是希望对同构的椭圆曲线进行分类. 我们已经知道如何利用 j 不变量来做这件事, 这是因为, 两条曲线 E_1 和 E_2 是同构的, 当且仅当它们的 j 不变量 $j(E_1)$ 和 $j(E_2)$ 相等, 参见定理 461.

定理 489　设 E 是由系数在一个域 k 中的方程 (25.1.3) 给出的椭圆曲线, $P \in E(k)$ 是坐标在 k 中且满足 $2P \neq \mathcal{O}$ 以及 $3P \neq \mathcal{O}$ 的一个点. 那么, 存在一个坐标变换 (25.3.8) (其中 $u, r, s, t \in k$), 它将 E 变换成以下形式之方程

$$y^2 + (w + 1) xy + vy = x^3 + vx^2, \quad P = (0, 0). \qquad (25.9.2)$$

椭圆曲线 (25.9.2) 的判别式是

$$\Delta = -v^3 (w^4 + 3w^3 + 8vw^2 + 3w^2 - 20vw + w + 16v^2 - v). \qquad (25.9.3)$$

w 和 v 的值是由 E 和 P 唯一决定的.

证明　我们从变换

$$x \mapsto x + x_P \quad \text{以及} \quad y \mapsto y + y_P$$

开始, 它把 P 移动到点 $(0,0)$, 并将 E 表示为形式

$$y^2 + A_1 y = x^3 + B_1 x^2 + C_1 x.$$

假设 $2P \neq \mathcal{O}$ 告诉我们 $A_1 \neq 0$ (参见定理 464), 所以代换

$$y \mapsto y + (C_1/A_1)\, x$$

将 E 表为形式

$$y^2 + A_2 xy + B_2 y = x^3 + C_2 x^2. \tag{25.9.4}$$

注意: (25.9.4) 的判别式不为零蕴涵 $B_2 \neq 0$. 此外, 由于 $2P = (-C_2, A_2 C_2 - B_2)$, 我们看出

$$3P = \mathcal{O} \quad \Leftrightarrow \quad 2P = -P \quad \Leftrightarrow \quad x_{2P} = x_P \quad \Leftrightarrow \quad C_2 = 0.$$

于是, 我们的假设 $3P \neq \mathcal{O}$ 蕴涵 $C_2 \neq 0$, 故可取代换

$$x \mapsto (B_2/C_2)^2\, x \quad \text{以及} \quad y \mapsto (B_2/C_2)^3\, y.$$

它将 E 变换成所希望的形式 (25.9.2), 其中 $w = A_2 C_2/B_2 - 1$, $v = C_2^3/B_2^2$.

(25.9.2) 的判别式的公式直接从一般的判别式公式 (25.3.7) 得出.

为了看出 w 和 v 是唯一决定的, 我们观察什么样的变量代换 (25.3.8) 能保持方程 (25.9.2) 的形式, 同时又使点 $(0,0)$ 保持不变. 假设 $(0,0)$ 不变就意味着在 (25.3.8) 中有 $r = t = 0$, 接下来, 代换 $x \to u^2 x$ 和 $y \to u^3 y + u^2 sx$, 将 (25.9.2) 变换成

$$y^2 + u^{-1}\left(w + 1 + 2s\right) xy + u^{-3} vy$$
$$= x^3 + u^{-2}\left(v + s^2 + (w+1)\, s\right) x^2 + u^{-4} vsx. \tag{25.9.5}$$

将 (25.9.2) 与 (25.9.5) 中 x 这一项做比较即表明 $s = 0$ (注意: $v \neq 0$, 这是因为 $\Delta \neq 0$), 然后, 再比较 y 和 x^2 这两项即得 $u^3 = u^2 = 1$, 所以 $u = 1$. 因此, 只有恒等变换才能既保持方程 (25.9.2) 不变, 又能保持点 $(0,0)$ 不变, 从而 w 和 v 是由 E 和 P 唯一决定的. $\qquad \square$

现在证明: 求解模问题 (25.9.1) 等价于描述某个多项式方程的解. 换言之, 由椭圆曲线 E 和 N 阶点 P 构成的序偶 (E, P) 之集合可以很自然地用一个多项式方程 $\Psi_N (W, V) = 0$ 的解参数化.

定理 490   对 w 和 v 使得判别式 (25.9.3) 不为零的任何给定的值, 设 $E_{w,v}$ 是椭圆曲线

$$E_{w,v}: y^2 + (w+1) xy + vy = x^3 + vx^2, \tag{25.9.6}$$

又令 $P_{w,v} = (0,0) \in E_{w,v}$. 又设 $N \geqslant 4$ 是一个整数.

(a) 存在一个整系数非零多项式 $\Psi_N(W,V)$ 有如下性质: $P_{w,v}$ 是一个 N 阶点, 当且仅当 $\Psi_N(W,V) = 0$.

(b) 设 E 是由系数在一个域 k 中的方程给出的任意椭圆曲线, $Q \in E(k)$ 是一个阶恰为 N 的点. 那么, 存在一个变量变换 (25.3.8) (其中 $u, r, s, t \in k$), 它将 E 变换成 (25.9.6) 的形式, 并将 Q 变换成 $P = (0,0)$. 曲线 E 和点 Q 唯一确定 w 和 v.

证明 (a) 我们把 $E_{W,V}$ 当作两个变量的有理函数域 $\mathbb{Q}(W,V)$ 上的椭圆曲线来处理. 这样一来,

$$P_{W,V} = (0,0) \in E_{W,V}$$

的倍数的坐标就是 $\mathbb{Q}[W,V]$ 中多项式的商. 更确切地说, 由于环 $\mathbb{Q}[W,V]$ 有唯一分解性, 用与在定理 472 中类似的方法可以证明: 如果 $NP_{W,V} \neq \mathcal{O}$, 那么我们可以将 $NP_{W,V}$ 写成

$$NP_{W,V} = \left(\frac{\Phi_N(W,V)}{\Psi_N(W,V)^2}, \frac{\Omega_N(W,V)}{\Psi_N(W,V)^3} \right)$$

(其中 $\Psi_N, \Phi_N, \Omega_N \in \mathbb{Z}[W,V]$). 多项式 $\Psi_N(W,V)$ 在 $(W,V) = (w,v)$ 处取值为零, 当且仅当 $P_{W,V} \in E_{W,V}$ 是一个 N 阶点, 故剩下要证明 $NP_{W,V} \neq \mathcal{O}$.

首先考虑倍数

$$4P_{W,V} = \left(\frac{V^2 - VW}{W^2}, \frac{-V^2W^2 + V^2W - V^3}{W^3} \right).$$

根据 $4P_{W,V}$ 的这个公式, 我们可以看出, 对于整数 w 和 v 的大多数取值来说, 点 $4P_{w,v}$ 的坐标都是非整数值的分数. 例如, 如果 $|w| > 1$ 且 $\gcd(2,v) = 1$ 就属于这一情形. 由定理 466 推出, 对 w 和 v 的这样的整数值, 点 $4P_{w,v}$ 不是有限阶点, 从而对所有 $n \geqslant 1$ 有 $nP_{w,v} \neq \mathcal{O}$. 这就蕴涵: 当我们把 W 和 V 作为不定元处理时, 对所有 $n \geqslant 1$ 有 $nP_{w,v} \neq \mathcal{O}$, 因为如若不然, 当我们用特殊值替代 W 和 V 时, $P_{w,v} \in E_{w,v}$ 就有有限阶.

(b) 这是定理 489 的特例, 在其中, 我们是从一个阶为 $N \geqslant 4$ 的点开始的. $\square$

在此, 对 N 的一些较小的值给出多项式 $\Psi_N(W,V)$:

$$\Psi_5(W,V) = W - V,$$
$$\Psi_6(W,V) = W^2 - W + V,$$
$$\Psi_7(W,V) = W^3 - VW + V^2,$$
$$\Psi_8(W,V) = VW^3 + W^3 - 3VW^2 + 2V^2W,$$
$$\Psi_9(W,V) = W^5 - W^4 + VW^3 + W^3 - 3VW^2 + 3V^2W - V^3.$$

多项式 Ψ_5 和 Ψ_6 关于 V 是线性的, 可以从方程 $\Psi_N(W,V)=0$ 中消去 V, 从而对具有一个 5 阶点或者 6 阶点的椭圆曲线生成一个通用的单参数族. 例如, 在同构下, 每一条有一个 6 阶点 P 的椭圆曲线可以表为如下形式

$$y^2 + (w+1)\,xy + (w - w^2)\,y = x^3 + (w - w^2)\,x^2, \quad P = (0,0).$$

也有可能在 $N = 7,\,8,\,9$ 的情形将 $\Psi_N(W,V)=0$ 的解参数化. 例如, 利用参数 $Z = V/W$, 可以将曲线 $\Psi_7(W,V) = 0$ 参数化. 再令 $W = Z - Z^2$ 以及 $V = Z^2 - Z^3$, 则具有一个 7 阶点的每条椭圆曲线都可以表示为如下形式

$$y^2 + (1 + z - z^2)\,xy + (z^2 - z^3)\,y = x^3 + (z^2 - z^3)\,x^2, \quad P = (0,0).$$

然而, 当 N 的值增加时, 不再可能只用单独一个参数来刻画 $\Psi_N(W,V)=0$ 的解. **模曲线** (modular curve) $X_1(N)$ 被定义成用方程 [1]

$$X_1(N) = \{(w,v) : \Psi_N(w,v) = 0\}$$

给出的平面曲线. 当 N 增加时, $X_1(N)$ 的增加的复杂程度可以通过研究 $X_1(N)$ 的有复数坐标的点 (也即方程 $\Psi_N = 0$ 的复数解) 来度量. 对 $N \leqslant 10$ 以及 $N = 12$, 复的点 $X_1(N)(\mathbb{C})$ 形成一个球 (有 0 个洞的环面), [2] 正是在这些情形下, $X_1(N)$ 可以用单独一个参数来参数化. 曲线 $X_1(11)$ 和 $X_1(13)$ 都是椭圆曲线, 所以它们的复点都是一个洞的环面. 当 N 增加时, 复点 $X_1(N)(\mathbb{C})$ 构成一个有 g_N 个洞的环面, 其中的亏格 g_N 与 N 一同趋向于无穷. 对取素数值的 N, 亏格 g_N 接近于 $N/12$.

Mazur 利用模曲线证明了椭圆曲线上有限阶有理点有如下的强一致有界性.

定理 491[*]   设 E 是由一个有理系数方程给出的椭圆曲线, $P \in E(\mathbb{Q})$ 是一个阶恰为 N 的点. 那么, 或者 $N \leqslant 10$, 或者 $N = 12$.

为了证明定理 491, 我们要证明: 如果 $N = 11$ 或者 $N \geqslant 13$, 则 $\Psi_N(w,v) = 0$ 关于有理数 w 和 v 的仅有的解是使得判别式 (25.9.3) 为零的解. 由于这样的解 (w,v) 没有实际的椭圆曲线与之对应, 定理 491 就可以从定理 490 推出. $\Psi_N(w,v) = 0$ 没有非平凡有理解的证明需要对曲线 $X_1(N)$ 进行详细分析, 而且需要现代代数几何的高深工具.

25.10   椭圆曲线与 Fermat 大定理

Fermat 大定理在第 13 章里有所提及, 它是由 Fermat 在 17 世纪提出并由 Andrew Wiles 在 20 世纪予以证明的.

---

[1] $X_1(N)$ 的这一定义并不很准确, 虽然它对我们的目的来说已经足够了. 一般来说, 方程 $\Psi_N = 0$ 有奇点, 且丢失了 "无穷远点". $X_1(N)$ 的正确的定义是: 它是曲线 $\Psi_N = 0$ 的**紧致化的去奇异化** (desingularization of the compactification).

[2] 例如, $X_1(5)(\mathbb{C})$ 是集合 $\{(w,v) \in \mathbb{C}^2 : w - v = 0\}$ 的紧致化. 这个集合是复平面 $\mathbb{C}$ 的一个复制品, 而 $\mathbb{C}$ 的 (一点) 紧致化是一个二维的球.

定理 492*　设 $n \geqslant 3$ 是一个整数. 那么, 方程
$$a^n + b^n = c^n$$
关于 a, b, c 没有非零整数解.

显然, 只要对 $n = 4$ 以及 $n = p$ (p 是奇素数) 证明定理 492 就够了, 又因为定理 226 和定理 228 分别覆盖了 $n = 4$ 和 $n = 3$ 的情形, 故只要证明方程
$$a^p + b^p = c^p (\text{其中 } p \geqslant 5 \text{ 是素数}) \tag{25.10.1}$$
没有非零整数解就行了. 用任意公因子相除, 可以进一步假设 a, b, c 是两两互素的.

设 $u = a/c$ 以及 $v = b/c$, Fermat 大定理就化为如下命题: 方程
$$u^p + v^p = 1 \tag{25.10.2}$$
没有非零有理数解 u 和 v. 这个方程定义了一条曲线, 但它肯定不是椭圆曲线. [①] 所以, 我们不直接处理 (25.10.2), 而是利用对 (25.10.1) 假设的解来定义一条椭圆曲线
$$E_{a,b,c} : Y^2 = X (X + a^p) (X - b^p).$$
利用本章第 3 节里的一般性的判别式公式 (25.3.7), 我们求得 $E_{a,b,c}$ 的判别式为 [②]
$$\Delta_{a,b,c} = 16a^{2p}b^{2p}(a^p + b^p)^2 = 16(abc)^{2p}. \tag{25.10.3}$$
判别式 (本质上) 是一个完全 $2p$ 次幂的椭圆曲线的确是一个怪物! Fermat 大定理的证明就在于证明这样的曲线不可能存在, 并归结为证明以下两个命题:

- 椭圆曲线 $E_{a,b,c}$ 不是模的.
- 椭圆曲线 $E_{a,b,c}$ 是模的.

对于椭圆曲线是模的这一概念之含义有若干个等价的定义, 然而, 令人遗憾的是, 单纯作为定义而言, 它们并不明晰. 为了保持本书之范围, 我们给出一个纯代数的定义, 但是要注意其根本动力在于模形式以及 L 级数的解析理论.

对每个 $N \geqslant 1$, 我们在本章第 9 节中定义了模曲线 $X_1(N)$, 它的点对由椭圆曲线 C 和 N 阶点 P 组成的序偶 (C, P) 进行分类 (我们称椭圆曲线 C, 是为了将它与 E 加以区分). 现在称椭圆曲线 E 是**模的** (modular) [③], 如果 E 可以被某条模曲线覆盖, 也就是说, 如果存在一个由有理函数所定义的覆盖映射
$$X_1(N) \to E. \tag{25.10.4}$$

[①] 紧致化的 Fermat 曲线 $u^n + v^n = 1$ 的复点构成一个有 $\dfrac{(n-1)(n-2)}{2}$ 个洞的环面, 所以仅当 $n = 3$ 时 Fermat 曲线才是椭圆曲线.

[②] 经过一个简单的变量替换, 判别式 (25.3.7) 直接变成 $(abc)^{2p}$.

[③] 也称这样的 E 是模椭圆曲线. ——译者注

使得覆盖映射 (25.10.4) 存在的最小的 N 称为 E 的**前导子** (conductor).

　　Frey 曾经猜想到由假定存在的 Fermat 方程的解所产生的椭圆曲线 $E_{a,b,c}$ 不应该是模的, 在这之后, Serre 描述了一个 "水平降低的" 猜想, 它蕴涵如下结论: 如果 $E_{a,b,c}$ 是模的, 那么它的特殊形式的判别式 (25.10.3) 就会使前导子整除 4. 但是, 对于 $N \leqslant 4$, $X_1(N)$ 的复点是球 (有 0 个洞的环面), 而球不可能连续地映射到一条椭圆曲线 (有一个洞的环面) 的复点上. 随后, Ribet 证明了 Serre 的猜想, 这表明 Frey 的直觉是正确的: 椭圆曲线 $E_{a,b,c}$ 不是模的.

　　我们尚不清楚它会令人惊讶的原因. $X_1(N)$ 的点解决了与椭圆曲线有关的一个分类问题, 但事先未经研究, 是没有理由期待任何特殊的椭圆曲线能容有来自某个 $X_1(N)$ 的覆盖映射. 不过, Eichler、Shimura、Taniyama 和 Weil 早先的工作揭示出: 由有理系数方程给出的每一条椭圆曲线都应该是模的.

　　于是, 证明 Fermat 大定理的最后一步就是要证明: 所有 (或者至少是大多数) 椭圆曲线都是模的. 这一步是由 Wiles 完成的 (在证明中的一步他得到了 Taylor 的帮助), 他证明了: 每一条半稳定椭圆曲线都是模的.[①] 由于曲线 $E_{a,b,c}$ (如果它们存在的话) 应是半稳定的, 这就完成了 Fermat 大定理的证明. 在 Wiles 工作的基础上, 接下来由 Breuil、Conrad、Diamond 和 Taylor 完成了整个模性猜想的证明, 这一证明远远超出了本书研究的范畴.

　　定理 493* 　　由有理系数方程给出的每一条椭圆曲线都是模的.

本 章 附 注

　　25.1 节. 具有有理面积的有理直角三角形的某些情形在古希腊就被研究过, 但是, 对同余数作系统的研究是始于 10 世纪的阿拉伯学者. 阿拉伯数学家喜欢采用等价的特征化方法 (希腊人对此也有了解): n 是一个同余数, 当且仅当存在一个有理数 x, 使得 $x^2 + n$ 与 $x^2 - n$ 都是有理数的平方. 关于同余数的数学历史方面更多的信息, 参见 Dickson 所著 *History*, ii, 第 16 章.

　　关于椭圆曲线有大量的文献,[②] 包括许多专门研究其数论性质的教科书. 有关本章中那些未给出证明的定理 (25.8 节至 25.10 节中的定理除外) 的证明以及众多其他的基本资料, 读者可以参考 Cassels、Knapp、Koblitz、Lang、Silverman 以及 Silverman-Tate 的著作.

　　25.2 节. "椭圆曲线" 这一名称源于计算椭圆弧长时出现的积分. 经过代数替换之后, 这种积分取 $\int R(x)\,\mathrm{d}x/\sqrt{x^3 + Ax + B}$ 之形式 (其中的 $R(x)$ 是某个有理函数). 这些**椭圆积分** (elliptic integral) 可以视为在曲线 (Riemann 曲面) $y^2 = x^3 + Ax + B$ 上的积分 $\int R(x)\,\mathrm{d}x/y$, 故得名椭圆曲线.

　　椭圆曲线上的加倍公式及复合法则 (用代数方法表述) 的特殊例子可以追溯到 Diophantus, 但是, 看起来 Newton (*Mathematical Papers*, iv, 1674-1684, Camb. Univ. Press, 1971, 110-115)

---

　　① 除了对于 2 和 3 的某些特殊条件之外, 如果 $\gcd(A, B) = 1$, 那么椭圆曲线 $Y^2 = X^3 + AX + B$ 就是半稳定的.

　　② MathSciNet 列出了差不多 2000 页标题中含有 "椭圆曲线" 一词的论文.

是第一个对它用切线进行几何描述之人. 有关复合法则的一个很好的历史综述由 Schappacher, *Sém. Théor. Nomb. Paris* 1988-1989, *Progr. Math.* **91** (1990), 159-184 给出.

椭圆曲线上的加法满足结合律 (定理 462(c)) 的证明可以在早先所列出的标准文献中找到. 定理 463 是由 Poincaré, *Jour. Math. Pures Appl.* **7** (1901) 首先发现的.

具有复乘法的椭圆曲线有许多一般的椭圆曲线所不具有的特殊的性质. 特别地, 如果这样一条曲线 E 的自同态环是虚二次域 k 的一个子环, 那么, Abel、Jacobi、Kronecker 等人证明了: E 中有限阶点的坐标可以用来生成 k 的 Abel 扩张, 这种扩张是 $\mathbb{Q}$ 的分圆扩张 (也即为 $\mathbb{Q}$ 的由单位根生成的扩张) 的自然类似物. 特别地, $k(j(E))$ 是 k 的 **Hilbert 类域** (Hilbert class field), 即 k 的极大非分歧 Abel 扩张.

25.3 节. 除了素数 2 和 3 以外, 在其他情形都容易作出极小 Weierstrass 方程. Tate [*Lecture Notes in Math.* (Springer), **476** (1975), 33-52] 的一个算法处理了所有的素数.

25.4 节. 定理 466 由 Nagell (*Wid Akad. Skrifter Oslo I,* **1** (1935)) 与 Lutz (*J. Reine Angew. Math.* **177** (1937), 237-247) 分别独立地给出证明, 我们所给的证明系遵循 Tate 1961 年在 Haverford 所作的讲座, 它们收录在 Silverman-Tate 所著 *Rational points on elliptic curves* 一书中.

定理 469 的一个现代表述是说: p 进点群 $E(\mathbb{Q}_p)$ 有一个由子群 $E_k(\mathbb{Q}_p) = \{(z, w) \in E(\mathbb{Q}_p) : v_p(z) \geqslant k\}$(对 $k = 1, 2, \cdots$) 所给出的**滤子** (filtration). 此外, 映射 $P \mapsto z_P$ 导出一个同构 $E_k(\mathbb{Q}_p)/E_{k+1}(\mathbb{Q}_p) \to p^k\mathbb{Z}/p^{k+1}\mathbb{Z}$. 作为 p 进 Lie 群, 群 $E_1(\mathbb{Q}_p)$ 和 $p\mathbb{Z}_p$ 是同构的 (通过映射 $P \mapsto l_p(z_P)$), 其中 $\ell_p(T) \in \mathbb{Q}_p[[T]]$ 是某个 p 进收敛的幂级数.

关于有限阶点的一致界限, 也见定理 491 以及 25.9 节的附注.

25.5 节. 定理 470 属于 Mordell, *Proc. Camb. Philos. Soc.,* **21** (1922), 179-192. 并由 Weil [*Acta Math.* **52** (1928), 281-315] 推广到数域以及 Abel 簇 (椭圆曲线的高维类似物) 中去, 因此称为 Mordell-Weil 定理. 定理 475, 或者更一般地, 商 $E(\mathbb{Q})/mE(\mathbb{Q})$ (对 $m \geqslant 1$) 的有限性, 称为 "弱" Mordell-Weil 定理. 有限生成的 Abel 群的构造定理是熟知的, 它可以在任何一部基础代数教材中找到.

人们猜想有使得 $E(\mathbb{Q})$ 有任意大秩的椭圆曲线存在. 已知最大的一个例子是一条秩至少为 28 的椭圆曲线, 它是由 Elkies 在 2006 年 5 月发现的 (见 Elkies 的综述文章 arxiv.org/abs/0709.2908).

有点儿出人意料的是, 对于椭圆曲线上有理点群的计算仍然没有已被证明的算法. 定理 475 的所有已知的证明都是在下述意义下非实效的: 它们不能提供一种算法来构造一组合适的点 $Q_1, \cdots, Q_k$, 使之覆盖有限商群 $E(\mathbb{Q})/2E(\mathbb{Q})$ 中所有的剩余类. 如果这样的点是已知的, 那么定理 470 的证明中其余部分就是有实效的, 这是因为定理 476 中的常数很容易构成有实效的. 还有一种算法, 它属于 Manin [*Russian Math. Surveys,* (6) **26** (1971), 7-78], 只要各种标准的 (但却是深刻的) 猜想成立, 此算法即为有实效的. 实际上, 有一些强大的计算机程序, 例如像 Cremona 的 mwrank 这样的程序, 如果 E 的系数不太大, 它们通常就能算出 $E(\mathbb{Q})$ 的生成元.

定理 476 启发我们, 高度函数 $h : E(\mathbb{Q}) \to [0, \infty)$ 与一个二次型相像. Néron [*Ann. of Math.* (2) **82** (1965), 249-331] 与 Tate (未发表) 证明了: 极限 $\hat{h}(P) = \lim\limits_{n \to \infty} n^{-2}h(nP)$ 存在, 它与 h 相差 $O(1)$, 且是 $E(\mathbb{Q})$ 上的一个二次型, 它在 $E(\mathbb{Q}) \otimes \mathbb{R}$ 上的扩张是非退化的. 函数 $\hat{h}$ 称为**典范高度** (canonical height) 或 **Néron-Tate 高度** (Néron-Tate height), 它有许多应用. 例如,

Néron (见上述引文) 证明了: 当 $T \to \infty$ 时, $\# \{P \in E(\mathbb{Q}) : h(P) \leqslant T\} \sim C_E \cdot T^{1/2 \text{ rank } E(\mathbb{Q})}$.

25.6 节. 定理 477 属于 Hasse, *Vorläufige Mitteilung, Nachr. Ges. Wiss. Göttingen I, Math.-Phys. KL. Fachgr. I Math.* **42** (1933), 253-262. Weil [*Bull. Amer. Math. Soc.* **55** (1949), 497-508] 给出了到任意维数的簇上的大范围推广, 它被 Deligne [*IHES Publ. Math.* **43** (1974), 273-307] 所证明.

当 p 很大时计算 $\#E(\mathbb{F}_p)$ 是一个有意义的计算问题. 第一个多项式时间的算法属于 Schoof [*Math. Comp.* **44** (1985), 483-494], 利用它, 他还给出了计算 $\mathbb{F}_p$ 中平方根的第一个多项式时间的算法. 一种更为实用的形式 (尽管不可证明是多项式时间的) 由 Elkies 与 Atkins 设计出来, 现在称之为 SEA 算法 [*J. Théor. Nombres Bordeaux*, **7** (1995), 219-254]. 当 q 是一个小素数的很大的幂次时, Satoh [*J. Ramanujan Math. Soc.* **15** (2000), 247-270] 利用上同调的思想给出一个更快的算法来计算 $\#E(\mathbb{F}_q)$. 这样的点计数算法对密码学有应用.

给定 $E(\mathbb{F}_p)$ 中两个点 P 和 Q, 使得 Q 是 P 的倍数, 确定满足 $Q = mP$ 的整数 m 这一问题称为**椭圆曲线离散算法问题** (elliptic curve discrete logarithm problem), 简记为 ECDLP. 求解 ECDLP 的已知最快的算法是**碰撞算法** (collision algorithm), 它需要 $O(\sqrt{p})$ 步. 这些指数时间的算法可以和低于指数时间的指标演算法对照分析, 后者可以对 $\mathbb{F}_p^*$ 在 $O\left(e^{c(\ln p)^{1/3}(\ln \ln p)^{2/3}}\right)$ 步之内解决类似的问题. 由于缺乏有效率的算法来解 ECDLP, 这就使得 Koblitz [*Math. Comp.* **48** (1977), 203-209] 与 V. Miller [*Lecture Notes in Comput. Sci.* (Springer), **218** (1986), 417-426] 独立地建议利用椭圆曲线来构造公钥密码协议. 因此, 是否存在更快的算法来求解 ECDLP, 除了 ECDLP 所能产生的任何纯粹内在的数学意义之外, 还具有巨大的实际意义和金融方面的重要性.

25.7 节. 定理 478 属于 V. A. Lebesgue (1869), 定理 479 属于 Fermat.

定理 483 属于 Siegel [*J. London Math. Soc.* **1** (1926), 66-68 以及 *Collected Works*, Springer, 1966, 209-266], 他给出两个不同的证明, 但没有一个证明对于解的大小给出了有实效的界. 这一缺陷由 Baker (*J. London Math. Soc.* **43** (1968), 1-9) 加以弥补, 他对对数线性型作出的估计 [*Mathematika* **13** (1966), 204-216; **14** (1967), 102-107; **14** (1967), 220-228] 提供了有实效的 Diophantus 逼近估计, 可以用来对椭圆曲线上的整点证明有实效的界. 以 Vojta [*Ann. of Math.* **133** (1991), 509-548] 的工作为基础, Faltings [*Ann. of Math.* **133** (1991), 549-576] 通过证明 Abel 簇的仿射子簇仅有有限多个整点推广了 Siegel 的定理.

通过消去有理解的分母来作出具有任意多个整数解的 Weierstrass 方程 (25.1.3) 是很平常的事. Silverman [*J. London Math. Soc.* **28** (1983), 1-7] 用此方法证明了: 如果存在一条椭圆曲线 E, 其有理点群 $E(\mathbb{Q})$ 的秩为 r, 那么就存在无穷多个 Weierstrass 方程 (25.1.3), 它们都有 $\gg (\ln \max\{|A|, |B|\})^{r/(r+2)}$ 个整数解.

Lang (*Elliptic Curves: Diophantine Analysis*, Springer, 1978, 第 140 页) 猜想: 极小 Weierstrass 方程上的整点个数以一个仅与有理点群的秩有关的数为界. 对于具有整 j 不变量的椭圆曲线, 这一猜想已被 Silverman [*J. Reine Angew. Math.* **378** (1987), 60-100] 证明, 如果以 Masser 与 Oesterlé (见第 13 章附注) 的 *abc* 猜想为条件, 则 Hindry and Silverman(*Invent. Math.* **93** (1988), 419-450) 对所有椭圆曲线证明了这一猜想.

25.8 节. 由 (25.8.1) 定义的量 a_p 称为 **Frobenius 迹** (trace of Frobenius), 因为它是 Galois 群 $\text{Gal}(\bar{\mathbb{Q}}/\mathbb{Q})$ 中的 p 幂 Frobenius 映射的迹, 这一映射作为一个线性映射作用在 E 中的 l 幂阶点群上, 其中 l 是不同于 p 的任意一个素数.

Sato 与 Tate 的一个猜想 (相互独立地提出) 描述了 a_p 的变化, 即当 p 变化时 a_p (从而 $\#E\left(\mathbb{F}_p\right)$) 的变化. 定理 477 是说: 存在一个角度 $0 \leqslant \theta_p \leqslant \dfrac{\pi}{2}$, 使得 $\cos\theta_p = a_p/2\sqrt{p}$. Sato-Tate 猜想断言: 对 $0 \leqslant \alpha < \beta \leqslant \dfrac{\pi}{2}$, $\{p : \alpha \leqslant \theta_p \leqslant \beta\}$ 在该素数集合内的密度等于 $\dfrac{2}{\pi}\displaystyle\int_\alpha^\beta \sin^2 t\, dt$. 在早期与 Clozel 和 M. Harris 的合作研究 (*IHES Publ. Math.* 2006 年提交) 以及与 M. Harris 和 Sheppard-Barron 的合作研究 (*Ann. of Math.* 待发表) 的基础上, Taylor (*IHES Publ. Math.* 2006 年提交) 对于 j 不变量不是整数的椭圆曲线证明了 Sato-Tate 猜想.

定理 487 由 Deuring [*Nachr. Akad. Wiss. Göttingen. Math. -Phys. Kl. Math. -Phys. -Chem. Abt.* (1953), 85-94] 对具有复乘法的椭圆曲线给出证明, Wiles [*Ann. of Math.* **141** (1995), 443-551] 在 Taylor [*Ann. of Math.* **141** (1995), 553-572] 的帮助下对半稳定的椭圆曲线 (粗略地说, 是由满足 $\gcd(A, B) = 1$ 的方程 (25.1.3) 所给出的曲线) 给出了证明, 而在完全一般的情形, 则是由 Breuil, B. Conrad, Diamond, and Taylor [*J. Amer. Math. Soc.* **14** (2001), 843-939] 给出了证明. 定理 487 与 Fermat 大定理的关系见 25.10 节及该节附注.

$\operatorname{ord}_{s=1} L(E, s) = \operatorname{rank} E(\mathbb{Q})$ 这一猜想及其一种精确形式 (它描述了 $L(E, s)$ 在 $s = 1$ 处的首项 Taylor 系数) 是由 Birch and Swinnerton-Dyer [*J. Reine Angew. Math.* **218** (1965), 79-108] 提出的. Coates and Wiles [*Invent. Math.* **39** (1997), 223-251] 较早时期的部分结果表明: 如果 E 有复乘法, 且 $L(E, 1) \neq 0$, 那么 $E(\mathbb{Q})$ 是有限的. 定理 488 是 Gross and Zagier [*Invent. Math.* **84** (1986), 225-320] 的工作以及 Kolyvagin [*Izv. Akad. Nauk SSSR Ser. Mat.* **52** (1988), 522-540, 670-671] 的工作, 与 Wiles 等人关于模性猜想的证明 (本质上就是定理 487) 组合在一起的综合结果. Birch 与 Swinnerton-Dyer 猜想是 Clay 数学研究所提出的七个千年问题之一. Gross and Zagier (上述引文) 进一步指出: 如果 $L(E, 1) = 0$ 且 $L'(E, 1) \neq 0$, 那么 $L'(E, 1) = r\Omega\hat{h}(P)$, 其中 $r \in \mathbb{Q}$, Ω 是一个椭圆积分的值, $\hat{h}(P)$ 是利用属于 Heegner 的方法构造出来的点 $P \in E(\mathbb{Q})$ 的典范高度.

Birch-Swinnerton-Dyer 猜想的一个较弱的形式蕴涵以下结论: 每个整数 $m \equiv 5, 6, 7 \pmod 8$ 都是同余数. 假设同样的较弱形式的 Birch-Swinnerton-Dyer 猜想为真, 则 Tunnell [*Invent. Math.* **72** (1983), 323-334] 证明了: 如果 m 是一个无平方因子的奇整数, 且 $2x^2 + y^2 + 8z^2 = m$ 的整数解之个数两倍于 $2x^2 + y^2 + 32z^2 = m$ 的整数解之个数, 则 m 是一个同余数. 他还证明了: 其逆无条件地成立, 且类似的结论对于无平方因子的偶整数也成立.

25.9 节. 模曲线和模函数的解析理论从 19 世纪开始 [例如参见 Kiepert, *Math. Ann.* **32** (1888), 1-135 以及 **37** (1890), 368-398] 直至今天都一直被广泛深入地研究着. 我们采用的是纯代数的方法, 不过读者应该注意到, 在这样做的时候, 我们失去了这一理论中的许多东西.

定理 491 的历史是相当有趣的. Beppo Levi [*Atti Accad. Sci. Torino* **42** (1906), 739-764 以及 **43** (1908), 99-120, 413-434, 672-681] 计算了各种模曲线 $X_1(N)$ 的方程并证明了: 对于 $N = 14, 16, 20$, $X_1(N)$ 没有非平凡的有理点, 由此证明了: 不存在有这些阶有理点的椭圆曲线. N 取素数值的情形更加困难, Billing and Mahler [*J. London Math. Soc.* **15** (1940), 32-43] 处理了 $N = 11$ 的情形, Ogg [*Invent. Math.* **12** (1971), 105-111] 处理了 $N = 17$ 的情形, Mazur and Tate [*Invent. Math.* **22** (1973), 41-49] 处理了 $N = 13$ 的情形. 此后 Mazur 还在 *IHES Publ. Math.* **47** (1978), 33-186 中证明了一个一般性的结果 (定理 491).

Mazur 定理被 Kamienny [*Invent. Math.* **109** (1992), 221-229] 推广到了二次数域, 被 Kamienny 与 Mazur 推广到了次数至多为 8 的数域, 被 Abramovich 推广到了次数至多为 14 的数域, 此后 Merel [*Invent. Math.* **124** (1996), 437-449] 对所有数域证明了一致有界性. Merel 的定理是说: $E(k)$ 中的有限阶点的阶以一个常数为界, 这个常数只与该数域 k 的次数有关.

25.10 节. 在 Frey、Hellegouarch、Kubert 以及其他人有关 Fermat 曲线以及模曲线的早期工作之后, Frey [*Ann. Univ. Sarav. Ser. Math.* **1** (1986), iv+40] 猜测 $E_{a,b,c}$ 曲线不是模的. Serre [*Duke Math. J.* **54** (1987), 179-230] 叙述了有关模表示的一个猜想, 此猜想蕴涵 Frey 的猜想. 此后 Ribet [*Invent. Math.* **100** (1990), 431-476] 证明了 Serre 的猜想, 由此即表明 $E_{a,b,c}$ 不是模的.

尽管它们有引人注目的不同表述, 但是关于 L 级数的解析延拓的定理 487 与关于椭圆曲线模性的定理 493 仍然通过模形式的理论相互紧密地联系在一起. Eichler [*Arch. Math.* **5** (1954), 355-366], Shimura [*J. Math. Soc. Japan* **10** (1958), 1-28] 以及 Weil [*Math. Ann.* **168**(1967), 149-156] 的工作表明: 在某种技术条件之下, 这两个定理是等价的. 于是, 关于定理 487 的证明的历史 (在 25.8 节的附注之中有相关描述) 同样也是定理 493 的证明的历史.

不过, 简单地从技术上来说, 有关 Fermat 大定理的证明之概略介绍可参见 Stevens 所著 *Modular forms and Fermat's last theorem*, Springer, 1997 一书第 1 页至第 15 页. 而对于富有进取心的读者, 这部有教学价值的会议文集中剩下的 550 多页对诸多片断提供了进一步的细节, 它们被严谨地收集在一起就构成了这个有 350 年历史的问题的证明.

附 录

(1) p_n **的另一个公式**. 我们可以利用定理 80 来写下一个关于 $\pi(x)$ 的公式, 从而得到一个关于 p_n 的公式. 这些公式并不带有 22.3 节所描写的那些缺点. 在理论上, 它们可以用来计算 $\pi(n)$ 和 p_n, 但是其代价是比用 Eratosthenes 筛法需要多得多的计算量; 的确, 除了对较小的 n 之外, 用它来作计算是令人望而却步的. 由定理 80 推出

$$(j-2)! \equiv a \pmod{j} \quad (j \geqslant 5),$$

其中 $a = 1$ 或者 0, 由 j 是素数还是合数来确定. 因此, 我们有

$$\pi(n) = 2 + \sum_{j=5}^{n} \left\{ (j-2)! - j \left\lfloor \frac{(j-2)!}{j} \right\rfloor \right\} \quad (n \geqslant 5),$$

而 $\pi(1) = 0, \pi(2) = 1, \pi(3) = \pi(4) = 2$.

现在, 我们记

$$f(x,x) = 0, \quad f(x,y) = \frac{1}{2} \left\{ 1 + \frac{x-y}{|x-y|} \right\} \quad (x \neq y),$$

所以 $f(x,y) = 1$ 或者 0, 由 $x > y$ 还是 $x \leqslant y$ 来确定. 那么, $f(n, \pi(j)) = 0$ 或者 1 就要由 $n \leqslant \pi(j)$ 还是 $n > \pi(j)$ 来确定, 也就是根据 $j \geqslant p_n$ 还是 $j < p_n$ 来确定. 但是根据定理 418 有 $p_n < 2^n$. 从而

$$1 + \sum_{j=1}^{2^n} f(n, \pi(j)) = 1 + \sum_{j=1}^{p_n - 1} 1 = p_n.$$

这就是我们关于 p_n 的公式.

关于各种素数公式, 有大量的文献. 例如, 见 Dudley [*American Math. Monthly* **76** (1969), 23-28], Golomb [同一杂志, **81** (1974), 752-754] 以及 Gandhi 对后一篇论文的评论 [*Math. Rev.* **50** (1975), 963], 它给出了进一步的参考文献.

(2) **定理 22 的一个推广**. 定理 22 可以推广到大量变量的情形. 我们假设 $P_i(x_1, \cdots, x_k)$ 和 $Q_i(x_1, \cdots, x_k)$ 是整系数多项式, $a_1, \cdots, a_m$ 是正整数, 且

$$F = F(x_1, \cdots, x_k) = \sum_{i=1}^{m} P_i(x_1, \cdots, x_k) a_i^{Q_i(x_1, \cdots, x_k)}.$$

如果 F 对 $x_1, \cdots, x_k$ 的所有可能的非负值都只取素数值, 那么 F 必定是一个常数. 此外, Davis、Matijasevic、Putnam 和 Robinson 已经指出如何构造一个多项式 $R(x_1, \cdots, x_k)$, 它对 $x_1, \cdots, x_k$ 的非负整数值所取到的所有正的值都是素数,

且对于它们来说, 这些正值的范围恰好取遍所有素数, 但是它们的所有的负值都是合数. 对于 $k = 42$, R 的次数不必高于 5. 到目前为止对于 k 所找到的最小的值是 10, 此时 R 的次数是 15 905. 关于最后这个结果, 见 Matijasevic, *Zapiski naučn, Sem. Leningrad. Otd. Mat. Inst. Steklov* **68** (1977), 62-82 (原文为俄文, 英文摘要). 关于整个问题以及全部文献的介绍, 见 Jones, Sato, Wada, and Wiens, *American Math. Monthly* **83** (1876), 449-465.

(3) **关于素数的未解决的问题**. 除了纠正一个微小的错误以外, 2.8 节中所列举的未解决的问题与本书第 1 版 (1938 年) 中所列举的未解决问题是完全一样的. 在这 70 年间, 这些猜想中没有一个被证明或者被否定. 不过, 对于它们的证明还是有一些重要的进展, 在这里, 我们来对其中的某些进展加以介绍.

Goldbach 在 1742 年写给 Euler 的一封信中陈述了他的 "定理"(2.8 节中提到这个结论): 每个偶数 $n > 3$ 都是两个素数之和. Vinogradov 于 1937 年证明了: 每个充分大的奇数都是三个素数之和. Estermann 的 *Introduction* 给出了 Vinogradov 的证明. 设 $E(x)$ 表示在小于 x 的偶数中不能表示成两个素数之和的偶数的个数. Estermann、van der Corput 和 Chudakov 证明了 $E(x) = o(x)$, Montgomery and Vaughan [*Acta Arith.* **27** (1975), 353-370] 将此结果改进为 $E(x) = O(x^{1-\delta})$(对一个适当的 $\delta > 0$). 也见参考文献中最后一篇论文. Ramaré [*Ann. Scoula Norm. Sup. Pisa Cl. Sci.* (4) **22** (1995), 645-706] 证明了: 每个正整数是至多 6 个素数之和. 2007 年, 有人验证了 Goldbach 猜想对于 $n \leqslant 5 \times 10^{17}$ 为真 (Oliveira e Silva).

我们用 P_2 来表示任何一个是素数或者至多是两个素数之积的数 [1]. 陈景润证明了: 每个充分大的偶数是一个素数和一个 P_2 之和 [最简单的证明见 Ross, *J. London Math. Soc.* (2) **10** (1975), 500-506] 且存在无穷多个素数 p, 使得 $p + 2$ 是一个 P_2. 在 n^2 与 $(n + 1)^2$ 之间存在一个 P_2 [陈景润, 中国科学 **18** (1975), 611-627], 且在 $n - n^\theta$ 与 n 之间有一个素数存在, 其中 $\theta = 0.525$ [Baker, Harman, and Pintz, *Proc. London Math. Soc.* (3) **83** (2001), 532-562]. 这一段里提到的所有的结果都是用现代筛法得到的; 关于筛法的一个初等的说明见 Halberstam 和 Roth 所著书的第 4 章, 有关筛法的更完整的处理见 Halberstam 和 Richert 的书.

Friedlander and Iwaniec [*Ann. of Math.* (2) **148** (1998), 945-1040] 证明了: 存在无穷多个形如 $a^2 + b^4$ 的素数. 类似地, Heath-Brown [*Acta Math.* **186** (2001), 1-84] 证明了: 存在无穷多个形如 $a^3 + 2b^3$ 的素数. 后面这个结果还被 Heath-Brown and Moroz [*Proc. London Math. Soc.* (3) **84** (2002), 257-288] 推

---

[1] 这样的数现在通常称为一个殆素数. ——译者注

广到了任意的二元三次型中. 这种类型的结果给出了现在已知的最稀疏的包含有无穷多个素数的多项式数列. 对于形如 $4a^3 + 27b^2$ 的素数能有一个类似的结果将是非常有意义的, 因为这就会表明: 有无穷多个判别式为素数的整系数三次多项式存在. 这也就将破解如下的未解决的猜想: 存在无穷多条在有理数上定义的不同构的椭圆曲线, 它们的前导子 (conductor) 均为素数.

由素数定理推出: 对于接近 x 的数, 相邻素数之间的平均间隙大小渐近等于 $\ln x$. 然而, 已知有小得多或者大得多的间隙出现. 此外, Goldston、Pintz 和 Yildirim (在 2007 年发表的论文中) 证明了

$$\liminf_{n \to \infty} \frac{p_{n+1} - p_n}{\ln p_n} = 0,$$

甚至还证明了

$$\liminf_{n \to \infty} \frac{p_{n+1} - p_n}{(\ln p_n)^{1/2}(\ln \ln p_n)^2} < \infty.$$

在另一方向上, Pintz [*J. Number Theory* **63** (1997), 286-301] 证明了: 存在无穷多个素数, 使得

$$p_{n+1} - p_n \geqslant 2(e^{\gamma} + o(1))\ln p_n \frac{(\ln \ln p_n)(\ln \ln \ln \ln p_n)}{(\ln \ln \ln p_n)^2}$$

(其中 γ 是 Euler 常数).

目前, 有关素数的一个最为令人惊叹的结果属于 Green and Tao (*Annals of Math.*, 待发表), 它说的是: 素数包含有任意长的算术级数. 现在 (2007 年) 已知的最长的这样的级数有 23 项, 由素数

$$56\ 211\ 383\ 760\ 397 + 44\ 546\ 738\ 095\ 860k \quad (k = 0, 2, \cdots, 22)$$

组成, 这是由 Frind、Underwood 和 Jobling 发现的.

参 考 书 目

这个目录仅仅包含 (a) 我们最为频繁引用的书籍以及 (b) 对于希望更加深入研究这一学科的读者最可能有用的书籍. 那些加星号的书是初等的. 本书目中的书通常只写出著者的名字 ("Ingham" 或者 "Pólya and Szegő") 或者只给出一个简短的标题 ("Dickson, *History*" 或者 "Landau, *Vorlesungen*"). 本教程中提到的其他书籍均冠以全名.

W. Ahrens.[*] *Mathematische Unterhaltungen and Spiele* (2nd edition, Leipzig, Teubner, 1910).

G. E. Andrews. *The theory of partitions* (London, Addison-Wesley, 1976).

G. E. Andrews and B. Berndt. *Ramanujan's lost notebook*, Part I(New York, Springer, 2005).

G. E. Andrews and K. Eriksson. *Integer partitions*, (Cambridge University Press, 2004).

P. Bachmann. 1. *Zahlentheorie* (Leipzig, Teubner, 1872—1923). (i) *Die Elemente der Zahlentheorie* (1892). (ii) *Die analytische Zahlentheorie* (1894). (iii) *Die Lehre von der Kreisteilung und ihre Beziehungen zur Zahlentheorie* (1872). (iv) *Die Arithmetik der quadratischen Formen* (part 1, 1898; part 2, 1923). (v) *Allgemeine Arithmetik der Zahlkörper* (1905).

2. *Niedere Zahlentheorie* (Leipzig, Teubner; part 1, 1902; part 2, 1910).

3. *Grundlehren der neueren Zahlentheorie* (2nd edition, Berlin, de Gruyter, 1921).

A. Baker. *Transcendental number theory* (Cambridge University Press, 1975).

W. W. Rouse Ball.[*] *Mathematical recreations and essays* (11th edition, revised by H. S. M. Coxeter, London, Macmillan, 1939).

R. Bellman. *Analytic number theory: an introduction* (Reading Mass, Benjamin Cummings, 1980).

R. D. Carmichael. 1[*]. *Theory of numbers* (*Mathematical monographs*, no. 13, New York, Wiley, 1914).

2[*]. *Diophantine analysis* (*Mathematical monographs*, no. 16, New York, Wiley, 1915).

J. W. S. Cassels. 1. *An introduction to Diophantine approximation* (*Cambridge Tracts in Mathematics*, no. 45, 1957).

2. *An introduction to the geometry of numbers* (*Berlin, Springer*, 1959).

J. W. S. Callsels. *Lectures on elliptic curves*, (Cambridge University Press, 1991).

G. Cornell, J. H. Silverman, G. Stevens, eds. *Modular forms and Fermat's theorem*, (New, York, Springer, 1997).

H. Davenport.* *The higher arithmetic* (London, Hutchinson, 1952).

L. E. Dickson. 1*. *Introduction to the theory of numbers* (Chicago University Press, 1929: *Introduction*).

2. *Studies in the theory of number* (Chicago University press, 1930: *Studies*).

3. *History of the theory of numbers* (Carnegie Institution; vol. i. 1919; vol. ii, 192, vol. iii, 1923; *History*).

P. G. Lejeune Dirichlet. *Vorlesungen über Zahlentheorie*, herausgegeben von R. Dedekind (4th edition, Braunschweig, Vieweg, 1894).

T. Estermann. *Introduction to modern prime number theory* (*Cambridge Tracts in Mathematics*, No. 41, 1952).

C. F. Gauss. *Disquisitiones arithmeticae* (Leipzig, Fleischer, 1801; reprinted in vol. i of Gauss's *Werke: D. A.*).

H. Halberstam and H.-E. Richert. *Sieve methods* (*L.M.S. Monographs*, no. 4, London, Academic Press, 1974).

H. Halberstam and K. F. Roth. *Sequences* (Oxford University Press, 1966).

G. H. Hardy. *Ramanujan* (Cambridge University Press, 1940).

H. Hasse. 1. *Number theory* (Berlin, Akademie-Verlag, 1977).

2. *Number theory*, translated and edited by H. G. Zimmer (Berlin, Springer, 1978).

E. Hecke. *Vorlesungen über die Theorie der algebraischen Zahlen* (Leipzig, Akademische Verlagsgesellschaft, 1923).

D. Hilbert. *Bericht über die Theorie der algebraischen Zahlkörper* (*Jahresbericht der Deutschen Mathematiker-Vereinigung*, iv, 1897: reprinted in vol. i of Hilbert's *Gesammelte Abhandlungen*).

A. E. Inghan. *The distribution of prime numbers* (*Cambridge Tracts in Mathematics*, no. 30, Cambridge University Press, 1932).

H. W. E. Jung. *Einführung in die Theorie der quadratischen Zahlkörper* (Leipzig, Jänicke, 1936).

A. W. Knapp. *Elliptic curves*, (Princeton University Press, 1992).

N. Koblitz. *Introduction to elliptic curves and modular forms*, (New York, Springer, 1993).

J. F. Koksma. *Diophantische Approximationen (Ergebnisse der Mathematik*, Band iv, Heft 4, Berlin, Springer, 1937).

L. Kuipers and H. Niederreiter. *Uniform distribution of sequences* (New York, Wiley, 1974).

E. Landau. 1. *Handbuch der Lehre von der Verteilung der Primzahlen* (2 vols., paged consecutively, Leipzig, Teubner, 1909: *Handbuch*).

2. *Vorlesungen über Zahlentheorie* (3 vols., Leipzig, Hirzel, 1927: *Vorlesungen*).

3. *Einführung in die elementare and analytische Theorie der algebraischen Zahlen um der Ideale* (2nd edition, Leipzig, Teubner, 1927: *Algebraische Zahlen*).

4. *Über einige neuere Forschritte der additiven Zahlentheorie (Cambridge Tracts in Mathematics*, no. 35, Cambridge University Press, 1937).

S. Lang. *Elliptic curves: Diophantine analysis*, (Berlin, Springer, 1978).

S. Lang. *Elliptic functions*, (New York, Springer, 1987).

C. G. Lekkerkerker. *Geometry of numbers* (Amsterdam, North-Holland, 1969).

W. J. LeVeque (ed.) *Reviews in number theory* (Providence R. L., A.M.S. 1974).

P. A. MacMahon. *Combinatory analysis* (Cambridge University Press, vol. i, 1915; vol. ii. 1916).

H. Minkowski. 1. *Geometrie der Zahlen* (Leipzig, Teubner, 1910).

2. *Diophantische Approximationen* (Leipzig, Teubner, 1927).

L. J. Mordell. *Diophantine equations* (London, Academic Press, 1969).

T. Nagell.* *Introduction to number theory* (New York, Wiley, 1951).

I. Niven. *Irrational Numbers* (Carus Math. Mongraplhs, no. 11, Math. Assoc. of America, 1956).

C. D. Olds.* *Continued fractions* (New York, Random House, 1963).

K. Ono. *The web of modularity* (CBMS, No. 102, American Mathematical Socitey, 2004).

O. Ore.* *Number theory and its history* (New York, McGraw-Hill, 1948).

O. Perron. 1. *Irrationalzahlen* (Berlin, de Gruyter, 1910).

2. *Die Lehre von den Kettenbrüchen* (Leipzig, Teubner, 1929)

G. Pólya and G. Szegő. *Problems and theorems in analysis* ii (reprinted Berlin, Springer, 1976). (References are to the numbers of problems and solutions in Part VIII).

K. Prachar. *Primzahlverteilung* (Berlin, Springer, 1957).

H. Rademacher und O. Toeplitz.* *Von Zahlen und Figuren* (2nd edition, Berlin, Springer, 1933).

C. A. Rogers. *Packing and covering* (Cambridge Tracts in Math. No. 54, 1964).

A. Scholz.* *Einführung in die Zahlentheorie* (Sammlung Göschen Band 1131, Berlin, de Gruyter, 1945).

D. Shanks.* *Solved and unsolved problems in number theory* (Washington D. C., Spartan Books, 1962).

J. H. Silverman. *The arithmetic of elliptic curves*, (New York, Springer, 1986).

J. H. Silverman. *Advanced topics in the arithmetic of elliptic curves*, (New York, Springer, 1994),

J. H. Silverman and J. Tate. *Rational points on elliptic curves*. (New York, Springer, 1992).

H. J. S. Smith. *Report on the theory of numbers* (*Reports of the British Association*, 1859—1856: reprinted in vol. i of Smith's *Collected mathematical papers*).

J. Sommer. *Vorlesungen über Zahlentheorie* (Leipzig, Tuebner, 1907).

H. M. Stark. *An introduction to number theory* (Chicago, Markham, 1970).

J. V. Uspensky and M. A. Heaslet. *Elementary number theory* (New York, Macmillan, 1939).

R. C. Vaughan. *The hardy-Littlewood method* (Cambridge Tracts in Math. No. 80, 1981).

I. M. Vinogradov. 1. *The method of trigonometrical sums in the theory of numbers*, translated, revised, and annotated by K. F. Roth and Anne Davenport (London and New York, Interscience Publishers, 1954).

2. *An introduction to the theory of numbers*, translated by Helen Popova (London and New York, Pergamon Press, 1955).

特殊符号和术语索引

这里给出的参考材料均注明了它们的定义所在的章节号, 其中包含了经常按照标准意义出现的符号, 但不包括像 5.6 节中的符号 $S(m,n)$ 这样的只在特殊的章节中才使用的符号.

表中所列的符号有时也暂时用作其他目的, 比如像 3.11 节以及其他地方所用的符号 γ.

一般性的解析符号

$O, o, \sim, \prec, \asymp, \lvert f \rvert, A$ (未指定的常数)	1.6 节
$\min(x,y), \max(x,y)$	5.1 节
$\mathrm{e}(\tau) = \mathrm{e}^{2\pi\mathrm{i}\tau}$	5.6 节
$\lfloor x \rfloor$	6.11 节
$(x), \bar{x}$	11.3 节
$[a, a_1, \cdots, a_n]$ (连分数)	10.1 节
p_n, q_n (渐近分数)	10.2 节
a'_n	10.5 节, 10.9 节
q'_n	10.7 节, 10.9 节

整除性、同余式等的符号

$b \mid a, b \nmid a$	1.1 节
$(a,b), (a,b,\cdots,k)$	2.9 节
$\{a,b\}$	5.1 节
$x \equiv a \pmod{m},\ x \not\equiv a \pmod{m}$	5.2 节
$f(x) \equiv g(x) \pmod{m}$	7.2 节
$g(x) \mid f(x) \pmod{m}$	7.3 节

特殊的数和函数

术　语

我们对少量的词汇和术语给出索引, 对于这些术语, 读者寻找起来可能会有困难, 因为它们不在章节的标题中出现.

---

① 即尺规作图. ——译者注

常见人名对照表

Baker 贝克	Hamilton 哈密顿
Bauer 鲍尔	Hardy 哈代
Bellman 贝尔曼	Hasse 哈塞
Bernoulli 伯努利	Hausdorff 豪斯多夫
Bernstein 伯恩斯坦	Heath 希思
Binet 比内	Hecke 赫克
Bochner 博纳赫	Hermite 埃尔米特
Bohr 玻尔	Hilbert 希尔伯特
Borel 波莱尔	Hölder 赫尔德
Cantor 康托尔	Hurwitz 赫尔维茨
Cassels 卡塞尔斯	Jacobi 雅可比
Catalan 卡塔兰	Jensen 詹森
Cauchy 柯西	Jones 琼斯
Chen 陈景润	Kloosterman 克卢斯特曼
Coxeter 麦克斯特	Kronecker 克罗内克
Dickson 迪克森	Kummer 库默尔
Diophantus 丢番图	Lagrange 拉格朗日
Dirichlet 狄利克雷	Lambert 兰伯特
Eisenstein 艾森斯坦	Landau 兰道
Enneper 爱涅勃	Lebesgue 勒贝格
Erastosthenes 埃拉托色尼	Leech 利奇
Erdős 爱尔特希	Legendre 勒让德
Euclid 欧几里得	Lehmer 莱默尔
Eudoxus 欧多克索斯	Leibniz 莱布尼茨
Euler 欧拉	Liouville 刘维尔
Farey 法里	Lipschitz 利普希茨
Fermat 费马	Littlewood 李特尔伍德
Fibonacci 斐波那契	Lucas 卢卡斯
Fuchs 富克斯	Maclaurin 麦克劳林
Gauss 高斯	Mersenne 梅森
Gegenbauer 盖根鲍尔	Minkowski 闵可夫斯基
Goldbach 哥德巴赫	Möbius 麦比乌斯
Gupta 古普塔	Montgomery 蒙哥马利
Hadamard 阿达马	Mordell 莫德尔

Moser   默泽尔

Napier   纳皮尔

von Neumann   冯·诺伊曼

Nevanlinna   奈旺林纳

Newton   牛顿

Pearson   皮尔逊

Perron   佩龙

Plato   柏拉图

Pólya   波利亚

Pythagoras   毕达哥拉斯

Rademacher   拉德马赫

Rado   拉多

Ramanujan   拉马努金

Riemann   黎曼

Riesz   里斯

Robinson   鲁宾逊

Roth   罗特

Schmidt   施密特

Schur   舒尔

Selberg   塞尔贝格

Siegel   西格尔

Sierpiński   谢尔品斯基

Skolem   斯科朗

Smith   史密斯

Taylor   泰勒

Theodorus   泰奥多森

Toeplitz   特普利茨

Uspensky   乌斯潘斯基

Vieta   韦达

van der Waerden   范德瓦尔登

Waring   华林

Weber   韦伯

Weil   韦伊

Weyl   外尔

Whitehead   怀特黑德 (怀特海)

Whittaker   惠特克

Wilson   威尔逊

Zermelo   策梅洛

Zeuthen   塞乌滕

《哈代数论 (第 6 版)》补遗

张明尧

为了方便读者了解本书所涉及的某些重要问题的现代发展, 我们增加了一个简短的补充资料, 并增加了一些新的文献. 希望能对感兴趣的读者有所帮助.

第 1 章

(1) 目前 (到 2007 年 2 月底为止) 已知最大的一对孪生素数是

$$2\,003\,663\,613 \times 2^{195\,000} \pm 1,$$

它们中的每个数都有 58 711 位数字, 是 2007 年 1 月 15 日由 Twin Internet Prime Search and PrimeGrid 发现的. [①]

(2) 在 P. Ribenboim 的 *The New Book of Prime Number Records*, New York, Springer-Verlag, 1996 一书中给出如下的结果.

定理 设整数 $n \geqslant 2$, 那么 n 和 $n + 2$ 同为素数的充分必要条件是

$$4[(n-1)! + 1] + n \equiv 0 \pmod{n(n+2)}.$$

而 S. M. Ruiz 发现了下面有趣的结果.

定理 n 和 $n + 2$ 同为素数的充分必要条件是, 对于 $\alpha \geqslant 0$ 有

$$\sum_{i=1}^{n} i^{\alpha} \left(\left\lfloor \frac{n+2}{i} \right\rfloor + \left\lfloor \frac{n}{i} \right\rfloor \right) = 2 + n^{\alpha} + \sum_{i=1}^{n} i^{\alpha} \left(\left\lfloor \frac{n+1}{i} \right\rfloor + \left\lfloor \frac{n-1}{i} \right\rfloor \right),$$

这里 $\lfloor x \rfloor$ 表示不超过 x 的最大整数.

第 2 章和第 5 章

(1) Euclid 早就知道正三边形、正四边形以及正五边形的尺规作图方法. 正十七边形的第一个作图方法是在大约 1800 年时由 Erchinger 给出的. 1832 年, F. J. Richelot 和 Schwendenwein 找到了正 257 边形的尺规作图法. J. Hermes 花了 10 年时间, 在 1900 年左右找到了正 65 537 边形的尺规作图法, 第二次世界大战后,

---

① 到 2020 年 12 月底为止, 已知最大的一对孪生素数是 $2\,996\,863\,034\,895 \times 2^{1\,290\,000} \pm 1$, 它们中的每个数都有 388 342 位数字, 是 2016 年 9 月 14 日发现的. ——编者注

他的手稿被存放在哥廷根大学的数学研究所里. 一般的正多边形的尺规作图问题是由 Gauss 从理论上最终彻底解决的, 他于 1796 年证明了以下著名的定理.

定理　设 $n \geqslant 3$ 是一个正整数, 那么, 当且仅当 n 有下述形状时, 正 n 边形可以用圆规与直尺作出:

$$n = 2^m p_1 \cdots p_r,$$

其中 n 的每个奇素因子 p_i $(1 \leqslant i \leqslant r)$ 都是所谓的 Fermat 素数, 而 m 是一个自然数.

(2) 关于 Fermat 数 $F_n = 2^{2^n} + 1$, Fermat 本人于 1650 年曾猜想: 对所有整数 $n \geqslant 0$, F_n 都是素数. 1844 年, F. G. Eisenstein 曾经提出证明有无穷多个 Fermat 素数这一问题. 取 $n = 0, 1, 2, 3, 4$ 得到的前 5 个 Fermat 数 3, 5, 17, 257, 65 537 的确都是素数. 但是 Euler 于 1732 年指出: 第六个 Fermat 数 F_5 不是素数, 因为 Euler 证明了有 $641 \mid F_5$. 实际上有分解式 $F_5 = 641 \times 6\,700\,417$ 成立. 从此以后, 再也没有发现新的 Fermat 素数. 近年来人们倾向于猜想: 只有有限多个 Fermat 数是素数.

关于 Fermat 数的素性判定以及分解, 由于高速计算机的出现, 近年来取得了较大的进展. 目前已知的结果如下:

到目前为止 (2006 年) 已知为合数的 Fermat 数是 F_n $(5 \leqslant n \leqslant 32)$. 其中

(i) 对于 $F_5 - F_{11}$ 给出了完全的因子分解 (在 1732 年至 1988 年间完成).

(ii) 已知 F_{12} 的 5 个素因子, 剩下一个因子是一个有 1187 位的合数. 已知 F_{13} 的 4 个素因子, 剩下一个因子是一个有 2391 位的合数. 已知 $F_{14}, F_{20}, F_{22}, F_{24}$ 都是合数, 但目前 (到 2003 年为止) 还不知道它们的任何素因子.

第 2 章和第 6 章

Mersenne 数是形如 $M_n = 2^n - 1$ 的数. 根据本书定理 18 可知, 只有当 $n = p$ 是素数时, $M_n = M_p = 2^p - 1$ 才有可能是素数. 这样的素数称为 Mersenne 素数. Mersenne 素数与偶完全数的联系可以由 Euclid 与 Euler 的一个著名的定理给出 (参见本书 16.8 节定理 276 和定理 277). 人们猜想有无穷多个 Mersenne 素数, 从而有无穷多个偶完全数. 但是到目前为止, 这个猜想还无法得到证明或者否定. 目前已知有 47 个 Mersenne 素数 [从第 35 个开始是用 G. Woltman 所组织并提倡的一种互联网软件搜索方法, 并借助全世界数学爱好者和志愿者的计算机发现的, 这个计划简称为 GIMPS (Great Internet Mersenne Prime Search)]. 其中的第一个 Mersenne 素数是 $M_2 = 2^2 - 1 = 3$, 目前最后面的 9 个 (也就是第 39 个到第 47 个) Mersenne 素数分别是

$$M_{13\,466\,917}, \quad M_{20\,996\,011}, \quad M_{24\,036\,583}, \quad M_{25\,964\,951}, \quad M_{30\,402\,457},$$

$$M_{32\,582\,657}, \quad M_{37\,156\,667}, \quad M_{42\,643\,801}, \quad M_{43\,112\,609},$$

它们分别有 4 053 946, 6 320 430, 7 235 733, 7 816 230, 9 152 052, 9 808 358, 11 185 272, 12 837 064 和 12 978 189 位数字. 其中目前最大的第 47 个 Mersenne 素数 $M_{43\,112\,609}$ 是 2008 年 8 月 23 日由 Edson Smith 借助于互联网搜索 Mersenne 素数软件 GIMPS 发现的, 而第 46 个 Mersenne 素数 $M_{42\,643\,801}$ 则是于 2009 年 6 月 14 日由 Odd Magnar Strindmo 借助同一软件发现的. ①

第 7 章

有关 Bernoulli 多项式和 Bernoulli 数的性质的更多介绍参见 H. Rademacher 的专著 *Topics in Analytic Number Theory*, Springer-Verlag, 1973 的第 1 章.

第 8 章

孙子定理 (国外的数学教科书或专著中一般称之为 "中国余数定理") 最早出现在中国古代重要的数学著作《孙子算经》之中的 "物不知其数" 一问.《孙子算经》是中国古代最著名的算经十书之一, 共有三卷. 孙子是中国古代一位数学家, 生卒年代不详. 据考证,《孙子算经》大约成书在公元三世纪左右. 这个定理在现代数学中仍有重要的应用.

第 13 章

(1) 有关 Fermat 大定理的若干重要发展及其完全解决

[1] Fermat 大定理可以表述为: 对每个自然数 $n \geqslant 3$, 除了平凡的点 $(0, \pm 1)$ 和 $(\pm 1, 0)$ 以外, 在 Fermat 曲线 $x^n + y^n = 1$ 上没有有理点. 20 世纪, 许多数学家用代数几何这个高深的数学工具研究了与之相关的问题. 1983 年, 德国数学家 G. Faltings [Endichkeitssätze für abelsche Varietäten über Zahlkörpern, *Invent. Math.*, **73** (1983), 349-366] 证明了 Mordell 猜想, 由此立即推出: 对每个自然数 $n \geqslant 3$, 在 Fermat 曲线 $x^n + y^n = 1$ 上最多只有有限多个有理点.

[2] Fermat 大定理的证明可以化为对所有素数指数情形 $x^p + y^p = z^p$ 的证明. 而这又可以分为两种情形: 情形 I, $(xyz, p) = 1$; 情形 II, $p \mid z$. 1985 年, D. R. Heath-Brown [Fermat's last theorem for "almost all" exponents, *Bull. London*

---

① 到 2020 年 12 月底为止, 又发现了以下 4 个 Mersenne 素数: $M_{57\,885\,161}, M_{74\,207\,284}, M_{77\,232\,917}$, $M_{82\,589\,933}$, 它们分别有 17 425 170, 22 338 618, 23 249 425, 24 862 048 位数字, 在 2013 年 1 月 25 日、2016 年 1 月 7 日、2017 年 12 月 26 日、2018 年 12 月 7 日由 Curtis Cooper, Curtis Cooper, Jon Pace, Patrick Laroche 借助 GIMPS 发现. ——编者注

Math. Soc., **17** (1985), 15-16] 利用 Mordell 猜想证明了：Fermat 大定理对几乎所有的素数指数 p 成立. 同一年, L. M. Adleman, É. Foury, and D. R. Heath-Brown [The first case of Fermat's last theorem, *Invent. Math.*, **79** (1985), 409-416] 又用解析数论方法证明了：情形 I 对无穷多个素数 p 成立.

[3] 1993 年 6 月在英国剑桥 Newton 数学科学研究所举办的关于 Iwasawa 理论、自守形式和 p-adic 表示的研讨会上, 出生于英国、来自美国 Princeton 大学的数学家 A. Wiles 作了题为 "椭圆曲线、模形式和 Galois 表示" 的三次系列报告, 他在报告中宣布：对于前导子 (conductor) 是无平方因子数的半稳定椭圆曲线皆有 Taniyama-Shimura 猜想成立. 由此, 他立即推出有 Fermat 大定理成立. 他的这篇长达 200 页的论文投给了 *Invent. Math.* 杂志, 并被分配给六位数学家审阅. 不久, 来自美国 Princeton 大学的审稿人 N. Katz 发现了文章中存在一个严重的问题. 直到 1994 年底, A. Wiles 在另一位审稿人、也是他以前的一位学生 R. Taylor 的帮助下, 彻底弥补了发现的漏洞. 并于当年 10 月 25 日将关于 Fermat 大定理的完整无误的证明的两份手稿寄送杂志 *Ann. Math.*. 并于 1995 年获审通过在该杂志上发表 (参见下面的引文). 顺便说一句, 1908 年一位德国实业家 Paul Wolfskehl 去世时, 在他的遗嘱里为第一个证明 Fermat 大定理的人设立了著名的 Wolfskehl 奖 (请注意, 该奖项不授予推翻 Fermat 大定理的人), 1908 年的奖金总额为 10 万马克, 这个奖项的截止日期为 2007 年 9 月 13 日. 1997 年 6 月 27 日, A. Wiles 被授予 Wolfskehl 奖, 奖金为 5 万美元. 而在此之前的 1996 年 3 月, 为了表彰 A. Wiles 和 R. P. Langlands 分别在建立和推动 Langlands 纲领这一宏伟计划方面做出的贡献, 授予他们两人分享 10 万美元的 Wolf 奖.

关于 Fermat 大定理的完整的证明, 参见：

[1] A. Wiles, Modular Elliptic-Curves and Fermat's Last Theorem, Ann. Math., 141 (1995), 443-551.

[2] R. Taylor and A. Wiles, Ring-Theoretic Properties of Certain Hecke Algebras, Ann. Math. 141 (1995), 553-572.

关于 Fermat 大定理的历史以及解决过程中趣闻逸事的通俗介绍, 参见：

[3] 费马大定理——一个困惑了世间智者 358 年的谜, (英) 西蒙·辛格 (Simon Singh) 著, 薛密译, 上海译文出版社, 2005 年.

(2) 有关 Catalan 猜想的历史、若干重要发展及其完全解决的几点补充

[1] 实际上, 远在 Catalan 提出他的猜想之前, Leviben Gerson (1288-1344) 就已经注意到 2 和 3 的幂相差为 1 的仅有结果是 3^2 和 2^3.

[2] Langevin 利用 Tijdeman 的结果推出：如果 n 和 $n+1$ 是两个幂, 那么必有

$$n < \exp\left(\exp\left(\exp\left(\exp\left(730\right)\right)\right)\right).$$

1991 年, Aaltonen 和 Inkeri 证明了: 如果 $x^p - y^q = 1$ 有满足 $x, y > 2$ 的解, 则必有 $x, y > 10^{500}$.

1999 年, Mignotte 证明了: 如果 Catalan 方程有非平凡解存在, 则必有

$$p < 1.21 \times 10^{26}, \quad q < 1.31 \times 10^{18}.$$

[3] 2002 年 4 月 8 日, P. Mihailescu 将他关于这一猜想的证明的论文寄送给了若干数学家, 他的证明获得了数学家们广泛的确认, 参见 P. Mihailescu, A Class Number Free Criterion for Catalan's Conjecture, *J. Number Theory*, **99** (2003), 225-231 以及 Primary Cyclotomic Units and a Proof of Catalan's Conjecture, *J. reine Angew. Math.* **572** (2004), 167-195. 至此, 这一延续了 150 年之久的猜想也获得了完全的解决. 2003 年 9 月 29 日, J. Daems 在他的学位论文中对素数幂的 Catalan 方程没有非平凡解这一结果给出一个用分圆域的证明, 参见 A Cyclotomic Proof of Catalan's Conjecture, Sept. 29, 2003.

(3) 有关等幂和的 Euler 猜想的历史及最新进展

13.7 节中讨论的不定方程

$$x^3 + y^3 + z^3 = t^3$$

是更为一般的 Euler 猜想的特例, 而 Euler 猜想是 Fermat 大定理的推广.

有关等幂和的 Euler 猜想: 对于任何正整数 $n \geqslant 3$, 不定方程

$$y^n = x_1^n + \cdots + x_k^n$$

当 $k < n$ 时没有正整数解.

[1] Euler 猜想的第一个反例是由 L. J. Lander 和 T. R. Parkin 在 1967 年给出的:

$$27^5 + 84^5 + 110^5 + 133^5 = 144^5,$$

参见 L. J. Lander and T. R. Parkin, A Counterexample to Euler's Sum of Powers Conjecture, *Math. Comput.* **21** (1967) 101-103.

1988 年美国的 *Science News* 等报刊报道了 N. Elkies [*Math. Comput.* **51** (1988), 825-835] 的重要发现: 对于等幂和的 Euler 猜想 $n = 4$ 的情形存在无穷多个反例, 这些反例来自 Dem'janenko 对于方程 $x^4 - y^4 = z^4 + t^2$ 给出的参数解中由 $u = -5/8$ 所给出的 (一条) 椭圆曲线, 这组解中的第一个解是

$$2\,682\,440^4 + 15\,365\,639^4 + 18\,796\,760^4 = 20\,615\,673^4.$$

而与 $u = -9/20$ 所对应的最小解

$$95\,800^4 + 217\,519^4 + 414\,560^4 = 422\,481^4$$

则是后来由 R. Frye 得到的.

然而, 迄今为止还没有人对 $n \geqslant 6$ 找到 Euler 猜想的反例.

[2] 1998 年, R. L. Ekl 对等幂和的 Euler 猜想给出了如下的进一步推广.

推广的 Euler 猜想: 当 $m + n < k$ 时, 如下的 (k, m, n) 不定方程

$$a_1^k + a_2^k + \cdots + a_m^k = b_1^k + b_2^k + \cdots + b_n^k$$

没有解, 其中诸 a_i 不必互不相同, 诸 b_j 也不必互不相同.

记

$$\Delta_k = \min_{m,n} (m + n - k),$$

其中的最小值取遍上述方程的所有的解. 则该猜想说的是 $\Delta_k \geqslant 0$. 到目前为止, 对此猜想还不知道有任何反例存在.

[3] 对于相等个数的等幂和有如下的问题: 对任意的正整数 $m \geqslant 2, s \geqslant 2$, 方程

$$\sum_{i=1}^m a_i^s = \sum_{j=1}^m b_j^s$$

有解吗?

现在已知, 当 $2 \leqslant s \leqslant 4, m = 2$ 以及 $s = 5, 6, m = 3$ 时该方程有参数解. 其他情形还不知道是否有非平凡解存在.

[4] 与等幂和有关的各种其他问题 (如 Tarry-Escott 问题等) 的历史以及相关结果还可以参见加拿大数学家 R. K. Guy 的名著 *Unsolved Problems in Number Theory* 第 2 版中的问题 D1 (该书第 2 版有中译本:《数论中未解决的问题》, 张明尧译, 北京, 科学出版社, 2003 年).

第 14 章

关于二次域类数的 Gauss 猜想

14.7 节最后提到的总共恰有 9 个虚二次域是单域这一结果是著名的 Gauss 类数猜想的一部分. Gauss 类数猜想是在他于 1801 年出版的名著 *Disquisitiones arithmeticae* 第 303 目中提出的一个猜想. 用现代数论语言可以将它表述成下述形式.

Gauss 类数猜想: 用 $h(m)$ 表示二次域 $k(\sqrt{m})$ 的类数, m 称为二次域的判别式. 则

[1] $\lim_{m \to -\infty} h(m) = +\infty.$

[2] 对每个正整数 r, 使得 $h(m) = r \, (-m \in \mathbb{Z}^+)$ 成立的虚二次域 $k(\sqrt{m})$ 只有有限多个;

例如, 类数为 1 的虚二次域恰有 9 个, 相应的判别式为

$$m = -1, -2, -3, -7, -11, -19, -43, -67, -163;$$

类数为 2 的虚二次域恰有 18 个, 其中绝对值最大的一个判别式是 $m = -427$; 有 16 个类数为 1 的虚二次域, 等等.

[3] 类数为 1 的实二次域有无穷多个.

猜想 [1] 自从 1918 年以来经过 E. Hecke、M. Deuring、L. J. Mordell、H. Heilbronn 和 E. H. Linfoot 等多位数学家的努力, 最终在 1934 年完全解决.

猜想 [2] 中关于类数为 1 的结果首先由德国数学家 K. Heegner [*Math. Z.*, **56** (1952), 227-253] 给出一个证明, 然而由于在其证明中发现有缺陷, 数学家们未对其成果予以承认. 1966 年至 1967 年, 美国数学家 H. Stark 和英国数学家 A. Baker 分别用不同的方法相互独立地证明了关于类数为 1 的虚二次域的 Gauss 猜想; 1969 年, H. Stark 又重新审查了 K. Heegner 1952 年发表的论文, 发现其中的缺陷是可以弥补的. 1971 年, H. Stark 和 A. Baker 又相互独立地证明了关于类数为 2 的虚二次域的 Gauss 猜想, 但是他们的方法不能推广用来证明一般情形的虚二次域的 Gauss 猜想. 1975 年, 美国数学家 D. Goldfeld 发表了一篇重要的论文, 这篇文章把虚二次域的 Gauss 猜想 [2] 的解决转化为寻找有下述性质的椭圆曲线: 该曲线的 Hasse-Weil L 函数在点 $s = 1$ 有一个三阶零点. 1983 年, 经过长达 7 年的艰苦工作, B. Gross 和 D. Zagier 终于找到了这样一条椭圆曲线

$$-139y^2 = x^3 + 4x^2 - 48x + 80,$$

其导子 $N = 37 \times 139^2$. 从而关于虚二次域的 Gauss 猜想获得最终解决. 详言之, 他们的结果是下面的定理.

定理 (Goldfeld-Gross-Zagier) 对每个 $\varepsilon > 0$, 存在一个有实效算法的常数 $C > 0$, 使得

$$h(-m) > C \left(\log m\right)^{1-\varepsilon}.$$

当然, 关于这个猜想还有许多进一步的问题有待解决, 例如上述定理中 $h(-m)$ 的下界中的阶仅为 $\log m$ 的幂次, 这与 Siegel-Tatuzawa 定理中的阶以及猜想的阶都有极大的差距. 其次, 对于每个具体的类数 r, 定出满足 $h(-m) = r$ 的全部虚二次域 $k\left(\sqrt{-m}\right)$, 也是一项有待完成的工作.

至于 Gauss 类数猜想中的猜想 [3], 也就是通常所称的关于实二次域类数的 Gauss 猜想, 至今尚没有任何实质性的进展出现.

本章附注的最后一段提到的属于 Biró 的那个结果与关于实二次域的如下两个猜想有关. 1976 年, S. Chowla 提出了如下猜想: 仅有六个素数 $p = 4N^2 + 1$ $((N, p) = (1, 5), (2, 17), (3, 37), (5, 101), (7, 197), (13, 677))$ 使实二次域 ❷ $k(\sqrt{p})$ 的类数为 1. 1986 年, H. Yokoi (横井秀夫) 提出了如下猜想: 仅有六个素

数 $q = m^2+4((m, q)=(1, 5), (3, 13), (5, 29), (7, 53), (13, 173), (17, 293))$ 使实二次域 ● $k(\sqrt{q})$ 的类数为 1.

1990 年, 张明尧 [*Contemporary Math.* (*Edited by Inst. of Math., Acad. Sinica*), pp.160-172, Science Press, Beijing, 1990 以及 *Math. Comp.* **64** (1995), 1675-1685 等] 对这两个猜想得到了与 1966 年 H. M. Stark 关于类数为 1 的虚二次域的 Gauss 猜想所得到的下界估计相平行的结果:

(1) 如果还有第七个形如 $p = 4N^2 + 1$ 的素数 p, 使得实二次域 $k(\sqrt{p})$ 的类数为 1, 那么必有 $p > \exp(8.8 \times 10^7)$. (2) 如果还有第七个形如 $q = m^2+4$ 的素数 q, 使得实二次域 $k(\sqrt{q})$ 类数为 1, 那么必有 $q > \exp(3.7 \times 10^8)$. 而 Biró 于 2003 年完全证明了这两个猜想 (其证明中用到了上述 1995 年引文中给出的数值下界).

第 15 章

有关 Mersenne 素数的一个猜想

E. Lucas 曾在写给 H. W. Lloyd Tanner 的一封信中提出如下的猜想.

Lucas 猜想: $M_p = 2^p - 1$ 是素数的充分必要条件是: 素数 p 有下述形式之一:

$$2^{2n} + 1, \quad 2^{2n} \pm 3, \quad 2^{2n+1} - 1.$$

尽管这个猜想已被否定, 但是在 1989 年, P. T. Bateman, J. L. Selfridge, and S. S. Wagstaff [The New Mersenne Conjecture, *Amer. Math. Monthly*, **96** (1989), 125-128] 利用这个思想给出了一个新的猜想.

Lucas-Bateman-Selfridge-Wagstaff 猜想: 设 p 是奇的正整数, 给出下列三个命题:

[1] $p = 2^k \pm 1$ 或者 $p = 4^k \pm 3$;

[2] $M_p = 2^p - 1$ 是一个素数 (即 Mersenne 素数);

[3] $W_p = \dfrac{2^p + 1}{3}$ 是一个素数 (称为 Wagstaff 素数).

那么, 如果这三个命题中有任何两个成立, 则第三个命题也必定成立.

已经验证: 此猜想对于所有素数 $p \leqslant 12\,441\,900$ 都成立.

第 16 ∼18 章

(1) 这几章里的某些问题的更为深入的内容可以参看以下专著.

[1] E. C. Titchmarsh, *The Theory of the Riemann Zeta-Function*, 2nd ed., New York; Clarendon Press, 1987.

[2] H. M. Edwards, *Riemann's Zeta Function*, New York; Dover, 2001.

(2) 关于 Dirichlet 除数问题.

设

$$\sum_{k-1}^{n} \mathrm{d}(k) = n \ln n + (2\gamma - 1)n + \Delta(n),$$

其中 $\gamma = \lim\limits_{m \to \infty} \left(1 + \dfrac{1}{2} + \cdots + \dfrac{1}{m} - \ln m \right)$ 是 Euler 常数. 寻求使得上式成立的 $|\Delta(n)|$ 的最小上界估计就是著名的 Dirichlet 除数问题.

目前已知最好的结果是, 1993 年 M. N. Huxley, Exponential sums and lattice points II, *Proc. London Math. Soc.*, **66** (1993), 279-301 得到的结果

$$|\Delta(n)| = O\left(n^{23/73}\right)$$

以及同一作者, Exponential sums and lattice points III, *Proc. London Math. Soc.*, **87** (2003), 591-609 得到的少许改进的结果

$$|\Delta(n)| = O\left(n^{131/416}\right).$$

第 19 章

有关分划的进一步的知识可以参考下述专著.

[1] G. E. Andrews, *The Theory of Partitions*, Cambridge, England; Cambridge University Press, 1998.

第 20 章和第 21 章

(1) Waring 问题 $g(k)$ 的历史与现状补充材料.

[1] $g(2) = 4$ 即为著名的 Lagrange 四平方定理. $g(3) = 9$ 的证明属于 A. Wieferich 和 A. Kempner. Waring 问题 $g(4) = 19$ 已于 1986 年获得解决, 参见 R. Balasubramanian, J.-M. Deshouillers & F. Dress, Problème de Waring pour les bicarrés, I, II, *C. R. Acad. Sci. Paris Sér. I. Math.* **303** (1986) 85-88 and 161-163. $g(5) = 37$ 是由陈景润于 1964 年证明的. $g(6) = 73$ 由 S. S. Pillai 于 1940 年给出证明.

[2] 对于一般情形, Euler 于 1772 年证明了如下的下界结果:

$$g(k) \geqslant 2^k + \left\lfloor \left(\frac{3}{2} \right)^k \right\rfloor - 2.$$

人们把如下的猜想称为 Euler 猜想.

Euler 猜想: $$g(k) = 2^k + \left\lfloor \left(\frac{3}{2} \right)^k \right\rfloor - 2.$$

1936 年至 1944 年, L. E. Dickson、S. S. Pillai、R. K. Rubugunday 和 I. Niven 等人的独立工作产生了如下的结果.

定理   设 $k > 6$, 定义诸数 X_k, Y_k, ξ_k 以及 η_k 如下:

$$X_k = \left\lfloor \left(\frac{3}{2}\right)^k \right\rfloor + 1 = \left(\frac{3}{2}\right)^k + \xi_k,$$

$$Y_k = \left\lfloor \left(\frac{4}{3}\right)^k \right\rfloor + 1 = \left(\frac{4}{3}\right)^k + \eta_k,$$

那么

(i) 当 $\xi_k \geqslant \left(\frac{3}{4}\right)^k$ 时有 Euler 猜想成立;

(ii) 当 $X_k Y_k = 2^k + 1$ 时, 有

$$g(k) = 2^k + \left\lfloor \left(\frac{3}{2}\right)^k \right\rfloor + \left\lfloor \left(\frac{4}{3}\right)^k \right\rfloor - 2.$$

(iii) 当 $X_k Y_k > 2^k + 1$ 时, 有

$$g(k) = 2^k + \left\lfloor \left(\frac{3}{2}\right)^k \right\rfloor + \left\lfloor \left(\frac{4}{3}\right)^k \right\rfloor - 3.$$

所以, 当 $n > 6$ 时, Euler 猜想是否成立, 取决于不等式 $\xi_k \geqslant \left(\frac{3}{4}\right)^k$ 当 $n > 6$ 时是否成立. 1989 年, J. M. Kubina and M. C. Wunderlich, Extending Waring's conjecture to 471 000 000, Math. Comp., **55** (1990), 815-820 证明了此不等式对满足 $2 \leqslant k \leqslant 471\,600\,000$ 的所有正整数 k 都成立. 1957 年, K. Mahler, On the Fractional Parts of the Powers of a Rational Numbers, II, *Mathematika*,**4** (1957), 122-124 证明了使得该不等式不成立的正整数至多只有有限多个, 然而他的证明是非实效的. 这个问题至今仍未解决.

(2) Waring 问题 $G(k)$ 的历史与现状补充材料.

[1] 关于 $G(k)$ 的精确值, 目前知之甚少, 只知道有 $G(2) = 4$, $G(4) = 16$.

根据 G. H. Hardy 和 J. E. Littlewood 的一个猜想, 可以给出 $G(k)$ 的如下猜想.

Hardy-Littlewood 猜想:

(i) 对于 $k = 2^m$ 以及 $m \geqslant 2$, 有 $G(k) = 4k$;

(ii) 对于其他情形都有 $G(k) \leqslant 2k + 1$.

除个别情形外, 这个猜想至今仍未解决.

[2] 关于 $G(k)$ 的上界估计.

(i) 当 k 较大时, 目前已知最好的上界估计是 1985 年由 А. А. Карачуба, ИАН СССР, Сер. mam., **49** (1985), 935-947 用 p-adic 形式的 Виноградов 方法得到的:

$$G(k) < 2k(\ln k + \ln \ln k + 6) \quad (k \geqslant 4000).$$

(ii) 当 k 较小时, R. C. Vaughan [*Acta Arith.*, **33** (1977), 231-253; *ibid.*, **162** (1989), 1-2, 1-71] 以及 R. Balasubramanian and C. J. Mozzochi [*ibid.*, **43** (1984), 283-285] 等人的结果可能获得较好的上界估计.

第 22 章

孪生素数对的个数的计算

按照目前数论专著通用的符号, 用 $\pi_2(x)$ 表示满足 $p \leqslant x$ 使 $p, p+2$ 均为素数的孪生素数对的个数. N. J. A. Sloane、P. Ribenboim、T. R. Nicely、R. P. Brent、P. Fry、J. Nesheiwat、B. K. Szymanski 和 P. Sebah 等多位数学家计算了某个范围内的孪生素数对的个数, 结果如下表所示.[①]

n	$\pi_2(n)$	n	$\pi_2(n)$	n	$\pi_2(n)$
10^3	35	10^8	440 312	10^{13}	15 834 664 872
10^4	205	10^9	3 424 506	10^{14}	135 780 321 665
10^5	1 224	10^{10}	27 412 679	10^{15}	1 177 209 242 304
10^6	8 169	10^{11}	224 376 048	10^{16}	10 304 195 697 298
10^7	58 980	10^{12}	1 870 585 220		

关于孪生素数对以及相关问题的历史、进展以及计算数论中的基本方法介绍, 可以参看以下专著:

[1] H. Halberstam and H. -E. Richert, *Sieve Methods*, New York; Academic Press, 1974.

[2] H. Riesel, *Prime Numbers and Computer Methods for Factorization*, 2nd ed., Boston MA; Birkhäuser, 1994.

第 23 章

(1) 有关一般形式的 Kronecker 定理的表述和证明, 可以参见 T. M. Apostol. *Modular Functions and Dirichlet Series in Number Theory*, New York; Springer-Verlag, 1976.

---

① T. Oliveira e Silva 在 2004 年 2 月给出 $\pi_2(10^{17}) = 90\,948\,839\,353\,159$. ——编者注

(2) 有关一致分布的理论, 可以参看 L. Kuipers 和 H. Niederreiter 的专著 *Uniform Distribution of Sequences*, New York; Wiley, 1974.

第 24 章

有关数的几何的基础知识以及进一步发展, 可以参看下列专著.

[1] D. Hilbert & S. Cohn-Vossen, *Geometry and the Imagination*, New York, Chelsea, 1999.

[2] J. W. S. Cassels, *An Introduction to the Geometry of Numbers*, 2nd ed., New York, Springer-Verlag, 1997.

[3] J. Hammer, *Unsolved Problems Concerning Lattice Points*, London Pitman, 1977.

[4] P. M. Gruber & C. G. Lekkerkerker, *Geometry of Numbers*, 2nd ed., North-Holland, 1987.

[5] P. Erdös & P. M. Gruber, J. Hammer, *Lattice Points*, Longman, 1989.

[6] J. H. Conway & N. J. A. Sloane, *Sphere Packings, Lattices and Groups*, 2nd ed., New York, Springer-Verlag, 1993.

[7] J. Pach & P. K. Agarwal, *Combinatorial Geometry*, New York, Wiley, 1995.

[8] C. Zong (宗传明)& J. Talbot, *Sphere Packings*, New York, Springer-Verlag, 1999.

[9] C. D. Olds, A. Lax & G. Davidoff, *The Geometry of Numbers*, Washington, DC., Math. Assoc. Amer., 2000.

附　录

(1) 关于 Goldbach 猜想

[1] 关于 Goldbach 猜想的验证的最新结果是: 2008 年 7 月 14 日, Oliveira e Silva 验证了: Goldbach 猜想对于 $n \leqslant 12 \times 10^{17}$ 均成立. ①

(2) 关于相邻素数的间隙

[1] 2003 年 3 月, 在德国 Oberwolfach 举行的一次国际初等以及解析数论会议上, D. A. Goldston 和 C. Yildirim 提交了一篇论文, 论文中给出了

$$\liminf_{n \to \infty} \frac{p_{n+1} - p_n}{\ln p_n} = 0$$

---

① 2013 年 11 月 18 日改进为 $n \leqslant 4 \times 10^{18}$, 见 Tomás Oliveira e Silva, Siegfried Herzog, and Silvio Pardi [Hath. Comp. 83 (2014), 2033-2060]. ——编者注

的证明. 而 D. Mackenzie (Prime Proof Helps Mathematicians Mind the Gaps, *Science* **300**, 32, 2003 以及 Prime-Number Proof's Leap Falls Short, *Science* **300**, 1066, 2003) 发现了论文中的错误. 这一结论的正确证明是 2005 年由 B. Cipra、K. Devlin、D. A. Goldston、S. W. Graham、J. Pintz、C. Yildirim 和 Y. Motohashi 等人给出的 (参见 American Institute of Mathematics, "Small Gaps between Consecutive Primes: Recent Work of D. Goldston and C. Yildirim." B. Cipra, Third Time roves Charm for Prime-Gap Theorem, *Science* **308**, 1238, 2005; K. Devlin, Major Advance on the Twin Primes Conjecture, May 24, 2005; D. A. Goldston, S. W. Graham, J. Pintz, and C. Y. Yildirim, Small Gaps between Primes or Almost Primes, Jun. 3, 2005; D. A. Goldston, Y. Motohashi, J. Pintz, and C. Y. Yildirim, Small Gaps between Primes Exist, May 14, 2005).

(3) 关于 Green 和 Tao 的工作

附录中提到的 B. Green 和 T. Tao (陶哲轩, 澳大利亚籍华裔数学家, 由于他在调和分析等领域的杰出研究工作, 而获得 2006 年度菲尔兹奖) 有关无穷长的由素数组成的算术级数的存在性定理的工作请参见 B. Green and T. Tao, The Primes Contain Arbitrarily Long Arithmetic Progressions, arXiv: math. NT/0404188 v6, sep. 23, 2007. 不过, 他们的证明仅仅是存在性的而非构造性的.

版 权 声 明

An Introduction to the Theory of Numbers, Sixth Edition was Originally published in 2008. This translation is published by arrangement with Oxford University Press for sale in the People's Republic of China (excluding Hong Kong SAR, Macao SAR and Taiwan Province) only and not for export therefrom.

New edition material copyright © Oxford University Press, 2008.

本书中文简体字版由牛津大学出版社授权人民邮电出版社出版, 仅限于在中华人民共和国境内 (不包括中国香港特别行政区、澳门特别行政区和中国台湾地区) 销售, 不得向其他国家或地区销售和出口.

版权所有, 侵权必究.